中国国家标准汇编

2011年修订-12

中国标准出版社　编

中国标准出版社
北　京

图书在版编目(CIP)数据

中国国家标准汇编:2011年修订.12/中国标准出版社编.—北京:中国标准出版社,2012
ISBN 978-7-5066-6922-1

Ⅰ.①中… Ⅱ.①中… Ⅲ.①国家标准-汇编-中国-2011 Ⅳ.①T-652.1

中国版本图书馆CIP数据核字(2012)第197083号

中国标准出版社出版发行
北京市朝阳区和平里西街甲2号(100013)
北京市西城区三里河北街16号(100045)

网址 www.spc.net.cn
总编室:(010)64275323 发行中心:(010)51780235
读者服务部:(010)68523946
中国标准出版社秦皇岛印刷厂印刷
各地新华书店经销

*

开本 880×1230 1/16 印张 42.75 字数 1 170 千字
2012年9月第一版 2012年9月第一次印刷

*

定价 220.00 元

出 版 说 明

1.《中国国家标准汇编》是一部大型综合性国家标准全集。自1983年起，按国家标准顺序号以精装本、平装本两种装帧形式陆续分册汇编出版。它在一定程度上反映了我国建国以来标准化事业发展的基本情况和主要成就，是各级标准化管理机构，工矿企事业单位，农林牧副渔系统，科研、设计、教学等部门必不可少的工具书。

2.《中国国家标准汇编》收入我国每年正式发布的全部国家标准，分为“制定”卷和“修订”卷两种编辑版本。

“制定”卷收入上一年度我国发布的、新制定的国家标准，顺延前年度标准编号分成若干分册，封面和书脊上注明“20××年制定”字样及分册号，分册号一直连续。各分册中的标准是按照标准编号顺序连续排列的，如有标准顺序号缺号的，除特殊情况注明外，暂为空号。

“修订”卷收入上一年度我国发布的、被修订的国家标准，视篇幅分设若干分册，但与“制定”卷分册号无关联，仅在封面和书脊上注明“20××年修订-1，-2，-3，……”字样。“修订”卷各分册中的标准，仍按标准编号顺序排列(但不连续)；如有遗漏的，均在当年最后一分册中补齐。需提请读者注意的是，个别非顺延前年度标准编号的新制定的国家标准没有收入在“制定”卷中，而是收入在“修订”卷中。

读者配套购买《中国国家标准汇编》“制定”卷和“修订”卷则可收齐由我社出版的上一年度我国制定和修订的全部国家标准。

3. 由于读者需求的变化，自1996年起，《中国国家标准汇编》仅出版精装本。

4. 2011年我国制修订国家标准共1 989项。本分册为“2011年修订-12”，收入新制修订的国家标准36项。

中国标准出版社

2012年8月

目　　录

目　录

ICS 91.100.30
Q 15

中华人民共和国国家标准

GB/T 15229—2011
代替 GB/T 15229—2002

轻集料混凝土小型空心砌块

Lightweight aggregate concrete small hollow block

2011-12-30 发布　　2012-08-01 实施

中华人民共和国国家质量监督检验检疫总局
中国国家标准化管理委员会　发布

前言

本标准按照 GB/T 1.1—2009 给出的规则起草。

本标准代替 GB/T 15229—2002《轻集料混凝土小型空心砌块》。本标准与 GB/T 15229—2002 相比，主要技术变化如下：

——分类中取消了实心砌块和 MU1.5 强度等级砌块（见 4.1，4.3.2，2002 版的 4.1，4.2.2）；

——修订了标记的规定（见 4.4，2002 版的 4.3）；

——增加了对混凝土用水标准的规定（见 5.6）；

——取消产品等级（2002 版的 4.2.3，6.1.2，6.2）；

——增加了同一强度等级砌块的抗压强度和密度等级范围应同时符合规定方可为合格的技术要求（见 6.3，2002 版的 6.3）；

——调整了对应 MU3.5、MU7.5 的密度等级范围（见 6.3，2002 版的 6.3）；

——将吸水率从 20％调整为 18％（见 6.4.1，2002 版的 6.5.1）；

——软化系数从 0.75 提高到 0.8（见 6.5，2002 版的 6.6）；

——修订了砌块在不同使用环境条件下抗冻性的要求（见 6.6，2002 版的 6.7）；

——取消了复检的规定（2002 版的 8.4.2，8.4.3，8.4.4）；

——增加了砌块应在厂内养护 28 天龄期后方可出厂的要求（见第 9 章）。

本标准由中国建筑材料联合会提出。

本标准由全国墙体屋面及道路用建筑材料标准化技术委员会（SAC/TC 285）归口。

本标准起草单位：中国建筑科学研究院、建筑材料工业技术监督研究中心、黑龙江省寒地建筑科学研究院、同济大学、辽宁省建设科学研究院、陕西省建筑科学研究院、中国建筑砌块协会、河南建筑材料研究设计院有限责任公司、宜昌朗天新型建材有限责任公司、广州华穗陶粒制品有限公司、宁波大自然新型墙材有限公司、黑龙江汇丰能源科技开发有限公司、辽宁方正检测技术有限公司、朝阳华龙科建股份有限公司、瑞尔斯达（天津）现代建材有限公司、长春新星宇集团、北京金阳新建材公司、宜昌宝珠陶粒开发有限公司。

本标准主要起草人：丁威、杨斌、周运灿、刘巽伯、王元、陈烈芳、宋淑敏、杜建东、计亦奇、袁运法、李平、陈炜、仇心金、董宝柱、孙传东、钱金红、陈斌、王晶、单星本、杨利民、王乃利、陶乐然、陈小刚、杨平。

本标准于 1994 年 9 月首次发布，2002 年 5 月第一次修订。

轻集料混凝土小型空心砌块

1 范围

本标准规定了轻集料混凝土小型空心砌块的术语和定义、分类、原材料、技术要求、试验方法、检验规则、产品出厂以及产品合格证、贮存和运输等。

本标准适用于工业与民用建筑用轻集料混凝土小型空心砌块。

2 规范性引用文件

下列文件对于本文件的应用是必不可少的。凡是注日期的引用文件，仅注日期的版本适用于本文件。凡是不注日期的引用文件，其最新版本(包括所有的修改单)适用于本文件。

GB 175 通用硅酸盐水泥

GB/T 1596 用于水泥和混凝土中的粉煤灰

GB/T 4111 混凝土小型空心砌块试验方法

GB 6566 建筑材料放射性核素限量

GB 8076 混凝土外加剂

GB/T 14684 建筑用砂

GB/T 17431.1 轻集料及其试验方法 第1部分:轻集料

GB/T 18046 用于水泥和混凝土中的粒化高炉矿渣粉

GB 50176 民用建筑热工设计规范

JGJ 63 混凝土用水标准

3 术语和定义

下列术语和定义适用于本文件。

3.1

轻集料混凝土 lightweight aggregate concrete

用轻粗集料、轻砂(或普通砂)、水泥和水等原材料配制而成的干表观密度不大于 1 950 kg/m^3 的混凝土。

3.2

混凝土轻集料小型空心砌块 lightweight aggregate concrete small hollow block

用轻集料混凝土制成的小型空心砌块。

4 分类

4.1 类别

按砌块孔的排数分类为:单排孔、双排孔、三排孔、四排孔等。

4.2 规格尺寸

主规格尺寸长×宽×高为 390 mm×190 mm×190 mm。其他规格尺寸可由供需双方商定。

4.3 等级

4.3.1 砌块密度等级分为八级:700、800、900、1 000、1 100、1 200、1 300、1 400。

注:除自燃煤矸石掺量不小于砌块质量 35%的砌块外,其他砌块的最大密度等级为 1 200。

4.3.2 砌块强度等级分为五级:MU2.5、MU3.5、MU5.0、MU7.5、MU10.0。

4.4 标记

轻集料混凝土小型空心砌块(LB)按代号、类别(孔的排数)、密度等级、强度等级、标准编号的顺序进行标记。

示例:符合 GB/T 15229,双排孔,800 密度等级,3.5 强度等级的轻集料混凝土小型空心砌块标记为:

LB 2 800 MU3.5 GB/T 15229—2011

标记中各要素的含义如下:

LB ——轻集料混凝土小型空心砌块;

2 ——双排孔;

800 ——密度等级为 800;

MU3.5——强度等级为 MU3.5。

5 原材料

5.1 水泥

水泥应符合 GB 175 的规定。

5.2 轻集料

5.2.1 轻集料应符合 GB/T 17431.1 的规定。

5.2.2 最大粒径不宜大于 9.5 mm。

5.3 砂

砂应符合 GB/T 14684 的规定。

5.4 掺合料

5.4.1 粉煤灰应符合 GB/T 1596 的规定。

5.4.2 粒化高炉矿渣粉应符合 GB/T 18046 的规定。

5.5 外加剂

外加剂应符合 GB 8076 的规定。

5.6 水

水应符合 JGJ 63 的规定。

5.7 其他原材料

其他原材料应符合相关标准的规定,并对砌块耐久性、环境和人体不应产生有害影响。

6 技术要求

6.1 尺寸偏差和外观质量

尺寸偏差和外观质量应符合表1要求。

表1 尺寸偏差和外观质量

项目			指标
尺寸偏差/mm	长度		±3
	宽度		±3
	高度		±3
最小外壁厚/mm	用于承重墙体	≥	30
	用于非承重墙体	≥	20
肋厚/mm	用于承重墙体	≥	25
	用于非承重墙体	≥	20
缺棱掉角	个数/块	≤	2
	三个方向投影的最大值/mm	≤	20
裂缝延伸的累计尺寸/mm		≤	30

6.2 密度等级

密度等级应符合表2要求。

表2 密度等级

单位为千克每立方米

密度等级	干表观密度范围
700	≥610,≤700
800	≥710,≤800
900	≥810,≤900
1 000	≥910,≤1 000
1 100	≥1 010,≤1 100
1 200	≥1 110,≤1 200
1 300	≥1 210,≤1 300
1 400	≥1 310,≤1 400

6.3 强度等级

强度等级应符合表3的规定;同一强度等级砌块的抗压强度和密度等级范围应同时满足表3的要求。

表 3 强度等级

强度等级	抗压强度 MPa		密度等级范围 kg/m³
	平均值	最小值	
MU2.5	≥2.5	≥2.0	≤800
MU3.5	≥3.5	≥2.8	≤1 000
MU5.0	≥5.0	≥4.0	≤1 200
MU7.5	≥7.5	≥6.0	≤1 200[a] ≤1 300[b]
MU10.0	≥10.0	≥8.0	≤1 200[a] ≤1 400[b]

注：当砌块的抗压强度同时满足 2 个强度等级或 2 个以上强度等级要求时，应以满足要求的最高强度等级为准。

[a] 除自燃煤矸石掺量不小于砌块质量 35%以外的其他砌块；

[b] 自燃煤矸石掺量不小于砌块质量 35%的砌块。

6.4 吸水率、干缩率和相对含水率

6.4.1 吸水率应不大于 18%。

6.4.2 干燥收缩率应不大于 0.065%。

6.4.3 相对含水率应符合表 4 的规定。

表 4 相对含水率

干燥收缩率 %	相对含水率 %		
	潮湿地区	中等湿度地区	干燥地区
<0.03	≤45	≤40	≤35
≥0.03，≤0.045	≤40	≤35	≤30
>0.045，≤0.065	≤35	≤30	≤25

注 1：相对含水率为砌块出厂含水率与吸水率之比。

$$W=\frac{\omega_1}{\omega_2}\times 100$$

式中：

W ——砌块的相对含水率，用百分数表示(%)；

ω_1 ——砌块出厂时的含水率，用百分数表示(%)；

ω_2 ——砌块的吸水率，用百分数表示(%)。

注 2：使用地区的湿度条件：

潮湿地区 ——年平均相对湿度大于 75%的地区；

中等湿度地区——年平均相对湿度 50%～75%的地区；

干燥地区 ——年平均相对湿度小于 50%的地区。

6.5 碳化系数和软化系数

碳化系数应不小于0.8;软化系数应不小于0.8。

6.6 抗冻性

抗冻性应符合表5的要求。

表5 抗冻性

环境条件	抗冻标号	质量损失率 %	强度损失率 %
温和与夏热冬暖地区	D15	≤5	≤25
夏热冬冷地区	D25		
寒冷地区	D35		
严寒地区	D50		
注:环境条件应符合GB 50176的规定。			

6.7 放射性核素限量

砌块的放射性核素限量应符合GB 6566的规定。

7 试验方法

砌块的放射性核素限量试验应按GB 6566规定进行,其他各项性能指标的试验应按GB/T 4111规定进行。

8 检验规则

8.1 检验分类

按检验类型分为出厂检验和型式检验。

8.1.1 出厂检验

出厂检验项目包括:尺寸偏差、外观质量、密度、强度、吸水率和相对含水率。

8.1.2 型式检验

型式检验项目包括第6章规定的全部项目,放射性核素试验在新产品投产和产品定型鉴定时进行。在下列情况下进行型式检验:

a) 新产品投产或产品定型鉴定时;

b) 砌块的原材料、配合比及生产工艺发生较大变化时;

c) 正常生产六个月时(干燥收缩率、碳化系数和抗冻性每年一次);

d) 产品停产三个月以上恢复生产时。

8.2 组批规则

砌块按密度等级和强度等级分批验收。以同一品种轻集料和水泥按同一生产工艺制成的相同密度等级和强度等级的 300 m^3 砌块为一批；不足 300 m^3 者亦按一批计。

8.3 抽样规则

8.3.1 出厂检验时，每批随机抽取 32 块做尺寸偏差和外观质量检验；再从尺寸偏差和外观质量检验合格的砌块中，随机抽取如下数量进行以下项目的检验：

a) 强度：5 块；

b) 密度、吸水率和相对含水率：3 块。

8.3.2 型式检验时，每批随机抽取 64 块，并在其中随机抽取 32 块进行尺寸偏差、外观质量检验；如尺寸偏差和外观质量合格，则在 64 块中抽取尺寸偏差和外观质量合格的下述块数进行其他项目检验。

a) 强度：5 块；

b) 密度、吸水率、相对含水率：3 块；

c) 干燥收缩率：3 块；

d) 抗冻性：10 块；

e) 软化系数：10 块；

f) 碳化系数：12 块；

g) 放射性：2 块。

8.4 判定规则

8.4.1 尺寸偏差和外观质量检验的 32 个砌块中不合格品数少于 7 块，判定该批产品尺寸偏差和外观质量合格。

8.4.2 当所有结果均符合第 6 章各项技术要求时，则判定该批产品合格。

9 产品出厂

9.1 砌块应在厂内养护 28 天龄期后方可出厂。

9.2 砌块出厂前应进行检验，符合本标准规定方可出厂。

10 产品合格证、贮存和运输

10.1 产品合格证

砌块出厂时，生产厂应提供产品质量合格证书，其内容包括：

a) 厂名与商标；

b) 合格证编号及生产日期；

c) 产品标记；

d) 性能检验结果；

e) 批次编号与砌块数量(块)；

f) 检验部门与检验人员签字盖章。

10.2 贮存和运输

10.2.1 砌块应按类别、密度等级和强度等级分批堆放。

10.2.2 砌块装卸时，严禁碰撞、扔摔，应轻码轻放，不许用翻斗车倾卸。

10.2.3 砌块堆放和运输时应有防雨、防潮和排水措施。

ICS 65.160
X 87

中华人民共和国国家标准

GB 15269.2—2011
部分代替 GB 15269—1994

雪茄烟　第 2 部分:包装标识

Cigars—Part 2:Mark

2011-06-16 发布　　　　2012-04-01 实施

中华人民共和国国家质量监督检验检疫总局
中国国家标准化管理委员会　发布

前言

本部分的4.1.1、4.1.2、4.1.3、4.1.4、4.1.6、4.1.7、4.1.9、4.2.1、4.2.4、4.2.5、4.2.7和4.3为强制性条款，其余为推荐性条款。

GB 15269《雪茄烟》分为四个部分：

——第1部分：产品分类和抽样技术要求；

——第2部分：包装标识；

——第3部分：产品包装、卷制及贮运技术要求；

——第4部分：感官技术要求。

本部分为GB 15269的第2部分。

本部分部分代替GB 15269—1994。

本部分与GB 15269—1994的相关部分相比主要变化如下：

——增加了雪茄烟包装标识的术语和定义；

——增加了雪茄烟包装标识的要求；

——增加了雪茄烟包装标识的试验方法；

——增加了雪茄烟包装标识的检验分类；

——增加了雪茄烟包装标识的检验规则。

本部分由国家烟草专卖局提出。

本部分由全国烟草标准化技术委员会(SAC/TC 144)归口。

本部分起草单位：国家烟草专卖局科技司、中国烟草标准化研究中心、安徽中烟工业有限责任公司、湖北中烟工业有限责任公司、山东中烟工业有限责任公司、国家烟草质量监督检验中心、川渝中烟工业公司、北京烟草质量监督检验站。

本部分主要起草人：辜菊水、李栋、夏永峰、周斌、王以慧、陈再根、曾代龙、杨京生。

本部分所代替标准的历次版本发布情况为：

——GB 15269—1994。

雪茄烟　第2部分:包装标识

1　范围

GB 15269 的本部分规定了雪茄烟包装标识的要求、试验方法及检验规则。

本部分适用于雪茄烟。

2　规范性引用文件

下列文件中的条款通过 GB 15269 的本部分的引用而成为本部分的条款。凡是注日期的引用文件,其随后所有的修改单(不包括勘误的内容)或修订版均不适用于本部分,然而,鼓励根据本部分达成协议的各方研究是否可使用这些文件的最新版本。凡是不注日期的引用文件,其最新版本适用于本部分。

GB/T 191　包装储运图示标志(GB/T 191—2008,ISO 780:1997,MOD)

GB/T 6388　运输包装收发货标志

GB 12904　商品条码　零售商品编码与条码表示(GB 12904—2008,ISO/IEC 15420:2000,NEQ)

GB/T 15269.1—2010　雪茄烟　第1部分:产品分类和抽样技术要求

GB/T 22838.1　卷烟和滤棒物理性能的测定　第1部分:卷烟包装和标识

YC/T 200　卷烟名称编制规则

3　术语和定义

下列术语和定义适用于 GB 15269 的本部分。

3.1

警句　warnings

国家有关行政主管部门规定的"吸烟有害健康"等中英文句子。

3.2

包装标识　mark

包装体上标注的产品标识,用于识别产品及其质量、数量、特征、特性和使用方法等,可以用文字、符号、数字、图案以及其他形式表示。

4　要求

4.1　通用条件

4.1.1　雪茄烟包装体上应使用注册商标,商标的使用见《中华人民共和国商标法》。

4.1.2　包装标识所用的文字应为规范中文;可以同时使用汉语拼音或外文,但汉语拼音和外文应当小于相应中文。包装标识使用的汉字、数字和字母,其字体高度不应小于 1.8 mm;面积较大的包装体上的字体高度宜适当放大。

4.1.3　雪茄烟包装体上应标注产品名称(即"雪茄烟"或者"雪茄")和数量(以支计)。

4.1.4　雪茄烟包装体上应注明省(市)名和企业名称或直接注明企业名称。

4.1.4.1　生产企业的名称应是依法登记注册的,能承担产品质量责任的生产企业的名称。

4.1.4.2　按照合同或者协议的约定相互协作,但又各自独立经营的企业,在其合作生产的雪茄烟产品包装上,应标注各自的生产者名称。

4.1.4.3　进口雪茄烟可以不标原生产者的名称,但应标明该产品的原产地,以及代理商或办事机构在中国依法登记注册的名称。

4.1.5 获得国家认可的质量标志的产品,可以在有效期内标注质量标志。

4.1.6 雪茄烟包装体上应标注符合 GB 12904 规定的 EAN-13 商品条码。

4.1.7 雪茄烟包装体上及内附说明中不应使用如下用语:

——"保健"、"疗效"、"安全"、"环保"、"低危害"等功效说明用语;

——"淡味"、"超淡味"、"柔和"等品质说明用语;

——"极品"、"最佳"、"金牌"等极端用语;

——"御品"、"贡品"等用语。

4.1.8 雪茄烟包装体上宜标注雪茄烟加工方式和型号。

4.1.9 进口雪茄烟应标注"由中国烟草总公司专卖"字样[1)]。

4.1.10 各类标识应当清晰、牢固,易于识别。

4.2 箱

箱体上除应标注 4.1 规定的内容外,还应标注以下内容。

4.2.1 警句,即"吸烟有害健康"字样。

4.2.2 箱体规格,标识为(长×宽×高)mm 或长 mm×宽 mm×高 mm。

4.2.3 烟支规格,标识为烟支长度 mm×周长 mm;带嘴雪茄烟的长度为含嘴烟支总长。

4.2.4 符合 YC/T 200 要求的雪茄烟名称、符合 4.1.4 规定的企业的地址。

4.2.5 生产日期,当多种雪茄烟产品混装一箱时,生产日期以最早生产的雪茄烟的生产日期为准。

4.2.6 符合 GB/T 191、GB/T 6388 规定的商品储运安全标志。

4.2.7 国内生产并在国内销售的雪茄烟,应附有产品质量检验合格证明,应标明生产许可证编号,以及企业所执行的国家标准或经备案的企业标准的编号。

4.3 条、盒包装体上除应标注 4.1 规定的内容外,还应标注警句。

4.3.1 条、盒包装体上标注的警句,内容应是如下两组警句中的一组:

第一组:吸烟有害健康

SMOKING IS HARMFUL TO YOUR HEALTH

戒烟可减少对健康的危害

QUIT SMOKING REDUCES HEALTH RISK

第二组:吸烟有害健康

SMOKING IS HARMFUL TO YOUR HEALTH

尽早戒烟有益健康

QUIT SMOKING EARLY IS GOOD FOR YOUR HEALTH

4.3.2 警句应位于条、盒包装正面和背面,正面使用中文警句,背面使用对应英文警句;盒包装警句应位于其所在面下部,条包装警句应位于其所在面右侧;采用木质条、盒等形式包装的,可只在条、盒包装正面下部或右侧标注任一组中英文警句。

4.3.3 警句区域所占面积不应小于其所在面的 30%。底色(纹)可采用原商标的底色(纹),但须用与底色(纹)有一定颜色差异的直线或框将警句区域清晰划出。商标主图案和其他标识不应进入警语区域内,经过淡化处理的、不影响警句区域效果的可例外。

4.3.4 警句中文字体采用黑体字,英文采用 Arial Narrow 字体;警句字体高度不应小于 2.0 mm,英文不应大于相应汉字。

4.3.5 警句应轮换使用。同一品牌、同一规格、同一包装、同一商品条码的雪茄烟,其条、盒每年应轮换或同时使用 4.3.1 规定的两组警句。

4.4 支包装体上可以不标注或者只标注部分包装标识,但标注的标识应清晰完整。

---

1) 依据《国家烟草专卖局关于执行进口寄售香烟条包、小包印刷字样规定的通知》(国烟专〔1992〕第 33 号)等有关规定。

5 试验方法

5.1 将按照 GB/T 15269.1—2010 中 5.2 要求抽取的箱和条直接作为试料；从 GB/T 15269.1—2010 中 6.1.3.1 制备的试样中随机抽取 5 盒(支)作为试料，如盒包装试样数量小于或等于 5 盒，则试样即试料。

5.2 按 GB/T 22838.1 进行试验。支包装体使用钢板尺及目测法对试样进行试验。

6 检验分类

雪茄烟包装标识指标分为 A、B 两类，本部分 4.1.1、4.1.2、4.1.3、4.1.4、4.1.6、4.1.7、4.1.9、4.2.1、4.2.4、4.2.5、4.2.7 和 4.3 为 A 类，其他为 B 类。

雪茄烟型式检验应包括所有项目；出厂检验根据企业质量控制要求自行确定检测内容，但为保证产品质量，至少应对所有 A 类指标进行检验；监督检验项目根据有关烟草质量监督检验机构要求设定，一般应包括所有 A 类指标。

7 检验规则

型式检验、出厂检验中，出现任何一个 A 类指标不符合，或者三个以上(含三个)B 类指标不符合，则判该批雪茄烟不合格。多个包装体上出现同一种质量缺陷，计作一项。

参考文献

[1] 中华人民共和国商标法

[2] 国家烟草专卖局关于执行进口寄售香烟条包、小包印刷字样规定的通知(国烟专[1992]第33号)

ICS 65.160
X 87

中华人民共和国国家标准

GB 15269.3—2011
部分代替 GB 15269—1994

雪茄烟　第3部分:产品包装、卷制及贮运技术要求

Cigars—Part 3:Technical requirements for packing,making,storage and transport

2011-06-16 发布　　2012-04-01 实施

中华人民共和国国家质量监督检验检疫总局
中国国家标准化管理委员会　发布

前　言

本部分的4.9、5.1.7、5.2.4、5.3为强制性条款，其余为推荐性条款。

GB 15269《雪茄烟》分为四个部分：

——第1部分：产品分类和抽样技术要求；

——第2部分：包装标识；

——第3部分：产品包装、卷制及贮运技术要求；

——第4部分：感官技术要求。

本部分为GB 15269的第3部分。

本部分部分代替GB 15269—1994。

本部分与GB 15269—1994的相关部分相比主要变化如下：

——增加了雪茄烟产品包装、卷制及贮运技术要求的术语和定义；

——修改了雪茄烟的卷制技术要求、包装技术要求和试验方法；

——增加了雪茄烟产品包装、卷制的检验分类；

——增加了雪茄烟产品包装、卷制的检验规则；

——在贮运技术要求部分增加了9.1.3。

本部分由国家烟草专卖局提出。

本部分由全国烟草标准化技术委员会(SAC/TC 144)归口。

本部分起草单位：国家烟草质量监督检验中心、山东中烟工业有限责任公司、川渝中烟工业有限责任公司、国家烟草专卖局经济运行司、中国烟草标准化研究中心、湖北中烟工业有限责任公司、安徽中烟工业有限责任公司。

本部分主要起草人：周德成、张文同、曾代龙、孙姝军、李栋、周斌、夏永峰、黄若强、王以慧。

本部分所代替标准的历次版本发布情况为：

——GB 15269—1994。

雪茄烟　第3部分:产品包装、卷制及贮运技术要求

1　范围

GB 15269 的本部分规定了雪茄烟的包装、卷制的技术要求、试验方法,以及雪茄烟的贮运要求。

本部分适用于雪茄烟。

2　规范性引用文件

下列文件中的条款通过 GB 15269 的本部分的引用而成为本部分的条款。凡是注日期的引用文件,其随后所有的修改单(不包括勘误的内容)或修订版均不适用于本部分,然而,鼓励根据本部分达成协议的各方研究是否可使用这些文件的最新版本。凡是不注日期的引用文件,其最新版本适用于本部分。

GB/T 15269.1—2010　雪茄烟　第1部分:产品分类和抽样技术要求

GB/T 16447　烟草及烟草制品　调节和测试的大气环境(GB/T 16447—2004,ISO 3402:1999,IDT)

GB/T 22838.1　卷烟和滤棒物理性能的测定　第1部分:卷烟包装和标识

GB/T 22838.4　卷烟和滤棒物理性能的测定　第4部分:卷烟质量

GB/T 22838.7　卷烟和滤棒物理性能的测定　第7部分:卷烟含末率

GB/T 22838.9　卷烟和滤棒物理性能的测定　第9部分:卷烟空头

3　术语和定义

下列术语和定义适用于 GB 15269 的本部分。

3.1

洞眼　hole

烟支茄衣上直径超过 2 mm 的孔。

3.2

脱皮　off-wrapper

烟支茄衣片状脱落或脱开。

3.3

破碎　splitting

烟支茄衣破裂长度超过 5 mm。

3.4

竹节烟支　bamboo joint cigar

因茄芯密度不均而出现的垂直切面空松的烟支。

4　卷制技术要求

4.1　空头

雪茄烟空头技术要求见表1。

表 1　雪茄烟空头技术要求

型　　号	空陷截面比	空陷深度/mm
大号	＜2/3	＜1.0
中号		＜1.5
小号		
微型		

4.2　烟支外观

雪茄烟烟支外观技术要求见表 2。

表 2　雪茄烟烟支外观技术要求

项　　目			型　　号		
			大　号	中　号	小号、微型
烟支外形	中心轴线最大偏移量	烟支长度≥100 mm	≤2.5 mm		≤1.5 mm
		烟支长度＜100 mm	≤2.0 mm		≤1.0 mm
	切口斜面高低差		≤1.0 mm		≤0.5 mm
	带嘴烟支嘴头		装接端正牢固、不漏气		
	指　环		对接应粘贴牢固，且完整平齐，搭口处上下不应超过 1 mm。印刷质量应清晰可读		
茄衣光洁度	脉　纹		细　致		舒　伸
	折　痕		无	＜烟支长度的 1/3	＜烟支长度的 1/2
	病　斑		直径不应大于 2.0 mm，且点数不应超过 2 点		直径不应大于 3.0 mm，且点数不应超过 2 点
	污　痕		直径不应大于 3.0 mm，且点数不应超过 2 点		
茄衣完整度	缝　口		严　合	缝口长度≤5 mm，不显内胚	
	洞　眼		无		
	脱皮、破碎		无		

4.3　松紧度

雪茄烟烟支松紧度技术要求见表 3。

表 3　雪茄烟烟支松紧度技术要求

型　号	松　　紧　　度
各型号	烟支均匀饱满，不应有过松、过紧、竹节烟支

4.4　烟支长度

雪茄烟烟支长度技术要求见表 4。

表 4　雪茄烟烟支长度技术要求

单位为毫米

型　号	长　　度	允　　差	
		无　嘴	带　嘴
各型号	设计值（出厂检验和型式检验时；数值见 GB/T 15269.1—2010 的 4.9）；实测平均值（监督检验时）	±1.5	±2.0

4.5 周长

雪茄烟周长技术要求见表5。

表5 雪茄烟周长技术要求

单位为毫米

型号	周长	允差
大、中号	设计值(出厂检验和型式检验时;数值见GB/T 15269.1—2010的4.9);实测平均值(监督检验时)	±1.5
小号		±1.0

4.6 含水率

雪茄烟含水率技术要求见表6。

表6 雪茄烟含水率技术要求

以%表示

型号	含水率
各型号	11.0~16.0

4.7 质量

雪茄烟质量技术要求见表7。

表7 雪茄烟质量技术要求

单位为克每支

型号	质量	允差
大号	设计值(出厂检验和型式检验时;数值见GB/T 15269.1—2010的4.9);实测平均值(监督检验时)	±1.0
中号		±0.5
小号		±0.3
微型		±0.2

4.8 含末率

雪茄烟含末率技术要求见表8。

表8 雪茄烟含末率技术要求

以%表示

型号	含末率
大号	≤2.0
中号	≤2.0
小号、微型	≤3.0

4.9 燃烧性

各型号的雪茄烟烟支,自由阴燃时间不应低于60 s。

5 包装技术要求

5.1 盒的通用技术要求

5.1.1 盒的外包透明纸应紧贴牢固,拉带完整良好,不应拉不开。

5.1.2 盒表面应清洁,如有污点,污点长度不应大于3 mm,且不应超过2点。

5.1.3 盒外形端正,侧面上下宽度差不超过3 mm;侧面上下部不应成凹角;叠角损伤长度在3 mm以内不超过2处。

5.1.4 盒粘贴牢固,粘贴不齐不超过3 mm。

5.1.5 盒烟支不应外露,商标纸不应多张。

5.1.6 盒内烟支,茄衣颜色基本一致。盒内烟支若有包装,包装应完整良好。

5.1.7 盒内不应有倒装、错装、烟嘴脱落、有虫或虫蛀,不应有短、断、残伤烟支,也不应缺支和多支。

5.2 条的通用技术要求

5.2.1 条的外包透明纸应紧贴牢固,拉带完整良好,不应拉不开。

5.2.2 条装表面应清洁,如有污点,污点长度不应大于 3 mm,且不应超过 2 点。

5.2.3 条装应封贴牢固,条包、条盒包装不应外露小盒。加贴标签翘开长度不应超过自身长度的三分之一,并不应露出条包外,不应多张。

5.2.4 条包、条盒不应错装、少装。

5.3 箱内烟条排列整齐,不应错装、少装。

5.4 支、盒、条、箱之间或各自相互间不应粘连。

5.5 单支包装体通用技术要求参照 5.1。

6 试验方法

6.1 按 GB/T 15269.1 抽取实验室样品。

6.2 从实验室样品中制备试样。除含水率、外观、熄火外,测试前试样应在 GB/T 16447 规定的条件下进行调节和测试。

6.3 外观:对于盒包装,从按 GB/T 15269.1—2010 的 6.1.3.1 制备的试样中随机抽取 10 支作为试料,如试样数量为 20 支,则试样亦为试料;对于支包装,使用按 GB/T 15269.1—2010 的 6.1.3.1 制备的试料。以目测法及游标卡尺进行外观试验,其中中心轴线最大偏移量和切口斜面高低差的测试示意图见图 1 和图 2。涉及长度量值的结果以毫米(mm)表示,精确至 0.1 mm。

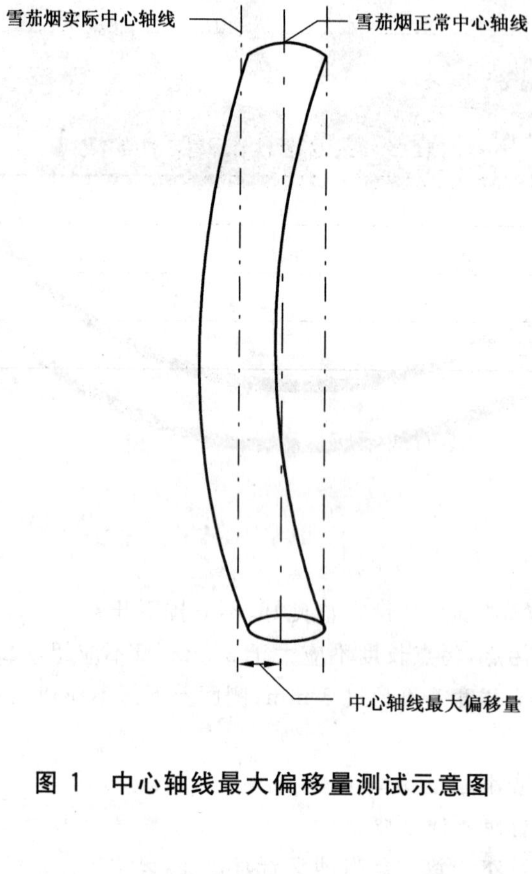

图 1 中心轴线最大偏移量测试示意图

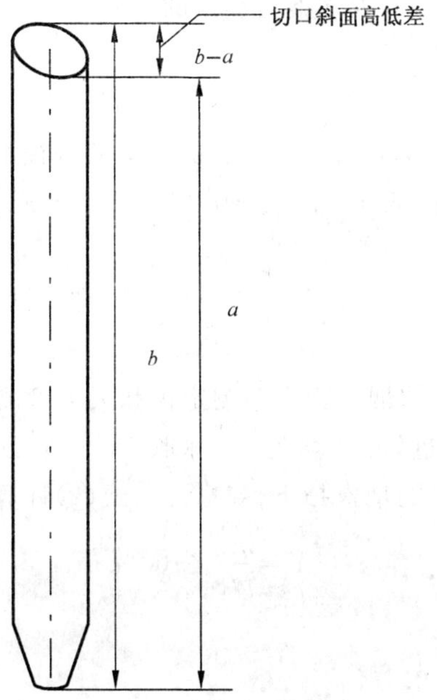

图 2　切口斜面高低差测试示意图

6.4　空头

使用 6.3 的试验样品作为试料，按 GB/T 22838.9 的规定进行烟支空头的试验。结果以毫米(mm)表示，精确至 0.5 mm。

6.5　松紧度

从按 GB/T 15269.1—2010 的 6.1.3.3 制备的试样中随机抽取 10 支作为试料，采用感官鉴定、手摸目测的方法逐支进行试验。

6.6　烟支长度

从按 GB/T 15269.1—2010 的 6.1.3.3 制备的试样中随机抽取 10 支作为试料，使用游标卡尺逐支进行试验。结果以毫米(mm)表示，精确至 0.5 mm。

6.7　周长

从按 GB/T 15269.1—2010 的 6.1.3.3 制备的试样中随机抽取 10 支作为试料，将烟支按长度轴线方向剖开，平展后使取其最宽处用游标卡尺进行测量试验。结果以毫米(mm)表示，精确至 0.1 mm。

6.8　含水率

6.8.1　按 GB/T 15269.1—2010 的 6.1.3.2 制备试料，按 6.8.2～6.8.6 的方法进行试验。

6.8.2　采用分析天平称雪茄烟烟丝质量。

6.8.3　采用电热恒温干燥箱烘干烟丝水分。

6.8.4　用直径为 64 mm、高为 40 mm 的铝制样品盒盛装烟丝。

6.8.5　将烟支剥开，把茄衣、茄套和烟丝混合均匀后分为两份，置于两个样品盒内，各称取 5 g～10 g，在(100±2)℃的电热恒温干燥箱内烘 2 h 后，取出放入干燥皿内。冷却后再称量，并按式(1)计算烟丝含水率：

$$w=\frac{m_1-m_2}{m_1}\times 100\% \qquad \cdots\cdots(1)$$

式中：

w——烟丝含水率，%，精确至 0.1%；

m_1——烘前烟丝质量，单位为克(g)，精确至 0.001 g；

m_2——烘后烟丝质量，单位为克(g)，精确至 0.001 g。

6.8.6 两份平行试验结果的平均值即为该批雪茄烟的水分含量。若两结果之差的绝对值大于0.3%，则应重新取样试验。

6.9 质量

从按 GB/T 15269.1—2010 的 6.1.3.3 制备的试样中随机抽取 10 支作为试料，按 GB/T 22838.4 的规定逐支进行试验。结果以克(g)表示，精确至 0.1 g。

6.10 含末率

6.10.1 从按 GB/T 15269.1—2010 的 6.1.3.3 制备的试样中随机抽取 5 支～20 支作为试料，按照 6.10.2和 6.10.3 的方法进行试验。

6.10.2 使用 GB/T 22838.7 规定的烟支含末率测定仪和天平检测雪茄烟的含末率。

6.10.3 将烟支剥开后的茄芯称重，混合均匀后，称取 15 g，小心地平摊在测定仪的筛网上，待摇动 25 s、80 次后，用毛笔仔细地将筛出的烟末扫下称量，并按式(2)计算其含末率：

$$Y=\frac{m_3}{m_4}\times 100\% \qquad \cdots\cdots(2)$$

式中：

Y——烟支含末率，%，精确至 0.1%；

m_3——烟末质量，单位为克(g)，精确至 0.001 g；

m_4——筛前茄芯质量，单位为克(g)，精确至 0.001 g。

6.11 燃烧性

6.11.1 从按 GB/T 15269.1—2010 的 6.1.3.3 制备的试样中随机抽取 5 支作为试料，按 6.11.2～6.11.3 的方法逐支进行试验。

6.11.2 根据烟支式样在烟支尾端标出均匀点燃的长度为 10 mm。

6.11.3 将均匀点燃的烟支悬空平放于烟支燃烧架上，让其自由阴燃，并开始记自由阴燃时间。结果以秒(s)表示，精确至 1 s。

6.12 包装

6.12.1 按 GB/T 15269.1—2010 的 5.2 抽取箱和条直接作为试料；从按 GB/T 15269.1—2010 的 6.1.3.1 制备的试样中随机抽取 5 盒（支）作为试料，如盒包装试样数量小于或等于 5 盒，则试样亦试料。

6.12.2 按 GB/T 22838.1 进行试验。单支包装体使用钢板尺及目测法对试样进行试验。

7 检验分类

雪茄烟检验分为型式检验、出厂检验和监督检验。型式检验应包括所有项目；监督检验项目根据有关烟草质量监督检验机构要求设定，一般应对 A 类指标项进行检验；出厂检验根据企业质量控制要求自行确定检测内容，但为保证产品质量，至少应对所有 A 类指标项进行检验。

本部分 4.1～4.9 中，4.9 为 A 类指标，4.1、4.6 和 4.8 是 B 类，其他是 C 类。在 5.1～5.4 中，5.1.7、5.2.4、5.3 是 A 类，其他是 C 类。同一包装同时出现 A、C 类指标时，按 A 类指标扣分。

8 检验规则

8.1 按照本部分第 4 章、第 5 章的要求，判定第 6 章的各项试验结果的各类质量缺陷数。

8.2 各 B、C 类指标项中各类质量缺陷数乘以相应单位扣分值的总和等于该项目缺陷扣分数。雪茄烟包装与卷制质量中 B、C 类指标项考核采用百分制表示，其得分为 100 减去各项质量缺陷扣分数总和，得分为负分时以 0 分计。

8.3 雪茄烟包装与卷制质量中 B 类和 C 类指标单位扣分值见表 9。

表 9　雪茄烟包装与卷制质量中 B、C 类指标单位扣分值

项目名称	包装				外观/支	空头/支	松紧度/支	烟支长度/支	周长/支	含水率/次	质量/支	含末率/次
	箱	条	盒	单支								
单位扣分值	1	1	1	1	1	5	1	1	1	10	1	5

8.4　型式检验、出厂检验中，出现任何一个 A 类指标不符合，或者包装与卷制质量中 B、C 类指标总得分低于 60 分，则判该批雪茄烟不合格。

9　贮运技术要求

9.1　贮存

9.1.1　贮存雪茄烟仓库必须干燥、清洁、无异味，库内应有良好的通风和消防设施。

9.1.2　库内存放的烟箱应离地面 200 mm，离墙壁 300 mm。烟箱堆放高度不超过 5 m；其他硬质箱装堆放的高度，以压力不超过最低层箱装的承压强度为准。堆垛之间应留出通风间隙，库内应留出适当的通道。

9.1.3　库内雪茄烟必须先进先出，定期按照 6.8 的要求检测雪茄烟的含水率。

9.1.4　任何型号规格的雪茄烟，应有不少于 7 d 的库存醇化时间，方可进行销售。

9.2　运输

9.2.1　雪茄烟不许与有异味、易腐烂、剧毒、潮湿的货物放在一起运输。

9.2.2　运输雪茄烟的工具必须干燥、清洁、无异味，运输途中应防雨、防潮、防压、防剧烈震动。

9.2.3　装卸雪茄烟应轻拿轻放，不应扯破烟箱。装车捆箱时必须有防护措施。

ICS 65.160
X 87

中华人民共和国国家标准

GB 15269.4—2011
部分代替 GB 15269—1994

雪茄烟　第4部分：感官技术要求

Cigars—Part 4: Technical requirements for sense evaluation

2011-06-16 发布　　2012-04-01 实施

中华人民共和国国家质量监督检验检疫总局
中国国家标准化管理委员会　发布

前　言

本部分的4.3为强制性条款，其余为推荐性条款。

GB 15269《雪茄烟》分为四个部分：

——第1部分：产品分类和抽样技术要求；

——第2部分：包装标识；

——第3部分：产品包装、卷制及贮运技术要求；

——第4部分：感官技术要求。

本部分为GB 15269的第4部分。

本部分部分代替GB 15269—1994。

本部分与GB 15269—1994的相关部分相比主要变化如下：

——删除了GB 15269—1994的附录A“内在质量评吸术语”；

——增加了雪茄烟感官技术要求的术语和定义；

——修改了雪茄烟的感官技术要求；

——修改了雪茄烟感官技术要求的试验方法；

——修改了雪茄烟感官技术要求的检验规则；

——增加了雪茄烟感官技术要求的检验分类。

本部分由国家烟草专卖局提出。

本部分由全国烟草标准化技术委员会(SAC/TC 144)归口。

本部分起草单位：川渝中烟工业公司、山东中烟工业有限责任公司、中国烟草标准化研究中心、北京烟草质量监督检验站、湖北中烟工业有限责任公司、安徽中烟工业有限责任公司。

本部分主要起草人：曾代龙、张文同、马明、李栋、杨京生、刘一兵、周斌、夏永峰、王以慧、杨军。

本部分所代替标准的历次版本发布情况为：

——GB 15269—1994。

雪茄烟　第4部分:感官技术要求

1　范围

GB 15269 的本部分规定了雪茄烟感官质量的技术要求、试验方法和检验规则。

本部分适用于雪茄烟。

2　规范性引用文件

下列文件中的条款通过 GB 15269 的本部分的引用而成为本部分的条款。凡是注日期的引用文件,其随后所有的修改单(不包括勘误的内容)或修订版均不适用于本部分,然而,鼓励根据本部分达成协议的各方研究是否可使用这些文件的最新版本。凡是不注日期的引用文件,其最新版本适用于本部分。

GB/T 15269.1—2010　雪茄烟　第1部分:产品分类和抽样技术要求

3　术语和定义

下列术语和定义适用于 GB 15269 的本部分。

3.1

油润　oily

雪茄烟茄衣和茄芯光泽鲜明,有油性而发亮。

3.2

香味　flavour

雪茄烟烟气本身所固有的、令人感到愉悦舒适的气味。

3.3

醇正　purity

香味醇和而纯净。

3.4

丰浓　denseness

香味丰满而浓厚,飘溢留长。

3.5

谐调　harmony

香味和谐一致,感觉不出其中某一单体香的特征。如加香、加料与烟香调和,叶组配方调和。

3.6

充足　richness

香味量多而又无所欠缺,但不是丰浓的。

3.7

单薄　thinness

香味单一、量欠满、欠实,留香短暂。

3.8

粗糙　harshness

烟气在感觉上有一种颗粒状的、毛毛的、不太舒适的感觉。

3.9

杂气　offensive taste

烟气中令人不愉悦、不舒适的轻微或明显的不良气息。如枯焦气、土腥气、地方性杂气及呛人的气息等。

3.10

刺激性　irritancy

烟气对感官上所造成的轻微的或明显的不适感受。如对鼻腔、口腔、喉部的冲刺，毛棘火燎等。

3.11

余味　after taste

烟气从口腔、鼻腔呼出后，遗留下来的味觉感受。雪茄烟的余味应具有生津、甘苦的特点。

3.12

纯净　purity and cleanness

口腔内各部位纯正不杂而干净。

3.13

灰度　ashing degree

雪茄烟燃吸过程中其燃烧的均匀度、灰质和凝灰度几方面的综合表现程度。

3.14

燃烧均匀度　burning uniformity

雪茄烟燃烧或阴燃时，烟支茄衣燃烧圈的高低差异。

3.15

凝灰度　ash coherence

雪茄烟燃吸过程中，烟支茄衣和茄套的烟灰附着在燃烧锥的紧密程度。

3.16

灰质　ash quality

雪茄烟燃吸过程中，烟灰灰色、烟灰细腻性的综合表现程度。

3.17

异味　off-odor

不具有烟草特征气味的明显怪味(外加香例外)，使其吸用价值降低或失去吸用价值。

3.18

霉变　moldy

不具有烟草特征气味的明显的霉味，使其失去吸用价值。

3.19

局部循环评吸法　local circulation smoking manner

评吸员在用感官评价烟草及烟草制品时只采用部分评吸感觉器官进行评价。如烟气进入口腔稍事停顿后从口腔、鼻腔徐徐排出。

[YC/T 138—1998，定义 3.10]

3.20

整体循环评吸法　overall circulation smoking manner

评吸员在用感官评价烟草及烟草制品时采用全部评吸感觉器官进行评价。如当烟气被吸入口腔，通过喉部吞咽后再从鼻腔徐徐排出。

[YC/T 138—1998，定义 3.11]

4 技术要求

4.1 雪茄烟感官质量评分采用百分制，评判项目及分值规定见表1。

表1 雪茄烟感官质量评判项目及分值

色泽		香味		杂气		刺激性		余味		灰度	
指标	最高分值	指标	最高分值	指标	最高分值	指标	最高分值	指标	最高分值	指标	最高分值
颜色均匀，光泽油润	10	风格特征明显，香味醇正、丰浓、谐调	36	无杂气	12	无刺激	14	纯净、舒适，生津、甘苦	22	燃烧均匀，凝灰紧密，灰质细密，灰色白	6
颜色较均匀，光泽尚油润	7	风格特征较明显，香味较突出、充足、稍粗糙、较谐调	27	微有杂气	9	略有刺激	11	较纯净、较舒适，较生津、较甘苦	17	燃烧较均匀，凝灰略有发散，灰质略疏松，色白较暗	4
颜色欠均匀，光泽欠油润	4	风格特征欠明显，香味尚突出、单薄、较粗糙、尚谐调	18	略有杂气	6	较有刺激	8	尚纯净、尚舒适，尚生津、尚甘苦	12	燃烧不均匀，凝灰发散，灰质松散，色灰或灰黑	2

4.2 雪茄烟感官质量总得分与产品感官质量设计值（设计值见GB/T 15269.1—2010中4.9）偏差应不大于4分。

4.3 不应出现明显异味或霉变。

5 试验方法

5.1 按GB/T 15269.1—2010中6.1.2的要求抽取实验室样品，制备试样。

5.2 评吸样品应在温度16 ℃～25 ℃，相对湿度65%～75%的环境条件下平衡样品水分不少于72 h。

5.3 评吸方法采用局部循环评吸法，微型雪茄亦可采用整体循环评吸法。

5.4 感官采用暗评记分方法，具体见表2，同时对异味和霉变进行判断。参加评吸人员应由具有资质的评吸委员组成，参加评吸人数每次应不少于五人。生产企业也可采用明评。

表2 雪茄烟感官质量检验原始记录

项目		色泽10						香味36			杂气12			刺激性14			余味22			灰度6			合计
		颜色6			光泽4															凝灰、燃烧均匀性、灰质			
		Ⅰ	Ⅱ	Ⅲ	Ⅰ	Ⅱ	Ⅲ	Ⅰ	Ⅱ	Ⅲ	Ⅰ	Ⅱ	Ⅲ	Ⅰ	Ⅱ	Ⅲ	Ⅰ	Ⅱ	Ⅲ	Ⅰ	Ⅱ	Ⅲ	
样品编号	牌别	6	4	2	4	3	2	36	27	18	12	9	6	14	11	8	22	17	12	6	4	2	
备注：																							
评吸者：																		年	月	日			

6 检验分类

本部分 4.3 为 A 类指标，4.2 为 B 类指标。雪茄烟检验分为型式检验、出厂检验和监督检验。型式检验应包括所有项目；监督检验项目根据有关烟草质量监督检验机构要求设定，一般应对 A 类指标项进行检验；出厂检验根据企业质量控制要求自行确定检测内容，但为保证产品质量，至少应对 A 类指标项进行检验。

7 检验规则

7.1 感官质量记分采用百分制，最高分数为 100 分。

7.2 各项目均以 0.5 分为记分单位。

7.3 在对色泽、香味、杂气、刺激性、余味、灰度六个项目评吸记分时，每个项目质量达到相应项目的要求，则相应记分。

7.4 在对颜色、光泽目测记分时，应综合观察整支雪茄烟的颜色，包括茄衣、茄芯。

7.5 结果统计

7.5.1 按式(1)计算单项平均得分，精确至 0.01。

$$X_i = \sum X_i / n \qquad (1)$$

式中：

$\sum X_i$——某单项得分加和；

n——参加评吸人数；

X_i——某单项平均得分。

7.5.2 感官质量得分以各单项平均得分之和表示，精确至 0.1。

7.5.3 出现明显异味或霉变，感官质量总分记为零分。

7.6 型式检验、出厂检验中，若不符合 4.2 或 4.3 的要求，则判定该批雪茄烟为不合格品。

参 考 文 献

[1] YC/T 138—1998 烟草及烟草制品 感官质量评价方法

ICS 71.040.30
G 63

中华人民共和国国家标准

GB/T 15354—2011
代替 GB/T 15354—1994

化学试剂　磷酸三丁酯

Chemical reagent—Tributyl phosphate

2011-05-12 发布　　2011-12-01 实施

中华人民共和国国家质量监督检验检疫总局
中国国家标准化管理委员会　发布

前　言

本标准代替 GB/T 15354—1994《化学试剂　磷酸三丁酯》，与 GB/T 15354—1994 相比主要变化如下：

——酸度的单位由"mmol/100 g"调整为"mmol/g"(1994 年版的 3.3，本版的第 4 章)；

——修改了包装及标志(1994 年版的第 6 章，本版的第 7 章)。

本标准由中国石油和化学工业联合会提出。

本标准由全国化学标准化技术委员会化学试剂分会(SAC/TC 63/SC 3)归口。

本标准起草单位：利安隆博华(天津)医药化学有限公司。

本标准主要起草人：王旭、李娟。

本标准于 1994 年首次发布，本次为第一次修订。

化学试剂　磷酸三丁酯

示性式：$(CH_3CH_2CH_2CH_2O)_3PO$

相对分子质量：266.32（根据 2007 年国际相对原子质量）

1　范围

本标准规定了化学试剂中磷酸三丁酯的性状、规格、试验、检验规则和包装及标志。

本标准适用于化学试剂中磷酸三丁酯的检验。

2　规范性引用文件

下列文件中的条款通过本标准的引用而成为本标准的条款。凡是注日期的引用文件，其随后所有的修改单（不包括勘误的内容）或修订版均不适用于本标准，然而，鼓励根据本标准达成协议的各方研究是否可使用这些文件的最新版本。凡是不注日期的引用文件，其最新版本适用于本标准。

GB/T 601　化学试剂　标准滴定溶液的制备

GB/T 603　化学试剂　试验方法中所用制剂及制品的制备（GB/T 603—2002，ISO 6353-1：1982，NEQ）

GB/T 606　化学试剂　水分测定通用方法　卡尔·费休法（GB/T 606—2003，ISO 6353-1：1982，NEQ）

GB/T 611—2006　化学试剂　密度测定通用方法（ISO 6353-1：1982，NEQ）

GB/T 6682　化学试剂　分析实验室用水规格和试验方法（GB/T 6682—2008，ISO 3696：1987，MOD）

GB/T 9722—2006　化学试剂　气相色谱法通则

GB/T 9736—2008　化学试剂　酸度和碱度测定通用方法（ISO 6353-1：1982，NEQ）

GB 15346　化学试剂　包装及标志

HG/T 3921　化学试剂　采样及验收规则

3　性状

本试剂为无色液体，微溶于水，能与多种有机溶剂混合。

4　规格

磷酸三丁酯的规格见表 1。

表 1

名　称	分析纯	化学纯
含量[$(C_4H_9O)_3PO$]，w/%	≥98.5	≥97.0
密度(20 ℃)/(g/mL)	0.974～0.980	0.974～0.980
酸度(以 H^+ 计)/(mmol/g)	≤0.002	≤0.01
水分(H_2O)，w/g	≤0.1	≤0.3

5 试验

5.1 警告

本试验方法中使用的部分试剂具有毒性或腐蚀性，一些试验过程可能导致危险情况，操作者应采取适当的安全和健康措施。

5.2 一般规定

本章中除另有规定外，所用标准滴定溶液、制剂及制品，均按 GB/T 601、GB/T 603 的规定制备，实验用水应符合 GB/T 6682 中三级水规格，样品均按精确至 0.1 mL 量取，所用溶液以“%”表示的均为质量分数。

5.3 含量

按 GB/T 9722—2006 的规定测定。

5.3.1 测定条件

检测器：火焰离子化检测器；

载气及流速：氮气，9 cm/s；

柱长（不锈钢柱）：3 m；

固定相：5%二苯基甲基三硅氧烷-50（硅油Ⅲ）涂于 101 白色硅烷化载体[0.18 mm～0.15 mm（80 目～100 目）] 或 5%DC-710 涂于 101 白色硅烷化载体[0.18 mm～0.15 mm（80 目～100 目）]；

柱温度：165 ℃；

汽化室温度：300 ℃；

检测器温度：250 ℃；

进样量：0.2 μL；

色谱柱有效板高：$H_{\text{eff}} \leqslant 2.2$ mm；

不对称因子：$f \leqslant 1.0 \pm 0.1$。

5.3.2 定量方法

按 GB/T 9722—2006 中 9.2 的规定测定。

5.4 密度

按 GB/T 611—2006 中 4.2 的规定测定。

5.5 酸度

5.5.1 中性乙醇的制备

量取 100 mL 乙醇（无水乙醇），加 2 滴酚酞指示液（10 g/L），用氢氧化钠标准滴定溶液[c(NaOH)＝0.02 mol/L]滴定至溶液呈粉红色，并保持 30 s。使用前制备。

5.5.2 测定方法

量取 10.3 mL（10 g）样品，溶于 20 mL 中性乙醇中，加 2 滴酚酞指示液（10 g/L），用氢氧化钠标准滴定溶液[c(NaOH)＝0.02 mol/L]滴定至溶液呈粉红色，并保持 30 s。结果按 GB/T 9736—2008 中 5.1.2的规定计算。

5.6 水分

量取 5.2 mL（5 g）样品，以 10 mL 甲醇为溶剂，按 GB/T 606 的规定测定。

6 检验规则

按 HG/T 3921 的规定进行采样及验收。

7 包装及标志

按 GB 15346 的规定进行包装、贮存与运输，并给出标志，其中：

包装单位：第 4、5 类；

内包装形式：NBY-20、NBY-21、NBY-23、NBY-24、NBY-26、NBY-27、NBY-28、NBY-29；

隔离材料：GC-2、GC-3、GC-4；

外包装形式：WB-1。

ICS 23.020.30
J 16

中华人民共和国国家标准

GB 15383—2011
代替 GB 15383—1994

气瓶阀出气口连接型式和尺寸

Connection types and dimensions for gas cylinder valve outlets

(ISO 5145:2004,Cylinder valve outlets for gases and gas mixtures—Selection and dimensioning,NEQ)

2011-12-30 发布　　2012-12-01 实施

中华人民共和国国家质量监督检验检疫总局
中国国家标准化管理委员会　发布

前　言

本标准全部技术内容为强制性。

本标准按照 GB/T 1.1—2009《标准化工作导则　第 1 部分：标准的结构和编写》给出的规则起草。

本标准代替 GB 15383-1994《气瓶阀出气口连接型式和尺寸》。

本标准与 GB 15383—1994 相比较，主要不同之处如下：

——修改了适用范围；

——修改了规范性引用文件中的内容；

——修改了 5.1 的标题，由原来的“不燃和无毒气体”改为“不燃和无毒气体，其受热稳定性小于第 3 组的气体”；

——修改了六氟化硫、氙气的出气口连接型式、尺寸和图示；

——修改了表 6，删除了 G1/2、G3/4 两种不推荐使用的连接螺纹规格；

——修改了表 7，删除了一种 G5/8 的连接螺纹规格；

——修改了丙烯、丙烷（见表 9）、天然气（见表 10）的出气口连接型式、尺寸和图示；

——修改了 5.7 的标题，由原来的“可燃、有毒、腐蚀性（碱性的）或无腐蚀性气体”改为“可燃、有毒、有腐蚀性（碱性腐蚀）气体”；

——修改了表 11 中氨的出气口连接型式、尺寸和图示；

——修改了表 13 自燃气体的出气口连接型式、尺寸和图示；

——修改了 5.12 的标题，由原来的“氧化剂、有毒、腐蚀性气体” 改为“氧化剂、有毒和/或腐蚀性气体”；

——修改了表 18 的出气口连接型式、尺寸和图示；

——修改了附录 B。由于在正文的各表中各种气体的序号或出气口形式发生了变化，所以对附录 B中的序号或形式也做了相应的修改，并规定螺母的 S 和 L 的尺寸按照不同材质确定；

——增加了“混合气体”和“数字编码（FTSC）”的术语和定义；

——增加了阀出气口的确定原则，内容包括基本原则，以及单一气体、混合气体和特定气体的确定原则；

——增加了有关表中的各类气体名称，由原来的 70 种增加为 170 多种（表 1～表 18“气体名称”一栏中空行后的气体名称即为增加的气体）；

——增加了表 9 后的“注”，明确了当序号 11 和 12（见表 8 和表 9）中同时出现同种气体时，出气口连接型式和尺寸的选用原则；

——增加了表 10，将修改后的氢气、天然气归为序号 14；

——删除了原标准表 5、表 11、表 14 中 1″连接螺纹规格的出气口连接型式、尺寸和图示；

——删除了原标准表 4 的内容，并将其与表 3 合并；

——删除了原标准关于“未列出气体的瓶阀出气口尺寸可根据气体特性参照选择采用”和“充装氢气时，绝对禁止使用除螺纹连接以外的所有其他形式”的内容。

本标准使用重新起草法参考了 ISO 5145：2004《用于气体和混合气体的气瓶阀出气口——选择和尺寸》编制，与 ISO 5145：2004 的一致性程度为非等效。本标准瓶阀出气口连接型式和尺寸的分组以及组内气体与 ISO 5145：2004 完全一致。

本标准由全国气瓶标准化技术委员会（SAC/TC 31）提出并归口。

本标准主要起草单位：上海市特种设备监督检验技术研究院、上海气体阀门总厂、宁波富华阀门有限公司、上海星地环保设备有限公司、上海高压容器有限公司、上海减压器厂有限公司。

本标准主要起草人：孙黎、陈伟明、顾秋华、金剑华、毛冲霓、钱发祥、朱杰。

本标准所代替标准的历次版本发布情况为：

——GB 15383—1994。

气瓶阀出气口连接型式和尺寸

1 范围

本标准规定了与气瓶阀出气口连接型式和尺寸有关的术语和定义、气瓶阀出气口的确定原则、各类气体气瓶阀出气口连接型式和尺寸、说明等内容。

本标准适用于永久气体、液化气体、溶解气体等气瓶上配置的气瓶阀。

本标准不适用于低温气体和呼吸器气体气瓶阀的出气口和连接件。

2 规范性引用文件

下列文件对于本文件的应用是必不可少的。凡是注日期的引用文件，仅注日期的版本适用于本文件。凡是不注日期的引用文件，其最新版本(包括所有的修改单)适用于本文件。

GB/T 1804 一般公差 未注公差的线性和角度尺寸的公差

GB/T 7307 55°非密封管螺纹

GB/T 13005 气瓶术语

ISO 5145:2004 用于单一气体和混合气体的气瓶阀出气口 选择和尺寸(Cylinder valve outlets for gases and gas mixtures—Selection and dimensioning)

ISO 10156:1996 气体和混合气体 用于选择瓶阀出气口的潜在燃烧性和氧化能力的测定(Gases and gas mixtuires—Determination of fire potential and oxidizing ability for the selection of cylinder valve outlets)

ISO 10298:1995 气体或混合气体的毒性测定(Determination of toxicity of a gas of gas mixture)

ISO 13338:1995 气体或混合气体腐蚀性的测定(Determination of tissue corrosiveness of a gas or gas mixture)

3 术语和定义

GB/T 13005 确立的以及下列术语和定义适用于本文件。

3.1

混合气体 gas mixture

气瓶内充装两种或两种以上的气体和/或液化气体有目的的混合。

3.2

气体数字编码 numerical gas code (FTSC)

气体的 FTSC 编码是由气体的燃烧性、毒性、状态和腐蚀性的英文词组中第一个字母组成的缩写词。FTSC 编码用四位数字按顺序组成，直接标示了每种气体的基本特性。

4 气瓶阀出气口的确定原则

4.1 基本原则

本标准建立了一个确定气瓶中盛装任何一种气体或混合气体性质的方法，即四位数的 FTSC 数字编码。根据每种气体或混合气体的物理和化学特性(即燃烧性、毒性、状态以及腐蚀性),进行 FTSC 数字编码的分类(参见附录 A 中的 A.1)。

FTSC 编码使每种气体和混合气体都能够归入 15 个气体组之一(参见附录 A 中的 A.2),使得瓶阀出气口连接型式和尺寸与每个气体组相配。

注:气体数字编码的唯一意图是将相同性质的气体编成一组,以便每组可选择特有的瓶阀出气口。本气体数字编码仅适用于本标准范围内瓶阀出气口的选择。

4.2 单一气体的确定原则

单一气体归入第 1～第 14 个气体组中。应认识到"单一气体"允许有杂质,但是不能影响瓶阀出气口的选择。

4.3 混合气体的确定原则

混合气体四位数字编码(FTSC)的分组原则与单一气体一样。混合气体 FTSC 数字编码的分组是由其最终混合物的燃烧性、氧化性、毒性和腐蚀性来决定的,将某种混合物归入气体和混合气体组(参见表 A.1)中的一组。燃烧性、氧化性的测定见 ISO 10156:1996;毒性的测定见 ISO 10298:1995;腐蚀性的测定见 ISO 13338:1995。

含有自发燃烧的气体(也就是自燃气体,如表 A.10 中的硅烷)混合物,当自燃气体的含量大于 1.4% 时,应作为自燃混合气来考虑。

4.4 特定气体的确定原则

将以下特定气体从混合气体和其他气体中分离出来,归入 5 个组,这 5 个组如下:

a) 第 2 组——二氧化碳;

b) 第 5 组——空气;

c) 第 10 组——氧气;

d) 第 11 组——一氧化二氮;

e) 第 14 组——乙炔。

5 各类气体气瓶阀出气口连接型式和尺寸

5.1 不燃和无毒气体,其受热稳定性小于第 3 组的气体

不燃和无毒气体,其受热稳定性小于第 3 组的气体瓶阀出气口按表 1、表 2 的规定。

表 1

单位为毫米

序号	气体名称	连接螺纹规格 d	d_1	A	L_0	L_1	旋向	图示
1	二氟溴氯甲烷 二氟氯甲烷 六氟乙烷 三氟氯甲烷 溴氯甲烷 三氟溴甲烷 氯七氟环丁烷 一氯五氟乙烷 1-氯基-1,2,2,2-四氟乙烷 1-氯基-2,2,2-三氟乙烷 1,2-二溴四氟乙烷 1,2-二氯二氟乙烯 二氯二氟甲烷 一氟二氯甲烷 1,2-二氯六氟环丁烷 1,1-二氯四氟乙烷 1,2-二氯四氟乙烷 2,2-二氯-1,1,1-三氟乙烷	W21.8-14	$\phi 13$	$\phi 16$	14	9	右	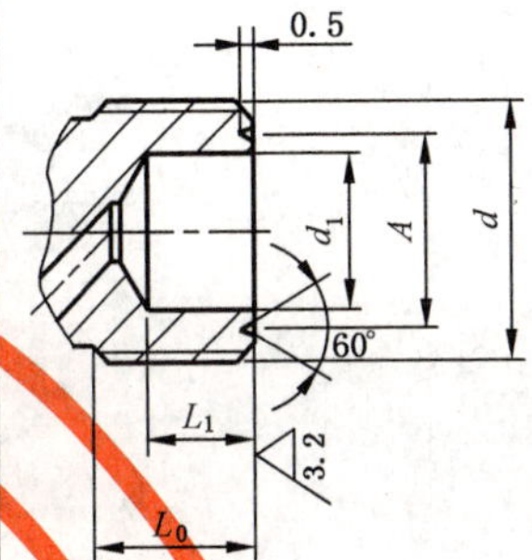
2	六氟丙稀 八氟环丁烷 八氟丙烷 五氯氟乙烷 五氟乙烷 五氟碘乙烷 全氟丁烷 1,1,1,2-四氯二氟乙烷 1,1,2,2-四氯二氟乙烷 1,1,2,2-四氟-1-氯乙烷 三氯氟甲烷 1,1,1-三氯三氟乙烷 1,1-三氯三氟乙烷 三氟甲烷	G3/4	$\phi 14$	$\phi 19$	14	7		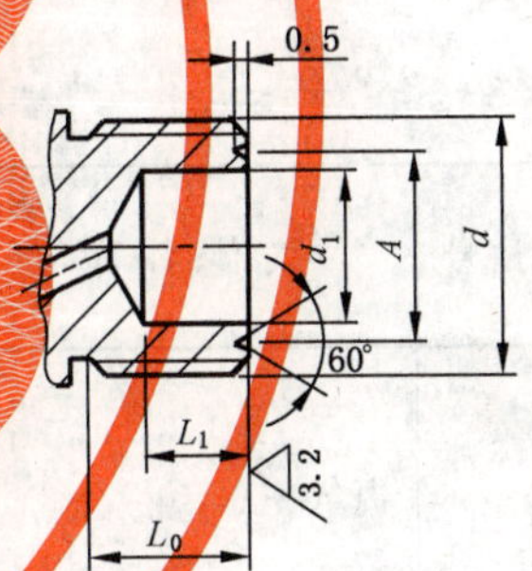

表 2

单位为毫米

序号	气体名称	连接螺纹规格 d	d_1	L_0	L_1	r	旋向	图示
3	六氟化硫	G5/8	$\phi 15$	$\phi 14$	6	2	右	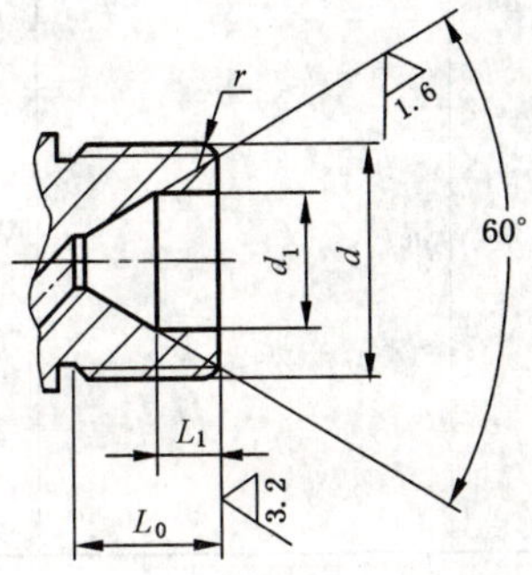

5.2 二氧化碳气体

二氧化碳气体瓶阀出气口按表3的规定。

表 3

单位为毫米

序号	气体名称	连接螺纹规格 d	d_1	L_0	L_1	r	旋向	图示
4	二氧化碳	G5/8	$\phi 15$	14	6	2	右	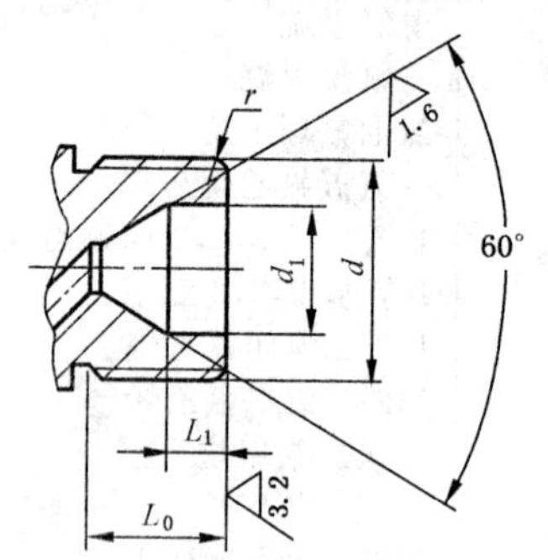

5.3 不燃、无毒且受热稳定的气体(二氧化碳除外)

不燃、无毒且受热稳定的气体(二氧化碳除外)瓶阀出气口按表4的规定。

表 4

单位为毫米

序号	气体名称	连接螺纹规格 d	d_1	A	L_0	L_1	旋向	图示
5	氮气 氩气 氦气 氖气 氪气 四氟代甲烷	G5/8	$\phi 15$	$\phi 17$	14	6	右	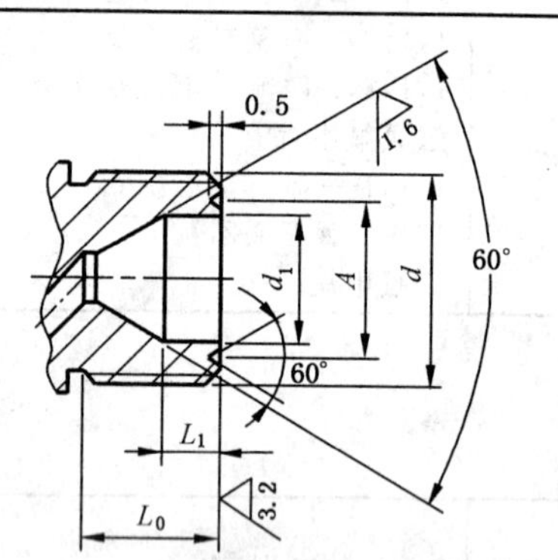
6	氙气	W21.8-14	$\phi 13$	$\phi 16$	14	9	右	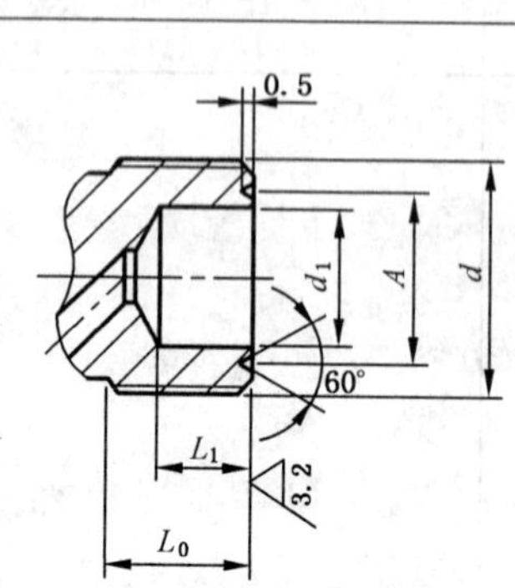

5.4 不燃、有毒、腐蚀性或含水时腐蚀的气体

不燃、有毒、腐蚀性或含水时腐蚀的气体瓶阀出气口按表 5 的规定。

表 5 单位为毫米

<table>
<tr><th>序号</th><th>气体名称</th><th>连接螺纹规格 d</th><th>d_1</th><th>A</th><th>L_0</th><th>L_1</th><th>旋向</th><th>图示</th></tr>
<tr><td>7</td><td>三氯化硼
二氧化硫
光气
溴化氢
氟化氢
氯化氢
氯化氰
五氟化锑
三氟化硼
溴丙酮
氟化碳酰
氯化氘
氟化氘
二溴二氟甲烷
二氯-2-氯乙烯基胂
二光气
二氯乙胂</td><td>W21.8-14</td><td>$\phi 13$</td><td>$\phi 16$</td><td rowspan="2">14</td><td>9</td><td rowspan="2">右</td><td>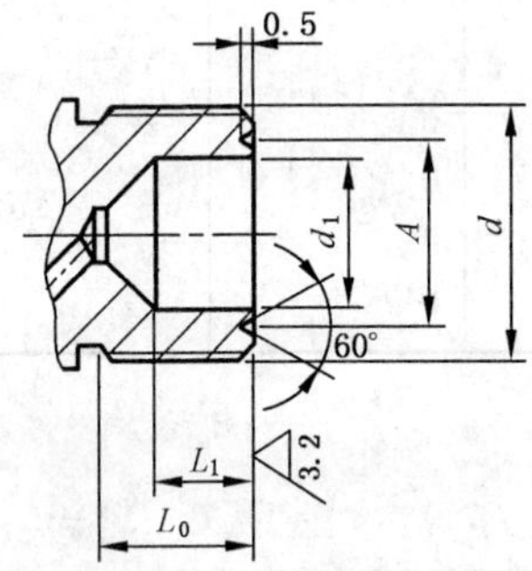</td></tr>
<tr><td>8</td><td>六氟丙酮
碘化氢
碘三氟甲烷
溴化甲烷
二氯胂甲烷
芥子气
氯化亚硝酰
全氟-2-丁烷
苯胩化氯
五氟化磷
三氟化磷
四氯化硅
四氟化硅
四氟化硫
硫酰氟
六氟化钨
六氟化铀</td><td>G3/4</td><td>$\phi 14$</td><td>$\phi 19$</td><td>7</td><td>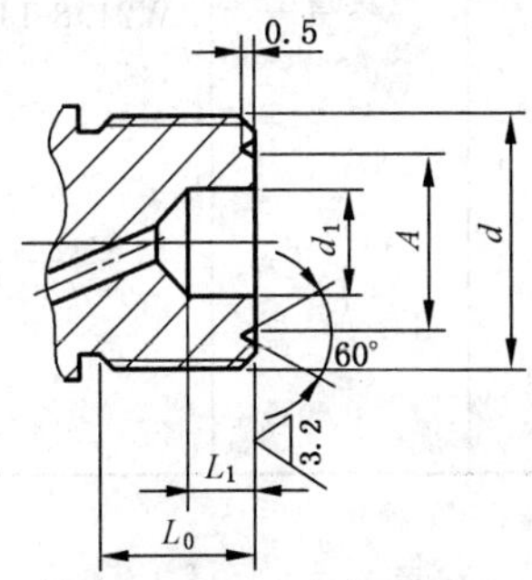</td></tr>
</table>

5.5 空气

空气瓶阀出气口按表 6 和表 7 的规定。

表 6

单位为毫米

序号	气体名称	连接螺纹规格 d	d_1	L_0	L_1	r	旋向	图示
9	空气	G5/8	ϕ15	14	6	2	右	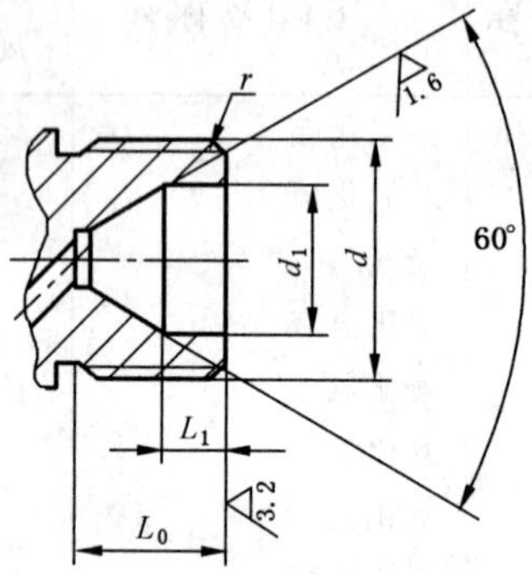

表 7

单位为毫米

序号	气体名称	连接螺纹规格 d	d_1	A	L_0	L_1	旋向	图示
10	空气	W21.8-14	ϕ13	ϕ16	11	9	右	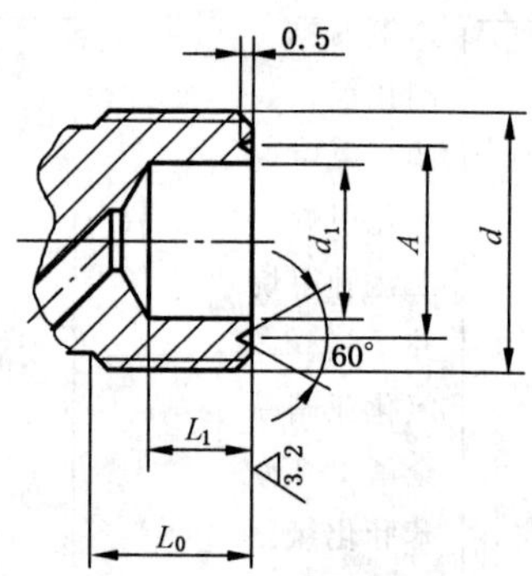

5.6 可燃、无毒气体

可燃、无毒气体瓶阀出气口按表 8、表 9 和表 10 的规定。

注：对于公称工作压力不同的气瓶充装同一种气体而具有不同充装压力或不同充装系数的，若该气体在序号 11 和 12 中同时出现，当公称工作压力为规定起始值的应选序号 11；当公称工作压力比规定起始值高时选 12。

表 8

单位为毫米

序号	气体名称	连接螺纹规格 d	d_1	D	L	α	旋向	图示
11	乙烷 异丁烷 甲烷 异丁烯 丙二烯 溴三氟乙烯 丁烷 1-丁烯 2-丁烯 1-氯-1,1-三氯乙烷 氯氟甲烷 氘 1,1-二氟乙烷 二氟甲烷 1,1-二氟乙烯 二甲醚 2,2-二甲基丙烷 丁炔 氯乙烷 乙烯 乙醚(易燃液体) 丙炔 3-甲基-1-丁烯 乙甲醚;甲氧基乙烷 烷 氟甲烷 1,1,1-三氟乙烷	G5/8	ϕ17	ϕ28	16	70°	左	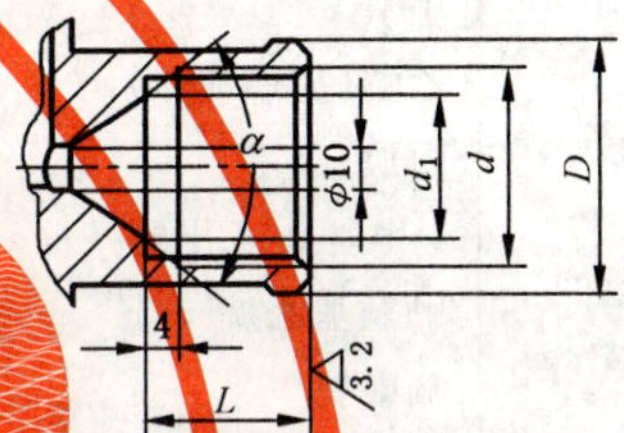

表 9

单位为毫米

序号	气体名称	连接螺纹规格 d	d_1	D	L	α	旋向	图示
12	丁烷 乙烷 乙烯 氢气 异丁烷 异丁烯 甲烷 1-丁烯 2-丁烯 氯乙烷	G5/8	ϕ17	ϕ35	16	70°	左	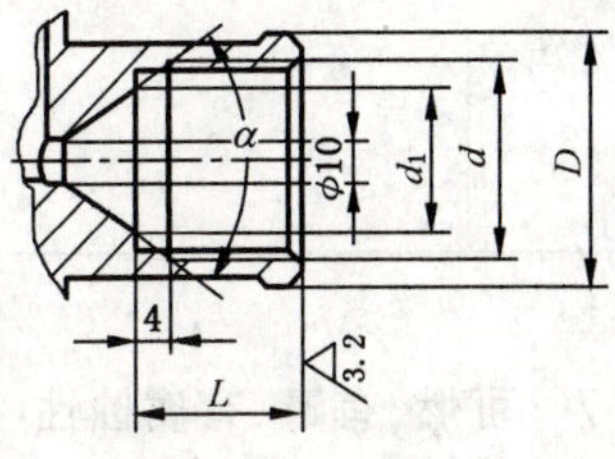

表 9（续）

单位为毫米

序号	气体名称	连接螺纹规格 d	d_1	D	L	α	旋向	图示
12	丙二烯 溴三氟乙烯 1-氯-1,1-三氯乙烷 氯氟甲烷 氘 1,1-二氟乙烷 二氟甲烷 1,1-二氟乙烯 二甲醚 2,2-二甲基丙烷 丁炔 乙醚(易燃液体) 丙炔 3-甲基-1-乙甲醚 甲氧基乙烷 氟甲烷 1,1,1-三氟乙烷	G5/8	$\phi 17$	$\phi 35$	16	70°	左	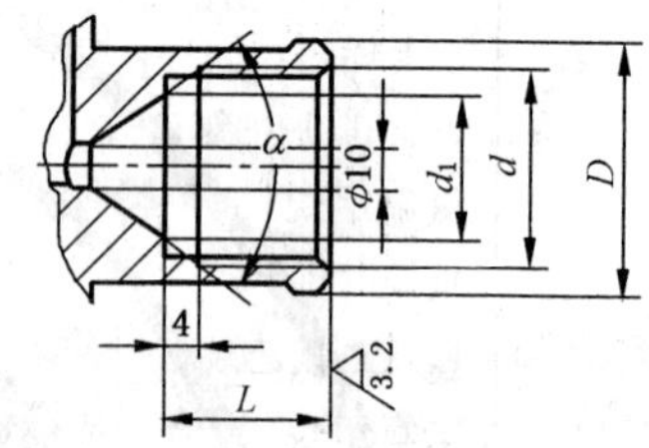
13	丙烷 丙烯 液化石油气(混合)	M22×1.5		$\phi 27$				

表 10

单位为毫米

序号	气体名称	连接螺纹规格 d	d_1	A	L_1	L_0	旋向	图示
14	氢气 天然气	W21.8-14	$\phi 15$	$\phi 16$	6	14	左	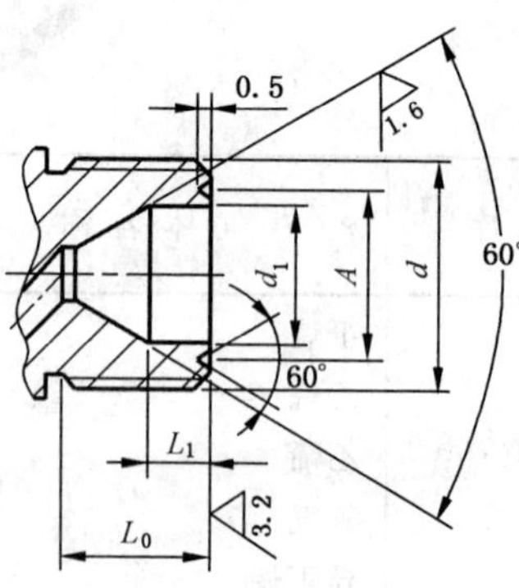

5.7 可燃、有毒、有腐蚀性(碱性腐蚀)气体

可燃、有毒、有腐蚀性(碱性腐蚀)气体瓶阀出气口按表 11 的规定。

表 11

单位为毫米

序号	气体名称	连接螺纹规格 d	d_1	A	L_0	L_1	旋向	图示
15	氨	G1/2	$\phi12$	$\phi15$	9	6.5	右	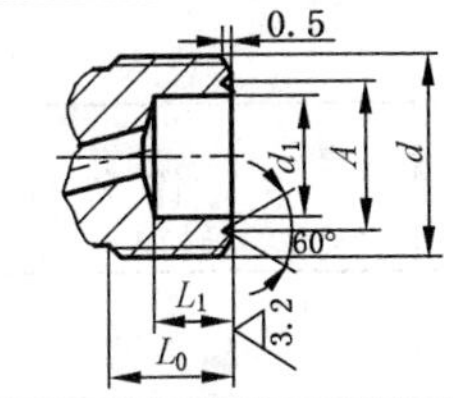
16	二甲胺 三甲胺 一乙胺 一甲胺	W21.8-14	$\phi13$	$\phi16$	14	9	左	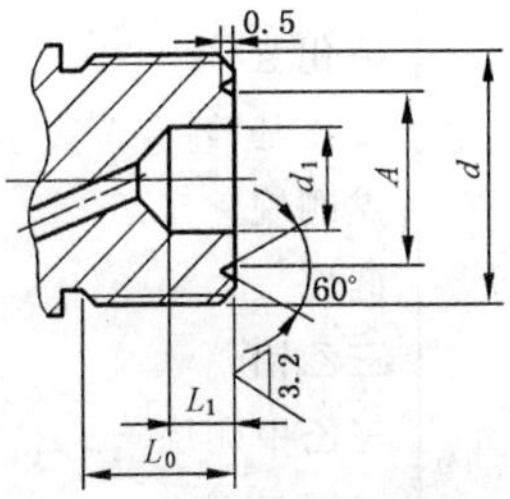

5.8 可燃、有毒、有腐蚀性(酸性)或无腐蚀性气体

可燃、有毒、有腐蚀性(酸性)或无腐蚀性气体瓶阀出气口按表12的规定。

表 12

单位为毫米

序号	气体名称	连接螺纹规格 d	d_1	A	L_0	L_1	旋向	图示
17	砷化氢 一氧化碳 硫氧化碳 氰(液化的) 环丙烷 硒化氢 硫化氢 氯甲烷 胂 煤气 硒化氘 硫化氘 二氯硅烷 二甲基硅烷 氟乙烷 锗烷 七氟丁腈 六氟环丁烯 甲硫醇 甲基硅甲烷 羰基镍 五氟丙腈 四乙基铅 四甲基铅 三氟乙腈 三氟乙烯 三甲基硅烷	W21.8-14	$\phi13$	$\phi16$	14	9	左	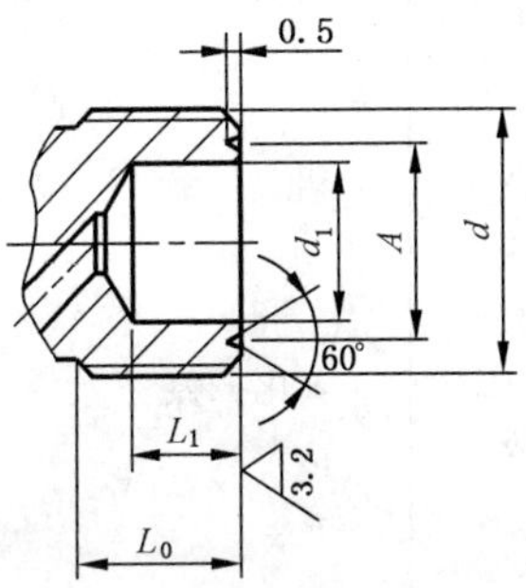

5.9 自燃气体

自燃气体瓶阀出气口按表 13 的规定。

表 13

单位为毫米

序号	气体名称	连接螺纹规格 d	d_1	A	L_1	L_0	旋向	图示
18	磷化氢 二乙基锌 戊硼烷 硅烷 三乙铝 三乙甲硼烷 三甲基铟	W21.8-14	$\phi15$	$\phi16$	6	14	左	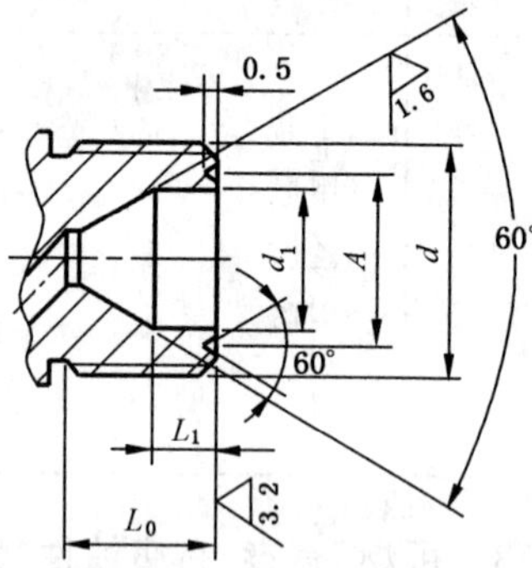

5.10 氧气

氧气瓶阀出气口按表 6 和表 7 的规定。

5.11 一氧化二氮气体

一氧化二氮瓶阀出气口按表 14 的规定。

表 14

单位为毫米

序号	气体名称	连接螺纹规格 d	d_1	A	L_0	L_1	旋向	图示
19	一氧化二氮	G5/8	$\phi14$	$\phi17$	14	7	右	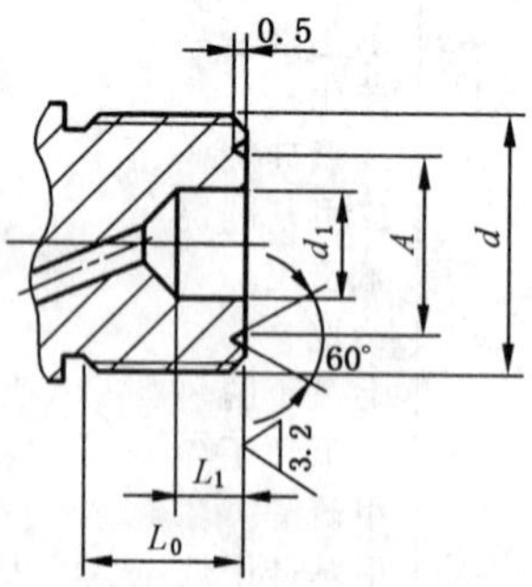

5.12 氧化剂、有毒和/或有腐蚀性的气体

氧化剂、有毒和/或有腐蚀性的气体瓶阀出气口按表 15 的规定。

表 15

单位为毫米

序号	气体名称	连接螺纹规格 d	d_1	A	L_0	L_1	旋向	图示
20	氯 三氟化氯 氟 一氧化氮 二氧化氮 双-甲基过氧化三氟 五氟化溴 三氟化溴 五氟化氯 五氟化碘 三氟化氮 三氟化二氮 二氟化氧 臭氧 四氟(代)肼	G3/4	ϕ14	ϕ19	14	7	右	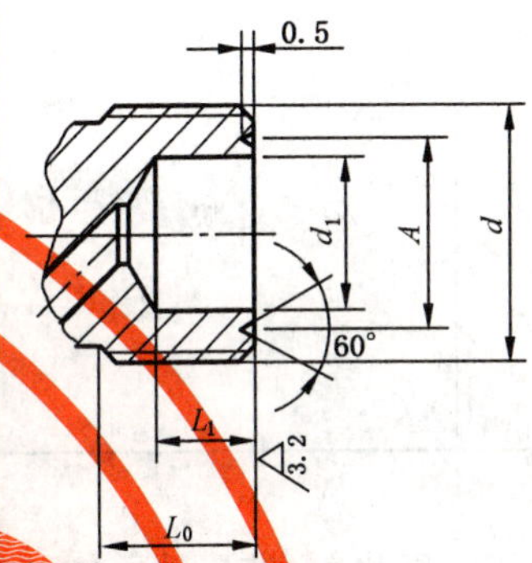

5.13 分解或聚合的可燃气体

分解或聚合的可燃气体瓶阀出气口按表 16 的规定。

表 16

单位为毫米

序号	气体名称	连接螺纹规格 d	d_1	A	L_0	L_1	旋向	图示
21	三氟氯乙烯 环氧乙烷 氰化氢，稳定的 1,3-丁二烯，稳定的 溴乙烯，稳定的 氯乙烯，稳定的 氟乙烯，稳定的 乙烯基甲醚，稳定的 乙硼烷 氧化丙烯 三苯锑，锑化氢 四氟乙烯，稳定的	W21.8-14	ϕ13	ϕ16	14	9	左	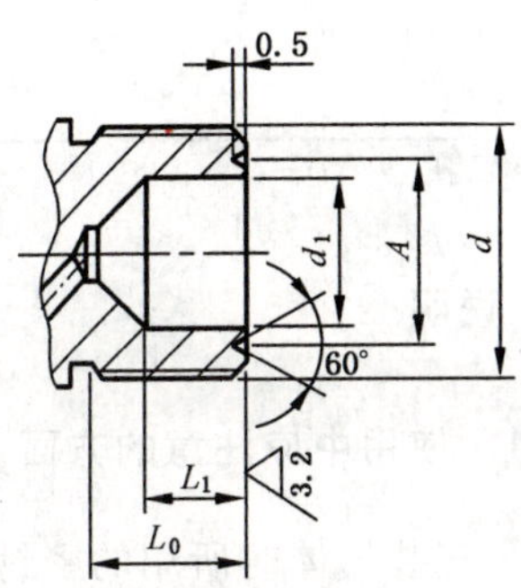

5.14 乙炔气体

乙炔气体瓶阀出气口按表 17 的规定。

表 17

单位为毫米

序号	气体名称	连接型式					图示
		d	d_1	D	L	e	
22	乙炔	$\phi 5$	$\phi 10$	$\phi 21$	6	1	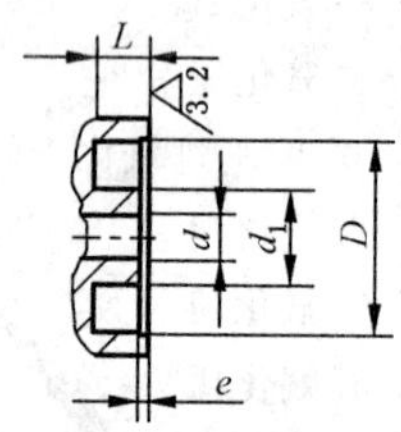

5.15 氧化剂、非毒性气体、非腐蚀性气体的混合气体(通常是医用的)

氧化剂、非毒性气体、非腐蚀性气体的混合气体瓶阀出气口按表 18 的规定。

表 18

单位为毫米

序号	气体名称		连接螺纹规格 d	d_1	L_0	L_1	r	旋向	图示
23	混合气体	$50\% N_2O + 50\% O_2$	G5/8	$\phi 15$	14	6	2	右	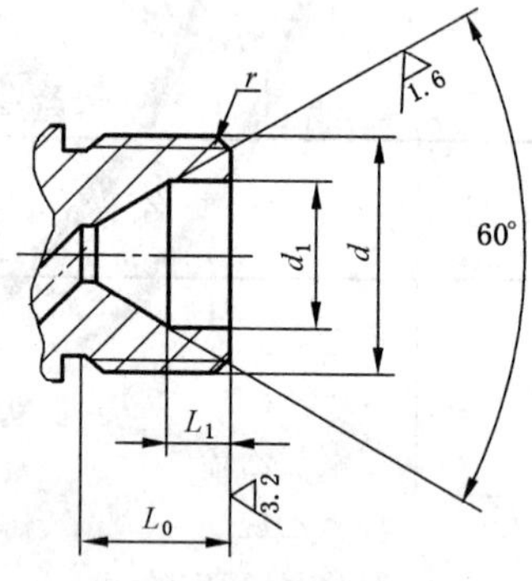

6 说明

6.1 使用中应注意的方面

充装气体时所用的密封垫圈、充气接头、螺母的推荐型式和尺寸,参见附录 B。

6.2 连接螺纹的制造精度

W21.8-14 应参照 GB/T 7307 标准执行。

附 录 A
（资料性附录）
气 体 组

A.1 气体数字编码（FTSC）

A.1.1 通则

每种气体的数字编码依据下列四个物理-化学特性。

注：本附录与 ISO 5145:2004《用于气体和混合气体的气瓶阀出气口 选择和尺寸》附录 A 的内容基本一致，气体状态中压范围选用欧洲的。

Ⅰ类：燃烧性；

Ⅱ类：毒性；

Ⅲ类：气体状态（在设定压力范围内，气瓶处于 15 ℃时流体的物理状态）；

Ⅳ类：腐蚀性。

每一类下分不同特性的小类，每个小类用以下不同数字标识：

A.1.2 燃烧性，Ⅰ类

0 小类：惰性（不属于以下 1～5 小类的气体）；

1 小类：助燃（潜在氧化性等于或小于空气的氧化性气体）；

2 小类：可燃的（在空气中有燃烧极限的气体）；

3 小类：自燃；

4 小类：强氧化性（潜在氧化性大于空气的氧化性气体）；

5 小类：易分解或聚合且是可燃的。

A.1.3 毒性，Ⅱ类

0 小类：在大气压下能维持生命的；

1 小类：无毒 LC_{50}＞0.005％（体积）；（对于 LC_{50} 的定义见 ISO 10298）；

2 小类：毒性；0.000 2％（体积）＜LC_{50}≤0.005％（体积）；

3 小类：剧毒 LC_{50}≤0.000 2％（体积）。

A.1.4 气体状态（气瓶在 15 ℃时），Ⅲ类

0 小类：≤3.5 MPa 的液化气体；

1 小类：＞3.5 MPa 的液化气体；

2 小类：液相排出的液化气体（非强制性）；

3 小类：溶解气体；

4 小类：≤3.5 MPa 的气相分离的气体[仅为气体（包括低温气体的排出）]；

5 小类：3.5 MPa～25 MPa 的永久气体；

6 小类：大于 25 MPa 的永久气体。

按照 ISO 10286，所有的压力是 15 ℃时的工作压力。

A.1.5 腐蚀性，Ⅳ类

0 小类：无腐蚀性；

1 小类：酸性腐蚀不形成氢卤酸；

2 小类：碱性腐蚀；

3 小类：酸性腐蚀，形成氢卤酸。

A.2 气体组

A.2.1 通则

表 A.1 是每个气体组特性的概述。

表 A.1 气体组的特性

组别	特 性
1	不燃、无毒的单一气体或混合气体，其受热稳定性小于第 3 组
2	二氧化碳
3	不燃、无毒且受热稳定的气体（二氧化碳除外）的单一气体或混合气体
4	不燃、有毒、腐蚀性或含水时腐蚀的单一气体或混合气体
5	空气
6	可燃、无毒的单一气体或混合气体
7	可燃、有毒、有腐蚀性（碱性腐蚀）的单一气体或混合气体
8	可燃、有毒、有腐蚀性（酸性）或无腐蚀性的单一气体或混合气体
9	自燃的单一气体或混合气体
10	氧气
11	一氧化二氮
12	氧化剂、有毒和/或有腐蚀性的单一气体或混合气体
13	可分解或聚合的可燃单一气体或混合气体
14	乙炔
15	氧化剂、非毒性和非腐蚀性混合气体（通常是医用的）

每种气体和混合气体组的一览表见 A.2.2～A.2.16。

A.2.2 第 1 组气体和混合气体

见表 A.2。

表 A.2 属于第 1 组的气体和混合气体

气 体	FTSC 编码	同 义 词
溴氯二氟甲烷 Bromochlorodifluoromethane	0100	R12B1
溴氯甲烷 Bromochloromethane	0100	哈龙 1011 Halon 1011
三氟溴甲烷 Bromotrifluoromethane	0100	三氟溴甲烷 R13B1 Trifluorobromomethane R13B1

表 A.2（续）

气　　体	FTSC 编码	同　义　词
氯二氟(代)甲烷 Chlorodifluoromethane	0100	一氯二氟甲烷 R22 Monochlorodifluoromethane R22
氯七氟环丁烷[a] Chloroheptafluorocyclobutane	0100	C317
一氯五氟乙烷 Chloropentafluoroethane	0100	一氯五氟乙烷 R115 Monochloropentafluoroethane R115
1-氯基-1,2,2,2-四氟乙烷 1-Chloro-1,2,2,2-tetrafluoroethane	0100	R124
1-氯基-2,2,2-三氟乙烷 1-Chloro-2,2,2-trifluoroethane	0100	R133a
氯三氟甲烷 Chlorotrifluoromethane	0100	一氯三氟甲烷 R13 Monochlorotrifluoromethane R13
1,2-二溴四氟乙烷[a] 1,2-Dibromotetrafluoroethane	0100	R114B2
1,2-二氯二氟乙烯 1,2-Dichlorodifluoroethylene	0100	R1112a
二氯二氟甲烷 Dichlorodifluoromethane	0100	R12
一氟二氯甲烷 Dichlorofluoromethane	0100	R21
1,2-二氯六氟环丁烷[a] 1,2-Dichlorohexafluorocyclobutane	0100	C316
1,1-二氯四氟乙烷 1,1-Dichlorotetrafluoroethane	0100	R114a
1,2-二氯四氟乙烷 1,2- Dichlorotetrafluoroethane	0100	R114
2,2-二氯-1,1,1-三氟乙烷[a] 2,2- Dichloro-1,1,1-trifluoro ethane	0100	R123
六氟丙稀 Hexafluoropropylene	0100	六氟丙稀 R1216 Hexafluoropropene R1216
八氟环丁烷 Octafluorocyclobutane	0100	全氟环丁烷 RC318 Perfluorocyclobutane RC318
八氟丙烷 Octafluoropropane	0100	全氟丙烷 R218 Perfluoropropane R218

表 A.2(续)

气体	FTSC 编码	同义词
六氟乙烷 Hexafluoroethane	0100	全氟丙烷 R116 Perfluoroethane R116
五氯氟乙烷 Pentachlorofluoroethane	0100	
五氟乙烷 Pentafluoroethane	0100	R125
五氟碘乙烷 Pentafluoroethyliodide	0100	
全氟丁烷 Perfluorobutane	0100	
六氟化硫 Sulfurhexafluoride	0100	
1,1,1,2-四氯二氟乙烷 1,1,1,2-Tetrachlorodifluoroethane	0100	R112a
1,1,2,2-四氯二氟乙烷 1,1,2,2- Tetrachlorodifluoroethane	0100	R112
1,1,2,2-四氟-1-氯乙烷 1,1,2,2-Tetrachloro-1-chloroethane	0100	
三氯氟甲烷[a] Trichlorofluoromethane	0100	三氯一氟甲烷 R11 Trichloromonofluoromethane R11
1,1,1-三氯三氟乙烷[a] 1,1,1-Trichlorotrifluoroethane	0100	R113a
1,1-三氯三氟乙烷[a] 1,1- Trichlorotrifluoroethane	0100	R113
三氟甲烷 Trifluoromethame	0100	三氟甲烷 R23 Fluoroform R23

[a] 包括某些在正常的环境条件下可以被液化的气体。当那些气体同喷气燃料一起用压力容器提供时,它们也包括在这个组内,因为阀的出气口是必须的。

混合气体见 4.3。

A.2.3 第 2 组气体

见表 A.3。

表 A.3 属于第 2 组的气体

气体	FTSC 编码	同义词
二氧化碳 Carbon dioxide	0110	碳酸 R744 酐 Carbonic acid R744 anhydride

A.2.4 第3组气体和混合气体

见表A.4。

表A.4 属于第3组的气体和混合气体

气　　体	FTSC 编码	同　义　词
氩气 Argon	0150	
氦气 Helium	0150	
氪气 Krypton	0150	
氖气 Neon	0150	
氮气 Nitrogen	0150	
氙气 Xenon	0150	
四氟代甲烷 Tetrafluoromethane	0150	四氟化碳 R14 Carbon tetrafluoride R14

混合气体见4.3。

A.2.5 第4组气体和混合气体

见表A.5。

表A.5 属于第4组的气体和混合气体

气　　体	FTSC 编码	同　义　词
五氟化锑[a] Antimony pentafluoride	0303	
三氯化硼 Boron trichloride	0203	氯化硼 Boron chloride
三氟化硼 Boron trifluoride	0253	氟化硼 Boron fluoride
溴丙酮[a] Bromoacetone	0203	
氟化碳酰 Carbonyl-fluoride	0213	
氯化氰 Cyanogen chloride	0303	
氯化氘 Deuterium chloride	0213	

表 A.5（续）

气　　体	FTSC 编码	同　义　词
氟化氘 Deuterium fluoride	0203	
二溴二氟甲烷[a] Dibromodifluoromethane	0100	R12B2
二氯-2-氯乙烯基胂 Dichloro-2-chlorovinyl arsine	0303	糜烂性毒气 Lewisite
二光气[a] Diphosgene	0303	
二氯乙胂[a] Ethyldichloroarsine	0303	
六氟丙酮 Hexafluoroacetone	0203	六氟丙烷-2 全氟丙酮 Hexafluoropropane-2perfluoroacetone
氢溴酸 Hydrogen bromide	0203	氢溴酸(无水的) Hydrobromic acid(anhydrous)
氯化氢 Hydrogen chloride	0213	氢氯酸(无水的) Hydrochloric acid(anhydrous)
氟化氢[a] Hydrogen fluoride	0203	氢氟酸(无水的) Hydrofluoric acid(anhydrous)
碘化氢 Hydrogen iodide	0203	氢碘酸(无水的) Hydroiodic acid(anhydrous)
碘三氟甲烷 Iodotrifluoromethane	0100	碘三氟甲烷 Trifluoromethyl iodide
溴化甲烷 Methyl bromide	0200	溴甲烷 Bromomethane
二氯胂甲烷 Methyldichloroarsine	0303	
芥子气 Mustard gas	0303	
氯化亚硝酰 Nitrosyl chloride	0303	
全氟-2-丁烷 Perfluoro-2-butene	0100	
苯胩化氯 Phenlcarbylamine chloride	0303	
光气 Phosgene	0303	光气 Carbonyl chloride
五氟化磷 Phosphorus pentafluoride	0203	
三氟化磷 Phosphorus trifluoride	0203	

表 A.5（续）

气　　体	FTSC 编码	同　义　词
四氯化硅 Silicon tetrachloride	0203	
四氟化硅[a] Silicon tetrafluoride	0253	四氟化烷 R764 Tetrafluorosilane R764
二氧化硫 Sulfur dioxide	0201	
四氟化硫 Sulfur tetrafluoride	0300	
硫酰氟 Sulfuryl fluoride	0200	
六氟化钨 Tungsten hexafluoride	0303	
六氟化铀 Uranium hexafluoride	0303	

[a] 包括某些在正常的环境条件下可以被液化的气体。当那些气体同喷气燃料一起用压力容器提供时，它们也包括在这个组内，因为阀的出气口是必须的。

混合气体见 4.3。

A.2.6　第 5 组气体

见表 A.6。

表 A.6　属于第 5 组的气体

气　　体	FTSC 编码	同　义　词
空气 Air	1050	

A.2.7　第 6 组气体和混合气体

见表 A.7。

表 A.7 属于第 6 组的气体和混合气体

气　　体	FTSC 编码	同　义　词
丙二烯 Allene	2100	丙二烯 Propadiene
溴三氟乙烯 Bromotrifluoroethylene	2100	R113B1
丁烷 Butane	2100	

表 A.7（续）

气　　体	FTSC 编码	同　义　词
1-丁烯 1-Butene	2100	丁烯 Butylene
2-丁烯 2- Butene	2100	丁烯 Butylene
1-氯-1,1-三氯乙烷 1-Chloro-1,1-difluoroethane	2100	R142b
氯氟甲烷 Chlorofluoromethane	2100	
氘 Deuterium	2150	
1,1-二氟乙烷 1,1-Difluoroethane	2100	二氟乙烷 R152a Ethylidene fluoride R152a
二氟甲烷 Difluoromethane	0110	二氟甲烷 R32 Methylene fluoride R32
1,1-二氟乙烯 1,1- Difluoroethylene	2110	二氟乙烯 R1132a Vinylidene fluoride R1132a
二甲醚 Dimethylether	2100	甲醚 Methyl ether
2,2-二甲基丙烷[a] 2,2-Dimethypropane	2100	四甲基甲烷 Tetramethylmethane
乙烷 Ethane	2110	R170
丁炔 Ethylacetylene	2100	1-丁炔 1-Butyne
氯乙烷[a] Ethylchloride	2100	氯乙烷 R160 Chloroethane R160
乙烯 Ethylene	2150	Ethene
乙醚(易燃液体) Ethyl ether (inflammable liquid)	2100	R1150
氢气 Hydrogen	2150	
异丁烷 Isobutane	2100	三甲基甲烷 Trimethylmethane R601
异丁烯 Isobutylene	2100	2-甲基丙稀 2-Methylpropene
甲烷 Methane	2150	R50
丙炔[a] Methylacetylene	2100	丙炔 Allylene;Propyne

表 A.7（续）

气　　体	FTSC 编码	同　义　词
3-甲基-1-丁烯[a] 3-Methy -1-butene	2100	异戊烯 Isoamylene：Isopropylethylene
乙甲醚；甲氧基乙烷 Methy ethyl ether	2100	乙甲醚；甲氧基乙烷 Ethyl methyl ether
氟甲烷 Methy fluoride	2110	氟甲烷 R41 Fluoromethane R41
天然气 Natural gas	2150	
丙烷 Propane	2100	R290
丙烯 Propylene	2100	丙烯 R1270 Propene R1270
1,1,1-三氟乙烷 1,1,1-Trifluoroethane	2100	R143a
[a] 包括某些在正常的环境条件下可以被液化的气体。当那些气体同喷气燃料一起用压力容器提供时，它们也包括在这个组内，因为阀的出气口是必须的。		

混合气体见 4.3。

A.2.8　第 7 组气体和混合气体

见表 A.8。

表 A.8　属于第 7 组的气体和混合气体

气　　体	FTSC 编码	同　义　词
氨；阿摩尼亚 Ammonia	2102	R717
二甲胺 Dimethylamine	2102	
一乙胺 Monoethylamine	2102	乙胺 R631 Ethylamine R631
一甲胺 Monomethylamine	2102	甲胺 R630 Methylamine R630
三甲胺 Trimethylamine	2102	
[a] 包括某些在正常的环境条件下可以被液化的气体。当那些气体同喷气燃料一起用压力容器提供时，它们也包括在这个组内，因为阀的出气口是必须的。		

混合气体见 4.3。

A.2.9 第8组气体和混合气体

见表A.9。

表A.9 属于第8组的气体和混合气体

气体	FTSC编码	同义词
胂 Arsine	2300	
一氧化碳 Carbon monoxide	2250	
氧硫化碳 Carbonyl sulfide	2201	一氧硫化碳 Carbonoxylsulfide
氯甲烷 Chloromethane	2100	氯甲烷 Methyl chloride R40
煤气 Coal gas	混合物	
氰(液化的) Cyanogen	2200	
环丙烷 Cyclopropane	2100	环丙烷 Trimethylene
硒化氘 Deuterium selenide	2301	
硫化氘 Deuterium sulfide	2201	
二氯硅烷[a] Dichlorosilane	2203	
二甲基硅烷 Dimethylsilane	2100	
氟乙烷 fluoroethane	2100	氟乙烷 Ethyl fluoride
锗烷 Germane	2300	
七氟丁腈 Heptafluorobutyronitrile	2300	
六氟环丁烯 Hexafluorocyclobutene	2100	
硒化氢 Hyrogen selenide	2301	
硫化氢[a] Hydrogen sulfide	2201	
甲硫醇 Methyl mercaptan	2201	甲硫醇 Methanethiol
甲基硅甲烷 Methylsilane	2100	
羰基镍[a] Nickel carbonyl	2300	四氧硫镍 Nickel tetracarbonyle

表 A.9（续）

气　　体	FTSC 编码	同　义　词
五氟丙腈 Pentafluoropropionitrile	2300	
四乙基铅 Tetraethyl lead	2300	
四甲基铅 Tetramethyl lead	2200	
三氟乙腈 Trifluoroacetonitrile	2200	
三氟乙烯 Trifluoroethylene	2200	
三甲基硅烷 Trimethylsilane	2100	
[a] 包括某些在正常的环境条件下可以被液化的气体。当那些气体同喷气燃料一起用压力容器提供时，它们也包括在这个组内，因为阀的出气口是必须的。		

混合气体见 4.3。

A.2.10　第 9 组气体和混合气体

见表 A.10。

表 A.10　属于第 9 组的气体和混合气体

气　　体	FTSC 编码	同　义　词
二乙基锌[a] Diethylzinc	3300	
戊硼烷[a] Pentaborane	3300	
磷化氢 Phosphine	3310	
硅烷 Silane	3150	硅氢化合物 Silicone tetrahydride
三乙铝[a] Triethyl aluminium	3300	
三乙甲硼烷 Triethyl borane	3200	
三甲基锑[a] Trimethylstibine	3300	
[a] 包括某些在正常的环境条件下可以被液化的气体。当那些气体同喷气燃料一起用压力容器提供时，它们也包括在这个组内，因为阀的出气口是必须的。		

混合气体见 4.3。

A.2.11 第10组气体

见表A.11。

表A.11 属于第10组的气体

气　　体	FTSC编码	同　义　词
氧气 Oxygen	4150	

A.2.12 第11组气体

见表A.12。

表A.12 属于第11组的气体

气　　体	FTSC编码	同　义　词
一氧化二氮 Nitrous oxide	4110	

A.2.13 第12组气体和混合气体

见表A.13。

表A.13 属于第12组的气体和混合气体

气　　体	FTSC编码	同　义　词
双-甲基过氧化三氟 Bis-trifluoromethylperoxide	4300	
五氟化溴 Bromine pentafluoride	4303	
三氟化溴 Bromine trifluoride	4303	
氯 Chlorine	4203	
五氟化氯 Chlorine pentafluoride	4303	
三氟化氯 Chlorine trifluoride	4203	
氟 Fluorine	4343	
五氟化碘 Iodine pentafluoride	4303	

表 13（续）

气　　体	FTSC 编码	同　义　词
氧化氮 Nitric oxide	4351	氧化氮（Ⅱ） Nitrogen（Ⅱ）oxide
二氧化氮 Nitrogen dioxide	4301	液体二氧化物 Liquid dioxide 氧化氮（Ⅳ） Nitrogren（Ⅳ）oxide 四氧化二氮 Dinitrogenetetraoxide 过氧化氮 Nitrogen peroxide
三氟化氮 Nitrogen trifluoride	4153	四氧化氮 Nitrogen tetraoxide
三氧化二氮 Nitrogen trioxide	4301	三氧二氮化合物 Nitrogen sesquioxide 三氧化二氮 Dinitrogen trioxide 氧化氮（Ⅲ） Nitrogen（Ⅲ）oxide
二氟化氧 Oxygen difluoride	4343	
臭氧 Ozone	4330	
四氟（代）肼 Tetrafluorohydrazine	4343	

[a] 包括某些在正常的环境条件下可以被液化的气体。当那些气体同喷气燃料一起用压力容器提供时，它们也包括在这个组内，因为阀的出气口是必须的。

混合气体见 4.3。

A.2.14　第 13 组气体和混合气体

见表 A.14。

表 A.14　属于第 13 组的气体和混合气体

气　　体	FTSC 编码	同　义　词
1,3-丁二烯，稳定的 1,3-Butadiene，stabilized	5100	
三氟氯乙烯 Chlorotrifluoroethylene，stabilized	5200	R1113
乙硼烷 Diborane	5350	

表 14（续）

气　体	FTSC 编码	同 义 词
环氧乙烷 Ethylene oxide	5200	环氧乙烷 Oxirane
氰化氢，稳定的[a] Hydrogen cyanide, stabilized	5301	氢氰酸(无水的) Hydrocyanic acid(anhydrous)
氧化丙烯 Propylene oxide	5100	甲基环氧乙烷 Methyl; oxirane
三苯锑，锑化氢 Stibine	5300	锑化三氢 Antimony hydride
四氟乙烯，稳定的 Tetrafluoroethylene, stabilized	5100	
溴乙烯，稳定的[a] Vinyl bromide, stabilized	5100	
氯乙烯，稳定的 Vinyl chloride, stabilized	5100	氯乙烯 R1140 Chloroethylene R1140
氟乙烯，稳定的 Vinyl fluoride, stabilized	5100	氟乙烯 R1141 Fluoroathyhne R1141
乙烯基甲醚，稳定的 Methyl vinyl ether, stabilized	5100	甲氧基乙烯 Methoxyethylene

[a] 包括某些在正常的环境条件下可以被液化的气体。当那些气体同喷气燃料一起用压力容器提供时，它们也包括在这个组内，因为阀的出气口是必须的。

混合气体见 4.3。

A.2.15　第 14 组气体

见表 A.15。

表 A.15　属于第 14 组的气体

气　体	FTSC 编码	同 义 词
乙炔 Acethylene	5130	乙炔 Ethyne

A.2.16　第 15 组混合气体(通常为医用的)

混合气体见 4.3。

附　录　B
（资料性附录）
密封垫圈、充气接头、螺母推荐型式和尺寸

不同序号的连接螺纹规格在充装气体时所选择的密封垫、充气接头、螺母应按表 B.1（其中 S 和 L 的尺寸按照不同材质确定）选择。

表 B.1 中密封垫圈、充气接头和螺母的加工精度均按 GB/T 1804 中的 M 级加工。

表 B.1

单位为毫米

序号	密封垫圈	充气接头	螺　母
1 6 7 10	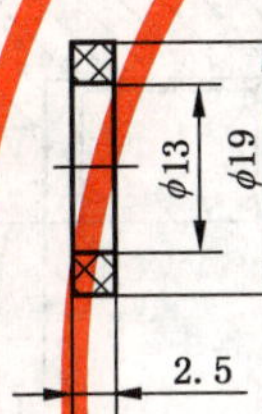	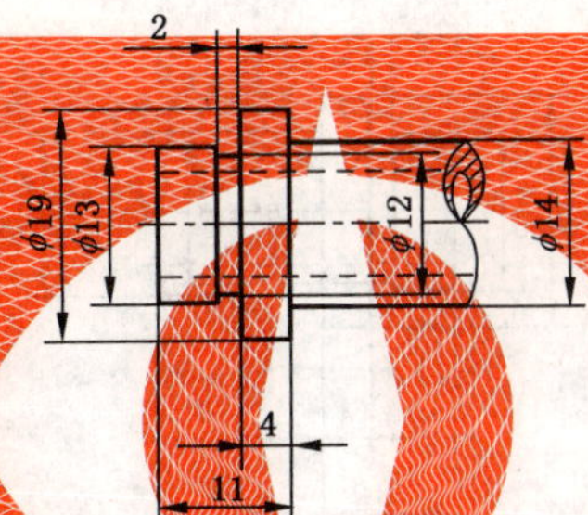	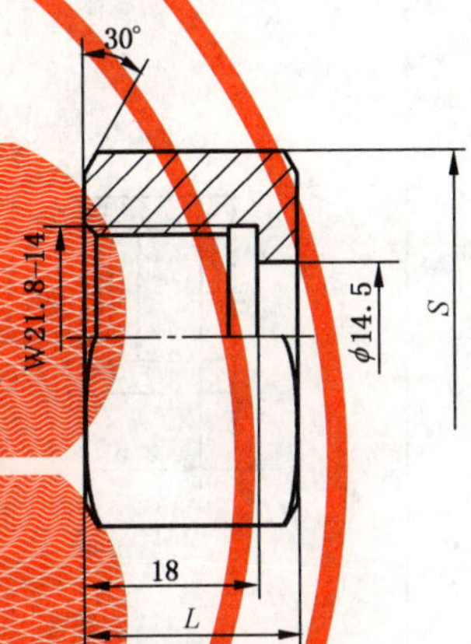
2 8 20	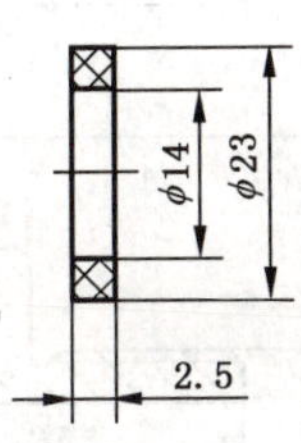	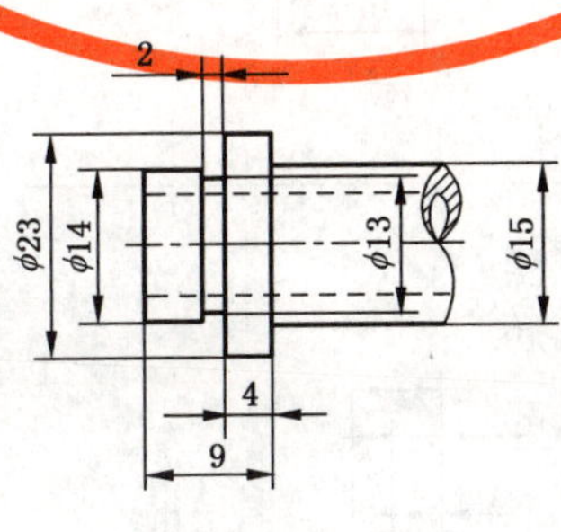	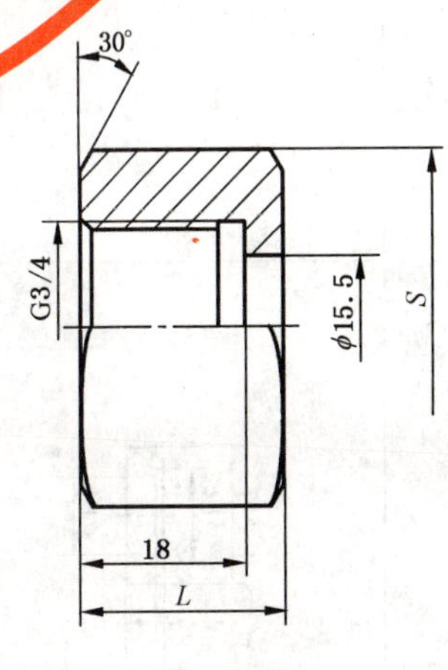

表 B.1（续）

序号	密封垫圈	充气接头	螺　　母
3 4 9 23		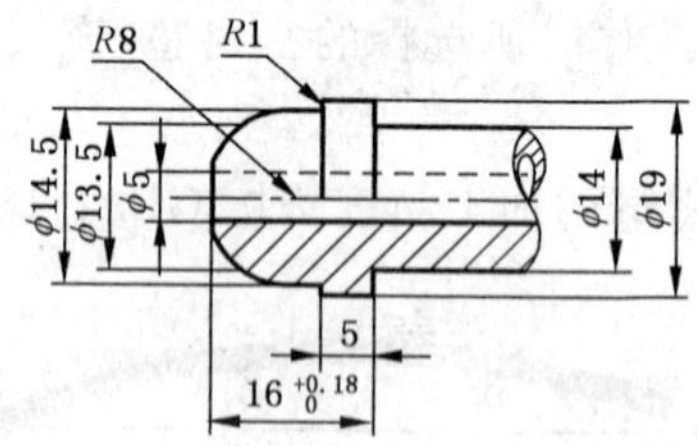	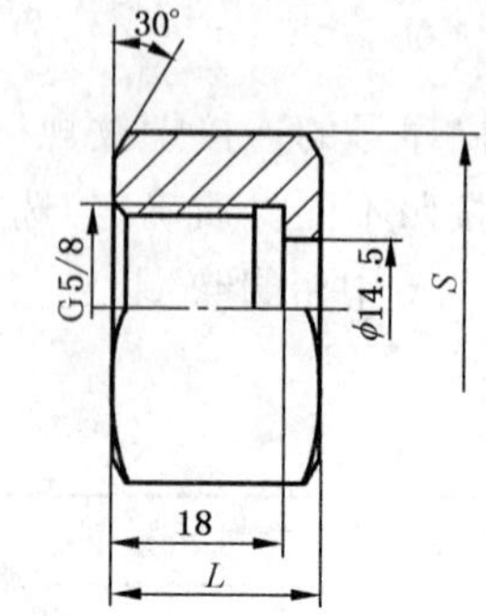
5 19	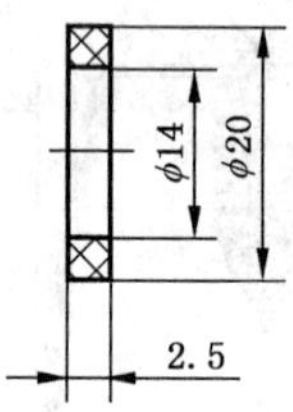	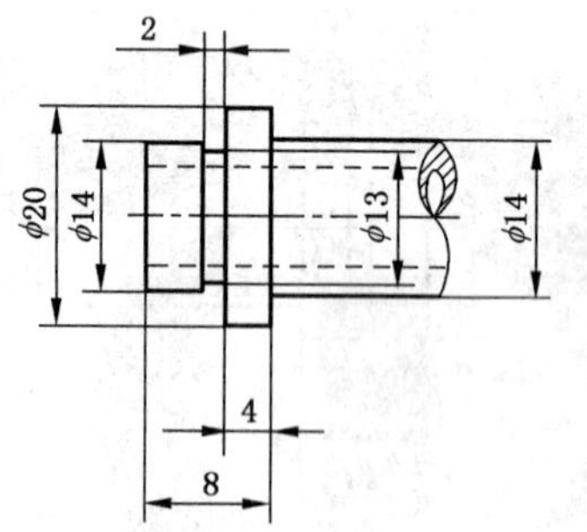	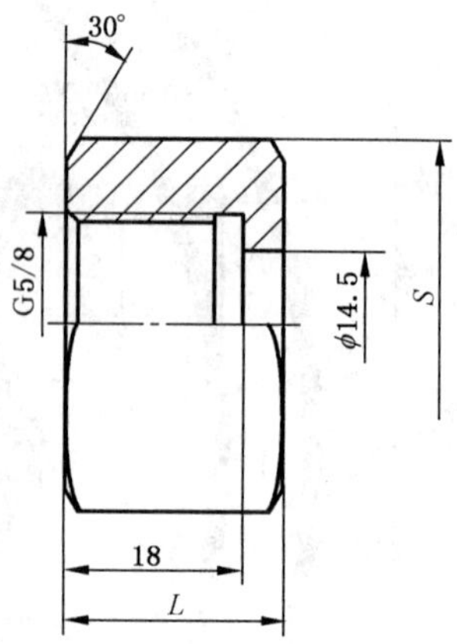
11 12		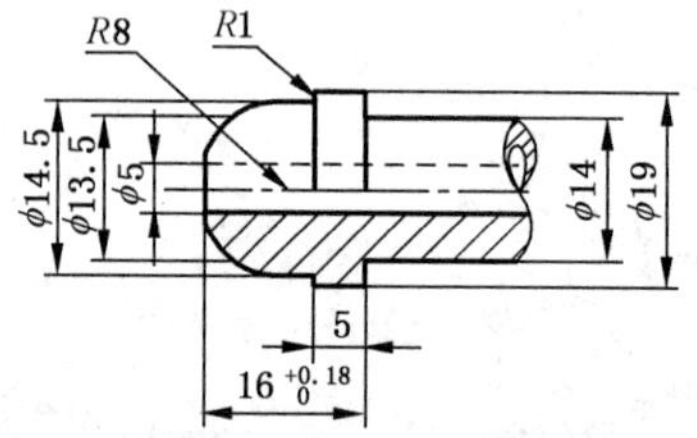	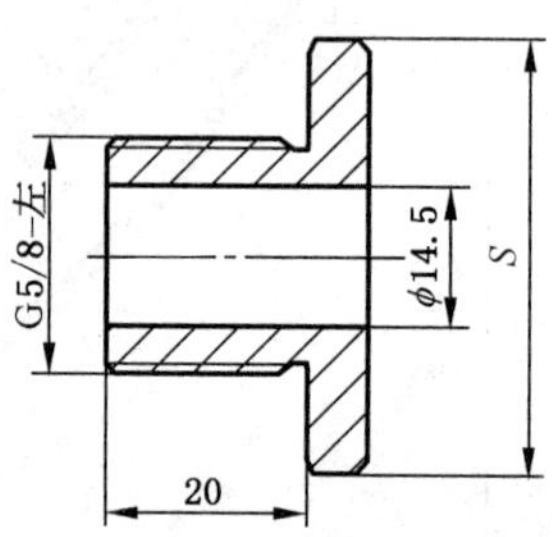
13	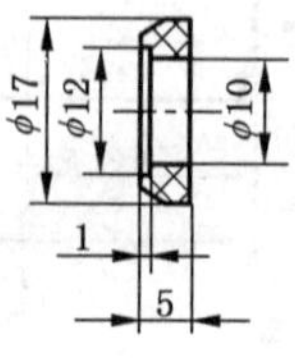	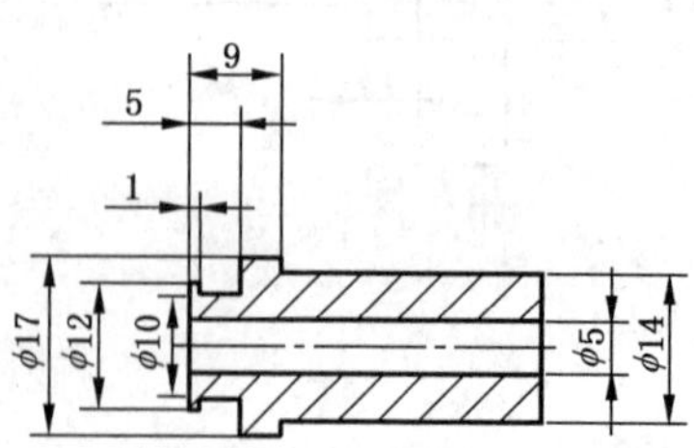	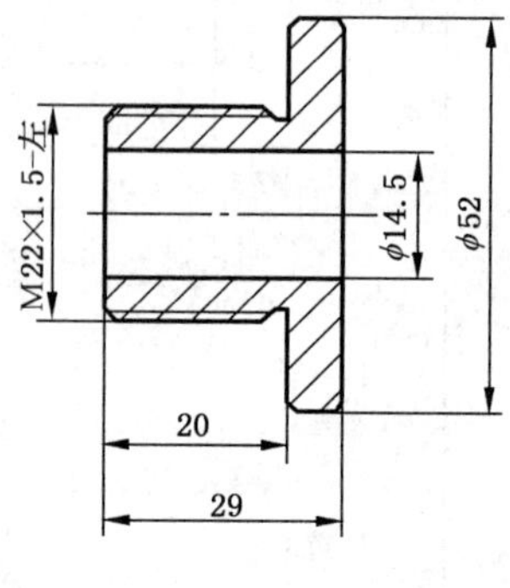

表 B.1（续）

序号	密封垫圈	充气接头	螺　母
14 18	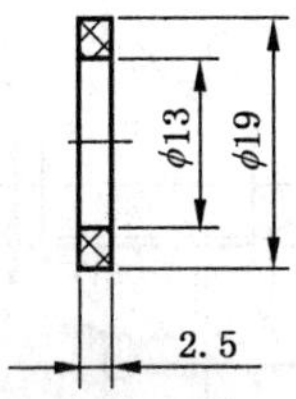	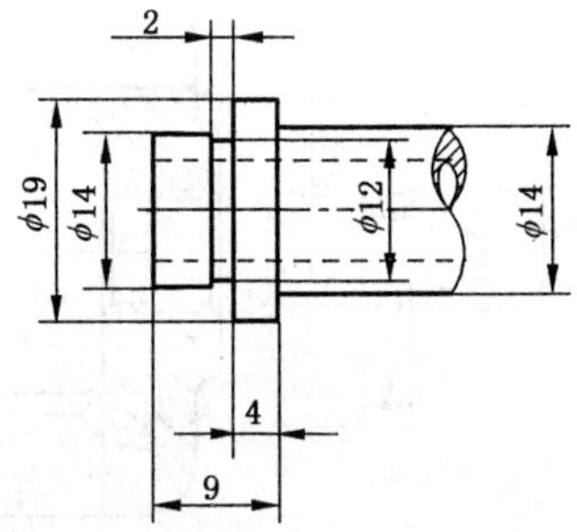	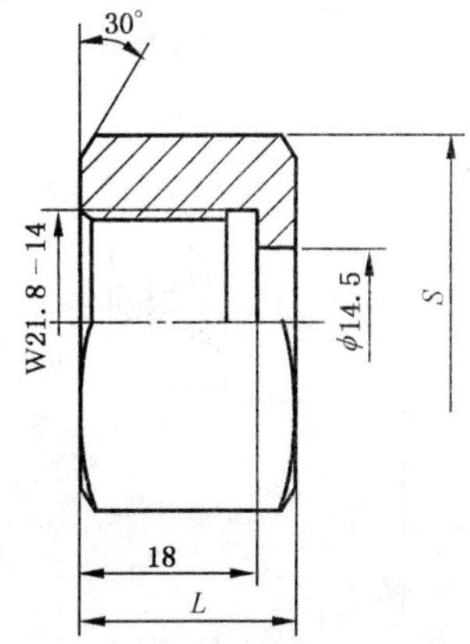
15	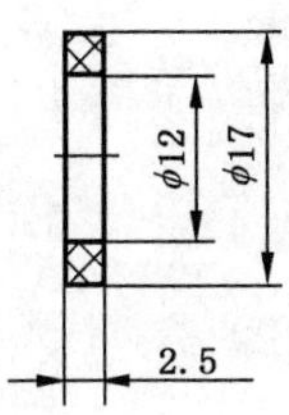	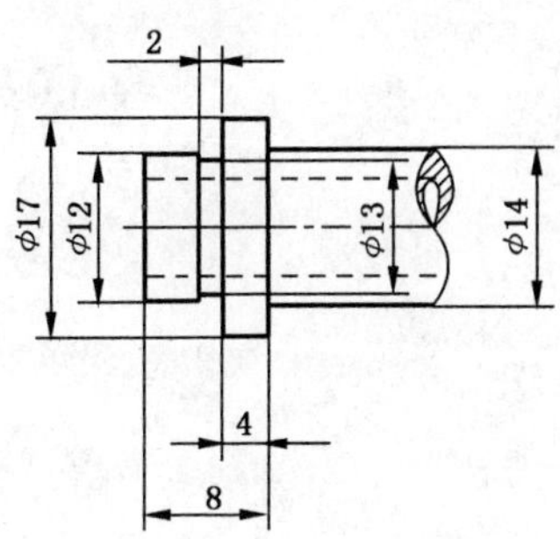	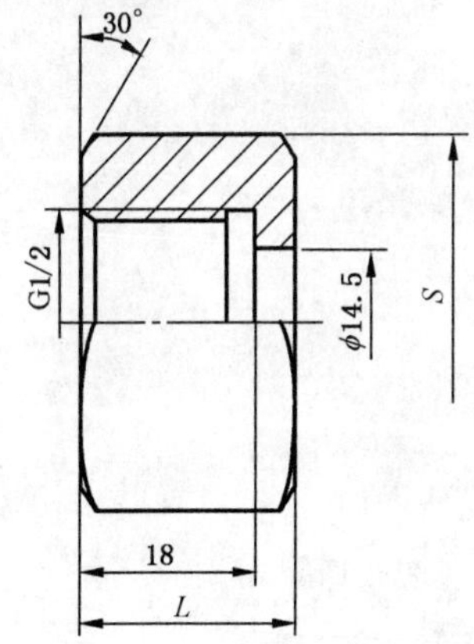
16 17 21	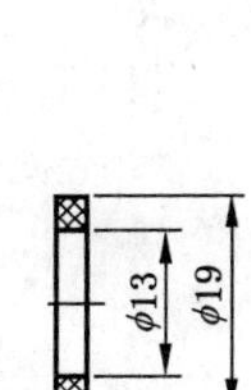	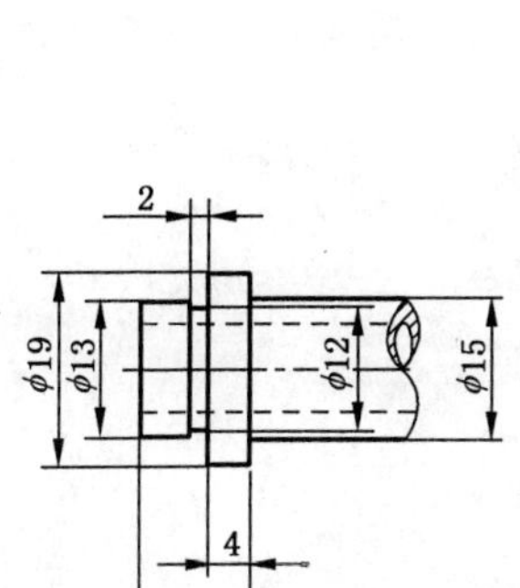	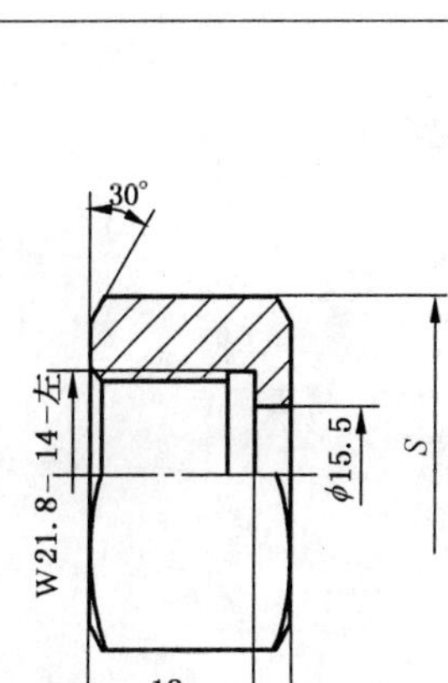

表 B.1(续)

序号	密封垫圈	充气接头	螺　母
22	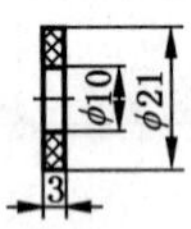	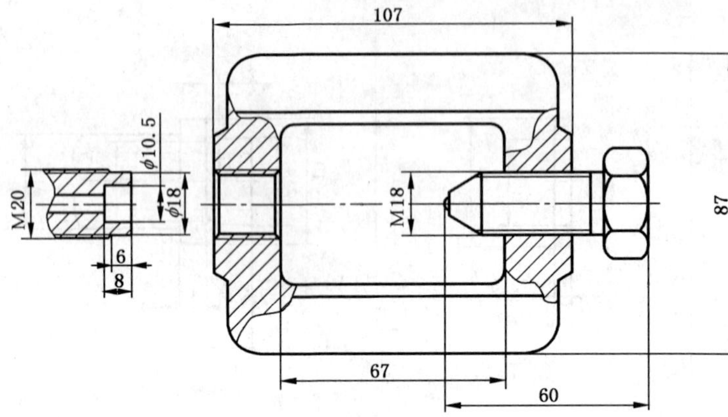	

ICS 23.020.30
J 74

中华人民共和国国家标准

GB/T 15384—2011
代替 GB 15384—1994

气瓶型号命名方法

Designation for gas cylinders

2011-12-30 发布　　　　2012-07-01 实施

中华人民共和国国家质量监督检验检疫总局
中国国家标准化管理委员会　发布

前言

本标准按照GB/T 1.1—2009《标准化工作导则　第1部分：标准的结构和编写》给出的规则起草。

本标准代替GB 15384—1994《气瓶型号命名方法》。

本标准与原GB 15384—1994相比较，主要变化如下：

——增加复合缠绕气瓶、焊接绝热气瓶、车用压缩天然气气瓶、汽车用液化天然气气瓶、车用液化石油气钢瓶、液化二甲醚钢瓶、车用压缩氢气瓶等气瓶的命名方法；

——将凹形底、凸形底、H形底、两头收口四种底部结构形式统一以A(凹形底)、T(凸形底)、H(H形底)、S(两头收口)表示，不分车用和其他工业气瓶。

本标准由全国气瓶标准化技术委员会(SAC/TC 31)提出并归口。

本标准起草单位：北京天海工业有限公司、常州蓝翼飞机装备制造有限公司。

本标准主要起草人：李秀珍、周海成、叶勇。

本标准所代替标准的历次版本发布情况为：

——GB 15384—1994。

气瓶型号命名方法

1 范围

本标准规定了气瓶型号命名方法，供气瓶设计、制造、使用和管理等有关部门使用。

本标准适用于《气瓶安全监察规程》中规定的各种气瓶及溶解乙炔气瓶。

2 规范性引用文件

下列文件对于本文件的应用是必不可少的。凡是注日期的引用文件，仅注日期的版本适用于本文件。凡是不注日期的引用文件，其最新版本（包括所有的修改单）适用于本文件。

《气瓶安全监察规程》 2000 版

3 气瓶型号命名原则

3.1 气瓶型号组成

气瓶型号一般由气瓶代号、气瓶类型和特征数组成，必要时可增加类型序号和底部结构型式。

3.2 气瓶型号表示方法

气瓶型号的命名表示方法如下：

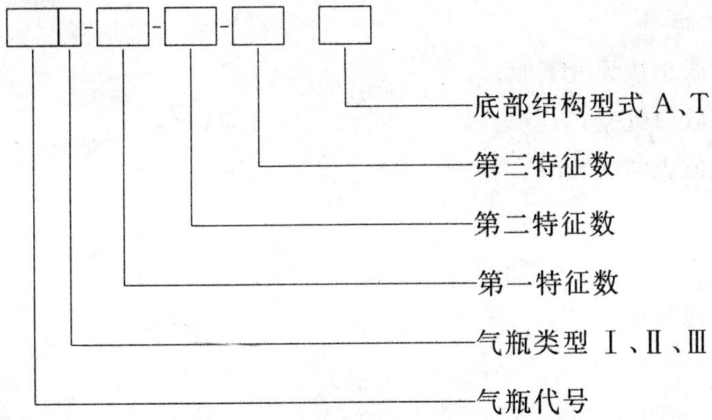

3.2.1 气瓶代号

3.2.1.1 气瓶代号用有代表性的大写字母表示。

3.2.1.2 各种气瓶代表字母见表 1 规定。

表 1

气瓶类型	钢质焊接气瓶（包括非重复充装气瓶）	溶解乙炔气瓶	液化石油气钢瓶	液化二甲醚钢瓶	铝合金无缝气瓶	钢质无缝气瓶
代表字母	HJ[a]	RYP	YSP	DME	LW	W[b]
代表字母	CRP	DP[c]	CNG	CHG	CDP	LPG

[a] HJL 表示立式使用焊接气瓶，HJW 表示卧式使用焊接气瓶。

[b] WM 碳锰钢制正火处理的无缝气瓶，WZ 碳锰钢制淬火处理的无缝气瓶，WG 铬钼钢钢制的无缝气瓶。

[c] DPL 表示立式使用焊接气瓶，DPW 表示卧式使用焊接气瓶。

3.2.2 气瓶类型

3.2.2.1 气瓶类型用大写罗马数字（Ⅰ、Ⅱ、Ⅲ等）表示。气瓶代号（大写字母）和气瓶类型（罗马数字）连续书写，字母和罗马数字间不留间隔。

3.2.2.2 对于车用压缩天然气气瓶分为Ⅰ、Ⅱ、Ⅲ类。

代表意义如下：

Ⅰ—为车用压缩天然气钢质气瓶；

Ⅱ—为车用压缩天然气钢质内胆环向缠绕复合气瓶；

Ⅲ—为车用压缩天然气铝合金内胆全缠绕复合气瓶。

3.2.2.3 对于钢质无缝气瓶按工艺类型分为Ⅰ、Ⅱ、Ⅲ类。

代表意义如下：

Ⅰ—为钢坯冲拔拉伸式钢质无缝气瓶；

Ⅱ—为钢管旋压收底收口气瓶；

Ⅲ—为钢板冲压式钢质无缝气瓶。

3.2.2.4 对于钢质焊接气瓶分为Ⅰ、Ⅱ类。

代表意义如下：

Ⅰ—为一道环焊缝焊接气瓶；

Ⅱ—为二道环焊缝焊接气瓶。

3.2.2.5 对于复合缠绕气瓶为Ⅱ、Ⅲ类。

代表意义如下：

Ⅱ—环缠绕式气瓶；

Ⅲ—为金属内胆全缠绕式气瓶。

3.2.2.6 仅有一种制造方式的气瓶，气瓶类型代号类型可空缺，不得使用其他字母代用。

3.2.3 特征数

气瓶各特征数按顺序用阿拉伯数字表示，并用短栏线隔开，各特征数的含义和单位见表 2 规定。

表 2

<table>
<tr><th>类　别</th><th>第一特征数</th><th>第二特征数</th><th>第三特征数</th></tr>
<tr><td>钢质焊接气瓶</td><td rowspan="2">气瓶的公称直径(内径),以 mm 为单位</td><td rowspan="8">气瓶的公称容积,以 L 为单位</td><td>气瓶的公称工作压力,以 MPa 为单位</td></tr>
<tr><td>溶解乙炔气瓶</td><td>表示气瓶在基准温度 15 ℃时的限定压力,以 MPa 为单位</td></tr>
<tr><td>液化石油气瓶</td><td>气瓶的公称直径(内径),以 mm 为单位(可省略)</td><td>气瓶的公称工作压力,以 MPa 为单位(可省略)</td></tr>
<tr><td>铝合金无缝气瓶</td><td rowspan="3">气瓶的公称直径(外径),以 mm 为单位</td><td rowspan="2">气瓶的公称工作压力,以 MPa 为单位</td></tr>
<tr><td>钢质无缝气瓶</td></tr>
<tr><td>车用压缩天然气瓶 Ⅰ型</td><td rowspan="3">气瓶在 20 ℃下的公称工作压力,以 MPa 为单位</td></tr>
<tr><td>复合缠绕气瓶</td><td rowspan="2">气瓶的内胆公称直径(外径),以 mm 为单位</td></tr>
<tr><td>车用压缩天然气瓶 Ⅱ或Ⅲ型</td></tr>
<tr><td>焊接绝热气瓶</td><td rowspan="2">气瓶的内胆公称直径,以 mm 为单位</td><td rowspan="2">气瓶的内胆公称容积,以 L 为单位</td><td rowspan="2">气瓶的公称工作压力,以 MPa 为单位</td></tr>
<tr><td>汽车用液化天然气气瓶</td></tr>
</table>

3.2.4 底部结构形式

底部结构形式用来表示一个系列中某一个规格气瓶的底部结构设计,在第三特征数后空一字母间隔书写,符号的含义见表 3。

表 3

底部结构形式	凹形底	凸形底	H 形底	两头收口
代表字母	A	T	H	S

3.3 气瓶型号应用示例

3.3.1 车用压缩天然气钢瓶

CNG Ⅰ-279-90-20 A

- A——凹底结构型式
- 20——公称工作压力 20 MPa
- 90——公称水容积 90 L
- 279——公称外径 279 mm
- Ⅰ——气瓶类型 Ⅰ
- CNG——车用压缩天然气气瓶

3.3.2 液化石油气钢瓶

YSP -314-15-1.6

- ——（没有时可不填）
- 1.6——公称工作压力 1.6 MPa
- 15——充液重量 15 kg
- 314——公称直径 314 mm
- ——（没有时可不填）
- YSP——液化石油气气瓶

3.3.3 钢质无缝气瓶

WG Ⅱ 229-50-15 S

- S——双头型式
- 15——公称工作压力 15 MPa
- 50——公称水容积 50 L
- 229——公称直径 229 mm
- Ⅱ——管制瓶
- WG——铬钼钢无缝气瓶

3.3.4 钢质内胆环向缠绕车用天然气钢瓶

CNG Ⅱ-325-90-20 T

- T——凸底结构型式
- 20——公称工作压力 20 MPa
- 90——公称水容积 90 L
- 325——内胆公称外径 325 mm
- Ⅱ——Ⅱ 型（钢内胆环缠绕）气瓶
- CNG——车用压缩天然气气瓶

3.3.5 焊接气瓶

HJW Ⅱ-600-400-3.0 T

- T——凸底结构型式
- 3.0——公称工作压力 3.0 MPa
- 400——公称水容积 400 L
- 600——公称直径 600 mm
- Ⅱ——两道环缝
- HJW——卧式焊接气瓶

3.3.6 **溶解乙炔气瓶**

RYP Ⅰ-209-25-1.56 A

- A——凹底结构型式
- 1.56——15 ℃时限定压力 1.56 MPa
- 25——公称水容积 25 L
- 209——公称直径 209 mm
- Ⅰ——一道环缝
- RYP——溶解乙炔气瓶

3.3.7 **焊接绝热气瓶**

DPL -450-175-1.4

- （没有时可不填）
- 1.4——公称工作压力 1.4 MPa
- 175——公称水容积 175 L
- 450——内胆公称直径 450 mm
- （没有时可不填）
- DPL——立式焊接绝热气瓶

ICS 23.020.30
J 74

中华人民共和国国家标准

GB/T 15385—2011
代替 GB 15385—1994

气瓶水压爆破试验方法

Method for hydraulic burst test of gas cylinder

2011-12-30 发布 2012-06-01 实施

中华人民共和国国家质量监督检验检疫总局
中国国家标准化管理委员会 发布

前　言

本标准按照GB/T 1.1—2009《标准化工作导则　第1部分:标准的结构和编写》给出的规则起草。

本标准代替GB 15385—1994《气瓶水压爆破试验方法》。

本标准与GB 15385—1994相比较,主要修订内容如下:

——扩大了标准的适用范围;

——明确试验原理与目标;

——完善试验装置系统;

——测试数据由目测读取改为传感器直接输入计算机;

——规定流量传感器和压力传感器的精度要求;

——取消了本应属于岗位操作法或试验操作规程的细则条款;

——取消了试验前必须在瓶体上划出网格的规定要求;

——对不同类别的气瓶试验时的应力速率作出限定范围;

——明确试验过程中常遇特殊情况的处理规定;

——详细规定测试结果的检查、测定和记录内容。

本标准由全国气瓶标准化技术委员会(SAC/TC 31)提出并归口。

本标准起草单位:北京天海工业有限公司、沈阳斯林达安科新技术有限公司、杭州金牛机械设备公司。

本标准主要起草人:吴粤燊、李秀珍、邓红、陈香根。

本标准所代替标准的历次版本发布情况为:

——GB 15385—1994。

气瓶水压爆破试验方法

1 范围

本标准规定了气瓶的水压爆破试验方法及试验装置的基本要求。

本标准适用于公称工作压力为1 MPa～35 MPa、公称容积为0.4 L～3 000 L的钢质无缝气瓶、焊接气瓶、铝合金无缝气瓶和缠绕气瓶的水压爆破试验。

本标准不适用于工业用非重复充装焊接钢瓶。

2 规范性引用文件

下列文件对于本文件的应用是必不可少的。凡是注日期的引用文件，仅注日期的版本适用于本文件。凡是不注日期的引用文件，其最新版本(包括所有的修改单)适用于本文件。

GB/T 13005　气瓶术语

3 术语和定义、符号

3.1 术语和定义

GB/T 13005确立的以及下列术语和定义适用于本文件。

3.1.1

受试瓶　testing cylinder

待被测试或正在被测试的气瓶。

3.1.2

爆破压力　burst pressure

气瓶爆破过程中实际达到的最高压力。

3.1.3

屈服压力　yield pressure

气瓶在内压作用下，筒体材料开始沿壁厚全屈服时的压力。

3.2 符号

下列符号适用于本文件。

p_b ——受试瓶水压爆破压力，MPa；

p_y ——受试瓶屈服压力，MPa；

E ——受试瓶破裂时的容积变形率，%；

V ——受试瓶的实际容积，mL；

ΔV——受试瓶破裂时的容积变形值，mL；

A ——受试瓶在爆破压力下的总进水量，mL；

B ——承压管道在爆破压力下的压入水量，mL；

β_t ——在试验水温和爆破压力下水的平均压缩系数，MPa^{-1}；β_t 的计算可参见附录A。

4 原理

试验以水为加压介质，逐步增大受试瓶的压力，直至受试瓶爆破。测定受试瓶的屈服压力和爆破压力。并核查气瓶断口特征和瓶体破裂形态。

5 测试操作人员

测试操作人员应经过专门培训，熟悉测试装置，掌握测试方法。持有压力试验操作证上岗。

6 测试系统

6.1 测试系统

测试系统包括加压装置、承压管道、测量仪表和数据处理计算机。测试系统示意图如图1。

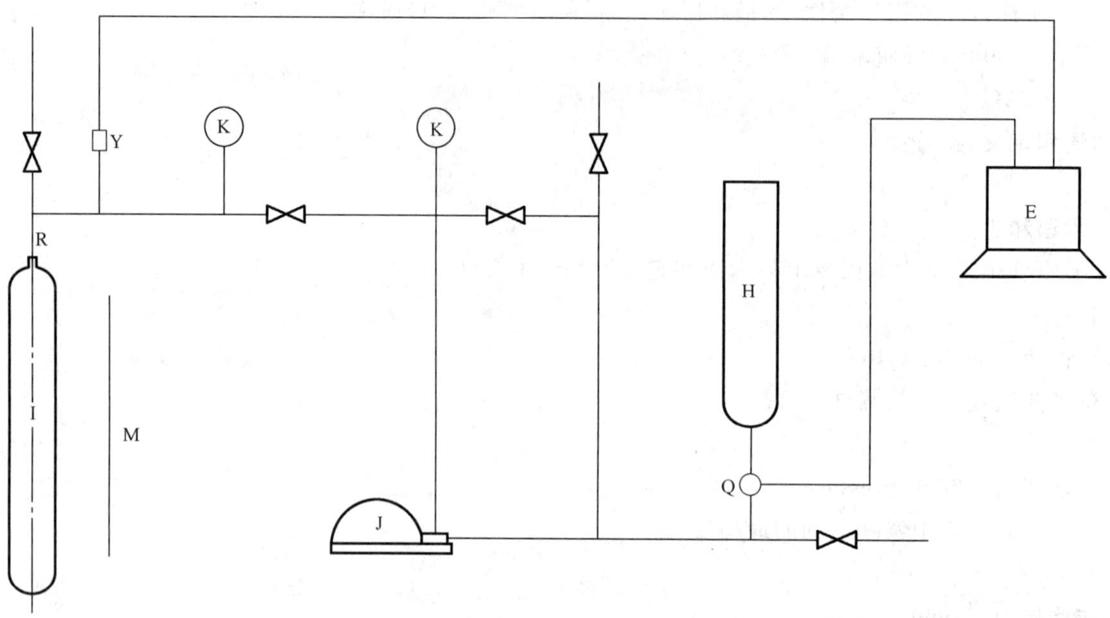

说明：

J ——增压装置；

I ——受试瓶；

R——专用接头；

H——贮水容器；

K——压力测量仪表；

E ——计算机；

Y——压力传感器；

Q——流量传感器；

M——安全防护设施。

图1 测试系统示意图

6.2 加压装置

6.2.1 受试瓶的加压可以选用电动柱塞泵、气驱泵或其他增压装置。

6.2.2 增压装置的额定工作压力不小于气瓶设计爆破压力的1.5倍。

6.2.3 增压装置的流量可以按照受试瓶的试验速率进行人工调节。

6.2.4 对受试瓶不能施加除试验水压以外的任何其他外力。

6.3 承压管道

6.3.1 全部承压管道应选用金属管。

6.3.2 承压管道应经过耐压试验，试验压力应不小于气瓶设计爆破压力的1.5倍。

6.3.3 承压管道应妥善布置，保证系统内的气体能全部排净。

6.3.4 承压管道与设备、仪表的连接应具有良好的密封。

6.4 测量仪表

6.4.1 测试系统进水计量用的流量传感器可为液柱计量式或质(重)量计量式。传感器的精度应不低于0.5级。

6.4.2 测试系统中用于压力测定的压力传感器，精度不低于0.5级。用于压力监测用的压力表，精度不低于1.6级。压力表的最大量程为气瓶设计爆破压力的1.5～3倍。

6.4.3 用于测定试验环境温度和试验用水温度的温度测量仪表，最小显示值应不大于1℃。

6.5 数据处理用计算机

6.5.1 根据采集的进水量和压力的数据，自动绘制出受试瓶的压力-进水量曲线图。压力及进水量的数据采集频率不低于5次/秒。

6.5.2 以数字正确显示受试瓶的实际爆破压力。

6.5.3 根据压力-进水量曲线，以数字方式显示受试瓶(不含缠绕气瓶)的屈服压力。无明显屈服现象的受试瓶，按曲线偏离(或偏离至某一很小的规定值)比例膨胀线时的压力值即显示受试瓶的屈服压力。

7 测试要求

7.1 测试前准备

7.1.1 检查环境温度和试验用水温度，调整并保持其在5℃以上。

7.1.2 测定受试瓶(不含缠绕气瓶)的实际壁厚，测试点应不少于12点(筒体的上、中、下三个部位和圆周的四个方位)。

7.1.3 测定受试瓶(不含缠绕气瓶)筒体的上、中、下三个部位的实际周长。

7.1.4 测定受试瓶的实际容积。

7.2 升压速率

测试过程中，受试瓶在屈服压力范围内的升压速率，应保证瓶壁的应力增大速率在表1规定的范围内。

表 1 应力增大速率

单位为兆帕/秒

气瓶类别	瓶体应力速率	
	最小	最大
钢瓶、碳纤维缠绕瓶	2	20
铝合金瓶、玻纤缠绕瓶	6	60

7.3 特殊情况处理

7.3.1 测试过程中，当受试瓶的试验压力未达到气瓶屈服压力而遇到设备或系统出现故障以致测试不能持续进行时，允许在故障修复后重新进行测试。

7.3.2 若受试瓶的压力已超越气瓶屈服压力，不管任何原因造成的测试停止，该受试瓶不能再行测试。应另外抽取样品重新进行。

8 测试结果核查、测定和记录

8.1 核对计算机显示的受试瓶爆破压力值和屈服压力值是否和压力表示值相一致；核对其是否与计算机自动绘制的压力-进水量曲线所表示的数值相一致。

8.2 对瓶体的破裂形态至少要按下列各点进行核查、测定和记录：

a) 查实爆破瓶体的破裂部位(上部、中部、下部)；

b) 观测爆破瓶体的破裂形状(鱼腹状、单鱼尾状、双鱼尾状)；

c) 测定爆破瓶体在裂口最宽处的实际周长(不包括裂口宽度)；

d) 鉴别断口特征(脆性、韧性、有无剪切唇)；

e) 要求测定气瓶破裂时容积变形率的气瓶，容积变形率按下式计算(粗略计算时，式中的 B 值可以忽略或估算)：

$$E=\Delta V/V\times 100\%$$

$$\Delta V=A-B-(V+A-B)p_b\cdot\beta_t$$

在测试温度和爆破压力下水的平均压缩系数 β_t 的计算可参见附录 A。

9 试验报告

试验单位应向委托单位提交测试结果报告。

测试报告除记载受试瓶的原始数据，包括受试瓶批号、出厂编号、公称工作压力、水压试验压力、气瓶公称容积和实际容积、气瓶设计重量和实测重量、出厂日期外，还至少包括下列主要内容：

a) 试验用水温度和环境温度；

b) 压力-进水量曲线图表；

c) 受试瓶爆破压力；

d) 受试瓶屈服压力；

e) 总压入水量；

f) 破裂部位和破口形状；

g) 断口特征；

h) 容积变形率。

试验报告应有试验人员、审核人员签章和试验单位公章。

10 安全注意事项

10.1 进行爆破试验的受试瓶应设有安全可靠的隔离装置。

10.2 测试压力超过气瓶的水压试验压力后任何人不得靠近。

10.3 严禁在有压力的情况下拆装管道、测量仪表、受试瓶等承压件或拧紧承压管道的接头。

附　录　A
（资料性附录）
试验时水的平均压缩系数

在试验用水温度和受试瓶爆破压力下水的平均压缩系数 β_t 按以下公式计算，单位为 MPa^{-1}。

$$\beta_t = (K \times 10^5 - 6.8 p_b) \times 10^{-7}$$

式中 K 的取值可在下表中查取。

表 A.1　5 ℃～30 ℃对应的 K 值

t/℃	K	t/℃	K	t/℃	K
5	0.049 42	14	0.047 42	23	0.046 23
6	0.049 15	15	0.047 25	24	0.046 13
7	0.048 86	16	0.047 10	25	0.046 04
8	0.048 60	17	0.046 95	26	0.045 94
9	0.048 34	18	0.046 80	27	0.045 86
10	0.048 12	19	0.046 68	28	0.045 78
11	0.047 92	20	0.046 54	29	0.045 70
12	0.047 75	21	0.046 43	30	0.045 63
13	0.047 59	22	0.046 33		

ICS 13.310
A 91

中华人民共和国国家标准

GB/T 15408—2011
代替 GB/T 15408—1994

安全防范系统供电技术要求

Technical requirement of power-supply for security & protection system

2011-06-16 发布　　　　2011-12-01 实施

中华人民共和国国家质量监督检验检疫总局
中国国家标准化管理委员会　发布

前　言

本标准按照 GB/T 1.1—2009 给出的规则起草。

本标准是对 GB/T 15408—1994《报警系统电源装置、测试方法和性能规范》的修订，并将标准名称更改为《安全防范系统供电技术要求》。

本标准与 GB/T 15408—1994 相比，主要技术变化如下：

——将报警系统电源装置扩大为安全防范系统供电系统，将电源设备的性能要求，扩大为安全防范系统供电系统的性能要求、配置原则、系统管理、供电设备安装要求等的综合要求（见 GB/T 15408—1994，第 5 章、第 6 章、第 7 章、第 8 章、第 9 章）；

——明确了供电系统与市电网的接口配合关系（见 5.2.3、5.2.4）；

——明确了安防系统的供电保障要求（见 5.4）；

——明确了各子系统供电要求（见 5.9、5.10、5.11、5.12）；

——明确了安全、电磁兼容性要求（见 6.1、6.3）；

——增加了能效、环保等要求（见 8.4、8.5、6.4.2、6.3.2）；

——增加了供电设备与负载之间的接口配合关系内容（见 9.1.3、9.1.4）；

——明确了安全防范系统供电设备的选型要求（见第 9 章）；

——增加多个资料性附录（见附录 A、附录 B、附录 C、附录 D）。

请注意本文件的某些内容有可能涉及专利。本文件的发布机构不承担识别这些专利的责任。

本标准由中华人民共和国公安部提出。

本标准由全国安全防范报警系统标准化技术委员会（SAC/TC 100）归口。

本标准起草单位：北京中盾安全技术开发公司、北京联视神盾安防技术有限公司、公安部安全与警用电子产品质量检验中心、公安部第一研究所、中国建筑标准设计研究院、广东志成冠军集团有限公司。

本标准主要起草人：杨国胜、李秀林、金巍、孙兰、李民英。

本标准所代替标准的历次版本发布情况为：

——GB/T 15408—1994。

安全防范系统供电技术要求

1 范围

本标准规定了安全防范系统中供电的技术要求，是安全防范系统供电的系统设计、设备选型、安装施工、检测和验收的基本依据。

本标准适用于安全防范（以下简称安防）系统供电设计、安装施工、检测与验收。

2 规范性引用文件

下列文件对于本文件的应用是必不可少的。凡是注日期的引用文件，仅注日期的版本适用于本文件。凡是不注日期的引用文件，其最新版本（包括所有的修改单）适用于本文件。

GB 4208—2008 外壳防护等级（IP 代码）

GB 4943—2001 信息技术设备的安全

GB 8702 电磁辐射防护规定

GB/T 14549 电能质量 公用电网谐波

GB/T 15211 报警系统环境试验

GB 17625.1 电磁兼容 限值 谐波电流发射限值（设备每相输入电流≤16 A）

GB/Z 17625.6 电磁兼容 限值 对额定电流大于 16 A 的设备在低压供电系统中产生的谐波电流的限制

GB/T 17626.2—2006 电磁兼容 试验和测量技术 静电放电抗扰度试验

GB/T 17626.3—2006 电磁兼容 试验和测量技术 射频电磁场辐射抗扰度试验

GB/T 17626.4—2008 电磁兼容 试验和测量技术 电快速瞬变脉冲群抗扰度试验

GB/T 17626.5—2008 电磁兼容 试验和测量技术 浪涌（冲击）抗扰度试验

GB/T 17626.6—2008 电磁兼容 试验和测量技术 射频场感应的传导骚扰抗扰度

GB/T 17626.11—2008 电磁兼容 试验和测量技术 电压暂降、短时中断和电压变化的抗扰度试验

GB 50057 建筑物防雷设计规范

GB 50343 建筑物电子信息系统防雷技术规范

GB 50348 安全防范工程技术规范

GA/T 670 安全防范系统雷电浪涌防护技术要求

JGJ 16—2008 民用建筑电气设计规范

3 术语、定义和缩略语

3.1 术语和定义

JGJ 16—2008 界定的以及下列术语和定义适用于本文件。

3.1.1

主电源 main power supply

支持安全防范系统或设备全功能工作的电能来源。

3.1.2

备用电源　backup power supply

当主电源出现性能下降或故障、断电时，用来维持安全防范系统或设备必要工作所需的电源。

3.1.3

电源变换器　power converter

用于对输入-输出之间进行电源电压等级和/或极性变换的装置。

注：AC-AC(交流电压等级的变换或交流的电压与频率同时改变)，AC-DC(交流向直流转换)，DC-DC(直流电压等级的变换)，DC-AC(直流向交流转换)等。电源变换器可位于配电箱/柜内，也可紧邻负载旁。

3.1.4

应急负载　emergent load

为维持紧急情况下连续工作，供电需要连续保障的负载。

3.1.5

电源功率容量　power capacity

电源能够提供的最大输出功率(简称容量)。

3.1.6

功率消耗　consumed power

单位时间内设备、设备组合或内部传输线缆、系统所消耗的电能(简称功耗)。

注：根据用电设备或其带动的系统内各类设备的实际功耗，将功耗不大于 10 mW 负载称作微功耗负载；功耗在 10 mW～1 W(含 1 W)之间的称作低功耗负载；功耗在 1 W～30 W(含 30 W)之间的称作中功耗负载；功耗大于 30 W 的称作高功耗负载。)

3.1.7

满载功耗　consumed power of full load

单体负载或组合负载处于正常工作状态时的最大功耗。

3.1.8

轻载功耗　consumed power of light load

单体负载或组合负载处于正常工作状态时的最小功耗。

3.2　缩略语

下列缩略语适用于本文件。

AC：交流电(Alternating Current)

DC：直流电(Direct Current)

LPZ：雷电保护区(Lightning Protection Zone)

MTBF：平均无故障工作时间(Mean Time Between Failure)

PF：功率因数(Power Factor)

PMBus：电源管理总线(Power Management Bus)

SNMP：简单网络管理协议(Simple Net Management Protocol)

SPD：浪涌(电压/电流)保护器(Surge Protection Device)

THDI：总谐波电流相对含量(Total Harmonic Distortion I(current))

TN-S：整个供电系统的中性线(N)和保护线(PE)完全分开的低压供电系统

UPS：不间断电源(Uninterrupted Power Supply)

4　安全防范系统的供电系统构成

4.1　总体构成

4.1.1　安防系统的供电系统(以下简称供电系统)由主电源、备用电源、配电箱/柜和供电线缆、电源变换器、监测控制装置等组成。其中备用电源、配电箱/柜、变换器和监测控制装置等，可根据需要灵活配置。供电系统框图见图1。

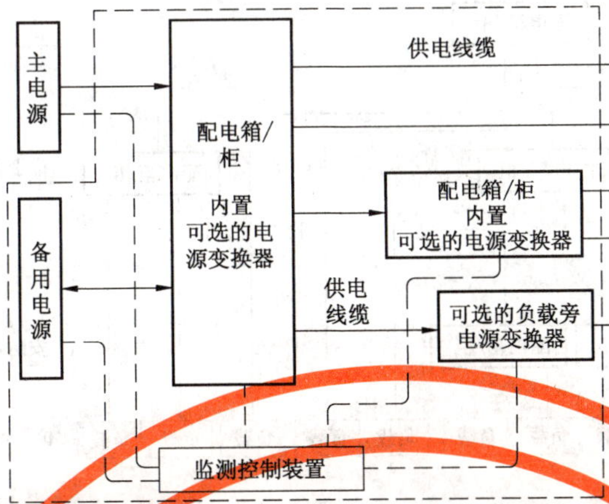

说明：

1) ——►电能流向和供电线缆。

2) — — —供电系统的管理信息流。

3) 备用电源、配电箱/柜、变换器、监测控制装置等点划线框内的供电设备可根据不同需要，选择不同的配置。

4) 备用电源的位置在图中为示意表示，它可与主电源同一处接入，也可就近接入配电箱/柜、负载设备。当备用电源不需要主电源补充电能时，备用电源仅有指向配电箱/柜箭头。

5) 配电箱/柜应根据安防系统规模、前端设备分布、功耗、数量而选择级配。

6) 电源变换器根据需要可设置在配电箱/柜内，也可设置在负载旁。

7) 负载可以是应急负载，也可以是非应急负载。

图1 供电系统框图

4.1.2 主电源通常来自安防系统外，也可以由安防系统自备。系统主电源包括监控中心主电源和前端设备主电源等。主电源可以是以下形式之一或组合，或其他类型：

a) 本地电力网(以下简称市电网)(通常为AC380 V/220 V 50 Hz)；

b) 原电池或燃料电池(用于微功耗系统或移动设备的供电)；

c) 再生能源如光伏发电装置、风力发电装置。

4.1.3 备用电源应由安防系统自备。非安防系统自备的UPS或发电机/发电机组电源为主电源。备用电源可以是以下形式之一或组合，或其他类型：

a) UPS；

b) 蓄电池；

c) 发电机/发电机组。

4.2 供电系统的供电模式

4.2.1 供电模式分为集中供电、本地供电两种。备用电源的配置形式，可与主电源一致，也可根据需要增加必要的局部配置。

4.2.2 在集中供电模式下，主电源或备用电源由监控中心统一接入，通过配电箱/柜和供电线缆将电能输送给安防系统前端负载，根据需要可在各局部区域进行再分配。集中供电模式框图见图2。

4.2.3 主电源和备用电源均可采用本地供电模式。主电源的本地供电模式可以是市电网本地供电模式，或独立供电模式，或其他类型：

a) 市电网本地供电模式可直接将安防系统各前端负载就近接入配电箱/柜，由供电线缆将电能输送给该部分安防负载设备。市电网本地供电模式框图见图3。

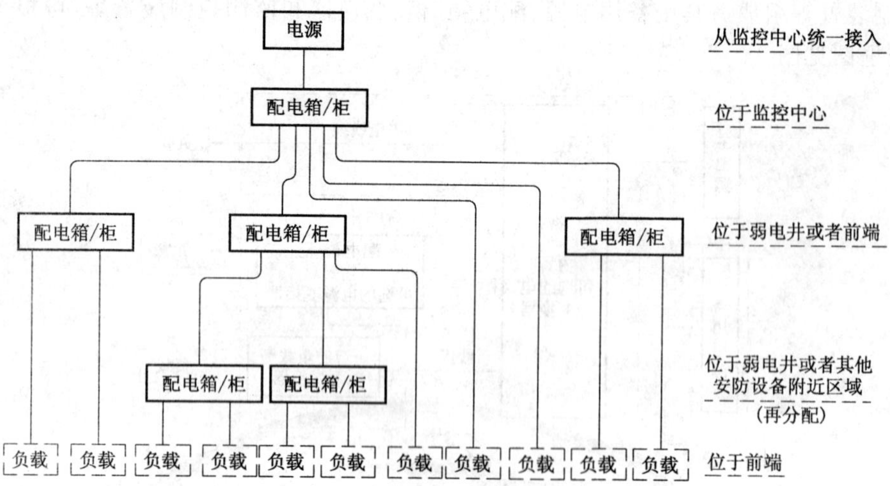

说明：连线为供电线缆。

图 2　集中供电模式框图

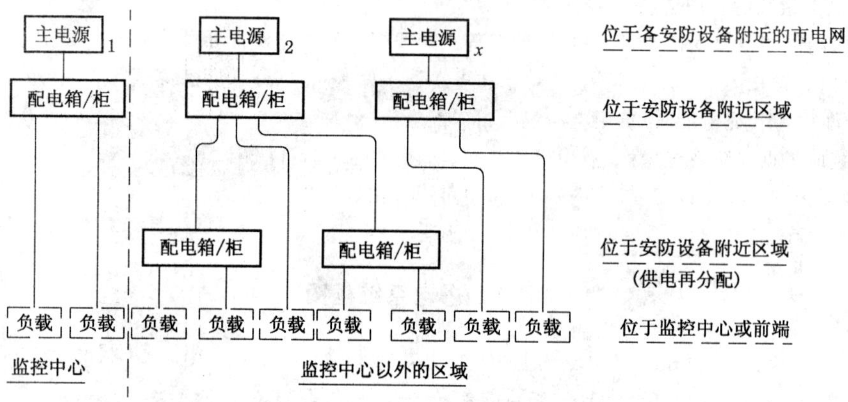

说明：连线为供电线缆。

图 3　市电网本地供电模式框图

b)　在独立供电模式下，通常由原电池等非市电网电源对安防负载一对一的供电。此类配置一般不再配置备用电源。独立供电模式典型示意图见图 4。

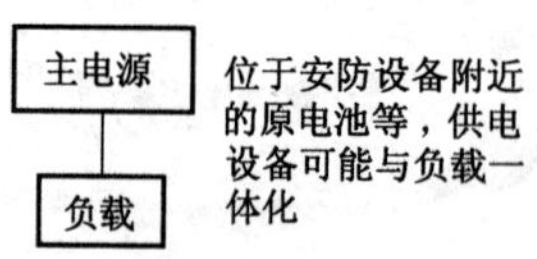

图 4　独立供电模式典型示意图

5　供电系统要求

5.1　基本要求

5.1.1　应根据安防系统的建设需要，调查安防设备所在区域的各类电源的质量条件，并特别了解本地市电网的按照 JGJ 16—2008 要求的负荷等级。

5.1.2　按照测算的安防系统总功耗等数据对主电源功率容量做出基本规划。安防系统或功耗测算可参见附录 A。

5.1.3 根据安防设备所在区域的市电网供电条件、安防系统各部分负载工作和空间分布的功耗特点、系统投资成本、控制现场安装条件和供电设备的可维修性等诸多因素，并结合安防系统所在区域的风险等级和防护级别，合理选择主电源形式及供电模式。

5.1.4 根据应急负载的功耗分布情况，主电源的供电质量和连续供电保障能力，确定是否配置备用电源、备用电源形式及其供电模式，高风险等级单位或部位宜配置备用电源。

5.1.5 根据应急负载的分布和抗破坏能力的要求，选择适当的供电保障方式。当安防系统要求增强供电系统自我防护能力时，宜选择具有互为热备、多重来源的主电源，备用电源宜多级本地配置。

5.1.6 供电系统根据需要可配置适当的配电箱/柜和可靠的供电线缆。供电设备和供电线缆应有实体防护措施，并应按照强弱电分隔的原则合理布局。

5.1.7 供电设备的供电能力应与所供电的安防功能子系统或设备的功能性能相适应。

5.2 主电源要求

5.2.1 系统主电源应向安防系统的所有设备提供满载工作电能。安防系统的主电源应保证安防系统内部设备的功能性负载变化时整个系统的稳定工作。

5.2.2 主电源的容量配置要求如下：

a) 市电网做主电源时，应按考虑了各负载全功能运行的同时概率和电能传输效率等而确定的系统或所带组合负载的满载功耗的1.5倍设置主电源容量；

b) 若备用电源如蓄电池等需要主电源补充电能时，应将备用电源的吸收功率计入相应负载总功耗中；

c) 电池作为主电源时，供电容量应满足安防系统或所带安防负载的使用管理要求。

5.2.3 主电源来自市电网时，在市电网接入端的指标宜达到如下要求：

a) 稳态电压偏移不大于±10%。

b) 稳态频率偏移不大于±0.2 Hz。

c) 断电持续时间不大于4 ms。

d) 谐波电压和谐波电流的限值满足GB/T 14549的要求。

e) 市电网供电制式宜为TN-S制。供电系统工作时，零线对地线的电压峰峰值不应高于36 Vp-p。

5.2.4 主电源来自市电网时，供电系统应按照如下要求配置：

a) 系统应按照GB/Z 17625.6的要求接入市电网。

b) 当安防系统单点接入市电网，功耗过大(≥10 kW)时，按照三相负载平衡原则组合各路负载设备。分布接入市电网时，应注意接入的相线相序满足供电系统的安全要求。

5.2.5 根据安防系统设备分布情况和负载特性，主电源的供电模式选择如下：

a) 一幢建筑内(一般，前端设备到监控中心线路距离最远不大于500 m)且前端设备相对集中时，主电源宜采用集中供电模式；

b) 安防系统的前端设备过于分散时，主电源宜采用本地供电模式；

c) 市电网主电源应设置单独的电气开关，以避免安防设备与非安防设备的电源控制混接，主电源连接处的配电箱宜独立设置；

d) 移动工作或无市电供电的负载可采用电池或光伏发电装置等独立供电模式。

5.2.6 主电源为电池时，其放电电压、电流特性应满足所带负载全功能运行和系统管理要求。

5.2.7 主电源为其他类型电源时，宜参照5.2.2,5.2.3,5.2.5和5.2.6的要求进行配置。

5.3 备用电源要求

5.3.1 备用电源应对安防系统的应急负载进行供电。

5.3.2 备用电源的容量配置要求如下：

a) 备用电源应有足够容量。应根据运行和管理工作对主电源断电后安防系统防范功能的要求，选择配置应急供电时间符合管理要求的备用电源。

b) 针对不同用途或功能的负载，应合理配置电源的输出余量。

c) 需接外来电源补充电能时，备用电源设备开机的冲击电流宜不大于电源标称输入电流的2倍。

5.3.3 交流电输出型的备用电源宜与5.2.3的要求相同。

5.3.4 直流电输出稳压型的备用电源输出端的指标宜满足如下要求：

a) 输出稳态电压偏移不大于±2%；

b) 输出纹波电压有效值不大于输出标称电压的0.1%；

c) 输出瞬态电压升高或跌落不大于±1%，并且恢复时间不大于1 ms。

5.3.5 电池做备用电源时宜采用放电电压平稳且应急供电时间长的电池，且宜设置过度放电保护措施。

5.3.6 备用电源应急供电时间要求如下：

a) 安防系统的主电源断电后，备用电源应在规定的应急供电时间内，保持系统状态，记录系统状态信息，并向安防系统特定设备发出报警信息；

b) 规定的应急供电时间由防护目标的风险等级、防护级别和其他使用管理要求共同确定；

c) 当市电网按照JGJ 16—2008所规定的一级及其以上级别的用电负荷配置时，根据系统外配置发电机等的受控能力，可适当降低安防系统的备用电源的应急供电时间。

5.3.7 备用电源按照以下方法选择配置模式：

a) 备用电源宜与主电源的配置模式一致；

b) 备用电源应根据安防设备分布情况和重要性要求，以及单体备用电源设备的容量、安装条件等，采用集中或本地配置的方式；

c) 主电源断电后应保持基本功能和性能的安防设备，宜在该设备就近或其内部配置不间断供电的备用电源；

d) 特别重要的安防设备，为提高供电保障能力，可在上级设置备用电源的同时，在本地再设置专用的备用电源。

5.4 供电保障要求

5.4.1 高风险单位或部位宜按照JGJ 16—2008规定的一级中特别重要的负荷进行主电源配置。普通风险单位或部位宜按照JGJ 16—2008规定的二级负荷(含)以上的负荷进行主电源配置。当二级负荷(含)以上的负荷配置中含有外配UPS电源作为主电源，且市电网与该UPS电源的切换满足5.4.4的要求时，可适当降低供电系统的备用电源的配置。

5.4.2 根据安防系统负载的重要程度、使用条件和运行安全需求，确定负载的类型，进而选择相应的负载供电保障方式。常见负载供电保障方式见表1。

表1 常见负载供电保障方式

类型号	供电保障方式	适用的负载类型
1	从监控中心或前端安防设备附近输送来的单一市电网的主电源	非应急负载
2	从监控中心或上级配电箱/柜处输送来的具有应急连续供电能力的市电网主电源	非应急负载和应急负载

表 1(续)

类型号	供电保障方式	适用的负载类型
3	从监控中心或上级配电箱/柜处进行主电源和备用电源互投后的电源	应急负载
4	从监控中心或上级配电箱/柜输送来的主电源和另一配电箱/柜输送来的备用电源在本级配电箱/柜互投后的电源	应急负载
5	从监控中心或上级配电箱/柜输送来的主电源和本地配置的备用电源互投后的电源	特别重要的应急负载，或供电安全保障要求特别高的应急负载
6	独立供电的主电源	无市电网供电条件的负载，或应独立供电的低功耗负载

5.4.3 应根据安防系统的功能需要、主电源的条件和投资状况，确定合理的系统供电模式组合。常见主电源和备用电源供电模式组合见表 2。

表 2 常见主电源和备用电源供电模式组合

序号	主 电 源	备 用 电 源	适用场所	适用负载保障类型
1	市电网集中供电	备用电源集中供电	规模较小建筑中的安防系统，供电简化管理的场所	表 1 中的类型 3、4
2	市电网集中供电	备用电源本地供电	规模较小建筑中的安防系统，备用电源必须本地配置的情形	表 1 中的类型 4、5
3	市电网本地供电	备用电源集中供电	规模较小建筑中的安防系统，备用电源集中管理的情形	表 1 中的类型 3、4
4	市电网本地供电	备用电源本地供电	规模较大建筑中的安防系统，或前端设备非常分散的安防系统的情形，和备用电源必须本地配置的情形	表 1 中的类型 4、5
5	市电网与外配 UPS 切换后集中供电	选配	利用建筑物已有 UPS 资源的安防系统，且只能单点汇接市电网的情形	表 1 中的类型 2
6	市电网与外配 UPS 切换后本地供电	选配	利用建筑物已有 UPS 资源的安防系统，且市电网与外配 UPS 切换后的供电网络配置较好的情形	表 1 中的类型 2
7	原电池/燃料电池/蓄电池本地供电	选配	离线式、移动式或间歇式工作的安防设备的供电情形	表 1 中的类型 6
8	光伏/风力发电装置集中或本地供电	选配	野外和其他市电网无法供电的，或绿色供电情形	表 1 中的类型 6

5.4.4 主电源、备用电源切换要求如下：

a) 主电源切换到备用电源时，主电源的输出跌落到输出电压标称值的80%时到备用电源动作恢复输出电压标称值90%以上时的切换时间宜不长于10 ms。若负载蓄能续流能力强，或间歇工作，其切换时间宜不超过2 s。当备用电源为发电机/发电机组，电源切换时应有保证连续供电的其他措施。
b) 采用独立供电模式工作的设备，其主电源如电池需要更换时，应有保持原有安防系统防护能力或对防护目标进行安全加固或转移的措施。
c) 市电网作为主电源恢复正常供电时，备用电源即自动退出供电，无切换时间。
d) 主电源与备用电源的切换动作不应产生明显的电磁骚扰，其骚扰影响度符合6.3.2的规定。

5.5 电能分配与转接要求

5.5.1 供电分配及其接线宜在配电箱/柜内进行，主电源与备用电源切换装置等宜安装在配电箱/柜内。

5.5.2 供电系统应根据需要配置适当大小和数量的配电箱/柜。

5.5.3 配电箱/柜配置的输出供电回路应预留10%但不少于2路的备用量。

5.5.4 根据输送电能功率大小，电能分配可采用连接端子排方式，也可采用万用插座方式，但不可采用直接电线并接的方式。同一接线端子不应连接多于2路线路。

5.6 电能输送要求

5.6.1 电能输送方式的选择要求如下：

a) 电能输送主要采用有线方式的供电线缆。供电线缆宜选用多芯护套型线缆，并宜为专线专用。采用信号和供电共用线缆的供电方式，应在性能方面同时兼顾信号特性和电源能效的要求。
b) 安防系统设备的供电电压标称值一般为AC220 V，AC24 V，DC12 V等。
c) 供电线缆的末端(负载侧)电压不应低于供电设备输出电压标称值的90%。
d) 当负载功耗不太大时，可采用安全电压供电如AC24 V，DC12 V。当负载功耗较大，且可以做较好的绝缘隔离时，可采用AC220 V。当线路长度较长或线缆直流电阻较大时，宜选择AC220 V供电。
e) 必须考虑人员触电的安全性时，宜优先采用安全电压供电。
f) 当电能输送电流强度大于16 A或电能传输电压高于安全电压时，其供电线缆应视作强电线路。

5.6.2 电能输送配置要求如下：

a) 在同区域内的设备采用市电网供电时，应遵照同一时刻下供电来源为同相电并且同一电力变压器的配置原则；
b) 在不增大线路损耗和安全的前提下，宜采用适当集中的低电压等级输出电源变换器方式对前端低电源电压安防设备供电；
c) 供电系统采用AC220 V供电时，宜采用TN-S方式。

5.6.3 供电线缆的路由设计要求如下：

a) 应根据负载的分布情况，合理确定各级配电箱/柜的位置布局；当主电源采用市电网供电时，还应遵循同建筑体内同区域同相电原则确定配电箱/柜的上级电源来源。
b) 室内供电线缆宜由上级配电箱/柜或本地配电箱/柜以短程线段放射敷设到下级配电箱或安防设备。配电箱/柜的位置宜低于所连接的下一级配电箱/柜或其他安防设备负载。供电线缆不宜长距离沿建筑物外墙附近敷设。
c) 室外供电电缆宜采用以建筑物为中心的放射状结构的地下直埋或地下排管方式敷设。

5.7 监控中心供电配置要求

5.7.1 监控中心应设置专用配电箱/柜。

5.7.2 监控中心的设备间内设备、集中显示设备和安装在控制台上的安防设备宜进行分类管理和分回路供电，存在过大冲击电流的设备应错序方式通电。

5.7.3 监控中心的安防设备宜遵照同区域同相电原则供电，操作控制台的设备应采用同一相电源供电。

5.7.4 监控中心的备用电源应确保监控中心应急负载的正常工作，不应外接其他非安防系统的设备。

5.7.5 监控中心的 UPS 的主机及电池等宜设置在独立的设备间内，该房间的地板荷载应满足设备安装要求。

5.8 安防系统配套设备配电要求

5.8.1 与安防系统相关的照明和空调、通风等独立设备，应设置相应的供电回路和控制开关，不应与安防设备共用供电回路。

5.8.2 照明设备等与安防设备一体配置时，应视作安防设备的一部分。

5.9 入侵报警子系统供电要求

5.9.1 入侵报警子系统总体供电应满足以下要求：

a） 入侵报警子系统的所有探测、传输、控制、记录、显示等功能性设备应为应急负载。

b） 入侵报警子系统应配置不间断供电的电源。当入侵报警设备采用独立供电方式时，其主电源的工作和报警能力应满足使用管理要求。

c） 当主电源为市电网时，其备用电源的容量应保证系统正常工作时间不小于 8 h。

d） 在主电源断电时，入侵报警系统应支持掉电报警功能。

5.9.2 主机或现场控制器供电应满足以下要求：

a） 主电源应符合 5.9.1 要求；

b） 当主电源为市电网时，主机或现场控制器应有备用电源。

5.9.3 前端报警探测器供电要求如下：

a） 探测器可由报警主机或现场控制器供电，也可由独立于报警主机或现场控制器的单独电源变换器供电。该单独电源变换器应具有向报警系统提供电源故障报警的能力。

b） 当采用由市电网供电的单独电源变换器供电时，前端报警探测器应在供电系统中上级或本级处配置备用电源。

5.9.4 传输设备的应急供电时间不应低于入侵报警系统的总体要求，并宜将传输设备的供电设备工作状态及时发送给系统主机。

5.10 视频安防监控子系统供电要求

5.10.1 视频安防监控子系统总体供电要求如下：

a） 视频安防监控子系统的重要和关键设备应为应急负载；

b） 视频安防监控子系统宜配置 UPS；

c） 根据视频安防监控子系统所在区域的风险等级和防护级别，备用电源应急供电时间应不少于 1 h。

5.10.2 视频安防监控子系统的管理计算机应配置备用电源，其他控制设备可根据工作需要选配备用电源。

5.10.3 根据摄像机的分布情况和信号传输方式，选择以下供电方式：

a) 当摄像机相对集中，距监控中心不超过 500 m，且用电缆传输视频和控制信号时，宜采用集中供电模式；

b) 当摄像机比较分散，或者摄像机与中心设备间采用电气隔离方式（如光传输）传输信号，宜采用本地供电模式；

c) 当摄像机所监视区域为重要部位时，该摄像机应为应急负载；

d) 采用电源同步的模拟摄像机组建的系统，宜配置同区域同相电的主电源和备用电源。

5.10.4 在监控中心应设定一台或多台重要部位的图像显示设备。重要显示设备应为应急负载。

5.10.5 记录设备和/或录像设备供电要求如下：

a) 根据记录信息的容量大小和实时性等综合要求，确定记录设备是否为应急负载；

b) 位于前端区域的记录设备，宜设置不少于 5 min 的不间断供电电源；

c) 位于监控中心的记录设备应按照应急负载要求配置不间断的电源。

5.10.6 对独立设置的传输设备，应优先保证对管理信息和重要部位信息的传输设备供电。对传输设备的应急供电时间不低于视频安防监控子系统的总体要求。

5.11 出入口控制子系统供电要求

5.11.1 出入口控制子系统总体供电要求如下：

a) 出入口控制子系统中本地的识读、控制、执行、记录等功能性负载应为应急负载。

b) 主电源可使用市电网或电池。当电池作为主电源时，其容量应保证所带负载正常工作不少于 1 a。

c) 备用电源宜按照本地供电方式配置。备用电源应保证本地系统连续工作不少于 48 h。

d) 当出入口控制子系统联网工作时，其主电源宜采用市电网供电，其备用电源配置根据控制器的分布情况和使用要求而确定，可选用 UPS 或不间断直流电源。

5.11.2 采用中心信息联动的出入口控制子系统，主机应采用不间断供电，其应急供电时间宜与系统的总体供电要求相一致。

5.11.3 现场控制器供电要求如下：

a) 出入口控制子系统的执行部分为闭锁装置（执行装置之一），且该装置的工作模式为断电开启和中等防护级别或高等防护级别的控制设备应为应急负载，应配置备用电源；

b) 备用电源宜随现场控制器分布配置。

5.11.4 识读装置的供电设备宜设置短路保护，短路故障不应影响其他安防设备的正常工作，并在短路故障清除后恢复工作。

5.11.5 执行装置在主电源断电时，备用电源应保证执行装置继续正常使用，且如电控锁类执行设备能正常开启 50 次以上。

5.11.6 传输设备供电要求如下：

a) 识读装置与控制器之间、执行设备与控制器之间的传输设备应为与系统总体相一致的供电要求；

b) 当系统的实时数据必须依赖中心设备时，控制器与中心设备间的信息传输设备应为与系统总体相一致的供电要求。

5.11.7 当电池作为组合设备（一体化）的主电源时，其容量应保证系统正常开启 10 000 次以上。

5.12 其他子系统供电要求

5.12.1 集成的安防子系统，其共用部分的设备如传输设备，应按照各子系统供电的最高要求配置供电设备。

5.12.2 其他子系统的供电电源设备应符合各子系统相关标准对供电的要求。

5.12.3 若其他子系统标准中对供电无明确规定，宜参照5.9,5.10,5.11和本标准其他各章的规定，配置其他子系统的供电。

6 供电系统的安全性、可靠性、电磁兼容性和环境适应性要求

6.1 供电系统的安全性要求

6.1.1 供电设备防护安全要求如下：

a) 配电箱/柜的机械结构应有足够的强度，能满足使用环境、设备承载和普通人员挤靠压力后无明显变形的要求；

b) 配电箱/柜宜有防人为开启的锁止装置，内装有防拆报警装置。具备条件的，配电箱宜安装有可接入安防系统的安全监测控制装置；

c) 配电箱/柜宜设置在强弱电井/间和/或监控中心设备间内；

d) 供电设备所在的区域应采取物理防护措施，并宜设报警探测装置，其报警信息应传送到监控中心。安装有安防系统供电设备的强弱电井/间应设置该井或房间门的开闭状态监视装置，有条件的宜设置出入口控制装置。

6.1.2 供电线缆防护安全要求如下：

a) 非架空敷设的供电线缆应采用穿管槽等方式进行保护；

b) 管槽在物理上应封闭且不易破拆；

c) 必须穿越潮湿、腐蚀环境时，保护用的管槽等材料等应具有防锈(腐)蚀的防护措施；

d) 室外供电线缆应充分考虑防水、防风、防冰凌、防腐蚀等措施，室外立杆应稳定牢固，室外架空的供电线缆宜采用钢索牵拉保护，配置的钢索应牢靠。

6.1.3 供电设备安全用电与接地要求如下：

a) 输入或输出电压高于安全电压的供电设备的对地和电源线间绝缘绝缘电阻应不小于50 MΩ，其金属外壳应直接连接安全接地。其他类型的供电设备应有良好的防静电接地措施。

b) 与操作人员直接接触的设备应采用安全电压供电，和/或采用良好绝缘的接触面。设备整体应满足GB 4943—2001的2.6、5.1、5.2的有关规定。

c) 与操作人员直接接触的设备采用高于安全电压供电时，其直接来源的电源主回路上宜设置剩余电流动作保护装置。

d) 与操作人员直接靠近或接触的供电设备的对外电磁辐射功率应满足GB 8702有关健康环保标准的要求。

6.1.4 供电系统的运行安全要求如下：

a) 供电设备对上级供电过压和下级负载过载应有保护措施；

b) 市电网作为主电源所对应的开关应受到严格管控，未经许可不得随意断开；

c) 为市电网主电源所配的供电线缆宜设有抗人为破坏和耐火的防护措施；

d) 供电设备的外壳等应有防止由于机械安装不稳定、移动、突出物和锐边造成对人员伤害的措施。

6.1.5 供电系统的防火要求如下：

a) 供电系统的绝缘材料宜选用阻燃或难燃材料，供电线缆宜优先采用低烟、低毒护套型绝缘材料。

b) 供电设备的外壳和供电线缆的温升宜保持在不高于30 ℃，且在室内的最高温度不宜高于80 ℃。人体经常接触到的室内的供电设备外壳和供电线缆的表面温度不应高于40 ℃。供电线缆的安全载流量可参见附录B的B.2。

c) 在具有较高温升的供电设备和供电线缆旁不应存在易燃易爆的材料。

d) 对于必须考虑温升引发火灾危险的区域，应设置温升探测报警装置。

e) 负载或供电线缆出现短路现象时，其上级供电设备应即时响应，阻断电能的向下输出。

f) 供电系统所用开关触点型的设备应具有适应当地使用环境的防明火措施。

6.2 供电系统的可靠性要求

6.2.1 系统中的平均无故障工作时间要求如下：

a) 供电设备包括各类电源变换器和配电分配设备、供电线缆的 MTBF 不应小于 10 000 h；

b) 电池类设备的 MTBF 以其正常标称寿命为前提，在其工作条件下，其使用寿命宜不少于 3 a，否则，宜增加后备电池的储备与更新。

6.2.2 满足供电系统可靠性应通过以下所列的一种或多种冗余与容错方式实现：

a) 供电系统宜根据安防系统的设备分布情况，对供电传输路由线缆和供电设备进行一般余量为 10%的冗余配置，对于需要连续供电的负载宜配置在线式 UPS，或不间断直流电源等。同时，供电设备宜具有可实现远程控制联动的接口。

b) 供电系统对负载短路和开路等故障发生均具有快速响应隔离措施，并能在负载故障排除后，快速恢复正常供电。

c) 供电系统宜有冗余的控制模块和链路，具有不易受其他业务应用影响的安全保障措施。

6.2.3 系统的可靠性在连接方面要求如下：

a) 在供电设备之间、供电设备与供电线缆之间、供电线缆与负载之间的连接端子、接地端子等应以可锁定的方式连接，端子连接可经受一定拉拽力量而不损坏；母线和连接大功耗负载供电线缆的端子部分，经受的力量宜不小于 300 N；连接中功耗负载设备(含)以下的，经受的力量宜不小于 50 N。线缆在端子处安装完毕后不应出现明显拉紧的应力。

b) 电源插座和电源插头应确保插接密合，无松动滑脱和电气接触不良现象发生。

6.2.4 系统的日常保养要求如下：

a) 为保持电池的活性和容量，供电系统应采取人工方法，或配置符合电池相关标准的电池监控与充放电等措施进行及时的保养。应保持电池环境的清洁和良好通风散热条件。

b) 应及时清除配电箱/柜内的积尘。

c) 雷电等发生后，应及时检查配电箱/柜和保险丝/熔断器等的工作状态，以便及时更换。

6.2.5 系统的可维修性要求如下：

a) 供电设备的关键部件或组件、易损部件应配置有一定数量的备品备件；关键部件或组件既要有牢靠的安装，又要有便捷的替换方法；

b) 在供电快速隔离保护电路中，应优先采用具有故障清除后自恢复功能的器件或模块。

6.3 供电系统的电磁兼容性要求

6.3.1 供电设备应能承受以下电磁干扰而正常工作，UPS、电源变换器等的输出电压/电流的指标不劣于 5.2.3、5.3.4 的规定值：

a) 在 GB/T 17626.2—2006 中，试验等级 3 的静电放电干扰；

b) 在 GB/T 17626.3—2006 中，试验等级 3 的射频电磁场辐射干扰；

当主电源为市电网供电时：

c) 在 GB/T 17626.4—2008 中，试验等级 3 的电快速瞬变脉冲群干扰；

d) 在 GB/T 17626.5—2008 中，试验等级：交流电源线不超过 3 级；直流、信号、控制及其他输入线不超过 2 级的浪涌(冲击)干扰；

e) 在 GB/T 17626.11—2008 中，试验等级：40%UT10 个周期的电压暂降；0% UT250 个周期的短时中断干扰(在断电后备用电源配合的情况下)。

6.3.2 电磁骚扰要求如下：

a) 非无线发射的供电设备和供电线缆的周围在正常供电工作时产生的电磁场，在离开该设备外壳或线缆距离 0.5 m 任意位置，相对于背景电磁场的强度增量宜满足以下要求：
 - 在 0 MHz～10 MHz 频带内，电场强度不应高于 0.2 V/m，磁场强度不高于 0.2 A/m；
 - 10 MHz～300 MHz 频段内，不高于 0.7 V/m；
 - 300 MHz～3 GHz 频段内，恒定场为不高于 0.01 W/m^2，非恒定场为不高于 0.1 W/m^2。

b) 供电设备或负载应有满足市电网要求的抑制本地高次谐波的能力，以减低对电网的污染。

c) 无线发射设备的供电设备的电磁辐射功率应符合国家和行业有关法规与技术标准的要求，对生态环境无明显损害。

6.3.3 在较强电磁场环境(磁场强度为≥10 A/m 和/或电场强度为≥10 V/m)下，供电设备宜输出满足 5.2 和 5.3 性能要求的电压。

6.3.4 供电系统 THDI 应满足 GB 17625.1 的规定，并宜为 A 类设备的限值。

6.3.5 供电设备应具有抑制所带负载产生传导干扰的能力，并主要表现为多个不同用途的负载不应经由该供电设备形成明显相互干扰。否则，所带负载应采取必要的抑制/隔离干扰的措施。

6.3.6 供电线缆的电磁兼容安装要求如下：

a) 强电类线缆与弱电类线缆交错时，宜垂直交叉布置，或经封闭金属管/板等隔离；

b) 同一源或宿的强电线缆(如同一来源的相线和中性线，或同一负载的相线和中性线)应并行紧密排布，仅在连接端子时，做直接连接。

6.4 供电系统的环境适应性要求

6.4.1 供电设备和供电线缆的正常工作的温升应符合 6.1.5 的规定，且设备内部的最高温度应在内部电子元器件的正常工作范围内。

6.4.2 供电设备的散热应具有良好的热传递途径和防尘措施；存在较大噪声的供电设备，还应具有良好的降低噪声措施，如将该设备放置到单独设备间进行隔离等。

6.4.3 供电设备与供电线缆的链接处密封性应满足现场的防水、防锈等的要求。

6.4.4 在具有易燃易爆等危险环境下运行的供电系统设备应有防爆措施，并符合国家有关防爆等标准的要求。

6.4.5 在过高、过低温度和/或过高、过低气压环境下，和/或在腐蚀性强、湿度大的环境下运行的供电设备，应有相应的防护措施，供电线缆应选用具有耐高/低温、耐腐蚀等特性的型号。

6.4.6 供电设备的其他环境适应性应符合 GB/T 15211 的要求。

7 防雷与接地要求

7.1 采用非独立供电方式时，供电系统应具有防雷措施，并符合 GB 50057、GB 50343、GB 50348 和 GA/T 670 的有关防雷的规定。

7.2 临近建筑物边界的供电线缆的末端宜设置抗浪涌电流/电压的装置(如 SPD)。

7.3 供电传输电线/缆宜在第一雷电防护区(LPZ1)以内的位置，当在室外时，应采取埋地或通过地下管道等空间位置低于地面的敷设措施。

7.4 供电系统的接地线不得与市电网的中性线短接或混接。安防系统单独接地时，接地电阻不大于 4 Ω，接地导线截面积应不小于 16 mm^2。

7.5 供电系统为市电网本地供电模式，且负载通信信号为电气隔离方式如无线或光传输方式，存在跨变压器供电区域或不安装在监控中心所在建筑物上的室外安防设备时，供电系统的地线应连通当地安全地。

7.6　若信号传输为电缆传输时，各供电设备中与信号地线共地的电源地线宜与监控中心的地线连通，宜在前端位置悬置。前端设备的防雷保护接地应单独设置。

8　供电系统的标识、监测控制、能效与环保管理要求

8.1　标识要求

8.1.1　供电设备的外接输入输出(电压标称值和极性)和操作部件及其动作位置、供电线缆的来源(标号)均应有清晰的、牢固可靠的正确标识，如做好进线、开关、保险丝/熔断器、接地、警示等标识。

8.1.2　对于高出安全电压的各类电源(输入/输出)均应有危险警示标识。

8.1.3　低压配电线缆的颜色应符合国家有关规定的要求。如 L1、L2、L3 三相在同地区供电时，应严格按照相线同相同色的原则配置，相线为黄色线(L1 相)、绿色线(L2 相)、红色线(L3 相)、中性线(N 线)为黑线或淡蓝色线和接地线为黄绿双色线。其他配电线缆宜采用高低色原则配置高电压端和参考地线。

8.1.4　在同一安防系统工程中，应保持线色定义的一致性。

8.1.5　电源的各类接地端子均应给出清晰的标识。

8.1.6　供电调节装置应有调节效果的方向提示，需要细分的，应有刻度指示。

8.1.7　其他如合格证、认证标志、系统和部件的使用说明书、连接关系图等在系统竣工时应一并移交给安防系统的建设使用方。

8.2　运行指示要求

8.2.1　供电系统的基本要求如下：

a)　电源的来源标识应清晰牢靠；

b)　各电源变换器应设置有便于观察的正常电源输出指示、电压类别标识；

c)　采用电池供电的装置，应具有放电欠压指示或接口；若电池为蓄电池，在其充电时应有充电已满指示；

d)　应有供电运行指示。

8.2.2　供电系统根据需要，在 8.2.1 的基础上，主要供电设备可配置以下运行界面或接口：

a)　必要的输入/输出电压、电流数值指示和频率指示；

b)　供电设备可根据需要提供不同故障提示(如过压报警等)；

c)　智能型供电设备运行控制的接口，其协议应按照 SNMP 或 PMbus 等标准的要求进行配置。

8.3　供电系统监测控制管理要求

8.3.1　供电系统的监测控制管理模式有多种，主要有以下三种：

a)　基本型

基本型的供电管理模式要求如下：

- 在供电设备的连接端子和操作部件的附近均有可明显识别的标记；
- 预留测试检查点；
- 本地设有明显的电能来源灯光指示和开关止动位置指示。

b)　增强型

在供电设备上除了上述的配置外，在本地能以直观的人机界面方式，实现集中显示、视觉和/或听觉提示的功能，并可通过各类直接或间接控制装置对本地设备进行直接的控制。

c)　智能型

在供电设备包括配电箱处配置本地集中的人机界面，可提供较为完善的配置和性能测试的显

示操作界面，并可提供接口与系统级的电源管理设备相连，接受系统级的远程控制和策略管理。

8.3.2 监测控制装置配置要求如下：

a) 基本型和增强型的电源管理模式宜设置现场监测管理模式监测控制装置；

b) 在智能型的电源管理模式中，宜配置较为完善的监测控制装置：监测控制装置与其传输手段构成供电管理网络，其网络结构是树形结构，或总线结构；供电管理网络可独立设置，或借用安防系统的信息传输路由和设备等联合设置；

c) 管理节点如供电管理网络的接口和控制设备等，可以独立设置，或结合安防系统的其他设备联合设置。

8.3.3 管理模式选择要求如下：

a) 根据安防系统规模、供电设备分布情况、管理需求和投资情况，确定适当的管理策略和管理模式。基本型供电管理模式是安防系统的首选配置模式。

b) 当安防系统的分布空间巨大，一般在城域范围内时，宜在各级配电箱/柜设置智能型的供电管理节点。

c) 安防系统的规模不大，如摄像机数量在 512 路(含)以下，出入口控制系统的出入口在 100 个门(含)以下，报警探测器数量 512 路(含)以下，并且空间分布在一个较小区域内，宜采用增强型的供电管理模式。

d) 监测控制装置，根据需要可独立设置，或结合安防其他子系统，进行逻辑上的管理。在供电系统规模巨大时，优先采用独立设置的智能型供电管理网络。

8.4 供电设备的能效与环保要求

8.4.1 优先选用清洁能源和可再生能源作为安防系统的电源。

8.4.2 供电设备的能效要求如下：

a) 一般地，电源变换器的电能的输入/输出转换效率应不低于 75%，大容量(30 VA 以上)的应不低于 90%。

b) 供电设备的本地指示和监测控制装置功耗宜不大于其实际输出功率的 1%。负载未接入时的供电设备空载功耗宜不大于最大输出功率的 0.5%。

8.4.3 供电系统环保要求如下：

a) 供电设备和供电线缆应优先选用采用符合环保要求的工艺和材料制造的产品。

b) 供电设备和供电线缆等所选用的材料(除燃料)正常工作时和故障、燃烧后不应产生有害物质。利用燃料进行电力供应的供电设备燃烧排放应满足国家相关标准的要求。

c) 供电设备工作时产生的噪声应满足相应环保要求的规定。

d) 更换下的原电池/蓄电池等应按照环境管理体系的要求进行适当处理。

e) 供电设备和供电线缆所产生的电磁效应满足 6.3.2 的要求。

8.5 负载要求

8.5.1 在供电设备保证供电能力的情况下，应优先选用自身具有一定蓄能续流和/或滤波能力的负载。

8.5.2 在同样功能和其他性能相当的前提下，应优先选用功耗低的负载设备。

8.5.3 应优先选用高功率因数的负载。若负载的功率因数不满足 GB 17625.1 的 A 类设备和 GB/Z 17625.6 的一级接入要求时，应采用功率因数补偿器或者高功率因数的电源变换器等进行校正或隔离。

8.5.4 负载内部的电源变换器自身功耗宜不大于实际输入功率 10%，交流供电的输入端功率因数宜不低于 0.8。

8.5.5 对于低功耗(含)以下的直流负载应具有电源接入防极性接反的能力，对于低功耗以上的负载应具有快速隔离电源的措施。若负载设备本身不具备这种能力，应在供电分配、变换环节配套相应措施。

8.5.6 负载待机(等待负载的主功能部分进入正常工作状态)时，其待机功耗宜不大于满载功耗的10%，并宜不大于0.5 W。负载不工作时应无功耗。类似电控锁的出入口控制系统的执行装置，其稳定保持时的功耗应不大于满载功耗的50%。

8.5.7 负载设备采用电池供电时，应具有节电控制措施。

8.5.8 负载的通电冲击电流宜不大于正常工作电流的2倍。若存在大于正常电流2倍的冲击电流的设备群时，应错序方式通电。

9 供电设备与供电线缆选型与安装要求

9.1 供电设备选型原则

9.1.1 供电设备应遵循安全原则，满足6.1的要求。

9.1.2 供电设备选型时应遵循可靠原则：

a) 供电设备的MTBF应不小于所带负载的MTBF的指标；

b) 在需要强化安全防护要求时，可利用不同路由的线缆和不同来源的电源提供供电可靠保障。

9.1.3 供电设备选型时应遵循经济原则：

a) 在保证负载正常工作的前提下，宜采用路由短和截面积小、导电材料优质的线缆，宜选用电能转换效率高、功率因数高(当为交流输入时)、同时市场价格适中的优质供电设备；

b) 供电设备的输出功率容量宜不小于但接近负载满载功耗的1.2倍。

9.1.4 应根据主电源的质量状况、负载功耗和工作分布特点、现场的工作环境、供电系统管理模式，遵循适用原则，选择适合的供电设备。

9.1.5 供电设备选型时应遵循可管理原则：

a) 供电系统应有一定的方式使管理者和使用者方便了解供电设备的配置和运行参数，了解电源开关当前状态，方便控制有关负载的接入和参数调整；

b) 供电系统集中管理时，各种状态参数的信息更新周期不大于5 min。

9.1.6 供电设备和供电线缆应具有3C认证或其他必须要求的认证，在具体选型配置时，还应满足第5、6、7、8章等的具体要求。

9.2 常用供电设备选型配置要求

9.2.1 供电设备对负载适应性的选型要求如下：

a) 供电设备在所带负载功耗从满载到轻载变化，或者从轻载到满载变化时，不出现严重的输出电压波动，其性能满足5.2.3和5.3.4的要求；

b) 供电设备空载(无负载加电)时的输出电压不高于输出电压标称值的5%；

c) 供电设备对于负载的150%、持续10 ms的瞬态过载宜具有无短路报告现象和自恢复能力；

d) 供电设备在上级供电设备输出电压和下级负载功耗一定的前提下，宜采用符合9.1.3要求，且规格与现行设备相一致的类型。

9.2.2 UPS的选型除满足9.2.1的要求外，其他要求如下：

a) UPS的功率容量应满足所带负载满载工作时的要求，UPS的电池容量应满足系统的应急供电要求。其选型可参见附录C.2。

b) 根据现场供电条件和负载情况，在投资许可的前提下，宜选择可管理性强、负载适应性强、在线式正弦波输出的UPS。

c) 若市电网质量较差，宜选择具有稳频、稳压、净化、无停电转换时间等功能的UPS。

d) 在强调快速维修时，宜选用模块化的、可冗余配置的UPS。

e) 在绿色节能方面，宜选用效率高、功率因数高的 UPS。

9.2.3 电源变换器的选型除满足 9.2.1 的要求外，其他要求如下：

a) 电源变换器的稳压精度应与负载相协调，稳压适应性应与电源的电压变动范围相适应。
b) 电源变换器的外形、体积、散热、输入/输出适应性与其工作要求相适应。其输出电压电流规格可参见附录 B 的 B.1，交流稳压电源的选型可参见附录 C 的 C.1。
c) 电源变换器应安装方便，工作指示清晰，可管理性强，接线端子连接简捷牢靠。
d) AC-DC 变换器的 DC 输出端对保护地的交流共模电压不应大于 2 Vp-p。
e) 为蓄电池充电的电源变换器应具有防过度充电控制等功能。
f) 为电池输出电压稳压的电源变换器宜具有防过度放电的措施。

9.2.4 发电机/发电机组选型除满足 9.2.1 的要求外，其他要求如下：

a) 发电机/发电机组的输出宜与当地市电网的供电体系相一致，电气稳定特性符合 JGJ 16—2008 的有关规定。发电机/发电机组的启动时间和工作持续时间应满足使用管理要求。
b) 发电机/发电机组的燃油发动机等配置应满足 6.4 和 8.4.3 的要求。

9.2.5 电池选型要求如下：

a) 应选用容量和放电电压、电流特性满足使用和管理要求的电池；
b) 宜选用免维护电池和/或采取防止化学腐蚀的措施；
c) 宜选择不具有爆炸特性的电池或对电池采取防爆炸的措施。

9.2.6 配电箱/柜选型配置要求如下：

a) 配电箱/柜宜独立配置。
b) 应根据使用环境的不同，选择相适应的防锈、防水等类型的配电箱/柜外壳，其自身的防护能力满足 GB 4208—2008 的规定。
c) 配电箱/柜的外形和尺寸应与内部设备部件的体积、数量和操作空间等相适应。
d) 配电箱/柜的安装方式可选择墙壁暗装/明装、落地安装等固定安装方式。
e) 配电箱/柜的进/出线口应有防割线措施，进/出线口的位置应隐蔽安全和方便线缆出入。
f) 内部的设备布局应满足电磁兼容性的要求。宜在配电箱/柜内部设置必要的进出线缓冲区和布线框架。

9.2.7 电气开关与保险熔断保护装置的配置要求如下：

a) 配电箱/柜进线处宜设置带隔离功能的电气开关。电气开关的规格应与其后的负载工作电压和电流相匹配，且不宜小于负载工作电流的 2 倍。
b) 在配电箱/柜内根据需要宜设置保险丝或熔断器。对于直接连接单一负载的输出端宜安装保险装置。若负载为非大功耗负载，其保险装置宜能在短路故障消除后自动恢复正常工作。

9.2.8 连接端子排和万用插座的选型要求如下：

a) 连接端子排和万用插座的绝缘电阻、抗电强度和机械强度等指标应符合国家相关产品标准的要求；
b) 连接端子排和万用插座的各连接用导电部件的额定通过电流强度不应小于其所带负载满载功耗的电流值；
c) 用于电气连接部件应具有接触良好，可靠连接的措施，以保证长期满载运行不出现明显温升；
d) 内置有 SPD 等装置的万用插座地线的连接应牢靠，其地线规格应符合国家相关标准的要求。

9.3 供电线缆的选型与安装要求

供电线缆的选型与安装要求如下：

a) 供电线缆应根据远端设备的工作电流、供电电压体系和供电线缆的路由环境条件、敷设方式等因素选择线径和型号。直接连接单体负载的分支供电线缆应选用护套多股线缆。

b) 供电线缆的线路压降宜控制在不大于输出电压标称值的5%范围内。供电线缆的线路压降测算可参见附录D。

c) 供电线缆末端应有固定保护措施。

9.4 供电设备安装要求

9.4.1 供电设备安装总体要求如下：

a) 供电设备位置应选择在防雨、防尘、通风散热良好、基础牢固、隔振效果好和空间居中(与所带负载距离较近)的地方。

b) 供电设备应固定牢固,便于检修,锁止安全。供电设备与线缆应固定连接牢靠。

c) 在具有爆炸等危险环境下安装供电设备,应采取符合有关规定的如防明火、对电火花、灭弧等防爆措施。

d) 水下安装的供电设备还应满足相应的水密性要求。

9.4.2 监控中心及强弱电井/间内供电设备的安装除满足8.1和9.4.1的要求外,其他要求如下：

a) 监控中心及强弱电井/间内的供电设备以配电箱/柜独立或者组合方式安装时应符合JGJ 16—2008的有关规定。

b) 配电箱/柜应固定牢靠,用于工作和检修的面板应方便开闭操作、方便观察内部设备状态。

c) 监控中心的供电设备以电源模块方式在负载附近就近安装时,应安装到不易被操作人员正常值班时所触及的位置,并保持模块的固定牢靠。

d) 具有较大电流输出的供电设备宜与其他弱电设备进行空间分隔,且电流送出线和回流线应紧密伴行敷设。

e) 接线端子应固定连接牢靠,数量留有余量,推荐不小于5%,但最少为1位。采用插座连接时,插头和插座宜采用具有密切锁止功能的结构。连接标识应正确清晰。

f) 万用插座的地线应与保护地连接可靠,若万用插座内置SPD,应将万用插座的地线以最短距离连接当地的防雷接地线。

9.4.3 前端供电设备的安装应满足8.1和9.4.1的要求。

10 供电系统的检测与验收要求

安防系统的供电系统检测与验收宜与安防系统各功能性子系统的检测与验收联合进行。

附 录 A
（资料性附录）
安防系统功耗测算方法举例

某安防系统由视频安防监控子系统、入侵报警子系统和出入口控制子系统组成，主电源和备用电源均为集中供电模式，备用电源采用 UPS，备用电源为所有安防设备供电，本安防系统的实际总功耗估算为 1 300 W。具体设备功耗测算方法见表 A.1。

表 A.1 安防系统功耗测算方法举例

序号	设备名称	型号	数量	单位	单位满载功耗/W	合计功耗/W	备 注
1	定焦摄像机		12	台	4	48	
2	一体化遥控摄像机		4	台	50	200	云台水平和垂直同时运动等的最大功耗
3	视频矩阵主机		1	台	50	50	
4	21″LCD 显示器		4	台	35	140	
5	DVR（含 8 只硬盘）		1	台	88	88	硬盘仅有最多 3 只工作
6	AC24V 交流变压器		1	台	0	0	本身效率为 100%
7	被动红外报警探测器		6	只	0.06	0.36	
8	主动红外报警探测器		2	对	0.1	0.2	
9	门磁开关		2	只	0	0	终端电阻的功耗计入报警控制主机中
10	报警控制主机		1	台	20	20	
11	声光报警器		1	台	5	5	
12	1 台 DC12V 变换器（开关型）		1	台	2.556	2.556	本身效率为 90%，根据报警探测器接入数量计入损耗
13	感应卡读卡器		8	只	0	0	4 樘门，由出入口控制器直接供电，功耗计算在控制器中
14	电控锁（为加电关型）		4	只	6	24	4 樘门，直流加电工作模式，注意断电后的反击电压，可能同时加电关门
15	出入口现场控制器		2	台	40	80	
16	管理计算机（含显示器）		1	台	300	300	计算机经以太网口与 DVR 相连，经 RS232/485 扩展卡与视频矩阵主机、报警控制主机和出入口控制器相连

表 A.1（续）

序号	设备名称	型号	数量	单位	单位满载功耗/W	合计功耗/W	备注
	安防系统功能性负载总功耗					958.116	
17	UPS2kVA 1 h		1	台	300	300	安防系统内部配置UPS最大充电功率
	合计					1 258.116	

注 1：表中所列示的单位满载功耗数值并不确切，仅为示意，请勿直接引用。

注 2：对于功耗较大的负载，要关注其负载的感性、容性特点，并注意同类性质负载的累加效应，如容性负载的冲击电流问题，感性负载的关电时的反电势问题等。

注 3：本例中 UPS 需要全部带动所有负载，故 UPS 的容量不小于除 UPS 充电功耗的所有负载的满载功耗，即大约不小于 959/0.7=1 370 VA，其中 0.7 为容量系数。故选用的 UPS 的容量最小为 2 kVA。其上一级开关容量应不小于(2+0.3)/0.7=3.3 kVA。容量系数的选择取决于负载的功率因数和冲击电流等多个因素。0.7 是一参考值，不具有典型性。

附　录　B
(资料性附录)
常用 AC-DC 变换器的规格、导线安全载流量的计算

B.1 常用变换器的输出电压规格:5 V,6 V,7.5 V,9 V,12 V,15 V,18 V,24 V,48 V 等(正负电源)。输出电流规格:500 mA,1 A,1.5 A,3 A,5 A,10 A,15 A,20 A,25 A,30 A,40 A,50 A,60 A,80 A,100 A 等。

B.2 导线载流量:导线的安全载流量是根据所允许的线芯最高温度、冷却条件、敷设条件来确定的。一般铜导线的安全载流量为(5～8)A/mm^2,铝导线的安全载流量为(3～5)A/mm^2。

附 录 C
（资料性附录）
交流稳压电源、不间断电源（UPS）主要技术指标

C.1 交流稳压电源主要性能指标如表C.1所示。

表C.1 交流稳压电源主要性能指标

序号	指标项目	技术要求			备注
		Ⅰ	Ⅱ	Ⅲ	
1	输入电压可变范围	±25%	±20%	±10%	额定输入220 V
2	输入功率因数	≥0.95	≥0.90	≥0.80	
3	输入电流谐波成分	<5%	<15%	<25%	规定3～39次THDI
4	输入频率	50(1±4%)Hz			
5	输出电压稳压精度	±1%	±5%	±10%	额定输出电压，V
6	输出波形失真度	≤2%	≤3%	≤5%	额定线性负载
7	电源效率	≥80%			正常工作方式
8	输出功率因数	≤0.8			
9	过载能力	10 min	1 min	30 s	正常工作方式，过载125%
10	噪声	<55 dB(A)	<60 dB(A)	<70 dB(A)	

C.2 不间断电源（UPS）主要技术指标如表C.2所示。

表C.2 不间断电源（UPS）主要技术指标

序号	指标项目	技术要求			备注
		Ⅰ	Ⅱ	Ⅲ	
1	输入电压可变范围	±25%	±20%	+10% −15%	
2	输入功率因数	≥0.95	≥0.90	≥0.85	
3	输入电流谐波成分	<5%	<15%	<25%	规定3～39次THDI
4	输入频率	50(1±4%)Hz			
5	频率跟踪范围	50(1±4%)Hz可调			
6	频率跟踪速率	≤1 Hz/s			
7	输出电压稳压精度	±1%	±3%	±5%	
8	输出频率	(50±0.5)Hz			电池逆变工作方式
9	输出波形失真度	≤2%	≤3%	≤5%	线性负载
10	输出电压不平衡度	≤5%			
11	动态电压瞬变范围	±5%			电池逆变工作方式
12	瞬变响应恢复时间	≤20 ms	≤40 ms	≤60 ms	电池逆变工作方式

表 C.2（续）

序号	指 标 项 目	技术要求			备注
		Ⅰ	Ⅱ	Ⅲ	
13	输出电压相位偏差	≤3°			平衡线性负载
14	市电电池切换时间	0 ms	<4 ms	<10 ms	
15	旁路逆变切换时间	<1 ms	<4 ms	<10 ms	逆变器故障切换时
16	电源效率	>10 kVA ≥90% ≤10 kVA ≥80%			正常工作方式
17	输出功率因数	≤0.8			
18	输出电流峰值系数	≥3∶1			电池逆变工作方式
19	过载能力	10 min	1 min	30 s	正常工作方式，过载125%
20	噪声	<55 dB(A)	<60 dB(A)	<70 dB(A)	
21	并机负载电流不均衡度	≤5%			对有并机功能的UPS

附　录　D
（资料性附录）
线路压降的计算方法

D.1　线路压降计算

线路压降可根据公式 D.1 估算：

$$U_{线损}=I_{工作电流}\times R_{供电线缆} \qquad \text{(D.1)}$$

式中：

$U_{线损}$　——线路电压降，单位为伏(V)；

$I_{工作电流}$——线缆所带所有负载工作电流，单位为安(A)，由公式 D.3 计算得到；

$R_{供电线缆}$——供电线缆导电体的直流电阻值，单位为欧(Ω)，由公式 D.2 计算得到或直接测量得到。

D.2　供电传输线缆导电体的电阻值计算

$$R_{供电线缆}=\rho\frac{L}{S} \qquad \text{(D.2)}$$

式中：

$R_{供电线缆}$——供电传输线缆导电体的直流电阻值，单位为欧(Ω)；

L　——供电线缆电路路由的总长度，单位为米(m)，一般为电缆长度的 2 倍；

S　——供电线缆的导电材料的截面积，单位为平方毫米(mm^2)，一般为电缆的单芯截面积；

ρ　——供电线缆导电材料的电阻率，单位为 $\Omega\cdot mm^2/m$。

常见导电材料的电阻率可参考表 D.1。

表 D.1　常见导电材料的电阻率

序　号	金属材料名称	电阻率($\Omega\cdot mm^2/m$)		
		0 ℃	18 ℃	20 ℃
1	银	0.014 7	0.015 8	0.016
2	铜	0.015 6	0.016 8	0.017
3	金	0.020 6	0.022 1	
4	铝	0.024 2	0.027 2	0.027
5	锌	0.055	0.059 5	
6	铁	0.086	0.095	0.096

D.3　负载工作电流计算

$$I_{工作电流}=\frac{P_{满载功耗}}{U_{负载工作输入电压}} \qquad \text{(D.3)}$$

式中：

$I_{工作电流}$ ——负载工作电流，单位为安(A)。

$P_{满载功耗}$ ——该供电线缆所连接的所有负载满载功耗，单位为瓦(W)。

$U_{负载工作输入电压}$ ——负载正常工作时的输入电压，单位为伏(V)。

D.4 线路压降举例参考

表D.2给出不同截面积的两芯铜芯电缆在不同传输距离、不同负载电流下的压降和线缆损耗。

表D.2 电缆压降和损耗一览表

序号	线缆长度 m	负载电流 A	线缆单芯截面积 mm^2	线缆压降 V	线缆损耗 W
1	100	0.5	0.5	3.4	1.7
2	100	0.5	1	1.7	0.85
3	100	1	0.5	6.8	6.8
4	100	1	1	3.4	3.4
5	100	1	1.5	2.27	2.27
6	100	2	0.5	13.6	27.2
7	100	2	1	6.8	13.6
8	100	2	1.5	4.53	9.06
9	100	2	2	3.4	6.8
10	100	2	2.5	2.72	5.44
11	100	5	1.5	11.34	56.7
12	100	5	2	8.5	42.5
13	100	5	2.5	6.8	34
14	100	5	4	4.25	21.25
15	100	10	2	17	170
16	100	10	2.5	13.6	136
17	100	10	4	8.5	85
18	100	16	4	13.6	217.6
19	200	0.1	0.5	1.36	0.14
20	200	0.1	1	0.68	0.07
21	200	0.5	0.5	6.8	3.4
22	200	0.5	1	3.4	1.7
23	200	0.5	1.5	2.27	1.14
24	200	0.5	2	1.7	0.85
25	200	1	0.5	13.6	13.6
26	200	1	1	6.8	6.8

表 D.2(续)

序号	线缆长度 m	负载电流 A	线缆单芯截面积 mm^2	线缆压降 V	线缆损耗 W
27	200	1	1.5	4.53	4.53
28	200	1	2	3.4	3.4
29	200	1	2.5	2.72	2.72
30	200	2	1.5	9.07	18.14
31	200	2	2	6.8	13.6
32	200	2	2.5	5.44	10.88
33	200	2	4	3.4	6.8
34	200	5	2	17	85
35	200	5	2.5	13.6	68
36	200	5	4	8.5	42.5
37	200	10	4	17	170

ICS 19.120
A 28

中华人民共和国国家标准

GB/T 15445.5—2011/ISO 9276-5:2005

粒度分析结果的表述 第5部分:用对数正态概率分布进行粒度分析的计算方法

Representation of results of particle size analysis—Part 5: Methods of calculations relating to particle size analyses using logarithmic normal probability distribution

(ISO 9276-5:2005,IDT)

2011-06-16 发布　　　　2012-03-01 实施

中华人民共和国国家质量监督检验检疫总局
中国国家标准化管理委员会
发布

前　言

GB/T 15445《粒度分析结果的表述》分为如下6个部分：

——第1部分：图形表征；

——第2部分：由粒度分布计算平均粒径/直径和各次矩；

——第3部分：将测定的累积粒度分布曲线拟合为标准模式；

——第4部分：分级过程的表征；

——第5部分：用对数正态概率分布进行粒度分析的计算方法；

——第6部分：颗粒形状和形貌的描述和定量表征。

本部分为GB/T 15445的第5部分。

本部分等同采用ISO 9276-5:2005《粒度分析结果的表述　第5部分：用对数正态概率分布进行粒度分析的计算方法》(英文版)。

本部分与ISO 9276-5:2005相比做了下列编辑性修改：

——用“本部分”代替“本国际标准”；

——重新编排页码；

——删除了国际标准的前言；

本部分的附录A为资料性附录。

本部分由全国颗粒表征与分检及筛网标准化技术委员会(SAC/TC 168)提出并归口。

本部分起草单位：钢铁研究总院，中机生产力促进中心。

本部分主要起草人：方建锋、郑毅、张晋远、余方。

引　言

许多颗粒系统的累积粒径分布 $Q_r(x)$，可以在专用的坐标纸上，使其表示为一条直线。图的纵、横坐标可由各种数学公式进行换算。在本部分中，假定颗粒系统的累积粒度分布服从对数正态概率分布。

在本部分中，一个颗粒的粒径 x，用球的直径来表示；依据不同的情况，颗粒的粒径 x，也可能代表的是某些其他形状的颗粒的等效径。

粒度分析结果的表述 第5部分:用对数正态概率分布进行粒度分析的计算方法

1 范围

GB/T 15445的本部分是为累积粒度分布服从对数正态概率分布的颗粒系统的粒径表征方法提供一些理论依据,可以明确地验证用粒度分布函数所作的计算。

本部分中解释了对数正态概率坐标纸的设计以及矩、中位径、平均粒径和体积－比表面积等的计算方法。对数正态概率分布常常适用于表述任何维度的累积粒度分布。

本部分适用于以个数、长度、面积、体积或质量为基准所表征的累积分布,可以由一系列平行线表示,且是从其中任何一条已知线的位置均可以确定其他所有线的位置。

2 规范性引用文件

下列文件中的条款通过GB/T 15445的本部分的引用而成为本部分的条款。凡是注日期的引用文件,其随后所有的修改单(不包括勘误的内容)或修订版均不适用于本部分,然而,鼓励根据本部分达成协议的各方研究是否可使用这些文件的最新版本。凡是不注日期的引用文件,其最新版本适用于本部分。

GB/T 15445.1 粒度分析结果的表述 第1部分 图形表征(GB/T 15445.1—2008,ISO 9045:1990,MOD)

GB/T 15445.2 粒度分析结果的表述 第2部分 由粒度分布计算平均粒径/直径和各次矩(GB/T 15445.2—2006,ISO 9276-2:2001,IDT)

3 符号

下列符号适用于本部分。

c	累积百分数;
$\mathrm{e}=2.718\,28\cdots$	自然对数之底;
k	矩中 x 的指数;
$M_{k,r}$	维数为 r 的频度分布的闭合 k 次矩;
p	分布的维数(量的类型);
	$p=0$:个数,$p=1$:长度,$p=2$:面积,$p=3$:体积或质量;
$q_r(x)$	维数为 r 的频度分布;
$Q_r(x)$	维数为 r 的累积分布;
r	分布的维数(量的类型);
	$r=0$:个数,$r=1$:长度,$r=2$:面积,$r=3$:体积或质量;
s	频度分布的标准偏差;
s_g	几何标准偏差,标准偏差的指数函数;
S_V	体积—比表面积;
x	颗粒粒度,球的直径;
x_{min}	给定粒度分布的最小粒径;

x_{max}　　给定粒度分布的最大粒径；

$x_{84,r}$　　对应于 $Q_r=0.84$ 时的粒度值；

$x_{50,r}$　　维数为 r 的累积分布的中位径；

$x_{16,r}$　　对应于 $Q_r=0.16$ 时的粒度值；

$\bar{x}_{k,r}$　　基于维数为 r 分布的 k 次矩的平均粒度；

z　　无量纲变量，与 x 的对数成比例[见公式(3)]；

ξ　　基于 x 的积分变量[见公式(11)]；

ζ　　基于 z 的积分变量[见公式(2)]。

注：在本部分以及 GB/T 15445 的其他部分中，不同含义的下标用逗号分开。

4　对数正态概率函数

正态概率频度分布函数由无量纲变量 z 表示如下：

$$q_r^*(z)=\frac{1}{\sqrt{2\pi}}e^{-0.5z^2} \qquad \cdots\cdots(1)$$

其累积正态概率分布表示为：

$$Q_r^*(z)=\int_{-\infty}^{z}q_r^*(\zeta)d\zeta=\frac{1}{\sqrt{2\pi}}\int_{-\infty}^{z}e^{-0.5\zeta^2}d\zeta \qquad \cdots\cdots(2)$$

函数 $Q_r^*(z)$ 随 z 变化的数值表见附录 A 的表 A.1。

在对数正态概率分布的表达式中，z 被定义为包含两个参数的 x 的对数表达式，这两个参数决定着该分布，它们分别是平均粒径 $x_{50,r}$ 和无量纲的标准偏差 s，或几何标准偏差 s_g，即：

$$z=\frac{1}{s}\ln\left[\frac{x}{x_{50,r}}\right]=\frac{1}{\ln s_g}\ln\left[\frac{x}{x_{50,r}}\right]=\frac{1}{\log s_g}\log\left[\frac{x}{x_{50,r}}\right] \qquad \cdots\cdots(3)$$

该式等效于：

$$x=x_{50,r}e^{sz} \qquad \cdots\cdots(4)$$

由公式(3)可知，标准偏差 s 与几何标准偏差 s_g 的关系为：

$$s=\ln s_g \text{ 或 } s_g=e^s \qquad \cdots\cdots(5)$$

虽然在公式(1)中没有明确地显示对频度分布维数 r 的依赖，但 r 通过公式(3)包含于 z 和 $x_{50,r}$ 的关系式中。对于一个确定的粒径分布，$x_{50,r}$ 的值可以根据 GB/T 15445.1 由实验数据来确定。对数正态几率分布的标准偏差可以由在某些特定的 z 处的累积分布数值计算出来：

当 $z=1$ 时有：

$$Q_r^*(z=1)=0.84,\quad s=\ln\left[\frac{x_{80,r}}{x_{50,r}}\right] \qquad \cdots\cdots(6)$$

当 $z=-1$ 时有：

$$Q_r^*(z=-1)=0.16,\quad s=\ln\left[\frac{x_{50,r}}{x_{16,r}}\right] \qquad \cdots\cdots(7)$$

在本部分中，用 0.84 和 0.16(以及它们所表示的 84% 和 16%)分别代替更精确的值 0.841 34 和0.158 65。

对数概率图形表示法：通过在特殊的坐标纸上作出累积分布曲线，可以得到一些有关颗粒粒度分布属性的有用信息，这种坐标纸的横坐标(表示粒度)为对数坐标；纵坐标(表示累计分布)，是经过放大的 $Q_r^*(z)$ 的值(见附录 A)。这种坐标纸可以预先印制出来。目前图形表征往往是通过相应的计算机软件绘制而在屏幕上显示出来。以某一粒径以下的每个累积分数的实验值(以个数、长度、面积或体积为基准来表示)，$Q_r(x)$，(即粒度小于 x 的累积百分数)与相应的粒径上限值作图，对数正态概率分布为如

图 1所示的直线。

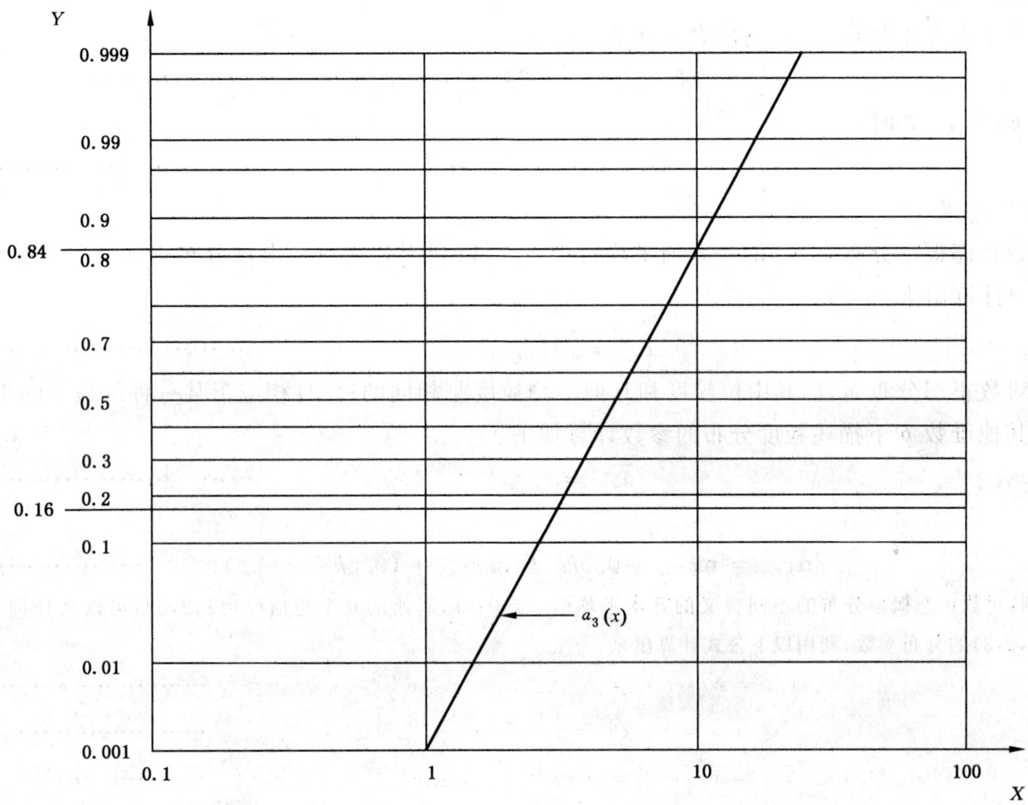

图中：

X——颗粒粒度，x，μm；

Y——累积分布，Q。

图 1 在对数概率坐标纸上所作的对数正态分布图

为了满足归一化条件，小于或等于样品中最大颗粒粒度的累积分数必定为1，即 $Q_r(x_{max})=1$，如此有：

$$q_r^*(z)dz = q_r(x)dx \quad \cdots\cdots(8)$$

注：上标 * 是为了将无量纲积分变量 z 所定义的分布，如 $q_r^*(z)$，同以粒度 x 所定义的分布，如 $q_r(x)$ 区别开来。鉴于积分变量 z 和粒度 x 之间存在如公式(3)所示的关系，所以有：

$$q_r(x) = q_r^*(z)\frac{dz}{dx} = q_r^*(z)\frac{d}{dx}\left\{\frac{1}{s}\left[\ln\frac{x}{x_{50,r}}\right]\right\} = \frac{1}{xs}q_r^*(z) \quad \cdots\cdots(9)$$

或利用公式(1)，可得：

$$q_r(x) = \frac{1}{xs\sqrt{2\pi}}e^{-0.5z^2} \quad \cdots\cdots(10)$$

依照公式(2)，可得：

$$Q_r(x) = \int_{x_{min}}^{x} q_r(\xi)d\xi \quad \cdots\cdots(11)$$

示例：对于一个以体积($r=3$)为基准的对数正态概率分布，其中位径 $x_{50,3}=5$ μm，标准偏差 $s=0.5$，那么它的 $x_{16,3}=3.0$ μm，$x_{84,3}=8.2$ μm(参看 GB/T 15445.2—2006 附录 A)。图 1 所示为在对数概率坐标纸上，作出的以体积为基准的累积粒度分布 $Q_3(x)$。

5 对数正态概率分布的特定值

5.1 闭合 *k* 次矩

对数正态概率分布 $q_r(x)$ 的闭合 k 次矩，为：

$$M_{k,r}=x_{50,r}{}^{k}\mathrm{e}^{0.5k^2s^2}=\mathrm{e}^{k\ln x_{50,r}+0.5k^2s^2} \qquad (12)$$

当 $k=2,r=3$ 时：

$$M_{2,3}=x_{50,3}{}^{2}\mathrm{e}^{2s^2}=\mathrm{e}^{2\ln x_{50,3}+2s^2} \qquad (13)$$

5.2 平均粒度

对数正态概率分布 $q_r(x)$ 的一系列平均粒径 $\bar{x}$，可以利用公式(14)由该分布 k 次矩的 k 次根（或由 $x_{50,r}$ 和 s）计算出来：

$$\bar{x}_{k,r}=\sqrt[k]{M_{k,r}}=x_{50,r}\mathrm{e}^{0.5ks^2} \qquad (14)$$

就对数正态分布而言，其中位粒度和几何平均粒度是相同的；而且相应于某一种维数 r 的平均粒度可以由其他维数 p 下描述粒度分布的参数计算如下：

$$\bar{x}_{k,r}=x_{50,p}\mathrm{e}^{(0.5k+r-p)s^2} \qquad (15)$$

或：

$$\ln\bar{x}_{k,r}=\ln x_{50,r}+0.5ks^2=\ln x_{50,p}+(0.5k+r-p)s^2 \qquad (16)$$

示例：对数正态概率分布的不同含义的算术平均值($r=0$)，即起始的几个矩值($k=1,2,3$)，可以从任何一种维数($p=0,1,2,3$)的分布参数，利用以下公式计算出来：

$$\bar{x}_{1,0}=x_{50,0}\mathrm{e}^{0.5s^2}=x_{50,1}\mathrm{e}^{-0.5s^2}=x_{50,2}\mathrm{e}^{-1.5s^2}=x_{50,3}\mathrm{e}^{-2.5s^2} \qquad (17)$$

$$\bar{x}_{2,0}=x_{50,0}\mathrm{e}^{s^2}=x_{50,1}=x_{50,2}\mathrm{e}^{-s^2}=x_{50,3}\mathrm{e}^{-2s^2} \qquad (18)$$

$$\bar{x}_{3,0}=x_{50,0}\mathrm{e}^{1.5s^2}=x_{50,1}\mathrm{e}^{0.5s^2}=x_{50,2}\mathrm{e}^{-0.5s^2}=x_{50,3}\mathrm{e}^{-1.5s^2} \qquad (19)$$

示例：对数正态概率分布的不同维数($r=0,1,2,3$)的一次矩($k=1$)，即加权平均径，可以从任何一种维数($p=0,1,2,3$)的分布参数，利用公式(17)和以下公式计算出来：

$$\bar{x}_{1,1}=x_{50,0}\mathrm{e}^{1.5s^2}=x_{50,1}\mathrm{e}^{0.5s^2}=x_{50,2}\mathrm{e}^{-0.5s^2}=x_{50,3}\mathrm{e}^{-1.5s^2} \qquad (20)$$

$$\bar{x}_{1,2}=x_{50,0}\mathrm{e}^{2.5s^2}=x_{50,1}\mathrm{e}^{1.5s^2}=x_{50,2}\mathrm{e}^{0.5s^2}=x_{50,3}\mathrm{e}^{-0.5s^2} \qquad (21)$$

$$\bar{x}_{1,3}=x_{50,0}\mathrm{e}^{3.5s^2}=x_{50,1}\mathrm{e}^{2.5s^2}=x_{50,2}\mathrm{e}^{1.5s^2}=x_{50,3}\mathrm{e}^{0.5s^2} \qquad (22)$$

5.3 中位径

对数正态分布的独特之处在于：对于给定的粒度分布，其画在对数概率坐标纸上的累积分布曲线为直线，无论其统计基准为个数、长度、面积、体积或质量，这些直线都具有相同的斜率，只不过沿水平方向彼此有所位移，所以，它们的中位径 $x_{50,0}$、$x_{50,1}$、$x_{50,2}$、$x_{50,3}$ 之间有一种简单的关系，其通式为：

$$x_{50,r}=x_{50,p}\mathrm{e}^{(r-p)s^2} \qquad (23)$$

或写成：

$$\ln x_{50,r}=\ln x_{50,p}+(r-p)s^2 \qquad (24)$$

示例：维数 $r=3$ 的累积分布的中位径，同其他维数累积分布中位径的关系为：

$$\ln x_{50,3}=\ln x_{50,0}+3s^2=\ln x_{50,1}+2s^2=\ln x_{50,2}+s^2 \qquad (25)$$

与公式(25)相同的关系式也适用于累计分布曲线上的其他点（像 x_{16}，x_{84} 等），因此更一般的通式为：

$$\ln x_{c,r}=\ln x_{c,p}+(r-p)s^2 \qquad (26)$$

式中 c 可以取 0 至 100 之间的任何值。这一关系式意味着，对同一样品而言，只要它的粒度分布为对数正态分布，其各种累积分布曲线就是彼此平行的，见图 2。

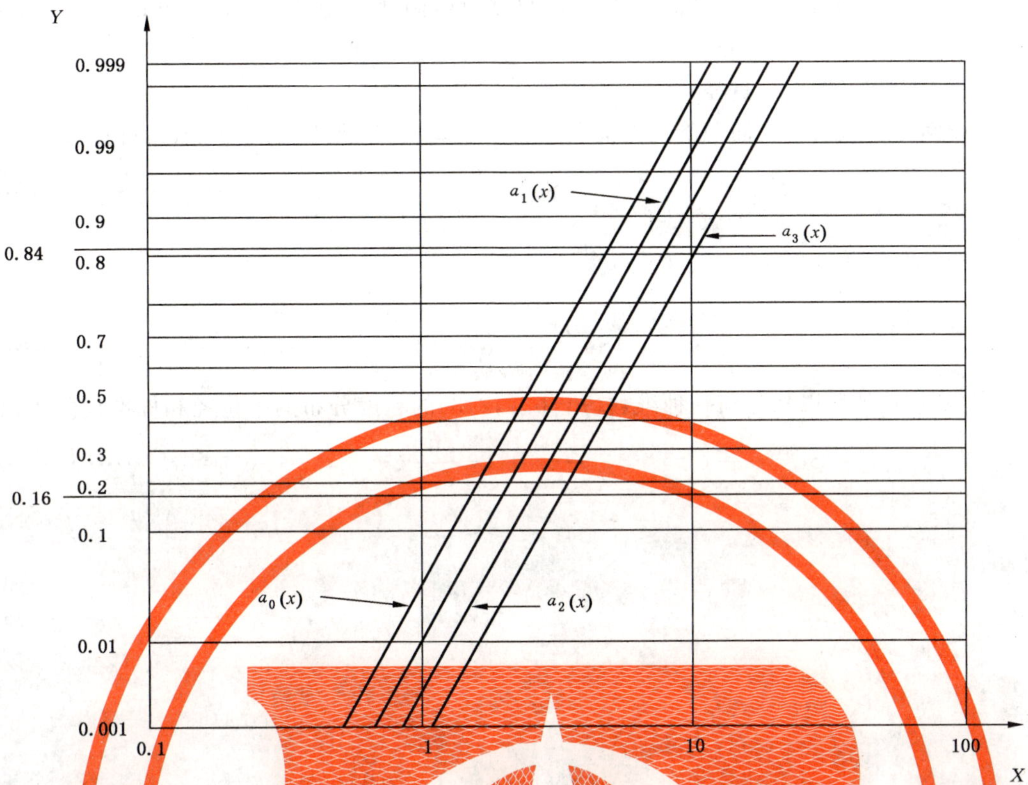

图中：

X——颗粒粒度，x，μm；

Y——个数、长度、面积和体积(或质量)的累积分布，Q。

图 2 在对数概率坐标纸上所作对数正态分布的累积曲线(分别以个数、长度、面积和体积为权)

5.4 图示分布值之间的水平位移

5.4.1 线性横坐标

如果将颗粒累积数据画在概率纸上，而横坐标为 z 的线性刻度(未在图 2 中示出)，对一个呈对数正态分布的不同维数的累积分布来说，彼此有下面的关系：

$$Q_r^*(z)=Q_p^*[z-(r-p)s] \qquad \cdots\cdots(27)$$

因此，维数为 r 的累积分布将与一个维数为 p 的累积分布移动一段$(r-p)s$的距离后相重合。

示例：如果 $r=3$、$p=2$，要想从面积分布曲线 $Q_2^*(z)$得到体积分布曲线 $Q_3^*(z)$，只要将前者向粗粒度方向(向右)移动一个标准偏差的距离即可：

$$Q_3^*(z)=Q_2^*(z-s) \qquad \cdots\cdots(28)$$

示例：要想从体积分布 $Q_3^*(z)$，$r=3$ 得出个数分布 $Q_0^*(z)$，$p=0$，只要将前者向细粒度方向(向左)移动 3 个标准偏差的距离即可：

$$Q_0^*(z)=Q_3^*(z+3s) \qquad \cdots\cdots(29)$$

5.4.2 对数横坐标

如果将颗粒累积数据画在对数正态概率纸上，而横坐标 x 为对数刻度，对一个呈对数正态分布的不同维数的累积分布来说，彼此之间有下面的关系：

$$Q_r\left\{\ln\left[\frac{x}{x_{50,r}}\right]\right\}=Q_p\left\{\ln\left[\frac{x}{x_{50,p}}\right]-(r-p)s^2\right\} \qquad \cdots\cdots(30)$$

这就意味着，将一个维数为 p 的累积分布曲线 $Q_p(x)$，沿横坐标移动一段$(r-p)s^2$ 的距离，就变为维数为 r 的累计分布曲线 $Q_r(x)$。这与由公式(25)和公式(26)给出的中位径的变化关系相同。

图 2 示出以个数、长度、面积、体积(或质量)为权的对数正态累积分布，所采用的为对数正态概率纸。这些线所表示的分布与图 1 中的相同，因此，在图 2 中由 $Q_3(x)$到 $Q_2(x)$的移动，可以通过式(30)

计算如下:$\Delta=-(3-2)0.5^2=-0.25$ 个单位(以自然对数刻度)。因为 $x_{50,3}=5\ \mu m$,故相应于 $Q_2(x)$ 的中位径 $x_{50,2}=x_{50,3}e^{-0.25}=3.9\ \mu m$。

5.5 体积—比表面积(索太尔直径)

球形颗粒系的体积—比表面积能从以面积为权的平均粒径,即索太尔(Sauter)直径计算出来:

$$S_V=\frac{6}{x_{1,2}} \tag{31}$$

将公式(21)引入分母得:

$$S_V=\frac{6}{x_{50,p}}e^{(p-2.5)s^2} \tag{32}$$

因此,索太尔直径可以从任何一种维数($p=0,1,2,3$)的粒度分布的中位径和标准偏差求出来:

$$S_V=\frac{6}{x_{50,0}}e^{-2.5s^2}=\frac{6}{x_{50,1}}e^{-1.5s^2}=\frac{6}{x_{50,2}}e^{-0.5s^2}=\frac{6}{x_{50,3}}e^{+0.5s^2} \tag{33}$$

附 录 A
（资料性附录）
正态概率分布的累积分布值

作为变量 z 的函数，正态累积分布 $Q_r^*(z)$ 的数值，可以通过对公式(2)的数值积分来得到，其积分范围从 $-\infty$ 至 z。本附录中的公式(A.1)，引自 M. Abramowitz 和 I. A. Stegun 所编纂的《Handbook of Mathematical Function》中的式(26.2.18)(V. S Printing Office，Washington DC. 1964 P. 932)。公式(A.1)为一级数近似表达式，由其所产生的 $Q_r^*(z)$ 的值可以精确到 0.000 25，这对于在计算机屏幕上建立对数正态坐标的纵坐标是足够精确的。

$$Q_r^*(z)=1-\frac{0.5}{(1+c_1z+c_2z^2+c_3z^3+c_4z^4)^4} \qquad \cdots\cdots(\text{A.1})$$

式中：$c_1=0.196\ 584$，$c_2=0.115\ 194$，$c_3=0.000\ 344$，$c_4=0.019\ 527$。

表 A.1 给出了 $Q_r^*(z)$ 的值，其中变数 z 所取的值和有效数字适用于大多数粒度分布的情况。对于精度要求超出本表范围的值，可以在很多关于统计方法的书中查到。例如在上述数学函数手册的表 26.1 的第 2 列中(966 页～972 页)，$Q_r^*(z)$ 的有效数字高达 15 位。

对于给定的 $Q_r^*(z)$ 所对应的 z 值，可以从表获得或通过逐级近似法由公式(A.1)来计算。对于一个给定的 Q 值，从 z 的试探值开始算出一个 $Q_r^*(z)$，将其同给定的 $Q_r^*(z)$ 值相比较，根据比较的情况，再选一个值 z，计算 $Q_r^*(z)$，并使 $Q_r^*(z)$ 更靠近给定的 $Q_r^*(z)$ 值。如此重复下去，直到所算出的 $Q_r^*(z)$ 值落在所要求的公差范围内，则 z 即为所求。

表 A.2 给出了一个 z 值随 $Q_r^*(z)$ 变化的数值表，其 $Q_r^*(z)$ 的数值范围和有效数字位数适用于大多数粒度分布的情况。

表 A.1 由 z 查询 $Q_r^*(z)$ 的数值表

z	$Q_r^*(z)$	z	$Q_r^*(z)$
3.00	1.00	1.00	0.84
2.90	1.00	0.90	0.82
2.80	1.00	0.80	0.79
2.70	1.00	0.70	0.76
2.60	1.00	0.60	0.73
2.50	0.99	0.50	0.69
2.40	0.99	0.40	0.66
2.30	0.99	0.30	0.62
2.20	0.99	0.20	0.58
2.10	0.98	0.10	0.54
2.00	0.98	0.00	0.50
1.90	0.97	−0.10	0.46
1.80	0.96	−0.20	0.42
1.70	0.96	−0.30	0.38
1.60	0.95	−0.40	0.34
1.50	0.93	−0.50	0.31
1.40	0.92	−0.60	0.27
1.30	0.90	−0.70	0.24
1.20	0.88	−0.80	0.21
1.10	0.86	−0.90	0.18

表 A.1（续）

z	$Q_r^*(z)$	z	$Q_r^*(z)$
−1.00	0.16	−2.00	0.02
−1.10	0.14	−2.10	0.02
−1.20	0.12	−2.20	0.01
−1.30	0.10	−2.30	0.01
−1.40	0.08	−2.40	0.01
−1.50	0.07	−2.50	0.01
−1.60	0.05	−2.60	0.00
−1.70	0.04	−2.70	0.00
−1.80	0.04	−2.80	0.00
−1.90	0.03	−2.90	0.00
		−3.00	0.00

表 A.2 由 $Q_r^*(z)$ 查询 z 的数值表

$Q_r^*(z)$	z	$Q_r^*(z)$	z
0.98	2.05	0.50	0.05
0.96	1.75	0.48	−0.05
0.94	1.56	0.46	−0.10
0.92	1.42	0.44	−0.15
0.90	1.28	0.42	−0.20
0.88	1.18	0.40	−0.26
0.86	1.08	0.38	−0.31
0.84	1.00	0.36	−0.36
0.82	0.92	0.34	−0.42
0.80	0.84	0.32	−0.47
0.78	0.78	0.30	−0.53
0.76	0.71	0.28	−0.59
0.74	0.65	0.26	−0.65
0.72	0.59	0.24	−0.71
0.70	0.53	0.22	−0.78
0.68	0.47	0.20	−0.84
0.66	0.42	0.18	−0.92
0.64	0.36	0.16	−1.00
0.62	0.31	0.14	−1.08
0.60	0.26	0.12	−1.18
0.58	0.20	0.10	−1.28
0.56	0.15	0.08	−1.42
0.54	0.10	0.06	−1.56
0.52	0.05	0.04	−1.75
0.50	0.00	0.02	−2.05

参 考 文 献

[1] HATCH,T and CHOATE, S. P. Statistical Description of the Size Properties of Non-Uniform Particulate Substances. J. Franklin Inst. 207,369(1929).

[2] HERDAN,G. Small Particle Statistics. Butterworth(1960).

[3] LESCHONSKI,K. Representation and Evaluation of Particle Size Aanlysis Data. Particle Characterisation, 1,PP. 89-95(1984).

[4] Handbook of Mathematical Functions. Ed. M. Abramowitz and I. A. Stegun, U. S. Govt. Printing Office.

参 考 文 献

ICS 01.040.33;33.160.99
M 70

中华人民共和国国家标准

GB/T 15466—2011
代替 GB/T 15466—1995

应用电视术语

Terminology for non-broadcasting television

2011-10-31 发布 2012-02-01 实施

中华人民共和国国家质量监督检验检疫总局
中国国家标准化管理委员会 发布

前言

本标准按照 GB/T 1.1—2009 给出的规则起草。

本标准是对 GB/T 15466—1995《应用电视术语》的修订。

本标准共收集 364 条术语，其中新增术语 159 条；修改了 1995 版的术语 31 条，删减 17 条。详情如下：

——增加的词条目号(2011 版中的词条目号)：

2.10,2.12,2.13,2.14,2.16,2.17,2.18,2.18.1～2.18.66,3.2,4.1.3,4.4.4.1,4.4.4.2,4.22,4.22.1～4.22.6,4.23,4.24,4.25,4.25.1～4.25.5,4.26,4.26.1,4.26.2,4.27,4.27.1,5.1.2, 5.1.3,5.1.4,5.1.5,5.1.6,6.3.1,6.5,7.6,6.7,6.8～6.21,7.8～7.20,8.2～8.8,8.8.1～8.8.12,8.9,9.3,9.11.12,9.11.15,9.12,9.13,9.14；

——修改的词条目号(1995 版中的词条目号)：

2.4,2.5,2.6,2.7,3.1,3.3,3.7,3.8,3.9,3.11,3.12,5.1.1,5.1.1.1,5.1.1.2,5.1.1.2.1,5.1.1.2.2,5.1.1.2.3,5.1.1.2.4,5.1.1.2.5,6.6,6.7,8.1,8.1.4,9.5,9.8,9.10,9.11,9.12,9.13.5,9.13.6,9.13.11；

——删除的词条目号(1995 版中的词条目号)：

3.20～3.23,5.2.1.2～5.2.1.9,5.2.2.4,9.3,9.7,9.9,9.13.8。

本标准代替 GB/T 15466—1995。

本标准由中华人民共和国工业和信息化部提出。

本标准由全国音频、视频及多媒体与设备标准化技术委员会(SAC/TC 242)归口。

本标准主要起草单位：天津市电视技术研究所。

本标准主要起草人：崔毅、强万国、韩洪、杨志华、李鸿慧、闫影、白娇杨、纪艳慧。

本标准所代替标准的历次版本发布情况为：

——GB/T 15466—1995。

应 用 电 视 术 语

1 范围

本标准规定了应用电视的术语和定义。

本标准适用于应用电视系统和设备的科研、生产、教学和使用等有关领域。

2 基础部分

2.1

应用电视 **non-broadcasting television (NBTV)**

用于广播电视以外的各种用途电视的总称。

2.2

电视标准 **television standard**

电视系统技术参量和各项指标的规范。

2.3

电视制式 **television system**

根据一整套完整的技术要求,能全面确定电视信号的形成、传送和图像重现方法的一种方案。如模拟电视的 PAL、NTSC、SECAM,数字电视的 DVB、ATSC 和 ISDB 等。

2.4

视频设备 **video equipment**

视频信号的产生、记录、重放、显示、放大、传输及处理等有关设备。

2.5

视频处理 **video processing**

视频信号产生、记录、重放、显示、传输等过程中为校正畸变、改善图像质量、增加特技效果等而对视频信号进行的加工变换过程。

2.6

视频频带 **video frequency band**

视频信号的频率范围。

2.7

视频信号的极性 **polarity of video signal**

视频信号中白电平与黑电平的相对关系。白电平高于黑电平的视频信号为正极性,反之为负极性。

2.8

图像处理 **picture processing**

用计算机或其他手段对图像信号作增强、恢复、变换等处理,以便满足各种使用要求。

2.9

图像信号 **picture signal**

电视中代表图像信息的电信号。

2.10

图像质量　picture quality

图像画面信息的完整性和还原效果。通常按照如下的指标进行描述：像素构成、分辨率、信噪比、原始完整性等。

2.11

宽高比　aspect ratio

图像的宽度与高度的比。

2.12

多媒体　multimedia

利用计算机技术对文本、音频和视频等多种信息形式进行综合处理的系统。该系统具有多维性、集成性和交互性。

2.13

模拟/数字转换　analogue-to-digital conversion

A/D 转换

将模拟信号变换成具有基本上相同信息的数字信号的处理过程。

2.14

数字/模拟转换　digital-to-analogue conversion

D/A 转换

将数字信号变换成具有基本上相同信息的模拟信号的处理过程。

2.15

像素　pixel

组成一幅图像的全部可能亮度和色度的最小图像单元。

2.16

像素缺陷　pixel defect

像素不能正确显示图像全部亮度和彩色的现象，例如：不发光、间隙发光、常发光等。

2.17

模拟电视　analog television

以模拟信号传输或处理的电视。

2.17.1

扫描　scanning

按照预定的方法逐次地将一幅图像分解为各像素电信号的过程，或按预定方法逐次地将各像素电信号合成一幅图像的过程。

2.17.2

逐行扫描　progressive scanning

一帧图像的各扫描线是依次而连续扫出的扫描方式。

2.17.3

隔行扫描　interlaced scanning

一帧图像是由先后相继扫出的两组或多组间隔相等的扫描线均匀镶嵌组成的扫描方式。

2.17.4

正程　trace

能够形成图像信号的扫描正向过程。

2.17.5

逆程　flyback

扫描正程结束后的回扫过程。

2.17.6

场扫描　field scanning

隔行扫描中完成沿图像垂直方向的每一组扫描。

2.17.7

行扫描　line scanning

沿图像水平方向的扫描。

2.17.8

行频　line frequency

每秒钟内的扫描行数。

2.17.9

场频　field frequency;vertical frequency

每秒钟扫出的场数,场频是帧频的整数倍。

2.17.10

帧频　frame frequency

每秒钟扫出完整图像的数目。

2.17.11

光栅　raster

不加信号时,在荧光屏上由扫描行组成的栅状发光面。

2.17.12

隔行比　interlace ratio

隔行扫描中各场扫描行偏离均匀镶嵌的程度。

2.17.13

全电视信号　composite signal

包括有图像信号、复合消隐脉冲和复合同步脉冲的电信号。在彩色电视中,还包括有色同步信号。

2.17.14

黑场信号　black burst signal

所有各行的图像信号电平都等于黑电平的全电视信号。

2.17.15

亮度信号　luminance signal;Y signal

反映图像亮度信息的电信号。

2.17.16

色差信号　colour difference signal

基色信号减去亮度信号的一种视频信号,通常有 R-Y、B-Y 等信号。

2.17.17

色度副载波　chrominance subcarrier

彩色副载波　colour subcarrier

彩色电视中被色差信号调制的副载波。

2.17.18

色度信号　chrominance signal

反映图像色度的电信号。

2.17.19

视频信号　video signal

指电视系统的基带信号，泛指图像信号、有复合消隐脉冲的图像信号和全电视信号。

2.17.20

消隐信号　blanking signal

为了消除扫描的逆程痕迹，使电子束在扫描逆程期间被截止的信号。

2.17.21

同步信号　synchronizing signal

用来保持电视系统收、发两端扫描同步的脉冲信号。

2.17.22

色同步信号　colour synchronizing signal

位于行消隐后肩上，具有一定相位的几个周期色度副载波，它用作色度信号解调时的基准。

2.17.23

行同步信号　line synchronizing signal

在行消隐期间传送的用来保持收、发两端行扫描同步的脉冲信号。

2.17.24

场同步信号　field synchronizing signal

在场消隐期间传送的用来保持收、发两端场扫描同步的脉冲信号。

2.17.25

复合同步脉冲　composite synchronizing pulse

用以使收端与发端扫描同步的脉冲信号。通常包括行同步、场同步脉冲及均衡脉冲、齿脉冲等。

2.17.26

复合消隐脉冲　composite blanking pulse

供接收端消隐的脉冲信号，包括场消隐和行消隐脉冲。

2.17.27

均衡脉冲　equalizing pulse

紧位于场同步脉冲前、后，频率为行频两倍的脉冲。它的作用是保证隔行扫描场同步稳定。

2.17.28

齿脉冲　serrated pulse

重复频率为行频两倍、持续时间比行同步脉冲宽的、组成场同步信号的脉冲。

2.17.29

前肩　front porch

位于行消隐起始和相应的行同步脉冲前沿之间的行消隐部分。

2.17.30

后肩　back porch

位于行同步脉冲后沿和相应的行消隐终止之间的行消隐部分。

2.17.31

U、V 信号　U、V signals

在 PAL 制中，以系数 0.493 加权的 B-Y 色差信号，称为 U 信号，以系数 0.877 加权的 R-Y 色差信号，称为 V 信号。

2.17.32

色同步门脉冲　burst gating pulse

a)　用来在彩色视频信号形成过程中插入色同步信号的脉冲，又称 K 脉冲；

b） 从彩色视频信号中取出色同步信号的开关脉冲，又称色同步选通脉冲。

2.17.33

PAL 开关　PAL switcher

在 PAL 制中，使色度信号的 v 轴分量在交替扫描行上倒相的电路。

2.17.34

NTSC 行　NTSC line

PAL 色度信号中的 v 轴分量不倒相的扫描行。

2.17.35

PAL 行　PAL line

PAL 色度信号中的 v 轴分量倒相的扫描行。

2.17.36

消隐电平　blanking level

视频信号中图像信号和同步信号之间的分界电平，它相应于图像信号的参考电平。

2.17.37

黑电平　black level

电视中对应于最小图像亮度的极限信号电平。

2.17.38

白电平　white level

电视中对应于最大图像亮度的标称信号电平（0.7 V）。

2.17.39

同步电平　sync level

同步脉冲顶达到的电平。

2.17.40

平均图像电平　average picture level (APL)

图像信号在一帧内，有效扫描期间（不包括消隐期）相对于消隐电平的平均信号电平，表示为占白电平和消隐电平差值的百分比。

2.17.41

白平衡　white balance

在彩色电视中，白平衡是指下列几种情况：

a） 在彩色摄像机中，是指拍摄规定白色物体时，使三路基色信号（即 R、G、B 信号）的幅度相同，或使色差信号输出为零；

b） 在彩色编码器中是指三路基色信号相等的情况下，使色差信号输出为零；

c） 在彩色监视器中是指只加亮度信号时，使屏幕呈现参考白。

2.17.42

直流分量　dc component

视频信号中反映平均亮度的分量（相对于消隐电平而言）。

2.17.43

直流恢复　dc restoration

使失去直流分量的信号或受到干扰而使直流分量畸变的信号重新建立直流分量。

2.17.44

直流传送　dc transmission

直流分量直接通过的一种传送形式。

2.17.45

交流传送　ac transmission

直流分量不能通过的一种传送形式。

2.17.46

同步锁相　gunlock

台从锁相

本地同步机被锁定在远地同步机上，从而使本地视频信号和远地的视频信号同步。

2.17.47

冻结　freezing

通过反复显示连续活动图像中的一帧或一场来产生静止图像的技术。

2.17.48

兼容性　compatibility

在现行彩色电视制式中，黑白监视器接收彩色电视信号时可显现黑白图像，而彩色监视器接收黑白电视信号时也可显现黑白图像的性能。

2.17.49

冻结图像　freezing picture

通过反复显示活动图像中的一帧或一场所产生的静止图像。

2.18

数字电视　digital television

音频、视频和数据信号从信源编码、调制、接收和处理均采用数字技术的电视系统。

2.18.1

标准清晰度电视(系统)　standard definition television (system)(SDTV)

主观评价质量相当于模拟电视系统，图像格式为 720×576，并能传送数字声音的电视系统。

2.18.2

高清晰度电视(系统)　high definition television (system) (HDTV)

图像清晰度在水平和垂直两个方向近似为模拟电视系统图像清晰度的 2 倍，图像格式为 1 920×1 080，图像宽高比为 16∶9，并能传送数字声音的电视系统。

2.18.3

运动图像专家组　moving picture expert group (MPEG)

ISO/IEC JTC1/SC29/WG11 运动图像专家组的缩写词，其任务是建立运动图像及相应声音信号的编码标准，所以 MPEG 也指运动图像专家组提出的标准。

2.18.4

MPEG-1

用于数字存储媒体，比特率 1.5 Mb/s 以下的运动图像及其声音信号的国际编码标准。由 5 部分组成：ISO/IEC 11172-1(系统)(GB/T 17191.1—1997)、ISO/IEC 11172-2(视频)(GB/T 17191.2—1997)、ISO/IEC 11172-3(音频)(GB/T 17191.3—1997)、ISO/IEC 11172-4(符合性测试)(GB/T 17191.4—1997)及 ISO/IEC 11172-5(软件仿真)。

2.18.5

MPEG-2

运用图像及其声音信号的通用编码标准。目前包括多个部分：ISO/IEC 13818-1(系统)(GB/T 17975.1—2000)、ISO/IEC 13818-2(视频)(GB/T 17975.2—2000)、ISO/IEC 13818-3(音频)(GB/T 17975.3—2002)、ISO/IEC 13818-4(复合性)、ISO/IEC 13818-5(软件)、ISO/IEC 13818-6(存储媒体控制和命令)、ISO/IEC 13818-7(高级音频编码)(GB/T 17975.7—2002)、ISO/IEC 13818-8(10 比

特视频)、ISO/IEC 13818-9(实时接口)(GB/T 17975.9—2000)及ISO/IEC 13818-10(存储媒体控制和命令复合性)、ISO/IEC 13818-11(知识产权管理和保护框架)。适用于记录和传输广播质量的运动视频。

2.18.5.1

级　level

由MPEG-2视频编码规范定义的、容许的图像参数和图像参数组合的范围的分级。

2.18.5.2

主级　main level

由MPEG-2视频编码规范定义的图像参数容许范围,其最大分辨力为720×576,帧频为25帧/s。

2.18.5.3

高级　high level

由MPEG-2视频编码规范定义的、相当于高清晰度电视指标的图像参数容许范围。

2.18.5.4

类型(简称"型")　profile

在MPEG-2视频编码规范中指定的句法子集。

2.18.5.5

主型　main profile

预期在广大应用范围得到支持的MPEG-2视频编码规范的句法子集。

2.18.6

MPEG-4

运动图像的通用编码标准,在保持一定图像质量下,减少比特率。应用于图像记录、视频电话等,可以在(4.8～64)Kbps之间传输,分辨率可根据不同传输率来选择。

2.18.7

H.261

由国际电信同盟(ITU)提出的视频编解码标准,基于ISDN上,适用于会议电视和可视电话,支持两种图像格式:QCIF和CIF,码率$P\times64$ Kbps($P=1\sim30$)。

2.18.8

H.263

H.263是H.261的增强版,在编码算法上做一些改进和完善,提高性能和纠错能力。支持QCIF、CIF、4CIF、16CIF图像格式,传输速度8 Kbps～15 Mbps。

2.18.9

H.264

由ITU-T视频编码专家组和ISO/IEC运动图像专家组联合组成的联合视频组提出的高度压缩数字视频编解码器标准。ITU-T的H.264标准和ISO/IEC MPEG-4第10部分在编解码技术上是相同的,这种编解码技术也被称为AVC,即高级视频编码(Advanced Video Coding)。

2.18.10

离散余弦变换　discrete cosine transform (DCT)

一种能可逆反变换的数学变换,常用于图像数据压缩。

2.18.11

块　block

一个8×8的像素值阵列,或是8×8的代表亮度或色度信息的DCT系数。

2.18.12

宏块 macro block

一个宏块由4个亮度像块和与其空间位置相应的若干个色度像块组成。

2.18.13

条 slice

一系列水平方向连续的宏块。

2.18.14

图像 picture

源图像、已编码图像或重建的图像数据。源图像或重建图像由表示亮度信号和两种色度信号的矩阵组成。

2.18.15

图像组 group of pictures (GOP)

一个图像组由序列图像中的一帧或多帧图像组成。

2.18.16

帧内编码图像或I帧 intra coded pictures or I-pictures or I-frames

编码图像使用的信息仅来自本帧图像,作为压缩编码的基准帧。I帧提供了随机访问压缩视频数据的进入点。

2.18.17

预测图像或P帧 predicted pictures or P-pictures or P-frames

根据前面最近的I帧或P帧进行帧间预测编码的图像。P帧提供比I帧更大的压缩,并作为其后面P帧或前、后面B帧的基准。当预测有缺陷时,P帧能传输编码错误。

2.18.18

双向预测图像或B帧 bidirectional pictures B-pictures or B-frames

使用其前、后的I帧或P帧作基准帧进行帧间预测编码的图像。此技术称为双向预测。B帧提供最大的压缩。B帧不作为基准帧,不会传播编码误差。

2.18.19

参考帧 anchor frame

用于预测的视频帧。I帧和P帧可作为参考帧,B帧不作为参考帧。

2.18.20

D帧 D-frame

仅应用直流系数按照MPEG-1模式编码的帧。

2.18.21

运动矢量 motion vector

用于预测基准图像中的某一区域的水平和垂直位移量的一对数值。

2.18.22

视频序列 video sequence

由数据流中的序列头、一个或多个图像组和序列中止码组成。

2.18.23

编码 encoding

读取输入视频、音频或数据样本流,按标准定义,产生一个有效编码比特的过程。

2.18.24

编码器 encoder

具体实现编码的软硬件。

2.18.25

信源编码　source encoding

将原始图像或声音信息的编码表示，进行比特率压缩的过程。信源编码需保证接收端信源解码能得到特定服务需要的图像或声音质量。

2.18.26

熵编码　entropy coding

数字信号的可变字长无损编码，以减少冗余。

2.18.27

霍夫曼编码　Huffman coding

使用不同长度的码表示不等发生概率的符号的一种编码方法。

2.18.28

压缩　compression or bit rate reduction（BRR）

减少表示原数据项所用的比特数。

2.18.29

压缩比　compression ratio

指对数字信号压缩前后的数据量之比。

2.18.30

循环冗余校验　cyclic redundancy check（CRC）

用循环冗余码验证数据正确性的一种方法。

2.18.31

基本码流　elementary stream（ES）

指编码视频、编码音频或其他编码比特流。

2.18.32

包　packet

包由包头和随后的来自基本码流中的若干连续字节组成，是系统编码句法中的一个层。

2.18.33

包识别符　packet identifier（PID）

在单一或多个节目传送码流中，用以联系节目基本码流的唯一整数值。

2.18.34

PES 包　packetized elementary stream packet

用来传递基本流数据的一种数据结构。由 PES 包头部和其后的 PES 包净数据构成。

2.18.35

PES 码流　PES stream

由 PES 包构成，有特定的语法、语义。这些包的净数据均来自同一基本码流数据，并具有相同的码流标识符 stream_id。也称为打包的基本流。

2.18.36

节目专用信息　program specific information（PSI）

传送流中专门用于联系节目的规范数据，为传送流解复用和重建节目所必需。PSI 某些数据可由用户定义。

2.18.37

信道　channel

传输数字电视信号的物理通道。

2.18.38

信道编码 channel encoding

将数字信号转换成与信道特性相匹配的编码过程。

2.18.39

解码 decoding

从有效编码码流,重建编码过程输入信号的过程。

2.18.40

解码器 decoder

具体实现解码过程的软硬件。

2.18.41

节目时钟基准 program clock reference

传送码流中的时间标记,用于解码器定时。

2.18.42

时间标记 time-stamp

指出特定动作时间,例如一个字节的到达或表述一个表示单元的开始。

2.18.43

表示时间标记 presentation time-stamp (PTS)

在PES包头中出现的区,它指示表示单元出现在系统目标解码器中的时间。

2.18.44

可变比特率 variable bit rate

解码压缩比特流时,比特率随时间变化。

2.18.45

传送流 transport stream (TS流)

符合GB/T 17975.1—2000数据结构规定的数字信号序列。

2.18.46

比特误码率 bit error ratio (RER)

数字信道性能参数之一,含义是错误比特数对总比特数之比,用来衡量信号差错率。

2.18.47

前向纠错 forward error correction (FEC)

发送端发送能赖以纠正错误的编码,接收端根据收到的码和编码规则,可以纠正一定程度传输错误纠错的一种编码。其特点是不需要反馈信道,实时性好,但是随着纠错能力的提高,编码/解码设备相对复杂。

2.18.48

硬件 hardware

信息处理系统物理组成部分的全部或部分。

2.18.49

软件 software

信息处理系统的全部或部分程序、流程、规则和相关文档。

注:软件是一种知识产物,与记录它的媒体无关。

2.18.50

固件 firmware

功能上独立于主存储器,通常存储在只读存储器(ROM)中的指令和相关数据的有序集。

2.18.51

存储器 storage device

一种可放入数据的功能单元,可在其中保存数据,并从其中取出数据。

2.18.52

内存　memory

处理器中所有可编址的存储空间和所有其他的用于执行指令的内存储器。

2.18.53

接口　interface

界面

两个功能单元共享的边界，它由各种特征（如功能、物理互连、信号互换等）来定义。

2.18.54

网络　network

结点和互连分支的一种安排。

2.18.55

计算机网络　computer network

为数据通信目的将数据处理结点互连起来的一种网络。

2.18.56

局域网　local area network（LAN）

一种位于有限地理区域的计算机网络。

注：局域网内的通信不服从外部的规则；但是，跨越网域边界的通信可能要服从某种形式的规则。

2.18.57

互操作性　interoperability

通过定义和规范数字电视系统的传输协议、内容格式和系统应用框架等，使中间件具有的不依赖于特定传输手段和硬件平台的性能。

2.18.58

城域网　metropolitan area network（MAN）

连接位于同一城市区域内的几个局域网的一种网络。

注：域域网通常以比被互连的网络速度更快的速度运行，可以跨越行政管理区域，并支持几种访问方法。

2.18.59

广域网　wide area network（WAN）

一种网络，它对一个比局域网或域域网更大的地理区域提供各种通信服务。

2.18.60

综合业务数字网　integrated services digital network（ISDN）

一种网络，它使用用户网络接口之间的数字连接，提供或支持某一范围的各种电信业务。

注：这些业务的例子有电话、数据传输、电子邮件、传真和图像。

2.18.61

位　bit

二进制数字　binary digit

比特

二进制记数制中使用的数字 0 或 1。

2.18.62

字节　byte

一种由若干位组成的串，视作一个单位，通常代表一个字符或字符的一部分。

注 1：对一个给定的数据处理系统，一个字节中的位数是固定的。

注 2：一个字节通常是 8 位。

2.18.63

数字信号　digital signal

一种离散信号，其中的数据由有限个已定义好的离散值来表示，并且这些离散值的某一个特征量可按时间取值。

2.18.64

协议　protocol

为实现通信而确定功能单元特征的一组规则。

2.18.65

时钟　clock

一种部件，它生成周期的、准确间隔信号，用于定时，调整处理器的操作或者生成中断。

2.18.66

色彩数　color number

色彩数就是屏幕上最多显示多少种颜色的总数。

3　性能、视觉及测试

3.1

清晰度　definition

人眼能察觉到的电视图像细节清晰程度，用电视线表示。

3.2

图像分辨力　picture resolution

表征图像细节的能力。由图像格式决定，通常用于水平和垂直方向的像素数表示。

3.3

分解力　resolution

电视系统重现细节能力的量度。

3.4

信噪比　signal-to-noise ratio

视频信号中亮度信号幅度的标称值与随机杂波幅度的有效值之比，用分贝数表示。

3.5

几何失真　geometrical distortion

一种扫描非线性失真，扫描光栅的几何形状不是理想的矩形，而是例如梯形、S形、桶形、菱形、枕形的失真。

3.6

图像几何位置失真　picture geometric position distortion

重现图像与被摄景像相应位置之间的偏差，用百分数表示。

3.7

扫描非线性失真　scanning non-linear distortion

在通过图像中心的切面上，沿水平或垂直方向，各点电子束正程扫描速度的最大偏差与平均速度之比的百分数。

3.8

灰度级　gray scale

电视图像中从最黑到最白之间能区别的亮度级数。

3.9

电视线　television line (TVL)

在图像水平或垂直方向等于光栅高度的距离上所能分辨的黑白相间的线数，是测试电视系统清晰度的单位，用 TVL 表示。

3.10

摄像机的灵敏度　camera sensitivity

在保证摄像机额定图像质量指标下，其摄像器件光敏面上需要的最低照度，也可用经过折算后的景物最低照度表示。

3.11

照度　illuminance

入射在表面上的光通量密度。当表面积上的照射均匀时，照度等于光通量除以表面积所得的商。

3.12

摄像机最低照度　camera lowest illuminance

摄像机输出端的视频信号幅度降至某一规定值时，在特定景物上的照度。

3.13

摄像机最高照度　camera highest illuminance

摄像机输出端的视频信号幅度增大至某一规定值时，在特定景物上的照度。

3.14

载漏　carrier leak

在平衡调制器中，当色差信号为零时，其输出信号中的副载波分量，即已调波中没有完全被抑制掉的载波分量。

3.15

微分增益　differential gain (DG)

彩色电视视频通道中，由于亮度信号电平不同而引起的色度信号幅度失真。它用处在各个给定亮度电平上的小幅度色度副载波信号的电压增益，相对于消隐电平上小幅度色度副载波信号电压增益的差值，用百分数表示，并取其中最大值。

3.16

微分相位　differential phase (DP)

彩色电视视频通道中，由于亮度信号电平不同而引起的色度信号相位失真。它用处在各个给定亮度电平上的小幅度色度副载波信号相对于消隐电平处小幅度色度副载波信号的相移表示，以度为单位，并取其中最大值。

3.17

观察圆几何失真　viewing circular geometric distortion

在 X 射线电视中，观察圆的不圆度。

3.18

图像亮度稳定度　image brightness stabilization (IBS)

X 射线电视系统中，实现 X 射线图像增强器亮度不变的自动控制能力的量度。

3.19

最低照射剂量率　lowest radiation dose rate

X 射线电视系统中，在规定条件下，能满足图像技术要求，在单位时间内所需最小的 X 射线剂量。

3.20

对比灵敏度　contrast sensitivity

X 射线电视系统中，描述图像最小可见层次的能力。

3.21

亮度 luminance

表面一点处的面元在给定方向上的发光强度除以该面元在垂直于给定方向的平面上的正投影面积。

3.22

色度 chrominance

色饱和度和色调的总称。

3.23

色调 hue

表示红、黄、绿、蓝、紫等颜色特性。

3.24

色饱和度 colour saturation

表示颜色的深浅程度。

3.25

色温 colour temperature

当绝对黑体在某一温度下，辐射光的光谱与某一光源的光谱具有相同特性，则绝对黑体的绝对温度就称为该光源的色温。

3.26

标准白 standard white

在我国，标准白为 CIE 标准色度 D65，它相当于色温为 6 500 K。

3.27

伽马(γ) gamma

在光-电和电-光转换特性的有效范围内，近似描述输出输入关系曲线的幂函数的指数。

3.28

伽马(γ)校正 gamma correction

校正电视系统中光和电相互转换的非线性失真。

3.29

对比度 contrast ratio

在电视中，一个景物或重显图像中最大亮度和最小亮度的比。

3.30

莫尔干扰 moiré

图像中两组周期性结构之间的干扰差拍在重现图像上引起的类似水纹的一种干扰图案。

3.31

惰性 lag

输出电流不能立刻跟上光输入变化的现象。

3.32

残像 retained image

一个静止的亮景像，使电视摄像管靶面上产生变化，这种变化导致在影像移去之后的许多帧内仍会产生相应于该亮影像的虚假电信号。

3.33

交流干扰横条 hum bars

一种图像干扰，其形式是横跨整个画面的暗条或亮条，它相对于图像从上到下(或从下到上)移动。

3.34

图像晃动 jitter

电视中因同步不准而产生的图像蠕动或无规则的移动。

3.35

图像撕裂 tearing

因行(或场)同步断断续续不准而发生的电视图像部分撕裂。

3.36

图像滑动 picture slip

由于扫描系统行频和信号的行频之间的不同步,而引起图像的局部或全部的水平位移或移动。

3.37

图像滚动 picture roll

由于扫描系统的场频和信号的场频的不同步,引起图像的垂直位移或移动。

3.38

时域测量 time domain measurement

被传输信号的线性失真表现为信号时间特性的改变,时域测量是测量脉冲通过线性网络后的波失真,表现为前后沿时间变化、顶部降落、前冲、后冲等。

3.39

频域测量 frequency domain measurement

被传输信号的线性失真表现为信号频谱的改变,频域测量是测量不同频率的正弦波信号通过线性网络后,频谱关系上发生的变化。

3.40

灰度级测试图 gray scale pattern

灰度级测试卡 gray-scale chart

一种作为标准信号源用的光学测试图,用来调节电视摄像机的灰度跟踪。

3.41

彩条信号 colour bar signal

由电的方法产生的视频测试信号,它具有符合规定值的亮度和色度分量。当它加在图像监视器上时呈现彩色条。

3.42

多波群信号 multiburst signal

由不同频率连续波群所组成的行重复视频测试信号,它通常叠加在亮度电平上,此外还包含一个亮度条为基准。

3.43

条脉冲 bar waveform

测试波形的一部分,它的频率为行频,其宽度为行周期一部分,幅度从黑电平到白电平。

3.44

T(2T)脉冲 T (2T) pulse

半幅点宽度为T(2T)的正弦平方脉冲,这里,T等于或近似等于电视制式标称视频带宽的上限频率倒数的二分之一。

3.45

正弦平方脉冲和条脉冲 sine squared pulse and bar

K系数测试信号中的一种,它包括一个正弦平方脉冲和一个条脉冲,其重复频率为行频。

3.46

阶梯波　staircase waveform

在一行内从黑到白由若干等值的阶梯电平组成的测试信号。

3.47

振幅频率特性　amplitude-frequency characteristic

在传输过程中,信号振幅的绝对值(模),随频率变化的关系。

3.48

相位频率特性　phase-frequency characteristic

在传输过程中,信号的相位随频率变化的关系。

3.49

非线性失真　nonlinear distortion

由于系统内元器件传输特性的非线性所造成的信号失真在这种失真中有新的频率分量产生。

3.50

线性失真　linear distortion

信号通过线性系统所产生的失真,这种失真不产生新的频率分量,通常因系统的幅频特性为非水平直线,相频特性为非过原点的直线所引起。

3.51

阻抗匹配　impedance matching

信号源阻抗与所连接的负载阻抗相等。

4　应用电视系统

4.1

电视系统　television system

将现场的景物,以图像的形式重现的电视设备的组合,通常由摄像机、传输系统和监视器等构成。

4.1.1

黑白电视　black-white television

只传送景物亮度信息的电视系统。

4.1.2

彩色电视　colour television

传送景物亮度和色度信息的电视系统。

4.1.3

慢扫描收发两用机　slow scan transceiver

通常指用远低于广播电视的扫描频率扫描,传输图像的发送和接收两用设备。多用在电视电话等特殊场合。

4.2

通用型电视　universal television

利用可见光成像,不需特殊防护措施,符合通用型应用电视制式的电视系统。

4.3

室外电视　outdoor television

摄像机等设备采取防护措施后,可在室外自然环境条件下正常工作的电视系统。

4.4

高温电视　high temperature television

高温环境条件下,采用强迫冷却方式使摄像机能正常工作的电视系统。

4.4.1

风冷型高温电视　air-cooled high temperature television

利用压缩冷却空气带走热量，保证摄像机在高温环境下正常工作的电视系统。

4.4.2

水冷型高温电视　water-cooled high temperature television

利用冷却水带走热量，保证摄像机在高温环境下正常工作的电视系统。

4.4.3

半导体致冷型高温电视　semiconductor-cooling high temperature television

利用半导体致冷技术，保证摄像机在高温环境下正常工作的电视系统。

4.4.4

炉用探头式高温电视　furnace probe type high temperature television

带冷却装置的摄像探头直接伸入高温炉内进行实时监测，遇故障时可自动退出和报警的电视系统。

4.4.4.1

涡旋致冷器　vortex cooler

运用涡旋膨胀致冷技术产生冷却气体的设备。主要应用于高温电视摄像头的空气冷却系统。

4.4.4.2

耐高温针孔镜头　high temperature resistance pinhole lens

能够在高温环境条件下正常工作的针孔镜头。镜头前端采用具有耐高温和耐腐蚀性的蓝宝石镜片。一般配合风冷、水冷防护套探头用于高温窑炉的炉内监视。

4.5

防爆电视　explosion-proof television

按国家有关标准设计制造，不会引起周围爆炸性混合物爆炸的电视系统。

4.5.1

隔爆型防爆电视　flame-proof explosion-proof television

具有隔爆外壳的电视设备，其外壳能承受内部爆炸性气体混合物的爆炸压力，并阻止内部的爆炸向外壳周围爆炸性混合物传播。

4.5.2

增安型防爆电视　increased safety explosion-proof television

在正常运行条件下不会产生电弧、火花或可能点燃爆炸性混合物的高温的电视设备结构上，采取措施提高安全程度，以避免在正常和认可的过载条件下出现这些现象的电视设备。

4.5.3

本质安全型防爆电视　intrinsically safe explosion-proof television

全部电路为本安电路的电视设备。

注：本安电路就是在规定的试验条件下，正常工作或规定的故障状态下产生的电火花和热效应均不能点燃规定的爆炸性混合物的电路。

4.6

水下电视　underwater television

监视或搜寻水下目标的电视系统。

4.7

井下电视　borehole television

用来观察、分析地层构造和井壁情况的电视系统。

4.8

管道电视　pipe television

在管道内检查管道内壁状态的电视系统。

4.9

耐辐照电视　radiation-resistant television

在较大剂量的特种射线辐照条件下工作的电视系统。

4.10

测量电视　measuring television

从图像信号中抽取被测物体的信息，测量、分析、比较物体参数的电视系统。

4.11

内窥镜电视　endoscope television

利用内窥镜成像的电视系统。

4.11.1

电子窥镜　electronic endoscope

摄像器件装在内窥镜内部的内窥镜电视。

4.12

显微镜电视　microscope television

利用光学接口，摄取显微镜光学图像的电视系统。

4.13

无影灯电视　shadow less lamp television

直接安装在无影灯上的摄像机构成的电视系统，用以记录和显示医疗手术的实况。

4.14

跟踪电视　tracking television

利用目标图像提供跟踪信息，对目标进行自动跟踪的电视系统。

4.15

制导电视　guide television

用于控制和引导飞行器飞向目标的电视系统。

4.16

慢扫描电视　slow-scan television

降低电视的行、场扫描速率，减小视频信号带宽的电视系统。

4.17

红外电视　infrared ray television

利用被摄景物本身热辐射或反射的红外线成像的电视系统。

4.17.1

热释电电视　pyroelectric television

利用热释电摄像器件将被摄景物本身的热辐射成像的电视系统。

4.17.2

近红外电视　near infrared television

对从可见光到近红外波长范围（波长在 0.76 μm～3 μm 的电磁波为近红外）有灵敏响应的电视系统。

4.18

超声电视　ultrasonic television

利用超声波传感器成像的电视系统。

4.19

紫外电视　ultraviolet television

利用紫外线摄像器件成像的电视系统。

4.20

微光电视　low-light level television

在月光、星光等光照条件(10^{-2} Lx 以下)能工作的电视系统。

4.21

X 射线电视　X-ray television

利用 X 射线成像的电视系统。

4.22

视频监控系统　video surveillance system

利用视频技术探测、监视设防区域并实时显示、记录现场图像的电子系统或网络。

4.22.1

视频监控　video monitoring

利用视频手段对目标进行监视和信息记录。

4.22.2

报警图像复核　video check to alarm

当报警事件发生时,视频监控系统调用与报警区域相关图像的功能。

4.22.3

视频探测　video detection

采用光电成像技术(从近红外到可见光谱范围内)对目标进行感知并生成视频图像信号的一种探测手段。

4.22.4

报警联动　action with alarm

报警事件发生时,引发报警设备以外的相关设备进行动作(如报警图像复核、照明控制等)。

4.22.5

视频移动报警　video moving detection

指利用视频技术探测现场图像变化,一旦达到设定阈值即发出报警信息的一种报警手段。

4.22.6

视频信号丢失报警　video loss alarm

当接收到视频信号的峰峰值小于设定阈值(视频信号丢失)时,给出报警信息的功能。

4.23

模拟视频监控系统　analog video surveillance system

除显示设备外的视频设备之间以端对端模拟视频信号传输方式的监控系统。

4.24

数字视频监控系统　digital video surveillance system

除显示设备外的视频设备之间以数字视频方式进行传输的监控系统。

由于使用数字网络传输,所以又称网络视频监控系统。

4.25

视频会议系统　video conferencing system

又称会议电视系统,是指两个或两个以上不同地方的个人或群体,通过传输线路及多媒体设备,将声音、影像及文件资料互传,实现即时且互动的沟通,以实现会议目的的系统设备。

4.25.1

H.323 协议　H.323 protocol

ITU-T 国际电信联盟标准化部门制定的适用于视频会议的标准,为分组网络 PBN(如 IP 网络)提供多媒体通信。可以和符合 H.323 标准的硬件终端互相通讯。

4.25.2

SIP 协议　SIP protocol

IETF(The Internet Engineering Task Force)制定的信令协议,可用来创建、修改以及终结多个参与者参加的多媒体会话进程。参与会话的成员可以通过组播方式、单播连网或者两者结合的形式进行通信。

4.25.3

MCU(多点控制器)　multipoint control unit

MCU 是视频会议系统的核心部分,为用户提供群组会议、多组会议的连接服务。

4.25.4

会议终端　conference terminal

会议终端产品是提供给用户的会议室使用的,设备自带摄像头和遥控键盘,可以通过电视机或者投影仪显示,用户可以根据会场的大小选择不同的设备,可以通过遥控方式前后左右转动从而覆盖参加会议的任何人和物。

4.25.5

桌面型(PC)终端产品　desktop terminal unit

直接在电脑上举行视频会议,一般配置费用比较低的 PC 摄像头,常规情况下只能一两个人使用。

4.26

可视对讲系统　video doorphone system

显示来访者实时图像的对讲系统。

4.26.1

主机　main unit

可视对讲系统中安装在楼门入口处具有选通、摄像及对讲功能的装置。

4.26.2

分机　auxiliary unit

可视对讲系统中安装在用户室内具有图像显示、对讲等功能的装置。

4.27

数字硬盘录像监控系统　digital disk recording system

以硬盘录像机为主机具有网络传输、视频报警及报警联动等多功能为一体的,高度智能化的监控系统。

4.27.1

视频音频同步　synchronization of video and audio

视频显示的动作信息与音频的对应的动作信息具有一致性。

5　摄像机

5.1　整机

5.1.1

摄像机　camera

拍摄景物并产生视频信号的设备。

5.1.1.1

黑白摄像机　black-white camera

拍摄景物亮度信息并产生视频信号的设备。

5.1.1.2

彩色摄像机　colour camera

拍摄景物亮度和色度信息并产生视频信号的设备。

5.1.1.2.1

单管彩色摄像机　single tube colour camera

用一只摄像管产生 R、G、B 三种基色信号或三种独立组合信号的摄像机。

5.1.1.2.2

三管彩色摄像机　three tube colour camera

用三只摄像管分别产生 R、G、B 三种基色信号的摄像机。

5.1.1.2.3

单片 CCD 彩色摄像机　single-chip CCD colour camera

用一片 CCD 摄像器件产生 R、G、B 三种基色信号或三种独立组合信号的摄像机。

5.1.1.2.4

两片 CCD 彩色摄像机　two-chip CCD colour camera

用两片 CCD 摄像器件产生 R、G、B 三种基色信号或三种独立组合信号的摄像机。

5.1.1.2.5

三片 CCD 彩色摄像机　three-chip CCD colour camera

用三片 CCD 摄像器件分别 R、G、B 产生三种基色信号的摄像机。

5.1.2

IP 摄像机　IP camera

网络摄像机　network camera

内置有 IP 服务器可以直接接连到网络上的摄像机。

5.1.3

一体化摄像机　all-in-one camera

内置镜头的摄像机。

5.1.4

智能球形摄像机　speed dome camera

具有多点预置位功能的可预设并自动控制的带有球形防护罩的摄像机。

5.1.5

可见光摄像机　visible light camera

只能摄取被可见光(波长 380 nm～780 nm)照射下景物图像的摄像机。

5.1.6

非可见光摄像机　non-visible light camera

可以将非可见光照射下的人眼看不到的信息转变为可见光图像的摄像机。主要包括 X 射线摄像机、红外摄像机和紫外线摄像机。

5.2 摄像器件

5.2.1

摄像管　pick-up tube

通常利用扫描过程将光学图像变成对应的电信号的一种电子束管。

5.2.1.1

视像管　vidicon

电子图像存储在光电导体表面上，且通常由低速电子束对其扫描的一种光电导摄像管。

5.2.1.2

像增强管　image intensifier tube

将图像投射到光电发射表面上，然后在荧光屏上产生一个相应的亮度增强了的图像的一种电子管。

5.2.1.3

X射线(影)像增强管　X-ray image intensifier tube

将X射线影像投射到与光电发射面保持紧密光学接触的输入荧光屏上，然后在输出荧光屏上产生一个相应的亮度增强了的图像。

5.2.2

固体摄像器件　solid-state image sensor

图像的光电转换、电荷积累和信号读出等过程均由固体器件完成的摄像器件。

5.2.2.1

线阵摄像器件　linear image sensor

光敏单元排成一行或一列，且每次仅扫描图像的一行或一列的摄像器件。也称一维摄像器件。

5.2.2.2

面阵摄像器件　area image sensor

光敏单元以行、列方式排成矩阵的固体摄像器件。也称二维摄像器件。

5.2.2.3

CCD(电荷耦合)摄像器件　CCD(charge coupled device) image sensor

由CCD(电荷耦合)器件完成光电转换、信号积累和信号读出的固体摄像器件。

5.2.2.3.1

帧转移　frame transfer (FT)

CCD摄像器件的一种转移方式。摄像器件分成成像区和存贮区。全帧图像在光敏成像区积累信号电荷，在场消隐期间，由场CCD移位寄存器把信号电荷一行一行传送到存贮区中，然后在每一行消隐期，向行CCD移位寄存器转移一行信号电荷，再由行CCD移位寄存器传送到输出端形成图像信号。

5.2.2.3.2

行间转移　interline transfer (IT)

CCD摄像器件的一种转移方式。在该器件中，光敏单元与转移单元隔列间置。在场消隐期，积累在各列光敏单元中的信号电荷同时转移到对应的垂直移位寄存器中然后在每一行消隐期转移一行信号电荷到水平移位寄存器中水平移位寄存器再将信号电荷传送到输出端。

5.2.2.3.3

帧行间转移　frame interline transfer (FIT)

CCD摄像器件的一种转移方式，是帧转移方式和行间转移方式的组合。该器件上半部分结构与行间转移方式相似，下半部分存贮区及水平移位寄存器与帧转移方式相同。

5.2.2.4

MOS摄像器件　MOS(metal-oxide-semiconductor) image sensor

X-Y矩阵排列的带MOS开关的光敏二极管组成的面阵摄像器件。在这种器件中，由光电二极管及其电容进行光电转换和积累，X、Y寻址脉冲控制MOS开关的导通与截止输出图像信号。

5.3　电路

5.3.1

预放器　preamplifier

连接到弱信号源，提供适当的输入、输出阻抗和增益的前置放大器。以使后级在保证一定信杂比情况下，对信号作进一步的处理。

5.3.2

箝位电路　clamping circuit

将图像信号中的指定部位箝定到某一固定电平上，用以恢复图像信号直流分量的电路。

5.3.3

黑斑校正　shading correction

用电的方法对图像信号进行校正，以消除由摄像机光学系统及摄像器件引起的电视图像亮度不均匀现象。

5.3.4

轮廓校正　contour correction

在水平和垂直两个方向上补偿因孔阑失真引起的高频分量幅度衰减。

5.3.5

彩色校正　colour masking

靠基色信号的矩阵变换，来校正彩色摄像机分色系统中不符合要求的分色特性。

5.3.6

黑电平校准　black-level alignment

将黑电平校准在基准值的方法。

6　传输

6.1

传输损耗　transmission loss

信号在介质中传播所引起的传输功率的总衰减。通常用功率损失的分贝数表示。

6.2

同轴电缆　coaxial cable

内部芯线导体与外部屏蔽导体截面成同心圆分布内外导体之间有绝缘材料，最外面有绝缘保护套的电缆。它对一定频带内的信号呈现不变的阻抗。

6.3

同轴电缆传输　coaxial cable transmission

用同轴电缆作为媒质传输电信号的传输方式。

6.3.1

同轴视控　video with up-the-coax control

通过一根同轴电缆同时传输视频信号及控制信号的方式。通常采用频分复用的原理，即两种信号的传输频率不同，传输方向相反。

6.4

光纤传输　fiber-optic transmission

利用光导纤维作为媒质传输含有信息的已调光波的传输方式。

6.5

单模光纤　single-mode fiber

在给定的工作波长上，只能以单一模式传输光的光纤。

6.6

多模光纤　multi-mode fiber

在给定的工作波长上，能以多个模式同时传输光的光纤。

6.7

光端机 optical transceiver

基于光纤网络用于传输信号的光电转换设备。

6.7.1

光发送机 optical transmitter

能将电信号转换为光信号使之耦合到光纤或集成光路之类的传输媒质中去的设备。

6.7.2

光接收机 optical receiver

能够与光纤等传输媒质相耦合并能将光波信号解调为电信号的设备。

6.8

光纤收发器 fiber converter

能将网络的电信号和光信号进行互换的转换设备。

6.9

双绞线视频传输 twisted-pair video transmission

通过双绞线传输视频信号的方式。

6.10

射频传输 RF (radio frequency) transmission

用射频线缆传输信号的方式。传输时需对视频、音频信号进行调制及解调。

6.11

无线传输 wireless transmission

信号通过电磁波传输的方式。传输时需对视频、音频信号进行调制及解调。

6.12

基于E1信道的传输 transmission based on E1 channel

信号通过E1(传输速率(带宽)为2.048 Mb/s)数字信道进行传输的方式。

6.13

基于N×64 kbit/s信道的传输 transmission based on N×64 kbit/s channel

信号通过由电信部门管理的公用数据信道N×64 kbit/s(其中N=1、2、… 16)进行传输的方式。这些信道可由ISDN、DDN、ADSL和帧中继等公用数据网获得。

6.14

基于局域网的传输 transmission based on LAN

信号经过局域网(LAN)进行传输的方式。

6.15

数据传输 data transmission

数据通过设施从一个点到一个或多个其他点的传送。

6.16

并行传输 parallel transmission

表示字符或其他数据实体的一组信号元素在若干分开的传输信道上进行的同时传输。

6.17

串行传输 serial transmission

表示字符或其他数据实体的一组信号元素在某一条传输道上进行的顺序传输。

6.18

异步传输 asynchronous transmission

一种数据传输,其中每一个字符或字符块的起始时刻可是任意的,一旦开始,每个信号元素的出现时刻与固定时基的特征瞬间具有相同的关系。

6.19

同步传输 synchronous transmission

一种数据传输，其中每个信号元素的出现时刻与固定时基项关联。

6.20

频分复用 frequency division multiplexing (FDM)

一种多路复用，是指将几个独立的信号各分配到不同的频带，在同一信道上传输。

6.21

时分复用 time division multiplexing

一种多路复用，是指将几个独立的信号各分配到不同的周期时槽，在同一信道上传输。

7 显示与监视

7.1

显像管 picture tube

用于再现电视图像的一种阴极射线管。

7.2

黑白显像管 black-and-white picture tube

仅再现亮度的一种显像管。

7.3

彩色显像管 colour picture tube

既再现亮度又再现色彩的一种显像管。

7.4

监视器 video monitor

将视频信号转换为光图像的设备。

7.5

彩色监视器 colour monitor

监视或显示彩色电视图像的监视器。

7.6

黑白监视器 black-white monitor

仅能监视或显示黑白电视图像的监视器。

7.7

电视墙 video wall

用组合屏幕实现的一种大型电视显示设备。

7.8

CRT 投影单元 CRT projection unit

采用阴极射线管(CRT，Crystal Ray Tube)投影技术成像的显示设备。

7.9

DLP 投影单元 DLP projection unit

采用数字光处理器(DLP，Digital Light Processor)投影技术成像的显示设备。

7.10

数字光处理器 digital light processor (DLP)

采用数字微镜显示器件(DMD，Digital Micromirror Device)作为光阀成像器件，通过投影透镜成像的显示设备。

7.11

数字微镜显示器件　digital micromirror device (DMD)

用半导体数字光学微镜阵列的显示器件。其工作机理是通过数字图像信号高速控制微镜的偏转角,以微镜反射光能否投向光学显示系统,而起光开关作用,并按开关状态所占比例,形成灰度图像。光线在经过分色、合成过程,获得彩色图像。

7.12

前投影　front screen projection

图像被投影在光反射屏的观众一侧的投影方式。

7.13

前投影机　front screen projector

将各种显示器件形成的图像光信号,经光学系统和投影空间,把图像光信号放大,采用前投影方式显示图像的设备。

7.14

背投影　rear screen projection

图像投影通过透射屏到达观众一侧的投影方式。

7.15

背投影机　rear screen projector

将各种显示器件形成的图像光信号,经光学系统和投影空间,把图像光信号放大,采用背投影方式显示图像的设备。

7.16

ANSI 流明　ANSI lumen

投影机光通量的国际标准单位。

7.17

峰值流明　peak-value lumen

屏幕中最大亮度点测试得到的亮度值。

7.18

液晶显示屏　liquid crystal display (LCD)

外加电压使液晶分子取向改变,以调制透过液晶的光强度,产生灰度或彩色图像的显示器件。

7.19

硅基液晶显示器件　liquid crystal on silicon (LCoS)

制备在硅片上的液晶显示器件。其工作机理是把穿过液晶的光经过反射,再次穿过液晶,并利用液晶分子对光透过率的调节作用形成图像光信号。

7.20

等离子体显示屏　plasme display panel (PDP)

利用气体放电产生的等离子体引发紫外线,来激发红、绿、蓝荧光粉,发出红、绿、蓝三种基色光,显示在其玻璃平板上形成彩色图像的器件。

8　控制设备

8.1

控制器　controller

用于控制摄像机、摄像镜头、云台及防护装置等完成规定功能,并可实现各摄像机信号切换,定点监视或录像的设备。

8.1.1

光圈控制(自动/手动)　iris control (auto/manual)

摄像机镜头光圈关闭和张开程度的控制。自动,指摄像机根据被摄物的照度强弱自动地控制镜头光圈的大小。手动,只能用人工去控制镜头光圈的大小。

8.1.2

聚焦控制(远/近)　focus control (far/near)

对摄像机镜头的聚焦环转动方向和角度大小进行控制,以便获取清晰的图像或某种特殊效果。

8.1.3

变焦控制(广角/望远)　zoom control (wide/tele)

对摄像机变焦镜头的焦距进行控制。当把变焦镜头调向广角(wide)侧时,焦距变短,视场角变大,当调向望远(tele)侧时,焦距变长,视场角变小,屏幕中的景物变大。

8.1.4

云台控制　pan/tilt control

对云台在水平和垂直方向上的转动进行的控制。

8.2

音视频控制设备　audio & video control equipment

能对输入音视频信号的分配、切换(选切和时序切换)以及叠加说明文字和时间信息等功能进行控制的设备。设备的输出也是音视频信号,可以把这样的设备看成是音视频信号传输的一个环节。

8.3

视频入侵报警器　video intrusion detector

入侵者(或物)进入警戒区引起视频信号中亮度信号发生变化。能响应这一变化,输出报警视频信号和发出声光报警的装置。

8.4

分控设备　branch console

通常指在中心监控室以外设立的控制和观察终端设备。

8.5

译码器(解码器)　decoder

前端控制设备,用于接收控制主机发出的控制信号,实现对云台、镜头、雨刷、灯光等设备的控制。

8.6

视频控制主机　video controller

指视频系统操作控制的核心设备,通常可以完成对图像的切换、云台和镜头的控制等。

8.7

视频矩阵切换器　video matrix switcher

具有多路视频输入及多路视频输出,可将任何一路输入信号切换至任意一路输出,通过矩阵上的按键或配套键盘可对系统的设备如云台、镜头等进行控制。分为单机式及插卡式两种。

8.8

数字硬盘录像机　digital video recorder (DVR)

以计算机硬盘为记录媒体,集画面分割、视频切换、云镜控制、硬盘录像、网络传输、视频报警及报警联动等多种功能为一体的设备。分为PC式及嵌入式两种。

8.8.1

PC式数字硬盘录像机　PC type digital video recorder

以兼容/工控PC机、视频采集卡为硬件基础,配有可靠的操作系统及专门的应用软件组成的设备。视频输入路数在最大允许范围内可扩充。

8.8.2

嵌入式数字硬盘录像机　embedded digital video recorder

采用嵌入式实时操作系统和嵌入式处理器一体化的设计，在单板上集成了视音频采集、压缩、存储、网络传送、多路云台控制、报警检测等功能的设备。

8.8.3

循环记录　recycling record

当程序检测到硬盘录像机中所有的硬盘空间录满时，无须更换硬盘，自动覆盖原录像资料的记录方式。

8.8.4

非循环记录　non-recycling record

当硬盘录像机中所有的硬盘空间录满时停止录像的记录方式。

8.8.5

最大录制间隔　maximum recording interval

连续录制时，相邻两个录制文件之间允许的时间间隔。

8.8.6

帧率　frame rate

指数字录像设备实时记录的图像序列中每秒所包含的图像帧数。

8.8.7

报警预录　pre-record before alarm

记录响应报警事件发生前的视(音)频信号。

8.8.8

操作日志　operation log

按时序显示和自动保存操作过程的数据记录。

8.8.9

水印技术　watermark technology

用信号处理技术在数字化的多媒体数据中嵌入隐藏的标记，这种标记通常是不可见的，只有通过专门设计的检测器才能提取，从而起到保护的作用。

8.8.10

图像的连续性　video continuity

符合人眼视觉暂留特性要求的图像的连续程度。

8.8.11

运动侦测　motion detection

实时连续地检测目标视频图像单位时间间隔内的图像变化率是否超过预设值。

8.8.12

总资源　total resource

单台 DVR 设备同时处理(采集、压缩、存储、显示等)多路视音频信号的能力，通常用特定图像格式下每秒记录图像的总帧数来表示。

8.9

操作授权　operation authorization

可被设定的用于鉴别登录用户并防止非正常进入系统的一组特定的授权。

9 配套设备

9.1

视频分配器 video distributor

使一路视频信号分成多路相互独立、幅度相同的视频信号的设备。

9.2

视频(音频)切换器 video (audio) switcher

从多路输入视频(音频)信号中选通其中的某一路,以实现集中监视(监听)或记录的设备。除了手动切换方式,还可有自动循环选切方式。

9.3

视频信号转换器 video signal converter

一般是指复合端口、Y/C端口、YUV、DVI、SDI、S-Video端子、VGA的信号进行互转,主要是模拟与数字信号的互转,DVI与YUV分量信号的互转,VGA电脑信号与视频信号的互转等。

9.4

磁带录像机 video tape recorder (VTR)

用磁带记录、重放视频信号及音频信号的设备。

9.5

字符叠加器 caption adder

字符发生器 character generator

把字符、年、月、日、时、分、秒等信息信号叠加到视频信号上的设备。

9.6

彩色(黑白)同步信号发生器 colour (monochrome) synchronizing signal generator

产生彩色黑白电视系统所需要的时间、频率和相位基准的设备。

在黑白同步信号发生器中,主要产生行、场推动脉冲,复合同步脉冲和复合消隐脉冲。

在彩色同步信号发生器中,除上述信号外,还需产生副载波信号、色同步门脉冲(K脉冲)及相位识别脉冲(P脉冲)等信号。

同步信号发生器一般还具有锁相功能,使两个或多个同步源之间具有相同的频率和相位基准。

9.7

视频读出器(视频展台) video reader

将文件和薄物体的图像转换为视频信号的设备。

9.8

摄像机电源适配器 camera power adaptor

摄像机的供电电源变换设备。

9.9

摄像机防护罩 camera housing

在室内、室外或特殊环境条件下,保护摄像机能正常工作的罩或装置。

9.10

云台 pan/tilt

使摄像机能在水平和垂直一个或两个方向上转动或调整角度,以便对准监视目标的装置。

9.11

摄像镜头 camera lens

由一组光学单元或多组光学单元组成的透镜,用于摄像机将被拍摄的景物成像的装置。

9.11.1

视场角 angle of view

边缘物点的主光线与光轴夹角的两倍,称为镜头的物方视场角。

边缘像点的主光线与光轴夹角的两倍,称为镜头的像方视场角。

9.11.2

焦距 focal length

自光学系统像方主点到系统像方焦点的距离,称为像方焦距,以 f' 表示。

自光学系统物方主点到系统物方焦点的距离,称为物方焦距,以 f 表示。

9.11.3

相对孔径 relative aperture

入瞳直径与像方焦距之比。

9.11.4

针孔镜头 pin-hole lens

通过一个小的光孔摄取景物图像的透镜系统。

9.11.5

变焦镜头 zoom lens

焦距可在一定范围内改变而保持像面不动的光学系统。可分为手动和电动两种方式。

9.11.6

变焦倍比 zoom ratio

变焦距镜头的最大焦距与最小焦距之比。

9.11.7

自动光圈镜头 automatic iris lens

能自动调整光圈大小,使像场照度保持最佳值的镜头。

9.11.8

锗镜头 germanium lens

以锗为材料制成的红外镜头。

9.11.9

分色棱镜 colour splitting prism

把一束光分成几束不同颜色的光分别射出的棱镜或棱镜系统。

9.11.10

色温滤色片 colour temperature filter

根据不同色温光的能谱分布曲线制成的滤色片。在彩色电视中常使用色温滤色片进行色温转换。

9.11.11

中性滤色片 neutral filter

改变光强度而不改变光谱成分的滤色片。

9.11.12

红外滤光片 infrared filter

能够分离出红外光谱或红外波长的光学滤波元件。

9.11.13

C 型安装 C-mount

摄像镜头与摄像机的连接用 1″×(1/32)″的英制螺纹,后安装距(安装靠面至像面的空气光程)为 17.52 mm 的安装方式。

9.11.14

CS 型安装　CS-mount

摄像镜头与摄像机的连接用 1″×(1/32)″的英制螺纹，后安装距为 12.52 mm 的安装方式。

9.11.15

数码变焦　digital zoom

数码变焦也称为数字变焦，是通过摄像机内的处理器，把图像中的每个像素面积增大，从而达到放大目的。

9.12

视频多画面处理器　video multiplexer

将多路图像信号通过图像压缩和数字化处理后，合成一个标准视频信号，在监视器上同时显示。

9.13

视频服务器　video server

利用压缩技术将视频、控制数据在满足技术指标要求的条件下进行高压缩比的压缩打包，采用合适的网络协议实现数据的网络传输的设备。

9.14

电缆补偿器　cable loss compensator

补偿电磁波信号在电缆中传输损耗的设备。在应用电视中指对基带视频信号进行幅频失真补偿的设备。有的也能对相移引起的时延失真进行补偿。

参考文献

[1] GB/T 7400.11—1999 数字电视术语

[2] GB/T 9002—1996 音频、视频和视听设备及系统词汇

[3] GB/T 17975.1—2000 信息技术 运动图像及其伴音信息的通用编码 第1部分:系统

[4] GB/T 50395—2007 视频安防监控系统工程设计规范

[5] GA/T 367—2001 视频安防监控系统技术条件要求

[6] GA/T 269—2001 黑白可视对讲系统

[7] SJ/T 11324—2006 数字电视接收设备术语

[8] GB 20815—2006 视频安防监控数字录像设备

[9] ISO/IEC 2382-1:1993 信息技术 词汇 第1部分:基本术语

[10] GB/T 17191.1—1997 信息技术 具有1.5 Mbit/s数据传输率的数字存储媒体运动图像及其伴音的编码 第1部分:系统(idt ISO/IEC 11172-1)

[11] GB/T 17191.2—1997 信息技术 具有1.5 Mbit/s数据传输率的数字存储媒体运动图像及其伴音的编码 第2部分:视频(idt ISO/IEC 11172-2)

[12] GB/T 17191.3—1997 信息技术 具有1.5 Mbit/s数据传输率的数字存储媒体运动图像及其伴音的编码 第3部分:音频(idt ISO/IEC 11172-3)

[13] GB/T 17191.4—1997 信息技术 具有1.5 Mbit/s数据传输率的数字存储媒体运动图像及其伴音的编码 第4部分:一致性测试(idt ISO/IEC 11172-4)

[14] GB/T 17975.9—2000 信息技术 运动图像及其伴音信号的通用编码 第9部分:系统解码器的实时接口扩展(idt ISO/IEC 13818-9:1998)

[15] GB/T 17975.1—2000 信息技术 运动图像及其伴音信息的通用编码 第1部分:系统(idt ISO/IEC 13818-1:1996)

[16] GB/T 17975.2—2000 信息技术 运动图像及其伴音信号的通用编码 第2部分:视频(idt ISO/IEC 13818-2:1996)

[17] GB/T 17975.3—2002 信息技术 运动图像及其伴音信号的通用编码 第3部分:音频(idt ISO/IEC 13818-3:1998)

[18] GB/T 17975.7—2002 信息技术 运动图像及其伴音信号的通用编码 第7部分:先进音频编码(idt ISO/IEC 13818-7:1998)

汉语拼音索引

T

U

英文索引

A

B

C

F

G

H

I

J

L

M

N

O

P

R

S

T

U

V

ICS 27.120.20
F 83

中华人民共和国国家标准

GB/T 15473—2011
代替 GB/T 15473—1995

核电厂安全级静止式充电装置及逆变装置的质量鉴定

Qualification of class 1E static battery chargers and inverters for nuclear power plants

2011-12-30 发布　　2012-06-01 实施

中华人民共和国国家质量监督检验检疫总局
中国国家标准化管理委员会　发布

前　言

本标准按照 GB/T 1.1—2009 给出的规则起草。

本标准代替 GB/T 15473—1995《核电厂安全级静止式充电装置及逆变装置的质量鉴定》。

本标准与 GB/T 15473—1995 相比主要差异如下：

——第 3 章增加了"蓄电池充电装置"、"设备"、"逆变装置"、"裕度"术语；删除了"故障模式和后果分析(FMEA)"、"失效"、"早期失效期"、"偶然失效期"、"损耗期"和"适度环境"术语；

——在 4.2"安全级的特性和安全功能"中增加了"在定义工作特性和安全功能时应明确致劣因素"；

——在 4.2.2 中增加了"f)由业主或买主要求的其他工作特性"；

——在 5.2.3.2 中增加了"电压或功率的典型应力小于或等于 0.5 不被看作是老化因素"；

——在 5.2.3.3.2 中增加了辐照环境的剂量；

——在 5.2.3.3.3 中增加了"h)5.2.3.3.2 中没有提及的部件或材料"；

——在 5.3.2 中增加了"部件的特定更换间隔时间应该小于或等于在质量鉴定过程中建立的时间"；

——在 5.3.3.3.2 中增加了"应对润滑剂进行评价以决定其老化是否会抑制设备的运行"；

——在 5.3.3.3.11 中将"活化能可取为 0.5 eV"改为"活化能可取为 0.8 eV"；

——增加了 5.3.3.3.12 电机、泵和/或其他部件；

——从 5.4.2.2 到 5.4.2.9，增加了每节的标题；

——在 5.6 中增加了延长合格寿命的内容。

本标准参照 IEEE Std 650:2006《核电厂安全级静止式充电装置及逆变装置的质量鉴定》(英文版)。

本标准由中国核工业集团公司提出。

本标准由全国核仪器仪表标准化技术委员会(SAC/TC 30)归口。

本标准起草单位：上海核工程研究设计院。

本标准主要起草人：冯玉萍、陆曙东。

本标准所代替标准的历次版本发布情况为：GB/T 15473—1995。

核电厂安全级静止式充电装置及逆变装置的质量鉴定

1 范围

本标准规定了安装在核电厂安全壳外的安全级静止式充电装置及逆变装置的质量鉴定方法，以保证其在规定的工作条件下能执行预定的功能。

本标准不适用于指导充电装置及逆变装置在电厂电力系统中的应用，也不规定这些装置的具体性能要求。

2 规范性引用文件

下列文件对于本文件的应用是必不可少的。凡是注日期的引用文件，仅注日期的版本适用于本文件。凡是不注日期的引用文件，其最新版本（包括所有的修改单）适用于本文件。

GB/T 12727—2002 核电厂安全系统电气设备质量鉴定

GB/T 13625 核电厂安全系统电气设备 抗震鉴定

EJ/T 705 核电厂安全级电缆及现场接头的型式试验

3 术语和定义

下列术语和定义适用于本文件。

3.1

老炼 burn-in

型式试验前或正式使用前设备或部件的预运行，以使其性能变稳定并发现早期故障。

3.2

蓄电池充电装置 battery charger

该设备将交流电转换为直流电，向蓄电池充电并维持在满充状态，同时在正常运行时为直流负荷提供电力。

3.3

部件 components

组成设备的各种物项。例如，电阻器、电容器、导线、接插件、晶体管、集成电路、电子管、开关和机电装置等。

3.4

设备 equipment

部件的装配合成，被设计和制造用来完成特定的功能。

3.5

运行经验 operating experience

在与被鉴定设备鉴定相当条件下可核实的运行数据的累积。

3.6

逆变装置 inverter

该设备将直流电转换成交流电。它包括辅助装置，例如，切换开关，交流电源变压器和调压器，输入整流器(不同于蓄电池充电装置)和隔离装置(如隔离二极管)。

3.7

应力分析　stress analysis

对部件在特定电路中和特定工作条件范围内应用的一种电学及热力学的设计分析,对适用的部件进行机械循环评价,以决定对部件寿命的影响。

3.8

裕度　margin

规定的最苛刻的工作条件和型式试验条件之间的差别。这是考虑到设备生产中正常变更及确定满意工作性能中合理误差所需要的。

在确定定型试验时,提高试验等级、增加试验循环次数和延长试验时间,是其保证足够裕度的方法。

3.9

应力试验　stress test

在样品设备上进行的型式试验的一部分。试验时将设备加应力至其工作条件规定的范围。

3.10

合格寿命　qualified life

相对于一组规定的运行工况,能通过鉴定证明设备具有满意性能的时间间隔。

注:在合格寿命末期,设备能完成假想设计基准事件和设计基准事件后所要求的安全功能。安全级设备可能包含有重大老化机理的部件。质量鉴定程序将包括这些老化机理何时开始以及要求更换零件和进行维修的间隔时间等方面的资料。

4　技术规格书

4.1　概述

本章阐述了鉴定设备在技术规格书中载明的条款,包括设备标识、安全级的特性、设备电源要求及设计环境条件,以及电源、环境条件变化对设备安全级特性的影响。如果设备技术规格书包括裕度(见3.8),则应确定该数值。

4.2　安全级的特性和安全功能

4.2.1　总要求

应由核电厂业主或其代表确定其安全级特性和安全功能要求,并至少应包括正常、异常、设计基准事件及设计基准事件后工况的下述4.2.2~4.2.4中规定的要求。在定义工作特性和安全功能时应明确致劣因素。

4.2.2　安全级的特性

下列特性是在验收试验时需考虑的推荐性的运行工况、参数和特性要求:

a)　输入条件,例如,电压、频率、相数和电流;

b)　输出要求,例如,电压和电压调节范围、电流(最小值与最大值)、电流限值、频率与频率调节范围(仅对逆变装置)、负荷功率因数(仅对逆变装置)、纹波电压(仅对充电装置)、谐波畸变(仅对逆变装置);

c)　冲击电压承受能力;

d)　防止逆向直流(仅对充电装置);

e)　辅助设备(如果采用的话)的特性,包括切换开关(操作性能,例如,切换时间、高压和低压触发和过流触发)、逆变装置输入整流器(与充电装置具有相同的输入条件)、隔离装置(闭锁与导通功能)、交流电源变压器与调压器(输入条件和输出要求);

f) 由业主或买主要求的其他工作特性。

4.2.3 安全级充电装置及逆变装置的安全功能说明

在合格寿命内预期会发生的适用的运行工况和在设计基准事件(design basic event,DBE)工况下,应规定设备的安全功能(包括要求的运行时间)。

4.2.4 合格寿命目标(适用时)

设备的合格寿命目标应随运行工况一起确定,在适用的DBE之前、期间、之后应证明设备可以成功运行。

4.3 环境

应在业主的规范书中确定所有重要的环境参数。环境条件的范围应至少包括正常、异常工况以及设计基准事件和设计基准事件后工况。

如适用,设备技术规格书应包括下述运行工况的幅值及持续时间:

a) 最低、最高及年平均环境温度;

b) 最低、最高贮存温度;

c) 最大相对湿度(运行及贮存);

d) 海拔高度(静态大气压力);

e) 运行振动;

f) 抗震要求;

g) 核辐射类型;

h) 辐照(剂量率与总剂量);

i) 射频干扰(radio frequency interference,RFI)和/或电磁干扰(electro-magnetic interference,EMI)水平(即充电装置及逆变装置对其他设备的影响,或反过来,后者对前者的影响)。

4.4 其他条件

如适用,设备技术规格书还应包括:

a) 4.2及4.3中列出的关于规定性能和环境限值的任一重大变化率或其组合;

b) 机电设备预期的操作总数或总运行时间(包括周期性试验的周期);

c) 非正常状态的大气污染(灰尘、油、真菌、化学或水喷雾等);

d) 被鉴定的安全级设备与其他设备或装置的电气和机械接口(例如输入和输出连接、安装方式、电压、电流等);

e) 介电试验参数。

5 质量鉴定方法

5.1 概述

质量鉴定可按几种方式完成:型式试验、运行经验或分析。这些方法可以单独使用,也可以结合使用,本标准采用型式试验与分析相结合的方法,运行经验较少单独用作质量鉴定,它大多用来对试验作补充,这时经验可提供对在实际工作条件和维修条件下材料和部件性能随时间变化的信息。用分析方法进行质量鉴定应证明包括所用方法、原理和假定都合理。总之,尽管在外推试验数据和确定小的设计改变对早先试验过的设备的影响方面，分析方法是有效的，但因充电装置及逆变装置都太复杂，以致不能仅用分析方法来做质量鉴定。

应用本章所阐述的质量鉴定程序对安全级充电装置及静止逆变装置进行质量鉴定，其质量鉴定流程图见图 1。

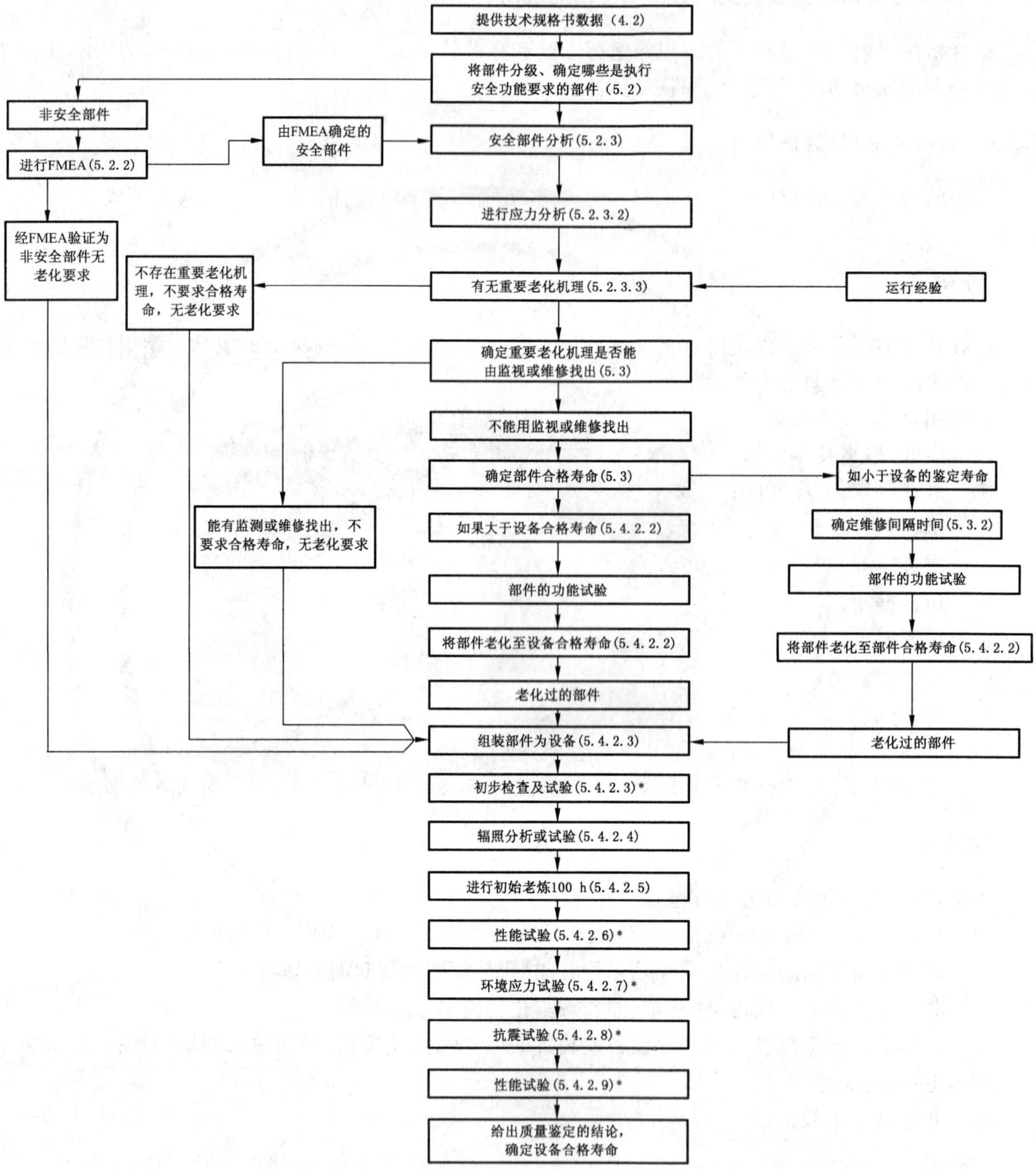

注 1：本流程图为质量鉴定的优选方法，同型号相同额定值和不同额定值的产品由分析和（或）进一步试验进行质量鉴定。

注 2：部件合格寿命等于特定部件的合格寿命（例如，电容器、变压器等）。

注 3：设备合格寿命等于充电装置或者逆变装置的合格寿命。

* 任何失效需按照 5.4.3 进行分析。

图 1　安全级静止式蓄电池充电装置及逆变装置质量鉴定流程图

5.2 分析要求

5.2.1 总要求

应对充电装置及逆变装置所有部件进行分析，以决定哪些部件是执行其安全功能所必需的，哪些部件不是执行其安全功能所必需的。

5.2.2 非安全部件分析

应对所有假设为非安全部件进行故障模式和后果分析(failure mode，effects and analysis，FMEA)，以论证这些部件的故障在设备整个合格寿命期间不影响充电装置及逆变装置执行其安全功能的能力，或不会经由接口影响其他设备的安全功能。非安全部件组装为样品设备时，不需附加分析或试验。任一部件，经 FMEA 分析确定其故障会影响充电装置及逆变装置执行其安全功能，都应确定作为安全部件并在 5.2.3 中阐明。

5.2.3 安全部件分析

5.2.3.1 概述

安全部件是指那些其故障会影响充电装置及逆变装置执行其所要求的安全功能能力或经由接口影响其他设备安全功能的部件；应按照本条要求对安全部件进行分析。

5.2.3.2 运行应力分析

设备质量鉴定的一个重要部分是验证其设计的完整性。因此，作为鉴定过程的一部分，应进行设备应力分析以保证任何电气部件不致被加应力到超过运行预计的范围而导致加速老化。如果任一部件发生过载情况，应重新设计以纠正这一情况。电压或功率的典型应力小于或等于 0.5 不被看作是老化因素。附录 A 给出了有关的背景资料及应力分析的例子。

5.2.3.3 部件分类

5.2.3.3.1 概述

充电装置及逆变装置内的所有安全部件应分为老化是重要失效机理或老化不是重要失效机理两类。在正常和异常工作环境下，在设备安装寿命内，如果某老化机理会引起它劣化，即在设计基准事件条件下设备不能执行其安全功能的概率逐渐增加，则该老化机理是重要失效机理。可利用运行经验、试验及分析方法进行部件分类。

5.2.3.3.2 没有重要老化机理的部件

如果部件以军品级部件的工艺进行设计和制造，并在设计额定值之内(由 5.2.3.2 中应力分析确定)和小于 10 Gy 辐照环境下使用，则在安装合格寿命期内，老化对下述部件的作用不重要。

a) 电子部件，包括分立半导体、冲击电压抑制器(金属氧化物压敏电阻型与硅型)、电阻器、干式钽电解电容器、陶瓷电容器、干式纸介及塑料膜电容器、云母电容器、玻璃电容器、集成微电子器件、混合微电子电路、熔断器[1)]、控制与仪表变压器和电抗器[1)]；

1) 如果部件的设计与制造采用的工艺和材料与某些部件相同，而且有可考资料证明这些部件经过老化与未经老化其性能没有差别，则老化不是它们的重要失效机理。

b) 非电子部件[2]，包括两种，第一种由钢、铝，紫铜、黄铜、环氧/玻璃纤维层压件、陶瓷、玻璃充填邻苯二甲酸二烯丙脂等制成的结构件，无导线绝缘部件及连接件等；第二种为机电部件[2]，在典型安全级静止式蓄电池充电装置及逆变装置中，对特定类型接插件[1]、插座[1]（集成电路、晶体管、继电器）、接线端子[1]（由下列材料制成：DAP（邻苯二甲酸二烯丙脂）、密胺、尼龙、尼龙66、玻璃充填酚醛、通用酚醛）、熔断器座[1]（由下述材料制成：密胺、X层压件、玻璃充填聚脂、酚醛、聚碳酸脂）、表计[1]、灯座[1]、电子延时继电器[1]、电动机、断路器（塑壳）、继电器[1]（通用型，正常不通电）、快速开关[1]等老化不是重要失效机理。

附录B与附录C为将另外部件分类为老化不是重要失效机理而提供指导。

如将那些不满足上述准则的部件分类为不含重要老化机理的部件，则需提供证明。

5.2.3.3.3 有重要老化机理的部件

除非能用书面文件证明老化不是重要失效机理，否则应假定下述部件具有重要老化失效机理：

a) 机电部件：如继电器、风机、接触器、断路器；
b) 绝缘导线；
c) 磁性功率部件；
d) 湿式电解电容器；
e) 硒冲击过电压抑制器；
f) 交流充油电容器；
g) 有机材料[除上述5.2.3.3.2中b)所列的第二种非老化机电部件之外]；
h) 其他5.2.3.3.2中没有提及的部件或材料。

5.3 部件质量鉴定

5.3.1 概述

可用定期在役监视或维修确定的具有重要老化机理的部件不必在型式试验前预先老化。在鉴定不能用定期在役监视或维修确定的具有重要老化机理的部件时，应将部件老化到设备合格寿命目标。如果部件合格寿命低于设备合格寿命，则应老化到部件合格寿命（在型式试验前），其值是根据运行经验或部件寿命试验数据确定的。

5.3.2 维修更换间隔时间的确定

极限寿命不符合预期的设备合格寿命的部件的更换间隔时间应等于或小于部件的合格寿命。在安装后可用附加试验、分析、或运行经验来延长部件的合格寿命。部件的特定更换间隔时间应该小于或等于在质量鉴定过程中建立的时间。

5.3.3 老化方法

5.3.3.1 总要求

具有重要老化机理的部件应采用下列一种或多种方法老化，以确定其合格寿命。

5.3.3.2 自然老化

现场设备已运行过的有效时间可作为该设备上部件的合格寿命。应提供文件证实该现场设备安装

1) 如果部件的设计与制造采用的工艺和材料与某些部件相同，而且有可考资料证明这些部件经过老化与未经老化其性能没有差别，则老化不是它们的重要失效机理。

2) 制造商或鉴定人员应验证辐照承受级别已包络所有设计辐照要求。

地点的工作条件符合或劣于规定的工作条件。

5.3.3.3 加速老化

5.3.3.3.1 概述

为了在短时间内模拟样品寿命而设计的加速过程。此过程是让部件置于符合已知可测的物理或化学退化规律的强化条件下，使它呈现出在类似于预期的运行工况下，它的寿期内可能具有的物理和电气性能。老化方法包括辐照、热老化和/或磨损老化(如需要)。

对不能免除老化的部件(见5.2.3.3.2和5.2.3.3.3)，推荐采用下列相应的方法进行加速老化。

5.3.3.3.2 断路器及机电开关

在典型的安全级充电装置和静止式逆变装置使用中，断路器和开关的主要老化相关失效模式是由于通断操作循环导致机械疲劳而造成，参见附录D，然而，对所述装置上应用的材料，仍需按照5.2.3.3中要求进行分析。由于这类装置连续运行，断路器、控制和电源开关(及它们相应的信号继电器)仅在试验、预防性维修与校正维修以及电厂停堆期间操作通断循环，在合格寿命期内预期最大循环总数[见4.4中b)]，应根据下列因素综合考虑：

a) 电厂运行前所有必要的试验所要求的操作循环次数；

b) 预计设备维修操作循环次数；

c) 营运单位为其他目的(设备或电厂维修等)的计划操作循环次数。

断路器及开关应在满负载情况下，按照上文确定的循环次数循环操作。其上的线圈绝缘系统应按5.3.3.3.4中规定老化。应对润滑剂进行评价以决定其老化是否会抑制设备的运行。

5.3.3.3.3 电磁式继电器

在典型的安全级充电装置和静止式逆变装置使用中，电磁式继电器与老化有关的主要失效原因是由于操作循环疲劳及线圈绝缘系统损坏。每个继电器的运行模式应划分为：

a) 正常通电，频繁动作(每天多次)；

b) 正常通电，不频繁动作(维修和试验时使用的继电器)；

c) 正常断电，频繁动作；

d) 正常断电，不频繁动作。

每个继电器在合格寿命内的最大预计操作循环次数取决于继电器在设备上的使用和5.3.3.2的相同规定。所有继电器应在模拟运行工况下按上述确定的次数进行操作循环。线圈绝缘系统须按5.3.3.3.4的要求老化。对5.2.3.3中规定的这些部件所用的材料也要进行分析。

5.3.3.3.4 电磁部件

用于充电装置及逆变装置的电磁部件寿命由绝缘系统决定。应采用已经完成热评价及已经获得温度与老化相关性数据的绝缘系统。电磁部件应按规定加速老化至预计的合格寿命。

5.3.3.3.5 导线、电缆、端子板及接插件

绝缘导线、电缆应按EJ/T 705规定的方法对其在正常运行时的工作温度、湿度和时间进行质量鉴定。质量鉴定的依据应包括模拟合格寿命的预老化数据(例如，具有95%置信度限值的阿伦纽斯曲线)。通过型式试验进行质量鉴定的设备上的导线、电缆绝缘应按照此数据进行热老化。为了试验在老化条件下所用连接方法的完整性，导线应尽可能带接插件和端子板成组地进行老化。当接插件插拔不频繁时，插拔不必考虑为质量鉴定的老化因素。应包括用于设备的各种型号的接插件和端子板。相互

连接应通过老炼试验(见 5.4.2.5)、应力试验(见 5.4.2.7)及抗震试验(见 5.4.2.8)引起的热应力和机械应力进行老化。附录 E 讨论了接插件的循环切换。

5.3.3.3.6 直流电解电容器

其加速老化应使电容器在额定工作电压及额定芯部温度下延续至额定寿命或稍短于额定寿命。额定寿命是电容器在额定条件下运行时,制造厂给出的寿命。加速因子按制造厂给出的曲线求得,该曲线为额定工作电压与芯部温度对实际运行工作电压与芯部温度的比值曲线。

5.3.3.3.7 交流充油电容器

对正弦波电压下应用的充油电容器,应按其寿命数据曲线进行加速老化。对在非正弦波电压或非 50 Hz 下应用的电容器(例如,整流电容器),应按照上述规定并用等效的 50 Hz 正弦电压进行老化。

5.3.3.3.8 冲击电压抑制器

可采用冲击电压抑制器,电压抑制二极管等保护功率型与控制型半导体部件,以防止设备输入与输出瞬时过电压。冲击电压抑制器的老化速率主要取决于所加电流值及作用时间。此部件仅在瞬间过电压时通过电流。冲击电压抑制器应用合格寿命内预计过电压总次数来进行老化。除非在设备技术规格书中另有要求,它应承受 100 次过电压以模拟合格寿命。此冲击电压应等于或大于 4.2.2 中 c)的规定。

5.3.3.3.9 电路板组件

电路板可能由具有重要老化机理的部件和不具有重要老化机理的部件组成。应对板上所有部件进行分析,以确定是否存在具有重要老化机理的部件。如果没有,则在型式试验前不必老化;如果板上有重要老化机理部件而且不能由监视或维修发现,则具有最短合格寿命的部件决定电路板的合格寿命。所有具有重要老化机理的部件应按照本章老化方法,老化到最短寿命部件的合格寿命。这些部件可在或不在电路板上老化。如果不在板上老化,应注意当组装到板上时保证不损坏部件。

5.3.3.3.10 熔断器

安全级蓄电池充电装置与逆变装置中的熔断器用来保护半导体部件、仪表、电源控制电路。熔断器应根据相应的载流量、电压及温度正确选用。特别应提供足够的温度裕度以防止熔断器及其支座上温度升高到熔断器额定值以上。如果能提供文件确证上述均已满足,则认定所用熔断器不存在老化有关共模失效机理。如果不能提供这种文件则该器件可采用自然或加速方法老化。

5.3.3.3.11 有机材料

可用阿伦纽斯曲线开发被鉴定的有机材料加速热老化技术。如果对某材料没有阿伦纽斯曲线和活化能可用,应考虑使用一个类似材料的活化能。如不能判定参考的活化能是合理的,作为技术上合理的保守值,活化能可取为 0.8 eV。

5.3.3.3.12 电机、泵和/或其他部件

电机、泵、和/或其他部件可能由具有重要老化机理的材料组成。应对所有材料进行分析,以决定它们是否具有重要老化机理。如果一个部件不含任何具有重要老化机理的材料,则在型式试验前不必老化。如果一个部件具有不能由监视或维修发现的重要老化机理,应用本章所述的老化技术对这个部件进行老化。具有最短合格寿命的材料决定这个部件的合格寿命。

5.4 设备质量鉴定

5.4.1 概述

GB/T 12727—2002 中 5.4.2 简述了型式试验可能执行的顺序。对于包含具有不能由监视或维修技术发现重要老化机理的部件而组成的设备，由于部件老化速率的变化，该顺序不适用于本标准。因为设备是由已老化的部件组装而成的，样机设备的试验应在部件已老化并组装完成后进行。下述型式试验的顺序是保守的，老化后部件要经受附加的应力试验。除地震试验外，对于民品级部件满意性能和其正常偏差的合理不确定性，此裕度是足够的。因此，保证了在大多数恶劣条件下，设备能执行规定的功能。

5.4.2 型式试验

5.4.2.1 总要求

应按下述顺序进行型式试验。

5.4.2.2 部件老化

应对部件进行分析，如要求老化，则按照 5.2 老化至它们各自的合格寿命或设备的合格寿命，采用其中较短的值。

5.4.2.3 部件和设备老化

新的(不需要老化的)及老化过的部件，应按照适用的产品规程组装成完整设备。应进行机械检查、介电试验(见 4.4e))及正常情况下的功能试验(见 4.2)。当适用时，应用分析和(或)试验来证实设备承受 4.3i)中规定的抗 RFI/EMI 干扰的能力。经受 RFI/EMI 测试的设备应是从技术上被确认的典型的新的或已老化的设备部件。

5.4.2.4 辐照分析或试验

静止式充电装置及逆变装置位于仅受到低辐照强度(典型总累积剂量小于 10 Gy)作用。应提供试验或分析文件证明设备执行其所要求功能的能力没有因为 4.3g)及 4.3h)中规定的辐照剂量而受到影响。

5.4.2.5 设备老炼

设备应至少在室温条件下进行 100 h 的老炼(在满负荷下进行 50 h，在规定的最小负荷下进行 50 h)，如果认为需适合安装情况，买主可以规定输入电压的变化范围，老炼使设备进入其正常安装状况并能消除初期严重的失效。

5.4.2.6 环境应力性能试验前测试

为了确定在正常或最恶劣条件下运行参数测量的基准及为试验结果的比较提供充分的依据，整机设备应承受下述处理过程：将设备放入一个环境试验室，它的温度和湿度能在运行工况所要求的整个范围内变化。在设定环境温度 25 ℃±5 ℃和通常的相对湿度下使设备在满负荷下运行 2 h，并将正常工况下的功能特性数据[见 4.2.2 中 a)和 b)]记录下来。这些数据作为下面后续试验的基准数据，这时可对设备进行调整。

5.4.2.7 环境应力试验

5.4.2.7.1 为了证明设备在GB/T 12727—2002规定的运行工况下能达到其规定的安全特性，参照图2，并对试验室中的设备在满负荷条件下，或能产生最大热量的负荷条件下，执行5.4.2.7.2～5.4.2.7.4的应力试验。

5.4.2.7.2 将室温升高至4.3中规定的最高温度和最大相对湿度。设备应在此条件下运行8 h。在其结束前，应记录最高、额定及最低输入电压下的功能特性数据[见4.2.2中a)和b)]和最大最小负荷。

5.4.2.7.3 将室温降低至4.3中规定的最低温度及可能达到的最大相对湿度(50%最小值)。设备应在此条件下运行8 h。在其结束前应记录最高、额定及最低输入电压下的功能特性数据[见4.2.2中a)和b)]和最大最小负荷。

5.4.2.7.4 包括转换时间的一个整循环应延续最长至36 h。在试验循环结束前，设备须在室温和环境湿度下达到稳定，并记录在最高、额定及最低输入电压下的最后一组功能特性数据[见4.2.2中a)和b)]和最大最小负荷。

此试验中使整台设备承受最严酷的和额定条件下的温度、湿度、输入电压及输出负荷(输入频率变化对老化没有影响)。

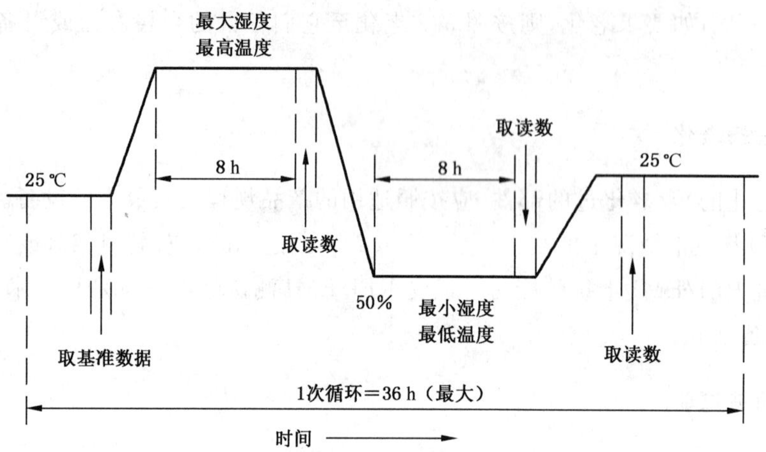

图2 环境应力试验

5.4.2.8 抗震试验

对4.3e)中规定的设备承受运行振动要求的能力应由分析和(或)试验决定。设备应按GB/T 13625进行设备抗震鉴定。地震加速度值还应至少包括10%的裕度(见4.1)。如果用试验方法，则在地震试验时和试验后，设备应在额定输出及规定输入电压下运行。

5.4.2.9 性能试验

成功地完成这些试验后，应进行性能试验证明符合4.2规定的正常条件下的安全级特性。这样就认为设备鉴定合格。

5.4.3 验收准则

如果在试验步骤5.4.2.3、5.4.2.4或5.4.2.5中发生任何失效，则失效部件应用与它进行过同样老化的部件更换。在型式试验结果的评价中，由试验中所获数据证明样品设备符合或超过其技术规格书(见第 4 章)要求功能时,认为样品设备通过了型式试验鉴定。

在试验和质量鉴定过程中发生的任何失效应予以分析,以确定它是偶然的或是共因的。如果符合下述判据之一,则失效应认为不是共因的:

a) 失效部件及其接口的实体检验确定造成失效的原因是偶然的工作质量问题;

b) 再次校验应力分析以确定该部件的应用是正确的,且在试验样品中类似使用的部件没有类似失效,并且在更换部件后在随后的试验中失效不再重复。

注:由单一部件的故障引起的后续部件故障不被看作是共因的。

如果上述或其他的方法无法确定失效原因,应进一步分析。

如果一个失效被确认为不属于共因失效,则设备应用与所更换部件进行过同样老化的部件(即按 5.3 中要求)更换的方法修复。如果该型式试验继续进行,它应从发生失效的规定试验开始时(例如规定设计基准事件开始时)起继续进行。

如果确认为共因失效(与老化有关或与加应力有关),则表明设备质量鉴定不合格。质量鉴定可用重新设计、进行修改及按上述重新试验来完成,或用较低的参数(例如较短的部件或设备的合格寿命,或较低的抗震值)重试,即按较低严酷条件质量鉴定来完成。

5.5 产品系列的质量鉴定

利用下述方法可对产品系列(即相同设计不同额定值的充电装置及逆变装置)进行鉴定:

a) 按照 5.4.2 在样品设备上完成型式试验。

b) 对鉴定样品以外其他额定值部件按 5.2 进行全面分析,以证明该类部件老化和质量鉴定不比已鉴定合格的样品受到更高的应力,以致要用不同的老化加速度。如果分析确定不同的老化加速度试验是必需的或已应用完全新型的零件,则此零件应作为部件或组件形式进行老化和抗震试验至相当于以前的质量鉴定水平。

注:对同种部件的不同额定值,如果所用应力不超过质量鉴定样品的值,则认为该种部件已通过型式质量鉴定。

c) 验证经过质量鉴定的设备所用工作条件和正在鉴定中设备规定的工作条件,其严酷程度至少相当。

d) 每种额定值的样品应按 GB/T 13625 用试验和(或)分析进行抗震鉴定,确认部件或组件的加速度不超过被鉴定样品的值。

5.6 合格寿命的延长

设备的合格寿命可通过以下内容得到延长:

a) 对设备实际所处环境的保守性进行评估。

b) 对用于确定合格寿命的因素的保守性进行评估,如阿伦纽斯活化能。

c) 验证设备实际工况的严酷度低于鉴定中设计基准事件前的工况。

d) 与已鉴定的设备相似,该鉴定设备具有一个更长的合格寿命。

e) 对具有相同或相似设计和结构,并且已进行加速老化的时间比所安装设备的合格寿命更长的设备进行型式试验。

f) 对具有相同或相似设计和结构,并且已在一个比所安装设备更严酷的环境下经历了自然老化的设备进行型式试验。合格寿命的延长时间为自然老化的时间超出初始确立的合格寿命的时间。

g) 对具有相同或相似设计和结构,并且已经历一段自然老化和一段加速老化,其总时间大于所安装设备合格寿命的设备进行型式试验。自然老化和加速老化可按任何顺序进行。

6 文件

6.1 总则

应提供以下文件以验证安全级蓄电池静止式充电装置及逆变装置对其应用是合格的，符合第4章技术规格书要求，并且其合格寿命或所确定的定期监视或维修间隔时间是合适的。

6.2 质量鉴定计划

质量鉴定计划应包括对某一安全级静止式充电装置及逆变装置的特定应用进行质量鉴定的方法和程序。

计划应包括下列内容：

a) 被鉴定设备的标识，如有必要，包括安装与接口要求；

b) 适用于被鉴定设备的质量鉴定程序；

c) 详述被鉴定设备和型式试验的设备间的差别以及用以判别这些差别的方法；

d) 被鉴定设备验收准则；

e) 被鉴定设备安全功能；

f) 被鉴定设备的合格寿命目标(如有必要)。

这个计划用于保证型式试验设备与被鉴定设备间一致。

6.3 质量鉴定报告

6.3.1 质量鉴定报告应包括6.3.2～6.3.5的内容。

6.3.2 设备技术规格书(见第4章)。

6.3.3 由分析和试验确证的特定性能的说明，包括满足验收准则的总结。应列出可能不包括在质量鉴定中的特定功能和参数。

6.3.4 质量鉴定程序(见6.2)。

6.3.5 质量鉴定结果应包括下列内容：

a) 如有必要，非安全相关部件故障模式及后果分析(FMEA，见5.2.2)；

b) 应力分析(见5.2.3.2)；

c) 部件质量鉴定分类的文件(见5.2.3.3)；

d) 维持质量鉴定所要求的按日程表进行的监视或维修、定期试验、以及零件更换等的说明；

e) 5.3.1所述每项试验的试验数据、对老化敏感的部件老化数据(如有必要)、精度及仪表标定应提供抗震试验分析或报告；

f) EMI/RFI分析或试验的文件(见5.4.2.3)；

g) 辐照分析或试验的文件(见5.4.2.4)；

h) 质量鉴定型式试验中出现的任何故障或异常的分析；

i) 任何存放寿命要求；

j) 如有必要，证明合格寿命是正确的从而确定设备的合格寿命；

k) 有必要，合格寿命延长的数据。

6.4 产品系列的质量鉴定报告

质量鉴定报告(见6.3)为各种额定值的静止式充电装置和逆变装置鉴定提供依据。提供的文件应证明已满足5.5的要求。

6.5 文件附加要求

6.5.1 合格证书

要求有一个证实所提供的设备符合买者的技术规格书要求的合格证。

6.5.2 批准签字与日期

每一份上述文件应有批准签字与日期。

6.5.3 质量鉴定报告

质量鉴定报告应有独立的审查人批准签字与日期。

附 录 A
（资料性附录）
应 力 分 析

A.1 引言

本附录概述一个应力分析程序并提供了按 5.2.3.2 中要求进行应力分析的实例。也可采用经正确验证其合理性后的其他程序。

A.2 目的

作为质量鉴定过程的一部分，应力分析的主要目的是保证部件不会由于增加应力使其加速老化超过使用范围。应力分析将指出哪里有（如果有的话）过载部件而要求重新设计。此外，对同类产品系列质量鉴定提供一个数据基础，以使其他额定值的产品与初始鉴定样品能直接进行设计比较。

A.3 程序

A.3.1 分析方法

应按照 5.2.3.2 中的要求对被鉴定的充电装置及逆变装置部件进行电应力、热应力和局部应力分析，此分析可用电子设备可靠性预测方法。该方法包括确定系统和部件的电应力、热应力强度及失效率，据此可合理地选择和使用每个部件及设备使用环境，分析时应注意：

a） 为使应力分析有效，加载应力不应超过制造厂的额定值；

b） 半导体应分析其热应力与电压应力；

c） 电容器应分析其电压应力；

d） 阻器应分析其热应力；

e） 熔断器应分析其电压应力与热应力。

应力分析应假定入口环境空气温度为 25 ℃（或最大值），加上逆变装置及充电装置内部温升的最恶劣情况（通常为 5 ℃到 10 ℃）。应由充电装置及逆变装置电气原理图、组件图、材料清单、零件目录及数据表获得设计信息资料。

上述分析方法包括确定电应力、热应力及系统部件的失效率，这些方法基于正确地选择与使用每个部件以及设备使用的环境。

A.3.2 计算

在进行电应力分析时，对充电装置及逆变装置的每一回路都应详细分析。可用等效电路确定回路电流和节点电压。由这些电流和电压，能获得所施加的应力值。应对全部应力进行计算。应力比可定义如下：

——对半导体，应力比等于使用的功率与额定功率的商，或者使用的电压与额定电压的商；

——对电阻器，应力比等于使用的功率与额定功率的商；

——对电容器，应力比等于使用的电压与额定电压的商。

对每个半导体器件应依据 T_{max} 和 T_s，确定其应力校正因子，如式（A.1）计算。

$$CF=\frac{T_{max}-T_s}{150} \qquad \cdots\cdots(A.1)$$

式中：

CF ——应力校正因子；

T_{max} ——最高结点温度，单位为摄氏度(℃)；

T_s ——运行温度，单位为摄氏度(℃)。

部件应力应按在电路所有可能的运行模式下可以连续使用来计算，应采用运行模式最严酷的条件，因为最严酷条件不会对所有部件同时发生。所以分析结果是保守的。

A.3.3 应力分析数据

应力分析结果应按类似表 A.1 和表 A.2 的格式列表。这些应力分析表应按组件和(或)印刷板列出全部系统电气部件，应按型号和电路应用排列部件。存在同样最大应力的同类部件可在每一行按代号数值排列在一起。对军用部件应附有能够识别的简短说明。如果没有用军品级产品的条件，则应列出可接受的工业型号或可靠的供货单位表。

表 A.1 样品应力分析数据表

系统：INV 253-1-101 组件：DC-DC 转换板

设计代号	部件	数值	型号	技术规格书	应力		应力比	数量
					额定值	施加值		
CR122	硅二极管，整流		IN4004	MILS-19500	1A	<0.1A	0.1	1
CR123	硅二极管，整流		IN4004		1A	<0.1A	0.1	
CR124	硅二极管，整流		IN4004		1A	<0.1A	0.1	
CR125	VR		IN5353B		5W	0.27W	0.1	
CR126	硅二极管，整流		IN4004		1A	0.2A	0.2	
CR127						0.2 A	0.2	
CR128						0.2 A	0.2	
CR129						<0.1 A	0.1	
CR130	硅二极管，整流		IN4004		1 A	<0.1A	0.1	
CR131	VR		IN7543		400 mW	55 mW	0.2	
CR132	硅二极管，信号		IN914		75 mW	<1.0 mA	0.1	
CR133	硅二极管，整流		IN4004		1 A	<0.1 A		
CR134								
CR135								
CR136								
CR137	硅二极管，整流		IN4004		1A	<0.1A	0.1	
CR138	VR		IN5352B		6W	0.57W	0.2	
CR139	硅二极管，VR		IN5352B	1111S-19500	5 W	0.57 W	0.2	1
BRIM	硅二极管，整流桥		MDA99 0-3		30 A	1.5 A	0.1	1×4

注 1：试验温度为 35 ℃。

注 2：表中为美国产品的型号和数据。

表 A.2 样品应力分析数据表

系统:INV 253-1-101　组件:DC-DC 转换板

设计代号	部件	数值 KΩ	型号	技术规格书	应力		应力比	数量
					额定值	施加值		
R122	电阻器,CC	10	RC20	MIL-R-11	500 mW	17mW	0.1	1
R123	电阻器,MF	162	RN60	MIL-R-10509	125 mW	60 mW	0.5	
R124	电阻器,MF	13.7	RN60	MIL-R-10509	125 mW	7 mW	0.1	
R125	电阻器,CC	1	RN20	MIL-R-11	500 mW	80 mW	0.2	
R126	电阻器,CC	1				3 mW	0.1	
R127		100				2 mW	0.1	
R128		2.2				90 mW	0.2	
R129		470				8 mW	0.1	
R130	电阻器,CC	10	RC20	MIL-R-11	500 mW	20 mW	0.1	
R131	电阻器,WW	0.68	CW5	MIL-R-26	5 mW	0.68 W	0.2	
R132	电阻器,WW	0.68	CW5	MIL-R-26	5 mW	0.68 W	0.2	
R133	电阻器,WW	0.68	CW5	MIL-R-26	5 mW	0.68 W	0.2	
R134	电阻器,CT	1	RC20	MIL-R-11	500 mW	4 mW	0.1	
R135	电阻器,CC	390	RC42	MIL-R-11	2 mW	0.58 mW	0.3	
R136	电阻器,CC	470	RC20	MIL-R-11	500 mW	20 mW	0.1	
R137	电阻器,WW	1	CW10	MIL-R-26	1 mW	2.5 W	0.3	1

注 1：试验温度为 35 ℃。

注 2：表中为美国产品的型号和数据。

注 3：CC 表示碳质电阻,MF 表示金属膜电阻,WW 表示一线绕电阻。

附 录 B
（资料性附录）
老化不是重要失效机理的电子部件

B.1 引言

典型的安全级静止式充电装置和逆变装置的某些电子部件，老化不是重要失效机理。当在其设计额定值内应用时，电子部件老化的速率很低，以至于老化对失效的效果几乎观察不到。例如，只要按照其技术规格书生产和使用，硅半导体部件绝不会耗损。然而，如果半导体部件有加工缺陷（例如，在连接点）则可能导致该部件失效。大多部件仅有轻微缺陷，故可具有较长的工作寿命。约百分之一的部件具有引起早期严重失效的缺陷。要求通过老炼尽可能地发现并消除这些器件。

B.2 部件失效率时程曲线

电子部件的失效率时程曲线见图 B.1，该盆形曲线有三个特性区。第一区为早期失效期，在此期内由于各种缺陷部件的早期失效而导致高失效率。这些部件不代表其他长寿命部件，通常通过老炼期的老炼将其从使用中排除。在此期内初始高失效率将连续减至相对不随时间变化为止。老炼期较短，一般为 30 h～100 h。第二区为偶然失效期，在此期内该曲线纵坐标表示部件样品的随机失效率，这里没有规律性的失效机理，例如，没有早期的缺陷失效或耗损失效。这段时间是老炼时间的几千倍。第三区为耗损期，由于预计设备合格寿命在偶然失效期区域内，一个新（老炼过）部件的失效率基本等于老化至设备合格寿命部件的失效率，即电子部件耗损期处于设备合格寿命之外。实际上施加极端的温度和湿度能改变此种非老化特性，由于本附录仅用于适度环境，其温度和湿度保持在规定的工作条件内，因此在合格寿命内老化不是重要失效机理。

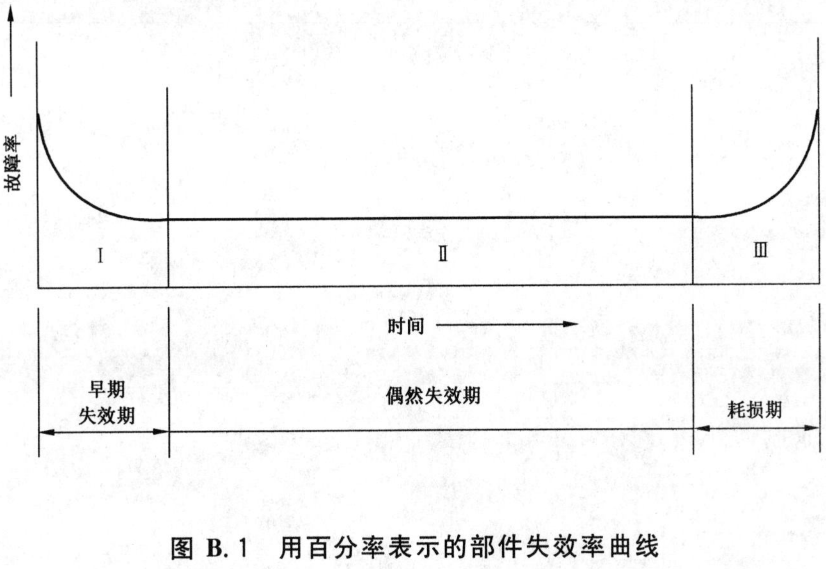

图 B.1 用百分率表示的部件失效率曲线

B.3 电阻器

只要电阻器在表B.1规定的功率之内使用，并且采用相当军品级电阻的加工制造工艺技术，则认为该电阻器可不考虑老化。

表B.1 电阻降额使用限值

型　式	加载为额定功率的百分比/%
碳膜电阻	50
金属膜电阻	50
线绕电阻	60

附 录 C
（资料性附录）
老化不是重要失效机理的非电子部件

对某些用作结构件、无导线绝缘部件和接插件等的非电子部件（在典型安全级充电装置及逆变装置应用中），老化不是失效机理。这些部件用批准的方法加工处理过，根据核电厂质保大纲要求对焊接、锡焊、卷绕、组装、精整等过程进行严格控制。这些控制目的之一是保证机械零件、紧固件等在规定环境中不会发生结构完整性的劣化降级。此外，GB/T 13625 规定了对被鉴定设备要求模拟与结构有关的老化作用对设备的影响。

用于安全级静止式蓄电池充电装置及逆变装置中的无重要老化失效机理的部件是：铝、黄铜、陶瓷、紫铜、钢等制成的部件。

附 录 D
（资料性附录）
机电器件中失效机理的讨论

用于充电装置及逆变装置的机电部件主要失效原因为循环引起疲劳。它适用于正确设计和使用电应力情况下的继电器、开关(包括接触器、断路器)。它也适用于采用附录C(参考件)所述经批准的材料或其他鉴定过部件的机电装置。因此,对装置中采用的材料要求按5.2.3进行分析。

虽然,某些继电器等器件在要求它动作前已保持在同样状态下(通电或不通电)若干年,随后发现接点粘住了,但这些情况不适用于充电装置及逆变装置,这是因为:

a) 核电厂中对连有充电装置及逆变装置的蓄电池组的常规维护,要求每年把设备接入和切除1～2次,这些操作循环会涉及到上述全部有关装置;

b) 有限寿命物项每几年进行一次维修更换,也要循环切换这些装置。

制造厂对这些机电装置进行过典型耐久性试验——操作试验几万次至几十万次。当用于充电装置及逆变装置时,这些装置(指继电器、开关等)在其预计合格寿命中通常仅操作几百次。故实际操作循环仅是其试验寿命的小部分,这就提供了非常高的设计裕度。

因此,在等效应力条件下及合格寿命期内循环切换这些机电装置至预计循环总数,以及设备本身的最终温度—湿度和抗震试验,将提供合格寿命末期所预期条件的合理模拟。

附　录　E
（资料性附录）
接插件的循环切换讨论

在静止式充电装置及逆变装置中，导线和电缆系统及其相应接插件和端子板在它们通过用户最终检查和验收后都是不动作的物项。切断接插件和重新接入接插件的次数是很少的，这可以通过计算在相关电路板组件上的平均无故障时间（mean time between failures，MTBF）得到它们的更换间隔来证明。接插件或端子板的运行没有计划维护要求，因此，在此设备中使用的这些器件的循环切换不是与老化有关的失效机理。

ICS 03.080
A 12

中华人民共和国国家标准

GB/T 15624—2011
代替 GB/T 15624.1—2003

服务标准化工作指南

Guidelines for standardization of services

2011-12-30 发布　　　　2012-04-01 实施

中华人民共和国国家质量监督检验检疫总局
中国国家标准化管理委员会　发布

前 言

本标准按照 GB/T 1.1—2009 给出的规则起草。

本标准代替 GB/T 15624.1—2003《服务标准化工作指南 第1部分:总则》。

本标准与 GB/T 15624.1—2003 相比,主要变化如下:

——修改了术语和定义(见第3章);

——修改了总则(见第4章);

——修改了服务标准化的范围(见第5章);

——修改了服务标准的类型(见第6章);

——删除了服务标准的基本内容;

——增加了服务标准的制定(见第7章);

——修改了服务标准实施以及评价和改进(见第8、9章)。

本标准由全国服务标准化技术委员会(SAC/TC 264)提出并归口。

本标准起草单位:中国标准化研究院。

本标准主要起草人:柳成洋、曾毅、曹俐莉、李涵、王世川、祝燕。

服务标准化工作指南

1 范围

本标准规定了服务标准化的范围、服务标准的类型、服务标准的制定、实施以及评价和改进等内容。

本标准适用于服务标准化工作。

2 规范性引用文件

下列文件对于本文件的应用是必不可少的。凡是注日期的引用文件，仅所注日期的版本适用于本文件。凡是不注日期的引用文件，其最新版本(包括所有的修改单)适用于本文件。

GB/T 1.1 标准化工作导则 第1部分:标准的结构和编写

GB/T 24620 服务标准制定导则 考虑消费者需求

GB/T 28222—2011 服务标准编写通则

3 术语和定义

下列术语和定义适用于本文件。

3.1

服务 service

服务提供者与顾客接触过程中所产生的一系列活动的过程及其结果，其结果通常是无形的。

[GB/T 28222—2011，定义2.1]

3.2

服务业 service industry

从事服务活动的行业的总称。

注：服务业主要包括交通运输、仓储、邮政和物流业，信息服务业，批发、零售和租赁业，住宿及餐饮业，金融业，房地产业，商务服务业，科学研究与技术服务业，水利、环境、公共设施管理和公用事业，居民服务、维修与维护服务业，教育、培训和人力资源服务业，卫生、社会保障、社会福利和社会工作，文化、体育、娱乐和旅游业，公共管理与公共安全，农林牧渔服务业等。

3.3

服务标准 service standard

规定服务应满足的要求以确保其适用性的标准。

4 总则

4.1 重点关注顾客需求

服务标准化工作应以顾客需求为导向，在标准的制定、实施过程中，充分吸纳顾客参与，尤其是消费者代表参与，提升顾客满意度，保护消费者合法权益。

4.2 紧密结合产业发展

服务标准化工作应依托相关产业发展，符合行业发展实际，规范引导服务业市场；同时注重以标准化手段推动自主创新，促进先进经验、技术和管理方式在服务业中的应用，实现服务业又快又好发展。

4.3 充分考虑服务特性

服务标准化工作应充分考虑服务的无形性、非储存性、同时性和主动性等特性，创新服务标准化工作的方法和手段，增强工作的有效性。

5 服务标准化的范围

服务标准化的范围主要包括服务业中的服务活动，也包括农业、工业中存在的服务活动。

6 服务标准的类型

6.1 概述

服务标准主要包括服务基础标准、服务提供标准、服务评价标准三种类型，每一种类型服务标准编写时应考虑的内容见 GB/T 28222—2011。

6.2 服务基础标准

服务基础标准是适合服务通用或者某一类服务通用的标准，主要包括：

——服务术语；

——服务分类；

——服务分类和服务标识与符号等。

6.3 服务提供标准

服务提供标准是为满足顾客的需要，规范供方与顾客之间直接或间接接触活动过程及相关要素的标准，主要包括：

——服务提供者；

——服务人员；

——服务环境；

——服务设施设备；

——服务用品；

——服务合同；

——服务提供过程；

——服务结果等。

6.4 服务评价标准

服务评价标准是对服务的有效性、适宜性和顾客满意进行评价，并对达不到预期效果的服务进行改进而收集、制定的标准，主要包括：

——顾客满意度；

——服务分等分级；

——服务质量评价等。

7 服务标准的制定

7.1 服务标准制定程序

国家、行业、地方服务标准的制定，一般可分为预阶段、立项阶段、起草阶段、征求意见阶段、审查阶段、批准阶段、出版阶段、复审阶段和废止阶段九个阶段。企业服务标准的制定可根据实际情况，省略部分阶段，但是至少应包括起草阶段、征求意见阶段、审查阶段、批准阶段和复审阶段。

7.2 服务标准制定基本要求

7.2.1 起草阶段

服务标准的起草应满足以下要求：

——遵守标准编写规则，符合 GB/T 1.1 的要求；

——以消费者为导向，满足 GB/T 24620 的要求；

——在起草前，进行深入调查和研究；

——服务标准应具有可操作性；

——服务标准应具有前瞻性或预见性，能预见反映到消费者未来的期望或要求；

——服务标准应具有公平公正性，负责标准起草的单位应充分听取各方意见，保证标准内容科学合理。

7.2.2 征求意见阶段

服务标准的制定，在征求意见阶段时：

——宜采取公开征求意见的方式；

——对征求到的意见进行处理时，应统筹兼顾消费者、服务组织、第三方机构等多方意见；

——对存在较大分歧的意见，应进行广泛协商。

7.2.3 审查和复审阶段

服务标准的审查和复审应满足以下要求：

——对国家、行业和地方标准的审查，应符合国家相关法律法规和标准的要求；

——对服务标准的审查，应遵循“协商一致”的原则，审查委员会应至少包括消费者、服务组织、研究机构等方面的代表；

——如标龄超过一定年限，或者标准所包括的技术和服务内容发生重大变化，应及时对标准进行复审，以确定标准继续有效、修订或者废止。

8 服务标准实施

8.1 服务标准实施途径

服务标准应根据其内容、适用对象的特点等因素，选择适当的实施途径，主要包括：

——作为认证认可的依据；

——政策法规引用；

——作为政府采购的要求；

——设为质量监督与管理的依据；
——供方与需方协议采用；
——公共服务组织自愿使用。

8.2 服务标准实施要求

8.2.1 实施准备

服务标准实施前，宜开展以下工作：

——制定工作计划或方案，内容包括实施标准的范围、方式、内容、步骤、负责人员、时间安排、应达到的要求和目标等；
——建立相应的组织机构，统一组织标准实施工作；
——配备相应的设施设备、服务用品、工具、资金及与实施标准相适应的环境条件；
——实施标准涉及的关键岗位，应配备具有相应资质和技能的工作人员；
——面向媒体、消费者、政府部门，加大宣传，形成标准实施氛围；
——认真组织宣贯工作，使相关人员对实施标准的重要性有一个正确而全面的认识，掌握标准的有关内容，了解标准实施的关键点和难点，对内容较复杂或技术含量较高的标准，应专门进行专业培训。

8.2.2 实施过程

在实施服务标准时，应满足以下要求：

——对服务活动涉及的设施设备、服务用品、工具及相应的环境条件等，应通过一定的方法确认其达到标准要求后，投入使用；对于服务人员，应通过考核确认其达到标准要求后，准予上岗；
——对服务标准规定的服务质量要求、服务提供要求等应转化为各个岗位的具体工作要求，加以实施；
——对实施过程中遇到的各种问题应采取有效措施加以解决，以保证标准各项要求的贯彻落实；
——建立信息反馈机制，以发现标准存在的问题和加以修订、完善。

9 服务标准化工作评价与改进

9.1 服务标准化工作评价方法

对服务标准化工作的评价包括组织自评、外部组织测评等方式。

9.2 服务标准化工作评价程序

对服务标准化工作的评价程序可包括：

——确定评价的方式和主体；
——评价主体确定评价要素及其相应指标；
——采集评价对象的数据和信息；
——利用相关数据和信息开展初评；
——确定评价结果；
——形成评价报告。

9.3 服务标准化工作改进

开展服务标准化工作的组织应不断寻求服务标准化的有效性和效率的改进。

开展服务标准化工作的组织应吸收不同领域的人员参加纠正措施过程。当采取措施时，服务组织应强调过程的有效性和效率，并应对措施进行监视，以确保达到预期目标。

ICS 67.050
X 04

中华人民共和国国家标准

GB/T 15685—2011
代替 GB/T 15685—1995

粮油检验　小麦沉淀指数测定　SDS 法

Inspection of grain and oils—
Determination of sedimentation index of wheat—SDS test

2011-06-16 发布　　　　2011-11-01 实施

中华人民共和国国家质量监督检验检疫总局
中国国家标准化管理委员会　发布

前　言

本标准修改采用 AACC 方法 56-70(1999)《杜伦麦沉淀试验　SDS 法》(英文版)。

本标准与 AACC 方法 56-70(1999)的主要技术差异如下：

——扩大了标准的适用范围；

——SDS-乳酸混合液浓度由“30 g/L”改为“20 g/L”；

——删去对读取体积进行温度校正的要求，对测试温度作了统一规定；

——增加了精密度要求；

——删去了注解部分内容。

本标准是对 GB/T 15685—1995《小麦粉沉淀值测定法》的修订。

本标准与 GB/T 15685—1995 的主要技术差异如下：

——将原标准中的“沉淀值”改为“沉淀指数”；

——增加了沉淀指数的定义；

——加液器具由“50 mL 量筒”改为“50 mL 移液管”；

——试剂中增加了对乳酸储备液进行回流的要求；

——取消了溴酚蓝水溶液；

——将测试方法分为机械法和手工法；

——加 SDS-乳酸混合液的时间由原来的“4 min”改为“6 min”；

——加 SDS-乳酸混合液后，15 s 内混合次数由原来的“4 次”改为“10 次”。

本标准由国家粮食局提出。

本标准由全国粮油标准化技术委员会归口。

本标准负责起草单位：国家粮食储备局成都粮食储藏科学研究所。

本标准主要起草人：肖学彬、李远新、何学超、冯永建、姜涛、熊升伟、钟妤。

粮油检验　小麦沉淀指数测定　SDS 法

1　范围

本标准规定了用SDS法测定小麦沉淀指数的术语和定义、原理、试剂、仪器、操作步骤和结果表示。

本标准适用于小麦、小麦粉沉淀指数的测定。

2　规范性引用文件

下列文件中的条款通过本标准的引用而成为本标准的条款。凡是注日期的引用文件，其随后所有的修改单(不包括勘误的内容)或修订版均不适用于本标准，然而，鼓励根据本标准达成协议的各方研究是否可使用这些文件的最新版本。凡是不注日期的引用文件，其最新版本适用于本标准。

GB 5491　粮食、油料检验　扦样、分样法

GB/T 5497　粮食、油料检验　水分测定法

GB/T 6682　分析实验室用水规格和试验方法

3　术语和定义

下列术语和定义适用于本标准。

3.1

沉淀指数　sedimentation index

在本标准规定条件下，小麦粉在SDS-乳酸混合液中形成沉淀物的体积数值。以沉淀物的毫升数表示。

4　原理

在本标准规定条件下，小麦粉与十二烷基硫酸钠(SDS)的悬浮液，经振摇和静置后，悬浮液中的小麦粉面筋与表面活性剂SDS发生水合作用而膨胀，并形成絮状沉淀物，用沉淀筒(专用的具塞刻度量筒)测量沉淀物的体积(mL)。

5　试剂

除非另有规定，所有试剂均为分析纯。实验用水应符合GB/T 6682中三级水的要求。

5.1　十二烷基硫酸钠(SDS)：纯度＞99％。

5.2　乳酸：体积分数为85％。

5.3　乳酸储备液：量取100 mL乳酸(5.2)于烧瓶(6.5)中，加入800 mL水。装上冷凝管(6.5)在沸水浴中回流6 h。冷却至室温后，取10 mL，用水稀释至100 mL，以酚酞为指示剂，用0.1 mol/L NaOH标准溶液标定。常态下，其浓度应为1.2 mol/L±0.1 mol/L。

注：浓乳酸溶液通常含有缔合分子，稀释后会逐渐离解，达到某一平衡状态。煮沸可以加速缔合分子的离解过程，可使测定结果具有良好重复性和再现性。

5.4　SDS-乳酸混合液：溶解20 g±0.2 g十二烷基硫酸钠(5.1)于980 mL水中，再加入20 mL±0.1 mL乳酸储备液(5.3)，混匀，即为20 g/L SDS-乳酸混合液。

6　仪器

6.1　粉碎机：带1.0 mm圆孔筛片，进料速度恒定在2 g/s或3 g/s。

6.2 专用电动振摇器：振摇循环冲程 60°，水平面上下振摇幅度各 30°，振摇频率 40 次/min，可放置 8 根沉淀筒。

6.3 沉淀筒：100 mL 刻度具塞量筒，0 mL～100 mL 刻度线间的距离为 180 mm～185 mm，总高度不低于 250 mm，最小刻度值 0.5 mL。

6.4 移液管：50 mL，排空时间 10 s～15 s。

6.5 回流装置：配有回流冷凝管的 1 000 mL 烧瓶及水浴锅。

6.6 秒表。

6.7 木架：带凹槽的木架。

6.8 天平：感量 0.01 g。

7 操作步骤

7.1 扦样

按 GB 5491 执行。

7.2 试样制备

分取 20 g 小麦净样，用粉碎机(6.1)粉碎，收集粉碎样品，混匀，放入密闭容器中备用。

7.3 水分测定

按 GB/T 5497 执行。

7.4 称样

7.4.1 试样水分含量为 14%时，全麦粉称样量为 6.00 g±0.01 g，小麦粉称样量为 5.00 g±0.01 g。

7.4.2 试样水分含量高于或低于 14%时，全麦粉和小麦粉称样量分别按式(1)换算为相当于水分含量为 14%时的试样质量，称量准确至 0.01 g。

$$m=\frac{n\times 86}{(100-w)} \quad \cdots\cdots\cdots\cdots(1)$$

式中：

m——称取试样的质量，单位为克(g)；

n——试样水分含量为 14%时应称试样的质量，单位为克(g)；

86——水分换算系数；

100——为 100 g 试样；

w——试样水分含量，即 100 g 试样中含水分的质量，单位为克(g)。

注：全麦粉 n=6.00 g，小麦粉 n=5.00 g。

7.5 温度平衡

SDS-乳酸混合溶液(5.4)和试样应在室温下平衡至 20.0 ℃～25.0 ℃。

7.6 操作步骤

7.6.1 机械操作法

7.6.1.1 下列步骤为同时进行 8 个测定的操作步骤。

7.6.1.2 用移液管(6.4)吸取 50 mL 水于沉淀筒(6.3)中，将已称取好的试样(7.4)快速加入沉淀筒，加塞。

7.6.1.3 迅速用两手拿住前 2 支沉淀筒及塞上下剧烈摇动，使其中的小麦粉完全分散开，继续在横向水平方向摇动 5 s，摇动幅度约 18 cm，两手交替来回摇动 12 次，摇动后立即将沉淀筒安放在专用电动振摇器(6.2)的支架上，支架与水平方向呈 30°。

7.6.1.4 重复 7.6.1.2 和 7.6.1.3 继续进行另 6 支沉淀筒的操作。全部沉淀筒安放在专用电动振摇器(6.2)的支架上，支架与水平方向呈 30°。

7.6.1.5 启动振摇器并开始计时，振摇混合 10 s，停止振摇，调整支架使沉淀筒呈水平状态，并将各沉淀筒沿长轴转动 180°,使壁上粘附着的小麦粉没入溶液中。

7.6.1.6 于第 2 min、4 min、6 min 时,重复 7.6.1.5 操作。

7.6.1.7 在第 2 min、4 min 各混合 15 s 后将支架调整至沉淀筒呈水平状态,并将各沉淀筒沿长轴转动 180°,使壁上粘附着的小麦粉没入溶液中。

7.6.1.8 在第 6 min 混合 15 s 后,取下沉淀筒,垂直放置。取下塞子,用移液管(6.4)加入 50 mL SDS-乳酸混合溶液(5.4),加塞后重新将沉淀筒安放在与水平方向呈 30°的振摇器支架上。

7.6.1.9 启动振摇器并开始计时,振摇混合 15 s,停止振摇,调整支架使沉淀筒呈水平状态。

7.6.1.10 在第 2 min、4 min 时重复 7.6.1.9 操作,各混合 6 s。

7.6.1.11 在第 2 min 混合后将沉淀筒水平放置;在第 4 min 混合结束后,取下全部沉淀筒,垂直放置。

7.6.1.12 全麦粉试样静置 20 min 后,小麦粉试样静置 40 min 后,读出沉淀筒中沉淀物的体积(精确到 0.5 mL)。

7.6.2 手工操作法

7.6.2.1 下列步骤为同时进行 8 个测定的操作步骤(分四组进行)。

7.6.2.2 用移液管(6.4)吸取 50 mL 水于沉淀筒(6.3)中,将已称取好的试样(7.4)快速加入到沉淀筒中,加塞。

7.6.2.3 按表 1 所安排的时间进行操作,开始计时,迅速用两手拿住前两支(1 号和 2 号)沉淀筒和塞上下剧烈摇动,使其中的小麦粉完全分散开,继续在横向水平方向摇动,摇动幅度约 18 cm,两手交替来回摇动 12 次,5 s 内完成。立即将沉淀筒斜放在实验台上的带槽木架上,使头部抬高离台面 9.5 cm。

7.6.2.4 重复 7.6.2.2 和 7.6.2.3 按规定时间继续进行 3 号和 4 号、5 号和 6 号、7 号和 8 号沉淀筒的操作(第 1 次混合)。

表 1 加水混合时间安排

沉淀筒编号	第 1 次混合时间	第 2 次混合时间	第 3 次混合时间	第 4 次混合时间
1 和 2	0′00″	2′00″	4′00″	6′00″
3 和 4	0′30″	2′30″	4′30″	6′30″
5 和 6	1′00″	3′00″	5′00″	7′00″
7 和 8	1′30″	3′30″	5′30″	7′30″

7.6.2.5 在第 2 次、第 3 次、第 4 次混合时间各混合 15 s,混合时先完全倒置沉淀筒,然后正立,共 10 次。在第 2 次、第 3 次混合后将沉淀筒横向水平放置。

7.6.2.6 在第 4 次混合结束后,垂直放置沉淀筒,取下塞子,用移液管(6.4)加入 50 mL SDS-乳酸混合溶液(5.4),加塞。

7.6.2.7 立即按表 2 所规定的时间混合 15 s,混合时先将沉淀筒倒置,再正立,共 10 次,混合后将沉淀筒横向水平放置在实验台上。

表 2 加 SDS-乳酸溶液混合时间安排

沉淀筒编号	第 1 次混合时间	第 2 次混合时间	第 3 次混合时间	正立放置时间	读取体积时间
1 和 2	0′00″	2′00″	4′00″	4′15″	24′15″
3 和 4	0′30″	2′30″	4′30″	4′45″	24′45″
5 和 6	1′00″	3′00″	5′00″	5′15″	25′15″
7 和 8	1′30″	3′30″	5′30″	5′45″	25′45″

7.6.2.8 在第 2 次、第 3 次混合时间再按 7.6.2.6 各混合 15 s。

7.6.2.9 第 2 次混合后将沉淀筒横向水平放置;在第 3 次混合结束后,将沉淀筒垂直放置。

7.6.2.10 全麦粉试样在静置 20 min 时,小麦粉试样静置 40 min 时,读出沉淀筒中沉淀物的体积(精确到 0.5 mL)。

7.6.3 平行试验

每份试样按 7.6.1 或 7.6.2 进行两个平行试样测定。

8 结果表示

读出试样沉淀物的体积数值,即为该试样的沉淀指数,单位为毫升(mL)。

两次平行测定结果符合重复性的要求时,取两次测定结果的算术平均值作为最终测定结果;如果不符合重复性要求,则重新进行测定。

测定结果保留到整数位。

9 重复性

在同一实验室,由同一操作者使用相同的设备,按相同的测试方法,并在短时间内对同一试样相互独立进行测定获得的两次独立测定结果的绝对差不大于 2 mL(大于 2 mL 的情况不超过 5%)。

ICS 55.020
A 80

中华人民共和国国家标准

GB/T 15719—2011
代替 GB/T 15719—1995

现场发泡包装

Foam-in-place packaging

2011-07-20 发布 2012-01-01 实施

中华人民共和国国家质量监督检验检疫总局
中国国家标准化管理委员会 发布

前言

本标准按照 GB/T 1.1—2009 给出的规则起草。

本标准代替 GB/T 15719—1995《现场发泡包装》。

本标准与 GB/T 15719—1995 相比，除编辑性修改外主要技术变化如下：

——按包装方式对现场发泡包装进行重新分类；

——按重新确定的包装分类编写了相应的包装方法；

——将原标准 4.1 一般要求的内容放入第 6 章要求中；

——删除了原标准一般要求中“泡沫厚度的预先确定”和“限制装置的使用”的内容，增加了“安全”、“防护”的内容；

——将原标准 4.3 发泡特性的内容放入 6.2 质量要求中；

——对试验和检验的内容进行了适当的调整；

——删除了检验规则的内容；

——删除了原标准中的附录 A。

本标准由全国包装标准化技术委员会(SAC/TC 49)提出并归口。

本标准起草单位：深圳市美盈森环保科技股份有限公司、中机生产力促进中心、希悦尔包装(上海)有限公司、中国物流公司、赛闻(天津)工业有限公司。

本标准主要起草人：黄雪、陈利科、张会青、刘萍、蔡少龄、张晓建、梁伟华、张文缤。

本标准所代替标准的历次版本发布情况为：

——GB/T 15719—1995。

现场发泡包装

1 范围

本标准规定了现场发泡包装的分类、方法、要求、试验和检验等内容。

本标准适用于各类产品的聚氨酯现场发泡包装。

2 规范性引用文件

下列文件对于本文件的应用是必不可少的。凡是注日期的引用文件，仅注日期的版本适用于本文件。凡是不注日期的引用文件，其最新版本(包括所有的修改单)适用于本文件。

GB/T 4122.1 包装术语 第1部分：基础

GB/T 4857(所有部分) 包装 运输包装件 试验方法

GB/T 8166 缓冲包装设计

GB/T 15718 现场发泡包装材料

BB/T 0056 聚氨酯现场发泡包装设备

3 术语和定义

GB/T 4122.1界定的以及下列术语和定义适用于本文件。

3.1

现场发泡包装 foam-in-place packaging

用发泡设备或其他方式，将不同组分发泡材料的混合物注入模具或内装物与容器之间，使其发泡并固化，形成缓冲衬垫的一种包装方法。

4 分类

现场发泡包装按包装方式分为以下几类：

4.1 现场成型式：按隔离材料分为薄膜式和发泡袋式。

4.2 预制模成型式：按隔离材料分为薄膜式和发泡袋式。

4.3 组合式。

4.4 其他形式。

5 方法

5.1 现场成型式

5.1.1 薄膜式

5.1.1.1 根据内装物尺寸，选择适合的容器。

5.1.1.2 用适当厚度及宽度的薄膜(一般为0.02 mm～0.03 mm的低压聚乙烯薄膜)覆盖在容器的内侧面，盖住底部并延伸超过容器口[见图1a)]。薄膜尺寸应根据容器及内装物的尺寸确定，也可以参考式(1)、(2)进行计算：

$$薄膜长 = 2 \times 高 + 1.5 \times 长(容器内侧) \quad \cdots\cdots(1)$$

$$薄膜宽 = 2.5 \times 高 + 宽(容器内侧) \quad \cdots\cdots(2)$$

5.1.1.3 将发泡材料浇注到容器里，向内折拢薄膜，并完全覆盖泡沫[见图1b)、c)]。

5.1.1.4 发泡材料膨胀并固化到适当程度时，将内装物置于容器内[见图1d)]。

5.1.1.5 用第二张薄膜覆盖内装物，并延伸超过容器口，必要时用胶带固定[见图1e)]。

5.1.1.6 将足够的发泡材料浇注到容器内，折拢薄膜，盖住容器，确保泡沫膨胀后紧贴内装物并充满容器，然后将容器封口[见图1f)、g)]。

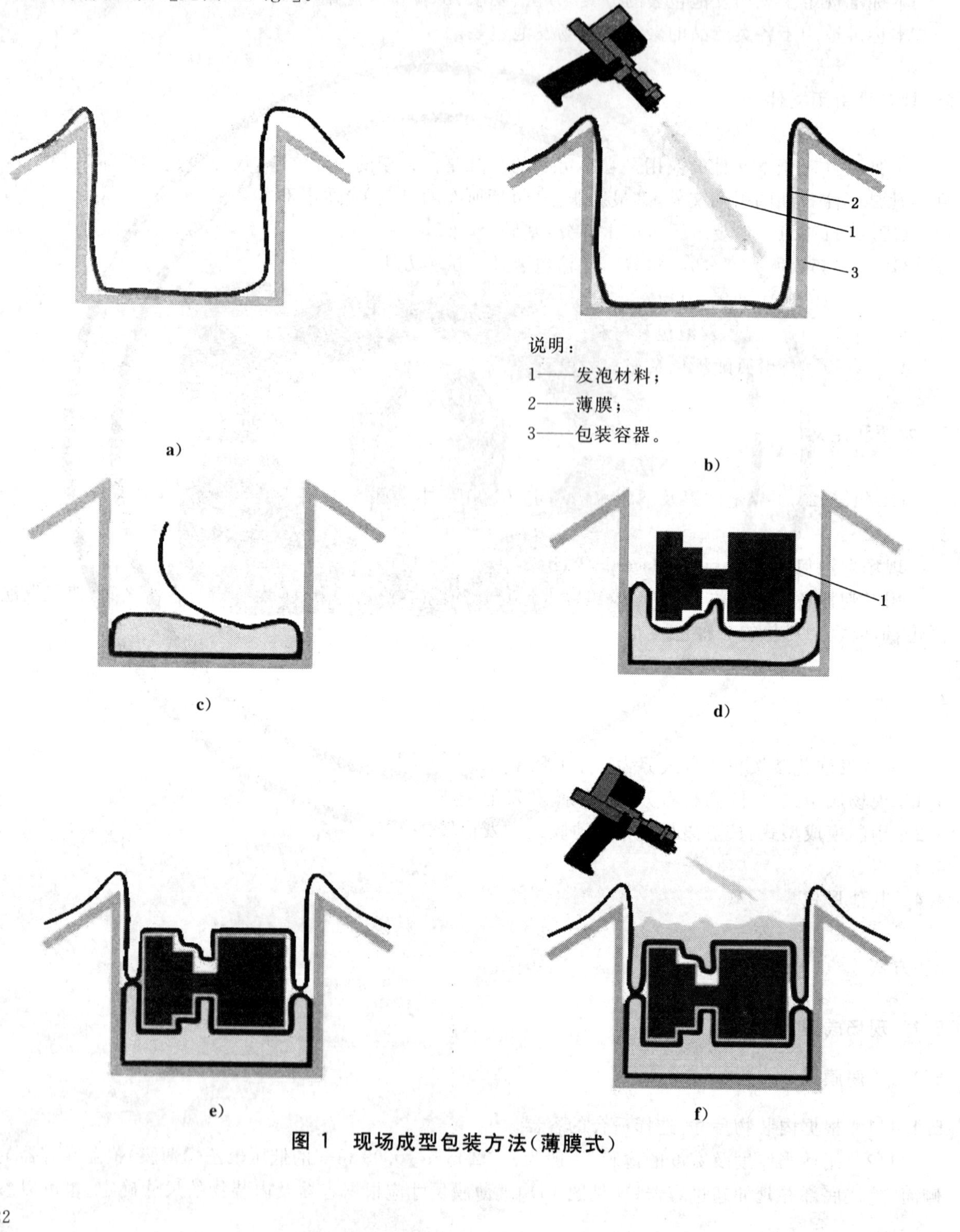

图1 现场成型包装方法(薄膜式)

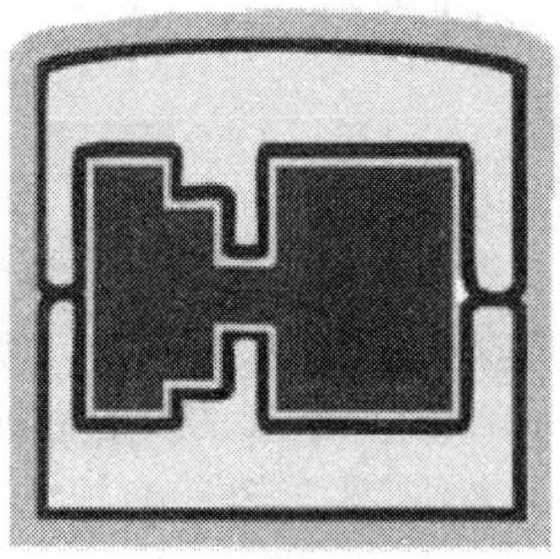

g)

图 1（续）

5.1.2 发泡袋式

5.1.2.1 根据内装物尺寸，选择适合的容器。

5.1.2.2 根据包装容器及内装物的大小，制作发泡袋，将正在膨胀的发泡袋放入容器底部[见图 2a)]。

5.1.2.3 将内装物置于发泡袋上，发泡袋膨胀并固化[见图 2b)]。

5.1.2.4 在内装物上放置第二个发泡袋，盖住容器，确保泡沫膨胀后紧贴内装物并充满容器，然后将容器封口[见图 2c)、d)]。

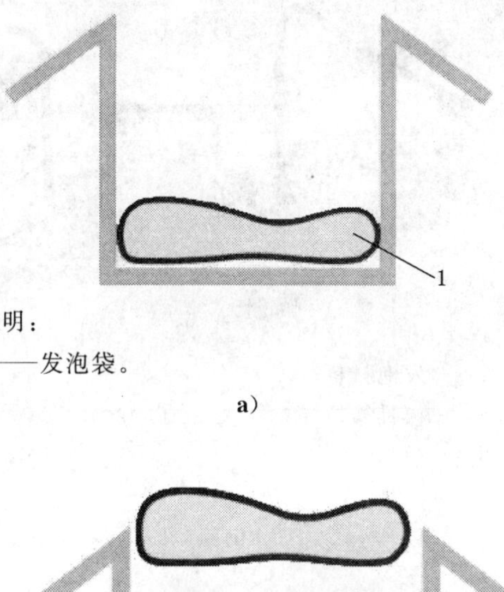

说明：

1——发泡袋。

a)

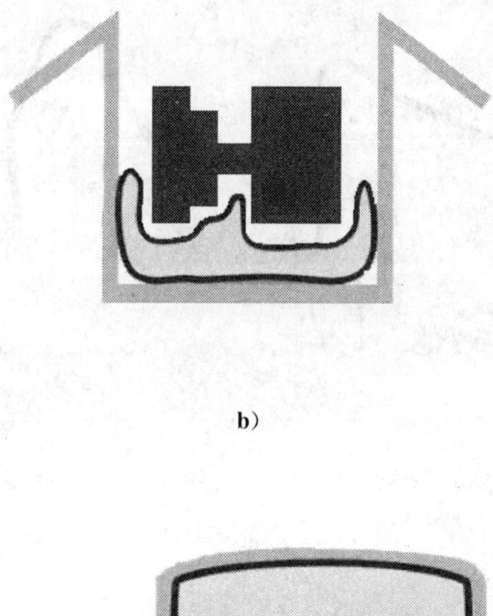

b)

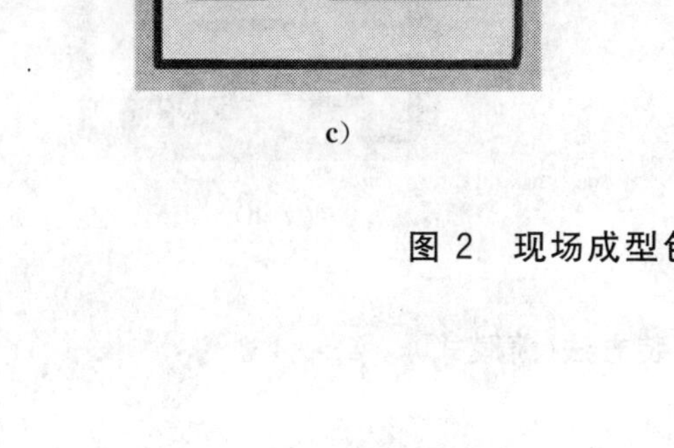

c)

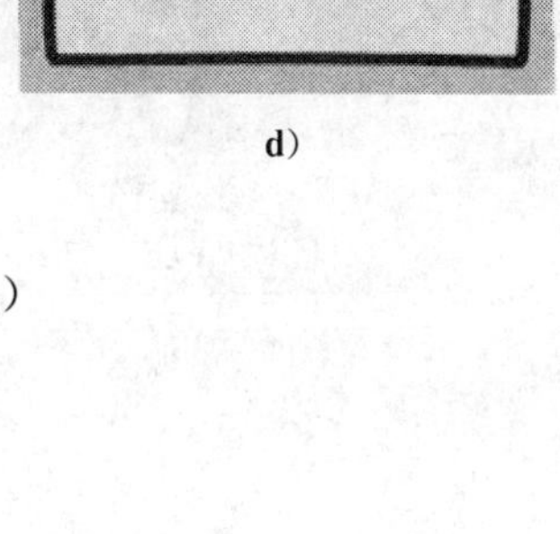

d)

图 2 现场成型包装方法（发泡袋式）

5.2 预制模成型式

5.2.1 薄膜式

5.2.1.1 根据内装物的外形制作模具及模具箱。在模具箱内覆盖一张薄膜，薄膜应能覆盖模具箱所有暴露的内表面(含模具箱的箱盖)[见图 3a)]。

5.2.1.2 使薄膜紧贴在模具上，向模具箱内注入适量的发泡材料[见图 3b)]。

5.2.1.3 合上模具箱盖，用夹具将箱盖夹住[见图 3c)、d)]；经一定时间后，取出制作成型的衬垫[见图 3e)]。

5.2.1.4 按上述步骤制作所需要的其他衬垫。

5.2.1.5 将制作好的衬垫装入包装容器中，对内装物进行包装。

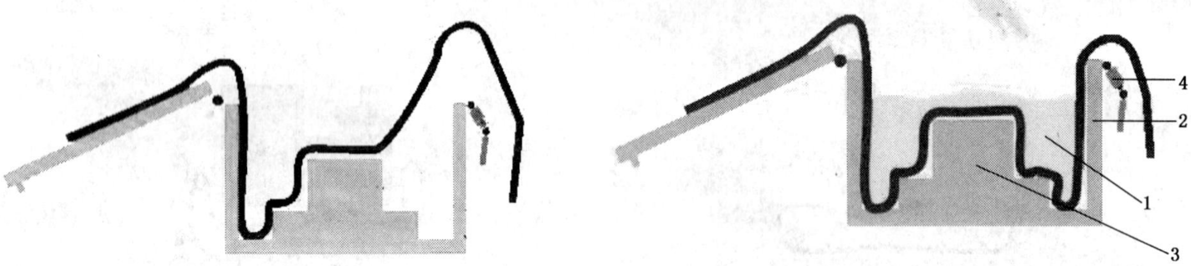

说明：

1——发泡材料；

2——模具箱；

3——模具；

4——夹具。

a)　　　　b)

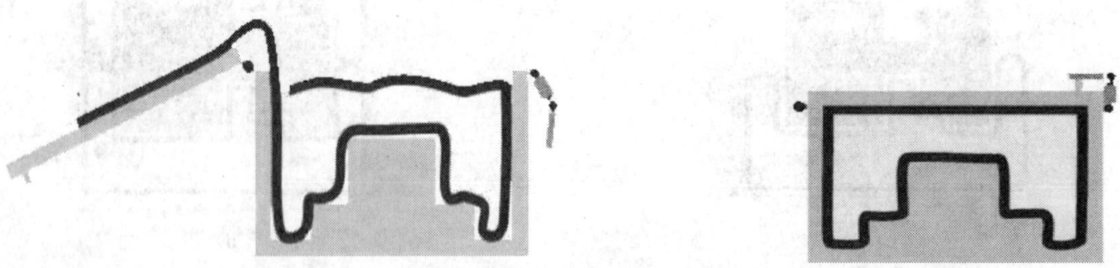

c)　　　　d)

图 3 预制模成型包装方法(薄膜式)

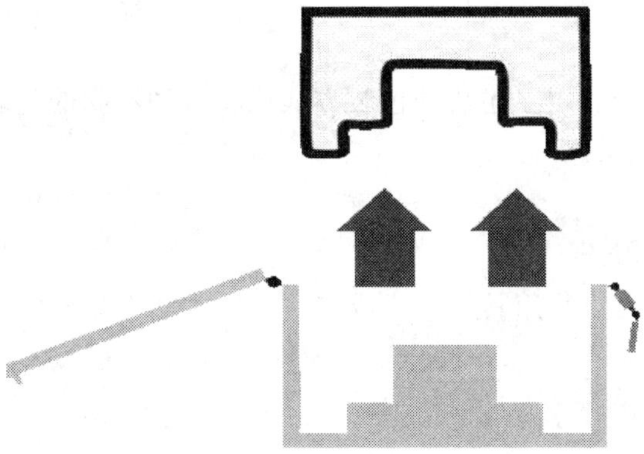

e)

图 3（续）

5.2.2　发泡袋式

5.2.2.1　根据内装物的外形制作模具及模具箱，将模具放入模具箱内[见图 4a)]。

5.2.2.2　将制作好的发泡袋放入模具箱内，用夹具将箱盖夹住[见图 4b)、4c)]。

5.2.2.3　经一定时间后，取出制作成型的衬垫[见图 4d)]。

5.2.2.4　按上述步骤制作所需要的其他衬垫。

5.2.2.5　将制作好的衬垫装入包装容器中，对内装物进行包装。

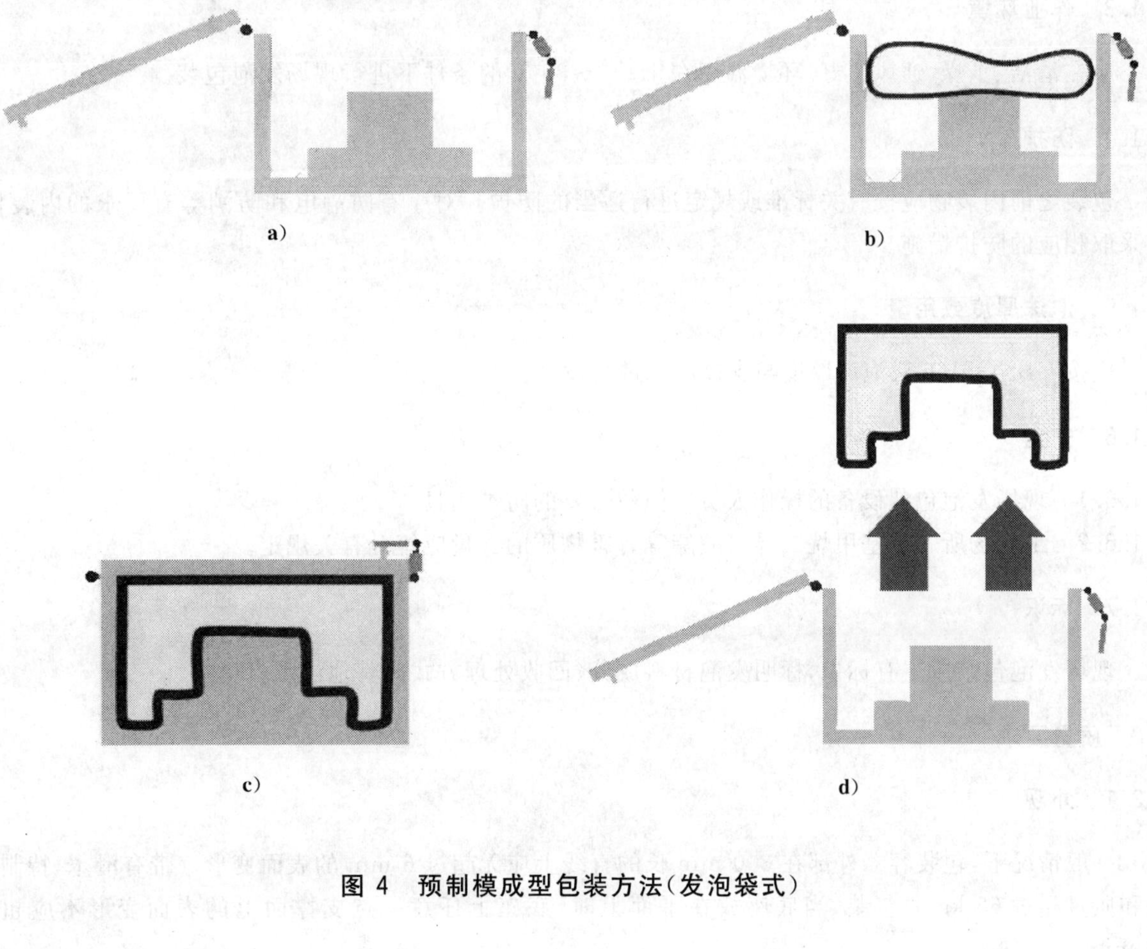

a)　　b)

c)　　d)

图 4　预制模成型包装方法(发泡袋式)

5.3 组合式

在同一个包装过程中，综合利用上述几种包装方式或将各种不同的包装材料结合在一起使用，以达到某一特定的包装或固定的效果。

5.4 其他形式

根据需要和实际情况，也可以采用其他形式或与本标准方法有差异的包装方法，无论采用何种方法均应满足本标准的要求。

6 要求

6.1 一般要求

6.1.1 材料

现场发泡包装材料应符合 GB/T 15718 的有关要求。

重复使用的聚氨酯泡沫不应超过总泡沫体积的 30%，且应符合本标准的要求。

6.1.2 发泡设备

现场发泡设备应符合 BB/T 0056 的有关要求。

6.1.3 作业环境

应在清洁、干燥、通风良好，环境温度在 15 ℃～38 ℃的条件下进行现场发泡包装。

6.1.4 防护

包装之前内装物应按有关标准或规定进行适当的防护。对于有防静电和防潮等有要求的内装物，应采取相应的防护措施。

6.1.5 泡沫厚度或用量

应按 GB/T 8166 对泡沫厚度与支撑面积进行设计。

6.1.6 安全

6.1.6.1 现场发泡包装设备的操作人员应佩戴必要的防护用具。

6.1.6.2 工作场所二苯基甲烷二异氰酸酯等有害物质的含量应符合有关规定。

6.1.7 标识

现场发泡包装应注有标识，标明发泡材料成分、回收处理方式等其他注意事项。

6.2 质量要求

6.2.1 外观

一般情况下，包装容器外部在 300 mm 长的直线上应无超过 6 mm 的表面变形。带有滑木，特制底座和质量超过 65 kg 的包装，当底座放在平面上时，底座上任意一点支撑面上的表面变形不应超过 12 mm。

6.2.2 缓冲特性

内装物在受到外力的作用时,包装应提供足够的保护,试验后,内装物不应有损坏或明显的位移、或出现泡沫材料的破碎、内装物的损坏或泡沫材料侵入内装物里面等现象。

6.2.3 泡沫质量

泡沫固化后应有一定的韧性、泡沫均匀,不应成团状,不得有软塌、发粘粒子(未膨胀的酯)或出现裂开、皱缩等痕迹,不应有明显的空隙或直径超过 20 mm 的"空洞"。从泡沫上切取尺寸为 100 mm×100 mm×50 mm 的样品三个,要求在任何方向上不应有超过 12 mm 的开口空隙或凹槽、烧焦的痕迹等。泡沫中不应有被污染重复使用的泡沫。

6.2.4 包装容器

现场发泡包装的包装容器应易开合且不能损坏内装物或泡沫材料。在将泡沫喷注到容器里面时,应用薄膜将泡沫与容器隔开,以便对容器及泡沫进行分别回收处理。

6.2.5 内装物取出

内装物应能轻易地从发泡包装取出,内装物上不应有泡沫粘附的痕迹。包裹、隔离膜或袋不得损坏。

6.2.6 内装物状态

内装物不应出现因使用现场发泡材料引起的损坏痕迹,明显的损坏包括:凸角断裂或变形、安装件松动、导线断裂或表面烧焦。必要时,内装物应用塑料袋包裹,以防现场发泡过程中产生的水汽造成金属的锈蚀。

7 试验和检验

7.1 外观检测

目测和用尺子测量,其外观应符合 6.2.1 和 6.1.7 的要求。

7.2 缓冲性能试验

根据需要,按 GB/T 4857 进行有关试验,其结果应符合 6.2.2 的要求。

7.3 泡沫质量试验

发泡泡沫质量应符合 6.2.3 的要求。

7.4 开箱检验

按包装容器的开箱说明进行开箱检验,检查包装容器开启容易程度、内装物取出及状态等情况,其结果应符合 6.2.4～6.2.6 的要求。

ICS 43.180
R 16

中华人民共和国国家标准

GB/T 15746—2011
代替 GB/T 15746.1～15746.3—1995

汽车修理质量检查评定方法

The method of qualitative assessment for vehicle repair

2011-07-20 发布　　2011-12-01 实施

中华人民共和国国家质量监督检验检疫总局
中国国家标准化管理委员会　发布

前　言

本标准按照 GB/T 1.1—2009 给出的规则起草。

本标准代替 GB/T 15746.1—1995《汽车修理质量检查评定标准　整车大修》、GB/T 15746.2—1995《汽车修理质量检查评定标准　发动机大修》和 GB/T 15746.3—1995《汽车修理质量检查评定标准　车身大修》。

本标准整合了 GB/T 15746.1—1995、GB/T 15746.2—1995 和 GB/T 15746.3—1995 的相关内容，除编辑性修改外主要技术变化如下：

——明确了标准的适用范围(见第 1 章，1995 年版的第 1 章)；

——取消了部分术语和定义(见第 3 章，1995 年版的第 3 章)；

——第 4 章标题修改为“评定要求”，内容按汽车整车、发动机及车身修理质量分别表述(见第 4 章，1995 年版的第 4 章)；

——将“大修基本检验技术文件评定”改为“维修档案评定”(见 4.1.1、4.2.1 和 4.3.1，1995 年版的 4.1)；

——在评定规则中，增加了核查项目合格与否的判定原则(见 5.2)；

——增加了“关键项”为否决项的规定(见 5.3)；

——将“修正系数”改为“权重系数”，取消了关键项的修正系数(见 5.4，1995 年版的 5.4)；

——调整了质量等级数量，修改了综合判定标准(见 5.1 和表 1，1995 年版的 5.5)；

——删除了第 6 章的内容(见 1995 年版的第 6 章)；

——将附录中的“评定项目”栏目改为“核查项目”(见附录 A、附录 B 和附录 C，1995 年版的附录 A 和附录 B)；

——取消了附录中的“检查方法与手段”及“评定方法”栏目(见 1995 年版的附录 A 和附录 B)；

——修改了汽车整车修理质量评定的技术要求(见附录 A，GB/T 15746.1—1995 的附录 A 和附录 B)；

——修改了汽车发动机修理质量评定的技术要求(见附录 B，GB/T 15746.2—1995 的附录 A 和附录 B)；

——修改了汽车车身修理质量评定的技术要求(见附录 C，GB/T 15746.3—1995 的附录 A 和附录 B)。

本标准由全国汽车维修标准化技术委员会(SAC/TC 247)归口。

本标准起草单位：交通运输部公路科学研究院。

本标准主要起草人：窦秋月、刘莉、王晓辉、许书权。

本标准所代替标准的历次版本发布情况为：

——GB/T 15746.1～15746.3—1995。

汽车修理质量检查评定方法

1 范围

本标准规定了汽车修理质量检查的评定要求及评定规则。

本标准适用于对汽车整车、发动机及车身修理质量的行业检查。

2 规范性引用文件

下列文件对于本文件的应用是必不可少的。凡是注日期的引用文件，仅注日期的版本适用于本文件。凡是不注日期的引用文件，其最新版本(包括所有的修改单)适用于本文件。

GB/T 3798.1 汽车大修竣工出厂技术条件 第1部分:载客汽车

GB/T 3798.2 汽车大修竣工出厂技术条件 第2部分:载货汽车

GB/T 3799.1 商用汽车发动机大修竣工出厂技术条件 第1部分:汽油发动机

GB/T 3799.2 商用汽车发动机大修竣工出厂技术条件 第2部分:柴油发动机

GB 7258 机动车运行安全技术条件

GB 18565 营运车辆综合性能要求和检验方法

3 术语和定义

下列术语和定义适用于本文件。

3.1

汽车整车修理质量评定 qualitative assessment for the major repair of automobile

对汽车整车修理竣工质量和汽车整车修理过程中维修档案完善程度的综合评价。

3.2

汽车发动机修理质量评定 qualitative assessment for the major repair of automobile engines

对汽车发动机修理竣工质量和汽车发动机修理过程中维修档案完善程度的综合评价。

3.3

汽车车身修理质量评定 qualitative assessment for the major repair of automobile bodies

对汽车车身修理竣工质量和汽车车身修理过程中维修档案完善程度的综合评价。

4 评定要求

4.1 汽车整车修理质量

4.1.1 维修档案评定

汽车整车修理维修档案的评定应包括核查维修合同，汽车整车修理进厂检验单、过程检验单和竣工检验单，机动车维修竣工出厂合格证，维修工时费和材料费结算清单等六个核查项目，具体要求见表A.1。

4.1.2 竣工质量评定

汽车整车修理竣工质量的评定应包括整车外观及装备检查、总成机构检查及主要技术性能测试等方面的50个核查项目，具体要求见表A.2。

4.2 汽车发动机修理质量

4.2.1 维修档案评定

汽车发动机修理维修档案的评定应包括核查维修合同，汽车发动机修理进厂检验单、过程检验单和竣工检验单，机动车维修竣工出厂合格证，维修工时费和材料费结算清单等六个核查项目，具体要求见表B.1。

4.2.2 竣工质量评定

汽车发动机修理竣工质量的评定应包括发动机外观及装备检查，起动性能、运转性能检查，动力性、经济性、排放性能检测等。其中，汽油发动机和柴油发动机各16个核查项目，具体要求见表B.2。

4.3 汽车车身修理质量

4.3.1 维修档案评定

汽车车身修理维修档案的评定应包括核查维修合同，汽车车身修理进厂检验单、过程检验单和竣工检验单，机动车维修竣工出厂合格证，维修工时费和材料费结算清单等六个核查项目，具体要求见表C.1。

4.3.2 竣工质量评定

汽车车身修理竣工质量的评定应包括外观尺寸、内外蒙皮及油漆的外观检查，货箱、行李舱、门窗、座椅及附件的检查等。其中，客车和货车各18个核查项目，具体要求见表C.2。

5 评定规则

5.1 汽车修理质量评定结果用综合项次合格率表示，分为优良、合格、不合格三个等级。

5.2 每个核查项目的内容全部符合技术要求，即可判定该项目为合格，否则判定为不合格。

5.3 核查项目按其重要程度分为“关键项”和“一般项”，“关键项”中出现一项不合格的，即可判定该汽车修理质量为不合格。

5.4 “关键项”均合格时，综合项次合格率 β_0 按式(1)计算。

$$\beta_0=\left(k_1\frac{n_1}{m_1}+k_2\frac{n_2}{m_2}\right)\times 100\% \quad \cdots\cdots(1)$$

式中：

β_0 ——综合项次合格率；

n_1 ——汽车维修档案核查合格项目数之和；

n_2 ——汽车修理竣工质量核查合格项目数之和；

m_1 ——汽车维修档案应核查项目数之和；

m_2 ——汽车修理竣工质量应核查项目数之和；

k_1 ——汽车维修档案核查的权重系数，取 $k_1=0.2$；

k_2 ——汽车修理竣工质量核查的权重系数，取 $k_2=0.8$。

5.5 汽车修理质量的综合判定标准见表1。

表1 汽车修理质量的综合判定标准

等　　级	综合判定标准
优良	“关键项”均合格，且 $\beta_0 \geqslant 95\%$（大型营运货车[a] 为 $\beta_0 \geqslant 90\%$）
合格	“关键项”均合格，$85\% \leqslant \beta_0 < 95\%$（大型营运货车为 $80\% \leqslant \beta_0 < 90\%$）
不合格	“关键项”均合格，$\beta_0 < 85\%$（大型营运货车为 $\beta_0 < 80\%$）

[a] 大型营运货车指最大允许总质量大于或等于 25 000 kg 的营运货车。

附　录　A
（规范性附录）
汽车整车修理质量评定

汽车整车修理质量评定分为汽车整车修理维修档案的评定（见表A.1）和汽车整车修理竣工质量的评定（见表A.2）。

表A.1　汽车整车修理维修档案的评定

序号	核查项目	技术要求
1	汽车维修合同（或委托书）	合同填写应字迹清晰；合同条款中应明确维修项目（含补充项目）、维修费用和完工时间；合同应由托、承修双方签字或盖章确认
2	汽车整车修理进厂检验单	检验单填写应字迹清晰并包括下列内容：进厂编号；品牌/型号；车辆识别代号（或底盘号）；发动机型号和编号；里程表记录；整车装备及附属设施；客户主述及检验记录；检验日期；承修方处理意见；检验员签字；托修方签字
3	汽车整车修理过程检验单	检验单填写应字迹清晰；过程检验项目应与维修合同中规定的作业项目一致；检验结果记录应真实准确；检验单应有编号、检验日期、主修人员及检验员签字
4	汽车整车修理竣工检验单	竣工检验项目应符合GB/T 3798.1、GB/T 3798.2和GB/T 3799.1、GB/T 3799.2的相关规定；检验结果记录应真实准确并有检验员签字
5*	机动车维修竣工出厂合格证	应使用由省级道路运输管理机构统一印制的机动车维修竣工出厂合格证；合格证填写应字迹清晰并有质量检验员签字
6	汽车维修工时费、材料费结算清单	清单中应列出工时费及材料费明细，并注明所更换配件类别（原厂配件、副厂配件、修复件）
注：带*号的项目为关键项，其余为一般项。		

表A.2　汽车整车修理竣工质量的评定

序号	核查项目	技术要求
1	整车外观及装备	
1.1	外观	整车外观应整洁、完好、周正，各处无漏油、漏水、漏电、漏气现象
1.2	整车装备	附属设施及装备应齐全、有效，各连接部件紧固完好
1.3*	整备质量	由修理改变的整备质量，应不超出原车规定整备质量的3%
1.4	左右轴距差	应不大于原设计的1/1 000
1.5	润滑及其他工作介质	各总成应按原设计规定加注规定品质与数量的润滑油（脂）及其他工作介质
2	各总成机构	
2.1	发动机	
2.1.1	起动性能	汽油发动机在环境温度不低于−5 ℃，柴油发动机在环境温度不低于5 ℃时，应能顺利起动。允许起动3次，每次不超过5 s
2.1.2	怠速运转性能	从起动后到正常工作温度，发动机怠速应运转稳定，其怠速转速应符合原设计规定

表 A.2（续）

序号	核查项目	技术要求
2.1.3	运转状况	发动机在各种工况下应运转稳定、无异响；改变工况时应过渡圆滑；急加速或减速时不得有突爆声
2.1.4	压缩压力	在正常工作温度下，气缸压缩压力应符合原设计规定；其压力差汽油机应不超过各缸平均压力的5%，柴油机应不超过8%
2.1.5	机油压力	正常工作温度和规定转速下，机油压力应符合原设计要求
2.2	转向操纵机构	
2.2.1	转向盘	应转动灵活、操纵轻便，无偏重和卡滞现象；车辆直线行驶时，转向盘应处在中间位置
2.2.2	转向盘最大自由转动量	应符合GB 7258中有关条款的规定
2.2.3	车轮定位、最大转向角	车轮定位、转向轮的最大转向角应符合原设计规定
2.2.4	转向轮横向侧滑量	前轴采用非独立悬架的汽车，转向轮横向侧滑量应符合GB 7258中有关条款的规定
2.2.5	转向连接件	转向横、直拉杆及转向连接球销应无松旷、裂纹和损伤，且不得拼焊
2.3	传动机构	
2.3.1	离合器	应接合平稳、分离彻底，不得有异响、抖动或打滑现象
2.3.2	离合器踏板	踏板力不大于300 N；踏板自由行程应符合原设计规定
2.3.3	变速器	手动变速器的互锁和自锁装置可靠有效，不得有乱挡和自行跳挡现象；挂挡平顺，无干涉，运转无异响
		自动变速器的操纵装置除位于P、N外的任何挡位，发动机均应不能起动；当位于P挡时，应有驻车锁止功能
2.3.4	传动轴	运转时不应有振抖和异响
2.3.5	主减速器、差速器	应工作正常、无异响，正常工况下不得过热
2.4	行走机构	
2.4.1	车轮总成	横向摆动量和径向跳动量应符合GB 7258中有关条款的要求
2.4.2	轮胎	胎冠花纹深度应符合GB 7258中有关条款的要求；同轴上装用的轮胎规格、花纹应一致；转向轮不得装用翻新轮胎
2.4.3	减震器	应作用正常有效，不允许有明显渗漏油现象
2.4.4	钢板弹簧、气体弹簧	钢板弹簧应无裂纹和断片现象，弹簧形式、片数应符合原厂规定；气体弹簧应作用正常有效，无异响
2.4.5	车桥与悬架	车桥与悬架之间的各种拉杆和导杆应无变形；各接头和衬套不得松旷和移位
2.5	制动机构	
2.5.1	行车制动踏板行程	制动踏板的自由行程应符合原设计规定；采用液压制动的汽车踏板行程应符合GB 7258中有关条款的规定
2.5.2	行车制动踏板力	行车制动在产生最大制动效能时的踏板力，对于乘用车应不大于500 N，其他车辆应不大于700 N

表 A.2（续）

序号	核查项目	技术要求
2.5.3	驻车制动操纵杆或踏板	应有足够的储备行程，其有效行程应符合 GB 7258 中有关条款的规定
2.5.4	驻车制动操纵力或踏板力	驻车制动在产生规定的制动效能时，手操纵力或脚踏板力应符合 GB 7258 中有关条款的规定
2.5.5	制动系统密封性	应符合 GB 18565 的相关规定
2.6	车身、驾驶室	
2.6.1	车身、驾驶室外观	应周正完好、曲面过度均匀；蒙皮平整，无裂损、无锈蚀
2.6.2	车身、驾驶室、货箱、保险杠和翼子板	应左右对称，对称部位离地高度差：货箱不大于 20 mm，其他不大于 10 mm；货箱边板、铰链应铰接牢固、启闭灵活，边板关闭后，各边缝隙不应超过 5 mm
2.6.3	车身、驾驶室漆面	应色泽均匀，漆膜附着牢固，漆面和漆层无流痕、脱层、裂纹、起泡、皱纹和漏漆等缺陷
2.6.4	座椅及安全带	驾驶员座椅的前后位置应可以调整，并锁止有效；乘客座椅排列应符合相关规定；安全带应牢固、有效
2.6.5	车门、车窗	应启闭灵活、锁止可靠，闭合严密、无漏水现象
2.6.6	门窗玻璃	应采用安全玻璃，并符合 GB 7258 中有关条款的要求
2.7	照明和信号装置及其他电气设备	
2.7.1	照明和信号装置	灯光、信号、电器设备等及其控制装置应齐全有效，各元器件性能良好，工作正常，符合原设计要求
2.7.2	仪表	各仪表应运行正常，指示正确
2.7.3	电气线路	应布置合理、连接正确；线束包扎良好、牢固可靠，通过孔洞处应有防护设施，且距离排气管不小于 300 mm
2.7.4	发电机	运转平稳、无异响，输出电压符合原设计要求
2.7.5	空调系统	应工作正常，符合原设计要求
2.7.6	前照灯	前照灯远光光束发光强度和远、近光光束照射位置应符合 GB 7258 中有关条款的要求
3	主要性能要求	
3.1*	动力性	汽车动力性应符合 GB/T 3798.1 和 GB/T 3798.2 的要求
3.2	经济性	汽车百公里燃料消耗量应不大于该车型原设计规定的相应车速等速百公里燃料消耗量的 105%
3.3*	排放性能	排放装置应齐全、有效；车载诊断系统（OBD）应工作正常；排气污染物排放应符合国家标准的规定
3.4*	行车制动性能	行车制动性能应符合 GB 7258 的有关规定
3.5*	驻车制动性能	驻车制动性能应符合 GB 7258 的有关规定
3.6	滑行性能	滑行性能应符合 GB 18565 中有关条款的规定
3.7	转向轻便性	转向轻便性应符合 GB 18565 中有关条款的规定
3.8	喇叭声级	应符合 GB 7258 的有关规定
注：带 * 号的项目为关键项，其余为一般项。		

附 录 B
（规范性附录）
汽车发动机修理质量评定

汽车发动机修理质量评定分为汽车发动机修理维修档案的评定(见表 B.1)和汽车发动机修理竣工质量的评定(见表 B.2)。

表 B.1 汽车发动机修理维修档案的评定

序号	评定项目	技术要求
1	汽车维修合同(或委托书)	合同填写应字迹清晰;合同条款中应明确维修项目(含补充项目)、维修费用和完工时间;合同应由托、承修双方签字或盖章确认
2	汽车发动机修理进厂检验单	检验单填写应字迹清晰并包括下列内容:进厂编号;发动机型号和编号;发动机装备及附件;客户主述及检验记录;检验日期;承修方处理意见;检验员签字;托修方签字
3	汽车发动机修理过程检验单	检验单填写应字迹清晰;过程检验项目应与维修合同中规定的作业项目一致;检验结果记录应真实准确;检验单应有编号、检验日期、主修人员及检验员签字
4	汽车发动机修理竣工检验单	竣工检验项目应符合 GB/T 3799.1 和 GB/T 3799.2 的相关规定;检验结果记录应真实准确并有检验员签字
5*	机动车维修竣工出厂合格证	应使用由省级道路运输管理机构统一印制的机动车维修竣工出厂合格证;合格证填写应字迹清晰并有质量检验员签字
6	汽车维修工时费、材料费结算清单	清单中应列出工时费及材料费明细,并注明所更换配件类别(原厂配件、副厂配件、修复件)
注:带*号的项目为关键项,其余为一般项。		

表 B.2 汽车发动机修理竣工质量的评定

序号	评定项目	技术要求
1	发动机外观及装备	
1.1	外观	发动机的外观应整洁、无油污,各部无漏油、漏水、漏气、漏电现象
1.2	装备	发动机装备应齐全、有效
1.3	润滑油(脂)及冷却液	发动机应按原设计规定加注润滑油、润滑脂及冷却液
2	起动性能	
2.1	冷机起动	汽油发动机在环境温度不低于−5 ℃,柴油发动机在环境温度不低于 5 ℃时,应能顺利起动。允许起动 3 次,每次不超过 5 s
2.2	热机起动	在正常工作温度下,发动机应能在 5 s 内一次顺利起动
3	发动机运转状况	
3.1	怠速运转性能	从起动后到正常工作温度,发动机怠速应运转稳定,其怠速转速应符合原设计规定
3.2	运转状况	发动机在各种工况下应运转稳定,改变工况时应过渡圆滑

表 B.2(续)

序号	评定项目	技术要求
3.3	加速或减速	发动机在急加速或减速时,不应有突爆声
3.4	异响	发动机在正常工况下运转时,不应有异常响声
4	进气歧管真空度	在正常工作温度和标准状态下,发动机怠速运转时,进气歧管真空度应符合原设计规定;其波动范围6缸汽油发动机一般不超过3 kPa,4缸汽油发动机一般不超过5 kPa
5 *	气缸压缩压力	在正常工作温度下,气缸压缩压力应符合原设计规定;其压力差汽油机应不超过各缸平均压力的5%,柴油机应不超过8%
6	机油压力	正常工作温度和规定转速下,机油压力应符合原设计要求
7	紧急停机装置	柴油发动机紧急停机装置应可靠有效
8	额定功率	应符合GB/T 3799.1和GB/T 3799.2的要求
9	最大转矩	应符合GB/T 3799.1和GB/T 3799.2的要求
10	燃料消耗率	发动机最低燃料消耗率不应大于原设计标定值的105%
11 *	排放性能	发动机排放装置齐全有效;车载诊断系统(OBD)应工作正常;排气污染物排放应符合国家标准的规定
注:带*号的项目为关键项,其余为一般项。		

附 录 C
(规范性附录)
汽车车身修理质量评定

汽车车身修理质量评定分为汽车车身修理维修档案的评定(见表C.1)和汽车车身修理竣工质量的评定(见表C.2)。

表C.1 汽车车身修理维修档案的评定

序号	评定项目	技术要求
1	汽车维修合同(或委托书)	合同填写应字迹清晰;合同条款中应明确维修项目(含补充项目)、维修费用和完工时间;合同应由托、承修双方签字或盖章确认
2	汽车车身修理进厂检验单	检验单填写应字迹清晰并包括下列内容:进厂编号;品牌/型号;车身附件;客户主述及检验记录;检验日期;承修方处理意见;检验员签字;托修方签字
3	汽车车身修理过程检验单	检验单填写应字迹清晰;过程检验项目应与维修合同中规定的作业项目一致;检验结果记录应真实准确;检验单应有编号、检验日期、主修人员及检验员签字
4	汽车车身修理竣工检验单	竣工检验项目应符合GB/T 3798.1和GB/T 3798.2的相关规定;检验结果记录应真实准确并有检验员签字
5*	机动车维修竣工出厂合格证	应使用由省级道路运输管理机构统一印制的机动车维修竣工出厂合格证;合格证填写应字迹清晰并有质量检验员签字
6	汽车维修工时费、材料费结算清单	清单中应列出工时费及材料费明细,并注明所更换配件类别(原厂配件、副厂配件、修复件)
注:带*号的项目为关键项,其余为一般项。		

表C.2 汽车车身修理竣工质量的评定

序号	评定项目	技术要求
1	外形尺寸	应符合原设计规定
2	整备质量	车身修竣后汽车整备质量及轴荷分配不得超过原设计的3%
3*	外蒙皮	外蒙皮外表应平整光滑,曲面过度均匀,无裂损,无严重锈蚀
4	内蒙皮(围板)	内蒙皮(围板)应无裂损、翘曲。软质内顶蓬不应折皱、松弛、破损
5*	油漆涂层	外观应色泽均匀,表面漆膜附着牢固,漆面和漆层无流痕、脱层、裂纹、起泡、皱纹和漏漆
6	货厢	边板和底板应平整完好,无裂损、无锈蚀;左右边板应平行,其高度差应不超过10 mm,边板关闭后,各边缝隙不应超过5 mm;货箱边板、铰链应铰接牢固、启闭灵活
7	车门、车窗	车门和车窗应启闭轻便,锁止可靠,不得有自行开启现象;门窗应密封良好,无漏水现象;自动门窗防夹装置有效、可靠;安全门的技术性能应符合原设计规定
8	门窗玻璃	应采用安全玻璃,并符合GB 7258中有关条款的要求
9	行李舱	舱门应无翘曲变形,关闭严密、启闭灵活、锁止可靠
10	发动机罩	应无裂损、变形,盖合严密,附件齐全有效,开启灵活、支撑牢固

表 C.2（续）

序号	评定项目	技术要求
11	空调系统	各管路接头应无泄漏，冷凝器应清洁通畅，风道结构及出风口应符合原设计要求
12	座椅及卧具	座椅架及卧铺架应无裂损、变形、锈蚀，安装牢固，排列整齐，间距符合原设计规定；座椅、卧具的调节机构应灵活、有效、锁止可靠，安全带应牢固、有效
13	仪表板	应无裂损、凹瘪、松动，仪表齐全，各开关、指示灯完好，刻度清晰，标志分明
14	刮水器	应工作可靠，有效刮水面应达到原设计要求
15	后视镜	应成像清晰，调节灵活，支架无裂损及锈蚀，安装牢固
16	遮阳板	无翘曲、裂损，支架松紧适宜、作用良好
17	保险杠	应周正完好，安装牢固
18	散热器面罩	应安装牢固，完好可靠
19	照明灯具	应齐全完好，工作有效
注：带 * 号的项目为关键项，其余为一般项。		

参 考 文 献

[1] 《机动车维修管理规定》(交通部令 2005 年第 7 号)

ICS 35.040
B 60

中华人民共和国国家标准

GB/T 15775—2011
代替 GB/T 15775—1995

森林植物害虫分类与代码

Classification and codes of forest pests

2011-09-29 发布　　2011-12-01 实施

中华人民共和国国家质量监督检验检疫总局
中国国家标准化管理委员会　发布

前　言

本标准代替 GB/T 15775—1995《林业资源分类与代码　林木害虫》。

本标准与 GB/T 15775—1995 相比，变化如下：

——增加了 541 种森林植物害虫。

——采用目前国际上通用的昆虫分类系统。

——每个属与种的拉丁学名均列出定名人。

——害虫代码由十一位阿拉伯数字组成，增加了属的编码，科、属、种(亚种)均为 3 位码。

——属与属及种与种(亚种)之间采用非连续编码，均相隔 5 位数字，以便日后增补。

本标准由国家林业局提出并归口。

本标准起草单位：中国林业科学研究院森林生态环境与保护研究所、国家林业局森林病虫害防治总站。

本标准主要起草人：赵文霞、淮稳霞、姚艳霞、于志军。

本标准所代替标准的历次版本发布情况为：

——GB/T 15775—1995。

森林植物害虫分类与代码

1 范围

本标准规定了森林植物害虫的分类与代码。

本标准适用于林业及其他相关部门森林害虫的信息采集、交换和处理。

2 术语和定义

下列术语和定义适用于本标准。

2.1

森林植物 forest plants

构成森林生态系统的植物组分及《中华人民共和国森林法》中规定的植物种类,包括乔木、灌木、草本植物、蕨类、苔鲜及地衣。

2.2

害虫 insect pests

对森林植物及人类健康造成伤害的昆虫。

2.3

分类 classification

按一定的原则将物种归类并进行命名的过程。

2.4

分类系统 classification system

反映生物类群进化历史的体系,尽量符合物种之间的亲缘关系。

3 分类学依据

分类学依据如下:

——分目主要依照20世纪80年代普遍接受的分类系统:

昆虫纲 Insecta

　无翅亚纲 Apterygota(石蛃目 Archaeognatha 和缨尾目 Thysanura)

　有翅亚纲 Pterygota

　　古翅次纲 Paleoptera(蜉蝣目 Ephemeroptera 和蜻蜓目 Odonata)

　　新翅次纲 Neoptera

　　　外翅部 Exopterygota

　　　内翅部 Endopterygota

同翅目与半翅目则采用20世纪90年代的研究结果(目前被大多数昆虫学家所接受):传统的同翅目 Homoptera 是一个并系群,应归入半翅目 Hemiptera。

——分亚目、总科及科依照袁锋等(2006)使用的分类系统。

——分属、种及亚种主要依据各类群最新研究进展,同时兼顾了传统分类习惯和实际使用要求。

4 编制原则

4.1 选择害虫最稳定的本质属性做为分类基础和依据，按目—科—属—种（亚种）四个层次分类。

4.2 森林害虫按一定顺序排列，按一定规律予以系统化，形成合理的科学分类体系。

4.3 代码和害虫名称一一对应，一个代码只代表一种害虫，属、种间设立空位，便于增补新的种类。

4.4 在达到分类系统最优的同时，尽量满足使用单位的实际需要，采用数字层次码，尽可能减少代码的长度，便于理解和应用。

5 害虫编码方法

本标准采用层次编码方法，每一个完整的代码都由十一位阿拉伯数字组成，共分四层（其结构如图1所示）：

——第一层为目代码，由两位数字组成，第一位表示所在的类，1 代表昆虫纲外翅部，2 代表昆虫纲内翅部，3 代表蛛形纲；第二位表示顺序号。

——第二层为科代码，由三位数字组成，第一位表示科所在的亚目或总科，第二、三位表示按科的习惯顺序编码。

——第三层为属代码，由三位数字组成，同一科下的属按拉丁字母顺序编码，属间相隔 5 位数。

——第四层为种代码，由三位数字组成，同一属下的种按拉丁字母顺序编码，种间相隔 5 位数。亚种编码同种。

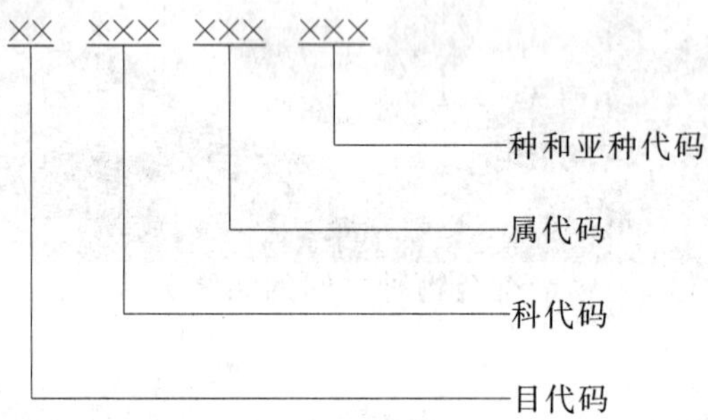

图 1 森林植物害虫分类与代码标准代码结构图

6 森林植物害虫分类与代码表

森林植物害虫分类与代码见表 1。

表 1　森林植物害虫分类与代码

代　码	中 文 名 称	拉 丁 学 名
11000000000	直翅目	Orthoptera
11101000000	螽蜥科	Tettigoniidae
11101005000	树螽蜥属	*Callimenellus* Walker
11101005005	褐树螽蜥	*ferrugineus* (Brunner)
11101010000	草螽蜥属	*Conocephalus* Schoenher
11101010005	长剑草螽蜥	*gladiatus* Redtenbacher
11101010010	斑翅草螽蜥	*maculatus* Le Guillon
11101015000	优草螽属	*Euconocephalus* Karny
11101015005	苍白优草螽蜥	*pallidus* (Redtenbacher)
11101020000	条螽属	*Ducetia* Stål
11101020005	日本条螽蜥	*japonica* Thunberg
11101025000	蝈螽属	*Gampsocleis* Fieber
11101025005	刺腿绿螽蜥	*buergeride* Haan
11101030000	似织螽属	*Hexacentrus* Audinet-Serville
11101030005	日本六刺螽蜥	*japonicus* Karny
11101035000	绿螽属	*Holochlora* Stål
11101035005	日本绿螽蜥	*japonica* Brunner von Wattenwyl
11101035010	绿螽蜥	*nawae* Matsumura et Shiraki
11101040000	纺织娘属	*Mecopoda* Audinet-Serville
11101040005	桑褐螽蜥	*elongata* Linnaeus
11101045000	姬螽属	*Metrioptera* Wesmael
11101045005	小翅螽蜥	*hime* Furukawa
11101050000	露螽属	*Phaneroptera* Serville
11101050005	欧亚树螽蜥	*falcata* Poda
11101050010	黑角树螽蜥	*nigroantennata* Brunner
11101055000	螽斯属	*Tettigonia* Linnaeus
11101055005	食瘿螽蜥	*verrucivora* (Linnaeus)
11101055010	绿丛螽蜥	*viridissima* Linnaeus
11102000000	树螽科	Pseudophyllidae
11102005000	蜚螽属	*Togona* Matsumura et Shiraki
11102005005	绿叶螽蜥	*unicolor* Matsumura et Shiraki
11201000000	蟋蟀科	Gryllidae
11201005000	蟋蟀属	*Gryllus* Latreille
11201005005	咖啡两点蟋蟀	*bimaculatus* De Geer
11201005010	中华蟋蟀	*chinensis* Weber
11201010000	棺头蟋蟀属	*Loxoblemmus* (Saussure)
11201010005	黄棺头蟋蟀	*arietulus* (Saussure)
11201010010	多伊棺头蟋蟀	*doenitzi* (Stein)
11201010015	褐棺头蟋蟀	*haani* (Saussure)
11201015000	树蟋蟀属	*Oecanthus* Serville
11201015005	长尾树蟋蟀	*longicauda* Matsumura
11201020000	针蟋蟀属	*Pteronemobius* Jacobson et Bianchi

表 1（续）

代 码	中文名称	拉丁学名
11201020005	黑褐针蟋蟀	*caudatus* (Shiraki)
11201025000	大蟋属	*Tarbinskiellus* Gorochov
11201025005	大蟋蟀	*portentosus* (Lietenstern)
11201030000	油葫芦属	*Teleogryllus* Chopard
11201030005	南方油葫芦	*testaceus* Walker
11201035000	斗蟋属	*Vilarifictorus* Randell
11201035005	小蟋蟀	*aspersus* (Walker)
11301000000	蝼蛄科	Gryllotalpidae
11301005000	蝼蛄属	*Gryllotalpa* Latreille
11301005005	非洲蝼蛄	*africana* Palisot de Beauvois
11301005010	普通蝼蛄	*gryllotalpa* (Linnaeus)
11301005015	东方蝼蛄	*orientalis* Burmeister
11301005020	华北蝼蛄	*unispina* Saussure
11401000000	癞蝗科	Pamphagidae
11401005000	笨蝗属	*Haplotropis* Saussure
11401005005	笨蝗	*brunneriana* Saussure
11402000000	锥头蝗科	Pyrgomorphidae
11402005000	负蝗属	*Atractomorpha* Saussure
11402005005	纺梭负蝗	*burri* Bolivar
11402005010	长额负蝗	*lata* (Motschulsky)
11402005015	短额负蝗	*sinensis* Bolivar
11402010000	锥头蝗属	*Pyrgomorpha* Serville
11402010005	双刺锥头蝗	*bispinosa* Walker
11403000000	瘤锥蝗科	Chrotogonidae
11403005000	黄星蝗属	*Aularches* Stål
11403005005	黄星蝗	*miliaris* (Linnaeus)
11403010000	橄蝗属	*Tagasta* Bolivar
11403010005	越北橄蝗	*tonkinensis* Bolivar
11404000000	斑翅蝗科	Oedipodidae
11404005000	绿纹蝗属	*Aiolopus* Fieber
11404005005	花胫绿纹蝗	*tamulus* (Fabricius)
11404010000	异距蝗属	*Heteropternis* Stål
11404010005	方异距蝗	*respondens* (Walker)
11404010010	赤胫异距蝗	*rufipes* (Shiraki)
11404015000	车蝗属	*Gastrimargus* (Saussure)
11404015005	东方车蝗	*africanus orientalis* (Saussure)
11404015010	云斑车蝗	*marmoratus* (Thunberg)
11404020000	飞蝗属	*Locusta* Linnaeus
11404020005	东亚飞蝗	*migratoria manilensis* (Meyen)
11404020010	亚洲飞蝗	*migratoria migratoria* (Linnaeus)
11404025000	小车蝗属	*Oedaleus* Fieber
11404025005	隆小车蝗	*abruptus* (Thunberg)

表 1（续）

代　码	中文名称	拉丁学名
11404025010	黄胫小车蝗	*infernalis* de Saussure
11404025015	红胫小车蝗	*manjius* Chang
11404030000	踵蝗属	*Pternoscirta* Saussure
11404030005	黄翅踵蝗	*calliginosa* (De Hann)
11404030010	红翅踵蝗	*sauteri* (Karny)
11404035000	瘤蝗属	*Trilophidia* Stål
11404035005	瘤蝗	*annulata* (Thunberg)
11405000000	剑角蝗科	Acrididae
11405005000	剑角蝗属	*Acrida* Linnaeus
11405005005	中华剑角蝗	*cinerea* Thunberg
11405005010	暗翅剑角蝗	*exaltata* (Walker)
11405010000	蜥蜴蝗属	*Gelastorhinus* Brunner
11405010005	中华蜥蝗	*chinensis* Willemse
11405010010	圆翅蜥蜴蝗	*rotundatus* Shiraki
11405015000	长腹蝗属	*Leptacris* Walker
11405015005	白条长腹蝗	*vittata* (Fabricius)
11405020000	佛蝗属	*Phlaeoba* Stål
11405020005	短翅佛蝗	*angustidorsis* Bolivar
11405020010	长角佛蝗	*antennata* Brunner
11405020015	僧帽佛蝗	*infumata* Brunner
11405020020	中华佛蝗	*sinensis* Bolivar
11406000000	网翅蝗科	Arcypteridae
11406005000	竹蝗属	*Ceracri* Walker
11406005005	黑翅竹蝗	*fasciata* (Brunner)
11406005010	贺竹蝗	*hoffmanni* Uvarov
11406005015	黄脊竹蝗	*kiangsu* Tsai
11406005020	大青脊竹蝗	*nigricornis laeta* (Bolivar)
11407000000	槌角蝗科	Gomphoceridae
11407005000	鸣蝗属	*Mongolotettix* Rehn
11407005005	条纹鸣蝗	*japonicus* (Bolivar)
11408000000	斑腿蝗科	Catantopidae
11408005000	胸斑蝗属	*Apalacris* Walker
11408005005	绿胸斑蝗	*viridis* Huang et Xia
11408010000	星翅蝗属	*Calliptamus* Serville
11408010005	短星翅蝗	*abbreviatus* Ikonnikov
11408015000	卵翅蝗属	*Caryanda* Stål
11408015005	小卵翅蝗	*elegans* Bolivar
11408020000	斑腿蝗属	*Catantops* Schaum
11408020005	红褐斑腿蝗	*pinguis* (Stål)
11408025000	棉蝗属	*Chondracris* Uvarov
11408025005	棉蝗	*rosea rosea* (der Geer)
11408030000	长夹蝗属	*Choroedocus* Bolivar

表 1（续）

代码	中文名称	拉丁学名
11408030005	长夹蝗	*capensis* (Thunberg)
11408035000	十字蝗属	*Epistaurus* Boliver
11408035005	十字蝗	*aberrans* Brunner
11408040000	燕蝗属	*Eirenephilus* Ikonnikov
11408040005	长翅燕蝗	*longipennis* (Shiraki)
11408045000	黑背蝗属	*Eyprepocnemis* Fieber
11408045005	短翅黑背蝗	*hokutensis* Shiraki
11408050000	腹露蝗属	*Fruhstorferiola* Willemse
11408050005	牯岭腹露蝗	*kulinga* (Chang)
11408050010	越北腹露蝗	*tonkinensis* Willemse
11408050015	绿腿腹露蝗	*viridifemonta* (Caudell)
11408055000	芋蝗属	*Gesonula* Uvarov
11408055005	芋蝗	*punctifrons* Stål
11408060000	蔗蝗属	*Hieroglyphus* Krauss
11408060005	斑角蔗蝗	*annulicornis* (Shiraki)
11408060010	异歧蔗蝗	*tonkinensis* Bolivar
11408065000	稻蝗属	*Oxya* Serville
11408065005	山稻蝗	*agavisa* Tsai
11408065010	中华稻蝗	*chinensis* (Thunberg)
11408065015	小稻蝗	*hyla intricata* (Stål)
11408065020	长翅稻蝗	*velox* (Fabricius)
11408070000	大头蝗属	*Oxyrrhepes* Stål
11408070005	广东大头蝗	*cantonensis* Tinkham
11408070010	长翅大头蝗	*obtusa* (De Haan)
11408075000	厚蝗属	*Pachyacris* Uvarov
11408075005	厚蝗	*vinosa* (Walker)
11408080000	黄脊蝗属	*Patanga* Uvarov
11408080005	日本黄脊蝗	*japonica* (Bolivar)
11408080010	印度黄脊蝗	*succincta* (Johannson)
11408085000	秃蝗属	*Podisma* Berthold
11408085005	黄股秃蝗	*aberrans* Ikonnikov
11408090000	蹦蝗属	*Sinopodisma* Chang
11408090005	卡氏蹦蝗	*kelloggii* (Chang)
11408090010	比氏蹦蝗	*pieli* (Chang)
11408090015	蔡氏蹦蝗	*tsaii* (Chang)
11408095000	线斑腿蝗属	*Stenocatantops* Dirsh
11408095005	细线斑腿蝗	*splendens* (Thunberg)
11408100000	越北蝗属	*Tonkinacris* Carl
11408100005	中华越北蝗	*sinensis* Chang
11408105000	凸额蝗属	*Traulia* Stål
11408105005	东方凸额蝗指名亚种	*orientalis orientalis* Ramme
11408105010	东方凸额蝗四川亚种	*orientalis szetschuanensis* Ramme

表 1（续）

代码	中文名称	拉丁学名
11501000000	蜡科	Eumastacidae
11501005000	马头蝗属	*Erianthus* Stål
11501005005	黄斑马头蝗	*versicolor* Brunner
12000000000	网翅目	Dictyoptera
12101000000	硕蠊科	Blaberidae
12101005000	弯翅蠊属	*Panesthia* Serville
12101005005	狭弯翅蠊	*angustipennis* Illiger
12102000000	地鳖蠊科	Polyphagidae
12102005000	土蠊属	*Opisthoplatia* Brunner Von Wattenwyl
12102005005	金边土蠊	*orientalis* Burmeister
12201000000	蜚蠊科	Blattidae
12201005000	蜚蠊属	*Blatta* Linnaeus
12201005005	东方蜚蠊	*orientalis* Linnaeus
12201010000	小蠊属	*Blattella* Caudell
12201010005	德国小蠊	*germanica* Linnaeus
12201010010	香小蠊	*humbertiana* Saussure
12201015000	大蜚蠊属	*Periplaneta* Burmeister
12201015005	美洲大蜚蠊	*americana* (Linnaeus)
12201015010	澳洲大蜚蠊	*australasiae* (Fabricius)
13000000000	虫脩目	Phasmatodea
13101000000	异虫脩科	Heteronemiidae
13101005000	短足异虫脩属	*Dixippus* Stål
13101005005	博白短足异虫脩	*bobaiensis* (Chen et He)
13101010000	瘦虫脩属	*Macellina* Uvarov
13101010005	腹指瘦虫脩	*digitata* Chen et Wang
13101015000	小异虫脩属	*Micadina* Redtenbacher
13101015005	腹锥小异虫脩	*conifera* Chen et He
13101015010	英德小异虫脩	*yingdeensis* Chen et He
13101015015	浙江小异虫脩	*zhejiangensis* Chen et He
13101020000	皮虫脩属	*Phraortes* Stål
13101020005	双线皮虫脩	*bilineatus* Chen et He
13101025000	华枝虫脩属	*Sinophasma* Günther
13101025005	广华枝虫脩	*largum* Chen et Chen
13101025010	斑腿华枝虫脩	*maculicruralis* Chen et He
13101025015	异尾华枝虫脩	*mirabile* Günther
13101025020	拟异尾华枝虫脩	*pseudomirabile* Chen et Chen
13102000000	虫脩科	Phasmatidae
13102005000	短肛虫脩属	*Baculum* Saussure
13102005005	崇信短肛虫脩	*chongxinense* Chen et He
13102005010	断沟短肛虫脩	*intersulcatum* Chen et He
13102005015	小齿短肛虫脩	*minutidentatum* Chen et He
13102005020	平利短肛虫脩	*pingliense* Chen et He

表 1（续）

代 码	中文名称	拉丁学名
13102010000	拟短肛虫䗛属	*Parabaculum* Brock
13102010005	巫山拟短肛虫䗛	*wushanense* (Chen et He)
13102015000	足刺虫䗛属	*Phobaeticus* Brunner
13102015005	白带足刺虫䗛	*albus* (Chen et He)
13102020000	喙尾虫䗛属	*Rhamphophasma* Brunner
13102020005	褐喙尾虫䗛	*modestum* Brunner
14000000000	等翅目	Isoptera
14101000000	木白蚁科	Kalotermitidae
14101005000	堆砂白蚁属	*Cryptotermes* Banks
14101005005	狭背堆砂白蚁	*angustinotus* Gao et Peng
14101005010	铲头堆砂白蚁	*declivis* Tsai et Chen
14101005015	截头堆砂白蚁	*domesticus* (Haviland)
14101005020	罗甸堆砂白蚁	*luodianis* Xia, Gao et Deng
14101005025	平阳堆砂白蚁	*pingyangensis* He et Xia
14101010000	树白蚁属	*Glyptotermes* Froggatt
14101010005	金平树白蚁	*chinpingensis* Tsai et Chen
14101010010	短头树白蚁	*curticeps* Fan et Xia
14101010015	宽头树白蚁	*euryceps* Gao, Zhu et Gong
14101010020	福建树白蚁	*fujianensis* Ping
14101010025	黑树白蚁	*fuscus* Oshima
14101010030	合江树白蚁	*hejiangensis* Gao
14101010035	宽胸树白蚁	*latithorax* Fan et Xia
14101010040	凉山树白蚁	*liangshanensis* Gao, Zhu et Gong
14101010045	陇南树白蚁	*longnanensis* Gao et Zhu
14101010050	麻额树白蚁	*maculifrons* Ping et Li
14101010055	川西树白蚁	*resperus* (Gao et Zhu)
14101010060	赤树白蚁	*satsumensis* (Matsumura)
14101015000	楹白蚁属	*Incisitermes* Krishna
14101015005	侧角楹白蚁	*laterangularis* Han
14101015010	小楹白蚁	*minor* (Hagen)
14101020000	叶白蚁属	*Lobitermes* Holmgren
14101020005	峨嵋叶白蚁	*emei* Gao et Zhu
14101020010	黑额叶白蚁	*nigrifrons* Tsai et Chen
14101025000	新白蚁属	*Neotermes* Holmgren
14101025005	福建新白蚁	*fujianensis* Ping
14101025010	恒春新白蚁	*koshunensis* (Shiraki)
14102000000	原白蚁科	Termopsidae
14102005000	原白蚁属	*Hodotermopsis* Holmgren
14102005005	山林原白蚁	*sjostedti* Holmgren
14103000000	鼻白蚁科	Rhinotermitidae
14103005000	家白蚁属	*Coptotermes* Wasmann
14103005005	大家白蚁	*curvignathus* Holmgren

表 1（续）

代　码	中文名称	拉丁学名
14103005010	圆头家白蚁	*cyclocoryphus* Zhu, Li et Ma
14103005015	家白蚁	*formosanus* Shiraki
14103005020	大头家白蚁	*grandis* Li et Huang
14103005025	海南家白蚁	*hainanensis* Li et Tsai
14103005030	长带家白蚁	*longistriatus* Xia et Huang
14103005035	勐仑家白蚁	*menglunensis* Tsai et Huang
14103005040	小头家白蚁	*minutus* Li et Huang
14103005045	单毛家白蚁	*monosetosus* Tsai et Li
14103005050	异头家白蚁	*varicapitatus* Tsai et Li
14103010000	异白蚁属	*Heterotermes* Froggatt
14103010005	尖唇异白蚁	*aculabialis* (Tsai et Huang)
14103010010	锥颚异白蚁	*conus* (Xiao et Fan)
14103010015	高要异白蚁	*gaoyaoensis* (Tsai et Li)
14103010020	海南异白蚁	*hainanensis* Tsai et Huang
14103010025	湖南异白蚁	*hunanensis* (Tsai et Ping)
14103015000	散白蚁属	*Reticulitermes* Holmgren
14103015005	肖若散白蚁	*affinis* Hsia et Fan
14103015010	突额散白蚁	*assamensis* Gardner
14103015015	短弯颚散白蚁	*brevicurvatus* Ping et Xu
14103015020	蟹腿散白蚁	*cancrifemuris* Zhu
14103015025	察隅散白蚁	*chayuensis* Tsai et Huang
14103015030	黑胸散白蚁	*chinensis* Snyder
14103015035	弯颚散白蚁	*curvatus* Xia et Fan
14103015040	鼎湖散白蚁	*dinghuensis* Ping, Zhu et Li
14103015045	黄肢散白蚁	*flaviceps* (Oshima)
14103015050	花胸散白蚁	*fukienensis* Light
14103015055	花坪散白蚁	*huapingensis* Li
14103015060	高额散白蚁	*hypsofrons* Ping et Li
14103015065	细额散白蚁	*leptogulus* Ping et Xu
14103015070	小头散白蚁	*micorocephalus* Zhu
14103015075	窄头散白蚁	*minutus* Ping et Xu
14103015080	狭颏散白蚁	*perangustus* Gao, Zhu et Shi
14103015085	平江散白蚁	*pingjiangensis* Tsai et Ping
14103015090	黄胸散白蚁	*speratus* (Kolbe)
14103015095	龟唇散白蚁	*testudineus* Li et Ping
14103015100	端明散白蚁	*translucens* Ping et Xu
14103015105	毛胸散白蚁	*trichothorax* Ping et Xu
14103015110	武岗散白蚁	*wugangensis* Huang et Yin
14103015115	兴义散白蚁	*xingyiensis* Ping et Xu
14103015120	宜章散白蚁	*yizhangensis* Huang et Tong
14103015125	赵氏散白蚁	*zhaoi* Ping et Li
14103020000	长鼻白蚁属	*Schedorhinotermes* Silvestri

表 1（续）

代码	中文名称	拉丁学名
14103020005	大长鼻白蚁	*magnus* Tsia et Chen
14103020010	小长鼻白蚁	*tarakanensis* (Oshima)
14103025000	杆白蚁属	*Stylotermes* (Holmgren)
14103025005	周氏木鼻白蚁	*choui* Ping et Xu
14103025010	弯颚木鼻白蚁	*curvatus* Ping et Xu
14103025015	贵阳木鼻白蚁	*guiyangensis* Ping et Gong
14103025020	缙云木鼻白蚁	*jinyunicus* Ping et Chen
14103025025	直颚木鼻白蚁	*orthognathus* Ping et Xu
14103025030	宏壮木鼻白蚁	*robustus* Ping et Li
14103025035	刚毛木鼻白蚁	*setosus* Li et Ping
14103025040	波颚木鼻白蚁	*undulatus* Ping et Li
14103025045	短盖木鼻白蚁	*valvules* Tsai et Ping
14103025050	武夷木鼻白蚁	*wuyinicus* Li et Ping
14103030000	蔡白蚁属	*Tsaitermes* Li et Ping
14103030005	扩头蔡白蚁	*ampliceps* (Wang et Li)
14103030010	湖南蔡白蚁	*hunanensis* Li et Ping
14103030015	蛋头蔡白蚁	*ocephalus* (Ping et Li)
14103030020	英德蔡白蚁	*yingdeensis* (Tsai et Li)
14104000000	白蚁科	Termitidae
14104005000	钝颚白蚁属	*Ahmaditermes* Akhtar
14104005005	角头钝颚白蚁	*deltocephalus* (Tsai et Chen)
14104005010	梨头钝颚白蚁	*pyricephalus* Akhtar
14104005015	四川钝颚白蚁	*sichuanensis* Xia et al
14104005020	中国钝颚白蚁	*sinensis* Tsai et Huang
14104010000	歪白蚁属	*Capritermes* Wasmann
14104010005	歪白蚁	*nitobei* Shiraki
14104015000	突妞白蚁(叉白蚁)属	*Dicuspiditermes* Krishna
14104015005	龙头叉白蚁	*garthwaitei* (Gardner)
14104020000	亮白蚁属	*Euhamitermes* Holmgren
14104020005	多毛亮白蚁	*hamatus* (Holmgren)
14104025000	球白蚁属	*Globitermes* Holmgren
14104025005	黄球白蚁	*sulphureus* (Haviland)
14104030000	歧颚白蚁属	*Havilanditermes* Light
14104030005	直鼻歧颚白蚁	*orthonasus* (Tsai et Chen)
14104035000	地白蚁属	*Hypotermes* Holmgren
14104035005	暗齿地白蚁	*sumatrensis* Holmgren
14104040000	印白蚁属	*Indotermes* Roonwal et Sen-Sarma
14104040005	勐戛印白蚁	*menggarensis* Tsai et Chen
14104045000	大白蚁属	*Macrotermes* Holmgren
14104045005	土垄大白蚁	*annandalei* (Silvestri)
14104045010	黄翅大白蚁	*barneyi* Light
14104045015	小头蛮白蚁	*dimorphus* Tsai et Chen

表 1(续)

代　码	中文名称	拉丁学名
14104045020	三型大白蚁	*trimorphus* Li et Ping
14104050000	锯白蚁属	*Microcerotermes* Silvestri
14104050005	海角锯白蚁	*marilimbus* Ping et Xu
14104050010	天涯锯白蚁	*remotus* Ping et Xu
14104055000	象白蚁属	*Nasutitermes* Dudley
14104055005	胖头象白蚁	*bulbus* Tsai et Huang
14104055010	山谷象白蚁	*cheraensis vallis* Tsai et Huang
14104055015	圆头象白蚁	*communis* Tsai et Chen
14104055020	翘鼻象白蚁	*erectinasus* Tsai et Chen
14104055025	尖鼻象白蚁	*gardneri* Snyder
14104055030	若尖象白蚁	*gardneriformis* Xia et Cao
14104055035	大鼻象白蚁	*grandinasus* Tsai et Chen
14104055040	墨脱象白蚁	*medoeusis* Tsai et Huang
14104055045	印度象白蚁	*moratus* (Silvestri)
14104055050	小象白蚁	*parvonasutus* (Shiraki)
14104055055	亚藏象白蚁	*subtibetanus* Tsai et Huang
14104055060	西藏象白蚁	*tibetanus* Tsai et Huang
14104060000	土白蚁属	*Odontotermes* Holmgren
14104060005	黑翅土白蚁	*formosanus* (Shiraki)
14104060010	粗颚土白蚁	*gravelyi* Silvestri
14104060015	海南土白蚁	*hainanensis* (Lin)
14104060020	龙州土白蚁	*longzhouensis* Lin
14104060025	黔阳土白蚁	*qianyangensis* Lin
14104060030	鞍胸土白蚁	*sellathorax* Xiao et Fan
14104060035	亚让土白蚁	*yarangensis* Tsai et Huang
14104060040	云南土白蚁	*yunnanensis* Tsai et Huang
14104060045	遵义土白蚁	*zunyiensisLi et* Ping
14104065000	近歪白蚁属	*Pericapritermes* Silvestri
14104065005	大近歪白蚁	*tetraphilus* (Silvestri)
14104070000	原歪白蚁属	*Procapritermes* Holmgren
14104070005	华南原歪白蚁	*huananensis* Krishna
14104070010	原歪白蚁	*mushae* Oshima et Maki
14104070015	圆囟原歪白蚁	*sowerbyi* (Light)
14104075000	钩扭白蚁属	*Pseudocapritermes* Kemner
14104075005	小钩扭白蚁	*minutus* (Tsai et Chen)
14104080000	华白蚁属	*Sinotermes* He et Xia
14104080005	路西华白蚁	*luxiensis* Huang et Zhu
15000000000	半翅目	Hemiptera
15101000000	飞虱科	Delphacidae
15101005000	竹飞虱属	*Bambusiphaga* Huang et Ding
15101005005	带纹竹飞虱	*fascia* Huang et Tian
15101005010	乳黄竹飞虱	*lacticolorata* Huang et Ding

表 1(续)

代 码	中文名称	拉丁学名
15101005015	黑缘竹飞虱	*nigromarginata* Huang et Tian
15101005020	望谟竹飞虱	*wangmoensis* Chen et Li
15101010000	异脉飞虱属	*Specinervures* Kuoh et Ding
15101010005	基褐异脉飞虱	*basifusca* Chen et Li
15101015000	绿飞虱属	*Saccharosydne* Kirkaldy
15101015005	长绿飞虱	*procerus* (Matsumura)
15101020000	背飞虱属	*Sogatella* Fennah
15101020005	白背飞虱	*furcifera* (Horváth)
15102000000	蜡蝉科	Fulgoridae
15102005000	梵蜡蝉属	*Aphaena* Guèrin-Méneville
15102005005	枫蜡蝉	*pulchella* (Guèrin-Méneville)
15102010000	蜡蝉属	*Fulgora* Linnaeus
15102010005	龙眼樗鸡	*candelaria* (Linnaeus)
15102015000	斑衣蜡蝉属	*Lycorma* Stål
15102015005	斑衣蜡蝉	*delicatula* (White)
15103000000	瓢蜡蝉科	Issidae
15103005000	席瓢蜡蝉属	*Sivaloka* Distant
15103005005	恶性席瓢蜡蝉	*damnosus* Chou et Lu
15104000000	蛾蜡蝉科	Flatidae
15104005000	碧蛾蜡蝉属	*Geisha* Kirkaldy
15104005005	碧蛾蜡蝉	*distinctissima* (Walker)
15104010000	络蛾蜡蝉属	*Lawana* Distant
15104010005	紫络蛾蜡蝉	*imitata* Melichar
15104015000	缘蛾蜡蝉属	*Salurnis* Stål
15104015005	褐缘蛾蜡蝉	*marginella* (Guèrin)
15105000000	广蜡蝉科	Ricaniidae
15105005000	疏广蜡蝉属	*Euricania* Melichar
15105005005	透明疏广蜡蝉	*clara* Kato
15105005010	带纹疏广蜡蝉	*fascialis* Walker
15105005015	眼纹疏广蜡蝉	*ocellus* (Walker)
15105010000	宽广蜡蝉属	*Pochazia* Amyot et Serville
15105010005	白斑宽广蜡蝉	*albomaculata* Uhler
15105010010	阔带宽广蜡蝉	*confusa* Distant
15105010015	眼斑宽广蜡蝉	*discreta* Melichar
15105010020	圆纹宽广蜡蝉	*guttifera* Walker
15105010025	胡椒宽广蜡蝉	*pipera* Distant
15105015000	广翅蜡蝉属	*Ricania* Germar
15105015005	可可广翅蜡蝉	*cacaonis* Chou et Lu
15105015010	琥珀广翅蜡蝉	*japonica* (Melichar)
15105015015	缘纹广翅蜡蝉	*marginalis* (Walker)
15105015020	粉黛广翅蜡蝉	*pulverosa* Stål
15105015025	四斑广翅蜡蝉	*quadrimaculata* Kato

表 1（续）

代码	中文名称	拉丁学名
15105015030	山东广翅蜡蝉	*shantungensis* Chou et Lu
15105015035	钩纹广翅蜡蝉	*simulans* Walker
15105015040	八点广翅蜡蝉	*speculum* (Walker)
15105015045	柿广翅蜡蝉	*sublimbata* Jacobi
15105015050	褐带广翅蜡蝉	*taeniata* Stål
15106000000	象蜡蝉科	Dictyopharidae
15106005000	象蜡蝉属	*Dictyophara* Germar
15106005005	伯瑞象蜡蝉	*patruelis* (Stål)
15106005010	中华象蜡蝉	*sinica* Walker
15106010000	丽象蜡蝉属	*Orthopagus* Uhler
15106010005	月纹丽象蜡蝉	*lunulifer* (Uhler)
15201000000	尖胸沫蝉科	Aphrophoridae
15201005000	尖胸沫蝉属	*Aphrophora* Germar
15201005005	竹尖胸沫蝉	*horizontalis* Kato
15201005010	柳尖胸沫蝉	*costalis* Matsumura
15201005015	松尖胸沫蝉	*flavipes* Uhler
15201005020	黄斑尖胸沫蝉	*flavomaculata* Matsumura
15201005025	白带尖胸沫蝉	*intermedia* Uhler
15201005030	小白带尖胸沫蝉	*obliqua* Uhler
15201005035	具斑尖胸沫蝉	*stictica* Matsumura
15201010000	铲头沫蝉属	*Clovia* Stål
15201010005	松铲头沫蝉	*conifera* (Walker)
15201015000	圆沫蝉属	*Lepyronia* Amyot et Serville
15201015005	鞘圆沫蝉	*coleoptrata grossa* Uhler
15201020000	卵沫蝉属	*Peuceptyelus* Sahlberg
15201020005	那威卵沫蝉	*nawae* Matsumura
15201025000	华沫蝉属	*Sinophora* Melichar
15201025005	黑斑华沫蝉	*maculosa* Melichar
15202000000	沫蝉科	Cercopidae
15202005000	黑沫蝉属	*Callitettix* Stål
15202005005	稻赤斑黑沫蝉	*versicolor* Fabricius
15202010000	安蝉属	*Chremistica* (Stål)
15202010005	安蝉	*ochracea* (Walker)
15202015000	丽沫蝉属	*Cosmoscarta* Stål
15202015005	斑带丽沫蝉	*bispecularis* White
15202020000	沫蝉属	*Petaphora* Matsumura
15202020005	黄色泡沫蝉	*maritima* Matsumura
15203000000	棘沫蝉科	Machaerotidae
15203005000	棘沫蝉属	*Makiptyelus* Matsumura
15203005005	朴棘沫蝉	*dimorphus* Maki
15204000000	蝉科	Cicadidae
15204005000	蚱蝉属	*Cryptotympana* Stål

表 1（续）

代　码	中文名称	拉丁学名
15204005005	蚱蝉	*atrata* (Fabricius)
15204005010	黄蚱蝉	*mandarina* Distant
15204005015	橙蚱蝉	*takasagona* Kato
15204010000	斑蝉属	*Gaeana* Amyot et Serville
15204010005	斑蝉	*maculata* (Drury)
15204015000	红蝉属	*Heuchys* Amyot et Serville
15204015005	红蝉	*sanguinea* (De Geer)
15204020000	寒蝉属	*Meimuna* Distant
15204020005	蒙古蟟蝉	*mongolica* (Distant)
15204025000	草蝉属	*Mogannia* Amyot et Serville
15204025005	草蝉	*hebes* (Walker)
15204030000	鸣蝉属	*Oncotympana* Stål
15204030005	鸣鸣蝉	*maculaticollis* (Motachulsky)
15204035000	蟪蛄属	*Platypleura* Amyot et Serville
15204035005	黄蟪蛄	*hilpa* Walker
15204035010	蟪蛄	*kaempferi* (Fabricius)
15204040000	郎蝉属	*Pomponia* Stål
15204040005	郎蝉	*linearis* (Walker)
15204045000	暗翅蝉属	*Scieroptera* Stål
15204045005	台湾暗翅蝉	*formosana* Schmidt
15204050000	宁蝉属	*Terpnosia* Distant
15204050005	春蝉	*nawi* (Distant)
15205000000	角蝉科	Membracidae
15205005000	圆角蝉属	*Gargara* Amyot et Serville
15205005005	黑角蝉	*genistae* Fabricius
15205010000	高冠角蝉属	*Hypsauchenia* Germar
15205010005	中华高冠角蝉	*chinensis* Chou
15205010010	贵州高冠角蝉	*guizhouensis* Chou et Yuan
15205015000	矛角蝉属	*Leptobelus* Stål
15205015005	铁锚角蝉	*decurvatus* Funkauser
15205020000	红脊角蝉属	*Machaerotypus* Uhler
15205020005	苹果红脊角蝉	*mali* Chou et Yuan
15205020010	西伯利亚红脊角蝉	*sibiricus* (Lethierry)
15205025000	角蝉属	*Orthobelus* Stål
15205025005	茨角蝉	*flavipes* Uhler
15205030000	三刺角蝉属	*Tricentrus* Stål
15205030005	油桐三刺角蝉	*aleuritis* Chou
15205035000	木角蝉属	*Tsunozemia* Kato
15205035005	木角蝉	*mojiensis* (Matsumura)
15206000000	叶蝉科	Cicadellidae
15206005000	锥顶叶蝉属	*Aconura* Lethierry
15206005005	锥顶叶蝉	*producta* Matsumura

表 1（续）

代　码	中文名称	拉丁学名
15206010000	长柄叶蝉属	*Alebroides* Matsumura
15206010005	长柄叶蝉	*marginatus* Matsumura
15206015000	肖顶带叶蝉属	*Athysanopsis* Matsumura
15206015005	八字纹肖顶带叶蝉	*salicis* Matsumura
15206020000	顶带叶蝉属	*Athysanus* Burmeister
15206020005	黑角顶带叶蝉	*atkinsoni* Distant
15206025000	二室叶蝉属	*Balclutha* Kirkaldy
15206025005	米氏二室叶蝉	*mitjaevi* Dlabola
15206030000	凹大叶蝉属	*Bothrogonia* Melichar
15206030005	鄂凹大叶蝉	*eana* Yang et Li
15206030010	黑尾凹大叶蝉	*ferruginea* (Fabricius)
15206035000	短头叶蝉属	*Bythoscopus* Germar
15206035005	黄绿短头叶蝉	*chlorophana* (Melichar)
15206040000	叶蝉属	*Cicadella* Latreille
15206040005	大青叶蝉	*viridis* (Linnaeus)
15206045000	点叶蝉属	*Cicadula* Zetterstedt
15206045005	二点叶蝉	*fascifrons* (Stål)
15206050000	可大叶蝉属	*Cofana* Melichar
15206050005	绿斑大叶蝉	*unimaculata* (Signoret)
15206055000	角顶叶蝉属	*Deltocephalus* Burmeister
15206055005	黄褐角顶叶蝉	*brunnescens* Distant
15206060000	槽胫叶蝉属	*Drabescus* Stål
15206060005	白带槽胫叶蝉	*conspicuus* Distant
15206060010	阔槽胫叶蝉	*extensus* Kuoh
15206060015	宽槽胫叶蝉	*ogumae* Matsumura
15206060020	沥青槽胫叶蝉	*piceatus* Kuoh
15206065000	白小叶蝉属	*Elbelus* Mahmood
15206065005	楝白小叶蝉	*melianus* Kuoh
15206070000	小绿叶蝉属	*Empoasca* Walsh
15206070005	棉叶蝉	*biguttula* (Shiraki)
15206070010	榆叶蝉	*bipunctata* (Oshanin)
15206070015	猩红小绿叶蝉	*rufa* Melichar
15206070020	假眼小绿叶蝉	*vitis* (Goethe)
15206075000	斑叶蝉属	*Erythroneura* Fitch
15206075005	葡萄斑叶蝉	*apicalis* Nawa
15206075010	双纹斑叶蝉	*limbata* Matsumura
15206075015	苦楝斑叶蝉	*melia* Kuoh
15206075020	桑斑叶蝉	*mori* (Matsumura)
15206075025	柿斑叶蝉	*multipunctata* Matsumura
15206075030	桃一点小叶蝉	*sudra* (Distant)
15206080000	姬叶蝉属	*Eutettix* van Duzee
15206080005	光绿菱斑姬叶蝉	*apricus* Melichar

表 1（续）

代码	中文名称	拉丁学名
15206080010	菱斑姬叶蝉	*disciguttus* (Walker)
15206085000	刻纹叶蝉属	*Goniagnathus* Fieber
15206085005	白条刻纹叶蝉	*nervosus* Melichar
15206090000	拟菱纹叶蝉属	*Hishimonoides* Ishihara
15206090005	桑拟菱纹叶蝉	*sellatiformis* Ishihara
15206095000	菱纹叶蝉属	*Hishimonus* Ishihara
15206095005	凹缘菱纹叶蝉	*sellatus* (Uhler)
15206100000	片角叶蝉属	*Idiocerus* Lewis
15206100005	张突片角叶蝉	*expands* Kuoh et Fang
15206100010	黑纹片角叶蝉	*koreanus* Matsumura
15206100015	葛氏片角叶蝉	*kuohi* Cai
15206100020	片角叶蝉	*urakawensis* Matsumura
15206100025	头罩片角叶蝉	*vitticollis* Matsumura
15206105000	扁喙叶蝉属	*Idioscopus* Baker
15206105005	芒果扁喙叶蝉	*incertus* (Baker)
15206110000	伊叶蝉属	*Inemadara* Ishihara
15206110005	稻叶蝉	*oryzae* (Matsumura)
15206115000	网脉叶蝉属	*Krisna* Kirkaldy
15206115005	黑缘网脉叶蝉	*kirbyi* (Kirkaldy)
15206115010	黑点网脉叶蝉	*strigicollis* (Spinola)
15206120000	短腔叶蝉属	*Kolla* Distant
15206120005	白边大叶蝉	*paulula* (Walker)
15206125000	耳叶蝉属	*Ledra* Fabricius
15206125005	窗耳叶蝉	*auditura* Walker
15206125010	双突耳叶蝉	*bilobata* Schumacher
15206130000	二叉叶蝉属	*Macrosteles* Fieber
15206130005	菲氏二叉叶蝉	*fieberi* (Edwards)
15206130010	光二叉叶蝉	*laevis* (Ribaut)
15206130015	四点叶蝉	*quadrimaculatus* (Matsumura)
15206135000	大片叶蝉属	*Megalopsius* Emeljanov
15206135005	柽柳大片叶蝉	*tamaricius* Cai
15206140000	黑尾叶蝉属	*Nephotettix* Matsumura
15206140005	黑尾叶蝉	*bipunctatus* (Fabricius)
15206140010	二条黑尾叶蝉	*nigropictus* (Stål)
15206140015	二点黑尾叶蝉	*virescens* (Distant)
15206145000	点纹叶蝉属	*Opsius* Fieber
15206145005	异点纹叶蝉	*dissimilis* Vilbaste
15206145010	离茎点纹叶蝉	*distantiatus* Dlabola
15206145015	电光叶蝉	*dorsalis* (Motschulsky)
15206145020	并茎点纹叶蝉	*tigripes* (Lethierry)
15206150000	片头叶蝉属	*Petalocephala* Stål
15206150005	红边片头叶蝉	*manchurica* Kato

表 1（续）

代　码	中文名称	拉丁学名
15206150010	一点片头叶蝉	*rubromarginata* Kato
15206155000	木叶蝉属	*Phlogotettix* Ribaut
15206155005	一点木叶蝉	*cyclops* (Mulsant et Rey)
15206160000	沙叶蝉属	*Psammotettix* Haupt
15206160005	暗盾沙叶蝉	*sordidus* Kuoh
15206165000	圣柳叶蝉属	*Tamaricella* Zachvatkin
15206165005	褐尾圣柳叶蝉	*fuscula* Cai
15206170000	白翅叶蝉属	*Thaia* Ghauri
15206170005	白翅叶蝉	*rubiginosa* Kuoh
15206175000	小叶蝉属	*Typhlocyba* Germar
15206175005	蔷薇小叶蝉	*rosae* Provancher
15301000000	木虱科	Psyllidae
15301005000	桑木虱属	*Anomoneura* Schwarz
15301005005	桑木虱	*mori* Schwarz
15301010000	角木虱属	*Cacopsylla* Ossiannilsson
15301010005	中国梨角木虱	*chinensis* Yang et Li
15301010010	山楂角木虱	*idiocrataegi* Li
15301015000	角颊木虱属	*Cornegenapsylla* Yang et Li
15301015005	龙眼角颊木虱	*sinica* Yang et Li
15301015010	毛角木虱	*trichotoma* Li
15301015015	花椒角木虱	*zanthoxylae* Li
15301020000	豆木虱属	*Cyamophila* Loginova
15301020005	槐豆木虱	*willieti* (Wu)
15301025000	桔木虱属	*Diaphorina* Löw
15301025005	柑桔木虱	*citri* Kuwayama
15301030000	卵痣木虱属	*Macrohomotoma* Kuwayama
15301030005	小叶榕华卵痣木虱	*sinica* Yang et Li
15301035000	木虱属	*Psylla* Geoffroy
15301035005	梨木虱	*chinensis* Yang et Li
15301035010	梨黄木虱	*pyrisuga* Förster
15301040000	梧桐木虱属	*Thysanogyna* Crawford
15301040005	梧桐木虱	*limbata* Enderlein
15302000000	个木虱科	Triozidae
15302005000	沙棘木虱属	*Hippophaetrioza* Conci et Tamarini
15302005005	中国沙棘木虱	*chinesis* Li et Yang
15302010000	星室木虱属	*Pseudophacopteron* Enderlein
15302010005	橄榄星室木虱	*canarium* Yang et Li
15302015000	个木虱属	*Trioza* Förster
15302015005	樟个木虱	*camphorae* Sasaki
15302015010	沙枣个木虱	*magnisetosa* Log.
15303000000	裂头木虱科	Carsidaridae
15303005000	薯个木虱属	*Paratrioza* Crawford

表 1 (续)

代 码	中文名称	拉丁学名
15303005005	枸杞木虱	*sinica* Yang et Li
15303010000	毛个木虱属	*Trichochermes* Kirkaldy
15303010005	吉林毛个木虱	*jilinanus* Yang et Li
15304000000	丽木虱科	Calophyidae
15304005000	丽木虱属	*Calophya* Löw
15304005005	黄柏丽木虱	*nigra* Kuwayama
15305000000	盾木虱科	Spondyliaspididae
15305005000	朴盾木虱属	*Celtisaspis* Yang et Li
15305005005	北京朴盾木虱	*beijingana* Yang et Li
15305005010	浙江朴盾木虱	*zhejiangana* Yang et Li
15306000000	粉虱科	Aleurodidae
15306005000	刺粉虱属	*Aleurocanthus* Quaintance et Baker
15306005005	石楠盘粉虱	*photiniana* Young
15306005010	黑刺粉虱	*spiniferus* Quaintance
15306010000	裂粉虱属	*Aleurolobus* Quaintance et Baker
15306010005	马氏粉虱	*marlatti* (Quaintance)
15306010010	尼罗河粉虱	*niloticus* Priesner et Hosny
15306010015	杜鹃穴粉虱	*rhododendri* Takahashi
15306015000	黑胶粉虱属	*Aleurotrachelus* Quaintance et Baker
15306015005	油茶黑胶粉虱	*camelliae* Kuwana
15306020000	瘤粉虱属	*Aleurotuberculatus* Takahashi
15306020005	珊瑚瘤粉虱	*aucubae* (Kuwana)
15306020010	高氏粉虱	*takahashii* David et Subramaniam
15306020015	流苏子瘤粉虱	*thysanospermi* Takahashi
15306025000	星粉虱属	*Asterobemisia* Trehan
15306025005	柳星粉虱	*yanagicola* (Takahashi)
15306030000	桔粉虱属	*Dialeurodes* Cockerell
15306030005	柑桔粉虱	*citri* (Ashmead)
15306035000	缘粉虱属	*Parabemisia* Takahashi
15306035005	杨梅缘粉虱	*myricae* (Kuwana)
15306040000	结翅粉虱属	*Trialeurodes* Cockerell
15306040005	温室粉虱	*vaporariorum* (Westwood)
15307000000	蚜科	Aphididae
15307005000	无网长管蚜属	*Acyrthosiphon* Mordvilko
15307005005	麦无网蚜	*dirhodum* (Walker)
15307005010	苜蓿无网长管蚜	*kondoi* Shinji
15307005015	鸡矢藤无网蚜	*myriopteroni* Zhang
15307005020	蔷薇无网蚜	*porosus* (Sanderson)
15307005025	悬钩子无网蚜	*rubiformosanum* (Takahashi)
15307010000	圆尾蚜属	*Amphicereidus* Oestlud
15307010005	中华忍冬圆尾蚜	*sinilonicercola* Zhang
15307015000	蚜属	*Aphis* Linnaeus

表 1（续）

代　码	中文名称	拉丁学名
15307015005	萝摩蚜	*asclepiadis* Fitch
15307015010	棉黑蚜	*atrata* Zhang
15307015015	金丝桃绿蚜	*chloris* Koch
15307015020	绣线菊蚜	*citricola* van der Goot
15307015025	常山蚜	*clerodendri* Matsumura
15307015030	豆蚜	*craccivora* Koch
15307015035	卫矛蚜	*euonymi* Fabricius
15307015040	柳蚜	*farinosa* Gamelin
15307015045	大豆蚜	*glycines* Mstsmura
15307015050	棉蚜	*gossypii* Glover
15307015055	东亚接骨木蚜	*horii* Takahashi
15307015060	悬钩子蚜	*ichigo* Shinji
15307015065	菊苣蚜	*intybi* Koch
15307015070	夹竹蚜	*nerii* Boyer de Fonscolombe
15307015075	杠柳蚜	*periplocophila* Zhang
15307015080	苹果蚜	*pomi* De Geer
15307015085	洋槐蚜	*robiniae* Macchiati
15307015090	菝葜蚜	*smilacifoliae* Takahashi
15307015095	浙菝葜蚜	*smilacisina* Zhang
15307015100	中国槐蚜	*sophoricola* Zhang
15307015105	冻绿蚜	*utilis* Zhang
15307020000	盾疣蚜属	*Aspidophorodon* Verma
15307020005	柳盾疣蚜	*sinisalicis* Zhang
15307025000	否蚜属	*Aulacophoroides* Tao
15307025005	紫藤否蚜	*hoffmanni* (Takahashi)
15307030000	短尾蚜属	*Brachycaudus* van der Goot
15307030005	扁桃短尾蚜	*amygdalinus* (Schouteden)
15307030010	樱桃李短尾蚜	*divaricata* Shaposhnikov
15307030015	李短尾蚜	*helichrysi* (Kaltenbach)
15307035000	钉毛蚜属	*Capitophorus* van der Goot
15307035005	菊钉毛蚜	*formosartemisiae* (Takahashi)
15307035010	蓼钉毛蚜	*javanicus* Hille Ris Lambers
15307035015	类钉毛蚜	*similis* van der Goot
15307040000	二尾蚜属	*Cavariella del* Guercio
15307040005	埃二尾蚜	*aegopodii* (Scopoli)
15307040010	楤木二尾蚜	*araliae* Takahashi
15307040015	拉萨二尾蚜	*lhasana* Zhang
15307040020	梨二尾蚜	*piri* (Matsumura)
15307040025	柳二尾蚜	*salisicola* (Matsumura)
15307040030	枇杷二尾蚜	*xitianmushanus* (Zhang)
15307045000	中瘤钉毛蚜属	*Chaetosiphon* Mordvilko
15307045005	高丽中瘤钉毛蚜	*coreanum* (Paik)

表 1 (续)

代码	中文名称	拉丁学名
15307050000	西圆尾蚜属	*Dysaphis* Börner
15307050005	邻西圆尾蚜	*affinis* (Mordvilko)
15307050010	峨参西圆尾蚜	*anthrisci* Borner
15307050015	车前西圆尾蚜	*plantaginea* (Passerini)
15307050020	卷缩西圆尾蚜	*rotalis* Zhang
15307055000	藜蚜属	*Hayhurstia* Del Guercio
15307055005	藜蚜	*atriplicis* (Linnaeus)
15307060000	大尾蚜属	*Hyalopterus* Koch
15307060005	桃粉大尾蚜	*amygdali* (Blanchard)
15307060010	桃大尾蚜	*arundimis* (Fabricius)
15307065000	长尾蚜属	*Longicaudus* van der Goot
15307065005	月季长尾蚜	*trirhodus* (Walker)
15307070000	长管蚜属	*Macrosiphum* Passerini
15307070005	铁线莲长管蚜	*clematifoliae* Shiji
15307070010	菝葜长管蚜	*dismilaceti* Zhang
15307070015	大戟长管蚜	*euphorbiae* (Thomas)
15307070020	蔷薇绿长管蚜	*ibarae* (Matsumura)
15307070025	月季长管蚜	*rosivorum* Zhang
15307070030	菝葜黑长管蚜	*smilacifoliae* Takahashi
15307075000	修尾蚜属	*Megoura* Buckton
15307075005	胡枝子修尾蚜	*lespedezae* (Essig et Kuwana)
15307080000	色蚜属	*Melanaphis* van der Goot
15307080005	竹色蚜	*bambusae* (Fullaway)
15307080010	粗管小竹蚜	*meghalayensis* Raychaudhuri et Banerjee
15307085000	小瘤蚜属	*Micromyzus* van der Goot
15307085005	算盘子小瘤蚜	*hangzhouensis* Zhang
15307090000	冠蚜属	*Myzaphis* van der Goot
15307090005	月季冠蚜	*rosarum* (Kaltenbach)
15307095000	瘤蚜属	*Myzus* Passerni
15307095005	金银花长毛管蚜	*clavatus* Paik
15307095010	苹果瘤蚜	*malisuctus* Matsumura
15307095015	杏瘤蚜	*mumecola* (Matsumura)
15307095020	桃蚜	*persicae* (Sulzer)
15307095025	山樱桃黑瘤蚜	*prunisuctus* Zhang
15307095030	桃纵卷叶蚜	*tropicalis* Takahashi
15307095035	黄药子瘤蚜	*varians* Davidson
15307100000	新无网蚜属	*Neoacyrthosiphon* Tao
15307100005	台黑山新无网蚜	*taiheisanum* (Takahashi)
15307105000	圆瘤蚜属	*Ovatus* van der Goot
15307105005	山楂圆瘤蚜	*crataegarius* (Walker)
15307110000	交脉蚜属	*Pentalonia* Coquerel
15307110005	香蕉交脉蚜	*nigronervosa* Coquerel

表 1（续）

代　码	中文名称	拉丁学名
15307115000	卷粉毛蚜属	*Plocamaphis* Oestlund
15307115005	增毛卷粉毛蚜	*assetacae* Zhang
15307115010	蜡卷粉毛蚜	*flocculosa* (Weed)
15307120000	粉毛蚜属	*Pterocomma* Buckton
15307120005	安阳粉毛蚜	*anyangense* Zhang
15307120010	白郎粉毛蚜	*bailangense* Zhang
15307120015	豫柳粉毛蚜	*henanense* Zhang
15307120020	拉萨粉毛蚜	*lhasapopuleum* Zhang
15307120025	内蒙粉毛蚜	*neimogolense* Zhang
15307120030	粉毛蚜	*pilosum* Buckton
15307120035	柳粉毛蚜	*salicis* (Linnaeus)
15307120040	三堡粉毛蚜	*sanpunum* Zhang
15307120045	华杨粉毛蚜	*sinopopulifoliae* Zhang
15307120050	藏柳粉毛蚜	*tibetasalicis* Zhang
15307125000	径分脉蚜属	*Radisectaphis* Zhang
15307125005	吉隆径分脉蚜	*gyirongensis* Zhang
15307130000	蔷无网蚜属	*Rhodobium* Hille Ris Lambers
15307130005	蔷无网蚜	*porosum* Sanderson
15307135000	缢管蚜属	*Rhopalosiphum* Koch
15307135005	苹果缢管蚜	*insertum* (Walker)
15307135010	玉米缢管蚜	*maidis* (Fitch)
15307135015	莲缢管蚜	*nymphaeae* (Linnaeus)
15307135020	禾谷缢管蚜	*padi* (Linnaeus)
15307135025	红腹缢管蚜	*rufiabdominalis* (Sasaki)
15307140000	扎圆尾蚜属	*Sappaphis* Matsumura
15307140005	梨北京圆尾蚜	*dipirivora* Zhang
15307140010	梨中华圆尾蚜	*sirnipiricola* Zhang
15307145000	二叉蚜属	*Schizaphis* Börner
15307145005	梨二叉蚜	*piricola* (Matsumura)
15307150000	半蚜属	*Semiaphis* van der Goot
15307150005	胡萝卜半蚜	*heraclei* (Takahashi)
15307155000	中华修尾蚜属	*Sinomegoura* Takahashi
15307155005	樟修尾蚜	*citricola* (van der Goot)
15307155010	吴茱萸修尾蚜	*evodiae* (Takashi)
15307155015	石楠修尾蚜	*photiniae* (Takahashi)
15307160000	谷网蚜属	*Sitobion* Mordvilko
15307160005	玫瑰谷网管蚜	*rosaeiformis* (Das)
15307165000	声蚜属	*Toxoptera* Koch
15307165005	橘声蚜	*aurantii* (Boyer de Fonscolombe)
15307165010	褐橘声蚜	*citricidus* (Kirkaldy)
15307165015	芒果声蚜	*odinae* (van der Goot)
15307170000	皱背蚜属	*Trichosiphonaphis* Takahashi

表 1（续）

代　码	中文名称	拉丁学名
15307170005	忍冬皱背蚜	*lonicerae* (Uye)
15307175000	瘤头蚜属	*Tuberocephalus* Shinji
15307175005	樱桃瘿瘤头蚜	*higansarurae* (Monzen)
15307175010	樱桃卷叶蚜	*liaoningensis* Zhang et Zhong
15307175015	桃瘤头蚜	*momonis* (Matsumura)
15307175020	樱桃瘤头蚜	*sakurae* (Matsumura)
15307175025	天目山瘤头蚜	*tianmushanensis* Zhang
15307180000	毛角蚜属	*Trichoregma* Takahashi
15307180005	海岛毛角蚜	*insularis* van der Goot
15307180010	小毛角蚜	*minuta* van der Goot
15308000000	斑蚜科	Callaphididae
15308005000	桦斑蚜属	*Betaeallis* Matsumura
15308005005	光皮桦斑蚜	*luminferus* Zhang
15308010000	黑斑蚜属	*Chromaphis* Walker
15308010005	核桃多毛色斑蚜	*hirsutustibis* Kumur et Lavigne
15308010010	核桃黑斑蚜	*juglandicola* (Kaltenbach)
15308015000	绿斑蚜属	*Chromocallis* Walker
15308015005	日本绿斑蚜	*nirecola* (Shinji)
15308015010	榆绿斑蚜	*pumili* Zhang
15308015015	肖绿斑蚜	*similinirecola* Zhang
15308020000	绵斑蚜属	*Euceraphis* Walker
15308020005	桦绵斑蚜	*punctipennis* (Zetterstedt)
15308025000	楠叶蚜属	*Machilaphis* Takahashi
15308025005	楠叶蚜	*machili* (Takahashi)
15308030000	平翅斑蚜属	*Monellia* Oestlund
15308030005	黑缘平翅斑蚜	*costalis* (Fitch)
15308035000	角斑蚜属	*Myzocallis* Passerini
15308035005	鹅耳枥角斑蚜	*carpini* (Koch)
15308040000	新丽斑蚜属	*Neocalaphis* Shinji
15308040005	厚朴新丽斑蚜	*magnolicolens* (Essig et Kuwama)
15308045000	新叶蚜属	*Neophyllaphis* Takahashi
15308045005	罗汉松新叶蚜	*podocarpi* Takahashi
15308050000	全斑蚜属	*Panaphis* Kirkaldy
15308050005	尼泊尔全斑蚜	*nepalensis* (Quednau)
15308050010	尼泊尔全斑蚜云龙亚种	*nepalensis yunlongensis* (Zhang)
15308055000	拟叶蚜属	*Phyllaphoides* Takahashi
15308055005	竹肖叶蚜	*bambusicola* Takahashi
15308060000	伪黑斑蚜属	*Pseudochromaphis* Zhang
15308060005	刺榆伪黑斑蚜	*coreanus* (Paik)
15308065000	绵叶蚜属	*Shivaphis* Das
15308065005	朴绵叶蚜	*celti* Das
15308065010	杭州华绵叶蚜	*hangzhouensis* Zhang et Zhong

表 1（续）

代码	中文名称	拉丁学名
15308070000	中华毛蚜属	*Sinochaitophorus* Takahashi
15308070005	榆华毛蚜	*maoi* Takahashi
15308075000	毛斑蚜属	*Symydobius* Mordvilko
15308075005	黑桦毛斑蚜	*kabae* (Matsumura)
15308080000	凸唇斑蚜属	*Takecallis* Matsumura
15308080005	竹纵斑蚜	*arundinariae* (Essig)
15308080010	竹梢凸膳斑蚜	*taiwanus* (Takahashi)
15308085000	陶斑蚜属	*Taoia* Quednau
15308085005	桤木陶斑蚜	*indica* (Ghosh et Raychaudhuri)
15308090000	椴斑蚜属	*Tiliaphis* Takahashi
15308090005	朝鲜椴斑蚜	*coreanus* Quednau
15308095000	长斑蚜属	*Tinocallis* Matsumura
15308095005	异榉长斑蚜	*allozelkowae* Zhang
15308095010	无患子长斑蚜	*insularis* (Takahashi)
15308095015	紫薇长斑蚜	*kahawaluokalani* (Kirkaldy)
15308095020	榆长斑蚜	*saltans* (Nevsky)
15308095025	槐长斑蚜	*sophorae* Zhang
15308095030	苏州长斑蚜	*suzhouensis* Zhang
15308095035	银川长斑蚜	*yinchuanensis* Zhang
15308100000	侧棘斑蚜属	*Tuberculatus* Mordvilko
15308100005	钉侧棘斑蚜	*capitatus* (Essig et Kuwana)
15308100010	栗斑蚜	*castanocallis* (Zhang et Zhong)
15308100015	粉栗斑蚜	*cereus* (Zhang et Zhong)
15308100020	黄腹侧棘斑蚜	*fulviabdominalis* (Shinji)
15308100025	缘瘤栗斑蚜	*margituberculatus* (Zhang et Zhong)
15308100030	痣侧棘斑蚜	*stigmatus* (Matsumura)
15309000000	大蚜科	Lachnidae
15309005000	长足大蚜属	*Cinara* Curtis
15309005005	冷杉长足大蚜	*abietihabitans* Zhang
15309005010	云南云杉长足大蚜	*alba* Zhang
15309005015	黑松大蚜	*atratipinivora* Zhang
15309005020	马尾松大蚜	*formosana* (Takahashi)
15309005025	油杉长足大蚜	*keteleeriae* Zhang
15309005030	落叶松大蚜	*laricis* (Hartig)
15309005035	柏长足大蚜	*louisianaensis* Boudreaux
15309005040	东方长足大蚜	*orientalis* (Takahashi)
15309005045	小管松大蚜	*paxilla* Zhang
15309005050	黑云杉长足大蚜	*piceae* (Panzer)
15309005055	毛角长足大蚜	*pilicornis* (Hartig)
15309005060	欧亚松大蚜	*pinea* (Mordvilko)
15309005065	日本赤松长足大蚜	*pinidensiflorae* (Essig et Kuwana)
15309005070	油松大蚜	*pinitabulaeformis* Zhang et Zhang

表 1（续）

代码	中文名称	拉丁学名
15309005075	云南松大蚜	*piniyunnanensis* Zhang et Zhang
15309005080	进士长足大蚜	*shinjii* Inouye
15309005085	肖东方长足大蚜	*similiorientalis* Zhang
15309005090	亚端长足大蚜	*subapicula* Zhang
15309005095	藏松大蚜	*tibetapini* Zhang
15309005100	柏大蚜	*tujafilina* (del Guercio)
15309010000	长大蚜属	*Eulachnus del* Guercio
15309010005	捷长大蚜	*agilis* Kaltenbach
15309010010	油松长蚜	*piniformosanus* Takahashi
15309010015	五叶松长大蚜	*pumilae* Inouye
15309010020	黑长大蚜	*rileyi* (Williams)
15309010025	钉毛长大蚜	*tuberculostemmatus* (Theobald)
15309015000	大蚜属	*Lachnus* Buemeister
15309015005	栲大蚜	*quercihabitans* (Takahashi)
15309015010	栎大蚜	*roboris* (Linnaeus)
15309015015	辽栎大蚜	*siniquercus* Zhang
15309015020	板栗大蚜	*tropicalis* (van der Goot)
15309015025	云龙大蚜	*yunlongensis* Zhang
15309020000	长痣大蚜属	*Longistigma* Wilson
15309020005	藏柳长痣大蚜	*xizangensis* Zhang
15309025000	梨大蚜属	*Pyrolachnus* Basu et Hille Ris Lambers
15309025005	巨锥梨大蚜	*macroconus* Zhang
15309025010	梨大蚜	*pyri* (Buckton)
15309030000	钝喙大蚜属	*Schizolachnus* Mordvilko
15309030005	东方钝喙大蚜	*orientalis* Takahashi
15309030010	欧松钝喙大蚜	*pineti* (Fabricius)
15309035000	长喙大蚜属	*Stomaphis* Walker
15309035005	漆长喙大蚜	*rhusivernicifluae* Zhang
15309035010	柳长喙大蚜	*sinisalicis* Zhang
15309035015	朴长喙大蚜	*yanonis* Takahashi
15309040000	瘤大蚜属	*Tuberolachnus* Mordvilko
15309040005	柳瘤大蚜	*salignus* (Gmelin)
15310000000	群蚜科	Thelaxidae
15310005000	刺蚜属	*Cervaphis* van der Goot
15310005005	栎刺蚜	*quercus* Takahashi
15310010000	刻蚜属	*Kurisakia* Takahashi
15310010005	枫杨刻蚜	*onigurumii* (Shinji)
15310010010	麻栎刻蚜	*querciphila* Takahashi
15310010015	山核桃刻蚜	*sinocaryae* Zhang
15310010020	化香刻蚜	*sinoplatycaryae* Zhang
15310010025	铁刀木刻蚜	*yunnanensis* Zhang
15310015000	刚毛蚜属	*Schoutedenia* Rubsaamen

表 1（续）

代 码	中文名称	拉丁学名
15310015005	黄刚毛蚜	*lutea* (van der Goot)
15310015010	台湾刚毛蚜	*viridis* (van der Goot)
15311000000	短痣蚜科	Anoeciidae
15311005000	伪短痣蚜属	*Aiceona* Takahashi
15311005005	木姜子伪短痣蚜	*actinodaphni* Takahashi
15311010000	短痣蚜属	*Anoecia* Koch
15311010005	瑞木短痣蚜	*corni* (Fabricius)
15312000000	毛蚜科	Chaitophoridae
15312005000	毛蚜属	*Chaitophorus* Koch
15312005005	淡色毛蚜	*clarus* Tseng et Tao
15312005010	白杨毛蚜	*populeti* (Panzer)
15312005015	白毛蚜	*populialbae* (Boyer de Fonscolombe)
15312005020	住杨毛蚜	*populihabitans* Zhang et Zhong
15312005025	滇杨毛蚜	*populiyunnanensis* Zhang et Zhong
15312005030	日本柳毛蚜	*salijaponicus* Essig et Kuwana
15312005035	柳黑毛蚜	*salinigeri* Shinji
15312005040	山东毛蚜	*shantungensis* Tseng et Tao
15312005045	西藏毛蚜	*xizangensis* Zhang
15312010000	多态毛蚜属	*Periphyllus* van der Hoeven
15312010005	三角枫多态毛蚜	*acerihabitans* Zhang
15312010010	京枫多态毛蚜	*diacerivorus* Zhang
15312010015	栾多态毛蚜	*koelreuteriae* (Takahashi)
15313000000	扁蚜科	Hormaphididae
15313005000	粉虱蚜属	*Aleurodaohis* van der Goot
15313005005	艾纳香粉虱蚜	*blumeae* van der Goot
15313005010	柳粉虱蚜	*sinisalicis* Zhang
15313010000	舞蚜属	*Astegopteryx* Karsch
15313010005	竹蚜	*bambusae* (Budkton)
15313010010	竹舞蚜	*bambusifoliae* (Takahashi)
15313015000	光角蚜属	*Ceratocallis* Qiao and Zhang
15313015005	山茶光角蚜	*vamellis* Qiao and Zhang
15313020000	粉角蚜属	*Ceratovacuna* Zehntner
15313020005	西粉角蚜	*silvestrii* (Takahashi)
15313025000	坚角蚜属	*Ceratoglyphina* van der Goot
15313025005	杨坚角蚜	*populisucta* Zhang et Zhong
15313030000	一条角蚜属	*Doraphis* Matsumura et Hori
15313030005	杨一条角蚜	*populi* Matsumura
15313035000	伴扁蚜属	*Metanipponaphis* Takahashi
15313035005	大颗瘤虱蚜	*cuspidatae* Essig et Kuwana
15313040000	新胸蚜属	*Neothoracaphis* Takahashi
15313040005	杭州新胸蚜	*hangzhouensis* Zhang
15313045000	角蚜属	*Oregma* Buckton

表 1（续）

代　码	中文名称	拉丁学名
15313045005	竹角蚜	*bambusicola* Takahashi
15313050000	伪角蚜属	*Pseudoregma* Doncaster
15313050005	管伪角蚜	*alexanderi* (Takahashi)
15313050010	居竹伪角蚜	*bambusicola* (Takahashi)
15314000000	瘿绵蚜科	Pemphigidae
15314005000	爪绵蚜属	*Aphidounguis* Takahashi
15314005005	苹果爪绵蚜	*mali* Takahashi
15314010000	平翅根蚜属	*Aploneura* Passerini
15314010005	葡萄平翅根蚜	*ampelina* (Mokrzecky)
15314015000	毛根蚜属	*Chaetogeoica* Remaudiere et Tao
15314015005	梳齿毛根蚜	*folidentata* (Tao)
15314020000	三堡瘿绵蚜属	*Epipemphigus* Hille Ris Lambers
15314020005	三堡瘿绵蚜	*sanpupopuli* (Zhang et Zhong)
15314025000	绵蚜属	*Eriosoma* Leech
15314025005	安绵蚜	*anncharlotteae* Dannielsson
15314025010	苹果绵蚜	*lanigerum* (Hausmann)
15314025015	榆绵蚜	*lanuginosum* (Hartig)
15314025020	迪榆绵蚜	*lanuginosum dilanuginosum* (Zhang)
15314025025	榆卷叶绵蚜	*ulmi* Linnaeus
15314030000	五节根蚜属	*Forda von* Heyden
15314030005	西昌卷根蚜	*sichangensis* Remaudiere et Tao
15314035000	丽绵蚜属	*Formosaphis* Takahashi
15314035005	丽绵蚜	*micheliae* Takahashi
15314040000	粗毛绵蚜属	*Pachypappa* Koch
15314040005	毛埃斯蚜	*pilosa* (Zhang)
15314040010	杨多毛绵蚜	*populi* (Linnaeus)
15314040015	山杨多毛绵蚜	*tremulae* (Linnaeus)
15314045000	瘿绵蚜属	*Pemphigus* Hartig
15314045005	远东枝瘿绵蚜	*borealis* Tullgren
15314045010	藏叶瘿绵蚜	*chomoensis* Zhang
15314045015	环瘿绵蚜	*circellatus* Zhang
15314045020	筒瘿绵蚜	*cylindricus* Zhang
15314045025	杨枝瘿绵蚜	*immunis* Buckton
15314045030	芒康瘿绵蚜	*mangkamensis* Zhang
15314045035	杨柄叶瘿绵蚜	*matsumurai* Monzen
15314045040	杨瘿绵蚜	*napaeus* Buckton
15314045045	杨横瘿绵蚜	*populitransversus* Riley
15314045050	早螺瘿绵蚜	*protospirae* Lichtenstein
15314045055	柄脉叶瘿绵蚜	*sinobursarius* Zhang
15314045060	藏枝瘿绵蚜	*tibetensis* Zhang
15314045065	滇枝瘿绵蚜	*yangcola* Zhang
15314045070	滇叶瘿绵蚜	*yunnanensis* Zhang

表 1（续）

代　码	中文名称	拉丁学名
15314050000	卷叶绵蚜属	*Prociphilus* Koch
15314050005	山楂卷叶绵蚜	*crataegicola* Shinji
15314050010	金银花卷叶绵蚜	*dilonicerae* Zhang
15314050015	梨卷叶绵蚜	*kuwanai* Monzen
15314050020	女贞卷叶绵蚜	*ligustrifoliae* (Tseng et Tao)
15314055000	四脉绵蚜属	*Tetraneura* Hartig
15314055005	秋四脉绵蚜	*akinire* Sasaki
15314055010	黑腹四脉蚜	*nigriabdominalis* Sasaki
15314055015	榉四脉绵蚜	*zelkovisucta* Zhang
15314060000	伪卷叶绵蚜属	*Thecabius* Koch
15314060005	白杨伪卷叶绵蚜	*populi* Tao
15315000000	纩蚜科	Mindaridae
15315005000	纩蚜属	*Mindarus* Koch
15315005005	日本纩蚜	*japonicus* Takahashi
15315005010	油杉纩蚜	*keteleerifoliae* Zhang
15316000000	毛管蚜科	Greenideidae
15316005000	真毛管蚜属	*Eutrichosiphum* Essig et Kuwana
15316005005	依真毛管蚜	*izas* Zhang
15316005010	勐仑真毛管蚜	*menglunense* Zhang
15316005015	络石真毛管蚜	*minutum* Takahashi
15316005020	栲叶真毛管蚜	*pseudopasaniae* Szelegiewicz
15316005025	苦槠真毛管蚜	*sclerophyllum* Zhang
15316005030	绿真毛管蚜	*sinense* Ray Chauhuri
15316005035	塔真毛管蚜	*tattakanum* (Takahashi)
15316010000	毛管蚜属	*Greenidea* Schouteden
15316010005	台湾毛管蚜	*formosana* (Maki)
15316010010	广州毛管蚜	*guangzhouensis* Zhang
15316010015	杭黑毛管蚜	*hangnigri* Zhang
15316010020	昆明毛管蚜	*kunmingensis* Zhang
15316010025	库毛管蚜	*kuwanai* Pergande
15316015000	全毛管蚜属	*Holotrichosiphon* Raychaudhuri
15316015005	丽江全毛管蚜	*lijiangense* Zhang
15316015010	玉龙山全毛管蚜	*yulongshanense* Zhang
15316020000	声毛管蚜属	*Mollitrichosiphum* Suenaga
15316020005	桤木声毛管蚜	*alni* Ghosh, Ghosh et Raychaudhuri
15316020010	醉鱼草声毛管蚜	*buddleiae* Ghosh, Banerjee et Raychaudhuri
15316020015	南声毛管蚜	*nandii* Basu
15316020020	台湾声毛管蚜	*taiwanum* (Takahashi)
15317000000	平翅绵蚜科	Phloeomyzidae
15317005000	平翅绵蚜属	*Phloemyzus* Horváth
15317005005	杨平翅绵蚜	*passerinii zhangwuensis* Zhang
15318000000	球蚜科	Adelgidae

表 1（续）

代码	中文名称	拉丁学名
15318005000	球蚜属	*Adelges* Vollot et Pinus Shimer
15318005005	鱼鳞云杉球蚜	*japonicus* Monzen
15318005010	落叶松球蚜	*laricis* Vallot
15318005015	落叶松球蚜红杉亚种	*laricis potaninilaricis* Zhang
15318005020	铁杉球蚜	*tsugae* Annand
15318010000	奇球蚜属	*Aphrastasia* Börner
15318010005	冷杉球蚜	*pectinatae* (Cholodkovsky)
15318015000	迹球蚜属	*Gilletteella* Börner
15318015005	冷杉迹球蚜	*glandulae* Zhang
15318020000	松球蚜属	*Pineus* Shimer
15318020005	华山松球蚜	*armandicola* Zhang
15318020010	红松球蚜	*cembrae pinikoreanus* Zhang et Fang
15318020015	松球蚜	*laevis* Maskell
15318020020	蜀云杉松球蚜	*sichuananus* Zhang
15318025000	糖球蚜属	*Sacchiphantes* Curtis
15318025005	落叶松红瘿球蚜	*roseigallis* Li et Tsai
15318025010	云杉绿球蚜	*viridis* (Ratzeburg)
15319000000	根瘤蚜科	Phylloxeridae
15319005000	梨矮蚜属	*Aphanostigma* Borner
15319005005	梨黄粉蚜	*jakusuiensis* (Kishida)
15319010000	倭蚜属	*Phylloxerina* Börner
15319010005	柳倭蚜	*capreae* Börner
15319015000	根瘤蚜属	*Viteus* Shimer
15319015005	葡萄根瘤蚜	*vitifoliae* (Fitch)
15320000000	链蚧科	Asterolecaniidae
15320005000	斑链蚧属	*Asterodiaspis* Signoret
15320005005	刘氏斑链蚧	*liui* Borchs
15320005010	栓皮栎斑链蚧	*variabile* (Russell)
15320010000	链蚧属	*Asterolecanium* Targioni-Tozzetti
15320010005	樟链蚧	*cinnamomi* Borchsenius
15320015000	竹斑链蚧属	*Bambusaspis* Cockerell
15320015005	菲竹斑链蚧	*abiectus* (Russell)
15320015010	竹斑链蚧	*bambusae* (Boisduval)
15320015015	日竹斑链蚧	*bambusicola* (Kuwana)
15320015020	巴西竹斑链蚧	*caudatus* (Green)
15320015025	中国竹斑链蚧	*chinae* (Russell)
15320015030	圆形竹斑链蚧	*circulare* (Russell)
15320015035	透体竹斑链蚧	*delicatus* (Green)
15320015040	罗竹斑链蚧	*disiunctum* (Russell)
15320015045	两广竹斑链蚧	*florus* (Russell)
15320015050	海南竹斑链蚧	*fusus* (Russell)
15320015055	安徽竹斑链蚧	*jubatus* Wu

表 1（续）

代　码	中文名称	拉丁学名
15320015060	半球竹斑链蚧	*hemisphaericus* (Kuwana)
15320015065	黄山竹斑链蚧	*huangshanensis* Zhang
15320015070	徽州竹斑链蚧	*huichowensis* Zhang
15320015075	大型竹斑链蚧	*largus* (Russell)
15320015080	条形竹斑链蚧	*longulus* (Russell)
15320015085	长丝竹斑链蚧	*longus* (Green)
15320015090	缘腺竹斑链蚧	*marginalis* Borchsenius
15320015095	墨竹斑链蚧	*masuii* (Kuwana)
15320015100	热带竹斑链蚧	*miliaris* (Boisduval)
15320015105	扁刀竹斑链蚧	*mimicus* (Russell)
15320015110	蒲扇竹斑链蚧	*minusculus* (Russell)
15320015115	小型竹斑链蚧	*minutus* (Takahashi)
15320015120	南林竹斑链蚧	*nanlinnatalis* Zhang
15320015125	郑州竹斑链蚧	*neojubatus* Tang et Hao
15320015130	广东竹斑链蚧	*notabilis* (Russell)
15320015135	浙江竹斑链蚧	*oblongus* (Russell)
15320015140	海南竹斑链蚧	*parvus* (Russell)
15320015145	长秆竹斑链蚧	*penicillatus* (Russell)
15320015150	凸腺竹斑链蚧	*protrusus* Zhang et Zhang
15320015155	台湾竹斑链蚧	*pseudolanceolatus* (Takahashi)
15320015160	琵琶竹斑链蚧	*pseudomiliaris* (Green)
15320015165	小竹斑链蚧	*pseudominuscula* Borchsenius
15320015170	盘形竹斑链蚧	*pusillus* (Russell)
15320015175	粤竹斑链蚧	*radiatus* (Russell)
15320015180	麻竹斑链蚧	*robusta* (Green)
15320015185	红体竹斑链蚧	*rufa* Zhang
15320015190	深圳竹斑链蚧	*shenzhensis* Wu
15320015195	长镖竹斑链蚧	*sparus* (Russell)
15320015200	亚螺竹斑链蚧	*subdolus* (Russell)
15320015205	普通竹斑链蚧	*vulgare* (Russell)
15320015210	新安竹斑链蚧	*xinanensis* Zhang
15320020000	小链蚧属	*Hsuia* Ferris
15320020005	川小链蚧	*cheni* Borchsenius
15320020010	小链蚧	*vitrea* Ferris
15320025000	背链蚧属	*Liuaspis* Borchsenius
15320025005	中华背链蚧	*sinensis* Borchsenius
15320030000	新链蚧属	*Neoasterodiaspis* Borchsenius
15320030005	栗新链蚧	*castaneae* (Russell)
15320035000	寡链蚧属	*Pauroaspis* Tang
15320035005	披针寡链蚧	*elongatus* (Russell)
15320035010	竹秆寡链蚧	*rutilan* (Wu)
15320035015	双毛寡链蚧	*scirrosis* (Russell)

表 1（续）

代码	中文名称	拉丁学名
15321000000	粉蚧科	Pseudococcidae
15321005000	安粉蚧属	*Anaparaputo* Borchsenius
15321005005	安粉蚧	*liui* Borchsenius
15321010000	竹粉蚧属	*Antonina* Signoret
15321010005	竹白尾粉蚧	*crawii* Cockerell
15321010010	盾竹粉蚧	*pretiosa* Ferris
15321010015	带东竹粉蚧	*zonata* Green
15321015000	扁粉蚧属	*Chaetococcus* Maskell
15321015005	竹扁粉蚧	*bambusae* (Maskell)
15321020000	松白粉蚧属	*Crisicoccus* Ferris
15321020005	杜松白粉蚧	*juniperus* (Tang)
15321020010	松白粉蚧	*pini* (Kuwana)
15321025000	粒粉蚧属	*Coccura* Šulc
15321025005	黑龙江粒粉蚧	*ussuriensis* (Borchsenius)
15321030000	林粉蚧属	*Drymococcus* Borchsenius
15321030005	根林粉蚧	*rhizojhilus* Borchsenius
15321035000	洁粉蚧属	*Dysmicoccus* Ferris
15321035005	波萝洁粉蚧	*brevipes* (Cockerell)
15321040000	玛粉蚧属	*Eumyrmococcus* Silvestri
15321040005	史氏玛粉蚧	*smithii* Silvestri
15321045000	腺刺粉蚧属	*Ferrisiana* Fullaway
15321045005	桔腺刺粉蚧	*virgata* (Cockerell)
15321050000	阳腺刺粉蚧属	*Heliococcus* Šulc
15321050005	箪竹阳腺刺粉蚧	*lingnaniae* Wang
15321050010	竹叶阳腺刺粉蚧	*takae* (Kuwana)
15321050015	枣阳腺刺粉蚧	*zizyphi* Borchsenius
15321055000	峰粉蚧属	*Heterococcus* Ferris
15321055005	清峰粉蚧	*abludens* Borchsenius
15321060000	锥粉蚧属	*Idiococcus* Takagi et Kanda
15321060005	日本锥粉蚧	*bambusae* Takagi et Kanda
15321065000	枯粉蚧属	*Kiritshenkella* Borchsenius
15321065005	甘蔗枯粉蚧	*sacchari* (Greeen)
15321065010	云南枯粉蚧	*yunnanensis* Borchsenius
15321070000	思粉蚧属	*Lachnodiopsis* Borchsenius
15321070005	思粉蚧	*szemaoenis* Borchsenius
15321075000	缘管粉蚧属	*Lomatococcus* Borchsenius
15321075005	缘管粉蚧	*ficiphilus* Borchsenius
15321080000	秀粉蚧属	*Maconellicoccus* Ezzat
15321080005	柯秀粉蚧	*hirsutus* (Green)
15321085000	蛇粉蚧属	*Naiacoccus* Green
15321085005	柽柳纽绵蚧	*minor* Green
15321090000	巢粉蚧属	*Nesticoccus* Tang

表 1（续）

代　码	中文名称	拉丁学名
15321090005	巢粉蚧	*sinensis* Tang
15321195000	堆蜡粉蚧属	*Nipaecoccus* Šulc
15321195005	长尾堆蜡粉蚧	*filamentous* (Cockerell)
15321195010	堆蜡粉蚧	*vastator* (Maskell)
15321100000	松粉蚧属	*Oracella* Ferris
15321100005	湿地松粉蚧	*acuta* (Lobdell)
15321105000	白粉蚧属	*Paraputo* Liang
15321105005	中华白粉蚧	*sinensis* Borchsenius
15321110000	榄粉蚧属	*Pedronia* Green
15321110005	麻榄粉蚧	*tremae* Borchsenius
15321115000	绵粉蚧属	*Phenacoccus* Cockerell
15321115005	槭树绵粉蚧	*aceris* Signoret
15321115010	梭梭绵粉蚧	*arthrophyti* Archangelskaya
15321115015	白蜡绵粉蚧	*fraxinus* Tang
15321115020	柿绵粉蚧	*pergandei* Cockerell
15321115025	梅绵粉蚧	*prunicola* Borchsenius
15321120000	臀纹粉蚧属	*Planococcus* Ferris
15321120005	桔臀纹粉蚧	*citri* (Risso)
15321125000	囊粉蚧属	*Porisaccus* Hendricks et Kosztarab
15321125005	九华囊粉蚧	*jiuhuaensis* (Wu)
15321130000	跛粉蚧属	*Pseudantonina* Green
15321130005	广东跛粉蚧	*magnotubulata* Borchsenius
15321135000	粉蚧属	*Pseudococcus* Westwood
15321135005	长尾粉蚧	*adonidum* (Linnaeus)
15321135010	桔小粉蚧	*citriculus* Green
15321135015	康氏粉蚧	*comstocki* (Kuwana)
15321140000	糖粉蚧属	*Saccharicoccus* Ferris
15321140005	单竹糖粉蚧	*bambusus* (Tang)
15321145000	锯粉蚧属	*Serrolecanium* Shiji
15321145005	网孔锯粉蚧	*indocalamus* Wu
15321150000	刺粉蚧属	*Spinococcus* Kirichenko
15321150005	云南刺粉蚧	*minusculus* (Borchsenius)
15321155000	汤粉蚧属	*Tangicoccus* Kozar et Walter
15321155005	细长汤粉蚧	*elongatus* (Tang)
15322000000	胶蚧科	Kerriidae
15322005000	硬胶蚧属	*Kerria* Targioni-Tozzetti
15322005005	龙眼胶蚧	*greeni* (Chamberlin)
15322010000	胶蚧属	*Laccifer* Oken
15322010005	田胶蚧	*ruralis* Wang et al
15322015000	角胶蚧属	*Tachardina* Cockerell
15322015005	茶硬胶蚧	*theae* (Green et Menn)
15323000000	蚧科	Coccidae

表 1（续）

代 码	中文名称	拉丁学名
15323005000	齿蚧属	*Acantholecanium* Borchsenius
15323005005	异形齿蚧	*haloxyloni* (Hall)
15323010000	刺绵蚧属	*Acanthopulvinaria* Borchsenius
15323010005	东方刺绵蚧	*orientalis* (Nass)
15323015000	蜡蚧属	*Ceroplastes* Gray
15323015005	角蜡蚧	*ceriferus* (Anderson)
15323015010	龟蜡蚧	*floridensis* Comstock
15323015015	日本龟蜡蚧	*japonicus* Green
15323015020	伪角蜡蚧	*pseudoceriferus* Green
15323015025	红蜡蚧	*rubens* Maskell
15323020000	绿绵蜡蚧属	*Chloropulvinaria* Borchsenius
15323020005	桔绿绵蜡蚧	*aurantii* (Cockerell)
15323020010	绿绵蜡蚧	*floccifera* (Westwood)
15323020015	夹竹桃绿棉蜡蚧	*nerii* (Maskell)
15323020020	油茶绿绵蜡蚧	*okitsuensis* (Kuwana)
15323020025	垫囊绿绵蜡蚧	*psidii* (Maskell)
15323025000	软蜡蚧属	*Coccus* Linnaeus
15323025005	无花果软蜡蚧	*ficus* (Maskell)
15323025010	南亚蚁软蜡蚧	*formicarii* (Green)
15323025015	褐软蜡蚧	*hesperidum* Linnaeus
15323025020	橘软蜡蚧	*pseudomagnoliarum* (Kuwana)
15323025025	咖啡绿软蜡蚧	*viridis* (Green)
15323030000	球坚蜡蚧属	*Didesmococcus* Borchsenius
15323030005	朝鲜球坚蜡蚧	*koreanus* Borchsenius
15323030010	杏毛球坚蜡蚧	*unifasciatus* (Archangelskaya)
15323035000	网蜡蚧属	*Eucalymnatus* Cockerell
15323035005	桦木球蜡蚧	*dougiasi* (Sulc)
15323035010	枣球蜡蚧	*gigantea* (Shinji)
15323035015	榆球蜡蚧	*kostylevi* (Ferris)
15323035020	日本球蜡蚧	*kunoensis* (Kuwana)
15323035025	皱大球蜡蚧	*kuwanai* Kanda
15323035030	杏球蜡蚧	*prunastri* Fonscolomber
15323035035	霸王球坚蚧	*rugulosum* (Archangelskaya)
15323035040	网蜡蚧	*tessellatus* (Signoret)
15323040000	真绵蚧属	*Eupulvinaria* Borchsenius
15323040005	柑桔真绵蚧	*citricola* (Kuwana)
15323045000	脊纹蚧属	*Maacoccus* Tao et al
15323045005	十字背纹蚧	*bicruciatus* (Green)
15323050000	卷毛毡蜡蚧属	*Metaceronema* Takahashi
15323050005	日本卷毛蜡蚧	*japonica* (Maskell)
15323055000	龟蜡蚧属	*Paracerostegia* Tang
15323055005	佛州龟蜡蚧	*floridensis* (Comstock)

表 1（续）

代　码	中文名称	拉丁学名
15323055010	日本龟蜡蚧	*japonica* (Green)
15323060000	副珠蜡蚧属	*Parasaissetia* Takahashi
15323060005	柑橘副珠蜡蚧	*citricola* (Kuwana)
15323060010	橡胶副珠蜡蚧	*nigra* (Nietner)
15323065000	盔蜡蚧属	*Parthenolecanium* Šulc
15323065005	褐盔蜡蚧	*corni* (Bouché)
15323065010	桃盔蜡蚧	*persicae* (Fabricius)
15323070000	杉苞蚧属	*Physokermes* Targioni
15323070005	山西杉苞蚧	*shanxiensis* Tang
15323070010	蒙古杉苞蚧	*sugonjaevi* Dangig
15323075000	原棉蜡蚧属	*Protopulvinaria* Cockerell
15323075005	芒果原棉蚧	*mangiferae* (Green)
15323080000	绵蜡蚧属	*Pulvinaria* Targioni-Tozzetti
15323080005	杭竹蔗棉蚧	*bambusicola* (Tang)
15323080010	橘小绵蜡蚧	*citricola* Kuwana
15323080015	海边绵蜡蚧	*costata* Borchsenius
15323080020	小杨绵蜡蚧	*populeti* Borchsenius
15323080025	柳树绵蜡蚧	*salicicola* Borchsenius
15323080030	白杨绵蜡蚧	*tremulae* Signoret
15323080035	葡萄绵蜡蚧	*vitis* (Linnaeus)
15323085000	朝球蜡蚧属	*Rhodococcus* Borchsenius
15323085005	樱桃朝球蜡蚧	*sariuoni* Borchsenius
15323090000	食蔗蚧属	*Saccharolecanium* Williams
15323090005	福建食蔗蚧	*fujianensis* Tang
15323095000	珠蜡蚧属	*Saissetia* Deplanches
15323095005	咖啡珠蜡蚧	*coffeae* (Walker)
15323095010	榄珠蜡蚧	*oleae* (Bernard)
15323100000	圆球蜡蚧属	*Sphaerolecanium* Šulc
15323100005	杏球蚧	*prunastri* (Fonscolombe)
15323105000	纽绵蜡蚧属	*Takahashia* Cockerell
15323105005	日本纽蜡蚧	*japonica* (Cockerell)
15324000000	盾蚧科	Diaspididae
15324005000	长本圆蚧属	*Abgrallaspis* Balachowsky
15324005005	茶长本圆蚧	*cyanophylli* (Signoret)
15324005010	山茶长本圆蚧	*degeneratus* (Leonardi)
15324010000	圆蹄盾蚧属	*Aonidiella* Berese et Leonardi
15324010005	红圆蹄盾蚧	*aurantii* (Maskell)
15324010010	黄圆蹄盾蚧	*citrina* (Coquillett)
15324010015	苏铁圆蹄盾蚧	*inornata* McKenzie
15324010020	松片圆蹄盾蚧	*pini* Young
15324010025	榕片圆蹄盾蚧	*sotetsu* (Takahashi)
15324010030	紫杉圆蹄盾蚧	*taxus* Leonardi

表 1（续）

代　码	中文名称	拉丁学名
15324015000	圆盾蚧属	*Aspidiotus* Bouché
15324015005	杉红圆盾蚧	*anningensis* Tang et Chu
15324015010	柳杉圆盾蚧	*cryptomeriae* Kuwana
15324015015	椰圆盾蚧	*destructor* Signoret
15324015020	常春藤圆盾蚧	*nerii* Bouché
15324020000	白轮盾蚧属	*Aulacaspis* Cockerell
15324020005	桔白轮盾蚧	*citri* Chen
15324020010	珠兰白轮盾蚧	*crawii* (Cockerell)
15324020015	胡颓子白轮盾蚧	*difficilis* (Cockerell)
15324020020	龙眼白轮盾蚧	*longanae* Chen，Wu et Su
15324020025	香椿白轮盾蚧	*projecta* Takagi
15324020030	蔷薇白轮盾蚧	*rosae* (Bouché)
15324020035	拟刺白轮盾蚧	*rosarum* Borchsenius
15324020040	拟蔷薇白轮盾蚧	*sassafris* Chen，Wu et Su
15324020045	檫木白轮盾蚧	*spinosa* (Maskell)
15324020050	白轮盾蚧	*thoracica* (Robinson)
15324020055	芒果白轮盾蚧	*tubercularis* Newstead
15324020060	葡萄白轮盾蚧	*vitis* (Green)
15324020065	樟白轮盾蚧	*yabunikkei* Kuwana
15324025000	雪盾蚧属	*Chionaspis* Signoret
15324025005	白桦雪盾蚧	*alnus* Kuwana
15324025010	香樟臀凹盾蚧	*camphora* (Chen)
15324025015	石臀凹盾蚧	*dendrobii* (Kuwana)
15324025020	耿马臀凹盾蚧	*gengmaensis* (Chen)
15324025025	硕轭雪盾蚧	*megazygosis* Chen
15324025030	青冈齐盾蚧	*saitamensis* Kuwana
15324025035	柳雪盾蚧	*salicis* (Linnaeus)
15324025040	白囊盾蚧	*yunnanensis* Chen
15324030000	褐圆盾蚧属	*Chrysomphalus* Ashmead
15324030005	黑褐圆盾蚧	*aonidum* (Linnaeus)
15324030010	橙褐圆盾蚧	*bifasciculatus* Ferris
15324030015	红褐圆盾蚧	*dictyospermi* (Morgan)
15324030020	梅褐圆盾蚧	*mume* Tang
15324035000	圆盾蚧属	*Diaspidiotus* Cockerell
15324035005	杨笠圆盾蚧	*gigas* (Thiem et Gerneck)
15324035010	柳笠圆盾蚧	*ostreaeformis* (Curtis)
15324035015	梨笠圆盾蚧	*perniciosus* (Comstock)
15324035020	突笠圆盾蚧	*slavonicus* (Green)
15324040000	盾蚧属	*Diaspis* Costa
15324040005	白盾蚧	*echinocacti* (Bouché)
15324045000	复盾蚧属	*Duplachionaspis* MacGillivray
15324045005	凹叶复盾蚧	*divergens* (Green)

表 1（续）

代　码	中文名称	拉丁学名
15324050000	重圆盾蚧属	*Duplaspidiotus* MacGillivray
15324050005	榴重圆盾蚧	*claviger* (Cockerell)
15324055000	狭腹盾蚧属	*Dynaspidiotus* Thiem et Gerneck
15324055005	冬青狭腹盾蚧	*britannicus* (Newstead)
15324055010	麻黄白圆盾蚧	*ephedrarum* (Lindinger)
15324055015	松圆狭腹盾蚧	*meyeri* (Marlatt)
15324060000	单蜕盾蚧属	*Fiorinia* Targioni-Tozzetti
15324060005	单蜕盾蚧	*fioriniae* (Targioni-Tozzetti)
15324060010	日本蜕盾蚧	*japonica* Kuwana
15324060015	栎尖蜕盾蚧	*quercifolii* Ferris
15324060020	茶蜕盾蚧	*theae* Green
15324060025	松单蜕盾蚧	*vacciniae* Kuwana
15324065000	美盾蚧属	*Formosaspis* Takahashi
15324065005	台湾美盾蚧	*formosana* (Takahashi)
15324065010	竹美盾蚧	*stegana* Ferris
15324065015	黑美盾蚧	*takahashii* (Lindinger)
15324070000	长盾蚧属	*Greenaspis* MacGillivray
15324070005	浙江长盾蚧	*chekiangensis* Tang
15324070010	长盾蚧	*elongata* (Green)
15324075000	突圆蚧属	*Hemiberlesia* Cockerell
15324075005	棕突圆蚧	*lataniae* (Signoret)
15324075010	松突圆蚧	*pitysophila* Takagi
15324075015	狭口炎盾蚧	*rapax* (Comstock)
15324080000	霍盾蚧属	*Howardia* Berlese et Leonardi
15324080005	拟桑盾蚧	*biclavis* (Comstock)
15324085000	纹蜕盾蚧属	*Ischnafiorinia* MacGillivray
15324085005	竹盾蚧	*bambusae* (Maskell)
15324085010	川竹须盾蚧	*bambusicola* Hu
15324090000	须盾蚧属	*Kuwanaspis* MacGillivray
15324090005	安须盾蚧	*annandalei* (Green)
15324090010	麻竹须盾蚧	*bambusicola* (Cockerell)
15324090015	台竹须盾蚧	*bambusifoliae* (Takahashi)
15324090020	长须盾蚧	*elongata* (Takahashi)
15324090025	拟长须盾蚧	*elongatoides* Tang et Wu
15324090030	多叶须盾蚧	*foliosa* Wu
15324090035	雪须盾蚧	*hikosani* (Kuwana)
15324090040	霍氏须盾蚧	*howardi* (Cooley)
15324090045	线须盾蚧	*linearis* (Green)
15324090050	多孔须盾蚧	*multipora* Tang
15324090055	台须盾蚧	*suishana* (Takahashi)
15324090060	竹阔须盾蚧	*vermiformis* (Takahashi)
15324095000	蛎盾蚧属	*Lepidosaphes* Shimer

表 1（续）

代　码	中文名称	拉丁学名
15324095005	紫蛎盾蚧	*beckii* (Newman)
15324095010	山茶蛎盾蚧	*camelliae* Hoke
15324095015	朴蛎盾蚧	*celtis* Kuwana
15324095020	苹果蛎盾蚧	*conchiformis* (Gmelin)
15324095025	卫矛长蛎蚧	*corni* Takahashi
15324095030	柏蛎盾蚧	*cupressi* Borchsenius
15324095035	蛎盾蚧	*cycadicola* Kuwana
15324095040	长蛎盾蚧	*gloverii* (Packard)
15324095045	日本长蛎盾蚧	*japonica* (Kuwana)
15324095050	大戟蛎盾蚧	*pallidula* (Williams)
15324095055	松小蛎盾蚧	*pineti* Borchsenius
15324095060	杉蛎盾蚧	*pini* (Maskell)
15324095065	兰矩蛎盾蚧	*pinnaeformis* (Bouché)
15324095070	柳蛎盾蚧	*salicina* Borchsenius
15324095075	木荷蛎盾蚧	*schimae* Kawai
15324095080	东方蛎盾蚧	*tubulorum* Ferris
15324095085	沙枣蛎盾蚧	*turanica* Archangelskaya
15324095090	榆蛎盾蚧	*ulmi* (Linnaeus)
15324095095	杨蛎盾蚧	*yanagicola* Kuwana
15324100000	轮圆盾蚧属	*Lindingaspis* MacGillivray
15324100005	费氏轮圆盾蚧	*ferrisi* McKenzie
15324100010	芒果轮圆盾蚧	*rossi* (Maskell)
15324105000	长白盾蚧属	*Lopholeucaspis* Balachowsky
15324105005	日本长白盾蚧	*japonica* (Cockerell)
15324110000	须蛎盾蚧属	*Mohelnaspis* Šulc
15324110005	竹须蛎盾蚧	*vermiformis* (Takahashi)
15324115000	栎片盾蚧属	*Neoparlatoria* Takahashi
15324115005	武义栎片盾蚧	*excise* Tang
15324120000	环并盾蚧属	*Neoquernaspis* Howell et Takagi
15324120005	钩新环并盾蚧	*unciformis* Jiang et Chen
15324125000	泥盾蚧属	*Nikkoaspis* Kuwana
15324125005	白泥盾蚧	*sasae* (Takahashi)
15324125010	思茅全须盾蚧	*simaoensis* Hu
15324130000	刺圆盾蚧属	*Octaspidiotus* MacGillivray
15324130005	双管刺圆盾蚧	*bituberculatus* Tang
15324130010	松刺圆盾蚧	*pinicola* Tang
15324130015	杜鹃刺圆盾蚧	*rhododendronii* Tang
15324130020	木瓜刺圆盾蚧	*stauntoniae* (Takahashi)
15324135000	绵盾蚧属	*Odonaspis* Leonardi
15324135005	金环绵盾蚧	*greenii* Cockerell
15324135010	圆竹绵盾蚧	*inusitatus* (Green)
15324135015	岭南绵盾蚧	*lingnani* Ferris

表 1（续）

代码	中文名称	拉丁学名
15324135020	竹绵盾蚧	*penicillata* Green
15324135025	竹白绵盾蚧	*secreta* (Cockerell)
15324135030	泰国绵盾蚧	*siamensis* (Takahashi)
15324140000	癞蛎蚧属	*Paralepidosaphes* Borchsenius
15324140005	硬缘癞蛎盾蚧	*laterochitinosa* (Green)
15324140010	冷杉癞蛎蚧	*okitsuensis* (Kuwana)
15324140015	松癞蛎盾蚧	*piniphilus* (Borchsenius)
15324140020	台松副长蛎蚧	*pitysophila* (Takagi)
15324140025	乌桕癞蛎蚧	*tubulorum* (Ferris)
15324145000	粕片盾蚧属	*Parlagena* McKenzie
15324145005	黄杨粕片盾蚧	*buxi* (Takahashi)
15324150000	星盾蚧属	*Parlatoreopsis* Lindinger
15324150005	中国黑星盾蚧	*chinensis* (Marlatt)
15324150010	梨星盾蚧	*pyri* (Marlatt)
15324155000	片盾蚧属	*Parlatoria* Targioni-Tozzetti
15324155005	毛竹片盾蚧	*bambusae* Tang
15324155010	山茶片盾蚧	*camelliae* Comstock
15324155015	柏糖片盾蚧	*cupressi* Ferris
15324155020	海棠糠片盾蚧	*desolator* Mckenzie
15324155025	橄榄片盾蚧	*oleae* (Colvee)
15324155030	糠片盾蚧	*pergandii* Comstock
15324155035	黄片盾蚧	*proteus* (Curtis)
15324155040	茶黑片盾蚧	*theae* Cockerell
15324155045	黑片盾蚧	*ziziphi* (Lucas)
15324160000	并盾蚧属	*Pinnaspis* Cockerell
15324160005	苏铁褐点并盾蚧	*aspidistrae* (Signoret)
15324160010	黄杨并盾蚧	*buxi* (Borchsenius)
15324160015	茶并盾蚧	*theae* (Maskell)
15324165000	腺盾蚧属	*Poliaspoides* MacGillivray
15324165005	台湾腺盾蚧	*formosanus* (Takashi)
15324165000	盘盾蚧属	*Prodiaspis* Yong
15324170005	中国盘盾蚧	*sinensis* (Tang)
15324170010	柽柳原盾蚧	*tamaricicola* Yong
15324175000	臀网盾蚧属	*Pseudaonidia* Cockerell
15324175005	蛇眼臀网盾蚧	*duplex* (Cockerell)
15324175010	樟臀网盾蚧	*paeoniae* (Cockerell)
15324175015	蚌臀网盾蚧	*trilobitiformis* (Green)
15324180000	白盾蚧属	*Pseudaulacaspis* MacGillivray
15324180005	棘胸白盾蚧	*centreesa* (Ferris)
15324180010	中华白盾蚧	*chinensis* Cockerell
15324180015	考氏白盾蚧	*cockerelli* (Cooley)
15324180020	丁子香盾蚧	*eugeniae* (Maskell)

表 1（续）

代　码	中文名称	拉丁学名
15324180025	黄岩白盾蚧	*huangyanensis* Chen
15324180030	分瓣白盾蚧	*kentiae* (Kuwana)
15324180035	柞白盾蚧	*kiushiuensis* (Kuwana)
15324180040	茶白盾蚧	*manni* (Green)
15324180045	桑白盾蚧	*pentagona* (Tagioni-Tozzetti)
15324185000	隔圆蚧属	*Semelaspidus* MacGillivray
15324185005	芒果隔圆蚧	*mangiferae* Takahashi
15324190000	缨单蜕蚧属	*Thysanofiorinia* Balachowsky
15324190005	荔枝缨单蜕蚧	*leei* Williams
15324190010	龙眼缨单蜕蚧	*nephelii* (Maskell)
15324195000	釉盾蚧属	*Unachionaspis* MacGillivray
15324195005	毛竹釉盾蚧	*bambusae* (Cockerell)
15324195010	紫竹釉盾蚧	*tenuis* (Maskell)
15324200000	尖盾蚧属	*Unaspis* MacGillivray
15324200005	柑橘尖盾蚧	*citri* (Comstock)
15324200010	卫矛矢尖盾蚧	*euonymi* (Comstock)
15324200015	矢尖盾蚧	*yanonensis* (Kuwana)
15324205000	爪蛎盾蚧属	*Ungulaspis* MaGillivray
15324205005	松脂蛎盾蚧	*pinicolous* (Chen)
15325000000	绛蚧科	Kermesidae
15325005000	绛蚧属	*Kermes* Boitard
15325005005	小红蚧	*miyasakii* Kuwana
15325005010	栗绛蚧	*nawae* Kuwana
15325005015	小斑红蚧	*punctatus* (Borchsenius)
15325005020	黑斑红蚧	*roboris* (Fourcroy)
15325005025	大绛蚧	*vastus* Kuwana
15325010000	绛绒蚧属	*Physeriococcus* Borchsenius
15325010005	球绛绒蚧	*cellulosus* Borchsenius
15326000000	球链蚧科	Lecanodiaspididae
15326005000	生盘蚧属	*Crescoccus* Wang
15326005005	白生盘蚧	*candidus* Wang
15326010000	盘蚧属	*Lecanodiaspis* Targioini-Tozzetti
15326010005	柯头盘蚧	*pasaniae* (Borchsenius)
15326010010	栎头盘蚧	*tingtunensis* (Borchsenius)
15327000000	绒蚧科	Eriococcidae
15327005000	绒蚧属	*Eriococcus* Targioni
15327005005	榆绒蚧	*costatus* Danzig
15327005010	柿绒蚧	*kaki* Kuwana
15327005015	球绒蚧	*nematosphaerus* Hu et Xie
15327005020	竹绒蚧	*onukii* Kuwana
15327005025	箬竹囊绒蚧	*sasae* (Danzig)
15327005030	下关绒蚧	*siakwanensis* (Borchsenius)

表 1(续)

代　码	中文名称	拉丁学名
15327005035	竹鞘绒蚧	*transversus* Green
15327005040	毛竹根绒蚧	*wangi* Miller et Gimpel
15327010000	柯毡蚧属	*Proteriococcus* Borchsenius
15327010005	尖刺柯毡蚧	*acutispinus* Borchsenius
15327015000	根毡蚧属	*Rhizococcus* Signoret
15327015005	梭梭根毡蚧	*salsolae* Borchsenius
15328000000	壶蚧科	Cerococcidae
15328005000	链壶蚧属	*Asterococcus* Borchsenius
15328005005	茶链壶蚧	*muratae* (Kuwana)
15329000000	仁蚧科	Acleridae
15329005000	仁蚧属	*Aclerda* Signoret
15329005005	赤竹仁蚧	*sasae* Borchsenius
15329005010	东京仁蚧	*tokionis* (Cockerell)
15329010000	日仁蚧属	*Nipponaclerda* McConnell
15329010005	长日仁蚧	*leptodermis* Wang et Zhang
15330000000	旌蚧科	Ortheziidae
15330005000	明旌蚧属	*Insignorthezia* Kozar
15330005005	明旌蚧	*insignis* (Browne)
15331000000	珠蚧科	Margarodidae
15331005000	履绵蚧属	*Drosicha* Walker
15331005005	桑树履绵蚧	*contrahens* Walker
15331005010	日本草履蚧	*corpulenta* (Kuwana)
15331005015	芒果草履蚧	*mangiferae* Green
15331010000	吹绵蚧属	*Icerya* Signoret
15331010005	埃及吹绵蚧	*aegyptica* (Douglas)
15331010010	吹绵蚧	*purchasi* Maskell
15331010015	银毛吹绵蚧	*seychellarum* (Westwood)
15331015000	皮珠蚧属	*Kuwania* Cockerell
15331015005	双孔皮珠蚧	*bipora* Borchsenius
15331020000	松干蚧属	*Matsucoccus* Cockerell
15331020005	樟子松干蚧	*dahuriensis* Hu et Hu
15331020010	海松干蚧	*koraiensis* Yong et Hu
15331020015	马尾松干蚧	*massonianae* Yong et Hu
15331020020	日本松干蚧	*matsumurae* (Kuwana)
15331020025	中华松针蚧	*sinensis* Chen
15331020030	云南松干蚧	*yunnanensis* Ferris
15331025000	胭蚧属	*Porphyrophora* Brandt
15331025005	宁夏胭蚧	*sophorae* (Archangelskaya)
15401000000	缘蝽科	Coreidae
15401005000	瘤缘蝽属	*Acanthocoris* Amyot et Servile
15401005005	瘤缘蝽	*scaber* (Linnaeus)
15401005010	茄瘤缘蝽	*sordidus* Thunberg

表 1（续）

代 码	中文名称	拉丁学名
15401010000	背安缘蝽属	*Anoplocnemis* Stål
15401010005	斑背安缘蝽	*binotata* (Distant)
15401010010	红背安缘蝽	*phasiana* (Fabricius)
15401015000	刺缘蝽属	*Centrocoris* Kolenati
15401015005	刺缘蝽	*volxemi* Puton
15401020000	棒缘蝽属	*Clavellaria* Leach
15401020005	四刺棒缘蝽	*acantharis* Fabricius
15401020010	二刺棒缘蝽	*gibbasa* Spinola
15401020015	小棒缘蝽	*horrens* Dohrn
15401020020	大棒缘蝽	*tuberosa* Hsiao
15401025000	拟棘缘蝽属	*Cletomorpha* Mayr
15401025005	点棘缘蝽	*simulans* Hsiao
15401030000	棘缘蝽属	*Cletus* Stål
15401030005	刺额棘缘蝽	*bipunctatus* (Herrich-Schäfer)
15401030010	菲棘缘蝽	*feanus* Distant Distant
15401030015	稻棘缘蝽	*punctiger* (Dallas)
15401030020	黑须棘缘蝽	*punctulatus* (Westwood)
15401030025	宽棘缘蝽	*schmidti* Kiritschulsko
15401030030	长肩棘缘蝽	*trigonus* (Thunberg)
15401035000	竹缘蝽属	*Cloresmus* Stål
15401035005	褐竹缘蝽	*modestus* Distant
15401035010	绿竹缘蝽	*pulchellus* Hsiao
15401040000	原缘蝽属	*Coreus* Fabricius
15401040005	东方原缘蝽	*marginatus orientalis* Kiritshenko
15401045000	颗缘蝽属	*Coriomeris* Westwood
15401045005	光腹颗缘蝽	*intergerrimus* Jakovlev
15401045010	颗缘蝽	*scabricornis* (Panzer)
15401050000	达缘蝽属	*Dalader* Amyot et Serville
15401050005	狄达缘蝽	*distanti* Blöte
15401050010	宽肩达缘蝽	*planiventris* Westwood
15401050015	小达缘蝽	*rubiginosus* Westwood
15401055000	奇缘蝽属	*Derepteryx* White
15401055005	褐奇缘蝽	*fuliginosa* (Uhler)
15401055010	哈奇缘蝽	*hardwickii* White
15401055015	月肩奇缘蝽	*lunata* (Distant)
15401060000	岗缘蝽属	*Gonocerus* Latreille
15401060005	扁角岗缘蝽	*lictor* Horváth
15401060010	长角岗缘蝽	*longicornis* Hsiao
15401060015	云南岗缘蝽	*yunnanensis* Hsiao
15401065000	骇缘蝽属	*Helcomeria* Stål
15401065005	骇缘蝽	*spinosa* Signoret
15401070000	同缘蝽属	*Homoeocerus* Burmeister

表 1（续）

代　码	中文名称	拉丁学名
15401070005	版纳同缘蝽	*bannaensis* Hsiao
15401070010	双斑同缘蝽	*bipunctatus* Hisao
15401070015	一色同缘蝽	*concoloratus* Uhler
15401070020	广腹同缘蝽	*dilatatus* Horváth
15401070025	草同缘蝽	*graminis* (Fabricius)
15401070030	阔肩同缘蝽	*humeralis* Hsiao
15401070035	光纹同缘蝽	*laevilineus* Stål
15401070040	小点同缘蝽	*marginellus* Herrich-Schäffer
15401070045	斑腹同缘蝽	*marginiventris* Dohrn
15401070050	嘉义同缘蝽	*pallididulus* Blöte
15401070055	黑边同缘蝽	*simiolus* Distant
15401070060	锡兰同缘蝽	*singalensis* Stål
15401070065	纹须同缘蝽	*striicornis* Scott
15401070070	一点同缘蝽	*unipunctatus* (Thunberg)
15401070075	异肩同缘蝽	*viridis* Hsiao
15401070080	合欢同缘蝽	*walkeri* Kirby
15401070085	瓦同缘蝽	*walkerianus* Lethierry et Severin
15401075000	拟希缘蝽属	*Hydaropsis* Hsiao
15401075005	拟希缘蝽	*longirostris* (Hsiao)
15401080000	黑缘蝽属	*Hygia* Uhler
15401080005	暗黑缘蝽	*opaca* Uhler
15401080010	环胫黑缘蝽	*touchei* Distant
15401085000	曼缘蝽属	*Manocoreus* Hsiao
15401085005	闽曼缘蝽	*vuljgaris* Hsiao
15401090000	昧缘蝽属	*Mecocnemis* Hsiao
15401090005	昧缘蝽	*scutellaris* Hsiao
15401095000	侎缘蝽属	*Mictis* Leech
15401095005	黑胫侎缘蝽	*fuscipes* Hsiao
15401095010	锐肩侎缘蝽	*gallina* Dallas
15401095015	黄胫侎缘蝽	*serina* Dallas
15401095020	曲胫侎缘蝽	*tenebrosa* Hsiao
15401100000	刺侎缘蝽属	*Mygdomia* Stål
15401100005	刺侎缘蝽	*spinifera* Hsiao
15401105000	竹缘蝽属	*Notobitus* Stål
15401105005	大竹缘蝽	*excellens* Distant
15401105010	黑竹缘蝽	*meleagris* (Fabricius)
15401105015	山竹缘蝽	*montanus* Hsiao
15401105020	异足竹缘蝽	*sexguttatus* (Westwood)
15401110000	翅缘蝽属	*Notopteryx* Hsiao
15401110005	翩翅缘蝽	*soror* Hsiao
15401115000	赭缘蝽属	*Ochrochira* Stål
15401115005	锈赭缘蝽	*ferruginea* Hsiao

表 1（续）

代　码	中 文 名 称	拉 丁 学 名
15401115010	山赭缘蝽	*monticola* Hsiao
15401115015	波赭缘蝽	*potanini* Kiritshenko
15401120000	副黛缘蝽属	*Paradasynus* China
15401120005	喙副黛缘蝽	*longirostris* Hsiao
15401120010	刺副黛缘蝽	*spinosus* Hsiao
15401125000	副侎缘蝽属	*Paramictis* Hsiao
15401125005	副侎缘蝽	*validus* Hsiao
15401130000	菲缘蝽属	*Physomerus* Burmeister
15401130005	菲缘蝽	*grossipes* (Fabricius)
15401135000	普缘蝽属	*Plinachtus* Stål
15401135005	棕普缘蝽	*basalis* (Westwood)
15401135010	钝肩普缘蝽	*bicoloripes* Scott
15401135015	刺肩普缘蝽	*dissimilis* Hsiao
15401140000	辟缘蝽属	*Prionolomia* Stål
15401140005	满辟缘蝽	*mandarina* Distant
15401145000	伪侎缘蝽属	*Pseudomictis* Hsiao
15401145005	长腹伪侎缘蝽	*distinctus* Hsiao
15401150000	异缘蝽属	*Pterygomia* Stål
15401150005	肩异缘蝽	*humeralis* Hsiao
15401155000	拉缘蝽属	*Rhamnomina* Hsiao
15401155005	拉缘蝽	*dubia* (Hsiao)
15401160000	华黛缘蝽属	*Sinodasynus* Hsiao
15401160005	华黛缘蝽	*stigmatus* Hsiao
15401165000	足特缘蝽属	*Trematocoris* Mayr
15401165005	斑足特缘蝽	*lobipes* (Westwood)
15401165010	叶足特缘蝽	*tragus* (Fabricius)
15402000000	姬缘蝽科	Rhopallidae
15402005000	姬缘蝽属	*Corizus* Fallén
15402005005	亚姬缘蝽	*albomarginatus* (Blöte)
15402005010	欧姬缘蝽	*hyoscyami* (Linnaeus)
15402010000	粟缘蝽属	*Liorhyssus* Stål
15402010005	粟缘蝽	*hyalinus* (Fabricius)
15402015000	侎缘蝽属	*Myrmus* Hahn
15402015005	黄边侎缘蝽	*lateralis* Hsiao
15402020000	伊缘蝽属	*Rhopalus* Schilling
15402020005	黄伊缘蝽	*maculatus* (Fieber)
15402025000	红缘蝽属	*Serinetha* Spinola
15402025005	大红缘蝽	*abdominalis* (Fabricius)
15402025010	小红缘蝽	*angur* (Fabricius)
15403000000	蛛缘蝽科	Alydidae
15403005000	珠缘蝽属	*Alydus* Fabricius
15403005005	欧珠缘蝽	*calcaratus* (Linnaeus)

表 1（续）

代　码	中文名称	拉丁学名
15403010000	扁缘蝽属	*Daclera* Signoret
15403010005	扁缘蝽	*levana* Distant
15403015000	钩缘蝽属	*Grypocephalus* Hsiao
15403015005	钩缘蝽	*pallipectus* Hsiao
15403020000	稻缘蝽属	*Leptocorisa* Latreille
15403020005	大稻缘蝽	*acuta* (Thunberg)
15403020010	中稻缘蝽	*chinensis* Dallas
15403020015	异稻缘蝽	*varicornis* (Fabricius)
15403025000	锤缘蝽属	*Marcius* Stål
15403025005	五刺锤缘蝽	*longirostris* Hsiao
15403030000	长缘蝽属	*Megalotomus* Fieber
15403030005	棕长缘蝽	*castaneus* Reuter
15403030010	黑长缘蝽	*junceus* (Scopoli)
15403035000	牧缘蝽属	*Mutusca* Stål
15403035005	牧缘蝽	*prolixia* Stål
15403040000	蜂缘蝽属	*Riptortus* Stål
15403040005	条蜂缘蝽	*linearis* (Fabricius)
15403040010	点蜂缘蝽	*pedestris* (Fabricius)
15404000000	长蝽科	Lygaeidae
15404005000	侏长蝽属	*Artheneis* Spinola
15404005005	红柳侏长蝽	*alutacea* Fieber
15404010000	地长蝽属	*Elasmolomus* Stål
15404010005	褐斑地长蝽	*sordidus* (Fabricius)
15404015000	松果长蝽属	*Gastrodes* Westwood
15404015005	中国松果长蝽	*chinensis* Zheng
15404020000	红线长蝽属	*Graptostethus* Stål
15404020005	黑带红线长蝽	*servus* (Fabricius)
15404025000	叶颊长蝽属	*Iphicrates* Distant
15404025005	台湾叶颊长蝽	*gressitti* Slater
15404030000	穗长蝽属	*Kleidocerys* Stephens
15404030005	桦穗长蝽	*resedae* (Panzer)
15404035000	红长蝽属	*Lygaeus* Fabricius
15404035005	横带红长蝽	*equestris* (Linnaeus)
15404035010	角红长蝽	*hanseni* Jekovlev
15404035015	拟红长蝽	*vicarius* Winkler et Kerzhner
15404040000	巨股长蝽属	*Macropes* Motschulsky
15404040005	竹巨股长蝽	*bambusiphilus* Zheng
15404045000	迅足长蝽属	*Metochus* Scott
15404045005	短翅迅足长蝽	*abbreviatus* (Scott)
15404045010	黑迅足长蝽	*bengalensis* (Dallas)
15404050000	小长蝽属	*Nysius* Dallas
15404050005	谷子小长蝽	*ericae* (Schilling)

表 1（续）

代码	中文名称	拉丁学名
15404055000	尖长蝽属	*Oxycarenus* Fieber
15404055005	桤木尖长蝽	*modestus* (Fallén)
15404060000	刺长蝽属	*Pirkimerus* Distant
15404060005	竹后刺长蝽	*japonicus* (Hidaka)
15404065000	地长蝽属	*Rhyparochromus* Hahn
15404065005	白斑地长蝽	*albomaculatus* (Scott)
15404070000	扁长蝽属	*Sinorsillus* Usinger
15404070005	杉木扁长蝽	*piliferus* Usinger
15404075000	腺长蝽属	*Spilostethus* Stål
15404075005	箭痕腺长蝽	*hospes* (Fabricius)
15404080000	脊长蝽属	*Tropidothorax* Bergroth
15404080005	斑脊长蝽	*cruciger* (Motschulsky)
15404080010	红脊长蝽	*elegans* (Distant)
15405000000	跷蝽科	Berytidae
15405005000	驼跷蝽属	*Gampsocoris* Fuss
15405005005	娇驼跷蝽	*pulchellus* (Dallas)
15405010000	肋跷蝽属	*Yemma* Horváth
15405010005	锤肋跷蝽	*signatus* (Hsiao)
15406000000	红蝽科	Pyrrhocoridae
15406005000	光红蝽属	*Dindymus* Stål
15406005005	泛光红蝽	*rubiginosus* (Fabricius)
15406010000	棉红蝽属	*Dysdercus* Amyot et Serville
15406010005	棉红蝽	*cingulatus* (Fabricius)
15406010010	细斑棉红蝽	*evanescens* Distant
15406010015	联斑棉红蝽	*poecilus* (Herrich-Schäffer)
15406015000	红蝽属	*Pyrrhocoris* Fallén
15406015005	曲缘红蝽	*sinuaticollis* Reuter
15406015010	地红蝽	*tibialis* Stål
15406020000	直红蝽属	*Pyrrhopeplus* Stål
15406020005	直红蝽	*carduelis* (Stål)
15407000000	大红蝽科	Largidae
15407005000	大红蝽属	*Macroceroea* Spinola
15407005005	大红蝽	*grandis* (Gray)
15407010000	斑红蝽属	*Physopelta* Amyot et Serville
15407010005	小斑红蝽	*cincticollis* Stål
15407010010	突背斑红蝽	*gutta* (Burmeister)
15407010015	四斑红蝽	*quadriguttata* Bergroth
15407010020	浑斑红蝽	*robusta* Stål
15407010025	显斑红蝽	*slanbushii* (Fabricius)
15408000000	蝽科	Pentatomidae
15408005000	麦蝽属	*Aelia* Fabricius
15408005005	尖头麦蝽	*acuminata* (Linnaeus)

表 1（续）

代　码	中 文 名 称	拉 丁 学 名
15408005010	鹗麦蝽	*fieberi* Scott
15408005015	西北麦蝽	*sibirica* Reuter
15408010000	伊蝽属	*Aenaria* Stål
15408010005	伊蝽	*lewisi* (Scott)
15408010010	宽缘伊蝽	*pinchii* Yang
15408015000	枝蝽属	*Aeschrocoris* Bergroth
15408015005	枝蝽	*ceylonicus* Distant
15408020000	云蝽属	*Agonoscelis* Spinola
15408020005	云蝽	*nubilis* (Fabricius)
15408025000	羚蝽属	*Alcimocoris* Bergroth
15408025005	日本羚蝽	*japonensis* (Scott)
15408030000	长叶蝽属	*Amyntor* Stål
15408030005	长叶蝽	*obscurus* (Dallas)
15408035000	丽蝽属	*Antestia* Stål
15408035005	丽蝽	*anchora* (Thunberg)
15408035010	十字丽蝽	*cruciata* (Fabricius)
15408035015	花丽蝽	*pulchra* Dallas
15408040000	实蝽属	*Antheminia* Mulsant et Rey
15408040005	实蝽	*pusio* (Kolenati)
15408045000	驼蝽属	*Brachycerocoris* Costa
15408045005	驼蝽	*camelus* Costa
15408050000	薄蝽属	*Brachymna* Stål
15408050005	薄蝽	*tenuis* Stål
15408055000	苍蝽属	*Brachynema* Mulsant
15408055005	长缘苍蝽	*germarii* Kolenati
15408060000	格蝽属	*Cappaea* Ellenrieder
15408060005	柑桔格蝽	*taprobanensis* (Dallas)
15408060010	宽胫格蝽	*tibialis* Hsiao et Cheng
15408065000	辉蝽属	*Carbula* Stål
15408065005	红角辉蝽	*crassiventris* (Dallas)
15408065010	辉蝽	*obtusangula* Reuter
15408065015	北方辉蝽	*putoni* (Jakovev)
15408065020	凹肩辉蝽	*sinica* Hsiao et Cheng
15408070000	果蝽属	*Carpocoris* Kolenati
15408070005	东亚果蝽	*seidenstuckeri* Tamanini
15408075000	棕蝽属	*Caystrus* Stål
15408075005	棕蝽	*obscurus* (Distant)
15408080000	叉蝽属	*Cressona* Dallas
15408080005	叉蝽	*valida* Dallas
15408085000	达蝽属	*Dabessus* Distant
15408085005	白纹达蝽	*albovittatus* Hsiao et Cheng
15408090000	岱蝽属	*Dalpada* Amyot et Serville

表 1（续）

代　码	中文名称	拉丁学名
15408090005	中华岱蝽	*cinctipes* Walker
15408090010	沟腹岱蝽	*concinna* (Westwood)
15408090015	大斑岱蝽	*distincta* Hsiao et Cheng
15408090020	长叶岱蝽	*jugatoria* Lethierry
15408090025	粤岱蝽	*maculata* Hsiao et Cheng
15408090030	小斑岱蝽	*nodifera* Walker
15408090035	岱蝽	*oculata* (Fabricius)
15408090040	绿岱蝽	*smaragdina* (Walker)
15408095000	剪蝽属	*Diplorhinus* Amyot et Serville
15408095005	剪蝽	*furcatus* (Westwood)
15408100000	斑须蝽属	*Dolycoris* Mulsant et Rey
15408100005	斑须蝽	*baccarum* (Linnaeus)
15408105000	麻皮蝽属	*Erthesina* Spinola
15408105005	麻皮蝽	*fullo* (Thunberg)
15408110000	黄蝽属	*Euryaspis* Signoret
15408110005	黄蝽	*flavescens* Distant
15408115000	菜蝽属	*Eurydema* Laporte
15408115005	菜蝽	*dominulus* (Scopoli)
15408115010	新疆菜蝽	*festiva* (Linnaeus)
15408115015	横纹菜蝽	*gebleri* Kolenati
15408115020	云南菜蝽	*pulchra* (Westwood)
15408120000	厚蝽属	*Exithemus* Distant
15408120005	厚蝽	*assamensis* Distant
15408125000	二星蝽属	*Eysarcoris* Hahn
15408125005	二星蝽	*guttiger* Thunberg
15408125010	黑腹蝽	*ventralis* Westwood
15408130000	青蝽属	*Glaucias* Kirkaldy
15408130005	黄肩青蝽	*crassa* (Westwood)
15408135000	谷蝽属	*Gonopsis* Amyot et Serville
15408135005	谷蝽	*affinis* (Uhler)
15408135010	红谷蝽	*coccinea* (Walker)
15408140000	条蝽属	*Graphosoma* Laporte
15408140005	赤条蝽	*rubrolineata* (Westwood)
15408145000	素蝽属	*Halyabbas* Distant
15408145005	素蝽	*unicolor* Distant
15408150000	茶翅蝽属	*Halyomorpha* Mayr
15408150005	茶翅蝽	*halys* (Stål)
15408155000	卵圆蝽属	*Hippota* Bergroth
15408155005	卵圆蝽	*dorsalis* (Stål)
15408160000	草蝽属	*Holcostethus* Fieber
15408160005	草蝽	*vernalis* (Wolff)
15408165000	全蝽属	*Homalogonia* Jakovlev

表 1（续）

代 码	中文名称	拉丁学名
15408165005	全蝽	*obtusa* (Walker)
15408170000	玉蝽属	*Hoplistodera* Westwood
15408170005	长棘玉蝽	*longispina* Hsiao et Cheng
15408175000	捉蝽属	*Jalla* Hahn
15408175005	捉蝽	*dumosa* (Linnaeus)
15408175010	黑胫捉蝽	*subcalcarata* Jakovlev
15408180000	广蝽属	*Laprius* Stål
15408180005	广蝽	*varicornis* (Dallas)
15408185000	弯角蝽属	*Lelia* Walker
15408185005	弯角蝽	*decempunctata* Motschulsky
15408185010	八点弯角蝽	*octopunctata* Dallas
15408190000	梭蝽属	*Megarrhamphus* Bergroth
15408190005	梭蝽	*hastatus* (Fabricius)
15408190010	平尾梭蝽	*truncatus* (Westwood)
15408195000	墨蝽属	*Melanophara* Stål
15408195005	墨蝽	*dentata* Haglund
15408200000	曼蝽属	*Menida* Motschulsky
15408200005	稻赤曼蝽	*histrio* (Fabricius)
15408200010	宽曼蝽	*lata* Yang
15408200015	金缘曼蝽	*metallica* Hsiao et Cheng
15408200020	北曼蝽	*scotti* Puton
15408200025	异曼蝽	*varipennis* (Westwood)
15408200030	紫蓝曼蝽	*violacea* Motschulsky
15408205000	臭蝽属	*Metonymia* Kirkaldy
15408205005	大臭蝽	*glandulosa* (Wolff)
15408210000	秀蝽属	*Neojurtina* Distant
15408210005	秀蝽	*typica* Distant
15408215000	绿蝽属	*Nezara* Amyot et Serville
15408215005	稻绿蝽	*viridula* (Linnaeus)
15408220000	真蝽属	*Pentatoma* Olivier
15408220005	日本真蝽	*japonica* Diatant
15408220010	昆明真蝽	*kunmingensis* Xiong
15408220015	金绿真蝽	*metallifera* (Motschulsky)
15408220020	青真蝽	*pulchra* Hsiao et Cheng
15408220025	红足真蝽	*rufipes* (Linnaeus)
15408220030	褐真蝽	*semiannulata* (Motschulsky)
15408225000	壁蝽属	*Piezodorus* Fieber
15408225005	伊梨壁蝽	*lituratus* (Fabricius)
15408230000	莽蝽属	*Placosternum* Amyot et Serville
15408230005	莽蝽	*taurus* (Fabricius)
15408230010	班莽蝽	*urus* Stål
15408235000	珀蝽属	*Plautia* Stål

表 1（续）

代 码	中文名称	拉丁学名
15408235005	珀蝽	*fimbriata* (Fabricius)
15408235010	庐山珀蝽	*lushanica* Yang
15408240000	锯蝽属	*Prionaca* Dallas
15408240005	锯蝽	*tonkinensis* Distant
15408245000	润蝽属	*Rhaphigaster* Laporte
15408245005	内蒙润蝽	*brevispina* Horváth
15408250000	棱蝽属	*Rhynchocoris* Westwood
15408250005	棱蝽	*humeralls* (Thunberg)
15408250010	黑角棱蝽	*nigridens* Stål
15408255000	蛛蝽属	*Rubiconia* Dohrn
15408255005	蛛蝽	*intermedia* (Wolff)
15408255010	圆颊蛛蝽	*peltata* Jakovlev
15408260000	黑蝽属	*Scotinophara* Stål
15408260005	稻黑蝽	*lurida* (Burmeister)
15408265000	彩蝽属	*Stenozygum* Fieber
15408265005	彩蝽	*speciosum* (Dallas)
15408270000	二星蝽属	*Stollia* Ellenrieder
15408270005	二星蝽	*guttiger* (Thunberg)
15408270010	锚纹二星蝽	*montivagus* (Distant)
15408270015	尖角二星蝽	*parvus* (Uhler)
15408270020	尖腹二星蝽	*trigonus* (Kiritschenko)
15408270025	广二星蝽	*ventralis* (Westwood)
15408275000	滇蝽属	*Tachengia* China
15408275005	绿滇蝽	*viridula* Hsiao et Cheng
15408280000	胸蝽属	*Tetroda* Amyot et Serville
15408280005	角胸蝽	*histerodes* (Fabricius)
15408285000	点蝽属	*Tolumnia* Stål
15408285005	横带点蝽	*basalis* (Dallas)
15408285010	碎斑点蝽	*latipes forma contigens* (Walker)
15408290000	烟蝽属	*Valescus* Distant
15408290005	峨眉烟蝽	*omeiensis* Hsiao et Cheng
15408295000	芸蝽属	*Vitellus* Stål
15408295005	芸蝽	*orientalis* Distant
15409000000	荔蝽科	Tessaratomidae
15409005000	方蝽属	*Asiarcha* Stål
15409005005	方蝽	*angulosa* Zia
15409005010	钝角方蝽	*nigridorsis* Stål
15409010000	矩蝽属	*Carpona* Dohrn
15409010005	黑矩蝽	*amplicollis* (Stål)
15409015000	硕蝽属	*Eurostus* Dallas
15409015005	黑角硕蝽	*grossipes* Dallas
15409015010	硕蝽	*validus* Dallas

表 1（续）

代　码	中文名称	拉丁学名
15409020000	巨蝽属	*Eusthenes* Laporte
15409020005	异色巨蝽	*cupreus* (Westwood)
15409020010	斑缘巨蝽	*femoralis* Zia
15409020015	巨蝽	*robustus* (Lepeletier et Serville)
15409020020	暗绿巨蝽	*saevus* Stål
15409025000	玛蝽属	*Mattiphus* Amyot et Serville
15409025005	玛蝽	*splendidus* Distant
15409030000	比蝽属	*Pycanum* Amyot et Serville
15409030005	比蝽	*ochraceum* Distant
15409035000	荔蝽属	*Tessaratoma* Berthold
15409035005	荔蝽	*papillosa* (Drury)
15409040000	伟蝽属	*Vitruvius* Distant
15409040005	伟蝽	*insignis* Distant
15410000000	兜蝽科	Dinidoridae
15410005000	兜蝽属	*Aspongopus* Laporte
15410005005	褐兜蝽	*brunneus* (Thunberg)
15410005010	九香虫	*chinensis* Dallas
15410005015	棕兜蝽	*fuscus* Westwood
15410005020	黑腹兜蝽	*nigriventris* Westwood
15410005025	红边兜蝽	*sanguinolentus* Westwood
15410010000	皱蝽属	*Cyclopelta* Amyot et Serville
15410010005	大皱蝽	*obscura* (Lepeletier et Serville)
15410010010	小皱蝽	*parva* Distant
15410015000	瓜蝽属	*Megymenum* Laporte
15410015005	短角瓜蝽	*brevicornis* (Fabricius)
15410015010	细角瓜蝽	*gracilicorne* Dallas
15410015015	无刺瓜蝽	*inerme* (Herrich-Schäffer)
15411000000	异蝽科	Urostylidae
15411005000	壮异蝽属	*Urochela* Dallas
15411005005	亮壮异蝽	*distincta* Distant
15411005010	短壮异蝽	*falloui* Reuter
15411005015	黄壮异蝽	*flavoannulata* (Stål)
15411005020	花壮异蝽	*luteovaria* Distant
15411005025	无斑壮异蝽	*pollescens* (Jakovlev)
15411005030	红足壮异蝽	*quadrinotata* Reuter
15411010000	娇异蝽属	*Urostylis* Westwood
15411010005	匙突娇异蝽	*striicronis* Scott
15411010010	斑娇异蝽	*tricarinata* Maa
15411010015	黑门娇异蝽	*westwoodi* Scott
15411010020	淡娇异蝽	*yangi* Maa
15412000000	盾蝽科	Scutelleridae
15412005000	狭盾蝽属	*Brachyaulax* Stål

表 1（续）

代码	中文名称	拉丁学名
15412005005	狭盾蝽	*obolonga* (Westwood)
15412010000	角盾蝽属	*Cantao* Amyot et Serville
15412010005	角盾蝽	*ocellatus* (Thunberg)
15412015000	丽盾蝽属	*Chrysocoris* Hahn
15412015005	丽盾蝽	*grandis* (Thunberg)
15412015010	咖啡丽盾蝽	*javanus* Westwood
15412015015	紫蓝丽盾蝽	*stolii* (Wolff)
15412020000	扁盾蝽属	*Eurygaster* Laporte
15412020005	麦扁盾蝽	*integriceps* Puton
15412020010	扁盾蝽	*testudinarius* (Geoffroy)
15412025000	鼻盾蝽属	*Hotea* Amyot et Serville
15412025005	鼻盾蝽	*curculionoides* (Herrrich et Schäffer)
15412030000	球盾蝽属	*Hyperoncus* Stål
15412030005	半球盾蝽	*lateritius* (Westwood)
15412035000	宽盾蝽属	*Poecilocoris* Dallas
15412035005	斜纹宽盾蝽	*dissiimilis* Martin
15412035010	桑宽盾蝽	*druraei* (Linnaeus)
15412035015	油茶宽盾蝽	*latus* Dallas
15412035020	金绿宽盾蝽	*lewisi* (Distant)
15412035025	尼泊尔宽盾蝽	*nepalensis* (Herrich-Schäffer)
15412035030	黄宽盾蝽	*rufigenis* Dallas
15412040000	长盾蝽属	*Scutellera* Lamarck
15412040005	米字长盾蝽	*fasciata* (Panzer)
15412040010	长盾蝽	*perplexa* (Westwood)
15412045000	沟盾蝽属	*Solenostedium* Spinola
15412045005	华沟盾蝽	*chinensis* Stål
15412045010	沟盾蝽	*rubropunctatus* (Guèrin)
15413000000	同蝽科	Acanthosomatidae
15413005000	同蝽属	*Acanthosoma* Curtis
15413005005	细齿同蝽	*denticauda* Jalovlev
15413005010	显同蝽	*distinctum* Dallas
15413005015	细铗同蝽	*forficula* Jakovlev
15413005020	宽铗同蝽	*labiduroides* Jakovlev
15413005025	黑刺同蝽	*nigrospina* Hsiao et Liu
15413005030	泛刺同蝽	*spinicolle* Jakovlev
15413010000	翘同蝽属	*Anaxandra* Stål
15413010005	角翘同蝽	*cornuta* (Dallas)
15413010010	大翘同蝽	*giganteum* (Matsumura)
15413015000	尖同蝽属	*Cypostethus* Fieber
15413015005	中华尖同蝽	*sinensis* Schumacher
15413020000	狄同蝽属	*Dichobothrium* Breddin
15413020005	钝肩狄同蝽	*nubilum* (Dallas)

表 1（续）

代　码	中文名称	拉丁学名
15413025000	直同蝽属	*Elasmostethus* Fieber
15413025005	宽肩直同蝽	*humeralis* Jakovlev
15413025010	直同蝽	*interstinctus* (Linnaeus)
15413030000	匙同蝽属	*Elasmucha* Stål
15413030005	十字匙同蝽	*fasciator* (Fabricius)
15413030010	匙同蝽	*ferrugatus* (Fabricius)
15413030015	息匙同蝽	*signoreti* Scott
15413030020	截匙同蝽	*truncatela* (Walker)
15413035000	板同蝽属	*Platacantha* Lindberg
15413035005	板同蝽	*armifer* Lindberg
15413040000	锥同蝽属	*Sastragala* Amyot et Serville
15413040005	伊锥同蝽	*esakii* Hasegawa
15414000000	土蝽科	Cydnidae
15414005000	边土蝽属	*Adomerus* Mulsant et Rey
15414005005	圆边土蝽	*rotundus* (Hsiao)
15414010000	地土蝽属	*Geotomus* Mulsant et Rey
15414010005	侏地土蝽	*pygmaeus* (Fabricius)
15414015000	革土蝽属	*Macroscytus* Fieber
15414015005	青革土蝽	*subaeneus* (Dallas)
15414020000	光土蝽属	*Sehirus* Amyot et Serville
15414020005	白边光土蝽	*niveimarginatus* (Scott)
15415000000	龟蝽科	Plataspidae
15415005000	圆龟蝽属	*Coptosoma* Laporte
15415005005	双列圆龟蝽	*bifarium* Moyschulsky
15415005010	双痣圆龟蝽	*biguttula* Motschulsky
15415005015	豆圆龟蝽	*cribrarium* Fabricius
15415005020	孟达圆龟蝽	*mundum* Bergroth
15415005025	子都圆龟蝽	*pulchella* Montandon
15415005030	无花果圆龟蝽	*punctatissimum* Montandon
15415005035	类变圆龟蝽	*simillima* Hsiao et Jen
15415005040	多变圆龟蝽	*variegata* Herich-Schäffer
15415010000	豆龟蝽属	*Megacopta* Hsiao et Jen
15415010005	筛豆龟蝽	*cribraria* (Fabricius)
15415010010	小筛豆龟蝽	*cribrariella* Hsiao et Jen
15415010015	狄豆龟蝽	*distanti* (Montandon)
15415010020	天花豆龟蝽	*horvathi* (Montandon)
15415010025	光腹豆龟蝽	*laeviventris* Hsiao et Jen
15415010030	突尾豆龟蝽	*tubercula* Hisao et Jen
15415015000	华龟蝽属	*Tarichea* Stål
15415015005	大华龟蝽	*chinensis* (Dallas)
15416000000	盲蝽科	Miridae
15416005000	苜宿盲蝽属	*Adelphocoris* Reuter

表 1（续）

代　码	中文名称	拉丁学名
15416005005	三点苜宿盲蝽	*fasiaticollis* Reuter
15416005010	苜宿盲蝽	*lineolatus* (Goeze)
15416005015	中黑苜宿盲蝽	*suturalis* Jakovlev
15416010000	后丽盲蝽属	*Apolygus* China
15416010005	丝绵木后丽盲蝽	*evonymi* (Zheng et Wang)
15416010010	榆后丽盲蝽	*ulmi* (Zheng et Wang)
15416010015	枣后丽盲蝽	*zizyphi* Lu et Zheng
15416015000	微刺盲蝽属	*Campylomma* Reuter
15416015005	异须微刺盲蝽	*diversicornis* Reuter
15416015010	桐微刺盲蝽	*nicolasi* Reuter
15416020000	烟盾盲蝽属	*Cyrtopeltis* Fieber
15416020005	烟盾盲蝽	*tenuis* Reuter
15416025000	跳盲蝽属	*Halticus* Hahn
15416025005	黑跳盲蝽	*saltator* Geoffroy
15416030000	草盲蝽属	*Lygus* Hahn
15416030005	黄草盲蝽	*kalmi* Linnaeus
15416030010	牧草盲蝽	*pratensis* (Linnaeus)
15416035000	杂盲蝽属	*Psallus* Fieber
15416035005	壮杂盲蝽	*fortis* Li
15416035010	河南杂盲蝽	*henanensis* Li
15416035015	苹果杂盲蝽	*mali* Zheng et Li
15416040000	泡盾盲蝽属	*Pseudodoniella* Lavabre
15416040005	肉桂泡盾盲蝽	*chinesis* Zheng
15416045000	褐盲蝽属	*Sahlbergella* Haglund
15416045005	可可褐盲蝽	*singularis* Haglund
15416050000	钟盲蝽属	*Tytthus* Fieber
15416050005	黑胸黄钟盲蝽	*chinensis* Stål.
15417000000	扁蝽科	Aradidae
15417005000	扁蝽属	*Aradus* Fabricius
15417005005	原扁蝽	*betulae* (Linnaeus)
15417005010	松扁蝽	*orientalis* Bergroth
15418000000	网蝽科	Tingidae
15418005000	喙网蝽属	*Derephysia* Spinola
15418005005	长喙网蝽	*foliacea* (Fallén)
15418010000	背网蝽属	*Eteoneus* Distant
15418010005	角菱背网蝽	*angulatus* Drake et Maa
15418015000	肩网蝽属	*Hegesidemus* Distant
15418015005	膜肩网蝽	*habrus* Drake
15418020000	眼网蝽属	*Leptoypha* Stål
15418020005	窄眼网蝽	*capitata* (Jakovlev)
15418025000	板网蝽属	*Monostira* Costa
15418025005	小板网蝽	*unicostata* (Mulsant et Rey)

表 1（续）

代 码	中文名称	拉丁学名
15418030000	冠网蝽属	*Stephanitis* Stål
15418030005	狭冠网蝽	*anagustata* Bu.
15418030010	斑脊冠网蝽	*aperta* Horváth
15418030015	樟脊网蝽	*macaona* Drake
15418030020	梨冠网蝽	*nashi* Esaki et Takeya
15418030025	杜鹃冠网蝽	*pyriodes* (Scott)
15418030030	长脊冠网蝽	*svensoni* Drake
15418035000	黑肩网蝽属	*Uhlerites* Drakr
15418035005	褐黑肩网蝽	*debilis* (Uhler)
16000000000	缨翅目	Thysanoptera
16101000000	蓟马科	Thripidae
16101005000	呆蓟马属	*Anaphothrips* Uzel
16101005005	苏丹呆蓟马	*sudanensis* Trybom
16101010000	额突蓟马属	*Astrothrips* Karny
16101010005	青木额突蓟马	*aucubae* Kurosawa
16101015000	花蓟马属	*Frankliniella* Karny
16101015005	花蓟马	*intonsa* (Trybom)
16101020000	领针蓟马属	*Helionothrips* Bagnall
16101020005	安领针蓟马	*aino* (Ishida)
16101025000	大蓟马属	*Megalurothrips* Bagnall
16101025005	端大蓟马	*distalis* (Karny)
16101030000	伪棍蓟马属	*Pseudodendrothrips* Schmutz
16101030005	桑蓟马	*mori* (Niwa)
16101035000	硬蓟马属	*Scirtothrips* Shull
16101035005	茶黄硬蓟马	*dorsalis* Hood
16101040000	食螨蓟马属	*Scolothrips* Hinds
16101040005	塔六点蓟马	*takahashii* Priesner
16101045000	滑胸针蓟马属	*Selenothrips* Karny
16101045005	红带滑胸针蓟马	*rubrocinctus* (Giard)
16101050000	蓟马属	*Thrips* Linnaeus
16101050005	杜鹃蓟马	*andrewis* (Bagnall)
16101050010	色蓟马	*coloratus* Schmutz
16101050015	八节黄蓟马	*flavidulus* (Bagnall)
16101050020	黄蓟马	*flavus* Schrank
16101050025	黄胸蓟马	*hawaiiensis* (Morgan)
16101050030	棕榈蓟马	*palmi* Karny
16101050035	烟蓟马	*tabaci* Lindeman
16201000000	管蓟马科	Phlaeothripidae
16201005000	母管蓟马属	*Gynaikothrips* Zimmerman
16201005005	榕母管蓟马	*uzeli* Zimmerman
16201010000	简管蓟马属	*Haplothrips* Amyot et Serville
16201010005	华简管蓟马	*chinensis* Prieser

表 1（续）

代 码	中文名称	拉丁学名
16201015000	滑管蓟马属	*Liothrips* Uzel
16201015005	佛州滑管蓟马	*floridensis* (Watson)
21000000000	鞘翅目	Coleoptera
21101000000	丽金龟科	Rutelidae
21101005000	长丽金龟属	*Adoretosoma* Blanchard
21101005005	华长丽金龟	*chinense* Redtenbacher
21101005010	谐长丽金龟	*chromaticum* Fairmaire
21101010000	喙丽金龟属	*Adoretus* Laporte
21101010005	筛喙丽金龟	*cribratus* White
21101010010	毛喙丽金龟	*hirsutus* Ohaus
21101010015	额喙丽金龟	*nigrifrons* Steven
21101010020	茸喙丽金龟	*puberulus* Motschulsky
21101010025	华喙丽金龟	*sinicus* Burmeister
21101010030	斑喙丽金龟	*tenuimaculatus* Waterhouse
21101010035	小喙丽金龟	*tonkinensis* Ohaus
21101015000	异丽金龟属	*Anomala* Samouelle
21101015005	褐毛异丽金龟	*amychodes* Ohaus
21101015010	桐黑异丽金龟	*antiqua* (Gyllenhal)
21101015015	绿脊异丽金龟	*aulax* (Wiedemann)
21101015020	墨绿异丽金龟	*auronitens* Hope
21101015025	月斑异丽金龟	*bilunata* Fairmaire
21101015030	多色异丽金龟	*chamaelon* Fairmaire
21101015035	小绿异丽金龟	*chlorocarpa* Arrow
21101015040	铜绿异丽金龟	*corpulenta* Motschulsky
21101015045	古铜异丽金龟	*cuprea* Hope
21101015050	大绿异丽金龟	*cupripes* Hope
21101015055	横斑异丽金龟	*ebinina* Fairmaire
21101015060	黄褐异丽金龟	*exoleta* Falderman
21101015065	甘蔗异丽金龟	*expansa* Bates
21101015070	黄腹异丽金龟	*flaviventris* Arrow
21101015075	黄绿异丽金龟	*geniculata* Motschulsky
21101015080	草色异丽金龟	*graminea* Ohaus
21101015085	小铜绿异丽金龟	*gudzenkoi* Jacobson
21101015090	深绿异丽金龟	*heydeni* Frivaldszky
21101015095	毛体异丽金龟	*hirsutula* Nonfried
21101015100	侧皱异丽金龟	*kambaitina* Ohaus
21101015105	显刻异丽金龟	*lasiocaula* Ohaus
21101015110	侧斑异丽金龟	*luculenta* Erichson
21101015115	蒙古异丽金龟	*mongolica* Motschulsky
21101015120	条纹异丽金龟	*motschulskyi* Harold
21101015125	匀肋异丽金龟	*nervulata* Fairmaire
21101015130	八肋异丽金龟	*octiescostata* Burmeister

表 1（续）

代　码	中文名称	拉丁学名
21101015135	蓝边异丽金龟	*plagicollis* Fairmaire
21101015140	亮黄异丽金龟	*praecoxalis* Ohaus
21101015145	红背异丽金龟	*rufithorax* Ohaus
21101015150	陷缝异丽金龟	*rufiventris* Redtenbacher
21101015155	粉腹异丽金龟	*russiventris* Fairmaire
21101015160	背棕异丽金龟	*semicastanea* Fairmaire
21101015165	泰褐异丽金龟	*siamensis* Nonfried
21101015170	苹绿异丽金龟	*sieversi* Heyden
21101015175	中华异丽金龟	*sinica* Arrow
21101015180	斑翅异丽金龟	*spiloptera* Burmaister
21101015185	草褐异丽金龟	*straminea* Semenov
21101015190	黄色异丽金龟	*sulcipennis* (Faldermann)
21101015195	三条异丽金龟	*trivirgata* Fairmaire
21101015200	变色异丽金龟	*varicolor* (Gyllenhal)
21101015205	变斑异丽金龟	*variegata* Hope
21101015210	黑条异丽金龟	*vittata* Gebler
21101020000	藜丽金龟属	*Blitopertha* Reitter
21101020005	透翅藜丽金龟	*conspurcata* Harold
21101020010	东方藜丽金龟	*orientalis* Waterhouese
21101020015	淡翅藜丽金龟	*pallidipennis* Reitter
21101025000	常丽金龟属	*Cyriopertha* Reitter
21101025005	弓斑常丽金龟	*arcuata* (Gebler)
21101030000	丽花金龟属	*Euselates* Thomson
21101030005	丝绒丽金龟	*tonkinensis* Moser
21101035000	彩丽金龟属	*Mimela* Kirby
21101035005	华绿彩丽金龟	*chinensis* Kirby
21101035010	鼓肋彩丽金龟	*costata* Hope
21101035015	弯股彩丽金龟	*excisipesReitter*
21101035020	黄边彩丽金龟	*hauseri* Ohaus
21101035025	粗绿彩丽金龟	*holosericea* (Fabricius)
21101035030	丰色彩丽金龟	*ohausi* Arrow
21101035035	小黑彩丽金龟	*parva* Lin
21101035040	草绿彩丽金龟	*passerinii* Hope
21101035045	京绿彩丽金龟	*pekinensis* (Heyden)
21101035050	绢背彩丽金龟	*sericicollis* Ohaus
21101035055	亮绿彩丽金龟	*splendens* (Gyllenhal)
21101035060	紫绿彩丽金龟	*testaceipes* (Motschulsky)
21101035065	黄闪彩丽金龟	*testaceoviridis* Blanchared
21101040000	发丽金龟属	*Phyllopertha* Stephens
21101040005	二色发丽金龟	*diversa* Waterhouse
21101040010	庭园发丽金龟	*horticola* (Linnaeus)
21101045000	弧丽金龟属	*Popillia* Serville

表 1（续）

代 码	中文名称	拉丁学名
21101045005	兰黑弧丽金龟	*cyanea* Hope
21101045010	琉璃弧丽金龟	*flavosellata* Fabricius
21101045015	闽褐弧丽金龟	*fukiensis* Machatschke
21101045020	黄边弧丽金龟	*marginicollis* Hope
21101045025	蔗边弧丽金龟	*mongolica* Arrow
21101045030	无斑弧丽金龟	*mutans* Newman
21101045035	曲带弧丽金龟	*pustulata* Fairmaire
21101045040	四斑弧丽金龟	*quadriguttata* Fabricius
21101045045	转刺弧丽金龟	*semiaenea* Kraatz
21101050000	毛丽金龟属	*Proagopertha* Reitter
21101050005	苹毛丽金龟	*lucidula* (Faldermann)
21101055000	拟星丽金龟属	*Pseudosinghala* Heller
21101055005	达拟星丽金龟	*dalmanni* Gyllanhal
21101055010	横拟星丽金龟	*transversa* Burmaister
21102000000	花金龟科	Cetoniidae
21102005000	花金龟属	*Cetonia* Fabricius
21102005005	金匠花金龟	*auratus* (Linnaeus)
21102005010	长毛花金龟	*magnifica* Ballion
21102005015	茸毛花金龟	*pilifera* (Motschulsky)
21102005020	铜红花金龟	*rutilans* (Janson)
21102010000	跗花金龟属	*Clinterocera* Motschulsky
21102010005	台斑跗花金龟	*mandarina* (Westwood)
21102015000	鳞花金龟属	*Cosmiomorpha* Sannders
21102015005	褐鳞花金龟	*modesta* Saunders
21102015010	褐艳花金龟	*similis* Fairmaire
21102020000	鹿花金龟属	*Dicranocephalophus* Burmeister
21102020005	宽带鹿花金龟	*adamsi* Pascoe
21102020010	小鹿花金龟	*bourgoini* Auzoux
21102020015	弯角鹿花金龟	*wallichi* Hope
21102025000	短突花金龟属	*Glycyphana* Burmeister
21102025005	黄斑短突花金龟	*fulvistemma* (Motschulsky)
21102025010	红缘短突花金龟	*horsfieldi* (Hope)
21102030000	扩唇花金龟属	*Ingrisma* Fairmaire
21102030005	萤扩唇花金龟	*viridipallens* Bourgoin
21102035000	青花金龟属	*Oxycetonia* Arrow
21102035005	小青花金龟	*jucunda* (Faldermann)
21102040000	绒花金龟属	*Pleuronota* Kraatz
21102040005	六斑绒花金龟	*sexmaculata* Kraatz
21102045000	绣花金龟属	*Poecilophilides* Burmeister
21102045005	褐绣花金龟	*rusticola* Burmeister
21102050000	星花金龟属	*Potosia* Mulsant et Rey
21102050005	疏纹星花金龟	*cathaica* (Bates)

表 1（续）

代　码	中文名称	拉丁学名
21102055000	星花金龟属	*Protaetia* Brumeister
21102055005	白纹花金龟	*brevitarsis* (Lewis)
21102055010	薇星花金龟	*delavayi* (Fairmaire)
21102055015	丽星花金龟	*exasperata* (Fairmaire)
21102055020	铜绿星花金龟	*famelica* (Janson)
21102055025	亮绿星花金龟	*nitididorsis* (Fairmaire)
21102060000	罗花金龟属	*Rhomborrhina* Hope
21102060005	日铜罗花金龟	*japonica* Hope
21102060010	亮罗花金龟	*polita* Waterhouse
21102060015	匀绿罗花金龟	*unicolor* Motschulsky
21103000000	斑金龟科	Trichiidae
21103005000	毛斑金龟属	*Lasiotrichius* Reitter
21103005005	短毛斑金龟	*succinctus* (Pallas)
21103010000	臭斑金龟属	*Osmoderma* Serville
21103010005	花椒黑褐金龟	*opicum* Lewis
21103015000	斑金龟属	*Trichius* Fabricius
21103015005	虎皮金龟	*fasciatus* (Linnaeus)
21104000000	鳃金龟科	Melolonthidae
21104005000	艾鳃金龟属	*Amphimallon* Berthold
21104005005	马铃薯鳃金龟	*solstitialis* (Linaeus)
21104010000	阿鳃金龟属	*Apogonia* Kirby
21104010005	烂阿鳃金龟	*amida* Lewis
21104010010	双脊阿鳃金龟	*bicarinata sauteri* Moser
21104010015	华阿鳃金龟	*chinensis* Moser
21104010020	筛阿鳃金龟	*cribricollis* Burmeister
21104010025	黑阿鳃金龟	*cupreoviridis* Koble
21104010030	丸阿鳃金龟	*granum* Burmeister
21104010035	毛阿鳃金龟	*pilifera* Moser
21104015000	沙鳃金龟属	*Asactopholis* Brenske
21104015005	双凸沙鳃金龟	*bituberculata* Moser
21104020000	婆鳃金龟属	*Brahmina* Blanchard
21104020005	福婆鳃金龟	*faldermanni* Kraatz
21104020010	间婆鳃金龟	*intermedia* (Mannerheim)
21104020015	波婆鳃金龟	*potanini* (Semenov)
21104020020	塞婆鳃金龟	*sedakovi* (Mannerheim)
21104025000	雪鳃金龟属	*Chioneosoma* Kraatz
21104025005	雷雪鳃金龟	*reitteri* Semenov
21104030000	歪鳃金龟属	*Cyphochilus* Waterhouse
21104030005	尖臀歪鳃金龟	*apicalis* Waterhouse
21104035000	双切鳃金龟属	*Dichelomorpha* Burmeister
21104035005	黄褐双切鳃金龟	*ochracea* Burmeister
21104040000	缺鳃金龟属	*Diphycerus* Faimaire

表 1（续）

代码	中文名称	拉丁学名
21104040005	毛缺鳃金龟	*davidis* Fairmaire
21104045000	平爪鳃金龟属	*Ectinohoplia* Redtenbacher
21104045005	纵条平爪鳃金龟	*obducta* Motschulsky
21104045010	宽厚平爪鳃金龟	*paivaea* Wollaston
21104045015	红脚平爪鳃金龟	*rufipes* Motschulsky
21104045020	双点平爪鳃金龟	*sulphuriventris* Redtenbacher
21104050000	陷纹金龟属	*Euselates* Thomson
21104050005	川麻陷纹金龟	*moupinensis* Fairmaire
21104055000	等鳃金龟属	*Exolontha* Reitter
21104055005	棕等鳃金龟	*castanea* Chang
21104055010	峨嵋等鳃金龟	*omeia* Chang
21104055015	大等鳃金龟	*serrulata* (Gyllenhal)
21104055020	影等鳃金龟	*umbraculata* (Burmeister)
21104060000	七鳃金龟属	*Heptophylla* Motschulsky
21104060005	短胸七鳃金龟	*brevicollis* Fairmaire
21104065000	希鳃金龟属	*Hilyotrogus* Fairmaire
21104065005	二色希鳃金龟	*bicoloreus* (Heyden)
21104070000	齿爪鳃金龟属	*Holotrichia* Hope
21104070005	宽缘齿爪鳃金龟	*cochinchina* Nonfried
21104070010	额臀大黑鳃金龟	*convexopyga* Moser
21104070015	东北大黑鳃金龟	*diomphalia* Bates
21104070020	矮臀大黑鳃金龟	*ernesti* Reitter
21104070025	拟毛大黑鳃金龟	*formosana* Moser
21104070030	江南大黑鳃金龟	*gableri* Faldermann
21104070035	海南大黑鳃金龟	*hainanensis* Chang
21104070040	直脊齿爪鳃金龟	*koraiensis* Murayama
21104070045	宽齿爪鳃金龟	*lata* Brenske
21104070050	莫齿爪鳃金龟	*moseri* (Ohaus)
21104070055	华北大黑鳃金龟	*oblita* (Faldermann)
21104070060	卵圆大黑鳃金龟	*ovata* Chang
21104070065	暗黑齿爪鳃金龟	*parallela* Motschulsky
21104070070	铅灰齿爪鳃金龟	*plumbea* Hope
21104070075	栗红齿爪鳃金龟	*rubida* Chang
21104070080	华南大黑鳃金龟	*sauteri* Moser
21104070085	弯脊齿爪鳃金龟	*sichotana* Brenske
21104070090	中华齿爪鳃金龟	*sinensis* Hope
21104070095	鬃脊大鳃金龟	*sus* Moser
21104070100	四川大黑鳃金龟	*szechuanensis* Chang
21104070105	棕色齿爪鳃金龟	*titanis* Reitter
21104070110	南齿爪鳃金龟	*tonkinensis* Moser
21104070115	毛黄大黑鳃金龟	*trichophora* (Fairmaire)
21104070120	亚东齿爪鳃金龟	*yatungensis* Chang

表 1（续）

代　码	中文名称	拉丁学名
21104075000	单爪鳃金龟属	*Hoplia* Reitter
21104075005	斑单爪鳃金龟	*aureola* Pallas
21104075010	围绿单爪鳃金龟	*cincticollis* Faldermann
21104075015	截单爪鳃金龟	*davidis* Fairmaire
21104075020	长脚单爪鳃金龟	*djukini* Jacobson
21104080000	胸突鳃金龟属	*Hoplosternus* Guèrin
21104080005	灰胸突鳃金龟	*incanus* Motschulsky
21104080010	日胸突鳃金龟	*japonicus* Harold
21104080015	尼胸突鳃金龟	*nepalensis* Hope
21104085000	鳞鳃金龟属	*Lepidiota* Hope
21104085005	双斑鳞鳃金龟	*bimaculata* Saunderson
21104085010	毛鳞鳃金龟	*hirsuta* Brenske
21104085015	痣鳞鳃金龟	*stigma* Fabricius
21104090000	正鳃金龟属	*Malaisius* Arrow
21104090005	云南松正鳃金龟	*pinae* Zhang
21104095000	鳃金龟属	*Melolontha* Fabricius
21104095005	小黄鳃金龟	*flavescens* Brenske
21104095010	弟兄鳃金龟	*frater* Arrow
21104095015	闽黄鳃金龟	*fukiensis* Frey
21104095020	大栗鳃金龟	*hippocastani* Fabricius
21104095025	锈褐鳃金龟	*rubiginosa* Fairmaire
21104095030	塔里木鳃金龟	*tarimensis* Semenov
21104095035	鲜黄鳃金龟	*tumidifrons* Fairmaire
21104100000	云斑鳃金龟属	*Polyphylla* Harris
21104100005	白云斑鳃金龟亚种	*alba vicaria* Semenov
21104100010	拟云斑鳃金龟	*formosana* Niijima et Kinoshita
21104100015	小云斑鳃金龟	*gracilicornis* Blanchard
21104100020	云斑鳃金龟	*laticollis* Lewis
21104100025	霉云斑鳃金龟	*nubecula* Frey
21104100030	雪云斑鳃金龟	*schestakovi* Sewmenov
21104100035	南云斑鳃金龟	*tonkinensis* Dewailly
21104105000	霉鳃金龟属	*Sophrops* Fairmaire
21104105005	海霉鳃金龟	*heydeni* (Brenske)
21104110000	皱鳃金龟属	*Trematodes* Faldermann
21104110005	大皱鳃金龟	*grandis* Semenov
21104110010	黑皱鳃金龟	*tenebrioides* (Pallas)
21105000000	绢金龟科	Sericidae
21105005000	楔绢金龟属	*Gastroserica* Brenske
21105005005	黑边楔绢金龟	*marginalis* Brenske
21105010000	码绢金龟属	*Maladera* Mulsant
21105010005	褐码绢金龟	*fusania* (Murayama)
21105010010	黑码绢金龟	*holoserices* Scopoli

表 1（续）

代　码	中文名称	拉丁学名
21105010015	赤绒码绢金龟	*japonica* Motschulsky
21105010020	东方码绢金龟	*orientalis* (Motschulsky)
21105010025	小阔胫码绢金龟	*ovatula* (Fairmaire)
21105010030	阔胫码绢金龟	*verticalis* (Fairmaire)
21105015000	绢金龟属	*Serica* MacLeay
21105015005	小黄绢金龟	*koltzei* Reitter
21105020000	小绢金龟属	*Sericania* Motschulsky
21105020005	褐条小绢金龟	*fuscolineata* Motschulsky
21105025000	霉鳃金龟属	*Sophrops* Fairmaire
21105025005	头霉鳃金龟	*cephalotes* (Burmeister)
21106000000	犀金龟科	Dynastidae
21106005000	犀金龟属	*Allomyrina* Arrow
21106005005	双叉犀金龟	*dichotoma* (Linnaeus)
21106010000	晓扁犀金龟属	*Eophileurus* Arrow
21106010005	中华晓扁金龟	*chinensis* (Faldermann)
21106015000	柱犀金龟属	*Oryctes* Illiger
21106015005	角蛀犀金龟亚种	*nasicornis przevalskyi* Semenov
21106015010	椰柱犀金龟	*rhinoceros* (Linnaeus)
21106020000	禾犀金龟属	*Pentodon* Hope
21106020005	疑禾犀金龟	*dubius* Ballion
21106020010	阔胸禾犀金龟	*mongolicus* Motschulsky
21107000000	臂金龟科	Euchiridae
21107005000	修金龟属	*Ischnopopillia* Kraatz
21107005005	沟翅修金龟	*exarata* Fischer von Waldheim
21107010000	褐臂金龟属	*Propomacrus* Newman
21107010005	戴褐臂金龟	*davidi* Deyrolle
21108000000	锹甲科	Lucanidae
21108005000	眼锹甲属	*Aegus* MacLeay
21108005005	沟纹眼锹甲	*laevicollis laevicollis* Saunders
21108005010	平行眼锹甲	*parallelus* Hope et Westwood
21108010000	环锹属	*Cyclommatus* Parry
21108010005	阿贝环锹甲	*albersi* Kraatz
21108015000	刀锹甲属	*Dorcus* MacLeay
21108015005	漠陶锹甲	*montivagus* Lewis
21108015010	尼陶锹甲	*nepalensis* Hope
21108015015	悌陶锹甲	*tityus* (Hope)
21108020000	锹甲属	*Lucanus* Scopoli
21108020005	原锹甲	*gracilis* Albers
21108020010	烂锹甲	*lesnei* Planet
21108020015	斑腿锹甲	*maculifemoratus maculifemoratus* Motschulsky
21108025000	新锹甲属	*Neolucanus* Thomson
21108025005	巴新锹甲	*baladeva* Hope

表 1（续）

代 码	中文名称	拉丁学名
21108025010	亮红新锹甲	*castanopterus* Hope
21108030000	光胫锹甲属	*Odontolabis* Westwood
21108030005	坡光胫锹甲	*platynota* Hope et Westwood
21108030010	西光胫锹甲	*siva* Hope et Westwood
21108035000	前锹甲属	*Prosopocoilus* Hope et Westwood
21108035005	厚颚前锹甲	*oweni oweni* Hope et Westwood
21108040000	剪锹甲属	*Psalidoremus* Motschulsky
21108040005	斜剪锹甲	*inclinatus inclinatus* Motschulsky
21108045000	扁锹甲属	*Serrognathus* Thomson
21108045005	扁锹甲	*titanus* (Saunders)
21201000000	花萤科	Cantharidae
21201005000	花萤属	*Cantharis* Linnaeus
21201005005	翠花萤	*leechianus* Gorh
21201010000	熠萤属	*Luciola* Laporte de Castelnau
21201010005	角黄萤	*cerata* Olivier
21201010010	中华黄萤	*chinensis* (Linnaeus)
21201010015	日本黄萤	*japonica* (Thunberg)
21201010020	卵圆黄萤	*ovalis* Hope
21201015000	窗萤属	*Lychnuris* Dejean
21201015005	台湾窗萤	*analis* Fabricius
21301000000	吉丁甲科	Buprestidae
21301005000	窄吉丁属	*Agrilus* Curtis
21301005005	柑桔窄吉丁	*auriventris* Saunders
21301005010	栎窄吉丁	*cyaneoniger* Saunders
21301005015	缠皮窄吉丁	*inamoenus* Kerremans
21301005020	苹果小吉丁	*mali* Matsumura
21301005025	沙柳窄吉丁	*moerens* Saunders
21301005030	白蜡窄吉丁	*planipennis* Fairmaire
21301005035	榉树窄吉丁	*spinipennis* Lewis
21301005040	合欢窄吉丁	*subrobustus* Saunders
21301005045	锦鸡窄吉丁	*ussuricola* Obenberger
21301005050	大叶黄杨窄吉丁	*yamabusi* Miwa & Chûjô
21301005055	花椒窄吉丁	*zanthoxylumi* Hou
21301010000	吉丁属	*Buprestis* Barr
21301010005	赤缘绿吉丁	*aurulenta* Linnaeus
21301010010	红缘吉丁	*fairmairei* Théry
21301010015	松青铜吉丁	*haemorrhoidalis sibirica* Fleischer
21301010020	云杉吉丁	*haemorrhoidalis haemorrhoidalis* Herbst
21301015000	扁吉丁属	*Capnodis* Eschscholtz
21301015005	果树扁吉丁	*cariosa* (Pallas)
21301020000	星吉丁属	*Chrysobothris* Eschscholtz
21301020005	六星吉丁	*affinis* (Fabricius)

表 1（续）

代　码	中文名称	拉丁学名
21301020010	黑龙江星吉丁	*amurensis* Pic
21301020015	云杉星吉丁	*chrysostigma kerremansi* Abeille de Perrin
21301020020	杂灌星吉丁	*igai* Kurosawa
21301020025	松星吉丁	*pulchripes* Fairmaire
21301020030	柑桔六星吉丁	*succedanea* Saunders
21301025000	金吉丁属	*Chrysochroa* Dejean
21301025005	桃金吉丁	*fulgidissima* (Schönhem)
21301030000	纹吉丁属	*Coraebus* Gory et Laporte
21301030005	米槠纹吉丁	*ignotus* Saunders
21301035000	斜带吉丁属	*Cyphosoma* Mannerheim
21301035005	柳斜带吉丁	*tataricum* (Pallas)
21301040000	土吉丁属	*Julodis* Eschscholtz
21301040005	天花土吉丁	*variolaris* (Pallas)
21301045000	块斑吉丁属	*Lamprodila* Lacordaire
21301045005	桃吉丁	*kheili* (Obenberger)
21301045010	梨金缘绿吉丁	*limbata* (Gebler)
21301045015	红缘吉丁	*nobilissima* (Mannerheim)
21301045020	栎块斑吉丁	*virgata* (Motschulsky)
21301045025	黑点文吉丁	*vivata* (Lewis)
21301050000	木吉丁属	*Melanophila* Eschscholtz
21301050005	松黑木吉丁	*acuminata* (DeGeer)
21301055000	弗吉丁属	*Phaenops* Dejean
21301055005	松兰吉丁	*cyanea* (Fabricius)
21301055010	松六点吉丁	*guttulata* (Gebler)
21301060000	斑吉丁属	*Trachypteris* Kirby
21301060005	杨十斑吉丁	*picta* (Pallas)
21301060010	十斑吉丁亚种	*picta decostigma* (Fabricus)
21301065000	缘吉丁属	*Meliboeus* Deyrolle
21301065005	中华缘吉丁	*chinensis* Obenberger
21301065010	北京缘吉丁	*pekinensis* Obenberger
21301070000	截尾吉丁属	*Poecilonota* Eschscholtz
21301070005	山杨吉丁	*variolosa chinensis* Théry
21301070010	黄缘吉丁	*variolosa dicercoides* Reitter
21301070015	杨锦纹截尾吉丁	*variolosa variolosa* Paykull
21301075000	黄斑吉丁属	*Ptosima* Dejean
21301075005	四黄斑吉丁	*chinensis* Marseul
21301080000	尖翅吉丁属	*Sphenoptera* Dejean
21301080005	拐枣黑吉丁	*antiqua* (Illiger)
21401000000	叩甲科	Elateridae
21401005000	青叩甲属	*Adelocera* Latreille
21401005005	大青叩甲	*maklini* Candèze
21401010000	锥尾叩甲属	*Agriotes* Eschscholtz

表 1（续）

代码	中文名称	拉丁学名
21401010005	细胸叩头虫	*subvittatus* Motschulsky
21401015000	丽叩甲属	*Campsosternus* Latreille
21401015005	丽叩甲	*auratus* (Drury)
21401015010	红腹丽叩甲	*gemma* Candeze
21401015015	大绿叩甲	*mirabilis* Fleutiaux
21401020000	心盾叩甲属	*Cardiophorus* Eschscholtz
21401020005	小黑叩甲	*tramentarius* Erichson
21401025000	重脊叩甲属	*Chiagosnius* Fleutiaux
21401025005	沟胸垂脊叩甲	*sulcicollis* Candeze
21401030000	高地叩甲属	*Corymbites* Latreille
21401030005	霜叩甲	*pruinosus* Motschulsky
21401035000	木叩甲属	*Dirrhagofarsus* Fleutiaux
21401035005	朽木叩甲	*lewisi* (Fleutiaux)
21401040000	筒叩甲属	*Ectinus* Eschscholtz
21401040005	棘胸叩甲	*sericeus* Candeze
21401045000	叩甲属	*Elater* Linnaeus
21401045005	血色叩甲	*sanguineus* Linnaeus
21401045010	红翅叩甲	*sanquinoolentus* Schrk
21401050000	直缝叩甲属	*Hemicrepidius* Germar
21401050005	兴安叩甲	*dauricus* (Mannerheim)
21401055000	沟胸叩甲属	*Lacon* Laporte
21401055005	旱叩头虫	*binodulus* Motschulsky
21401055010	寒叩头虫	*parallelus* (Lewis)
21401060000	梳爪叩甲属	*Melanotus* Erichson
21401060005	鸢色栉叩甲	*annosus* Candeze
21401060010	褐纹叩甲	*caudex* Lewis
21401060015	筛胸梳爪叩甲	*cribricollis* (Faldermann)
21401060020	桑梳爪牙叩甲	*ventralis* Candeze
21401065000	线角叩甲属	*Pleonomus* Ménétriés
21401065005	沟叩甲	*canaliculatus* Faldemann
21401070000	金叩甲属	*Selatosomus* Stephens
21401070005	铜光叩甲	*aeneus* Linnaeus
21401070010	阔叩甲	*latus* Fabricius
21501000000	长蠹科	Bostrychidae
21501005000	长蠹属	*Bostrichus* Geoffroy
21501005005	红腹槲长蠹	*capucinus* (Linnaeus)
21501010000	竹长蠹属	*Dinoderus* Stephens
21501010005	日本竹长蠹	*japonicus* Lesne
21501010010	竹长蠹	*minutus* (Fabricius)
21501010015	华竹长蠹	*sinicus* Fabricius
21501015000	异翅长蠹属	*Heterobostrychus* Lesne
21501015005	双钩异翅长蠹	*aequalis* (Waterhouse)

表 1（续）

代　码	中文名称	拉丁学名
21501015010	二突异翅长蠹	*hamatipennis* Lesne
21501020000	地衣长蠹属	*Lichenophanes* Lesne
21501020005	斑翅长蠹	*carinipennis* Lewis
21501025000	异长蠹属	*Parabostrychus* Lesne
21501025005	角胸长蠹	*acuticollis* Lesne
21501030000	双棘长蠹属	*Sinoxylon* Duftschmid
21501030005	六齿双棘长蠹	*anale* Lesne
21501030010	日本双棘长蠹	*japonicus* Lesne
21501030015	芒果双棘长蠹	*mangiferae* Chûjô
21501035000	长棒长蠹属	*Xylothrips* Lesne
21501035005	黄足长棒长蠹	*flavipes* (Illiger)
21502000000	粉蠹科	Lyctidae
21502005000	齿粉蠹属	*Lyctoxylon* Reitter
21502005005	日本粉蠹	*japonum* Reitter
21502010000	粉蠹属	*Lyctus* Fabricius
21502010005	褐粉蠹	*brunneus* Stephens
21502010010	袍粉蠹	*linearis* (Goeze)
21502010015	中华粉蠹	*sinensis* Lesne
21502015000	鳞毛粉蠹属	*Minthea* Pascoe
21502015005	鳞毛粉蠹	*rugicollis* (Walker)
21503000000	窃蠹科	Anobiidae
21503005000	额胞窃蠹属	*Ptilinus* Geoffroy
21503005005	梳角窃蠹	*fuscus* Geoffroy
21601000000	露尾甲科	Nitidulidae
21601005000	露尾甲属	*Glischrochilus* Reitter
21601005005	十字露尾甲	*cruciatus* Motschulsky
21601010000	棉花露尾甲属	*Haptoncus* Murray
21601010005	棉花露尾甲	*luteolus* (Erichson)
21602000000	瓢甲科	Coccinellidae
21602005000	崎齿瓢虫属	*Afidenta* Dieke
21602005005	大豆瓢虫	*misera* (Weise)
21602010000	食植瓢虫属	*Epilachna* Chevrolat
21602010005	横斑食植瓢虫	*confusa* Li
21602010010	横带食植瓢虫	*parainsignis* Pang et Mao
21602010015	端尖食植瓢虫	*quadricollis* (Dieke)
21602015000	裂臀瓢虫属	*Henosepilachna* Li
21602015005	马铃薯瓢虫	*vigintioctomaculata* (Motschulsky)
21602015010	茄廿八星瓢虫	*vigintioctopunctata* (Fabricius)
21603000000	姬花甲科	Phalacridae
21603005000	薪甲属	*Corticaria* Marsham
21603005005	隆背花薪甲	*gibbosa* Herbst
21604000000	扁甲科	Laemophloeidae

表 1(续)

代　码	中文名称	拉丁学名
21604005000	扁谷盗属	*Cryptolestes* Ganglbauer
21604005005	土耳其扁谷盗	*turcicus* (Grouville)
21605000000	芫菁科	Meloidae
21605005000	齿爪芫菁属	*Denierella* Kaszab
21605005005	褐边翅爪芫菁	*serrata* Kaszab
21605010000	豆芫菁属	*Epicauta* Redtenbacher
21605010005	短翅豆芫菁	*aptera* Kaszab
21605010010	中国豆芫菁	*chinensis* Laporte
21605010015	存疑豆芫菁	*dubia* Fabricius
21605010020	豆芫菁	*gorhami* Marseul
21605010025	毛角豆芫菁	*hirticornis* (Haag-Rutenberg)
21605010030	大头豆芫菁	*megalocephala* Gebler
21605010035	暗头豆芫菁	*obscurocephala* Reitter
21605010040	西伯利亚豆芫菁	*sibirica* Pallas
21605010045	毛胫豆芫菁	*tibialis* Waterhouse
21605010050	宽纹豆芫菁	*waterhousai* Haag-Rutenberg
21605015000	绿芫菁属	*Lytta* Fabricius
21605015005	绿芫菁	*caraganae* Pallas
21605015010	赤带绿芫菁	*suturella* Motschulsky
21605020000	短翅芫菁属	*Meloe* Linnaeus
21605020005	圆胸地胆芫菁	*corvinus* Marseul
21605025000	斑芫菁属	*Mylabris* Fabricius
21605025005	苹斑芫菁	*calida* Pallas
21605025010	眼斑芫菁	*cichorii* Linnaeus
21605025015	大斑芫菁	*phalerata* (Pallas)
21605025020	丽斑芫菁	*speciosa* Pallas
21606000000	伪叶甲科	Lagriidae
21606005000	伪叶甲属	*Lagria* Fabricius
21606005005	伪叶甲	*nigricollis* Hope
21606005010	多毛伪叶甲	*notabilis* Lewis
21701000000	天牛科	Cerambycidae
21701005000	锦天牛属	*Acalolepta* Pascoe
21701005005	咖啡锦天牛	*cervinus* (Hope)
21701005010	栗灰锦天牛	*degener* (Bates)
21701005015	无芒锦天牛	*floculata pausisetosus* (Gressitt)
21701005020	灰黄锦天牛	*luxuriosa* (Bates)
21701005025	金绒锦天牛	*permutans* (Pascoe)
21701005030	南方锦天牛	*speciosa* (Gahan)
21701005035	双斑锦天牛	*sublusca* (Thomson)
21701005040	丝锦天牛	*vitalisi* (Pic)
21701010000	长角天牛属	*Acanthocinus* Guèrin-Méneville
21701010005	大灰长角天牛	*aedilis* (Linnaeus)

表 1（续）

代　码	中文名称	拉丁学名
21701010010	小灰长角天牛	*griseus* (Fabricius)
21701010015	黑带小灰长角天牛	*stillatus* Bates
21701015000	花天牛属	*Acmaeops* LeConte
21701015005	松眼花天牛	*septentrionis* (Thomson)
21701020000	闪光天牛属	*Aeolesthes* Gahan
21701020005	金绒闪光天牛	*chrysothrix* Gressitt et Rondon
21701020010	皱胸闪光天牛	*holosericea* (Fabricius)
21701020015	茶褐闪光天牛	*induta* (Newman)
21701020020	贵州闪光天牛	*mutabiliaureus* Chiang
21701020025	樱红闪光天牛	*oenochrous* Fairmaire
21701020030	中华闪光天牛	*sinensis* Gahan
21701025000	棘翅天牛属	*Aethalodes* Gahan
21701025005	黑棘翅天牛	*verrucosus* Gahan
21701030000	多节天牛属	*Agapanthia* Serville
21701030005	苜蓿多节天牛	*amurensis* Kraatz
21701030010	大麻多节天牛	*daurica* Ganglbauer
21701030015	毛角多节天牛	*pilicornis* (Fabricius)
21701035000	缨天牛属	*Allotraeus* Bates
21701035005	红足缨天牛	*grahami* Gressitt
21701040000	肖亚天牛属	*Amarysius* Fairmaire
21701040005	中黑肖亚天牛	*altajensis* (Laxmann)
21701040010	红翅肖亚天牛	*sanguinipennis* (Blessig)
21701045000	微天牛属	*Anaesthetobrium* Pic
21701045005	桑微天牛	*luteipenne* Pic
21701050000	纹虎天牛属	*Anaglyptus* Mulsant
21701050005	白角纹虎天牛	*apicicornis* (Gressitt)
21701055000	伪花天牛属	*Anastrangalia* Casey
21701055005	黑缘花天牛	*sequensi* Reitter
21701060000	缘花天牛属	*Anoplodera* Mulsant
21701060005	蓝缘花天牛	*cyanea cyanea* (Gebler)
21701060010	粗点缘花天牛	*excavata* (Bates)
21701060015	赤杨缘花天牛	*rubra dichroa* (Blanchard)
21701060020	绿毛缘花天牛	*virens* (Linnaeus)
21701065000	星天牛属	*Anoplophora* Hope
21701065005	绿绒星天牛	*beryllina* (Hope)
21701065010	星天牛	*chinensis* (Forster)
21701065015	星天牛胸斑亚种	*chinensis macularia* (Thomson)
21701065020	星天牛蓝斑亚种	*chinensis vitalisi* (Pic)
21701065025	大白斑星天牛	*elegans macrospila* Gahan
21701065030	光肩星天牛	*glabripennis* (Motschulsky)
21701065035	楝星天牛	*horsfieldi* (Hope)
21701065040	拟星天牛	*imitatrix* (White)

表 1（续）

代　码	中文名称	拉丁学名
21701065045	黑星天牛	*leechi* (Gahan)
21701065050	槐星天牛	*lurida* (Pascoe)
21701065055	小斑星天牛	*similis* (Gahan)
21701070000	锯花天牛属	*Apatophysis* Chevrolat
21701070005	中华锯花天牛	*sinica* (Semenov-Tian-Shanski)
21701075000	柄天牛属	*Aphrodisium* Thomson
21701075005	黄颈柄天牛	*faldermanii* (Saunders)
21701075010	皱绿柄天牛	*gibbicolle* (White)
21701075015	榆绿柄天牛	*provosti* (Fairmaire)
21701075020	中华柄天牛	*sinicum* (White)
21701080000	粒肩天牛属	*Apriona* Chevrolat
21701080005	桑粒肩天牛	*germari* (Hope)
21701080010	锈色粒肩天牛	*swainsoni* (Hope)
21701085000	短梗天牛属	*Arhopalus* Serville
21701085005	凹胸短梗天牛	*oberthuri* (Sharp)
21701085010	隆纹短梗天牛	*quadricostulatus* Kraatz
21701085015	褐幽短梗天牛	*rusticus* (Linnaeus)
21701085020	赤短梗天牛	*unicolor* (Gahan)
21701090000	簇天牛属	*Aristobia* Thomson
21701090005	瘤胸簇天牛	*hispida* (Sauders)
21701090010	毛簇天牛	*horridula* (Hope)
21701090015	龟背簇天牛	*testudo* (Voet)
21701090020	碎斑簇天牛	*voeti* Thomson
21701095000	颈天牛属	*Aromia* Audinet-Serville
21701095005	桃红颈天牛	*bungii* (Faldermann)
21701095010	杨红颈天牛	*moschata* (Linnaeus)
21701100000	幽天牛属	*Asemum* Eschscholtz
21701100005	松幽天牛	*amurense* Kraatz
21701105000	亚天牛属	*Asias* Stevens
21701105005	鞍背亚天牛	*ephippium* (Stevens et Dalmann)
21701105010	红缘亚天牛	*halodendri* (Pallas)
21701110000	重突天牛属	*Astathes* Newman
21701110005	黄荆重突天牛	*episcopalis* Chevrolat
21701110010	蓝翅重突天牛	*violaceipennis* Thomson
21701115000	截尾天牛属	*Atimia* Linsley
21701115005	中华截尾天牛	*chinensis* Linsley
21701120000	长脊天牛属	*Aulaconotus* Thomson
21701120005	条胸长额天牛	*pachypezoides* Thomson
21701125000	眼天牛属	*Bacchisa* Pascoe
21701125005	黑跗眼天牛	*atritarsis* (Pic)
21701125010	茶眼天牛	*comata* Gahan
21701125015	梨眼天牛	*fortunei* (Thomson)

表 1（续）

代码	中文名称	拉丁学名
21701125020	黄蓝眼天牛	*guerryi* (Pic)
21701130000	白条天牛属	*Batocera* Castelnau
21701130005	橙斑白条天牛	*davidis* Deyrolle
21701130010	云斑白条天牛	*horsfieldi* (Hope)
21701130015	密点白条天牛	*lineolata* Chevrolat
21701130020	榕八星天牛	*rubus* (Linnaeus)
21701135000	灰天牛属	*Blepephaeus* Pascoe
21701135005	深斑灰天牛	*succinctor* (Chevrolat)
21701140000	短虎天牛属	*Brachyclytus* Kraatz
21701140005	黑胸葡萄虎天牛	*singularis* Kraatz
21701145000	短额天牛属	*Bumetopia* Pascoe
21701145005	二斑短额天牛	*oscitans* Pascoe
21701150000	缨象天牛属	*Cacia* Newman
21701150005	簇角缨象天牛	*cretifera* (Hope)
21701150010	波纹象天牛	*lepesmei* Gressitt
21701150015	锈斑樱象天牛	*multirustica* Chiang
21701155000	扁胸天牛属	*Callidium* Fabricius
21701155005	长翅扁胸天牛	*chlorizans* (Solsky)
21701155010	红翅扁胸天牛	*rufipenne* Motschulsky
21701155015	棕扁胸天牛	*villosulum* Fairmaire
21701155020	紫色扁胸天牛	*violaceum* (Linnaeus)
21701160000	球胸虎天牛属	*Calloides* LeConte
21701160005	黄带球胸虎天牛	*maguificus* (Pic)
21701165000	拟柄天牛属	*Cataphrodisium* Aurivillius
21701165005	双带拟柄天牛	*griffithi* (Hope)
21701165010	红翅拟柄天牛	*rubripenne* (Hope)
21701170000	蜡天牛属	*Ceresium* Newman
21701170005	枣枝蜡天牛	*sculpticolle* Gressitt
21701170010	中华蜡天牛	*sinicum* White
21701175000	绿天牛属	*Chelidonium* Thomson
21701175005	光绿天牛	*argentatum* (Dalman)
21701175010	绿天牛	*citri* Gressitt
21701180000	长角绿天牛属	*Chloridolum* Thomson
21701180005	二色长角绿天牛	*japonicum* (Harold)
21701180010	紫缘长角绿天牛	*lameeri* (Pic)
21701180015	黄胸长角绿天牛	*sieversi* (Ganglbauer)
21701180020	邹胸长角绿天牛	*thaliodes* Bates
21701185000	绿虎天牛属	*Chlorophorus* Chevrolat
21701185005	竹绿虎天牛	*annularis* (Fabricius)
21701185010	樱桃绿虎天牛	*diadema* Motschulsky
21701185015	榄绿虎天牛	*eleodes* (Fairmaire)
21701185020	日本绿虎天牛	*japonicus* Chevrolat

表 1（续）

代　码	中 文 名 称	拉 丁 学 名
21701185025	澳门绿虎天牛	*macaumensis* (Chevrolat)
21701185030	弧纹绿虎天牛	*miwai* Gtressitt
21701185035	杨柳绿虎天牛	*motschulskyi* (Gangl)
21701185040	十四斑绿虎天牛	*quatuordecimmaculatus* Chevrolat
21701185045	裂纹绿虎天牛	*separatus* Gressit
21701185050	六斑绿虎天牛	*sexmaculatus* (Motschulsky)
21701185055	黄毛绿虎天牛	*signaticollis* (Castelnau et Gory)
21701185060	毛腹绿虎天牛	*sulcaticeps* Pic
21701190000	克虎天牛属	*Cleroclytus* Kraatz
21701190005	沟胸细条虎天牛	*strigicollis* Jakovlev
21701195000	颗瘤虎天牛属	*Clytobius* Gressitt
21701195005	槐黑星虎天牛	*davidis* (Fairmaire)
21701200000	虎天牛属	*Clytus* Laicharting
21701200005	纵斑虎天牛	*raddensis* Pic
21701205000	瘤象天牛属	*Coptops* Serville
21701205005	麻点瘤象天牛	*leucostictica* White
21701205010	橡胶瘤象天牛	*leucostictica rustica* Gressitt
21701205015	榄仁瘤象天牛	*lichenea* Pascoe
21701210000	豹天牛属	*Coscinesthes* Bates
21701210005	柳枝豹天牛	*porosa* Bates
21701210010	麻点豹天牛	*salicis* Gressitt
21701215000	曲虎天牛属	*Cyrtoclytus* Ganglbauer
21701215005	黄纹曲虎天牛	*capra* Germar
21701220000	须天牛属	*Cyrtonops* White
21701220005	黑须天牛	*asahinai* Mitono
21701225000	红胸天牛属	*Dere* White
21701225005	松红胸天牛	*reticulata* Gressitt
21701225010	红胸天牛	*thoracica* White
21701230000	脊腿天牛属	*Derolus* Gahan
21701230005	灰脊腿天牛	*volvulus* (Fabricius)
21701235000	窝天牛属	*Desisa* Pascoe
21701235005	白带窝天牛	*subfasciata* Pascoe
21701240000	丛角天牛属	*Diastocera* Thomson
21701240005	木棉丛角天牛	*wallichi* (Hope)
21701245000	突天牛属	*Diboma* Thomson
21701245005	柞突天牛	*ciliata* Gressitt
21701250000	珊瑚天牛属	*Dicelosternus* Gahan
21701250005	珊瑚天牛	*corallinus* Gahan
21701255000	瘦天牛属	*Distenia* Serville
21701255005	瘦天牛	*gracilis* (Blessig)
21701260000	土天牛属	*Dorysthenes* Vigors
21701260005	竹土天牛	*buqueti* Guèrin-Méneville

表 1（续）

代码	中文名称	拉丁学名
21701260010	狭牙土天牛	*davidis* (Fairmaire)
21701260015	蔗根土天牛	*granulosus* (Thomson)
21701260020	曲牙土天牛	*hydropicus* Pascoe
21701260025	大牙土天牛	*paradoxus* Fald
21701260030	长牙土天牛	*walkeri* (Waterhouse)
21701265000	刺脊天牛属	*Dystomorphus* Pic
21701265005	松刺脊天牛	*notatus* Pic
21701270000	黑绒天牛属	*Embrik-Strandia* Plavilstshikov
21701270005	二斑黑绒天牛	*bimaculata* (White)
21701270010	黄带黑绒天牛	*unifasciata* (Ritsema)
21701275000	草天牛属	*Eodorcadion* Breuning
21701275005	白腹草天牛	*brandti* (Gebler)
21701275010	蜜条草天牛	*virgatum* (Motschulsky)
21701280000	眉天牛属	*Epipedocera* Chevrolat
21701280005	眉天牛	*zona* Chevrolat
21701285000	长红天牛属	*Erythresthes* Thomson
21701285005	栗长红天牛	*bowringii* (Pascoe)
21701290000	红天牛属	*Erythrus* White
21701290005	黑翅红天牛	*atripennis* Pic
21701290010	油茶红天牛	*blairei* Gressitt
21701290015	红天牛	*championi* White
21701290020	弧斑红天牛	*fortunei* White
21701295000	彤天牛属	*Eupromus* Pascoe
21701295005	黑缘彤天牛	*nigrovittatus* Pic
21701295010	樟彤天牛	*ruber* (Dalman)
21701300000	阔嘴天牛属	*Euryphagus* Thomson
21701300005	黄晕阔嘴天牛	*miniatus* (Fairmaire)
21701305000	扁天牛属	*Eurypoda* Saunders
21701305005	家扁天牛	*antennata* Saunders
21701305010	樟扁天牛	*batesi* Gahan
21701310000	带天牛属	*Eutaenia* Thomson
21701310005	三带天牛	*trifasciella* (White)
21701315000	直脊天牛属	*Eutetrapha* Bates
21701315005	赤杨直脊天牛	*chrysragyrea* Bates
21701315010	金绿直脊天牛	*metallescena* Motschulsky
21701315015	椤直脊天牛	*sedecimpunctata* (Motschulsky)
21701320000	宽花天牛属	*Evodinus* Le Conte
21701320005	黄胫宽花天牛	*bifasciatus* (Olivier)
21701320010	黑胫宽花天牛	*interrogationis* (Linnaeus)
21701325000	勾天牛属	*Exocentrus* Mulsant
21701325005	刺槐勾天牛	*savioi* Pic
21701330000	金花天牛属	*Gaurotes* Le Conte

表 1（续）

代　码	中文名称	拉丁学名
21701330005	瘤胸金花天牛	*tuberculicollis* (Blandchard)
21701330010	凹绿金花天牛	*ussuriensis* Blessig
21701330015	蓝金花天牛	*virginea thalassina* (Schrank)
21701335000	并脊天牛属	*Glenea* Newman
21701335005	眉斑并脊天牛	*cantor* (Fabricius)
21701335010	桑并脊天牛	*centroguttata* Fairmaire
21701335015	黄带并脊天牛	*indiana* Thomson
21701335020	十斑并脊天牛	*licenti* Pic
21701335025	丽并脊天牛	*pulchra* Aurivillius
21701335030	榆并脊天牛	*relicta* Poscoe
21701335035	T斑并脊天牛	*t-notata* Gahan
21701340000	额天牛属	*Gnatholea* Thomson
21701340005	牙斑柚天牛	*eburifera* Thomson
21701345000	指角天牛属	*Imantocera* Thomson
21701345005	榕指角天牛	*penicillata* (Hope)
21701350000	凸胸花天牛属	*Judolia* Mulsant
21701350005	六斑缘花天牛	*sexmaculata* (Linnaeus)
21701355000	沟胫天牛属	*Lamia* Fabricius
21701355005	粒翅天牛	*textor* (Linnaeus)
21701360000	粒翅天牛属	*Lamiomimus* Kolbe
21701360005	双带粒翅天牛	*gottschei* Kolbe
21701365000	花天牛属	*Leptura* Linnaeus
21701365005	橡黑花天牛	*aethiops* Poda
21701365010	曲纹花天牛	*arcuata* Panzer
21701365015	金绒花天牛	*auratopilosa* (Matsushita)
21701365020	十二斑花天牛	*duodecimguttata* Fabricius
21701365025	南方花天牛	*meridiosinica* Gressitt
21701365030	黄纹花天牛	*ochraceofasciata* (Motsch)
21701365035	异色花天牛	*thoracica* Creutzer
21701370000	瘤筒天牛属	*Linda* Thomoson
21701370005	黑角瘤筒天牛	*atricornis* Pic
21701370010	瘤筒天牛	*femorata* (Chevrolat)
21701370015	顶斑瘤筒天牛	*fraterna* (Chevrolat)
21701370020	赤瘤筒天牛	*nigroscutata* (Fairm.)
21701370025	斑角瘤筒天牛	*signaticornis* Schwarzer
21701370030	簇毛瘤筒天牛	*vitalisi* Vuillet
21701375000	鹿天牛属	*Macrochenus* Guèrin-Méneville
21701375005	长颈鹿天牛	*guerini* White
21701375010	白星鹿天牛	*tonkinensis* (Aurivillius)
21701380000	栗山天牛属	*Mallambyx* Bates
21701380005	栗山天牛	*raddei* Blessig
21701385000	芫天牛属	*Mantitheus* Fairmaire

表 1（续）

代　码	中 文 名 称	拉 丁 学 名
21701385005	茺天牛	*pekinensis* Fairmaire
21701390000	缘天牛属	*Margites* Gahan
21701390005	金斑缘天牛	*auratonotatus* Pic
21701390010	黄茸缘天牛	*fulvidus* (Pascoe)
21701395000	薄翅天牛属	*Megopis* Serville
21701395005	脊薄翅天牛	*costipennis* White
21701395010	毛角薄翅天牛	*marginalis* (Fabricius)
21701395015	褐斑薄翅天牛	*severini* Lameere
21701395020	海南薄翅天牛	*sinica hainanensis* (Gahan)
21701395025	隐脊薄翅天牛	*sinica ornaticollis* (White)
21701395030	中华薄翅天牛	*sinica sinica* (White)
21701400000	弱脊天牛属	*Menesia* Mulsant
21701400005	十二星弱脊天牛	*subcarinata* Gressitt
21701400010	培甘弱脊天牛	*sulphurata* (Gebler)
21701405000	半鞘天牛属	*Merionoeda* Pascoe
21701405005	海南半鞘天牛	*formosans burkwalli* Gressitt
21701410000	象天牛属	*Mesosa* Latreille
21701410005	峦纹象天牛	*irrorata* Gressitt
21701410010	三带象天牛	*longipennis* Bates
21701410015	四点象天牛	*myops* (Dalman)
21701410020	灰带象天牛	*sinica* (Gressitt)
21701410025	异斑象天牛	*stictica* Balanchard
21701415000	拟瘦花天牛属	*Metastrangalis* Hayashi
21701415005	二点瘦花天牛	*thibetana* (Blanchard)
21701420000	小粉天牛属	*Microlenecamptus* Pic
21701420005	二点小粉天牛	*obsoletus* (Fairmaire)
21701425000	蒜角天牛属	*Mimocratotragus* Pic
21701425005	红蒜角天牛	*superbus* Pic
21701430000	密缨天牛属	*Mimothestus* Pic
21701430005	樟密缨天牛	*annulicornis* Pic
21701435000	污天牛属	*Moechotype* Thomson
21701435005	双簇污天牛	*diphysis* Pascoe
21701440000	短鞘天牛属	*Molorchus* Fabricius
21701440005	短鞘天牛	*minor* (Linnaeus)
21701445000	墨天牛属	*Monochamus* Guèrin-Méneville
21701445005	松墨天牛	*alternatus* Hope
21701445010	二斑墨天牛	*bimaculatus* Gahan
21701445015	蓝墨天牛	*guerryi* Pic
21701445020	白星墨天牛	*guttulatus* Gressitt
21701445025	缘墨天牛	*millegranus* Bates
21701445030	云杉墨天牛	*saltuarius* (Gebler)
21701445035	麻斑墨天牛	*sparsutus* Fairmaire

表 1（续）

代　码	中文名称	拉丁学名
21701445040	云杉小墨天牛	*sutor* (Linnaeus)
21701445045	云杉大墨天牛	*urussovi* (Fischer)
21701450000	巨瘤天牛属	*Morimospasma* Ganglbauer
21701450005	细粒巨瘤天牛	*granulatum* Chiang
21701450010	松巨瘤天牛	*paradoxum* Ganglbauer
21701455000	粗点天牛属	*Mycerinopsis* Thomson
21701455005	线纹粗点天牛	*lineata* Gahan
21701460000	褐天牛属	*Nadezhdiella* Plavilstshikov
21701460005	桃褐天牛	*aurea* Gressitt
21701460010	桔褐天牛	*cantori* (Hope)
21701465000	肿角天牛属	*Neocerambyx* Thomson
21701465005	黑肿角天牛	*mandarinus* Gressitt
21701470000	吉丁天牛属	*Niphona* Mulsant
21701470005	拟吉丁天牛	*furcata* (Bates)
21701470010	小吉丁天牛	*parallela* White
21701475000	裸花天牛属	*Nivellia* Mulsant
21701475005	血翅拟天牛	*sanguinosa* (Gyllenhel)
21701480000	脊筒天牛属	*Nupserha* Thomson
21701480005	黑翅脊筒天牛	*infantula* Ganglbauber
21701480010	缘翅脊筒天牛	*marginella* (Bates)
21701480015	黄腹脊筒天牛	*testaceipes* Pic
21701485000	筒天牛属	*Oberea* Mulsant
21701485005	二色角筒天牛	*bicoloricornis* Pic
21701485010	萤腹筒天牛	*birmanica* Gahan
21701485015	黑盾筒天牛	*bisbipunctata* Pic
21701485020	短足筒天牛	*ferruginea* Thunberg
21701485025	台湾筒天牛	*formosana* Pic
21701485030	暗翅筒天牛	*fuscipennis* (Chevrolat)
21701485035	樟灰翅天牛	*grisecpennis* Schwarzer
21701485040	粗点筒天牛	*grosspunctata* Breuning
21701485045	赫氏筒天牛	*herzi* Ganglbauer
21701485050	次黄筒天牛	*infratestacea* Pic
21701485055	日本筒天牛	*japonica* (Thunberg)
21701485060	黑腹筒天牛	*nigriventris* Bates
21701485065	灰翅筒天牛	*oculata* (Linnaeus)
21701485070	一点筒天牛	*uninotaticollis* Pic
21701490000	侧沟天牛属	*Obrium* Dejean
21701490005	南方侧沟天牛	*complanatorum* Gressitt
21701495000	肿腿花天牛属	*Oedecnema* Thomson
21701495005	肿腿花天牛	*dubia* (Fabricius)
21701500000	粉天牛属	*Olenecamptus* Chevrolat
21701500005	南方粉天牛	*bilobus tonkinus* Dillon et Dillon

表 1（续）

代　码	中文名称	拉丁学名
21701500010	黑点粉天牛	*clarus* Pascoe
21701500015	白背粉天牛	*cretaceus* Bates
21701500020	八星粉天牛	*octopustulatus* (Motschulsky)
21701500025	八星粉天牛台湾亚种	*octopustulatus formosanus* Pic
21701505000	赤天牛属	*Oupyrrhidium* Pic
21701505005	赤天牛	*cinnabarinum* (Blessig)
21701510000	珠角天牛属	*Pachylocerus* Hope
21701510005	沟翅珠角天牛	*sulcatus* Brogniart
21701515000	厚花天牛属	*Pachyta* Zetterstedt
21701515005	双斑松厚花天牛	*bicuneata* Motschulsky
21701515010	松厚花天牛	*lamed* Linnaeus
21701515015	黄带厚花天牛	*mediofasciata* Pic
21701515020	四斑松厚花天牛	*quadrimaculata* Linnaeus
21701520000	地衣天牛属	*Palimna* Pascoe
21701520005	四斑地衣天牛	*annulata* Olivier
21701525000	双脊天牛属	*Paraglenea* Bates
21701525005	苎麻双脊天牛	*fortunei* (Sauders)
21701525010	绒带双脊天牛	*velutinofasciata* Pic
21701530000	齿胫天牛属	*Paraleprodera* Breuning
21701530005	蜡斑齿胫天牛	*carolina* Fairmaire
21701530010	眼斑齿胫天牛	*diophthalma* (Pascoe)
21701530015	角斑齿胫天牛	*triangularis* Thomson
21701535000	凹唇天牛属	*Paranamera* Breuning
21701535005	黄斑凹唇天牛	*ankangensis* Chiang
21701540000	肖锦天牛属	*Perihammus* Aurivillius
21701540005	云纹肖锦天牛	*infelix* (Pascoe)
21701545000	梯天牛属	*Pharsalia* Thomson
21701545005	橄榄梯天牛	*subgemmata* (Thomson)
21701550000	狭胸天牛属	*Philus* Saunders
21701550005	桔狭胸天牛	*antennatus* (Gyllenhal)
21701550010	蔗狭胸天牛	*pallescens* Bates
21701555000	圆眼天牛属	*Phyodexia* Pascoe
21701555005	圆眼天牛	*concinna* Pascoe
21701560000	小筒天牛属	*Phytoecia* Mulsant
21701560005	黄纹小筒天牛	*comes* (Bates)
21701565000	驼花天牛属	*Pidonia* Mulsant
21701565005	黑胸驼花天牛	*gibbicollis* (Blessig)
21701565010	斑胸驼花天牛	*similis* (Kraatz)
21701570000	丽虎天牛属	*Plagionotus* Mulsant
21701570005	红肩丽虎天牛	*christophi* (Kraatz)
21701570010	栎丽虎天牛	*pulcher* Blessig
21701575000	广翅眼天牛属	*Plaxomicrus* Thomson

表 1（续）

代　码	中文名称	拉丁学名
21701575005	广翅眼天牛	*ellipticus* Thomson
21701580000	皱胸天牛属	*Plocaederus* Thomson
21701580005	咖啡皱胸天牛	*obesus* Gahan
21701585000	芒天牛属	*Pogonochaerus* Dejean
21701585005	松梢芒天牛	*fasciculatus* Degeer
21701585010	白腰芒天牛	*seminiveus* Bates
21701590000	多带天牛属	*Polyzonus* Castelnau
21701590005	黄多带天牛	*fasciatus* (Fabricius)
21701590010	葱绿多带天牛	*prasinus* (White)
21701595000	驴天牛属	*Pothyne* Thomson
21701595005	斜尾驴天牛	*obliquetruncata* Gressitt
21701595010	尖跗锯天牛	*heros* (Semenov-Tian-Schanskij)
21701595015	锯天牛	*insularis* Motschulsky
21701600000	接眼天牛属	*Priotyrranus* Thomson
21701600005	桔根接眼天牛	*closteroides* (Thomson)
21701605000	长跗天牛属	*Prothema* Pascoe
21701605005	长跗天牛	*signata* Pascoe
21701610000	黄星天牛属	*Psacothea* Gahan
21701610005	黄星桑天牛	*hilaris* (Pascoe)
21701615000	伪昏天牛属	*Pseudanaesthetis* Pic
21701615005	伪昏天牛	*langana* Pic
21701620000	伪缨象天牛属	*Pseudipocregyes* Pic
21701620005	黄斑突角天牛	*maculatus* Pic
21701625000	安天牛属	*Pseudonemophas* Breuning
21701625005	灰星天牛	*versteegii* Ritsema
21701630000	白点天牛属	*Pseudopsacothea* Pic
21701630005	白点天牛	*albonotata* Pic
21701635000	坡天牛属	*Pterolophia* Newman
21701635005	白带坡天牛	*albanina* Gressitt
21701635010	桑坡天牛	*annulata* (Chevrolat)
21701635015	弧纹坡天牛	*arctofasciata* Gressitt
21701635020	玉米坡天牛	*cervina* Gressitt
21701635025	南方坡天牛	*discalis* Gressitt
21701635030	多点坡天牛	*kaleea latenotata* (Pic)
21701635035	点胸坡天牛	*maacki* (Blessig)
21701635040	柳坡天牛	*rigida* (Bates)
21701635045	锯角坡天牛	*serricornis* (Gressitt)
21701635050	嫩竹坡天牛	*trilineicollis* Gressitt
21701635055	麻斑坡天牛	*zebrius* (Pascoe)
21701640000	紫天牛属	*Purpuricenus* Latreille
21701640005	帽斑紫天牛	*lituratus* Ganglbauer
21701640010	黄带紫天牛	*malaccensis* (Lacordaire)

表 1（续）

代码	中文名称	拉丁学名
21701640015	黑条紫天牛	*montanus* White
21701640020	圆斑紫天牛	*sideriger* Fairmaire
21701640025	二点紫天牛	*spectabilis* Motschulsky
21701640030	竹紫天牛	*temminckii* (Guèrin-Méneville)
21701645000	折天牛属	*Pyrestes* Pascoe
21701645005	暗红折天牛	*haematica* Pascoe
21701645010	皱胸折天牛	*rubricollis* Fairmaire
21701650000	艳虎天牛属	*Rhaphuma* Pascoe
21701650005	管纹艳虎天牛	*horsfieldi* (White)
21701650010	艳虎天牛	*placida* Pascoe
21701655000	脊胸天牛属	*Rhytidodera* White
21701655005	脊胸天牛	*bowringii* White
21701655010	榕脊胸天牛	*integra* Kolbe
21701660000	缝角天牛属	*Ropica* Pascoe
21701660005	桑缝角天牛	*subnotata* Pic
21701665000	丽天牛属	*Rosalia* Serville
21701665005	蓝丽天牛	*coelestis* Semenov
21701665010	茶丽天牛	*lameerei* Borgniart
21701670000	网花天牛属	*Sachalinobia* Jacobson
21701670005	冷杉网花天牛	*koltzei* (Heyden)
21701675000	楔天牛属	*Saperda* Fabricius
21701675005	锈斑楔天牛	*balsamifera* Motschulsky
21701675010	双条楔天牛	*bilineatocollis* Pic
21701675015	山杨楔天牛	*carcharias* Say
21701675020	断条楔天牛	*interrupta laterimaculata* Motschulsky
21701675025	椴楔天牛	*mandschensis* Blessig
21701675030	八点楔天牛	*octomaculata* Blessig
21701675035	十星楔天牛	*perforata* (Pallas)
21701675040	青杨楔天牛	*populnea* (Linnaeus)
21701675045	白桦楔天牛	*scalarishieroglyphica* (Pallas)
21701675050	尖翅楔天牛	*simulans* Gahan
21701680000	扁角天牛属	*Sarmydus* Pascoe
21701680005	扁角天牛	*antennatus* Pascoe
21701685000	筒虎天牛属	*Sclethrus* Newman
21701685005	筒虎天牛	*amoenus* (Gory)
21701690000	杉天牛属	*Semanotus* Mulsant
21701690005	双条杉天牛	*bifasciatus* Motschulsky
21701690010	柳杉天牛	*japonicus* (Lacordaire)
21701690015	新疆杉天牛	*semenovi* Okunev
21701690020	粗鞘双条杉天牛	*sinoauster* (Gressitt)
21701695000	椎天牛属	*Spondylis* Gistl
21701695005	椎天牛	*buprestoides* (Linnaeus)

表 1（续）

代　码	中文名称	拉丁学名
21701700000	狭天牛属	*Stenhomalus* White
21701700005	台湾狭天牛	*taiwanus* Matsushita
21701705000	脊花天牛属	*Stenocorus* Geoffroy
21701705005	松皮脊花天牛	*inquisitor japonicus* (Bates)
21701710000	拟蜡天牛属	*Stenygrinum* Bates
21701710005	拟蜡天牛	*quadrinotatum* Bates
21701715000	突尾天牛属	*Sthenias* Castelnau
21701715005	环斑突尾天牛	*fransciscanus* Thomson
21701715010	短线突尾天牛	*pascoei* Ritsema
21701720000	齿角花天牛属	*Stictoleptura* Casey
21701720005	斑角花天牛	*variicornis* (Dalman)
21701725000	瘦花天牛属	*Strangalia* Serville
21701725005	栎瘦花天牛	*attenuata* Linnaeus
21701725010	齿瘦花天牛	*crebrepunctata* Gressitt
21701725015	杨桐瘦花天牛	*yamasakii* Mitono
21701730000	栎天牛属	*Stromatium* Audinet-Serville
21701730005	栎凿点天牛	*longicorne* (Newman)
21701735000	断眼天牛属	*Tetropium* Kirby
21701735005	光胸断眼天牛	*castaneum* (Linnaeus)
21701735010	暗褐断眼天牛	*fuscum* Fabricius
21701735015	密点断眼天牛	*staudingeri* Pic
21701740000	黄带楔天牛属	*Thermistis* Pascoe
21701740005	黄带楔天牛	*croceocincta* (Saunders)
21701745000	齿胸天牛属	*Thermonotus* Gahan
21701745005	红齿胸天牛	*ruber* Pic
21701750000	麻天牛属	*Thyestilla* Aurivillius
21701750005	麻天牛	*gebleri* (Faldermann)
21701755000	毡天牛属	*Thylactus* Pascoe
21701755005	刺胸毡天牛	*simulans* Gahan
21701760000	糙天牛属	*Trachystolodes* Breuning
21701760005	粗脊天牛	*sinensis* Gahan
21701760010	双斑糙天牛	*tonkinensis* Breuning
21701765000	茸天牛属	*Trichoferus* Wollaston
21701765005	家茸天牛	*campestris* (Faldermann)
21701765010	灰黄茸天牛	*guerryi* (Pic)
21701770000	刺角天牛属	*Trirachys* Hope
21701770005	刺角天牛	*orientalis* Hope
21701775000	沟跗天牛属	*Turanium* Baeckmann
21701775005	绿沟跗天牛	*johannis* Baeckmann
21701775010	毛沟跗天牛	*pilosum* (Reitter)
21701780000	泥色天牛属	*Uraecha* Thomson
21701780005	樟泥色天牛	*angusta* (Pascoe)

表 1（续）

代　码	中文名称	拉丁学名
21701785000	小枝天牛属	*Xenolea* Thomson
21701785005	桑小枝天牛	*asiatica* (Pic)
21701790000	棱天牛属	*Xoanodera* Pascoe
21701790005	橡胶棱天牛	*regularis* Gahan
21701795000	蓑天牛属	*Xylorhiza* Castelnau
21701795005	石辛蓑天牛	*adusta* (Wiedermann)
21701800000	脊虎天牛属	*Xylotrechus* Chevrolat
21701800005	北字脊虎天牛	*atronotatus* Pic
21701800010	叉脊虎天牛	*buqueti* (Castelnau et Gory)
21701800015	桑脊虎天牛	*chinensis* Chevrolat
21701800020	桦脊虎天牛	*clarinus* Bates
21701800025	核桃脊虎天牛	*contortus* Gahan
21701800030	冷杉脊虎天牛	*cuneipennis* (Kraatz)
21701800035	咖啡脊虎天牛	*grayii* White
21701800040	曲纹脊虎天牛	*incurvatus* Chevrolat
21701800045	巨胸脊虎天牛	*magnicollis* (Fairmaire)
21701800050	纳曼干脊虎天牛	*namanganensis* Heydel
21701800055	四带脊虎天牛	*polyzonus* (Fairmaire)
21701800060	葡萄脊虎天牛	*pyrrhoderus* Bates
21701800065	灭字脊虎天牛	*quadripes* Chevrolat
21701800070	黑胸脊虎天牛	*robusticollis* (Pic)
21701800075	白蜡脊虎天牛	*rufilius* Bates
21701800080	青杨脊虎天牛	*rusticus* Linnaeus
21701805000	双条天牛属	*Xystrocera* Serville
21701805005	合欢双条天牛	*globosa* (Olinier)
21701810000	切缘天牛属	*Zegriades* Pascoe
21701810005	黄条切缘天牛	*aurovirgatus* Gressitt
21702000000	豆象科	Bruchidae
21702005000	三齿豆象属	*Acanthoscelides* Schilsky
21702005005	紫穗槐豆象	*pallidipennis* Motschulsky
21702010000	锥胸豆象属	*Bruchidius* Schilsky
21702010005	皂荚豆象	*dorsalis* (Fahraeus)
21702010010	合欢豆象	*terrenus* (Sharp)
21702015000	瘤背豆象属	*Callosobruchus* Pic
21702015005	绿豆象	*chinensis* (Linnaeus)
21702020000	细足豆象属	*Kytorhinus* Waldheim
21702020005	柠条豆象	*immixtus* Motschulsky
21702025000	齿豆象属	*Rhaebus* Fischer-Waldheim
21702025005	绿齿豆象	*solskyi* Kraatz
21703000000	叶甲科	Chrysomelidae
21703005000	丽斑叶甲属	*Agasta* Hope
21703005005	丽斑叶甲	*formosa* Hope

表 1（续）

代 码	中文名称	拉丁学名
21703010000	毛臀萤叶甲属	*Agelastica* Chevrolat
21703010005	杨毛臀萤叶甲东方亚种	*alni orientalis* Baly
21703010010	蓝毛臀萤叶甲	*coerulea* Baly
21703015000	殊角萤叶甲属	*Agetocera* Hope
21703015005	丝殊角萤叶甲	*filicornis* Laboissiere
21703020000	柱胸叶甲属	*Agrosteomela* Gistl
21703020005	中华柱胸叶甲	*chinensis* (Weise)
21703025000	跳甲属	*Altica* Fabricius
21703025005	蓝跳甲	*cyanea* (Weber)
21703025010	荒漠跳甲	*deserticola* Weise
21703025015	老鹳草跳甲	*viridicyanea* (Baly)
21703030000	榆叶甲属	*Ambrostoma* Motschulsky
21703030005	琉璃叶甲	*fortunei* (Baly)
21703030010	榆紫叶甲	*quadriimpressum* (Motschulsky)
21703035000	凹胸萤叶甲属	*Anadimonia* Ogloblin
21703035005	凹胸萤叶甲	*potanini* Ogloblin
21703040000	侧刺跳甲属	*Aphthona* Chevrolat
21703040005	野桐金绿跳甲	*strigosa* Baly
21703045000	阿波萤叶甲属	*Aplosonyx* Chevrolat
21703045005	兰翅阿波萤叶甲	*chalybaeus* (Hope)
21703050000	异跗萤叶甲属	*Apophylia* Duponchel et Chevrolat
21703050005	旋心异跗萤叶甲	*flavovirens* (Fairmaire)
21703050010	紫绿异跗萤叶甲	*epipleuralis* Laboissiere
21703055000	瓢跳甲属	*Argopistes* Motschulsky
21703055005	棕色瓢跳甲	*hoenei* Maulik
21703055010	女贞瓢跳甲	*tsekooni* Chen
21703060000	阿萤叶甲属	*Arthrotus* Motschulsky
21703060005	枫香阿萤叶甲	*liquidus* Gressitt et Kimoto
21703065000	樟萤叶甲属	*Atysa* Baly
21703065005	樟萤叶甲	*marginata cinnamoni* Chen
21703070000	守瓜属	*Aulacophora* Chevrolat
21703070005	黄守瓜	*indica* (Gmelin)
21703070010	黄足黑守瓜	*lewissi* Baly
21703070015	黑须黑守瓜	*nigripalpis* Chen et Kung
21703070020	黑足黑守瓜	*nigripennis* Motschulsky
21703075000	高萤叶甲属	*Capula* Jacobson
21703075005	光臀高萤叶甲	*metallica* Jacobson
21703080000	金叶甲属	*Chrysolina* Motschulsky
21703080005	柳金叶甲	*polita* (Linn)
21703080010	京金叶甲	*sulcicollis* (Fairmaire)
21703085000	叶甲属	*Chrysomela* Linnaeus
21703085005	桤木叶甲	*adamsi ornaticollis* Chen

表 1 (续)

代码	中文名称	拉丁学名
21703085010	二色芋萤叶甲	*bicolor* Gressitt et Kimoto
21703085015	弧斑叶甲	*lapponica* Linnaeus
21703085020	斑胸叶甲	*maculicollis* (Jacoby)
21703085025	杨叶甲	*populi* Linnaeus
21703085030	柳红叶甲	*saliceti* (Weise)
21703085035	柳十八斑叶甲	*salicivorax* (Fairmaire)
21703085040	白杨叶甲	*tremulae* (Fabricius)
21703085045	柳二十斑叶甲	*vigintipunctata* (Scopoli)
21703090000	啮跳甲属	*Clitea* Baly
21703090005	恶性橘啮跳甲	*metallica* Chen
21703095000	丽萤叶甲属	*Clitenella* Laboissiére
21703095005	黄腹丽萤叶甲	*fulminans* (Faldermann)
21703100000	克萤叶甲属	*Cneorane* Baly
21703100005	麻克萤叶甲	*cariosipennis* Fairmaire
21703100010	福建克萤叶甲	*fokiensis* Weise
21703100015	胡枝子克萤叶甲	*violaceipennis* Allard
21703105000	讷萤叶甲属	*Cneoranidea* Chen
21703105005	檵木克萤叶甲	*signatipes* Chen
21703110000	沟胸跳甲属	*Crepidodera* Chevrolat
21703110005	杨沟胸跳甲	*pluta* (Latreille)
21703115000	粗角萤叶甲属	*Diorhabda* Weise
21703115005	红柳粗角萤叶甲	*elongata deserticola* Chen
21703120000	拟矛萤叶甲属	*Doryidomorpha* Laboissière
21703120005	黑翅拟矛萤叶甲	*nigripennis* Laboissière
21703125000	埃萤叶甲属	*Exosoma* Jacoby
21703125005	黄腹埃萤叶甲	*flaviventris* (Motschulsky)
21703130000	窝额萤叶甲属	*Fleutiauxia* Laboissière
21703130005	桑窝额萤叶甲	*armata* (Baly)
21703135000	萤叶甲属	*Galeruca* Geoffroy
21703135005	葱萤叶甲	*extensa* Motschulsky
21703135010	胫突萤叶甲	*interrupta circumdata* Duftschmid
21703135015	柳萤叶甲	*spectabilis* Faldermann
21703140000	小萤叶甲属	*Galerucella* Crotch
21703140005	菱小萤叶甲	*nipponensis* (Laboissiere)
21703145000	柱萤叶甲属	*Gallerucida* Motschulsky
21703145005	二纹柱萤叶甲	*bifasciata* Motschulsky
21703145010	丽柱萤叶甲	*gloriosa* (Baly)
21703145015	黑斑柱萤叶甲	*nigropicta* (Fairmaire)
21703145020	端斑柱萤叶甲	*singularis* (Harold)
21703150000	扁叶甲属	*Gastrolina* Baly
21703150005	核桃扁叶甲	*depressa* Baly
21703150010	赤杨扁叶甲	*peltoidea* (Gebler)

表 1（续）

代　码	中文名称	拉丁学名
21703150015	黑胸扁叶甲	*thoracica* Baly
21703155000	齿胫叶甲属	*Gastrophysa* Chevrolat
21703155005	蓼蓝齿胫叶甲	*atrocyanea* Motschulsky
21703155010	萹蓄齿胫叶甲	*polygoni* (Linnaeus)
21703160000	短鞘萤叶甲属	*Geinella* Strand
21703160005	漆黑短鞘萤叶甲	*invenusta* (Jacobson)
21703165000	角胫叶甲属	*Gonioctena* Chevrolat
21703165005	胡枝子角胫叶甲	*scutellaris* Baly
21703165010	十三点角胫叶甲	*tredecimmaculata* (Jacoby)
21703170000	哈萤叶甲属	*Haplosomoides* Duvivier
21703170005	黑翅哈萤叶甲	*costata* (Baly)
21703170010	黄哈萤叶甲	*flava* Laboissière
21703175000	沟胫跳甲属	*Hemipyxis* Dejean
21703175005	黄顶沟胫跳甲	*moseri* (Weise)
21703180000	丝跳甲属	*Hespera* Weise
21703180005	短鞘丝跳甲	*brachyelytra* Chen et Wang
21703180010	绿背丝跳甲	*cyanea* Maulik
21703185000	贺萤叶甲属	*Hoplasoma* Jacoby
21703185005	棕贺萤叶甲	*unicolor* (Illiger)
21703190000	圆肩叶甲属	*Humba* Chen
21703190005	蓝圆肩叶甲	*cyanicollis* (Hope)
21703195000	拟柱萤叶甲属	*Laphris* Baly
21703195005	八斑拟柱萤叶甲	*sexplagiata* Laboissière
21703200000	里叶甲属	*Linaeidea* Motschulsky
21703200005	赤杨里叶甲	*adamsi* (Baly)
21703200010	铜绿里叶甲	*aenea* (Linnaeus)
21703200015	金绿里叶甲	*aeneipennis* (Baly)
21703205000	长跳甲属	*Liprus* Motschulsky
21703205005	问荆长跳甲	*punctatostriatus* Motschulsky
21703210000	隶萤叶甲属	*Liroetis* Weise
21703210005	八斑隶萤叶甲	*octopunctata* (Weise)
21703215000	绿萤叶甲属	*Lochmaea* Weise
21703215005	钟形绿萤叶甲	*capreae* (Linnaeus)
21703215010	山楂萤叶甲	*crataegi* Forster
21703220000	拟大萤叶甲属	*Meristoides* Laboissière
21703220005	黄腹拟大萤叶甲	*grandipennis* (Fairmaire)
21703220010	黄带拟大萤叶甲	*oberthuri* (Jacoby)
21703225000	米萤叶甲属	*Mimastra* Baly
21703225005	桑黄米萤叶甲	*cyanura* (Hope)
21703225010	黑条米萤叶甲	*grahami* Baly
21703225015	黑腹米萤叶甲	*soreli* Baly
21703225020	蓝尾米萤叶甲	*unicitarsis* Laboissière

表 1（续）

代　码	中文名称	拉丁学名
21703230000	长跗萤叶甲属	*Monolepta* Chevrolat
21703230005	杨长跗萤叶甲	*discalis* Gressitt et Kimoto
21703230010	凸长跗萤叶甲	*mordelloides* Chen
21703230015	龙眼长跗萤叶甲	*occifluvis* Gressitt et Kimoto
21703230020	小长跗萤叶甲	*ovatula* Chen
21703230025	竹长跗萤叶甲	*pallidula* (Baly)
21703230030	丁斑长跗萤叶甲	*postfasciata* Gressitt et Kimoto
21703230035	四斑长跗萤叶甲	*quadriguttata* (Motschulsky)
21703230040	阳朔长跗萤叶甲	*yaoshanicus* Chen
21703235000	榕萤叶甲属	*Morphosphaera* Baly
21703235005	日榕萤叶甲	*japonica* (Hornstedt)
21703240000	瓢萤叶甲属	*Oides* Weber
21703240005	二点瓢萤叶甲	*andrewesi* Jacoby
21703240010	蓝翅瓢萤叶甲	*bowringii* (Baly)
21703240015	十星瓢萤叶甲	*decempunctata* (Billberg)
21703240020	八角瓢萤叶甲	*duporti* Laboissière
21703240025	宽缘瓢萤叶甲	*laticlava* (Fairmaire)
21703240030	黑跗瓢萤叶甲	*tarsata* (Baly)
21703245000	直缘跳甲属	*Ophrida* Chapuis
21703245005	小直缘跳甲	*parva* Chen et Wang
21703245010	漆树双钩直缘跳甲	*scaphoides* (Baly)
21703245015	黑角直缘跳甲	*spectabilis* (Baly)
21703250000	斑叶甲属	*Paropsides* Motschulsky
21703250005	山楂斑叶甲	*soriculata* (Swartz)
21703255000	猿叶甲属	*Phaedon* Latreille
21703255005	黑猿叶甲	*brassicae* Baly
21703260000	牡荆叶甲属	*Phola* Weise
21703260005	牡荆叶甲	*octodecimguttata* (Fabricius)
21703265000	弗叶甲属	*Phratora* Chevrolat
21703265005	两色弗叶甲	*bicolor* Gressitt et Kimoto
21703265010	杨弗叶甲	*laticollis* (Suffrian)
21703265015	长阳弗叶甲	*multipunctata* Jacoby
21703265020	蓝绿弗叶甲	*vitellinae* (Linnaeus)
21703265025	柳弗叶甲	*vulgatissima* (Linnaeus)
21703270000	粗角跳甲属	*Phygasia* Baly
21703270005	赭翅粗角跳甲	*dorsata* Baly
21703270010	桑粗角叶甲	*fulvipennis* (Baly)
21703275000	角叶甲属	*Phyllocharis* Dalman
21703275005	波珠角叶甲	*undulata* Linnaeus
21703280000	圆叶甲属	*Plagiodera* Redtenbacher
21703280005	铜色圆叶甲	*cupreata* Chen
21703280010	柳蓝圆叶甲	*versicolora distincta* Baly

表 1（续）

代码	中文名称	拉丁学名
21703285000	胸瘤距甲属	*Poecilomorpha* Hope
21703285005	蓝翅距甲	*cyanipennis* (Kraatz)
21703285010	黄褐距甲	*testacea* (Kraatz)
21703290000	根萤叶甲属	*Taumacera* Thunberg
21703290005	中华根萤叶甲	*chinensis* (Maulik)
21703295000	凹缘跳甲属	*Podontia* Dalman
21703295005	黄色漆树叶甲	*lutea* (Olivier)
21703300000	缢胸叶甲属	*Promecotheca* Blanchard
21703300005	椰子缢胸叶甲	*cumingii* Baly
21703305000	双行跳甲属	*Pseudodera* Baly
21703305005	拟胸沟跳甲	*xanthospila* Baly
21703305010	凸黑足隶萤叶甲	*fulvipennis* (Jacoby)
21703310000	毛萤叶甲属	*Pyrrhalta* Joannis
21703310005	榆绿毛萤叶甲	*aenescens* (Fairmaire)
21703310010	黑肩毛萤叶甲	*humeralis* (Chen)
21703310015	榆黄毛萤叶甲	*maculicollis* (Motschulsky)
21703315000	粗腿萤叶甲属	*Sastracella* Jacoby
21703315005	樟粗腿萤叶甲	*cinnamomea* Yang
21703320000	球跳甲属	*Sphaeroderma* Stephens
21703320005	黑翅球跳甲	*balyi hupehensis* Gressitt et Kimoto
21703325000	突距甲属	*Temnaspis* Lacordaire
21703325005	二齿距甲	*bidentata* Pic
21703325010	白蜡梢距甲	*nankinea* (Pic)
21703330000	显脊萤叶甲属	*Theopea* Baly
21703330005	红显脊萤叶甲	*aeneipennis* Gressitt et Kimoto
21703330010	绿显脊萤叶甲	*smaragdina* Gressitt et Kimoto
21703335000	长瘤跳甲属	*Trachyaphthona* Heikertinger
21703335005	蓝粗角瘤跳甲	*cyanea* (Chen)
21703340000	瘤胸叶甲属	*Zeugophora* Kunze
21703340005	锚瘤胸叶甲	*ancora* Reitter
21703340010	环瘤胸叶甲	*annulata* Baly
21703340015	棕瘤胸叶甲	*cribrata* Chen
21703340020	蓝瘤胸叶甲	*cyanea* Chen
21703340025	盾瘤胸叶甲	*scutellaris* Suffrian
21704000000	肖叶甲科	Eumolpidae
21704005000	皱背叶甲属	*Abiromorphus* Pic
21704005005	皱背叶甲	*anceyi* Pic
21704010000	皱鞘叶甲属	*Abirus* Chapuis
21704010005	桑皱鞘叶甲	*fortunei* (Baly)
21704015000	丽叶甲属	*Acrothinium* Marshall
21704015005	葡萄丽叶甲	*gaschkevitschii* (Motschulsky)
21704020000	厚缘叶甲属	*Aoria* Baly

表 1（续）

代　码	中文名称	拉丁学名
21704020005	黑斑厚缘叶甲	*bowringii* Baly
21704020010	黑腿厚缘叶甲	*nigripennis* Gressitt et Kimoto
21704020015	栗厚缘叶甲	*nucea* (Fairmaire)
21704020020	棕红厚缘叶甲	*rufotestacea* Fairmaire
21704025000	盾叶甲属	*Aspidolopha* Lacordaire
21704025005	双斑盾叶甲	*bisignata* Pic
21704025010	黄盾叶甲	*melanophthalma* Lacordaire
21704030000	角胸叶甲属	*Basilepta* Baly
21704030005	脊鞘角胸叶甲	*consobrinum* Chen
21704030010	钝角胸叶甲	*davidi* (Lefevre)
21704030015	褐足角胸叶甲	*fulvipes* (Motschulsky)
21704030020	隆基角胸叶甲	*leechi* (Jacoby)
21704030025	斑鞘角胸叶甲	*martini* (Lefevre)
21704030030	淡色角胸叶甲	*pallidulum* Baly
21704030035	圆角胸叶甲	*ruficolle* (Jacoby)
21704030040	棕角胸叶甲	*sinarum* Weise
21704035000	葡萄叶甲属	*Bromius* Chevrolat
21704035005	葡萄叶甲	*obscurus* (Linnaeus)
21704040000	樟叶甲属	*Chalcolema* Jacoby
21704040005	红胸樟叶甲	*cinnamoni* Chen et Wang
21704040010	绿樟叶甲	*cribrata* Chen
21704045000	瘤叶甲属	*Chlamisus* Rafinesque
21704045005	齿臀瘤叶甲	*indicus* (Jacoby)
21704045010	斑瘤叶甲	*spilotus* (Baly)
21704050000	绿叶甲属	*Chrysochares* Morawitz
21704050005	罗布麻绿叶甲	*aeneocupreus* Chen
21704055000	萝藦叶甲属	*Chrysochus* Redtenbacher
21704055005	中华萝藦叶甲	*chinensis* Baly
21704060000	亮叶甲属	*Chrysolampra* Baly
21704060005	兰壳叶甲	*cyanea* Lefèvre
21704060010	亮叶甲	*splendens* Baly
21704065000	李叶甲属	*Cleoporus* Lefévre
21704065005	李叶甲	*variabilis* (Baly)
21704070000	突肩叶甲属	*Cleorina* Lefévre
21704070005	堇色突肩叶甲	*aeneomicans* (Baly)
21704075000	豆叶甲属	*Cloposelis* Dejean
21704075005	斑鞘豆叶甲	*signata* (Motschulsky)
21704080000	锯角叶甲属	*Clytra* Laicharting
21704080005	亚州锯角叶甲	*asiatica* (Chujo)
21704080010	无斑锯角叶甲	*degenerei* Pic
21704080015	十二斑锯角叶甲	*duodecimmaculatus* (Fabricius)
21704080020	光背锯角叶甲	*laeviuscula* Ratzeburg

表 1（续）

代　码	中文名称	拉丁学名
21704080025	粗背锯角叶甲	*quadripunctata* Linnaeus
21704085000	梳叶甲属	*Clytrasoma* Jacoby
21704085005	梳叶甲	*palliatum* (Fabricius)
21704090000	沟臀叶甲属	*Colaspoides* Laporte
21704090005	中华沟臀叶甲	*chinensis* Jacoby
21704090010	越南沟臀叶甲	*diffinis* Lefévre
21704090015	毛股沟臀叶甲	*femoralis* Lefévre
21704090020	海南沟臀叶甲	*hainanensis* Kimoto et Gressitt
21704090025	齿股沟臀叶甲	*martini* Lefévre
21704090030	刺股沟臀叶甲	*opaca* Jacoby
21704090035	毛角沟臀叶甲	*pilicornis* Lefévre
21704095000	甘薯叶甲属	*Colasposoma* Laporte
21704095005	甘薯叶甲丽鞘亚种	*dauricum auripenne* (Motschulsky)
21704100010	曲胫甘薯叶甲	*pretiosum* Baly
21704100000	切头叶甲属	*Coptocephala* Lacordaire
21704100005	亚州切头叶甲	*asiatica* Chûjô
21704100010	切头叶甲	*pallens* Baly
21704105000	隐头叶甲属	*Cryptocephalus* Geoffrey
21704105005	肩斑隐头叶甲	*bipunctatus cautus* Weise
21704105010	栎隐头叶甲	*cunctatus* Clavareau
21704105015	丽隐头叶甲	*festivus* Jacoby
21704105020	强隐头叶甲	*fortunatus* Baly
21704105025	柳隐头叶甲	*hieracii* Weise
21704105030	酸枣隐头叶甲	*japanus* Baly
21704105035	艾蒿隐头叶甲	*koltzei* Weise
21704105040	胡枝子隐头叶甲	*kraatzi* Chûjô
21704105045	斑额隐头叶甲	*kulibini* Gebler
21704105050	榆隐头叶甲	*lemniscatus* Suffrian
21704105055	香港隐头叶甲	*lofgrenae* Gressitt et Kimoto
21704105060	槭隐头叶甲	*mannerheimi* Gebler
21704105065	黄盾隐头叶甲	*nebulo* Weise
21704105070	黄缘隐头叶甲	*ochroloma* Gebler
21704105075	黄头隐头叶甲	*permodestuo* Baly
21704105080	毛隐头叶甲	*pilosellus* Suffrian
21704105085	斑腿隐头叶甲	*pustulipes* Ménétriés
21704105090	绿兰隐头叶甲	*regalis cyanescens* Weise
21704105095	斑鞘隐头叶甲	*regalis regalis* Gebler
21704105100	黑纹隐头叶甲	*semenovi* Weise
21704105105	背凹隐头叶甲	*sericeus* Linnaeus
21704105110	山西隐头叶甲	*shansiensis* Chen
21704105115	黑斑隐头叶甲	*signaticeps* Baly
21704105120	齿腹隐头叶甲	*stchukini* Faldermann

表 1（续）

代 码	中文名称	拉丁学名
21704105125	十四斑隐头叶甲	*tetradecaspilotus* Baly
21704105130	三带隐头叶甲	*trifasciatus* Redtenbacher
21704105135	小绿隐头叶甲	*virens* Suffrian
21704110000	茶叶甲属	*Demotina* Baly
21704110005	茶叶甲	*fasciculata* Baly
21704110010	黄毛额叶甲	*pallens* (Fabricius)
21704110015	油茶叶甲	*thei* Chen
21704115000	钳叶甲属	*Labidostomis* Germar
21704115005	二点钳叶甲	*bipunctata* (Mannerheim)
21704115010	中华钳叶甲	*chinensis* Lefèvre
21704115015	毛胸钳叶甲	*pallidipennis* Gebler
21704120000	筒胸叶甲属	*Lypesthes* Baly
21704120005	粉筒胸叶甲	*ater* (Motschulsky)
21704120010	香港筒胸叶甲	*gracilicornis* (Baly)
21704120015	黄毛筒胸叶甲	*subregularis* (Pic)
21704125000	齿爪叶甲属	*Melixanthus* Suffrian
21704125005	凹股齿爪叶甲	*moupinensis* (Gressitt)
21704125010	盾齿爪叶甲	*subsimulans* (Chen)
21704130000	球叶甲属	*Nodina* Motschulsky
21704130005	金球叶甲	*chalcosoma* Baly
21704130010	中华球叶甲	*chinensis* Weise
21704130015	单脊球叶甲	*punctatostriolata* (Fairmaire)
21704130020	三脊球叶甲	*tricarinata* Gressitt et Kimoto
21704135000	短柱叶甲属	*Pachybrachys* Redtenbacher
21704135005	黄臀短柱叶甲	*ochropygus* Solsky
21704135010	花背短柱叶甲	*scriptidorsum* Marseul
21704140000	凹翅萤叶甲属	*Paleosepharia* Laboissiere
21704140005	褐凹翅萤叶甲	*fulvicornis* Chen
21704145000	凹顶叶甲属	*Parascela* Baly
21704145005	粗刻凹顶叶甲	*cribrata* (Schaufuss)
21704150000	宽角叶甲属	*Parheminodes* Chen
21704150005	紫胸宽角叶甲	*collaris* Chen
21704155000	杨梢叶甲属	*Parnops* Jacobson
21704155005	杨梢叶甲	*glasunowi* Jacobson
21704155010	内蒙杨梢叶甲	*ordosana* Chao
21704155015	新疆杨梢叶甲	*vaillanti* Pic
21704160000	方额叶甲属	*Physauchenia* Lacordaire
21704160005	双带方额叶甲	*bifasciata* (Jacoby)
21704165000	扁角叶甲属	*Platycorynus* Chevrolat
21704165005	额窝扁角叶甲	*bicavifrons* (Chen)
21704165010	脊鞘扁角叶甲	*costipennis* (Chen)
21704165015	茶扁角叶甲	*igneicollis* (Hope)

表 1（续）

代　码	中文名称	拉丁学名
21704165020	绿缘扁角叶甲	*parryi* Baly
21704165025	蓝扁角叶甲	*peregrinus* (Herbst)
21704165030	曲带扁角叶甲	*undatus* (Olivier)
21704165035	亮绿扁角叶甲	*viridimicans* Gressitt et Kimoto
21704170000	潜叶跳甲属	*Podagricomela* Heikertinger
21704170005	花椒潜叶跳甲	*shirahatai* (Chûjô)
21704170010	枸桔潜叶跳甲	*weisei* Heilertinger
21704175000	光叶甲属	*Smaragdina* Chevrolat
21704175005	杨柳隐头叶甲	*aurita hammarstraemi* (Jacobson)
21704175010	光叶甲	*laevicollis* (Jacoby)
21704175015	酸枣光叶甲	*mandzhura* (Jacobson)
21704175020	黑额光叶甲	*nigrifrons* (Hope)
21704175025	梨光叶甲	*semiaurantiaca* (Fairmaire)
21704180000	毛叶甲属	*Trichochrysea* Baly
21704180005	短毛大毛叶甲	*cephalotes* (Lefevre)
21704180010	大毛叶甲	*imperialis* (Baly)
21704180015	银纹毛叶甲	*japana* (Motschulsky)
21704180020	合欢毛叶甲	*nitidissima* (Jacoby)
21704180025	扁角毛叶甲	*similis* Chen
21704180030	绿唇大毛叶甲	*viridis* Jacoby
21704185000	黄叶甲属	*Xanthonia* Baly
21704185005	杉针黄叶甲	*collaris* Chen
21705000000	铁甲科	Hispidae
21705005000	肋龟甲属	*Alledoya* Hincks
21705005005	西沟龟甲	*vespertina* (Boheman)
21705010000	梳龟甲属	*Aspidomorpha* Hope
21705010005	尾斑梳龟甲	*chandrika* Maulik
21705010010	甘薯梳龟甲	*furcata* (Thunberg)
21705010015	星斑梳龟甲	*miliaris* (Fabricius)
21705010020	金梳龟甲	*sanctaecrucis* (Fabricius)
21705015000	锯龟甲属	*Basiprionota* Chevrolat
21705015005	北锯龟甲	*bisignata* (Boheman)
21705015010	大锯龟甲	*chinensis* (Fabricius)
21705015015	雅安锯龟甲	*gressitti* Medvedev
21705015020	黑盘锯龟甲	*whitei* (Boheman)
21705020000	心叶甲属	*Brontispa* Sharp
21705020005	椰心叶甲	*longissima* (Gestro)
21705025000	丽甲属	*Callispa* Baly
21705025005	竹丽甲	*bowringii* Baly
21705025010	兰丽甲	*cyanea cyanea* Chen et Yu
21705025015	中华丽甲	*fortunei fortunei* Baly
21705030000	龟甲属	*Cassida* Linnaeus

表 1（续）

代 码	中文名称	拉丁学名
21705030005	峻坡小爪龟甲	*concha* Solsky
21705030010	枸杞龟甲	*deltoides* Weise
21705035000	龟铁甲属	*Cassidispa* Gestro
21705035005	山西龟铁甲	*bipuncticollis* Chen
21705040000	沟龟甲属	*Chiridopsis* Spaeth
21705040005	条点球龟甲	*bowringi* (Boheman)
21705045000	沟胸龟甲属	*Craspedonta* Chevrolat
21705045005	石梓沟胸龟甲	*leayana insulana* (Gressitt)
21705050000	趾铁甲属	*Dactylispa* Weise
21705050005	锯齿叉趾铁甲	*angulosa* (Solsky)
21705050010	黄铜趾铁甲	*longula* Maulik
21705050015	福建趾铁甲	*stotzneri* Uhmann
21705050020	锯肩扁趾铁甲	*subquadrata* (Baly)
21705055000	竹潜甲属	*Estigmena* Hope
21705055005	中华竹潜甲	*chinensis* Hope
21705060000	椭龟甲属	*Glyphocassis* Spaeth
21705060005	三带椭龟甲四川亚种	*trilineata szechuana* Gressitt
21705065000	铁甲属	*Hispa* Linnaeus
21705065005	叉刺铁甲	*andrewesi* (Weise)
21705070000	腊龟甲属	*Laccoptera* Boheman
21705070005	甘薯腊龟甲	*quadrimaculata quadrimaculata* (Thunberg)
21705075000	卷叶甲属	*Leptispa* Baly
21705075005	膨胸卷叶甲	*godwini* Baly
21705075010	长鞘卷叶甲	*longipennis* Gestro
21705080000	沟铁甲属	*Monohispa* Weise
21705080005	瘤沟铁甲	*tuberculata* (Gressitt)
21705085000	掌铁甲属	*Platypria* Guèrin-Méneville
21705085005	枣掌铁叶甲	*melli* Uhmann
21705090000	台龟甲属	*Taiwania* Spaeth
21705090005	甘薯台叶甲	*circumdata* (Herbst)
21705090010	花盘台龟甲	*imparata* (Gressitt)
21705090015	拉底台龟甲	*rati* (Maulik)
21705090020	真台龟甲	*sauteri* Spaeth
21705090025	北粤台龟甲	*spaethiana* Gressitt
21705095000	尾龟甲属	*Thlaspida* Weise
21705095005	四斑尾龟甲	*lewisi* (Baly)
21706000000	负泥虫科	Crioceridae
21706005000	合爪负泥虫属	*Lema* Fabricius
21706005005	枸杞负泥虫	*decempunctata* Gebler
21706005010	竹负泥虫	*lauta* Gressitt et Kimoto
21706005015	黑胫负泥虫	*pectoralis unicolor* Clark
21706005020	褐负泥虫	*rufotestacea* Clark

表 1（续）

代　码	中文名称	拉丁学名
21706005025	印度负泥虫	*singularis* Jacoby
21706010000	分爪负泥虫属	*Lilioceris* Reitter
21706010005	黑胸负泥虫	*bechynei* Medvedev
21706010010	纤负泥虫	*egena* (Weise)
21706010015	异负泥虫	*impressa* (Fabricius)
21706010020	红负泥虫	*lateritia* (Baly)
21706010025	大负泥虫	*major* (Pic)
21706010030	隆顶负泥虫	*merdigera* (Linnaeus)
21706010035	小负泥虫	*minima* (Pic)
21706010040	斑肩负泥虫	*scapularis* (Baly)
21706010045	中华负泥虫	*sinica* (Heyden)
21706010050	脊负泥虫	*subcostata* (Pic)
21706015000	长头负泥虫属	*Mecoprosopus* Chûjô
21706015005	长头负泥虫	*minor* (Pic)
21706020000	茎甲属	*Sagra* Fabricius
21706020005	紫红耀茎甲	*fulgida minuta* Pic
21706020010	千斤拔茎甲	*moghanii* Chen et Pu
21706020015	三齿茎甲	*tridentata* Weber
21801000000	筒蠹科	Lymexylonidae
21801005000	筒蠹属	*Hylecoetus* Latreille
21801005005	白桦筒蠹	*flabellicornis* (Schneider)
21901000000	三锥象科	Brenthidae
21901005000	宽喙象属	*Baryrrhynchus* Lacordaire
21901005005	三锥象	*poweri* Roelofs
21902000000	蚁象科	Cyladidae
21902005000	甘薯象属	*Cylas* Latreille
21902005005	甘薯小象	*formicarius* Fabricius
21903000000	卷叶象科	Attelabidae
21903005000	卷象属	*Apoderus* Olivier
21903005005	榛卷象	*coryli* Linnaeus
21903005010	榛小卷象	*erythropterus* Vollenhoven
21903005015	黑尾卷象	*nigroapicatus* Jekel
21903010000	钳颚象属	*Attelabus* Linnaeus
21903010005	勒氏钳颚象	*lewisi* Sharp
21903015000	尖角象属	*Centrocorynus* Jekel
21903015005	斑翅尖角象	*maculipennis* Voss
21903020000	卷叶象属	*Cycnotrachelus* Jekel
21903020005	榛卷叶象	*longiceps* Motschulsky
21903025000	红黄象属	*Henicolabus* Voss
21903025005	大须喙象	*giganteus* (Faust)
21903030000	瘤黄象属	*Hoplapoderus* Jekel
21903030005	印阔叶树瘤黄象	*gemmatus* Thunberg

表 1（续）

代 码	中文名称	拉丁学名
21903035000	盘斑象属	*Paroplapoderus* Voss
21903035005	圆斑卷叶象	*semiannulatus* Jekel
21903040000	锐卷象属	*Tomapoderus* Voss
21903040005	榆锐卷象	*ruficollis* Fabricius
21904000000	虎象科	Rhynchitidae
21904005000	金卷象属	*Byctiscus* Thomson
21904005005	苹果金卷象	*betulae* Linnaeus
21904005010	杨金卷象	*congener* Jekel
21904005015	葡萄金卷象	*lacunipennis* (Jekel)
21904005020	山杨金卷象	*omissus* Voss
21904005025	白杨金卷象	*populi* Linnaeus
21904005030	栎金卷象	*princeps* (Solsky)
21904010000	切叶象属	*Deporaus* Samouoelle
21904010005	芒果切叶象	*marginatus* Pascoe
21904010010	绿金切叶象	*rugosus* (Gebler)
21904015000	蓝虎象属	*Involvulus* Schrank
21904015005	油茶文象	*cognatus* Voss
21904015010	漆蓝卷象	*haradai* (Kono)
21904015015	黑莓小蓝毛象	*planiusculus* Voss
21904020000	虎象属	*Rhynchites* Schneider
21904020005	樱桃虎象	*auratus* Scopoli
21904020010	桃虎象	*confragossicollis* Voss
21904020015	朝鲜梨虎象	*coreanus* Kono
21904020020	杏虎象	*faldermanni* Schoenherr
21904020025	梨虎象	*foveipennis* Fairmaire
21904020030	日本苹虎象	*heros* Roelofs
21905000000	象甲科	Curculionidae
21905005000	二节象属	*Aclees* Schoenherr
21905005005	筛孔二节象	*cribratus* Gyllenhyl
21905010000	大粒象属	*Adosomus* Faust
21905010005	平行大粒象	*parallelocollis* Heller
21905015000	长足象属	*Alcidodes* Marshall
21905015005	乌桕长足象	*erro* (Pascoe)
21905015010	芒果长足象	*frenatus* Faust
21905015015	花椒长足象	*sauteri* (Heller)
21905015020	铜光长足象	*scenicus* (Faust)
21905015025	短胸长足象	*trifidus* (Pascoe)
21905020000	角喙象属	*Anosimus* Roelofs
21905020005	中国角喙象	*klapperichi* Voss
21905025000	花象属	*Anthonomus* Germar
21905025005	梨花象	*pomorum* Linnaeus
21905030000	长翅象属	*Arrhines* Schoenherr

表 1（续）

代　码	中文名称	拉丁学名
21905030005	扁平长翅象	*hirtus* Faust
21905030010	隆翅长翅象	*tutus* Faust
21905035000	龟头瘿象属	*Balanobius* Jekel
21905035005	双带瘿象	*pictus* Roelofs
21905040000	船象属	*Baris* Germar
21905040005	桑船象	*deplanata* Roelofs
21905045000	圆腹象属	*Blosyrus* Schoenherr
21905045005	宽肩圆腹象	*asellus* Olivier
21905045010	卵圆圆腹象	*herthus* Herbst
21905050000	遮眼象属	*Callirhopalus* Hochhuth
21905050005	二带遮眼象	*bifasciatus* Roelofs
21905050010	小遮眼象	*minimus* Roelofs
21905050015	胖遮眼象	*sellatus* Marshall
21905055000	短柄象属	*Catapionus* Schoenherr
21905055005	大点短柄象	*viridimetallicus* (Motschulsky)
21905060000	草象属	*Chloebius* Schoenherr
21905060005	鹿斑草象	*aksunus* Reitter
21905060010	缩胸草象	*contractus* Faust
21905060015	短毛草象	*psittacinus* Boheman
21905065000	绿象属	*Chlorophanus* Sahlberg
21905065005	金足绿象	*auripes* Faust
21905065010	长尾绿象	*caudatus* Fahraeus
21905065015	甘肃绿象	*kansuanus* Marshall
21905065020	隆脊绿象	*lineolus* Motschulsky
21905065025	锈足绿象	*rubripes* Reitter
21905065030	西伯利亚绿象	*sibiricus* Gyllenhyl
21905065035	红背绿象	*solarii* Zumpt
21905070000	黑斜纹象属	*Chromoderus* Motschulsky
21905070005	黑斜纹象	*declivis* Olivier
21905075000	尖眼象属	*Chromonotus* Motschulsky
21905075005	二斑尖眼象	*bipunctatus* Zoubkoff
21905080000	方喙象属	*Cleonus* Schoenherr
21905080005	中国方喙象	*freyi* Zumpt
21905080010	欧洲方喙象	*piger* Scopoli
21905085000	瘿孔象属	*Coccotorus* LeConte
21905085005	赵氏瘿孔象	*chaoi* Chen
21905090000	锥喙象属	*Conorrhynchus* Motschulsky
21905090005	粉红锥喙象	*conirostris* Gebler
21905095000	根颈象属	*Cosmoplites* Chevrolat
21905095005	香蕉象	*sordidus* Germar
21905100000	白带象属	*Cryptoderma* Imazeki
21905100005	大白带象	*fortunei* Waterhouse

表 1（续）

代　码	中文名称	拉丁学名
21905105000	隐喙象属	*Cryptorrhynchus* Illiger
21905105005	杨干象	*lapathi* Linnaeus
21905110000	象属	*Curculio* Linnaeus
21905110005	栎实象	*arakawai* Matsumura et Kono
21905110010	二斑栗实象	*bimaculatus* Faust
21905110015	茶象	*camelliae* Roelofs
21905110020	山茶象	*chinensis* Chevrolat
21905110025	栗实象	*davidi* Fairmaire
21905110030	榛实象	*dieckmanni* Faust
21905110035	黑白象	*distinguendus* Roelofs
21905110040	麻栎象	*robustus* Roelofs
21905110045	蒙栎象	*sikkimensis* (Heller)
21905110050	茶籽象	*spyracis* Roe
21905115000	眼叶象属	*Cyphicerus* Schoenherr
21905115005	二色眼叶象	*bicolor* Formanek
21905115010	方格毛角象	*tesselatus* Motschulsky
21905120000	弯颈象属	*Cyrtotrachelus* Schoenherr
21905120005	长足大竹象	*duqueti* Guèrin-Méneville
21905120010	竹大象	*longimanus* Fabricius
21905125000	雕象属	*Demimaea* Pascoe
21905125005	桑雕象	*mori* Kono
21905130000	毛束象属	*Desmidophorus* Schoenherr
21905130005	毛束象	*hebes* (Fabricius)
21905135000	齿足象属	*Deracanthus* Schoenherr
21905135005	黑斑齿足象	*grumi* Suvorov
21905135010	甘肃齿足象	*potanini* Faust
21905140000	瘤象属	*Dermatoxenus* Marshall
21905140005	淡灰瘤象	*caesicollis* Gyllenhyl)
21905140010	黄褐瘤象	*sexnodosus* Voss
21905145000	叶喙象属	*Diglossotrox* Lacordaire
21905145005	黄柳叶喙象	*mannerheini* Popoff
21905150000	镰象属	*Drepanoderes* Waterhouse
21905150005	云南松镰象	*leucofasciatus* Voss
21905155000	横沟象属	*Dyscerus* Faust
21905155005	大粒横沟象	*cribripennis* Matsumura et Kôno
21905155010	核桃横沟象	*juglans* Chao
21905155015	长棒横沟象	*longiclarvis* Marshall
21905155020	疱瘤横沟象	*pustulatus* (Kôno)
21905160000	宽肩象属	*Ectatorhinus* Lacordaire
21905160005	宽肩象	*adamsi* Pascoe
21905165000	鳞象甲属	*Egiona* Pascoe
21905165005	葡萄大眼鳞象甲	*viticola* Luol

表 1（续）

代　码	中文名称	拉丁学名
21905170000	长毛象属	*Enaptorrhinus* Waterhouse
21905170005	金绿长毛象	*alini* Voss
21905170010	短带长毛象	*convexiusculus* Heller
21905170015	大长毛象	*granulatus* Pascoe
21905170020	中华长毛象	*sinensis* Waterhouse
21905175000	癞象属	*Episomus* Schoenherr
21905175005	中国癞象	*chinensis* Faust
21905175010	陡坡癞象	*declives* Faust
21905175015	大瘤癞象	*fortius* Voss
21905175020	灌县癞象	*kwanshiensis* Heller
21905175025	卵形癞象	*truncatirostris* Fairmaire
21905180000	沟眶象属	*Eucryptorrhynchus* Heller
21905180005	臭椿沟眶象	*brandti* (Harold)
21905180010	沟眶象	*chinensis* (Olivier)
21905185000	长颚象属	*Eugnathus* Schoenherr
21905185005	短带长颚象	*distinctus* Roelofs
21905190000	小眼象属	*Eumyllocerus* Sharp
21905190005	长毛小眼象	*sectator* (Reitter)
21905195000	白缘象属	*Graphognathus* Buchanan
21905195005	白缘象	*leucoloma* (Boheman)
21905200000	松茎象属	*Hylobitelus* Reitter
21905200005	松树茎象	*haroldi* (Faust)
21905200010	萧氏松茎象	*xiaoi* Zhang
21905205000	树皮象属	*Hylobius* Germar
21905205005	白毛树皮象	*albosparsus* Boheman
21905210000	坑沟象属	*Hyperstylus* Roelofs
21905210005	黄足坑沟象	*pallipes* Roelofs
21905215000	松瘤象属	*Hyposipalus* Voss
21905215005	松瘤象	*gigas* Fabricius
21905220000	蓝绿象属	*Hypomeces* Schoenherr
21905220005	蓝绿象	*squamosus* Fabricius
21905225000	菊花象属	*Larinus* Germar
21905225005	大菊花象	*kishidai* Kôno
21905225010	漏芦菊花象	*scabrirostris* Faldermann
21905230000	翠象属	*Lepropus* Schoenherr
21905230005	黄条翠象	*flavovittatus* Pascoe
21905230010	金边翠象	*lateralis* Fabricius
21905235000	喜马象属	*Leptomias* Faust
21905235005	长胸喜马象	*longicollis* Chao
21905240000	斜纹象属	*Lepyrus* Germar
21905240005	黄鳞斜纹象	*christophi* Faust
21905240010	波纹斜纹象	*japonicus* Roelofs

表 1（续）

代　码	中文名称	拉丁学名
21905240015	云斑斜纹象	*nebulosa* Motschulsky
21905245000	白筒象属	*Liocleonus* Motschulsky
21905245005	柽柳白筒象	*clathratus* (Olivier)
21905250000	筒喙象属	*Lixus* Fabricius
21905250005	尖翅筒喙象	*acutipennis* Roelofs
21905250010	黑龙江筒喙象	*amurensis* Faust
21905250015	挂墩筒喙象	*kuatunensis* Pic
21905250020	白条筒喙象	*lautus* Voss
21905250025	圆筒筒喙象	*mandarinus fukienensis* Voss
21905250030	甜菜筒喙象	*subtilis* Boheman
21905255000	圆筒象属	*Macrocorynus* Schoenherr
21905255005	暗褐圆筒象	*capito* (Faust)
21905255010	淡褐圆筒象	*chlorizans* (Faust)
21905255015	鹿斑圆筒象	*commaculatus* Voss
21905255020	红褐圆筒象	*discoideus* Olivier
21905255025	长毛圆筒象	*fotis* (Reitter)
21905255030	斜纹圆筒象	*obliquesignatus* (Reitter)
21905255035	褐斑圆筒象	*plumbeus* Formanek
21905255040	板栗大圆筒象	*psittacinus* Redtenbacher
21905260000	丽纹象属	*Myllocerinus* Reitter
21905260005	茶丽纹象	*aurolineatus* Voss
21905260010	赭色丽纹象	*ochrolineatus* Voss
21905265000	尖筒象属	*Myllocerus* Schoenherr
21905265005	黑斑尖筒象	*illitus* Reitter
21905265010	金绿尖筒象	*scitus* Voss
21905265015	长毛尖筒象	*sordidus* Voss
21905270000	鞍象属	*Neomyllocerus* Voss
21905270005	核桃桉象	*hedini* (Marshall)
21905275000	雪片象属	*Niphades* Pascoe
21905275005	板栗雪片象	*castanea* Chao
21905275010	多变雪片象	*variegatus* (Roelofs)
21905275015	多瘤雪片象	*verrucosus* (Voss)
21905280000	粗腿象属	*Ochyromera* Pascoe
21905280005	茶芽粗腿象	*quadrimaculata* Voss
21905285000	长颈象属	*Odoiporus* Chevrolat
21905285005	香蕉扁象	*longicoilis* Olivier
21905290000	鸟喙象属	*Otidognathus* Lacordaire
21905290005	一字竹象	*davidis* Fairmaire
21905290010	小竹象	*jansoni* Roelofs
21905290015	竹笋万纹象	*rubriceps* Chevrolat
21905295000	耳象属	*Otiorhynchus* Germar
21905295005	粉绿耳象	*difficilis* Stierlin

表 1（续）

代　码	中 文 名 称	拉 丁 学 名
21905300000	小粒象属	*Pachycerus* Schoenherr
21905300005	脊翅小粒象	*costatulus* Faust
21905305000	毛足象属	*Phacephorus* Schoenherr
21905305005	云斑毛足象	*nebulosus* Fahraeus
21905305010	甜菜毛足象甲	*unbratus* Faldermann
21905310000	树叶象属	*Phyllobius* Germar
21905310005	金绿树叶象	*virideaeris* Laichart
21905315000	尖象属	*Phytoscaphus* Schoenherr
21905315005	尖齿尖象	*dentirostris* Voss
21905315010	棉尖象	*gossypii* Chao
21905315015	尖象	*tria ngularis* Olivier
21905320000	球胸象属	*Piazomias* Schoenherr
21905320005	淡绿球胸象	*breviusculus* Fairmaire
21905320010	短毛球胸象	*faldermanni* Faust
21905320015	银光球胸象	*fausti* Frivaldszky
21905320020	隆胸球胸象	*globulicollis* Faldermann
21905320025	灰胸球象	*hummeli* Marshall
21905320030	三纹球胸象	*lineicollis* Kôno et Morimoto
21905320035	山西球胸象	*shansianus* Voss
21905320040	大球胸象	*validus* Motschulsky
21905320045	金绿球胸象	*virescens* Boheman
21905325000	木蠹象属	*Pissodes* Germar
21905325005	黑木蠹象	*cembrae* Mootschulsky
21905325010	红木蠹象	*nitidus* Roelofs
21905325015	华山松木蠹象	*punctatus* Langor et Zhang
21905325020	樟子松木蠹象	*validirostris* Gyllenhyl
21905325025	云南木蠹象	*yunnanensis* Longer
21905330000	斜脊象属	*Platymycteropsis* Voss
21905330005	小齿斜脊象	*excisangulus* (Reitter)
21905330010	短毛斜脊象	*ignavus* Faust
21905330015	柑桔斜脊象	*mandarinus* Fairmaire
21905330020	圆窝斜脊象	*walkeri* Marshall
21905335000	横脊象属	*Platymycterus* Marshall
21905335005	细纹横脊象	*armiger* (Faust)
21905335010	圆沟横脊象	*feae* (Faust)
21905340000	二脊象属	*Pleurocleonus* Motschulsky
21905340005	二脊象	*sollicitus* (Gyllenhal)
21905345000	多露象属	*Polydrossus* Germar
21905345005	中国多露象	*chinensis* Kôno et Moromoto
21905350000	竹小象属	*Pseudocossonus* Wollaston
21905350005	竹小象	*brevitarsis* Wollaston
21905355000	跳象属	*Rhynchaenus* Clairville et Schellenberg

表 1（续）

代码	中文名称	拉丁学名
21905355005	榆跳象	*alini* Linnaeus
21905360000	鼻隐喙象属	*Rhynchophorus* Brunner
21905360005	红棕象甲	*ferugineus* Oliver
21905365000	飞象属	*Scythropus* Schoenherr
21905365005	枣飞象	*yasumatsui* Kôno et Morimoto
21905370000	角胫象属	*Shirahoshizo* Morimoto
21905370005	球果角胫象	*coniferae* Chao
21905370010	长角角胫象	*flavonotatus* (Voss)
21905370015	马尾松角胫象	*patruelis* (Voss)
21905375000	根瘤象属	*Sitona* Germar
21905375005	黑龙江根瘤象	*amurensis* Faust
21905375010	细纹根瘤象	*lineellus* Bonsdorff
21905380000	峰喙象属	*Stelorrhynoides* Kôno et Morimoto
21905380005	峰喙象	*freyi* (Zumpt)
21905385000	树球象属	*Stereonychus* Suffrian
21905385005	莱豆树球象	*hemileucus* Wingelm
21905390000	芒果象属	*Sternochetus* Pierce
21905390005	果肉芒果象	*frigidus* (Fabricius)
21905390010	芒果象	*mangiferae* (Fabricius)
21905390015	果核芒果象	*olivieri* Faust
21905390020	蛀果芒果象	*poricollis* Faust
21905395000	铁象属	*Styanax* Pascoe
21905395005	梨铁象	*apicalis* Heller
21905400000	灰象属	*Sympiezomias* Faust
21905400005	桔柑灰象	*citri* Chao
21905400010	广西灰象	*guangxiensis* Chao
21905400015	北京灰象	*herzi* Faust
21905400020	日本大灰象	*lewisi* Roelofs
21905400025	勐龙灰象	*menglongensis* Chao
21905400030	大灰象	*velatus* (Chevrolat)
21905405000	纤毛象属	*Tanymecus* Schoenherr
21905405005	铜光纤毛象	*circumdatus* Wiedemann
21905405010	长尾纤毛象	*hercules* Desbrochers
21905405015	黄褐纤毛象	*urbanus* Gyllenhyl
21905410000	土象属	*Xylinophorus* Faust
21905410005	蒙古土象	*mongolicus* Faust
21906000000	小象甲科	Apionidae
21906005000	长喙小象属	*Apion* Herbst
21906005005	豆小象	*collarae* Schilsky
21907000000	小蠹科	Scolytidae
21907005000	刺小蠹属	*Acanthotomicus* Blandford
21907005005	华南刺小蠹	*perexiguus* Blandford

表 1（续）

代　码	中文名称	拉丁学名
21907010000	粉小蠹属	*Carphoborus* Eichhoff
21907010005	北方粉小蠹	*teplouchovi* Spessivtseff
21907015000	材小蠹属	*Cnestus* Sampson
21907015005	两色缘胸小蠹	*maculatus* Biowne
21907020000	梢小蠹属	*Cryphalus* Erichson
21907020005	秦岭梢小蠹	*chinlingensis* Tsai et Li
21907020010	桑梢小蠹	*exignus* Blandford
21907020015	黄色梢小蠹	*fulvus* Niijima
21907020020	落叶松梢小蠹	*latus* Eggers
21907020025	兔唇梢小蠹	*lepocrinus* Tsai et Li
21907020030	华山松梢小蠹	*lipingensis* Tsai et Li
21907020035	果木梢小蠹	*malus* Niisima
21907020040	毛榛梢小蠹	*mandshuricus* Eggers
21907020045	马尾松梢小蠹	*massonianus* Tsai et Li
21907020050	稠李梢小蠹	*padi* Krivolutskaya
21907020055	红皮臭梢小蠹	*piceus* Eggers
21907020060	伪秦岭梢小蠹	*pseudochinlingensis* Tsai et Li
21907020065	伪油松梢小蠹	*pseudotabulaeformis* Tsai et Li
21907020070	浅刻梢小蠹	*redikorzevi* Berger
21907020075	林道梢小蠹	*saltuarius* Weise
21907020080	冷杉梢小蠹	*sinoabietis* Tsai et Li
21907020085	油松梢小蠹	*tabulaeformis* Tsai et Li
21907020090	荚迷梢小蠹	*viburni* Stark
21907025000	微小蠹属	*Crypturgus* Erichson
21907025005	云杉微小蠹	*cinereus* Herbst
21907025010	松微小蠹	*hispidulus* Thomson
21907025015	寡毛微小蠹	*pusillus* Gyllenhal
21907030000	大小蠹属	*Dendroctonus* Erichson
21907030005	华山松大小蠹	*armandi* Tsai et Li
21907030010	云杉大小蠹	*micans* Kugelann
21907030015	红脂大小蠹	*valens* LeConte
21907035000	毛小蠹属	*Dryocoetes* Eichhoff
21907035005	肾点毛小蠹	*autographus* Ratzburg
21907035010	落叶松毛小蠹	*baicalicus* Reitter
21907035015	云杉毛小蠹	*hectographus* Reitter
21907035020	额毛小蠹	*luteus* Blandford
21907035025	黑色毛小蠹	*picipennis* Eggers
21907035030	冷杉毛小蠹	*striatus* Eggers
21907035035	毛小蠹	*uniseriatus* Eggers
21907040000	枝小蠹属	*Ernoporus* Thomson
21907040005	樟子松黑根小蠹	*attenuatus* Erichson
21907040010	云杉根小蠹	*cunicularius* Erichson

表 1（续）

代 码	中文名称	拉丁学名
21907040015	水曲柳枝小蠹	*fraxini* Berger
21907040020	黑根小蠹	*parallelus* Chapuis
21907040025	红松根小蠹	*plumbeus* Blandford
21907045000	海小蠹属	*Hylecoetus* Fabricius
21907045005	长海小蠹	*cholodkovskyi* Berger
21907045010	白带海小蠹	*cingulatus* Blandford
21907045015	花海小蠹	*eos* Spessivtseff
21907045020	圆海小蠹	*laticollis* Blandford
21907045025	饰海小蠹	*orni* Fuchs
21907050000	干小蠹属	*Hylurgops* LeConte
21907050005	皱纹干小蠹	*eusulcatus* Tsai et Huang
21907050010	宽条干小蠹	*glabratus* Zetterstedt
21907050015	红松干小蠹	*interstitialis* Chapuis
21907050020	丽江干小蠹	*likiangensis* Tsai et Huang
21907050025	长毛干小蠹	*longipilis* Reitter
21907050030	大干小蠹	*major* Eggers
21907050035	细干小蠹	*palliatus* Gyllenhal
21907055000	咪小蠹属	*Hypothenemus* Westwood
21907055005	亮额咪小蠹	*areccae* Hornung
21907055010	缅甸咪小蠹	*birmanus* Eichhoff
21907055015	核桃咪小蠹	*erectus* Leconte
21907055020	小咪小蠹	*eruditus* Westwood
21907055025	堤额咪小蠹	*ingens* Schedl
21907055030	洼额咪小蠹	*javanus* (Eggers)
21907060000	印木小蠹属	*Indocryphalus* Eggers
21907060005	多毛印木小蠹	*intermedius* Sampson
21907065000	齿小蠹属	*Ips* De Geer
21907065005	六齿小蠹	*acuminatus* Gyllenhal
21907065010	重齿小蠹	*duplicatus* Sahalberg
21907065015	天山重齿小蠹	*hauseri* Reitter
21907065020	中重齿小蠹	*mannsfeldi* Wachtl
21907065025	光臀八齿小蠹	*nitidus* Eggers
21907065030	十二齿小蠹	*sexdentatus* Börner
21907065035	落叶松八齿小蠹	*subelongatus* Motschulsky
21907065040	云杉八齿小蠹	*typographus japonicus* Niijima
21907070000	瘤小蠹属	*Orthotomicus* Ferrari
21907070005	松瘤小蠹	*erosus* Wollaston
21907070010	北方瘤小蠹	*golovijankoi* Pjatnitzky
21907070015	边齿瘤小蠹	*laricis* Fabricius
21907070020	近瘤小蠹	*suturalis* Gyllenhal
21907075000	肤小蠹属	*Phloeosinus* Chapius
21907075005	冷杉肤小蠹	*abietis* Tsai et Yin

表 1（续）

代　码	中文名称	拉丁学名
21907075010	柏肤小蠹	*aubei* Perris
21907075015	鳞肤小蠹	*camphoratus* Tsai et Yin
21907075020	樟肤小蠹	*cinnamomi* Tsai et Yin
21907075025	微肤小蠹	*hopchi* Schedl
21907075030	罗汉肤小蠹	*perlatus* Chapuis
21907075035	桧肤小蠹	*shensi* Tsai et Yin
21907075040	杉肤小蠹	*sinensis* Schedl
21907080000	星坑小蠹属	*Pityogenes* Bedel
21907080005	中穴星坑小蠹	*chalcographus* Linnaeus
21907080010	上穴星坑小蠹	*saalasi* Eggers
21907080015	月穴星坑小蠹	*seirindensis* Murayama
21907080020	天山星坑小蠹	*spessivtsevi* Lebedev
21907085000	细小蠹属	*Pityopthorus* Eichhoff
21907085005	钝翅细小蠹	*morosovi* Spessivtseff
21907085010	尖翅细小蠹	*pini* Kurentzev
21907090000	四眼小蠹属	*Polygraphus* Erichson
21907090005	长四眼小蠹	*angustus* Tsai et Yin
21907090010	毛额四眼小蠹	*major* Stebbing
21907090015	云杉四眼小蠹	*polygraphus* Linnaeus
21907090020	冷杉四眼小蠹	*praximus* Blandford
21907090025	南方四眼小蠹	*rudis* Eggers
21907090030	东北四眼小蠹	*sachalinensis* Eggers
21907090035	油松四眼小蠹	*sinensis* Eggers
21907090040	多鳞四眼小蠹	*squameus* Tin et Huang
21907090045	瘤额四眼小蠹	*verrucifrons* Tsai et Yin
21907090050	中甸四眼小蠹	*zhungdianensis* Tsai et Yin
21907095000	锉小蠹属	*Scolytogenes* Eichhoff
21907095005	厚鳞巨梢锉小蠹	*darwini* Eichoff
21907095010	大和锉小蠹	*mikado* Blandford
21907095015	毛刺锉小蠹	*raja* Blandford
21907095020	束发锉小蠹	*superciliosus* Tsai et Huang
21907100000	小蠹属	*Scolytus* Geoffroy
21907100005	子木小蠹	*abaensis* Tsai et Yin
21907100010	白桦小蠹	*amurensis* Eggers
21907100015	梅小蠹	*aratus* Blandford
21907100020	角胸小蠹	*butovitschi* Stark
21907100025	小小蠹	*confusus* Eggers
21907100030	枫桦小蠹	*dahuricus* Chapuis
21907100035	三刺小蠹	*esuriens* Blandford
21907100040	指瘤小蠹	*jacobsoni* Spessivtseff
21907100045	果树小蠹	*japonicus* Chapuis
21907100050	落叶松小蠹	*morawitzi* Semenov

表 1（续）

代　码	中文名称	拉丁学名
21907100055	长脐小蠹	*parviclaviger* Yin et Huang
21907100060	樱小蠹	*pomi* Yin et Huang
21907100065	瘤唇小蠹	*querci* Yin et Huang
21907100070	皱小蠹	*rugulosus* (Ratzeburg)
21907100075	脐腹小蠹	*schevyrevi* Semenov
21907100080	副脐小蠹	*semenovi* Spessivtseff
21907100085	多毛小蠹	*seulensis* Murayama
21907100090	山海小蠹	*shanhaiensis* Yin et Huang
21907100095	微脐小蠹	*shikisani* Niisima
21907100100	云杉小蠹	*sinopiceus* Tsai
21907100105	鳞腹小蠹	*squamosus* Yin & Huang
21907105000	球小蠹属	*Sphaerotrypes* Blandford
21907105005	黄须球小蠹	*coimbatorensis* Stebbing
21907105010	麻栎球小蠹	*imitans* Eggers
21907105015	核桃球小蠹	*juglansi* Tsai et Yin
21907105020	大球小蠹	*magnus* Tsai et Yin
21907105025	杜梨球小蠹	*pyri* Tsai et Yin
21907105030	铁杉球小蠹	*tsugae* Tsai et Yin
21907105035	榆球小蠹	*ulmi* Tsai et Yin
21907105040	云南球小蠹	*yunnanensis* Tsai et Yin
21907110000	切梢小蠹属	*Tomicus* Latreille
21907110005	横坑切梢小蠹	*minor* Hartig
21907110010	多毛切梢小蠹	*pilifer* Spessivtseff
21907110015	纵坑切梢小蠹	*piniperda* Linnaeus
21907115000	长角小蠹属	*Trypophloeus* Fairmaire
21907115005	克里角梢小蠹	*klimeschi* Eggers
21907120000	材小蠹属	*Xyleborus* Eichhoff
21907120005	棋盘材小蠹	*adumbratus* Blandford
21907120010	尖尾材小蠹	*andrewesi* Blandford
21907120015	端齿材小蠹	*apicalis* Blandford
21907120020	狭面材小蠹	*aquilus* Blandford
21907120025	窝背材小蠹	*armiger* Schedl
21907120030	网纹材小蠹	*atratus* Eichhoff
21907120035	短翅材小蠹	*brevis* Eichhoff
21907120040	小滑材小蠹	*compatus* Eichhoff
21907120045	两色材小蠹	*discolor* Blandford
21907120050	北方材小蠹	*dispar* (Fabricius)
21907120055	凹缘材小蠹	*emarginatus* Eichhoff
21907120060	茶材小蠹	*fornicatus* Eichhoff
21907120065	光滑材小蠹	*germanus* Blandford
21907120070	坡面材小蠹	*interjectus* Blandford
21907120075	咖啡黑小蠹	*morstatti* Hagedorn

表 1（续）

代　码	中文名称	拉丁学名
21907120080	削尾材小蠹	*mutilatus* Blandford
21907120085	细点材小蠹	*pelliculosum* Eichhoff
21907120090	对粒材小蠹	*perforans* Wollaston
21907120095	云杉鳞小蠹	*pilosus* Ratzeburg
21907120100	瘤胸材小蠹	*rubricollis* Eichhoff
21907120105	小粒材小蠹	*saxeseni* (Retzeburg)
21907120110	暗翅材小蠹	*semiopacus* Blandford
21907120115	毛列材小蠹	*seriatus* Blandford
21907120120	阔面材小蠹	*validus* Eichhoff
21907120125	条脊材小蠹	*yakushimanus* Murayama
21907125000	木小蠹属	*Xyloterus* Erichson
21907125005	黑条木小蠹	*lineatus* Olivier
21907125010	光亮木小蠹	*proximus* Niisima
21907125015	黄条木小蠹	*signatus* Fabricius
21908000000	长小蠹科	Platypodidae
21908005000	异胫长小蠹属	*Crossotarsus* Chapuis
21908005005	针叶异胫长小蠹	*coniferae* Stebbing
21908005010	雕花异胫长小蠹	*squamulatus* Chapuis
21908005015	雕额异胫长小蠹	*wallacei* Thomson
21908010000	离足长小蠹属	*Diapus* Chapuis
21908010005	四刺离足长小蠹	*quadrispinatus* Chapuis
21908015000	长小蠹属	*Platypus* Herbst
21908015005	镰长小蠹	*caliculus* Chapuis
21908015010	锥吉小蠹	*solidus* Walker
22000000000	鳞翅目	Lepidoptera
22101000000	蝙蝠蛾科	Hepialidae
22101005000	栉蝠蛾属	*Bipectilus* Chu et Wang
22101005005	浙江栉蝠蛾	*zhejiangensis* Wang
22101010000	长须蝙蝠蛾属	*Palpifer* Hampson
22101010005	六点长须蝙蝠蛾	*sexnotatus* Moore
22101015000	蝙蛾属	*Phassus* Walker
22101015005	杉蝙蛾	*anhuiensis* Chu et Wang
22101015010	柳蝙蛾	*excrescens* Butler
22101015015	福建蝙蛾	*fujianodus* Chu et Wang
22101015020	巨疖蝙蛾	*giganodus* Chu et Wang
22101015025	湖南点蝙蛾	*hunanensis* Chu et Wang
22101015030	景东蝙蛾	*jingdongensis* Chu et Wang
22101015035	红蝙蛾	*miniatus* Chu et Wang
22101015040	疖蝙蛾	*nodus* Chu et Wang
22101015045	一点蝙蛾	*signifer sinensis* Moore
22101015050	西藏蝙蛾	*xizangensis* Chu et Wang
22101015055	云南蝙蛾	*yunnanensis* Chu et Wang

表 1（续）

代码	中文名称	拉丁学名
22201000000	微蛾科	Nepticulidae
22201005000	微蛾属	*Stigmella* Schrank
22201005005	橡微蛾	*aladina* Puplesis
22201005010	环微蛾	*circumargentea van* Nieukerken et Liu
22201005015	栓皮栎微蛾	*clisiotophora* Kempermen et Wilkinson
22201005020	齿微蛾	*dentatae* Puplesis
22201005025	蒙古栎微蛾	*fervida* Puplesis
22201005030	栗微蛾	*fumida* Kemperman et Wilkinson
22201005035	栲微蛾	*kaovan* Nieukerken et Liu
22201005040	柯微蛾	*lithocarpella van* Nieukerken et Liu
22201005045	麻栎微蛾	*omelkoi* Puplesis
22201005050	青冈栎微蛾	*vandriel van* Nieukerken et Liu
22202000000	冠潜蛾科	Tischeriidae
22202005000	冠潜蛾属	*Tischeria* Zeller
22202005005	板栗冠潜蛾	*quercifolia* Kuroko
22301000000	刺蛾科	Limacodidae
22301005000	丽刺蛾属	*Altha* Walker
22301005005	四痣丽刺蛾	*adala* (Moore)
22301005010	白丽刺蛾暗斑亚种	*lacteola melaniopsis* Strand
22301010000	歧刺蛾属	*Apoda* Haworth
22301010005	锯纹歧刺蛾	*dentatus* Oberthür
22301015000	艳刺蛾属	*Arbelarosa* Hering
22301015005	艳刺蛾	*rufotessellata* (Moore)
22301020000	背刺蛾属	*Belippa* Walker
22301020005	背刺蛾	*horrida* Walker
22301025000	帛刺蛾属	*Birthamoides* Hering
22301025005	肖帛刺蛾	*junctura* Walker
22301030000	凯刺蛾属	*Caissa* Hering
22301030005	中线凯刺蛾	*gambita* Hering
22301035000	线刺蛾属	*Cania* Walker
22301035005	灰双线刺蛾	*billineata* (Walker)
22301040000	姹刺蛾属	*Chalcoscelides* Hering
22301040005	白痣姹刺蛾	*albiguttata* (Snellen)
22301040010	仿姹刺蛾	*costaneipars* (Moore)
22301045000	翅刺蛾属	*Chibiraga* Matsumura
22301045005	迷刺蛾	*banghaasi* (Hering et Hopp)
22301050000	达刺蛾属	*Darna* Walker
22301050005	斜纹刺蛾	*ochracea* (Moore)
22301050010	窃达刺蛾	*trima* (Moore)
22301055000	长须刺蛾属	*Hyphorma* Walker
22301055005	长须刺蛾	*minax* Walker
22301060000	枯刺蛾属	*Mahanta* Moore

表 1（续）

代　码	中文名称	拉丁学名
22301060005	枯刺蛾	*quadrilinea* Moore
22301065000	银纹刺蛾属	*Miresa* Walker
22301065005	樟银纹刺蛾	*albipuncta* Herrich-Schäffer
22301065010	叶银纹刺蛾	*bracteata* Butler
22301065015	闪银纹刺蛾	*fulgida* Wileman
22301065020	迹银纹刺蛾	*inornata* Walker
22301070000	黄刺蛾属	*Monema* Walker
22301070005	黄刺蛾	*flavescens* Walker
22301075000	眉刺蛾属	*Narosa* Walker
22301075005	波眉刺蛾	*corusca* Wileman
22301075010	银眉刺蛾	*doenia* (Moore)
22301075015	白眉刺蛾	*edoensis* Kawada
22301075020	黑眉刺蛾	*nigrisigna* Wileman
22301080000	娜刺蛾属	*Narosoideus* Matsumura
22301080005	梨娜刺蛾	*flavidorsalis* (Staudinger)
22301080010	黄娜刺蛾	*fuscicostalis* (Fixsen)
22301080015	狡娜刺蛾	*vulpinus* (Wileman)
22301085000	槭刺蛾属	*Naryciodes* Matsumura
22301085005	槭刺蛾	*posticalis* Matsumura
22301090000	绿刺蛾属	*Latoia* Guèrin
22301090005	两色绿刺蛾	*bicolor virescens* Matsumura
22301090010	宽边绿刺蛾	*canangae* (Hering)
22301090015	褐边绿刺蛾	*consocia* Walker
22301090020	双齿绿刺蛾	*hilarata* (Staudinger)
22301090025	丽绿刺蛾	*lepida* (Cramer)
22301090030	漫绿刺蛾	*ostia* Swinhoe
22301090035	迹斑绿刺蛾	*pastoralis* (Limacodidae)
22301090040	肖媚绿刺蛾	*pseudorepanda* (Hering)
22301090045	媚绿刺蛾	*repanda* (Walker)
22301090050	中国绿刺蛾	*sinica* (Moore)
22301095000	奕刺蛾属	*Phlossa* Walker
22301095005	枣奕刺蛾	*conjuncta* (Walker)
22301095010	茶奕刺蛾	*fasciata* (Moore)
22301095015	奇奕刺蛾	*thaumasta* Hering
22301100000	绒刺蛾属	*Phocoderma* Butler
22301100005	油桐绒刺蛾	*velutina* Kollar
22301105000	齿刺蛾属	*Rhammosa* Fixsen
22301105005	角齿刺蛾	*angulata kwangtungennis* Hering
22301105010	灰齿刺蛾	*uniformia* (Swinhoe)
22301110000	球须刺蛾属	*Scopelodes* Westwood
22301110005	纵带球须刺蛾	*contracta* Walker
22301110010	黄褐球须刺蛾	*testacea* Butler

表 1（续）

代码	中文名称	拉丁学名
22301110015	小黑球须刺蛾	*ursina* Butler
22301110020	显脉黑球须刺蛾	*venosa kwangiungenensis* Hering
22301115000	褐刺蛾属	*Setora* Walker
22301115005	窄斑褐刺蛾	*baibarana* Hering
22301115010	桑褐刺蛾	*postornata* (Hampson)
22301120000	素刺蛾属	*Susica* Walker
22301120005	华素刺蛾	*sinensis* (Walker)
22301125000	扁刺蛾属	*Thosea* Walker
22301125005	暗扁刺蛾	*loesa* (Moore)
22301125010	扁刺蛾	*sinensis* (Walker)
22301130000	小刺蛾属	*Trichogyia* Hampson
22301130005	黑缘小刺蛾	*nigrimargo* Hering
22302000000	斑蛾科	Zygaenidae
22302005000	斑蛾属	*Allobremeria* Alberti
22302005005	黄纹竹斑蛾	*plurilineata* Alberti
22302010000	小斑蛾属	*Artona* Walker
22302010005	竹小斑蛾	*funeralis* Butler
22302010010	伞形花小斑蛾	*gracilis* (Walker)
22302015000	旭锦斑蛾属	*Campylotes* Westwood
22302015005	马尾松斑蛾	*desgodinsi* Oberthür
22302015010	黄肩旭锦斑蛾	*histrionicus* Westwood
22302015015	黄纹旭锦斑蛾	*partti* Leech
22302020000	锦斑蛾属	*Chalcosia* Hübner
22302020005	豹点锦斑蛾	*panthona* Stoll
22302020010	蝶形锦斑蛾	*papilionaris* Drury
22302020015	褐翅锦斑蛾	*pectinicornis* (Linnaeus)
22302020020	白带锦斑蛾	*remota* Walker
22302025000	拖尾锦斑蛾属	*Elcysma* Bulter
22302025005	李拖尾锦斑蛾	*westwoodii* (Vollenhoven)
22302030000	脉锦斑蛾属	*Eterusia* Hope
22302030005	茶柄脉锦斑蛾	*aedea* (Clerck)
22302030010	松针斑蛾	*leptalina* Kollar
22302035000	帆锦斑蛾属	*Histia* Hübner
22302035005	重阳木锦斑蛾	*rhodope* Cramer
22302040000	硕斑蛾属	*Hysteroscene* Hering
22302040005	透翅硕斑蛾	*hyalina* (Leech)
22302045000	叶斑蛾属	*Illiberis* Walker
22302045005	梨叶斑蛾	*pruni* Dyar
22302045010	杏叶斑蛾	*psychina* Oberthür
22302045015	柞叶斑蛾	*sinensis* Walker
22302045020	葡萄叶斑蛾	*tenuis* Butler
22302045025	榆星毛虫	*ulmivora* Graeser

表 1（续）

代　码	中文名称	拉丁学名
22302050000	翅毛斑蛾属	*Phacusa* Ptolem.
22302050005	透翅毛斑蛾	*dirce* Leech
22302055000	红毛斑蛾属	*Phauda* Walker
22302055005	朱红毛斑蛾	*flammans* (Walker)
22302055010	黑斑红毛斑蛾	*triadum* (Walker)
22302060000	带锦斑蛾属	*Pidorus* Walker
22302060005	黄点带锦斑蛾	*albifascia* Moore
22302060010	环带锦斑蛾	*euchromioides* Walker
22302060015	萱草带锦斑蛾	*gemina* (Walker)
22302060020	野茶带锦斑蛾	*glaucopis* Drury
22302060025	桧带锦斑蛾	*glaucopis atratus* Butler
22302065000	长毛斑蛾属	*Pryeria* Moore
22302065005	大叶黄杨长毛斑蛾	*sinica* Moore
22302070000	赤眉锦斑蛾属	*Rhodopsona* Jordan
22302070005	黑心赤眉锦斑蛾	*rubiginosa* Leech
22302075000	褐锦斑蛾属	*Sorita* Walker
22302075005	茶六斑褐锦斑蛾	*pulchella sexpunctata* Walker
22302080000	剑角锦斑蛾属	*Theresimima* Strand
22302080005	剑角锦斑蛾	*ampelophaga* (Bayle-Barelle)
22303000000	蓑蛾科	Psychidae
22303005000	皑袋蛾属	*Acanthopsyche* Heylaerts
22303005005	碧皑袋蛾	*bipars* Walker
22303005010	洋槐袋蛾	*nigriplaga* (Weliman)
22303005015	桉袋蛾	*subferalbata* Hampson
22303010000	丝脉袋蛾属	*Amatissa* Walker
22303010005	丝脉袋蛾	*snelleni* Heylearts
22303015000	蜡彩袋蛾属	*Chalia* Moore
22303015005	蜡彩袋蛾	*larminati* Heylaerts
22303020000	白囊袋蛾属	*Chalioides* Swinhoe
22303020005	白囊袋蛾	*kondonis* Matsumura
22303025000	大袋蛾属	*Cryptothelea* Duncan et Westwood
22303025005	儿茶大袋蛾	*crameri* Westwood
22303025010	茶袋蛾	*minuscula* Butler
22303025015	大袋蛾	*variegata* Snellen
22303030000	黛袋蛾属	*Dappula* Moore
22303030005	黛袋蛾	*tertia* Temploton
22303035000	桉袋蛾属	*Eucalyptipsyche* Yang
22303035005	柠檬桉袋蛾	*citriodorae* Yang
22303040000	黝袋蛾属	*Eurukuttarus* Hampson
22303040005	桑蓑蛾	*nigriplaga* Wileman
22303045000	鳞袋蛾属	*Lepidopsyche* Newman
22303045005	云杉鳞袋蛾	*asiatica* Staudinger

表 1（续）

代　码	中文名称	拉丁学名
22303050000	墨袋蛾属	*Mahasena* Moore
22303050005	乌龙墨袋蛾	*colona* Sonan
22303050010	褐墨袋蛾	*hockingi* Moore
22303050015	泥墨袋蛾	*nitobei* Matsumura
22303050020	茶黑袋蛾	*theivora* Dudgeon
22303050025	燕墨袋蛾	*yuna* Chao
22303055000	袋蛾属	*Psyche* Schrank
22303055005	黑臀袋蛾	*ferevitrea* Joannis
22304000000	细蛾科	Gracillariidae
22304005000	皮细蛾属	*Acrocercops* Wallengren
22304005005	苹果潜皮蛾	*astaurota* Meyrick
22304005010	樟细蛾	*ordinatella* Meyrick
22304010000	丽细蛾属	*Caloptilia* Hübner
22304010005	柳丽细蛾	*chryadampra* (Meyrick)
22304010010	枫丽细蛾	*recitata* (Meyrick)
22304010015	茶丽细蛾	*theivora* (Walsingham)
22304015000	尖细蛾属	*Conopomorpha* Meyrick
22304015005	荔枝尖细蛾	*litchiella* Bradley
22304015010	爻纹细蛾	*sinensis* Bradley
22304020000	突细蛾属	*Gibbovalva* Kumata et Kuroko
22304020005	肉桂突细蛾	*quadrifasciata* (Stainton)
22304020010	木兰突细蛾	*urbana* (Meyrick)
22304025000	榕细蛾属	*Melanocercops* Kumata et Kuroko
22304025005	榕细蛾	*ficuvorella* (Yazaki)
22304030000	小潜细蛾属	*Phyllonorycter* Hübner
22304030005	忍冬小潜细蛾	*lonicerae* (Kumata)
22304030010	柳小潜细蛾	*pastorella* (Zeller)
22304030015	白杨小潜细蛾	*populifoliella* (Trietschke)
22304030020	金纹小潜细蛾	*ringoniella* (Matsumura)
22304035000	潜皮细蛾属	*Spulerina* Vári
22304035005	梨潜皮细蛾	*astaurota* (Meyrick)
22305000000	潜蛾科	Lyonetiidae
22305005000	纹潜蛾属	*Leucoptera* Hübner
22305005005	咖啡纹潜蛾	*coffeella* (Guèrin-Méneville et Perrottet)
22305005010	旋纹纹潜蛾	*scitella* Zeller
22305005015	杨白纹潜蛾	*susinella* Herrich-Schäffer
22305010000	潜蛾属	*Lyonetia* Hübner
22305010005	桃潜蛾	*clerkella* Linnaeus
22305010010	银纹潜蛾	*prunifoliella* Hübner
22306000000	叶潜蛾科	Phyllocnistidae
22306005000	叶潜蛾属	*Phyllocnistis* Zeller
22306005005	柑桔叶潜蛾	*citrella* Stainton

表 1（续）

代　码	中文名称	拉丁学名
22306005010	杨银叶潜蛾	*saligna* Zeller
22307000000	透翅蛾科	Sesiidae
22307005000	纹透翅蛾属	*Bembecia* Hübner
22307005005	踏郎透翅蛾	*hedysari* Wang et Yang
22307010000	桑透翅蛾属	*Paradoxecia* Hampson
22307010005	桑透翅蛾	*pieli* Lieu
22307015000	准透翅蛾属	*Paranthrene* Hübner
22307015005	葡萄准透翅蛾	*regalis* (Butler)
22307015010	白杨准透翅蛾	*tabaniformis* Rottenburg
22307020000	赤腰透翅蛾属	*Sesia* Fabricius
22307020005	赤腰透翅蛾	*molybdoceps* Hampson
22307020010	黑赤腰透翅蛾	*rhynchioides* (Butler)
22307020015	杨干透翅蛾	*siningensis* (Hsu)
22307025000	泥蜂透翅蛾属	*Sphecosesia* Hampson
22307025005	荔枝泥蜂透翅蛾	*litchivora* Yang et Wang
22307030000	兴透翅蛾属	*Synanthedon* Hübner
22307030005	海棠兴透翅蛾	*haitangvora* Yang
22307030010	苹果兴透翅蛾	*hector* (Butler)
22307030015	棕兴透翅蛾	*sassafras* Xu
22307030020	醋栗兴透翅蛾	*tipuliformix* (Clerc)
22308000000	举肢蛾科	Heliodinidae
22308005000	核桃举肢蛾属	*Atrijuglans* Yang
22308005005	核桃举肢蛾	*hetaochei* Yang
22308010000	举肢蛾属	*Stathmopoda* Herrich-Schäffer
22308010005	桃举肢蛾	*auriferella* (Walker)
22308010010	柿举肢蛾	*masinissa* Meyrick
22309000000	巢蛾科	Yponomeutidae
22309005000	斑巢蛾属	*Anticrates* Meyrick
22309005005	黄斑巢蛾	*tridelta* Meyrick
22309010000	灿松巢蛾属	*Cedestis* Zeller
22309010005	白头松巢蛾	*gysselinella* Duponchel
22309015000	荔枝巢蛾属	*Comocritis* Meyrick
22309015005	白头荔枝巢蛾	*albicapilla* Moriuti
22309020000	松巢蛾属	*Ocnerostoma* Zeller
22309020005	针叶松巢蛾	*friesei* Svensson
22309020010	油松巢蛾	*piniariellum* Zeller
22309025000	褐巢蛾属	*Swammerdamia* Hübner
22309025005	淡褐巢蛾	*pyrella* (Villers)
22309030000	木巢蛾属	*Teinoptila* Sauders
22309030005	美登木巢蛾	*antistatica* (Meyrick)
22309035000	小白巢蛾属	*Thecobathra* Meyrick
22309035005	青岗栎小白巢蛾	*anas* (Stringer)

表 1（续）

代　码	中文名称	拉丁学名
22309035010	枫香小白巢蛾	*lambda* (Moriuti)
22309040000	巢蛾属	*Yponomeuta* Latreille
22309040005	东方巢蛾	*anatolicus* Stringer
22309040010	双点巢蛾	*bipunctellus* Matsumura
22309040015	稠李巢蛾	*evonymellus* (Linnaeus)
22309040020	苹果巢蛾	*padellus* Linnaeus
22309040025	卫矛巢蛾	*polystigmellus* Felder
22309040030	东京巢蛾	*tokyonellus* Matsumura
22310000000	银蛾科	Argyresthiidae
22310005000	银蛾属	*Argyresthia* Hübner
22310005005	苹异银蛾	*assimilis* Moriuti
22311000000	鞘蛾科	Coleophoridae
22311005000	落叶松鞘蛾属	*Coleophora* Hübner
22311005005	兴安落叶松鞘蛾	*dahurica* Falkovitsh
22311005010	新疆落叶松鞘蛾	*sibiricella* Falkovitsh
22311005015	华北落叶松鞘蛾	*sinensis* Yang
22312000000	织叶蛾科	Oecophoridae
22312005000	凹织蛾属	*Acria* Stephens
22312005005	苹凹织蛾	*ceramitis* Meyrick
22312010000	茶织蛾属	*Casmara* Walker
22312010005	油茶织蛾	*patrona* Meyrick
22312015000	织叶蛾属	*Cheimophila* Hübner
22312015005	榆织叶蛾	*salicellum* Hübner
22312020000	球果织蛾属	*Macrobathra* Meyrick
22312020005	杉木球果织蛾	*flavidus* Qian et Liu
22313000000	尖蛾科	Cosmopterigidae
22313005000	尖细蛾属	*Balionebris* Meyrick
22313005005	木麻黄尖细蛾	*baeteriota* Meyrick
22313010000	尖蛾属	*Cosmopterix* Hübner
22313010005	毛竹尖蛾	*phyllostachysea* Kuroko
22313015000	梢尖蛾属	*Parametriotes* Kusenetzov
22313015005	茶梢尖蛾	*theae* Kusnetzov
22314000000	草蛾科	Ethmiidae
22314005000	草蛾属	*Ethmia* Hübner
22314005005	江苏草蛾	*assamensis* (Butler)
22314005010	天目山草蛾	*epitrocha* Meyrick
22314005015	鼠尾草蛾	*lapidella* (Walsingham)
22314005020	青海草蛾	*nigripedella* (Erschoff)
22315000000	木蛾科	Xyloryctidae
22315005000	桑木蛾属	*Athrypsiastis* Meyrick
22315005005	桑木蛾	*salva* Meyrick
22315010000	点木蛾属	*Epimactis* Meyrick

表 1（续）

代码	中文名称	拉丁学名
22315010005	一点木蛾	*monodoxa* Meyrick
22315015000	茶木蛾属	*Linoclostis* Meyrick
22315015005	茶木蛾	*gonatias* Meyrick
22315020000	叉木蛾属	*Metathrinca* Meyrick
22315020005	铁杉叉木蛾	*tsugensis* (Kearfott)
22315025000	木蛾属	*Odites* Walsingham
22315025005	梅木蛾	*issikii* Takahashi
22315025010	苹果木蛾	*leucosta* Meyrick
22316000000	麦蛾科	Gelechiidae
22316005000	安麦蛾属	*Anacampsis* Curtis
22316005005	山杨麦蛾	*populella* Clerck
22316010000	条麦蛾属	*Anarsia* Zeller
22316010005	桃条麦蛾	*lineatella* Zeller
22316010010	竖鳞条麦蛾	*squamerecta* Li et Zheng
22316015000	林麦蛾属	*Dendrophilia* Ponomarenko
22316015005	国槐林麦蛾	*sophora* Li et Zheng
22316020000	棕麦蛾属	*Dichomeris* Hübner
22316020005	鸡血藤麦蛾	*oceanis* Meyrick
22316025000	芽麦蛾属	*Exoteleia* Wallengren
22316025005	樟子松芽麦蛾	*dodecella* (Linnaeus)
22316030000	麦蛾属	*Gelechia* Hübner
22316030005	杨树麦蛾	*turpella* (Denis et Schiffermüller)
22316035000	亥麦蛾属	*Hypatima* Hübner
22316035005	龙眼亥麦蛾	*longanae* Yang et Chen
22316040000	花生麦蛾属	*Stomopteryx* Heinemann
22316040005	花生麦蛾	*subsecivella* Zeller
22316045000	黑麦蛾属	*Telphusa* Chambers
22316045005	黑星麦蛾	*chloroderces* Meyrick
22316045010	黑带麦蛾	*euryzeucta* Meyrick
22317000000	辉蛾科	Hieroxestidae
22317005000	扁蛾属	*Opogona* Zeller
22317005005	蔗扁蛾	*sacchari* (Bojer)
22318000000	祝蛾科	Lecithoceridae
22318005000	绢粉蛾属	*Scythropiodes* Matsumura
22318005005	三角绢粉蛾	*triangulus* Park et Wu
22319000000	雕翅蛾科	Glyphipterygidae
22319005000	苹果雕翅蛾属	*Anthophila* Haworth
22319005005	苹果雕翅蛾	*pariana* Clerck
22319010000	雕蛾属	*Glyphipterix* Hübner
22319010005	白钩雕蛾	*semiflavana* Issiki
22320000000	蛀果蛾科	Carposinidae
22320005000	亚洲蛀果蛾属	*Asiacarposina* Yang

表 1（续）

代　码	中文名称	拉丁学名
22320005005	山茱萸蛀果蛾	*cornusrora* Yang
22320010000	蛀果蛾属	*Carposina* Herrich-Schäffer
22320010005	桃蛀果蛾	*niponensis* Walsingham
22321000000	卷蛾科	Tortricidae
22321005000	长翅卷蛾属	*Acleris* Hübner
22321005005	榆黑长翅卷蛾	*alnivora* Oku
22321005010	鹅耳枥长翅卷蛾	*cristana* (Schiffermüller et Denis)
22321005015	毛榛子长翅卷蛾	*delicatana* (Christoph)
22321005020	柳凹长翅卷蛾	*emargana* (Fabricius)
22321005025	黄斑长翅卷蛾	*fimbriana* (Thunberg et Becklin)
22321005030	杨凹长翅卷蛾	*issikii* Oku
22321005035	杜鹃长翅卷蛾	*latifasciana* (Haworth)
22321005040	栎长翅卷蛾	*perfundana* Kuznetzov
22321005045	毛赤杨长翅卷蛾	*submaccana* (Filipjev)
22321005050	榆白长翅卷蛾	*ulmicola* (Meyrick)
22321010000	褐带卷蛾属	*Adoxcphyes* Meyrich
22321010005	柑桔褐带卷蛾	*cyrtosema* Meyrick
22321010010	山槐褐带小卷蛾	*ineptana* (Walker)
22321010015	棉褐带卷蛾	*orana* (Fischer von Röslerstamm)
22321015000	镰翅小卷蛾属	*Ancylis* Hübner
22321015005	柳镰翅小卷蛾	*geminana* (Donovan)
22321015010	枣镰翅小卷蛾	*sativa* Liu
22321015015	鼠李镰翅小卷蛾	*unculana* (Haworth)
22321020000	光卷蛾属	*Aphelia* Hübner
22321020005	金光卷蛾	*paleana* (Hübner)
22321025000	斜纹小卷蛾属	*Apotomis* Hübner
22321025005	杨斜纹小卷蛾	*inundana* (Denis et Schiffermüller)
22321025010	柳斜纹小卷蛾	*lineana* (Denis et Schiffermüller)
22321030000	黄卷蛾属	*Archips* Hüber
22321030005	后黄卷蛾	*asiaticus* (Walsingham)
22321030010	梨黄卷蛾	*breviplicanus* Walsingham
22321030015	槭黄卷蛾	*capsigeranus* (Kennel)
22321030020	青海云杉黄卷蛾	*crassifolianus* Liu
22321030025	山楂黄卷蛾	*crataegana* (Hübner)
22321030030	樱黄卷蛾	*crataeganus endoi* Yasuda
22321030035	桦黄卷蛾	*decretanus* (Treitschke)
22321030040	苹果黄卷蛾	*ingentanus* (Christoph)
22321030045	油杉黄卷蛾	*ketelerianus* Liu
22321030050	拟后黄卷蛾	*micaceanus* Walker
22321030055	云杉黄卷蛾	*oporanus* (Linnaeus)
22321030060	银黄卷蛾	*pulchera* (Butler)
22321030065	柑桔黄卷蛾	*seminubilus* (Meyrick)

表 1（续）

代 码	中文名称	拉丁学名
22321030070	白点黄卷蛾	*tabescens* (Meyrick)
22321030075	桦黄卷蛾	*xylosteanus* (Linnaeus)
22321035000	条小卷蛾属	*Argyroploce* Hübner
22321035005	花卷叶蛾	*hemiplaca* Meyrick
22321040000	种子小卷蛾属	*Blastopetrova* Liu et Wu
22321040005	云南油杉种子小卷蛾	*keteleericola* Liu et Wu
22321045000	羊角小卷蛾属	*Capricornia* Obraztsov
22321045005	羊角小卷蛾	*boisduvaliana* (Duponjchel)
22321050000	烟卷蛾属	*Capua* Stephens
22321050005	花楸烟卷蛾	*vulgana* (Frölich)
22321055000	草烟卷蛾属	*Celypha* Hübner
22321055005	香草小卷蛾	*cespitana* (Hübner)
22321055010	草小卷蛾	*flavipalpanna* Herich-Schäffer
22321055015	金钱松草小卷蛾	*pseudolaxicola* Liu
22321060000	裳卷蛾属	*Cerace* Walker
22321060005	龙眼裳卷蛾	*stipatana* Walker
22321060010	豹裳卷蛾	*xanthocosma* Diakonoff
22321065000	色卷蛾属	*Choristoneura* Lederer
22321065005	异色卷蛾	*diversana* (Hübner)
22321065010	角色卷蛾	*lafauriana* (Ragonot)
22321065015	棕色卷蛾	*luticostana* (Christoph)
22321065020	水杉色卷蛾	*metasequoiacola* Liu
22321065025	紫色卷蛾	*murinana* (Hübner)
22321070000	双斜卷蛾属	*Clepsis* Guenée
22321070005	樱桃双斜卷蛾	*imitator* (Walsingham)
22321070010	棉双斜卷蛾	*pallidana* Fabricius
22321070015	忍冬双斜卷蛾	*semialbana rurinana* (Linnaeus)
22321075000	弧翅卷蛾属	*Croesia* Hübner
22321075005	椴孤翅卷蛾	*aurichalcana* (Bremer)
22321080000	异形小卷蛾属	*Cryptophlebia* Walsingham
22321080005	荔枝异型小卷蛾	*ombrodelta* (Lower)
22321085000	小卷蛾属	*Cydia* Hübner
22321085005	松枝小卷蛾	*coniferana* Ratzeburg
22321085010	黄檀小卷蛾	*dalbergiacola* Liu
22321085015	栗黑小卷蛾	*glandicolana* (Danilevsky)
22321085020	豆荚小卷蛾	*nigricana* (Fabricius)
22321085025	松皮小卷蛾	*pactolana* (Zeller)
22321085030	苹果小卷蛾	*pomonella* Linnaeus
22321085035	云杉小卷蛾	*strobilella* (Linnaeus)
22321085040	槐小卷蛾	*trasias* (Meyrick)
22321085045	松瘿小卷蛾	*zebeana* (Ratzeburg)
22321090000	芽小卷蛾属	*Cymolomia* Lederer

表 1（续）

代　码	中 文 名 称	拉 丁 学 名
22321090005	冷杉芽小卷蛾	*hartigiana* (Saxesen)
22321095000	白条小卷蛾属	*Dudua* Walker
22321095005	灰白条小卷蛾	*aprobola* Meyrick
22321100000	山卷蛾属	*Eana* Billerg
22321100005	景天山卷蛾	*penziana* (Thunberg)
22321105000	圆角卷蛾属	*Eboda* Walker
22321105005	圆角卷蛾	*cellerigera* Meyrick
22321110000	白斑小卷蛾属	*Epiblema* Hübner
22321110005	白玫小卷蛾	*rosaecolana* (Doubleday)
22321115000	叶小卷蛾属	*Epinotia* Hübner
22321115005	杉叶小卷蛾	*aciculana* Falkovitsh
22321115010	栎叶小卷蛾	*bicolor* Walsingham
22321115015	菊叶小卷蛾	*contrariana* (Christoph)
22321115020	柳叶小卷蛾	*cruciana* (Linnaeus)
22321115025	杨叶小卷蛾	*nisella* (Clerck)
22321115030	桦叶小卷蛾	*ramella* (Linnaeus)
22321115035	松叶小卷蛾	*rubiginosana* (Herrich-Schäffer)
22321115040	榛叶小卷蛾	*solandriana* (Linnaeus)
22321115045	天山叶小卷蛾	*tianshanensis* Liu et Nasu
22321115050	褐叶小卷蛾	*ustulana* (Hübner)
22321120000	圆点小卷蛾属	*Eudemis* Hübner
22321120005	杨梅圆点小卷蛾	*gyrotis* (Meyrick)
22321120010	栎圆点小卷蛾	*porphyrana* (Hübner)
22321125000	圆斑小卷蛾属	*Eudemopsis* Falkovitsh
22321125005	圆斑小卷蛾	*purpurissatana* (Kennel)
22321130000	棕卷蛾属	*Eulia* Hübner
22321130005	桦棕卷蛾	*ministrana* Linnaeus
22321135000	单纹卷蛾属	*Eupoecilia* Stephens
22321135005	环针单纹卷蛾	*ambiguella* Hübner
22321140000	桃小卷蛾属	*Gatesclakeana* Diakonoff
22321140005	洋桃小卷蛾	*idia* Diakonoff
22321145000	小食心虫属	*Grapholita* Treitschke
22321145005	沙果小食心虫	*dimorpha* Komai
22321145010	李小食心虫	*funebrana* Treitschke
22321145015	苹小食心虫	*inopinata* (Heinrich)
22321145020	梨小食心虫	*molesta* (Busck)
22321150000	球果小卷蛾属	*Gravitarmata* Obraztsov
22321150005	油松球果小卷蛾	*margarotana* (Heinemann)
22321155000	柳小卷蛾属	*Gypsonoma* Meyrick
22321155005	杨柳小卷蛾	*minutana* (Hübner)
22321160000	广翅小卷蛾属	*Hedya* (Hübner)
22321160005	三角广翅小卷蛾	*ignara* Falkovitsh

表 1（续）

代码	中文名称	拉丁学名
22321160010	柞广翅小卷蛾	*inornata* (Walsingham)
22321160015	褐广翅小卷蛾	*ochroleucana* (Frölich)
22321160020	柳广翅小卷蛾	*salicella* (Linnaeus)
22321160025	灰广翅小卷蛾	*vicinana* (Ragonot)
22321165000	长卷蛾属	*Homona* Walker
22321165005	柑桔长卷蛾	*coffearia* (Nietner)
22321165010	柳杉长卷蛾	*issikii* Yasuda
22321165015	茶长卷蛾	*magnanima* Diakonoff
22321170000	川卷蛾属	*Hoshinoa* Kawabe
22321170005	北川卷蛾	*adumbratana* Walsingham
22321170010	南川卷蛾	*longicellana* (Walsingham)
22321175000	毛颚小卷蛾属	*Lasiognatha* Diakonoff
22321175005	毛颚小卷蛾	*mormopa* Meyrick
22321180000	花翅小卷蛾属	*Lobesia* Guenée
22321180005	杉梢花翅小卷蛾	*cunninghamiacola* (Liu et Bai)
22321180010	云南油杉花翅小卷蛾	*incystata* Liu et Yang
22321180015	花翅小卷蛾	*reliquana* (Hübner)
22321185000	点卷蛾属	*Lozotaenia* Stephens
22321185005	松点卷蛾	*coniferana* (Filigjev)
22321185010	二点卷蛾	*forsterana* (Fabricius)
22321190000	云杉小卷蛾属	*Neobarbarav* Lie et Nasu
22321190005	青海云杉小卷蛾	*olivacea* Liu et Nasu
22321195000	新小卷蛾属	*Olethreutes* Hübner
22321195005	栎新小卷蛾	*captiosana* (Falkovitsh)
22321195010	溲疏新小卷蛾	*electana* (Kennel)
22321195015	白桦新小卷蛾	*lacunana* (Denis et Schiffermüller)
22321195020	柞新小卷蛾	*subtilana* (Falkovitsh)
22321200000	宜常小卷蛾属	*Orthotaenia* Stephens
22321200005	直带小卷蛾	*undulana* (Denis et Schiffermüller)
22321205000	超小卷蛾属	*Pammene* Hübner
22321205005	山楂超小卷蛾	*crataegicola* Liu et Komai
22321205010	银杏超小卷叶蛾	*ginkgoicola* Liu
22321205015	云杉超小卷蛾	*ochsenheimeriana* (Zeller)
22321210000	褐卷蛾属	*Pandemis* Hübner
22321210005	新褐卷蛾	*chondrillana* (Herrich-Schäffer)
22321210010	松褐卷蛾	*cinnamomeana* (Treitschke)
22321210015	榛褐卷蛾	*corylana* (Fabricius)
22321210020	桃褐卷蛾	*dumetana* (Treitschke)
22321210025	苹褐卷蛾	*heparana* (Schiffermüller)
22321210030	暗褐卷蛾	*phaiopteron* Razowski
22321215000	刺小卷蛾属	*Pelochrista* Lederer
22321215005	榆刺小卷蛾	*commodestana* (Roessler)

表 1（续）

代 码	中文名称	拉丁学名
22321220000	双瓣卷蛾属	*Polylopha* Lower
22321220005	肉桂双瓣卷蛾	*cassiicola* Liu et Kawabe
22321225000	翅小卷蛾属	*Pseudohermenias* Obraztsov
22321225005	黑翅小卷蛾	*clausthaliana* (Saxesen)
22321230000	灰小卷蛾属	*Pseudosciaphila* Obraztsov
22321230005	杨灰小卷蛾	*branderiana* (Linnaeus)
22321235000	铅卷蛾属	*Ptycholoma* Stephens
22321235005	环铅卷蛾	*lecheana* (Linnaeus)
22321240000	松卷蛾属	*Ptycholomoides* Obraztsov
22321240005	落叶松卷蛾	*aeriferanus* (Herrich-Schäffer)
22321245000	松实小卷蛾属	*Retinia* Guenée
22321245005	松实小卷蛾	*cristata* (Walsingham)
22321245010	落叶松实小卷蛾	*perangustana* (Snellen)
22321250000	楝小卷蛾属	*Rhadinoscolops* Obraztsov
22321250005	苦楝小卷蛾	*koenigana* Fabricius
22321255000	黑痣小卷蛾属	*Rhopobota* Lederer
22321255005	李黑痣小卷蛾	*latipennis* (Walsingham)
22321260000	梢小卷蛾属	*Rhyacionia* Hübner
22321260005	马尾松梢小卷蛾	*dativa* Heinrich
22321260010	夏梢小卷蛾	*duplana* (Hübner)
22321260015	云南松梢小卷蛾	*insulariana* Liu
22321260020	松梢小卷蛾	*pinicolana* (Doubleday)
22321265000	月小卷蛾属	*Saliciphaga* Falkovitsh
22321265005	弯月小卷蛾	*archris* (Butler)
22321270000	尾小卷蛾属	*Sorolopha* Lower
22321270005	含笑尾小卷蛾	*micheliacola* Liu
22321275000	长须卷蛾属	*Sparganothis* Hübner
22321275005	葡萄长须卷蛾	*pillieriana* (Denis et Schiffermüller)
22321280000	白小卷蛾属	*Spilonota* Stephens
22321280005	桃白小卷蛾	*albicama* (Motschulsky)
22321280010	松白小卷蛾	*eremitana* Moriuti
22321280015	芽白小卷蛾	*lechriaspis* Meyrick
22321280020	苹白小卷蛾	*ocellana* (Denis et Schiffermüller)
22321280025	梨白小卷蛾	*pyrusicola* Liu et Liu
22321285000	巨小卷蛾属	*Statherotis* Meyrick
22321285005	桉巨小卷蛾	*coriariae* Oku
22321285010	三角巨小卷蛾	*leucaspis* Meyrick
22321285015	木兰巨小卷蛾	*threnodes* (Meyrick)
22321290000	曲小卷蛾属	*Strophedra* Herrich-Schäffer
22321290005	栎曲小卷蛾	*nitidana* (Fabricius)
22321295000	综卷蛾属	*Syndemis* Hübner
22321295005	灰综卷蛾	*musculana* (Hübner)

表 1（续）

代　码	中文名称	拉丁学名
22321295010	紫综卷蛾	*perpulchrana* Kennel
22321300000	线小卷蛾属	*Zeiraphera* Treitschke
22321300005	云杉线小卷蛾	*canadensis* Mutuura et Freeman
22321300010	甘肃线小卷蛾	*gansuensis* Liu et Nasu
22321300015	松线小卷蛾	*griseana* (Hübner)
22322000000	拟木蠹蛾科	Metarbelidae
22322005000	拟木蠹蛾属	*Arbela* Stål
22322005005	相思拟木蠹蛾	*baibarana* Matsumura
22322005010	荔枝拟木蠹蛾	*dea* Swinboe
22323000000	木蠹蛾科	Cossidae
22323005000	木蠹蛾属	*Cossus* Fabricius
22323005005	芳香木蠹蛾	*cossus* Linnaeus
22323005010	芳香木蠹蛾东方亚种	*cossus orientalis* Gaede
22323005015	蒙古木蠹蛾	*mongolicus* Erschof
22323010000	线角木蠹蛾属	*Holcocerus* Staudinger
22323010005	沙棘木蠹蛾	*hippophaecolus* Hua et Chou
22323010010	榆蠹蛾	*vicarius* (Walker)
22323015000	柏木蠹蛾属	*Hypopta* Hübner
22323015005	石刀柏木蠹蛾	*sibirica* Alphéraky
22323020000	鳞木蠹蛾属	*Squamura* Hrylaerts
22323020005	盘斑拟蠹蛾	*discipuncta* (Wileman)
22324000000	豹蠹蛾科	Zeuzeridae
22324005000	孤蠹蛾属	*Azygophleps* Hampson
22324005005	白条孤蠹蛾	*albofasciata* (Moore)
22324010000	苇蠹蛾属	*Phragmataecia* Newman
22324010005	芦苇蠹蛾	*castaneae* (Hübner)
22324015000	斑木蠹蛾属	*Xyleutes* Hübner
22324015005	白背斑蠹蛾	*perona* (Le Guillou)
22324020000	豹蠹蛾属	*Zeuzera* Latreille
22324020005	咖啡豹蠹蛾	*coffeae* Nietner
22324020010	多斑豹蠹蛾	*multistriata* Moore
22324020015	梨豹蠹蛾	*pyrina* (Linnaeus)
22325000000	网蛾科	Thyrididae
22325005000	拱肩网蛾属	*Camptochilus* Hampson
22325005005	树形拱肩网蛾	*aurea* Butler
22325005010	黄带拱肩网蛾	*reticulatus* (Moore)
22325005015	枯叶蛾拱肩网蛾	*semifasciata* Gaede
22325005020	金盏拱肩网蛾	*sinuosus* Warren
22325010000	蝉网蛾属	*Glanycus* Walker
22325010005	蝉网蛾	*foochowensis* Chu et Wang
22325010010	窗翅蝉网蛾	*tricolor* Moore
22325015000	绢网蛾属	*Herdonia* Walker

表 1（续）

代　码	中文名称	拉丁学名
22325015005	绢网蛾	*osacesalis* Walker
22325020000	蜂形网蛾属	*Hyperthyris* Leech
22325020005	蜂形网蛾	*aperta* Leech
22325025000	黑线网蛾属	*Rhodoneura* Guenée
22325025005	斑纹网蛾	*atristrigulalis* Hampson
22325025010	中带褐网蛾	*emblicalis* (Moore)
22325025015	支线网蛾	*erecta* (Leech)
22325025020	银网蛾	*reticulata* Moore
22325025025	三带网蛾	*taneiata* Warren
22325025030	银线网蛾	*yunnana* Chu et Wang
22325030000	斜线网蛾属	*Striglina* Guenée
22325030005	二点斜线网蛾	*bispota* Chu et Wang
22325030010	大斜线网蛾	*cancellata* Christoph
22325030015	曲线网蛾	*curvita* Chu et Wang
22325030020	一点斜线网蛾	*scitaria* Walker
22326000000	草螟科	Crambidae
22326005000	丽野螟属	*Agathodes* Guenée
22326005005	华丽野螟	*ostetalis* Hübner
22326010000	角须野螟属	*Agrotera* Schrank
22326010005	白桦角须野螟	*nemoralis* Scopoli
22326015000	缟螟属	*Aglossa* Latreille
22326015005	米缟螟	*dimidiata* Haworth
22326015010	褐角须野螟	*scissalis* Walker
22326020000	三纹野螟属	*Archernis* Meyrick
22326020005	栀子三纹野螟	*tropicalis* Walker
22326025000	叶螟属	*Arippara* Walker
22326025005	枹叶螟	*indicator* Walker
22326030000	斑水螟属	*Aulacodes* Guenée
22326030005	华斑水螟	*sinensis* Hampson
22326035000	缀叶野螟属	*Botyodes* Guenée
22326035005	白杨缀叶野螟	*asialis* Guenée
22326035010	黄翅缀叶野螟	*diniasalis* Walker
22326035015	大黄缀叶野螟	*principalis* Guenée
22326040000	镰翅野螟属	*Circobotys* Butler
22326040005	金黄镰翅野螟	*aurealis* (Leech)
22326040010	横线镰翅野螟	*heterogenalis* (Bremer)
22326045000	黄缘禾螟属	*Cirrhochrista* Lederer
22326045005	圆斑黄缘禾螟	*brizoalis* Walker
22326050000	纵卷叶野螟属	*Cnaphalocrocis* Lederer
22326050005	稻纵卷叶野螟	*medinalis* (Guenée)
22326055000	斑螟属	*Conobathra* Meyrick
22326055005	梨斑螟	*bifidella* Leech

表 1（续）

代　码	中文名称	拉丁学名
22326060000	蛀螟属	*Conogethes* Meyrick
22326060005	桃蛀螟	*punctiferalis* (Guenée)
22326065000	锥歧角螟属	*Cotachena* Moore
22326065005	伊锥歧角螟	*histricalis* (Walker)
22326070000	绒野螟属	*Crocidophora* Lederer
22326070005	竹绒野螟	*evenoralis* Walker
22326075000	纹野螟属	*Demobotys* Munroe et Mutuura
22326075005	竹云纹野螟	*pervulgalis* (Hampson)
22326080000	绢野螟属	*Diaphania* Hübner
22326080005	绿翅绢野螟	*angustalis* (Snellen)
22326080010	双点绢野螟	*bivitralis* (Guenée)
22326080015	黄翅绢野螟	*caesalis* (Walker)
22326080020	海绿绢野螟	*glauculalis* (Guenée)
22326080025	瓜绢野螟	*indica* (Sauders)
22326080030	宽缘绢野螟	*laticostalis* (Guenée)
22326080035	黑点螟	*nigropunctalis* (Bremer)
22326080040	黄杨绢野螟	*perspectalis* (Walker)
22326080045	桑螟	*pyoalis* (Walker)
22326080050	四斑绢野螟	*quadrimaculalis* (Bremer et Grey)
22326085000	蛀野螟属	*Dichocrocis* Lederer
22326085005	三条蛀野螟	*chlorophanta* Butler
22326090000	拱翅野螟属	*Epipagis* Hübner
22326090005	网拱翅野螟	*cancellata* Zeller
22326095000	大草螟属	*Eschata* Walker
22326095005	竹黄腹大草螟	*miranda* Bleszynski
22326095010	上海大草螟	*shanghaiensis* Wang et Sung
22326100000	翎翅野螟属	*Epiparbattia* Caradja
22326100005	竹芯翎翅野螟	*gloriosalis* Caradja
22326105000	翅双叉端环野螟属	*Eumorphobotys* Munroe et Mutuura
22326105005	黄翅双叉端环野螟	*eumormorphalis* (Caradja)
22326105010	赭翅双叉端环野螟	*obscuralis* (Caradja)
22326110000	丝角野螟属	*Filodes* Guenée
22326110005	黄脊丝角野螟	*fulvidorsalis* Geyer
22326115000	黄野螟属	*Heortia* Lederer
22326115005	黄野螟	*vitessoides* Moore
22326120000	野螟属	*Maruca* Walker
22326120005	豆荚野螟	*testulalis* Geyer
22326125000	伸喙野螟属	*Mecyna* Doubleday
22326125005	黄伸喙野螟	*gilvata* Fabricius
22326130000	短梳角野螟属	*Meroctena* Lederer
22326130005	短梳角野螟	*tullalis* Walker
22326135000	叶野螟属	*Nausinoe* Hübner

表1(续)

代　码	中文名称	拉丁学名
22326135005	云纹叶野螟	*perspectata* (Fabricius)
22326140000	须野螟属	*Nosophora* Lederer
22326140005	茶须野螟	*semitritalis* (Lederer)
22326145000	蠹野螟属	*Omphisa* Moore
22326145005	楸蠹野螟	*plagialis* Wileman
22326150000	尖须野螟属	*Pagyda* Walker
22326150005	接骨木尖须野螟	*amphisalis* (Walker)
22326155000	颚须螟属	*Palpita* Hübner
22326155005	黄环绢须野螟	*amulata* (Fabricius)
22326155010	白蜡绢野螟	*nigropunctalis* Bremer
22326160000	卷叶螟属	*Protonoceras* Warren
22326160005	栀子花卷叶螟	*capitalis* Fabricius
22326165000	野螟属	*Pyrausta* Schrank
22326165005	柚木野螟	*machoeralis* Walker
22326170000	卷叶野螟属	*Sylepta* Hübner
22326170005	枇杷卷叶野螟	*balteata* (Fabricius)
22326170010	棉卷叶野螟	*derogata* Hampson
22326170015	四目卷叶野螟	*inferior* Hampson
22326170020	二斑卷叶野螟	*insignia* Butler
22326170025	葡萄卷叶野螟	*luctuosalis* Guenée
22326170030	斑点卷叶野螟	*maculalis* Leech
22326170035	四斑卷叶野螟	*quadrimaculalis* Kollar
22326175000	果蛀野螟属	*Thliptoceras* Warren
22326175005	咖啡浆果蛀野螟	*octoguttale* Felder et Rogenhoffer
22326180000	黑纹野螟属	*Tyspanodes* Warren
22326180005	黄黑纹野螟	*hypsalis* Warren
22327000000	螟蛾科	Pyralidae
22327005000	峰斑螟属	*Acrobasis* Zeller
22327005005	果叶峰斑螟	*tokiella* Ragonot
22327010000	织叶野螟属	*Algedonia* Lederer
22327010005	竹织叶野螟	*coclesalis* Walker
22327015000	蛀果斑螟属	*Assara* Walker
22327015005	黑松蛀果斑螟	*funeretla* (Ragonot)
22327015010	松蛀果斑螟	*hoeneella* Roesler
22327015015	芒果蛀果斑螟	*seminivatis* (Turner)
22327020000	隐斑螟属	*Cryptoblabes* Zeller
22327020005	落叶松隐斑螟	*larriciana* Matsumura
22327025000	梢斑螟属	*Dioryctria* Zeller
22327025005	冷杉梢斑螟	*abietella* (Denis et Schiffermüller)
22327025010	樟子松梢斑螟	*mongolicella* Wang et Sung
22327025015	果梢斑螟	*pryeri* Ragonot
22327025020	微红梢斑螟	*rubella* Hampson

表 1（续）

代　码	中文名称	拉丁学名
22327025025	赤松梢斑螟	*sylvestrella* (Ratzeburg)
22327025030	华山松梢斑螟	*yuennanella* Caradja
22327030000	粉斑螟属	*Ephestia* Guenée
22327030005	烟草粉斑螟	*elutella* Hübner
22327035000	荚斑螟属	*Etiella* Zeller
22327035005	果荚斑螟	*hollandella* (Ragonot)
22327035010	豆荚斑螟	*zinckenella* (Treitschke)
22327040000	暗斑螟属	*Euzophera* Zeller
22327040005	沙枣暗斑螟	*alpherakyella* Ragonot
22327040010	皮暗斑螟	*batangensis* Caradja
22327045000	双纹螟属	*Herculia* Walker
22327045005	灰双纹螟	*glaucinalis* Linnaeus
22327045010	赤双纹螟	*pelasgalis* Walker
22327050000	驼翅螟属	*Hyboloma* Ragonot
22327050005	算盘子驼翅螟	*nummosalis* Ragonot
22327055000	蛀斑螟属	*Hypsipyla* Ragonot
22327055005	麻楝蛀斑螟	*robusta* Moore
22327060000	蚀叶野螟属	*Lamprosema* Hübner
22327060005	豆蚀叶野螟	*indica* Fabricius
22327065000	缀叶丛螟属	*Locastra* Walker
22327065005	缀叶丛螟	*muscosalis* Walker
22327070000	叶斑螟属	*Longiculcita* Roesler
22327070005	油桐叶斑螟	*vinacella abstractella* Roesler
22327075000	锥额野螟属	*Loxostege* Hübner
22327075005	草地螟	*sticticalis* Linneaus
22327080000	四点野螟属	*Lygropia* Lederer
22327080005	扶桑四点野螟	*quaternalis* Zeller
22327085000	锄须丛螟属	*Macalla* Walker
22327085005	麻楝锄须丛螟	*marginata* Butler
22327090000	云翅斑螟属	*Nephopteryx* Hübner
22327090005	柳云翅斑螟	*adelphella* (Fischer von Röslerstamm)
22327090010	杨条斑螟	*mikadella* (Ragonot)
22327090015	梨云翅斑螟	*pirivorella* (Matsumura)
22327090020	红云翅斑螟	*semirubella* Scopoli
22327095000	小斑螟属	*Oligochroa* Ragonot
22327095005	黑翅小斑螟	*atrisquamella* Hampson
22327100000	瘤丛螟属	*Orthaga* Walker
22327100005	叶瘤丛螟	*achatina* Butler
22327100010	盐肤木瘤丛螟	*euadrsalis* Walker
22327105000	双点螟属	*Orybina* Snellen
22327105005	艳双点螟	*regalis* Leech
22327110000	谷斑螟属	*Plodia* Geunée

表 1（续）

代 码	中文名称	拉丁学名
22327110005	印度谷斑螟	*interpunctella* (Hübner)
22327115000	条草螟属	*Procerata* Berthold
22327115005	高粱条螟	*venosatum* (Walker)
22327120000	厚须螟属	*Propachys* Walker
22327120005	黑脉厚须螟	*nigrivena* Walker
22327125000	原野螟属	*Proteuclasta* Monroe
22327125005	旱柳原野螟	*stotzneri* (Caradja)
22327130000	卷野螟属	*Pycnarmon* Lederer
22327130005	泡桐卷野螟	*cribrata* Fabricius
22327135000	螟蛾属	*Pyralis* Linnaeus
22327135005	紫斑谷螟	*farinalis* Linnaeus
22327140000	草绿螟属	*Sacada* Walker
22327140005	荔枝红头蠹螟	*erythrocephala* Cui et Wu
22327145000	叶螟属	*Sybrida* Walker
22327145005	柞褐叶螟	*fasciata* Butler
22328000000	蛇蛾科	Hyblaeidae
22328005000	全须夜蛾属	*Hyblaea* Fabricius
22328005005	全须夜蛾	*puera* Cramer
22329000000	羽蛾科	Pterophoridae
22329005000	波羽蛾属	*Nippoptilia* Matsumura
22329005005	葡萄泥波羽蛾	*vitis* Sasaki
22329010000	小羽蛾属	*Stenoptilia* Hübner
22329010005	葡萄羽蛾	*vitis* Sasski
22330000000	钩蛾科	Drepanidae
22330005000	紫线钩蛾属	*Albara* Walker
22330005005	紫线钩蛾	*reversaria* Walker
22330005010	新紫线钩蛾	*violinea* Chu et Wang
22330010000	豆斑钩蛾属	*Auzata* Walker
22330010005	中华豆斑钩蛾	*chinensis chinesis* Leech
22330015000	美钩蛾属	*Callicilix* Butler
22330015005	美钩蛾	*abraxata* Butler
22330020000	点丽钩蛾属	*Callidrepana* Felder
22330020005	豆点丽钩蛾	*gemina* Watson
22330020010	肾点丽钩蛾	*patrana patrana* (Moore)
22330025000	枯叶钩蛾属	*Canucha* Walker
22330025005	云南枯叶钩蛾	*miranda* Warren
22330030000	圆钩蛾属	*Cyclidia* Guenèe
22330030005	赭圆钩蛾	*orciferaria* Walker
22330030010	洋麻圆钩蛾	*substigmaria* (Hübner)
22330030015	浅色圆钩蛾	*tetraspata* Chu et Wang
22330035000	晶钩蛾属	*Deroca* Walker
22330035005	晶钩蛾	*hyalina hyalina* Walker

表 1（续）

代 码	中文名称	拉丁学名
22330040000	镰钩蛾属	*Drepana* Schrank
22330040005	赤杨镰钩蛾	*curvatula* (Borkhausen)
22330040010	二点镰钩蛾	*dispilata dispilata* Warren
22330040015	一点镰钩蛾	*pallida* Moore
22330045000	大窗钩蛾属	*Macrauzata* Butler
22330045005	窗翅钩蛾	*fenestraria* (Moore)
22330045010	中华大窗钩蛾	*maxima chinensis* Inoue
22330050000	铃钩蛾属	*Macroeilix* Butler
22330050005	哑铃带钩蛾	*mysticata* Walker
22330055000	线钩蛾属	*Nordstromia* Bryk
22330055005	缘点线钩蛾	*bicostana opalescens* (Oberthüer)
22330055010	双线钩蛾	*grisearia* (Staudinger)
22330055015	双带线钩蛾	*japonica* (Moore)
22330060000	山钩蛾属	*Oreta* Walker
22330060005	交让木山钩蛾	*insignis* (Butler)
22330060010	接骨木山钩蛾	*loochooana* Swinhoe
22330060015	黄带山钩蛾	*pulchripes* (Butler)
22330060020	珊瑚树山钩蛾	*turpis* Butler
22330060025	网线山钩蛾	*vatama acutula* Watson
22330065000	古钩蛾属	*Palaeodrepana* Inoue
22330065005	古钩蛾	*harpagula* (Esper)
22330070000	三线钩蛾属	*Pseudalbara* Inoue
22330070005	眼斑钩蛾	*parvula* (Leech)
22330075000	窗山钩蛾属	*Spectroreta* Warren
22330075005	褐黄窗钩蛾	*hyalodisca* (Hampson)
22330080000	黄钩蛾属	*Tridrepana* Swinhoe
22330080005	双斑黄钩蛾	*adelpha* Swinhoe
22330080010	仲黑缘黄钩蛾	*crocea* (Leech)
22330080015	白星黄钩蛾	*marginata* Watson
22330085000	树钩蛾属	*Zanclalbara* Inoué
22330085005	青冈树钩蛾	*scabiosa* (Butler)
22331000000	尺蛾科	Geometridae
22331005000	琴纹尺蛾属	*Abraxaphantes* Warren
22331005005	琴纹尺蛾	*perampla* Swinhoe
22331010000	金星尺蛾属	*Abraxas* Leach
22331010005	大叶黄杨尺蛾	*anda* Bulter
22331010010	醋栗尺蛾	*grossudariata* Linnaeus
22331010015	榛金星尺蛾	*sylvata* Hampson
22331015000	艳青尺蛾属	*Agathia* Guenée
22331015005	萝藦艳青尺蛾	*carissima* Butler
22331015010	焦斑艳青尺蛾	*curvifiniens* Prout
22331015015	夹竹桃艳青尺蛾	*lycaenaria* Kollar

表 1（续）

代　码	中文名称	拉丁学名
22331020000	鹿尺蛾属	*Alcis* Curtis
22331020005	白皮霜尺蛾	*amoenaria* Staudinger
22331020010	杉霜尺蛾	*angulifera* (Butler)
22331020015	桦霜尺蛾	*repandata* (Linnaeus)
22331020020	针叶霜尺蛾	*secundaria* Esper
22331025000	李尺蛾属	*Angerona* Duponchel
22331025005	锯齿尺蛾	*glandinaria* Motschulsky
22331025010	李尺蛾	*prunaria* Linnaeus
22331030000	春尺蛾属	*Apocheima* Hübner
22331030005	春尺蛾	*cinerarius* Erschoff
22331035000	原尺蛾属	*Archiearis* Hübner
22331035005	锚尺蛾	*notha* Hübner
22331035010	珠角原尺蛾	*parthenias* (Linnaeus)
22331040000	星尺蛾属	*Arichanna* Moore
22331040005	梫星尺蛾	*jaguaria* (Guenée)
22331040010	灰星尺蛾	*jaguarnaria* Oberthür
22331040015	黄星尺蛾	*melanaria fraterna* (Butler)
22331045000	造桥虫属	*Ascotis* Hübner
22331045005	大造桥虫	*selenaria* (Denis et Schiffermüller)
22331050000	沙黄尺蛾属	*Aspitates* Treitschke
22331050005	山枝子尺蛾	*geholaria* Oberthür
22331055000	雅尺蛾属	*Apocolotois* Wehrli
22331055005	二白点雅尺蛾	*smirnovi* Romanoff
22331060000	娴尺蛾属	*Auaxa* Walker
22331060005	娴尺蛾	*cesadaria* Walker
22331065000	鹰尺蛾属	*Biston* Leach
22331065005	桦尺蛾	*betularia* (Linnaeus)
22331065010	油茶尺蛾	*marginata* Matsumura
22331065015	双云尺蛾	*regalis comitata* (Moore)
22331065020	褐纹大尺蛾	*robustus* Butler
22331070000	焦边尺蛾属	*Bizia* Walker
22331070005	焦边尺蛾	*aexaria* Walker
22331075000	粉蝶尺蛾属	*Bupalus* Leach
22331075005	云冷杉粉蝶尺蛾	*vestalis* Staudinger
22331075010	甘肃冷杉尺蛾	*vestalis kansuensis* Webrli
22331080000	桐尺蛾属	*Buzura* Walker
22331080005	掌尺蛾	*recursaria superans* Butler
22331080010	油桐尺蛾	*suppressaria* (Guenèe)
22331080015	云尺蛾	*thibetaria* Oberthür
22331085000	卡尺蛾属	*Callygris* Thierry-Mieg
22331085005	常春藤卡尺蛾	*compositata* (Guenée)
22331090000	金星尺蛾属	*Calospilos* Hübner

表 1（续）

代 码	中文名称	拉丁学名
22331090005	丝棉木金星尺蛾	*suspecta* Warren
22331095000	回纹尺蛾属	*Chartographa* Gumppenberg
22331095005	松回纹尺蛾	*fabiolaria* Oberthür
22331095010	葡萄回纹尺蛾	*ludovicaria praemutans* Prout
22331100000	奇尺蛾属	*Chiasmia* Hübner
22331100005	槐尺蛾	*cinerearia* (Bremer et Grey)
22331105000	尺蛾属	*Chihuo*Yang
22331105005	酸枣尺蛾	*sunzao* Yang
22331110000	仿锈腰尺蛾属	*Chlorissa* Stephens
22331110005	仿锈腰青尺蛾	*obliterata* Walker
22331115000	霜尺蛾属	*Cleora* Curtis
22331115005	双肩尺蛾	*cinctaria* Schiffermüller
22331120000	焦尺蛾属	*Colotois* Hübner
22331120005	白点焦尺蛾	*pennaria ussuriensis* Bang-Hass
22331125000	绿尺蛾属	*Comibaena* Walker
22331125005	长纹绿尺蛾	*argentataria* (Leech)
22331125010	肾纹绿尺蛾	*procumbaria* (Pryer)
22331125015	栎绿尺蛾	*quadrinotata* Butler
22331130000	斜线尺蛾属	*Conchia* Hübner
22331130005	双斜线尺蛾	*mundataria* Cramer
22331135000	榛尺蛾属	*Culcula* Moore
22331135005	黄连木尺蛾	*panterinaria* (Bremer et Grey)
22331140000	赤线尺蛾属	*Culpinia* Prout
22331140005	赤线尺蛾	*diffusa* (Walker)
22331145000	蜻蜓尺蛾属	*Cystidia* Hübner
22331145005	小蜻蜓尺蛾	*couaggaria* (Guenèe)
22331145010	蜻蜓尺蛾	*stratonice* (Stoll)
22331150000	灰尺蛾属	*Deileptenia* Hübner
22331150005	枞灰尺蛾	*ribeata* Clerck
22331155000	介青尺蛾属	*Diplodesma* Warren
22331155005	乌苏介青尺蛾	*ussuriaria* Bremer
22331160000	豹尺蛾属	*Dysphania* Hübner
22331160005	豹尺蛾	*militaria* (Linnaeus)
22331165000	折线尺蛾属	*Ecliptopera* Warren
22331165005	绣纹尺蛾	*umbrosaria* (Motschulsky)
22331170000	埃尺蛾属	*Ectropis* Hübner
22331170005	松埃尺蛾	*crepuscularia* Denis et Schiffermüeller
22331170010	小茶尺蛾	*obliqua* Warren
22331170015	茶尺蛾	*obliqua hyputina* Wehrli
22331175000	秋黄尺蛾属	*Ennomos* Treitschke
22331175005	秋黄尺蛾	*autumnaria* (Werneburg)
22331175010	胡桃尺蛾	*arenosa* Butler

表 1（续）

代码	中文名称	拉丁学名
22331180000	慈尺蛾属	*Epione* Duponchel
22331180005	桦缘尺蛾	*vespertaria* Fabricius
22331185000	松尺蛾属	*Erannis* Hübner
22331185005	落叶松尺蛾	*ankeraria* Staudinger
22331185010	栓皮栎尺蛾	*dira* Butler
22331185015	黄翅松尺蛾	*golda* Diakonov
22331185020	云杉尺蠖	*yunshanvora* Yang
22331190000	双线尺蛾属	*Erastria* Hübner
22331190005	红双线尺蛾	*obliqua* (Warren)
22331190010	黄双线尺蛾	*perlutea* Wehrli
22331195000	树尺蛾属	*Erebomorpha* Walker
22331195005	树形尺蛾	*consors* Butler
22331200000	点尾尺蛾属	*Euctenurapteryx* Warren
22331200005	黑点尾尺蛾	*nigrociliaria* Leech
22331205000	纹尺蛾属	*Eulithis* Hübner
22331205005	云纹尺蛾	*pyropata* (Hübner)
22331205010	桦褐叶尺蛾	*testata achatinellaria* Oberthür
22331210000	小花尺蛾属	*Eupithecia* Curtis
22331210005	球果尺蛾	*abietaria gigantea* Staudinger
22331210010	苹花波尺蛾	*insigniata* Hübner
22331215000	枯叶尺蛾属	*Gandaritis* Moore
22331215005	灰枯叶尺蛾	*agnes* (Butler)
22331215010	亚枯叶尺蛾	*fixseni* (Bremer)
22331220000	魑尺蛾属	*Garaeus* Moore
22331220005	水蜡尺蛾	*parva distans* Warren
22331225000	尖尾尺蛾属	*Gelasma* Warren
22331225005	绿尖尾尺蛾	*hemitheoides* Prout
22331225010	尖尾尺蛾	*illiturata* (Walker)
22331225015	线尖尾尺蛾	*protrusa* (Butler)
22331230000	青尺蛾属	*Geometra* Linnaeus
22331230005	白脉青尺蛾	*albovenaria* Bremer
22331230010	小白带青尺蛾	*glaucaria* Ménétriès
22331230015	蝶青尺蛾	*papilionaria* (Linnaeus)
22331230020	白带青尺蛾	*sponsaria* (Bremer)
22331230025	直脉青尺蛾	*valida* Feld et Rogenhofer
22331235000	枝尺蛾属	*Hemerophila* Hübner
22331235005	桑枝尺蛾	*atrilineate* Butler
22331240000	无缰青尺蛾属	*Hemistola* Warren
22331240005	白线青尺蛾	*veneta* (Butler)
22331245000	锈腰尺蛾属	*Hemithea* Duponchel
22331245005	红颜锈腰青尺蛾	*aestivaria* Hübner
22331245010	锈腰青尺蠖	*tritonaria* (Walker)

表 1（续）

代　码	中文名称	拉丁学名
22331250000	冥尺蛾属	*Heterarmia* Warren
22331250005	茶担尺蛾	*diorthogonia* (Wehrli)
22331255000	异翅尺蛾属	*Heterophleps* Herrich-Schäffer
22331255005	榆波尺蛾	*confusa* (Wileman)
22331260000	冰尺蛾属	*Hydria* Hübner
22331260005	波纹冰尺蛾	*undulata* (Linnaeus)
22331265000	尘尺蛾属	*Hypomecis* Hübner
22331265005	尘尺蛾	*punctinalis conferenda* (Scopoli)
22331265010	皱霜尺蛾	*roboraria displicens* (Butler)
22331270000	钩翅尺蛾属	*Hyposidra* Guenée
22331270005	钩翅尺蛾	*aquilaria* Walker
22331270010	大钩翅尺蛾	*talaca* (Walker)
22331275000	薄尺蛾属	*Inurois* Butler
22331275005	栓皮栎薄尺蛾	*fletcheri* Inoue
22331280000	辐射尺蛾属	*Iotaphora* Warren
22331280005	青辐射尺蛾	*admirabilis* (Oberthür)
22331280010	黄辐射尺蛾	*iridicolor* (Butler)
22331285000	用克尺蛾属	*Jankowskia* Oberthüer
22331285005	茶用克尺蛾	*athleta* Oberthüer
22331285010	小用克尺蛾	*fuscaria* (Leech)
22331290000	津尺蛾属	*Jinchihuo* Yang
22331290005	榆津尺蛾	*honesta* (Prout)
22331295000	突尾尺蛾属	*Jodis* Hübner
22331295005	青突尾尺蛾	*lactearia* (Linnaeus)
22331300000	璃尺蛾属	*Krananda* Moore
22331300005	玻璃尺蛾	*semihyalinata* Moore
22331305000	叉脉尺蛾属	*Leptostegna* Christoph
22331305005	娇叉脉尺蛾	*tenerata* Chritoph
22331310000	叶尺蛾属	*Lobophora* Curtis
22331310005	平衡叶尺蛾	*halterata* (Hüfnagel)
22331315000	缘点尺蛾属	*Lomaspilis* Hübner
22331315005	缘点尺蛾	*marginata amurensis* (Hedemann)
22331320000	癞绿尺蛾属	*Lophomachia* Prout
22331320005	癞绿尺蛾	*semialba* Walker
22331325000	岛尺蛾属	*Melanthia* Duponchel
22331325005	黑龙江黑岛尺蛾	*procellata inexpectata* (Denis et Schaffmüller)
22331325010	华北黑岛尺蛾	*procellata inquinata* Butler
22331330000	展尺蛾属	*Menophra* Moore
22331330005	桑尺蛾	*atrilineata* (Butler)
22331330010	角顶尺蛾	*emaria* Bremer
22331330015	柑桔尺蛾	*subplagiata* Walker
22331335000	莓尺蛾属	*Mesoleuca* Hübner

表 1（续）

代　码	中文名称	拉丁学名
22331335005	草莓尺蛾	*albicillata* (Linnaeus)
22331340000	豆纹尺蛾属	*Metallolophia* Warren
22331340005	豆纹尺蛾	*arenaria* (Leech)
22331345000	三岔绿尺蛾属	*Mixochlora* Warren
22331345005	三岔镰翅绿尺蛾	*vittata* (Moore)
22331350000	密鳞尺蠖属	*Napocheima* Chu
22331350005	刺槐尺蠖	*robiniae* Chu
22331355000	贞尺蛾属	*Naxa* Walker
22331355005	点尺蛾	*angustaria* Leech
22331355010	女贞尺蛾	*seriaria* (Motschulsky)
22331360000	枯斑翠尺蛾属	*Ochrognesia* Warren
22331360005	枯斑翠尺蛾	*difficta* (Walker)
22331365000	黑尺蛾属	*Odezia* Boisduval
22331365005	白眉黑尺蛾	*atrata* Linnaeus
22331370000	贡尺蛾属	*Odontopera* Stephens
22331370005	茶贡尺蛾	*bilinearia coryphodes* Wehrli
22331375000	星尺蛾属	*Ophthalmodes* Guenée
22331375005	核桃星尺蛾	*albosignaria* (Bermer et Grey)
22331375010	四星尺蛾	*irrorataria* (Bremer et Grey)
22331375015	中华星尺蛾	*sinensium* Oberthür
22331380000	泛尺蛾属	*Orthonama* Hübner
22331380005	泛尺蛾	*obstipata* (Fabricius)
22331385000	尾尺蛾属	*Ourapteryx* Leach
22331385005	叉尾尺蛾	*brachycera* Wehrli
22331385010	雪尾尺蛾	*nivea* Butler
22331385015	波尾尺蛾	*persica* Ménétriés
22331385020	接骨木尾尺蛾	*sambucaria* Linnaeus
22331390000	昙尺蛾属	*Parectropis* Sato
22331390005	白斑黄枝尺蛾	*extersaria* (Hübner)
22331395000	驼尺蛾属	*Pelurga* Hübner
22331395005	驼尺蛾	*comitata* (Linnaeus)
22331400000	柿星尺蛾属	*Percnia* Guenée
22331400005	拟柿星尺蛾	*albinigrata* Warren
22331400010	柿星尺蛾	*giraffata* (Guenée)
22331405000	白桦尺蛾属	*Phigalia* Duponchel
22331405005	白桦尺蛾	*djakonovi* Moltrecht
22331410000	烟尺蛾属	*Phthonosema* Warren
22331410005	槭烟尺蛾	*invenustaria* Leech
22331410010	苹果烟尺蛾	*tendinosaria* Bremer
22331415000	粉尺蛾属	*Pingasa* Moore
22331415005	粉尺蛾	*alba* Swinhoe
22331420000	八角尺蛾属	*Pogonopygia* Warren

表 1（续）

代 码	中文名称	拉丁学名
22331420005	八角尺蛾	*nigralbata* Warren
22331425000	眼尺蛾属	*Problepsis* Lederer
22331425005	白眼尺蛾	*albidior* Warren
22331425010	黑条眼尺蛾	*diazoma* Prout
22331425015	猫眼尺蛾	*superans* (Butler)
22331430000	汝尺蛾属	*Rheumaptera* Hübner
22331430005	黑白汝尺蛾	*hastata* (Linnaeus)
22331435000	岩尺蛾属	*Scopula* Schrank
22331435005	杨姬尺蛾	*caricaria* Reutti
22331435010	麻岩尺蛾	*nigropunctata subcandidata* (Walker)
22331435015	黑缘银尺蛾	*ornata* (Scopoli)
22331440000	月尺蛾属	*Selenia* Hübner
22331440005	四月尺蛾	*tetralunaria* (Hufnagel)
22331445000	庶尺蛾属	*Semiothisa* Hübner
22331445005	网目尺蛾	*clathrata* Linnaeus
22331445010	合欢庶尺蛾	*defixaria* (Walker)
22331445015	格庶尺蛾	*hebesata* (Walker)
22331445020	雨尺蛾	*pluviata* Fabricius
22331450000	花边尺蛾属	*Somatina* Guenée
22331450005	忍冬尺蛾	*indicataria* (Walker)
22331455000	枣尺蛾属	*Sucra* Chu
22331455005	枣尺蛾	*jujuba* Chu
22331460000	叉线青尺蛾属	*Tanaoctenia* Warren
22331460005	叉线青尺蛾	*dehaliaria* (Wehrli)
22331465000	镰翅绿尺蛾属	*Tanaorhinus* Butler
22331465005	钓镰翅绿尺蛾	*rafflesi rafflesi* (Moore)
22331465010	镰翅绿尺蛾	*reciprocata reciprocata* (Walker)
22331470000	翠尺蛾属	*Thalassodes* Guenée
22331470005	樟翠尺蛾	*quadraria* Guenée
22331475000	二线绿尺蛾属	*Thetidia* Boisduval
22331475005	菊四目尺蛾	*albocostaria* (Bremer)
22331475010	白点二线绿尺蛾	*smaragdaria* Fabricius
22331480000	黄蝶尺蛾属	*Thinopteryx* Butler
22331480005	黄蝶尺蛾	*crocoptera* (Kollar)
22331485000	紫线尺蛾属	*Timandra* Duponchel
22331485005	紫线尺蛾	*griseata* Petersen
22331490000	毛翅尺蛾属	*Trichopteryx* Hübner
22331490005	栎毛翅尺蛾	*ustata* (Christoph)
22331495000	三角尺蛾属	*Trigonoptila* Warren
22331495005	三角尺蛾	*latimarginaria* (Leech)
22331500000	洁尺蛾属	*Tyloptera* Christoph
22331500005	洁尺蛾	*bella bella* (Butler)

表 1 (续)

代 码	中文名称	拉丁学名
22331505000	玉臂尺蛾属	*Xandremes* Moore
22331505005	玉臂黑尺蛾	*dholaria serices* Moore
22331510000	虎尺蛾属	*Xanthabraxas* Warren
22331510005	中国虎尺蛾	*hemionata* (Guenée)
22331515000	潢尺蛾属	*Xanthorhoe* Hübner
22331515005	双流潢尺蛾	*biriviata* (Borhauson)
22331520000	褶翅尺蛾属	*Zamacra* Meyrick
22331520005	桑褶翅尺蛾	*excavata* Dyra
22331525000	绶尺蛾属	*Zethenia* Motschoulsky
22331525005	沙弥绶尺蛾	*inaccepta* Prou
22331525010	落叶松绶尺蛾	*rufescentaria* Motschulsky
22332000000	凤蛾科	Epicopeiidae
22332005000	凤蛾属	*Epicopeia* Westwood
22332005005	粉带凤蛾	*albofasciata* Djakonov
22332005010	红头凤蛾	*caroli* Janet
22332005015	福建凤蛾	*caroli fukienensis* Chu et Wang
22332005020	天目凤蛾	*caroli tienmuensis* Chu et Wang
22332005025	浅翅凤蛾	*hainesi sinicaris* Leech
22332005030	云南凤蛾	*leucomelaena* Oberthür
22332005035	榆凤蛾	*mencia* Moore
22333000000	敌蛾科	Epiplemidae
22333005000	蛱蛾属	*Nossa* Kirby
22333005005	虎腹蛱蛾	*moorei* (Elwes)
22334000000	燕蛾科	Uraniidae
22334005000	点燕蛾属	*Micronia* Guenée
22334005005	一点燕蛾	*aculeata* Guenée
22334010000	燕蛾属	*Nyctalemon* Dalman
22334010005	大燕蛾	*menoetius* Hopffer
22335000000	桦蛾科	Endromidae
22335005000	桦蛾属	*Endromis* Ochsenheimer
22335005005	桦蛾	*versicolora* Linnaeus
22335010000	忍冬桦蛾属	*Mirina* Staudinger
22335010005	忍冬桦蛾	*christophi* Staudinger
22335015000	瘿华蛾属	*Sinitinea* Yang
22335015005	梨瘿华蛾	*pyrigalla* Yang
22336000000	枯叶蛾科	Lasiocampidae
22336005000	李枯叶蛾属	*Amurilla* Aurivillius
22336005005	稠李枯叶蛾	*subpurpurea* Butler
22336010000	曲纹枯叶蛾属	*Bhima* Moore
22336010005	白杨枯叶蛾	*idiota* Graeser
22336010010	柳毛虫	*rotundipennis* Joannis
22336010015	曲纹枯叶蛾	*undulosa* (Walker)

表 1（续）

代　码	中文名称	拉丁学名
22336015000	小枯叶蛾属	*Cosmotriche* Hübner
22336015005	松小毛虫	*inexperta* (Leech)
22336015010	杉小毛虫	*lunigera* (Esper)
22336015015	蒙古小毛虫	*lunigera mongolica* Esper
22336015020	秦岭小毛虫	*monotona* Lajonquier
22336015025	高山小毛虫	*saxosimilis* Lajonquiere
22336020000	杂毛虫属	*Cyclophragma* Turner
22336020005	金川杂毛虫	*jinchuanensis* Tsai et Hou
22336020010	直纹杂毛虫	*lineata* (Moore)
22336020015	打箭杂毛虫	*tamsi* Lajonquiere
22336020020	波纹杂毛虫	*undans* (Walker)
22336020025	黄波纹杂毛虫	*undans fasciatella* Ménétriés
22336020030	西昌杂毛虫	*xichangensis* (Tsai et Liu)
22336020035	双斑杂毛虫	*yamadai* (Nagano)
22336020040	褐色杂毛虫	*yclophragma brunnea* (Wileman)
22336025000	松毛虫属	*Dendrolimus* Germer
22336025005	高山松毛虫	*angulata* Gaede
22336025010	云南松毛虫	*houi* Lajonquiere
22336025015	华山松毛虫	*huashanensis* Hou
22336025020	思茅松毛虫	*kikuchii* Matsumura
22336025025	海南松毛虫	*kikuchii hainanensis* Tsai et Hou
22336025030	黄山松毛虫	*marmoratus* Tsai rt Hou
22336025035	双波松毛虫	*monticola* Lajonquiere
22336025040	马尾松毛虫	*punctatus* (Walker)
22336025045	德昌松毛虫	*punctatus tehchangensis* Tsai et Liu
22336025050	文山松毛虫	*punctatus wenshanensis* Tsai et Liu
22336025055	秦岭松毛虫	*qinlingensis* Tsai et Liu
22336025060	丽江松毛虫	*rex* Lajonquiere
22336025065	天目松毛虫	*sericus* Lajonquiere
22336025070	赤松毛虫	*spectabilis* Butler
22336025075	柏松毛虫	*suffuscus* Lajonquiere
22336025080	明纹柏松毛虫	*suffuscus illustratus* Lajonquiere
22336025085	落叶松毛虫	*superans* (Butler)
22336025090	油松毛虫	*tabulaeformis* Tsai et Liu
22336025095	旬阳松毛虫	*xunyangensis* Tsai et Liu
22336030000	纹枯叶蛾属	*Euthrix* Meigen
22336030005	环斜纹枯叶蛾	*tangi* (Lajong)
22336035000	褐枯叶蛾属	*Gastropacha* Ochsenheimer
22336035005	桔毛虫	*pardale sinensis* Tams
22336035010	石梓毛虫	*philippinensis swanni* Tams
22336035015	杨枯叶蛾	*populifolia* Esper
22336035020	李枯叶蛾	*quercifolia* Linnaeus

表 1（续）

代　码	中文名称	拉丁学名
22336040000	云毛虫属	*Hoenimnema* Lajonquiere
22336040005	白缘云毛虫	*clarilimbata* Lajonquiere
22336040010	柳杉云毛虫	*roesleri* Lajonquiere
22336040015	剑纹云毛虫	*sagittifera* (Gaede)
22336040020	云南云毛虫	*yunnanensis* Lajonquiere
22336045000	枯叶蛾属	*Lasiocampa* Schrank
22336045005	新疆枯叶蛾	*eversmanni* Eversmann
22336050000	大枯叶蛾属	*Lebeda* Walker
22336050005	松大毛虫	*nobilis* Walker
22336050010	油茶枯叶蛾	*nobilis sinina* Lajonquiere
22336055000	天幕毛虫属	*Malacosoma* Hübner
22336055005	棕色天幕毛虫	*dentata* Mell
22336055010	高山天幕毛虫	*insignis* Lajonquiere
22336055015	双带天幕毛虫	*kirghisica* Staudinger
22336055020	留坝天幕毛虫	*liupa* Hou
22336055025	黄褐天幕毛虫	*neustria testacea* Motschulsky
22336055030	绵山天幕毛虫	*rectifascia* Lajoquiere
22336060000	尖枯叶蛾属	*Metanastria* Hübner
22336060005	大斑丫毛虫	*hyrtaca* (Cramer)
22336060010	橄榄枯叶蛾	*terminalia* Tsai et Hou
22336065000	苹枯叶蛾属	*Odonestis* Germar
22336065005	苹果枯叶蛾	*pruni* Linnaeus
22336070000	栎枯叶蛾属	*Paralebeda* Aurivillius
22336070005	栎毛虫	*plagifera* (Walker)
22336075000	斑纹枯叶蛾属	*Philudoria* Kirby
22336075005	竹斑枯叶蛾	*albomaculata* Bremer
22336075010	黄斜枯叶蛾	*imitatrix* Lajonquière
22336075015	竹黄枯叶蛾	*laeta* Walker
22336080000	垂片枯叶蛾属	*Phyllodesma* Hübner
22336080005	榆垂片枯叶蛾	*ilicifolia* (Linnaeus)
22336085000	大毛虫属	*Suana* Walker
22336085005	木麻黄大毛虫	*concolor* Walker
22336085010	桉树大毛虫	*divisa* (Moore)
22336090000	麻枯叶蛾属	*Taragama* Moore
22336090005	棕色枯叶蛾	*dorsalis* Walker
22336095000	木麻黄枯叶蛾属	*Ticera* Swinhoe
22336095005	木麻黄枯叶蛾	*castanea* Swinhoe
22336100000	黄枯叶蛾属	*Trabala* Walker
22336100005	栗黄枯叶蛾	*vishnou gigantina* Yang
22337000000	蚕蛾科	Bombycidae
22337005000	茶蚕蛾属	*Andraca* Walker
22337005005	茶蚕蛾	*bipunctata* Walker

表 1（续）

代　码	中文名称	拉丁学名
22337005010	隐斑桑蚕蛾	*gracilis* Butler
22337010000	家蚕蛾属	*Bombyx* Linnaeus
22337010005	野蚕蛾	*mandarina* Moore
22337010010	家蚕蛾	*mori* Linnaeus
22337015000	赭蚕蛾属	*Mustilia* Walker
22337015005	钩翅赭蚕蛾	*sphingiformis* Moore
22337020000	花蚕蛾属	*Oberthueria* Staudinger
22337020005	黄波花蚕蛾	*caeca* Oberthür
22337025000	白蚕蛾属	*Ocinara* Walker
22337025005	大黑点白蚕蛾	*lida* (Moore)
22337025010	小黑点白蚕蛾	*signifera* Walker
22337025015	灰白蚕蛾	*varians* Walker
22337030000	螟蚕蛾属	*Rondotia* Moore
22337030005	桑螟蚕蛾	*menciana* Moore
22338000000	大蚕蛾科	Saturniidae
22338005000	尾大蚕蛾属	*Actias* Leach
22338005005	短尾大蚕蛾	*artemis artemis* (Bremer et Gray)
22338005010	长尾大蚕蛾	*dubernardi* (Oberthür)
22338005015	黄尾大蚕蛾	*heterogyna* Mell
22338005020	红尾大蚕蛾	*rhodopneuma* Rober
22338005025	绿尾大蚕蛾	*selene ningpoana* Felder
22338005030	华尾大蚕蛾	*sinensis* Walker
22338010000	丁目大蚕蛾属	*Aglia* Ochsenheimer
22338010005	丁目大蚕蛾	*tau amurensis* Jordan
22338015000	柞蚕属	*Antheraea* Hübner
22338015005	钩翅大蚕蛾	*assamensis* Helfer
22338015010	明目大蚕蛾	*frithii javanensis* Bouvier
22338015015	柞蚕	*pernyi* Guèrin-Méneville
22338015020	半目大蚕蛾	*yamamai* Guèrin-Méneville
22338020000	大蚕蛾属	*Attacus* Linnaeus
22338020005	大乌桕蚕	*atlas* (Linnaeus)
22338020010	冬青大蚕蛾	*edwards* White
22338025000	目大蚕蛾属	*Caligula* Moore
22338025005	黄目大蚕蛾	*anna* Moore
22338025010	合目大蚕蛾	*boisduvali fallax* Jordan
22338025015	珠目大蚕蛾	*lindia bonita* Jordan
22338025020	月目大蚕蛾	*zuleika* Hopa
22338030000	小字大蚕蛾属	*Cricula* Walker
22338030005	点目大蚕蛾	*andrei* Jordan
22338030010	小字大蚕蛾	*trifenestrata* Helfer
22338035000	胡桃大蚕蛾属	*Dictyoploca* Jordan
22338035005	胡桃大蚕蛾	*cachara* Moore

表 1（续）

代码	中文名称	拉丁学名
22338035010	银杏大蚕蛾	*japonica* Moore
22338035015	后目大蚕蛾	*simla* Westwood
22338040000	樟蚕属	*Eriogyna* Jordan
22338040005	樟蚕	*pyretorum pyretorum* Westwood
22338045000	豹大蚕蛾属	*Loepa* Moore
22338045005	藤豹大蚕蛾	*anthera* Jordan
22338045010	黄豹大蚕蛾	*katinka* Westwood
22338045015	豹大蚕蛾	*obertiiri* Leech
22338050000	弧目大蚕蛾属	*Neoris* Moore
22338050005	弧目大蚕蛾	*haraldi* Schawerda
22338055000	透目大蚕蛾属	*Rhodinia* Staudinger
22338055005	透目大蚕蛾	*fugax* Butler
22338060000	猫目大蚕蛾属	*Salassa* Moore
22338060005	鸮目大蚕蛾	*lola* Westwood
22338060010	猫目大蚕蛾	*thespis* Leech
22338065000	樗蚕蛾属	*Samia* Hübner
22338065005	樗蚕蛾	*cynthia cynthia* (Drurvy)
22338065010	蓖麻蚕	*cynthia ricina* (Donovan)
22338070000	树大蚕蛾属	*Syntherata* Massen
22338070005	树大蚕蛾	*loepoides* Butler
22339000000	箩纹蛾科	Brahmaeidae
22339005000	箩纹蛾属	*Brahmaea* Walker
22339005005	黄褐萝纹蛾	*certhia* Fabricius
22339005010	黑褐萝纹蛾	*christophi* Staudinger
22339005015	女贞萝纹蛾	*ledereri* Rogenhofer
22339005020	紫光萝纹蛾	*porphyria* Chu et Wang
22339010000	球萝纹蛾属	*Brahmophthalma* Mell
22339010005	青球萝纹蛾	*hearseyi* (White)
22339010010	日球萝纹蛾	*japonica* (Butler)
22339010015	枯球萝纹蛾	*wallichii* (Gray)
22340000000	带蛾科	Eupterotidae
22340005000	斑带蛾属	*Apha* Walker
22340005005	华北抚带蛾	*huabeiana* Yang
22340010000	黄带蛾属	*Eupterote* Hübner
22340010005	中华金带蛾	*chinensis* Leech
22340015000	褐带蛾属	*Palirisa* Moore
22340015005	灰褐带蛾	*chinensis* Rothsch
22341000000	天蛾科	Sphingidae
22341005000	鬼脸天蛾属	*Acherontia* Laspeyres
22341005005	鬼脸天蛾	*lachesis* (Fabricius)
22341005010	芝麻鬼脸天蛾	*styx* Westwood
22341010000	灰天蛾属	*Acosmerycoides* Mell

表 1（续）

代　码	中文名称	拉丁学名
22341010005	灰天蛾	*leucocraspis leucocraspis* (Hampson)
22341015000	缺角天蛾属	*Acosmeryx* Boisduval
22341015005	缺角天蛾	*castanea* Rothschild et Jordan
22341015010	黄点缺角天蛾	*miskhni* (Murray)
22341015015	葡萄缺角天蛾	*naga* (Moore)
22341015020	赭绒缺角天蛾	*sericeus* (Walker)
22341020000	黄脉天蛾属	*Amorpha* Hübner
22341020005	黄脉天蛾	*amurensis* Syaudinger
22341020010	中国天蛾	*sinica* Rhothschild et Jordan
22341025000	葡萄天蛾属	*Ampelophaga* Bremer et Grey
22341025005	葡萄天蛾	*rubiginosa rubiginosa* Bremer et Grey
22341030000	黄线天蛾属	*Apocalypsis* Butler
22341030005	黄线天蛾	*velox* Bulter
22341035000	绿天蛾属	*Callambulyx* Rothschild et Jordan
22341035005	眼斑天蛾	*orbita* Chu et Wang
22341035010	绿带闭目天蛾	*rubricosa* (Walker)
22341035015	榆绿天蛾	*tatarinovi* (Bremer et Grey)
22341035020	西昌榆绿天蛾	*tatarinovi sichangensis* Chu et Wang
22341040000	背天蛾属	*Cechenena* Rothschild et Jordan
22341040005	条背天蛾	*lineosa* (Walker)
22341040010	平背天蛾	*minor* Butler
22341045000	白眉天蛾属	*Celerio* Oken
22341045005	深色白眉天蛾	*gallii* (Rottemburg)
22341045010	沙枣白眉天蛾	*hippophaes* (Esper)
22341045015	八字白眉天蛾	*lineata livornica* (Esper)
22341050000	透翅天蛾属	*Cephonodes* Hübner
22341050005	咖啡透翅天蛾	*hylas* (Linnaeus)
22341055000	豆天蛾属	*Clanis* Hübner
22341055005	南方豆天蛾	*bilineata bilineata* (Walker)
22341055010	豆天蛾	*bilineata tsingtauica* Mell
22341055015	洋槐天蛾	*deucalion* (Walker)
22341060000	杧果天蛾属	*Compsogene* Rothschild et Jordan
22341060005	芒果天蛾	*panopus* (Cramer)
22341065000	白腰天蛾属	*Deilephila* Laspeyres
22341065005	茜草白腰天蛾	*hypothous* (Gramer)
22341065010	绿白腰天蛾	*nerii* Linnaeus
22341070000	星天蛾属	*Dolbina* Staudinger
22341070005	小星天蛾	*exacta* Staudinger
22341070010	大星天蛾	*inexacta* (Walker)
22341070015	绒星天蛾	*tancrei* Staudinger
22341075000	突角天蛾属	*Enpinanga* Rothschild et Jordan
22341075005	横带天蛾	*transtriata* Chu et Wang

表 1（续）

代　码	中文名称	拉丁学名
22341080000	锤天蛾属	*Gurelca* Kirby
22341080005	喜马锤天蛾	*himachala* (Butler)
22341080010	团角锤天蛾	*hyas* (Walker)
22341080015	三角锤天蛾	*masuriensis sangaica* (Bulter)
22341085000	黑边天蛾属	*Haemorrhagia* Grote et Robinson
22341085005	大黑边天蛾	*alternata* Butler
22341085010	川海黑边天蛾	*fuciformis ganssuensis* Grum-Grshimailo
22341085015	后黄黑边天蛾	*radians* (Walker)
22341085020	锈胸黑边天蛾	*staudingeri staudingeri* (Leech)
22341090000	白薯天蛾属	*Herse* Oken
22341090005	白薯天蛾	*convolvuli* (Linnaeus)
22341095000	斜线天蛾属	*Hippotion* Hübner
22341095005	银条斜线天蛾	*celerio* (Linnaeus)
22341095010	后红斜线天蛾	*rafflesi* (Butler)
22341100000	松天蛾属	*Hyloicus* Hübner
22341100005	松黑天蛾	*caligineus sinicus* Rothschild et Jordan
22341105000	绒天蛾属	*Kentrochrysalis* Staudinger
22341105005	桂花天蛾	*consimilis* Rothschild et Jordan
22341105010	白须天蛾	*sieversi* Alphéraky
22341105015	女贞天蛾	*streckeri* Staudinger
22341110000	锯翅天蛾属	*Langia* Moore
22341110005	川锯翅天蛾	*zenzeroides szechuana* Chu et Wang
22341115000	蔗天蛾属	*Leucophlebia* Westwood
22341115005	甘蔗天蛾	*lineata* Westwood
22341120000	长喙天蛾属	*Macroglossum* Scopoli
22341120005	青背长喙天蛾	*bombylans* (Boisduval)
22341120010	长喙天蛾	*corythus luteata* (Butler)
22341120015	九节木长喙天蛾	*fringilla* (Boisduval)
22341120020	湖南长喙天蛾	*hunanensis* Chu et Wang
22341120025	黑长喙天蛾	*pyrrhosticta* (Butler)
22341120030	小豆长喙天蛾	*stellatarum* (Linnaesu)
22341120035	斑腹长喙天蛾	*variegatum* Rothschild et Jordan
22341125000	六点天蛾属	*Marumba* Moore
22341125005	椴六点天蛾	*dyras* (Walker)
22341125010	苹六点天蛾	*gaschkewitschi carstanjeni* (Staudinger)
22341125015	梨六点天蛾	*gaschkewitschi complacens* Walker
22341125020	枣桃六点天蛾	*gaschkewitschi gaschkewitschi* (Bremer et Grey)
22341125025	菩提六点天蛾	*jankowskii* (Oberthüer)
22341125030	黄边六点天蛾	*maacki* (Bremer)
22341125035	枇杷六点天蛾	*spectabilis* Butler
22341125040	栗六点天蛾	*sperchius* Ménéntriés
22341130000	大背天蛾属	*Meganoton* Boisduval

表 1（续）

代码	中文名称	拉丁学名
22341130005	大背天蛾	*analis* (Felder)
22341135000	钩翅天蛾属	*Mimas* Butler
22341135005	钩翅天蛾	*tiliae christophi* (Staudinger)
22341140000	鹰翅天蛾属	*Oxyambulyx* Rothschild et Jordan
22341140005	日本鹰翅天蛾	*japonica* Rothschild
22341140010	栎鹰翅天蛾	*liturata* (Butler)
22341140015	鹰翅天蛾	*ochracea* (Butler)
22341140020	核桃鹰翅天蛾	*schauffelbergeri* (Bremer et Grey)
22341140025	橄榄鹰翅天蛾	*subocellata* (Felder)
22341145000	月天蛾属	*Parum* Rothschild et Jordan
22341145005	构月天蛾	*colligata* (Walker)
22341145010	月天蛾	*porphyria* (Butler)
22341150000	红天蛾属	*Pergesa* Walker
22341150005	白环红天蛾	*askoldensis* (Oberthüer)
22341150010	红天蛾	*elpenor lewisi* (Butler)
22341155000	盾天蛾属	*Phyllosphingia* Swinhoe
22341155005	盾天蛾	*dissimilis dissimilis* Bremer
22341155010	紫光盾天蛾	*dissimilis sinensis* Jordan
22341160000	三线天蛾属	*Polyptychus* Hübner
22341160005	齿翅三线天蛾	*dentatus* (Cramer)
22341160010	三线天蛾	*trilineatus* Moore
22341165000	霜天蛾属	*Psilogramma* Rothschild et Jordan
22341165005	丁香天蛾	*increta* (Walker)
22341165010	霜天蛾	*menephron* (Cramer)
22341170000	白肩天蛾属	*Rhagastis* Rothschild et Jordan
22341170005	土色白肩天蛾	*aurifera* Butler
22341170010	白肩天蛾	*mongoliana* (Butler)
22341170015	华中白肩天蛾	*mongoliana centrosinaria* Chu et Wang
22341170020	白肩天蛾指名亚种	*mongoliana mongoliana* (Butler)
22341170025	广东白肩天蛾	*mongoliana pallicosta* Mell
22341175000	斜绿天蛾属	*Rhyncholaba* Rothschild et Jordan
22341175005	斜绿天蛾	*acteus* (Cramer)
22341180000	木蜂天蛾属	*Sataspes* Moore
22341180005	黑胸木蜂天蛾	*tagalica chinensis* Clark
22341180010	木蜂天蛾	*tagalica tagalica* Boisduval
22341180015	黄胸木蜂天蛾	*tagalica thoracica* Rothschild et Jordan
22341185000	目天蛾属	*Smerinthus* Latreille
22341185005	杨目天蛾	*caecus* Ménétriés
22341185010	合目天蛾	*kindermanni* Lederer
22341185015	北方蓝目天蛾	*planus alticola* Clark
22341185020	四川蓝目天蛾	*planus junnanus* Clark
22341185025	广东蓝目天蛾	*planus kuantungensis* Clark

表 1（续）

代 码	中文名称	拉丁学名
22341185030	蓝目天蛾	*planus planus* Walker
22341190000	昼天蛾属	*Sphecodina* Blanch
22341190005	葡萄昼天蛾	*caudata* (Bremer et Grey)
22341195000	红节天蛾属	*Sphinx* Linnaeus
22341195005	紫丁香天蛾	*ligustri* Linnaeus
22341195010	红节天蛾	*ligustri constricta* Butler
22341200000	斜纹天蛾属	*Theretra* Hübner
22341200005	后红斜纹天蛾	*alecto cretica* (Boisduval)
22341200010	斜纹天蛾	*clotho clotho* (Drury)
22341200015	雀斜纹天蛾	*japonica* (Orza)
22341200020	海南土色斜纹天蛾	*latreillei distincta* Mell
22341200025	土色斜纹天蛾	*latreillei latreillei* (Mcley)
22341200030	浙江土色斜纹天蛾	*latreillei lucasi* (Walker)
22341200035	广东土色斜纹天蛾	*latreillei montana* Mell
22341200040	青背斜纹天蛾	*nessus* (Drury)
22341200045	芋双线斜纹天蛾	*oldenlandiae* (Fabricius)
22341200050	赭斜纹天蛾	*pallicosta* (Walker)
22341200055	芋单线斜纹天蛾	*pinastrina pinastrina* (Martyn)
22341200060	白眉斜纹天蛾	*suffusa* (Walker)
22342000000	舟蛾科	Notodontidae
22342005000	蓖舟蛾属	*Besaia* Walker
22342005005	竹拟皮舟蛾	*anaemica* (Leech)
22342005010	竹蓖舟蛾	*goddrica* (Schaus)
22342010000	二尾舟蛾属	*Cerura* Schrank
22342010005	杨二尾舟蛾	*menciana* Moore
22342010010	黑带二尾舟蛾	*felina* Butler
22342015000	扇舟蛾属	*Clostera* Samouelle
22342015005	杨扇舟蛾	*anachoreta* (Fabricius)
22342015010	分月扇舟蛾	*anastomosis* (Linnaeus)
22342015015	灰短扇舟蛾	*curtula canescens* (Graeser)
22342015020	短扇舟蛾	*curtuloides* Erschoff
22342015025	漫扇舟蛾	*pigra* (Hufnagel)
22342015030	柳扇舟蛾	*pallida* (Walker)
22342015035	仁扇舟蛾	*restitura* (Walker)
22342020000	灰舟蛾属	*Cnethodonta* Staudinger
22342020005	灰舟蛾	*grisescens* Staudinger
22342025000	选舟蛾属	*Dicranura* Reichenbach
22342025005	榆选舟蛾	*tsvetajevi* Schintlmeister et Sviridov
22342030000	迥舟蛾属	*Disparia* Nagano
22342030005	迥舟蛾	*variegata* (Wileman)
22342035000	林舟蛾属	*Drymonia* Hübner
22342035005	锯纹林舟蛾	*dodonides* (Staudinger)

表 1（续）

代　码	中文名称	拉丁学名
22342040000	蕊尾舟蛾属	*Dudusa* Walker
22342040005	著蕊尾舟蛾	*nobilis* Walker
22342040010	黑蕊尾舟蛾	*sphingformis* Moore
22342045000	星舟蛾属	*Euhampsonia* Dyar
22342045005	黄二星舟蛾	*cristata* (Butler)
22342045010	锯齿星舟蛾	*serratifera* Sugi
22342045015	银二星舟蛾	*splendida* (Oberthür)
22342050000	纷舟蛾属	*Fentonia* Butler
22342050005	栎纷舟蛾	*ocypete* (Bremer)
22342055000	燕尾舟蛾属	*Furcula* Lamarck
22342055005	二岔燕尾舟蛾	*bifida* (Brahm)
22342055010	燕尾舟蛾	*furcula* (Clerck)
22342055015	绯燕尾舟蛾	*furcula sangaica* (Moore)
22342055020	腰带燕尾舟蛾	*lanigera* (Butler)
22342060000	富舟蛾属	*Fusapteryx* Matsumura
22342060005	富舟蛾	*ladislai* (Oberthür)
22342065000	钩翅舟蛾属	*Gangarides* Moore
22342065005	钩翅舟蛾	*dharma* Moore
22342070000	雪舟蛾属	*Gazalina* Walker
22342070005	三线雪舟蛾	*chrysolopha* (Kollar)
22342070010	双线雪舟蛾	*transversa* Moore
22342075000	谷舟蛾属	*Gluphisia* Boisduval
22342075005	杨谷舟蛾	*japonica* (Wileman)
22342080000	角翅舟蛾属	*Gonoclostera* Butler
22342080005	角翅舟蛾	*timoniorum* (Bermer)
22342085000	怪舟蛾属	*Hagapteryx* Matsumura
22342085005	岐怪舟蛾	*mirabilior* (Oberthür)
22342090000	燕尾舟蛾属	*Harpyia* Ochsenheimer
22342090005	杨小二舟蛾	*furcula* (Clerck)
22342090010	栎枝背舟蛾	*umbrosa* (Staudinger)
22342095000	异齿舟蛾属	*Hexafrenum* Matsumura
22342095005	白颈异齿舟蛾	*leucodera* (Staudinger)
22342100000	丽齿舟蛾属	*Himeropteryx* Staudinger
22342100005	丽齿舟蛾	*miraculosa* Staudinger
22342105000	丑舟蛾属	*Hyperaeschra* Butler
22342105005	黄檀丑舟蛾	*pallida* Butler
22342110000	白齿舟蛾属	*Leucodonta* Staudinger
22342110005	白齿舟蛾	*bicoloria* (Denis et Schiffermüller)
22342115000	旋茎舟蛾属	*Liccana* Kiriakoff
22342115005	旋茎舟蛾	*terminicana* (Kiriakoff)
22342120000	冠舟蛾属	*Lophocosma* Staudinger
22342120005	冠舟蛾	*atriplaga* Staudinger

表 1（续）

代　码	中文名称	拉丁学名
22342120010	冠齿舟蛾	*cuculus* (Staudinger)
22342125000	镂舟蛾属	*Loudonta* Kiriakoff
22342125005	竹镂舟蛾	*dispar* (Kiriakoff)
22342130000	间掌舟蛾属	*Mesophalera* Matsumura
22342130005	间掌舟蛾	*sigmata* (Butler)
22342135000	拟皮舟蛾属	*Micromelalopha* Nagano
22342135005	杨小舟蛾	*haemorrhoidalis* Kiriakoff
22342135010	竹拟皮舟蛾	*insignis* (Leech)
22342140000	新二尾舟蛾属	*Neocerura* Matsumura
22342140005	新二尾舟蛾	*liturata* (Walker)
22342140010	大新二尾舟蛾	*wisei* (Swinhoe)
22342145000	新林舟蛾属	*Neodrymonia* Matsumura
22342145005	朝鲜新林舟蛾	*coreana* Matsumura
22342150000	云舟蛾属	*Neopheosia* Matsumura
22342150005	云舟蛾	*fasciata* (Moore)
22342155000	白边舟蛾属	*Nericoides* Matsumura
22342155005	榆白边舟蛾	*davidi* (Oberthüer)
22342160000	梭舟蛾属	*Netria* Walker
22342160005	梭舟蛾	*viridescens* Walker
22342165000	窄翅舟蛾属	*Niganda* Moore
22342165005	窄翅舟蛾	*strigifascia* Moore
22342170000	篦舟蛾属	*Norraca* Moore
22342170005	浅黄篦舟蛾	*decurrens* (Moore)
22342170010	竹篦舟蛾	*retrofusca* de Joannis
22342175000	娜舟蛾属	*Norracoides* Strand
22342175005	朴娜舟蛾	*basinotata* (Wileman)
22342180000	舟蛾属	*Notodonta* Ochsenheimer
22342180005	桦背齿舟蛾	*dembowskii* Oberthüer
22342180010	烟灰舟蛾	*tritophus uniformis* Oberthüer
22342185000	肖齿舟蛾属	*Odontosina* Hübner
22342185005	中带肖齿舟蛾	*arnodiana* (Kardakoff)
22342185010	愚肖齿舟蛾	*morosa* (Kiriakoff)
22342190000	窗舟蛾属	*Oraura* Kiriakoff
22342190005	竹窗舟蛾	*ordgara* (Schaus)
22342195000	仿白边舟蛾属	*Paranerice* Kiriakoff
22342195005	仿白边舟蛾	*hoenei* Kiriakoff
22342200000	内斑舟蛾属	*Peridea* Stephens
22342200005	卵内斑舟蛾	*moltrechti* (Oberthür)
22342200010	暗内斑舟蛾	*monetaria* Oberthür
22342205000	纡舟蛾属	*Periergos* Kiriakoff
22342205005	皮纡舟蛾	*magna* (Matsumura)
22342210000	掌舟蛾属	*Phalera* Hübner

表 1（续）

代　码	中文名称	拉丁学名
22342210005	栎黄掌舟蛾	*assimilis* (Bremer et Grey)
22342210010	圆黄掌舟蛾	*bucephala* (Linnaesu)
22342210015	苹掌舟蛾	*flavescens* (Bremer et Grey)
22342210020	榆掌舟蛾	*fuscescens* Butler
22342210025	刺槐掌舟蛾	*grolei* Moore
22342210030	刺桐掌舟蛾	*raya* Moore
22342215000	蚕舟蛾属	*Phalerodonta* Staudinger
22342215005	栎蚕舟蛾	*bombycina* (Oberthür)
22342220000	剑舟蛾属	*Pheosia* Hübner
22342220005	杨剑舟蛾	*fusiformis* Natsumura
22342225000	羽舟蛾属	*Pterostoma* Germar
22342225005	灰羽舟蛾	*griseum* (Bremer)
22342225010	红羽舟蛾	*hoenei* Kiriakoff
22342225015	槐羽舟蛾	*sinicum* Moore
22342230000	拟扇舟蛾属	*Pygaera* Ochsenheimer
22342230005	拟扇舟蛾	*timon* (Hübner)
22342235000	胯白舟蛾属	*Quadriclcarifera* Strand
22342235005	青胯白舟蛾	*cyanea* (Leech)
22342235010	白斑胯白舟蛾	*fasciata* (Moore)
22342240000	玫舟蛾属	*Rosama* Walker
22342240005	金纹玫舟蛾	*auritracta* (Moore)
22342240010	锈玫舟蛾	*ornata* (Oberthüer)
22342240015	银角玫舟蛾	*plusioides* Moore
22342245000	半齿舟蛾属	*Semidonta* Staudinger
22342245005	半齿舟蛾	*biloba* (Oberthüer)
22342250000	沙舟蛾属	*Shaka* Matsumura
22342250005	沙舟蛾	*atrovittata* (Bremer)
22342255000	金舟蛾属	*Spatalia* Bryk
22342255005	丽金舟蛾	*dives* Oberthür
22342255010	艳金舟蛾	*doerriesi* Graeser
22342255015	富金舟蛾	*plusiotis* Oberthür
22342260000	蚁舟蛾属	*Stauropus* Germar
22342260005	龙眼蚁舟蛾	*alternus* Walker
22342260010	茅莓蚁舟蛾	*basalis* Moore
22342260015	苹蚁舟蛾	*fagi persimilis* Butler
22342265000	瘦舟蛾属	*Stenadonta* Hampson
22342265005	竹瘦舟蛾	*radialis* Gaede
22342270000	银斑舟蛾属	*Tarsolepis* Butler
22342270005	肖剑心银斑舟蛾	*japonica* Wileman et South
22342270010	剑心银斑舟蛾	*remicauda* Butler
22342270015	台湾银斑舟蛾	*taiwana* Wileman
22342275000	土舟蛾属	*Togepteryx* Matsumura

表 1(续)

代 码	中文名称	拉丁学名
22342275005	土舟蛾	*velutina* (Oberthüer)
22342280000	娓舟蛾属	*Urodonta* Staudinger
22342280005	绿斑娓舟蛾	*viridimixta* (Bremer)
22342285000	美舟蛾属	*Uropyia* Staudinger
22342285005	核桃美舟蛾	*meticulodina* (Oberthüer)
22342290000	威舟蛾属	*Wilemanus* Nagano
22342290005	梨威舟蛾	*bidentatus bidentatus* (Wileman)
22342290010	亚梨威舟蛾	*bidentatus ussuriensis* (Püngeler)
22343000000	鹿蛾科	Ctenuchidae
22343005000	鹿蛾属	*Amata* Fabricius
22343005005	宽带鹿蛾	*dichotoma* Leech
22343005010	蕾鹿蛾	*germana* (Felder)
22343005015	南鹿蛾	*sperbius* Fabricius
22343010000	贝鹿蛾属	*Ceryx* Wallengren
22343010005	伊贝鹿蛾	*imaon* (Cramer)
22344000000	瘤蛾科	Nolidae
22344005000	点瘤蛾属	*Celama* Walker
22344005005	栎点瘤蛾	*confusalis* Herrich-Schäffer
22344005010	稻穗点瘤蛾	*taeniata* Snellen
22344010000	洛瘤蛾属	*Meganola* Dyar
22344010005	紫薇洛瘤蛾	*major* (Hampson)
22344015000	枇杷瘤蛾属	*Melanographia* Hampson
22344015005	枇杷瘤蛾	*flexilineata* (Hampson)
22344020000	苹米瘤蛾属	*Mimerastria* Butler
22344020005	苹米瘤蛾	*mandschuriana* (Oberthüer)
22344025000	瘤蛾属	*Nola* Leech
22344025005	核桃瘤蛾	*distributa* Walker
22344025010	黑斑瘤蛾	*melanota* Hampson
22344030000	洛瘤蛾属	*Roeselia* Hübner
22344030005	褐白洛瘤蛾	*albula* Denis et Schiffermüller
22344030010	烟洛瘤蛾	*fumosa* Butler
22345000000	灯蛾科	Arctiidae
22345005000	缘灯蛾属	*Aloa* Walker
22345005005	红缘灯蛾	*lactinea* Gramer
22345010000	粉灯蛾属	*Alphaea* Walker
22345010005	网斑粉灯蛾	*anopunctata* (Oberthür)
22345010010	褐点粉灯蛾	*phasma* (Leech)
22345015000	大丽灯蛾属	*Aglaomorpha* Kôda
22345015005	大丽灯蛾	*histrio* (Walker)
22345020000	玫灯蛾属	*Amerila* Walker
22345020005	闪光玫灯蛾	*astreus* (Drury)
22345025000	灯蛾属	*Arctia* Schrank

表 1（续）

代码	中文名称	拉丁学名
22345025005	豹灯蛾	*caja* (Linnaeus)
22345030000	散灯蛾属	*Argina* Hübner
22345030005	纹散丽灯蛾	*astrea* (Drury)
22345035000	拟灯蛾属	*Asota* Hübner
22345035005	一点拟灯蛾	*caricae* (Fabricius)
22345035010	楔斑拟灯蛾	*paliura* Swinhoe
22345035015	扭拟灯蛾	*tortuosa* Moore
22345040000	艳苔蛾属	*Asura* Walker
22345040005	条纹艳苔蛾	*strigipennis* (Herrich-Schäffer)
22345045000	孔灯蛾属	*Baroa* Moore
22345045005	淡色孔灯蛾	*vatala* Swinhoe
22345050000	丽灯蛾属	*Callimorpha* Latreille
22345050005	黄腹丽灯蛾	*similis* (Moore)
22345055000	花布丽灯蛾属	*Camptoloma* Felder
22345055005	花布灯蛾	*interiorata* (Walker)
22345060000	雪苔蛾属	*Chionaema* Herrich-Schäffer
22345060005	猩红雪苔蛾	*coccinea* Moore
22345060010	优雪苔蛾	*hamata* Walker
22345060015	明雪苔蛾	*phaedra* Leech
22345065000	白雪灯蛾属	*Chionarctia* Kôda
22345065005	白雪灯蛾	*nivea* (Ménétriés)
22345065010	洁白雪灯蛾	*pura* (Leech)
22345070000	筛灯蛾属	*Coscinia* Hübner
22345070005	筛灯蛾	*cribraria* (Linnaeus)
22345075000	灰灯蛾属	*Creatonotus* Hübner
22345075005	黑条灰灯蛾	*gangis* (Linnaeus)
22345075010	八点灰灯蛾	*transiens* (Walker)
22345080000	排点灯蛾属	*Diacrisia* Hübner
22345080005	排点灯蛾	*sannio* (Linnaeus)
22345085000	微拟灯蛾属	*Digama* Moore
22345085005	杉微拟灯蛾	*abietis* Leech
22345090000	土苔蛾属	*Eilema* Walker
22345090005	端褐土苔蛾	*apicalis* (Walker)
22345090010	四点土苔蛾	*quadra* (Linnaeus)
22345090015	代土苔蛾	*vicaria* (Walker)
22345095000	雅灯蛾属	*Eucharia* Hübner
22345095005	雅灯蛾	*festiva* (Hüfnagel)
22345100000	良苔蛾属	*Eugoa* Walker
22345100005	灰良苔蛾	*grisea* Butler
22345105000	白蛾属	*Hyphantria* Harris
22345105005	美国白蛾	*cunea* Drury
22345110000	榕拟灯蛾属	*Lacides* Walker

表 1（续）

代码	中文名称	拉丁学名
22345110005	榕拟灯蛾	*ficus* (Fabricius)
22345115000	望灯蛾属	*Lemyra* Walker
22345115005	双带望灯蛾	*burmanica* (Rothschild)
22345115010	漆黑望灯蛾	*infernalis* (Butler)
22345115015	斑带望灯蛾	*maculifascia* (Walker)
22345115020	异艳望灯蛾	*proteus* (Joannis)
22345120000	美苔蛾属	*Miltochrista* Hübner
22345120005	异美苔蛾	*aberrans* Butler
22345120010	蛛美苔蛾	*pulchra* Butler
22345120015	优美苔蛾	*striata* Bremer et Grey
22345125000	南灯蛾属	*Nannoarctia* Kôda
22345125005	斜带斑灯蛾	*obliquifascia* (Hampson)
22345130000	闪拟灯蛾属	*Neochera* Hübner
22345130005	铅闪拟灯蛾	*dominia* (Cramer)
22345135000	粉蝶灯蛾属	*Nyctemera* Hübner
22345135005	毛胫蝶灯蛾	*coleta* (Cramer)
22345135010	粉蝶灯蛾	*plagifera* Walker
22345140000	闪苔蛾属	*Paraona* Moore
22345140005	乌闪苔蛾	*staudingeri formosana* Okano
22345145000	车前灯蛾属	*Parasemia* Hübner
22345145005	车前灯蛾	*plantaginis* (Linnaeus)
22345150000	斑灯蛾属	*Pericallia* Hübner
22345150005	斑灯蛾	*matronula* (Linnaeus)
22345155000	篱灯蛾属	*Phragmatobia* Stephens
22345155005	砌石篱灯蛾	*flavia* (Fuessly)
22345155010	亚麻篱灯蛾	*fuliginosa* (Linnaeus)
22345160000	黄灯蛾属	*Rhyparia* Hübner
22345160005	黄灯蛾	*purpurata* (Linnaeus)
22345165000	浑黄灯蛾属	*Rhyparioides* Butler
22345165005	肖浑黄灯蛾	*amurensis* (Bremer)
22345165010	浑黄灯蛾	*nebulosa* Butler
22345165015	红点浑黄灯蛾	*subvarius* (Walker)
22345170000	污灯蛾属	*Spilarctia* Staudinger
22345170005	净污灯蛾	*alba* (Bremer et Grey)
22345170010	黄臀黑污灯蛾	*caesarea* (Goeze)
22345170015	黑须污灯蛾	*casigneta* (Kollar)
22345170020	淡黄污灯蛾	*jankowskii* (Oberthüer)
22345170025	近日污灯蛾	*melli* Daniel
22345170030	尘污灯蛾	*obliqua* (Walker)
22345170035	姬白污灯蛾	*rhodophila* (Walker)
22345170040	连星污灯蛾	*seriatopunctata* (Motschulsky)
22345170045	人纹污灯蛾	*subcarnea* (Walker)

表 1（续）

代　码	中文名称	拉丁学名
22345175000	雪灯蛾属	*Spilosoma* Curtis
22345175005	黄星雪灯蛾	*lubricipedum* (Linnaeus)
22345175010	稀点雪灯蛾	*urticae* (Esper)
22345180000	线灯蛾属	*Spiris* Hübner
22345180005	石楠线灯蛾	*striata* (Linnaeus)
22345185000	痣苔蛾属	*Stigmatophora* Staudinger
22345185005	黄痣苔蛾	*flava* (Bremer et Grey)
22345190000	红棒球灯蛾属	*Tyria* Hübner
22345190005	红棒球灯蛾	*jacobaeae* (Linnaeus)
22345195000	星灯蛾属	*Utetheisa* Hübner
22345195005	拟三色星灯蛾	*lotrix lotrix* (Cramer)
22345195010	美星灯蛾	*pulchelloides* Hampson
22346000000	夜蛾科	Noctuidae
22346005000	阿夜蛾属	*Achaea* Hübner
22346005005	飞杨阿夜蛾	*janata* Linnaeus
22346005010	人心果阿夜蛾	*serva* (Fabricius)
22346010000	绮夜蛾属	*Acontia* Ocshenheimer
22346010005	两色绮夜蛾	*bicolora* Leech
22346015000	剑纹夜蛾属	*Acronicta* Ochsenheimer
22346015005	锐剑纹夜蛾	*aceris* (Linnaeus)
22346015010	桦剑纹夜蛾	*alni* (Linnaeus)
22346015015	华剑纹夜蛾	*auricoma* (Denis et Schiffermüller)
22346015020	白斑剑纹夜蛾	*catocaloida* (Graeser)
22346015025	戟剑纹夜蛾	*euphorbiae* (Denis et Schiffermüller)
22346015030	榆剑纹夜蛾	*hercules* Felder et Rogenhofer
22346015035	桃剑纹夜蛾	*intermedia* Warren
22346015040	剑纹夜蛾	*leporina* (Linnaeus)
22346015045	晃剑纹夜蛾	*leucocuspis* (Butler)
22346015050	桑剑纹夜蛾	*major* (Bremer)
22346015055	首剑纹夜蛾	*megacephala* (Denis et Schiffermüller)
22346015060	小剑纹夜蛾	*omorii* Matsumura
22346015065	赛剑纹夜蛾	*psi* (Linnaeus)
22346015070	尘剑纹夜蛾	*pulverosa* (Hampson)
22346015075	梨剑纹夜蛾	*rumicis* (Linnaeus)
22346015080	果剑纹夜蛾	*strigosa* (Denis et Schiffermüller)
22346015085	三齿剑纹夜蛾	*tridens* (Denis et Schiffermüller)
22346020000	地老虎属	*Agrotis* Ochsenheimer
22346020005	警纹地老虎	*exclamationis* (Linnaeus)
22346020010	黄地老虎	*segetum* (Denis *et* Schiffermüller)
22346020015	大地老虎	*tokionis* Butler
22346020020	小地老虎	*ypsilon* (Rottemberg)
22346025000	研夜蛾属	*Aletia* Hübner

表 1（续）

代　码	中文名称	拉丁学名
22346025005	暗灰研夜蛾	*consanguis* (Guenée)
22346025010	祝研夜蛾	*pryeri* (Leech)
22346030000	扁身夜蛾属	*Amphipyra* Ochsenheimer
22346030005	紫黑扁身夜蛾	*livida* (Denis et Schiffermüller)
22346030010	大红裙扁身夜蛾	*monolitha* Guenée
22346030015	蔷薇扁身夜蛾	*perflua* (Fabricius)
22346030020	果红裙扁身夜蛾	*pyramidea* Linnaeus
22346030025	桦扁身夜蛾	*schrenkii* Ménétriés
22346035000	卫翅夜蛾属	*Amyna* Guenée
22346035005	坑卫翅夜蛾	*octo* (Guenée)
22346040000	葫芦夜蛾属	*Anadevidia* Kostrowicki
22346040005	葫芦夜蛾	*peponis* (Fabricius)
22346045000	组夜蛾属	*Anaplectoides* McDunnough
22346045005	绿祖夜蛾	*prasina* (Denis et Schiffermüller)
22346050000	桥夜蛾属	*Anomis* Hübner
22346050005	小造桥虫	*flava* (Fabricius)
22346050010	超桥夜蛾	*fulvida* Guenée
22346050015	桥夜蛾	*mesogona* (Walker)
22346055000	纽夜蛾属	*Anua* Walker
22346055005	枯安纽夜蛾	*coronata* Fabricius
22346060000	干煞夜蛾属	*Anticarsia* Hübner
22346060005	干煞夜蛾	*irrorata* (Fabricius)
22346065000	秀夜蛾属	*Apamea* Ochsenheimer
22346065005	笋秀夜蛾	*apameoides* (Draudt)
22346065010	齿秀夜蛾	*cuneatoides* Poole
22346065015	连秀夜蛾	*repetita conjuncta* Leech
22346070000	辐射夜蛾属	*Apsarasa* Moore
22346070005	辐射夜蛾	*radians* (Westwood)
22346075000	纹夜蛾属	*Argyrogramma* Hübner
22346075005	银纹夜蛾	*agnata* (Staudinger)
22346075010	白条夜蛾	*albostriata* Bremer et Grey
22346080000	升夜蛾属	*Arsacia* Walker
22346080005	升夜蛾	*rectalis* (Walker)
22346085000	关夜蛾属	*Artena* Walker
22346085005	斜线关夜蛾	*dotata* (Fabricius)
22346090000	大棱夜蛾属	*Arytrura* John
22346090005	大棱夜蛾	*musculus* (Ménétriès)
22346095000	颠夜蛾属	*Attatha* Moore
22346095005	颠夜蛾	*regalis* (Moore)
22346100000	杰夜蛾属	*Auchmis* Hübner
22346100005	暗杰夜蛾	*inextricata* (Moore)
22346105000	朽木夜蛾属	*Axylia* Hübner

表 1（续）

代　码	中文名称	拉丁学名
22346105005	朽木夜蛾	*putris* (Linnaeus)
22346110000	洼夜蛾属	*Balsa* Walker
22346110005	洼斑夜蛾	*malana* (Fitch)
22346115000	碧夜蛾属	*Bena* Billberg
22346115005	碧夜蛾	*prasinana* (Linnaeus)
22346120000	癣皮夜蛾属	*Blenina* Walker
22346120005	枫杨癣皮夜蛾	*quinaria* Moore
22346120010	柿癣皮夜蛾	*senex* (Butler)
22346125000	毛眼夜蛾属	*Blepharita* Hampson
22346125005	焦毛眼夜蛾	*adusta* (Esper)
22346125010	毛眼地老虎	*amica* Treitschke
22346125015	樱毛眼夜蛾	*satura* (Denis et Schiffermüller)
22346130000	卜夜蛾属	*Bomolocha* Hübner
22346130005	豆卜馍夜蛾	*tristalis* (Lederer)
22346135000	柳冬夜蛾属	*Brachylomia* Hampson
22346135005	维柳冬夜蛾	*viminalis* (Fabricius)
22346140000	短栉夜蛾属	*Brevipecten* Hampson
22346140005	胞短栉夜蛾	*consanguis* Leech
22346145000	壶夜蛾属	*Calyptra* Ochsenheimer
22346145005	疖角壶夜蛾	*minuticornis* (Guenée)
22346150000	赭夜蛾属	*Carea* Walker
22346150005	白裙赭夜蛾	*subtilis* Walker
22346150010	赭夜蛾	*varipes* Walker
22346155000	裳夜蛾属	*Catocala* Schrank
22346155005	白肾裳夜蛾	*agitatrix* Graeser
22346155010	柳裳夜蛾	*electa* (Vieweg)
22346155015	迪裳夜蛾	*elocata* (Esper)
22346155020	缟裳夜蛾	*fraxini* (Linnaeus)
22346155025	普裳夜蛾	*hymenaea* (Denis et Schiffermüller)
22346155030	椴裳夜蛾	*lara* Bremer
22346155035	裳夜蛾	*nupta* (Linnaeus)
22346155040	红腹裳夜蛾	*pacta* Linnaeus
22346155045	鸱裳夜蛾	*patala* Felder et Rogenhofer
22346155050	洵裳夜蛾	*puerpera* (Giorna)
22346155055	楼裳夜蛾	*remissa* Staudinger
22346160000	弓夜蛾属	*Cerastis* Oschenheimer
22346160005	茸弓夜蛾	*leucographa* (Denis et Schiffermüller)
22346160010	弓夜蛾	*rubricosa* (Denis et Schiffermüller)
22346160015	庶弓夜蛾	*sobrina* (Boisduval)
22346165000	三角夜蛾属	*Chalciope* Hübner
22346165005	斜带三角夜蛾	*mygdon* (Cramer)
22346170000	饰皮夜蛾属	*Characoma* Walker

表 1（续）

代 码	中文名称	拉丁学名
22346170005	暗影饰皮夜蛾	*ruficirra* Hampson
22346175000	横线尾夜蛾属	*Chlumetia* Walker
22346175010	芒果横线尾夜蛾	*transversa* (Walker)
22346180000	锞纹夜蛾属	*Chrysodeixis* Hübner
22346180005	银辉夜蛾	*chalcytes* (Esper)
22346185000	纯夜蛾属	*Chrysopera* Hampson
22346185005	纯夜蛾	*combinans* (Walker)
22346190000	客来夜蛾属	*Chrysorithrum* Butler
22346190005	客来夜蛾	*amata* (Bremer et Grey)
22346190010	筱客来夜蛾	*flavomaculata* (Bremer)
22346195000	红衣夜蛾属	*Clethrophora* Hampson
22346195005	红衣夜蛾	*distincta* (Leech)
22346200000	残夜蛾属	*Colobochyla* Hübner
22346200005	柳残夜蛾	*salicalis* Schiffermüller
22346205000	标夜蛾属	*Colocasia* Ochsenheimer
22346205005	鼠色标夜蛾	*mus* (Oberthür)
22346210000	峦冬夜蛾属	*Conistra* Hübner
22346210005	红棕峦冬夜蛾	*ligula* (Esper)
22346215000	孔夜蛾属	*Corgatha* Walker
22346215005	柑桔孔夜蛾	*dictaria* (Walker)
22346220000	兜夜蛾属	*Cosmia* Ochsenheimer
22346220005	联兜夜蛾	*affinis* (Linnaeus)
22346220010	果兜夜蛾	*pyralina* (Denis et Schiffermüller)
22346225000	首夜蛾属	*Craniophora* Snellen
22346225005	女贞首夜蛾	*ligustri* (Denis et Schiffermüller)
22346230000	冬夜蛾属	*Cucullia* Schrank
22346230005	银装冬夜蛾	*splendida* (Stoll)
22346235000	眸夜蛾属	*Cyclodes* Guenée
22346235005	眸夜蛾	*omma* (Hoeven)
22346240000	斑蕊夜蛾属	*Cymatophoropsis* Hampson
22346240005	三斑蕊夜蛾	*trimaculata* (Bremer)
22346245000	歹夜蛾属	*Diarsia* Hübner
22346245005	棕色歹夜蛾	*brunnea* (Denis et Schiffermüller)
22346245010	歹夜蛾指名亚种	*dahlii dahlii* (Hübner)
22346245015	斑歹夜蛾	*mendica* (Fabricius)
22346250000	尺夜蛾属	*Dierna* Walker
22346250005	斜尺夜蛾	*strigata* (Moore)
22346255000	双衲夜蛾属	*Dinumma* Walker
22346255005	曲带双衲夜蛾	*deponens* Walker
22346260000	青夜蛾属	*Diphtherocome* Warren
22346260005	饰翠夜蛾	*pallida* (Moore)
22346265000	妃夜蛾属	*Drasteria* Hübner

表 1（续）

代码	中文名称	拉丁学名
22346265005	躬妃夜蛾	*flexuosa* (Ménétriés)
22346270000	卓夜蛾属	*Dryobotodes* Warren
22346270005	纯毛冬夜蛾	*monochroma* (Esper)
22346275000	迪夜蛾属	*Dyrzela* Walker
22346275005	斑线夜蛾	*plagiata* Walker
22346280000	巾夜蛾属	*Dysgonia* Hübner
22346280005	月牙巾夜蛾	*analis* (Guenée)
22346280010	玫瑰巾夜蛾	*arctotaenia* (Guenée)
22346280015	宽巾夜蛾	*fulvotaenia* (Guenée)
22346280020	隐巾夜蛾	*joviana* (Stoll)
22346280025	霉巾夜蛾	*maturata* (Walker)
22346280030	小折巾夜蛾	*obscura* (Bremer et Grey)
22346280035	柚巾夜蛾	*palumba* (Guenée)
22346280040	石榴巾夜蛾	*stuposa* (Fabricius)
22346285000	钻夜蛾属	*Earias* Hübner
22346285005	白缘钻夜蛾	*clorana* (Linnaeus)
22346285010	鼎点金刚钻	*cupreoviridis* (Walker)
22346285015	翠纹金刚钻	*fabia* (Stoll)
22346285020	粉绿金刚钻	*pudicana* Staudinger
22346285025	一点金刚钻	*pudicana pupillana* Staudinger
22346285030	玫斑金刚钻	*roseifera* Butler
22346290000	旋夜蛾属	*Eligma* Hübner
22346290005	臭椿皮夜蛾	*narcissus* (Cramer)
22346295000	清夜蛾属	*Enargia* Hübner
22346295005	清夜蛾	*paleacea* (Esper)
22346300000	光裳夜蛾属	*Ephesia* Hübner
22346300005	鸽光裳夜蛾	*columbina* (Leech)
22346300010	栎光裳夜蛾	*dissimilis* (Bremer)
22346300015	意光裳夜蛾	*ella* (Butler)
22346300020	光裳夜蛾	*fulminea* Scopoli
22346300025	白光裳夜蛾	*nivea* (Butler)
22346300030	前光裳夜蛾	*praegnax* Walker
22346300035	柞光裳夜蛾	*streckeri* Staudinger
22346305000	篦夜蛾属	*Episparis* Walker
22346305005	涟篦夜蛾	*tortuosalis* Moore
22346310000	魔目夜蛾属	*Erebus* Latriella
22346310005	玉边魔目夜蛾	*albicinctus* Kollar
22346310010	魔目夜蛾	*crepuscularis* (Linnaeus)
22346315000	南夜蛾属	*Ericeia* Walker
22346315005	南夜蛾	*inangulata* (Guenée)
22346320000	猎夜蛾属	*Eublemma* Hübner
22346320005	紫胶猎夜蛾	*amabilis* Ashmead

表 1（续）

代码	中文名称	拉丁学名
22346325000	艳叶夜蛾属	*Eudocima* Billberg
22346325005	艳叶夜蛾	*salaminia* (Gramer)
22346325010	枯叶夜蛾	*tyrannus* (Guenée)
22346330000	图夜蛾属	*Eugraphe* Hübner
22346330005	化图夜蛾	*subrosea* (Stephens)
22346335000	锦夜蛾属	*Euplexia* Stephens
22346335005	锦夜蛾	*lucipara* (Linnaeus)
22346340000	犹冬夜蛾属	*Eupsilia* Hübner
22346340005	槲犹冬夜蛾	*transversa* (Hüfnagel)
22346345000	东风夜蛾属	*Eurois* Hübner
22346345005	东风夜蛾	*occulta* (Linnaeus)
22346350000	尾夜蛾属	*Eutelia* Hübner
22346350005	漆尾夜蛾	*geyeri* (Felder et Rogenhofer)
22346350010	枫香尾夜蛾	*geyeri cantonensis* Chu et Chen
22346350015	三明尾夜蛾	*tripartita* Semper
22346355000	切夜蛾属	*Euxoa* Hübner
22346355005	紫切根虫	*clerica* (Butler)
22346355010	显纹地老虎	*conspicua* (Hübner)
22346355015	白边切夜蛾	*oberthuri* Leech
22346360000	砌石夜蛾属	*Gabala* Walker
22346360005	银斑砌石夜蛾	*argentata* Butler
22346365000	象夜蛾属	*Grammodes* Guenée
22346365005	中带三角夜蛾	*geometrica* (Fabricius)
22346365010	曲线三角夜蛾	*stolida* (Fabricius)
22346370000	割夜蛾属	*Graphiphora* Ochsenheimer
22346370005	割夜蛾	*augur* (Fabricius)
22346375000	铃夜蛾属	*Helicoverpa* Hardwick
22346375005	烟实夜蛾	*assulta* (Guenée)
22346380000	网夜蛾属	*Heliophobus* Boisduval
22346380005	网夜蛾	*reticulata* (Goeze)
22346385000	实夜蛾属	*Heliothis* Oschsenheimer
22346385005	苜蓿夜蛾	*viriplace* (Hüfnagel)
22346390000	长须夜蛾属	*Herminia* Latreille
22346390005	枥长须夜蛾	*nemoralis* (Fabricius)
22346390010	灰长须夜蛾	*tarsicrinalis* (Knoch)
22346395000	狭翅夜蛾属	*Hermonassa* Walker
22346395005	茶色狭翅夜蛾	*cecilia* Butler
22346400000	木夜蛾属	*Hulodes* Guenée
22346400005	木夜蛾	*caranea* (Cramer)
22346405000	碧夜蛾属	*Hylophilina* Warren
22346405005	两色碧夜蛾	*bicolorana* (Fuessly)
22346410000	髯须夜蛾属	*Hypena* Schrank

表 1（续）

代码	中文名称	拉丁学名
22346410005	笋髯须夜蛾	*claripennis* Butler
22346410010	两色夜蛾	*trigonalis* (Guenée)
22346415000	鹰夜蛾属	*Hypocala* Guenée
22346415005	柿梢鹰夜蛾	*moorei* Butler
22346415010	苹梢鹰夜蛾	*subsatura* Guenée
22346420000	变色夜蛾属	*Hypopyra* Guenée
22346420005	变色夜蛾	*vespertilio* (Fabricius)
22346425000	沟翅夜蛾属	*Hypospila* Guenée
22346425005	标沟翅夜蛾	*bolinoides* Guenée
22346430000	回夜蛾属	*Hyppa* Duponchel
22346430005	回夜蛾	*rectilinea* (Esper)
22346435000	逸色夜蛾属	*Ipimorpha* Hübner
22346435005	逸色夜蛾	*retusa* (Linnaeus)
22346435010	杨逸色夜蛾	*subtusa* (Denis et Schiffermüller)
22346440000	癞皮夜蛾属	*Iscadia* Walker
22346440005	乌桕癞皮夜蛾	*inexacta* (Walker)
22346445000	蓝条夜蛾属	*Ischyja* Hübner
22346445005	蓝条夜蛾	*manlia* (Cramer)
22346450000	基夜蛾属	*Kumasia* Sugi
22346450005	淡竹笋夜蛾	*kumaso* (Sugi)
22346455000	安夜蛾属	*Lacanobia* Billberg
22346455005	桦灰夜蛾	*contigua* (Denis et Schiffermüller)
22346455010	白线灰夜蛾	*pisi* (Linnaeus)
22346455015	海灰夜蛾	*thalassina* (Hüfnagel)
22346455020	锯灰夜蛾	*w-latinum* (Hüfnagel)
22346460000	美皮夜蛾属	*Lamprothripa* Hampson
22346460005	苹美皮夜蛾	*lactaria* (Graeser)
22346465000	僧夜蛾属	*Leiometopon* Staudinger
22346465005	白刺夜蛾	*simyrides* Staudinger
22346470000	粘夜蛾属	*Leucania* Ochsenheimer
22346470005	白脉粘夜蛾	*compta* Moore
22346470010	白点粘夜蛾	*loreyi* (Duponchel)
22346475000	俚夜蛾属	*Lithacodia* Hübner
22346475005	竹俚夜蛾	*idiostygia* Sugi
22346475010	竹污俚夜蛾	*squalida* (Leech)
22346475015	阴俚夜蛾	*stygia* (Butler)
22346480000	珂冬夜蛾属	*Lithomoia* Hübner
22346480005	珂冬夜蛾	*solidaginis* (Hübner)
22346485000	石冬夜蛾属	*Lithophane* Hübner
22346485005	暗石冬夜蛾	*consocia* (Borkhausen)
22346490000	蝠夜蛾属	*Lophoruza* Hampson
22346490005	美蝠夜蛾	*pulcherrima* (Butler)

表 1（续）

代　码	中文名称	拉丁学名
22346495000	烈夜蛾属	*Lycophotia* Hübner
22346495005	烈夜蛾	*porphyrea* (Denis et Schiffermüller)
22346500000	锭夜蛾属	*Macdunnoughia* Kostrowiki
22346500005	银锭夜蛾	*crassisigna* (Warren)
22346505000	甘蓝夜蛾属	*Mamestra* Oschsenheimer
22346505005	甘蓝夜蛾	*brassicae* (Linnaeus)
22346510000	摩夜蛾属	*Maurilia* Möschler
22346510005	栗摩夜蛾	*iconica* (Walker)
22346515000	乌夜蛾属	*Melanchra* Hübner
22346515005	乌夜蛾	*persicariae* (Linnaeus)
22346520000	蚪目夜蛾属	*Metopta* Swinhoe
22346520005	蚪目夜蛾	*rectifasciata* (Ménétriès)
22346525000	毛胫夜蛾属	*Mocis* Hübner
22346525005	毛胫夜蛾	*undata* (Fabricius)
22346530000	缤夜蛾属	*Moma* Hübner
22346530005	缤夜蛾	*alpium* (Osbeck)
22346530010	黄颈缤夜蛾	*fulvicollis* (Lattin)
22346535000	刺裳夜蛾属	*Mormonia* Hübner
22346535005	晦刺裳夜蛾	*abamita* (Bremer et Grey)
22346535010	苹刺裳夜蛾	*bella* (Butler)
22346535015	栎刺裳夜蛾	*dula* (Bremer)
22346535020	甘草刺裳夜蛾	*neonympha* Esper
22346540000	秘夜蛾属	*Mythimna* Ochsenheimer
22346540005	秘夜蛾	*turca* (Linnaeus)
22346545000	孔雀夜蛾属	*Nacna* Fletcher
22346545005	绿孔雀夜蛾	*malachitis* (Oberthüer)
22346550000	宽翅夜蛾属	*Naenia* Stephens
22346550005	褐宽翅夜蛾	*contaminata* (Walker)
22346555000	皮夜蛾属	*Nycteola* Hübner
22346555005	亚皮夜蛾	*asiatica* (Krulikovsky)
22346555010	典皮夜蛾	*revayana* (Scopoli)
22346560000	狼夜蛾属	*Ochropleura* Hübner
22346560005	狼夜蛾	*plecta* (Linnaeus)
22346560010	翠色狼夜蛾	*praecox* (Linnaeus)
22346565000	禾夜蛾属	*Oligia* Hübner
22346565005	落叶夜蛾	*fullonica* Linnaeus
22346565010	竹笋禾夜蛾	*vulgaris* (Butler)
22346565015	曲线禾夜蛾	*vulnerata* (Butler)
22346570000	安纽夜蛾属	*Ophiusa* Ochsenheimer
22346570005	同安纽夜蛾	*disjungens* (Walker)
22346570010	青安纽夜蛾	*tirhaca* (Cramer)
22346570015	直安纽夜蛾	*trapezium* (Guenée)

表 1（续）

代　码	中文名称	拉丁学名
22346570020	桔安纽夜蛾	*triphaenoides* (Walker)
22346575000	咀壶夜蛾属	*Oraesia* Guenée
22346575005	咀壶夜蛾	*emarginata* (Fabricius)
22346575010	乌咀壶夜蛾	*excavata* (Butler)
22346575015	平咀壶夜蛾	*lata* (Butler)
22346580000	梦尼夜蛾属	*Orthosia* Ochsenheimer
22346580005	刻梦尼夜蛾	*cruda* (Denis et Schiffermüller)
22346580010	歌梦尼夜蛾	*gothica* (Linnaeus)
22346580015	单梦尼夜蛾	*gracilis* (Denis et Schiffermüller)
22346580020	梦尼夜蛾	*incerta* (Hübner)
22346580025	黄灰梦尼夜蛾	*munda* Denis et Schiffermüller
22346580030	丰梦尼夜蛾	*opima* (Hübner)
22346580035	杜仲梦尼夜蛾	*songi* Chen et Zhang
22346585000	佩夜蛾属	*Oxyodes* Guenée
22346585005	佩夜蛾	*scrobiculata* (Fabricius)
22346590000	蚀夜蛾属	*Oxytrypia* Staudinger
22346590005	蚀夜蛾	*orbiculosa* (Esper)
22346595000	眉夜蛾属	*Pangrapta* Hübner
22346595005	苹眉夜蛾	*obscurata* (Butler)
22346595010	点眉夜蛾	*vasava* (Butler)
22346600000	小眼夜蛾属	*Panolis* Hübner
22346600005	小眼夜蛾	*flammea* (Denis et Schiffermüller)
22346605000	盼夜蛾属	*Panthea* Hübner
22346605005	盼夜蛾	*coenobita* (Esper)
22346610000	巾夜蛾属	*Parallelia* Hübner
22346610005	污巾夜蛾	*curvata* Leech
22346615000	重尾夜蛾属	*Penicillaria* Guenée
22346615005	芒果重尾夜蛾	*jocosatrix* Guenée
22346620000	同纹夜蛾属	*Pericyma* Herrich-Schäffer
22346620005	凤凰木夜蛾	*cruegeri* (Butler)
22346625000	闩夜蛾属	*Perinaenia* Butler
22346625005	闩夜蛾	*accipiter* (Felder et Rogenhofer)
22346630000	宽夜蛾属	*Platyja* Hübner
22346630005	宽夜蛾	*umminea* (Cramer)
22346635000	弧翅夜蛾属	*Plusia* Ochsenheimer
22346635005	紫金翅夜蛾	*chyson* Esper
22346635010	南方银纹夜蛾	*eriosoma* Doubleday
22346640000	金夜蛾属	*Plusidia* Butler
22346640005	闪金夜蛾	*cheiranthi* Tauscher
22346645000	肖金夜蛾属	*Plusiodonta* Guenée
22346645005	暗肖金夜蛾	*coelonota* (Kollar)
22346650000	灰夜蛾属	*Polia* Ochsenheimer

表 1（续）

代码	中文名称	拉丁学名
22346650005	鹏灰夜蛾	*goliath* (Oberthüer)
22346650010	红棕灰夜蛾	*illoba* (Bulter)
22346650015	灰夜蛾	*nebulosa* (Hüfndgel)
22346655000	裙剑夜蛾属	*Polyphaenis* Boisduval
22346655005	霉裙剑夜蛾	*oberthuri* Staudinger
22346660000	宽胫夜蛾属	*Protoschinia* Hardwick
22346660005	宽胫夜蛾	*scutosa* (Denis et Schiffermüller)
22346665000	拟粘夜蛾属	*Pseudaletia* Franclemont
22346665005	粘虫	*separata* (Walker)
22346670000	伪小眼夜蛾属	*Pseudopanolis* Inaba
22346670005	伪小眼夜蛾	*flavomacula takao* (Leech)
22346670010	甘伪小眼夜蛾	*kansuensis* Chen
22346675000	饰夜蛾属	*Pseudoips* Hübner
22346675005	碧夜蛾	*fagana* (Fabricius)
22346675010	淑碧夜蛾	*sylpha* (Butler)
22346680000	焰夜蛾属	*Pyrrhia* Hübner
22346680005	核桃兜夜蛾	*bifasciata* (Staudinger)
22346685000	毛跗夜蛾属	*Remigia* Geunée
22346685005	毛跗夜蛾	*frugalis* (Fabricius)
22346690000	涓夜蛾属	*Rivula* Geunée
22346690005	竹叶涓夜蛾	*biatomea* Moore
22346695000	棘翅夜蛾属	*Scoliopteryx* Germar
22346695005	棘翅夜蛾	*libatrix* (Linnaeus)
22346700000	细皮夜蛾属	*Selepa* Moore
22346700005	细皮夜蛾	*celtis* Moore
22346705000	斑翅夜蛾属	*Serrodes* Guenée
22346705005	铃斑翅夜蛾	*campana* Guenée
22346710000	扇夜蛾属	*Sineugraphe* Boursin
22346710005	扇夜蛾	*disgnosta* (Boursin)
22346715000	豹夜蛾属	*Sinna* Walker
22346715005	核桃豹夜蛾	*extrema* (Walker)
22346720000	矛夜蛾属	*Spaelotis* Boisduval
22346720005	矛夜蛾	*ravida* (Denis et Schiffermüller)
22346725000	旋目夜蛾属	*Speiredonia* Hübner
22346725005	晦旋目夜蛾	*martha* (Butler)
22346730000	明夜蛾属	*Sphragifera* Staudinger
22346730005	丹日明夜蛾	*sigillata* (Ménétriés)
22346735000	环夜蛾属	*Spirama* Guenée
22346735005	旋目夜蛾	*retorta* (Clerck)
22346740000	灰翅夜蛾属	*Spodoptera* Guenée
22346740005	贪夜蛾	*exigua* (Hübner)
22346740010	斜纹夜蛾	*litura* (Fabricius)

表 1（续）

代　码	中文名称	拉丁学名
22346740015	灰翅夜蛾	*mauritia* (Boisduval)
22346740020	合夜蛾	*rufibasis* Guenée
22346745000	闪夜蛾属	*Sypna* Guenée
22346745005	白点闪夜蛾	*astrigera* Butler
22346745010	粉点闪夜蛾	*punctosa* (Walker)
22346750000	析夜蛾属	*Sypnoides* Hampson
22346750005	涂析夜蛾	*picta* (Butler)
22346755000	纶夜蛾属	*Teratoglaea* Sugi
22346755005	曲翼冬夜蛾	*pacifica* Sugi
22346760000	掌夜蛾属	*Tinolius* Walker
22346760005	亭夜蛾	*eburneigutta* Walker
22346765000	表夜蛾属	*Tiracola* Moore
22346765005	掌夜蛾	*plagiata* (Walker)
22346770000	翼夜蛾属	*Trachea* Ochsenheimer
22346770005	白戟铜翅夜蛾	*atriplicis* (Linnaeus)
22346775000	分夜蛾属	*Trichosea* Grote
22346775005	镶夜蛾	*champa* (Moore)
22346780000	角翅夜蛾属	*Trisuloides* Butler
22346780005	暗后夜蛾	*caliginea* Butler
22346785000	肖毛翅夜蛾属	*Thyas* Hübner
22346785005	庸肖毛翅夜蛾	*juno* (Dalman)
22346790000	冬夜蛾属	*Valeria* Steohens
22346790005	碧鹰冬夜蛾	*tricristata* Draudt
22346790010	绿鹰冬夜蛾	*viridimacula* Hampson
22346795000	俊夜蛾属	*Westermannia* Hübner
22346795005	俊夜蛾	*superba* Hübner
22346800000	美冬夜蛾属	*Xanthia* Oschsenheimer
22346800005	柳美冬夜蛾	*fulvago* (Clerck)
22346800010	白点美冬夜蛾	*ocellaris* (Borkhausen)
22346800015	黄紫美冬夜蛾	*togata* (Esper)
22346805000	黄夜蛾属	*Xanthodes* Guenée
22346805005	黄夜蛾	*albago* Fabricius
22346805010	焦条黄夜蛾	*graellsii* (Feisthamel)
22346805015	炫黄夜蛾	*polyodon* (Clerck)
22346805020	犁纹黄夜蛾	*transversa* Guenée
22346810000	鲁夜蛾属	*Xestia* Hübner
22346810005	亚鲁夜蛾	*ashworthii* (Doubleday)
22346810010	鲁夜蛾	*baja* (Denis et Schiffermüller)
22346810015	八字地老虎	*c-nigrum* (Linnaeus)
22346810020	兀鲁夜蛾	*ditrapezium orientalis* (Denis et Schiffermüller)
22346810025	褐纹鲁夜蛾	*fuscostigma* (Bremer)
22346810030	大三角鲁夜蛾	*kollari* (Lederer)

表 1（续）

代码	中文名称	拉丁学名
22346810035	消鲁夜蛾	*tabida* (Butler)
22346810040	三角鲁夜蛾	*triangulum* (Hufnagel)
22346810045	褐脉鲁夜蛾	*umbrosa* (Hübner)
22346810050	淡纹鲁夜蛾	*Xanthographa* (Denis et Schiffermüller)
22346815000	木冬夜蛾属	*Xylena* Ochsenheimer
22346815005	木冬夜蛾	*exoleta* (Linnaeus)
22346815010	丽木冬夜蛾	*formosa* (Butler)
22346820000	镰须夜蛾属	*Zanclognatha* Lederer
22346820005	杉镰须夜蛾	*griselda* (Butler)
22347000000	虎蛾科	Agaristidae
22347005000	彩虎蛾属	*Episteme* Hübner
22347005005	鹿彩虎蛾	*adulatrix* Kollar
22347005010	合彩虎蛾	*arctopsa* Chou et Chen
22347005015	选彩虎蛾	*lectrix* (Linnaeus)
22347010000	修虎蛾属	*Seudyra* Stretch
22347010005	葡萄修虎蛾	*subflava* Moore
22347010010	修虎蛾	*transiens* (Walker)
22347010015	艳修虎蛾	*venusta* Leech
22348000000	毒蛾科	Lymantriidae
22348005000	白毒蛾属	*Arctornis* Germar
22348005005	茶白毒蛾	*alba*(*Bremer*)
22348005010	绢白毒蛾	*gelasphora* Collenette
22348005015	白毒蛾	*l-nigrum* (Müller)
22348005020	莹白毒蛾	*xanthochila* Collenette
22348010000	色毒蛾属	*Aroa* Walker
22348010005	蔗色毒蛾	*ochripicta* Moore
22348010010	珀色毒蛾	*substrigosa* Walker
22348015000	丽毒蛾属	*Calliteara* Butler
22348015005	杉丽毒蛾	*abietis* (Schiffermüller et Denis)
22348015010	点丽毒蛾	*angulata* Hampson
22348015015	松丽毒蛾	*axutha* Collenette
22348015020	连丽毒蛾	*conjuncta* (Wileman)
22348015025	线丽毒蛾	*grotei* (Moore)
22348015030	结丽毒蛾	*lunulata* (Butler)
22348015035	雀丽毒蛾	*melli* (Collenette)
22348015040	拟杉丽毒蛾	*pseudabietis* (Butler)
22348015045	丽毒蛾	*pudibunda* (Linnaeus)
22348015050	瑞丽毒蛾	*strigata* (Moore)
22348015055	刻丽毒蛾	*taiwan* (Wileman)
22348015060	大丽毒蛾	*thwaitesi* Moore
22348020000	肾毒蛾属	*Cifuna* Walker
22348020005	肾毒蛾	*locuples* Walker

表 1（续）

代　码	中文名称	拉丁学名
22348025000	点翅蛾属	*Cispia* Walker
22348025005	月纹点翅毒蛾	*lunata* Chao
22348025010	镶带点翅毒蛾	*punctifascia* Walker
22348030000	茸毒蛾属	*Dasychira* Hübner
22348030005	茶茸毒蛾	*baibarana* Matsumura
22348030010	铅茸毒蛾	*chekiangensis* Collenette
22348030015	霜茸毒蛾	*fascelina* (Linnaeus)
22348030020	蔚茸毒蛾	*glaucinoptera batangensis* (Callenett)
22348030025	白齿茸毒蛾	*olga* (Oberthür)
22348030030	钩茸毒蛾	*pennatula* (Fabricius)
22348035000	黄毒蛾属	*Euproctis* Hübner
22348035005	脉黄毒蛾	*albovenosa* (Semper)
22348035010	叉带黄毒蛾	*angulata* Matsumura
22348035015	皎星黄毒蛾	*bimaculata* Walker
22348035020	乌桕黄毒蛾	*bipunctapex* (Hampson)
22348035025	黄毒蛾	*chrysorrhoea* (Linnaeus)
22348035030	蓖麻黄毒蛾	*cryptosticta* Collenette
22348035035	曲带黄毒蛾	*curvata* Wileman
22348035040	弧星黄毒蛾	*decussata* (Moore)
22348035045	半带黄毒蛾	*digramma* (Guèrin)
22348035050	双弓黄毒蛾	*diploxutha* Collenette
22348035055	弥黄毒蛾	*dispersa* (Moore)
22348035060	折带黄毒蛾	*flava* (Bremer)
22348035065	星黄毒蛾	*flavinata* (Walker)
22348035070	缘点黄毒蛾	*fraterna* (Moore)
22348035075	污黄毒蛾	*hunanensis* Collenette
22348035080	缀黄毒蛾	*karghalica* Moore
22348035085	油桐黄毒蛾	*latifascia* Walker
22348035090	红尾黄毒蛾	*lunata* Walker
22348035095	梯带黄毒蛾	*montis* (Leech)
22348035100	云星黄毒蛾	*niphonis* (Butler)
22348035105	锈黄毒蛾	*plagiata* (Walker)
22348035110	漫星黄毒蛾	*plana* Walker
22348035115	茶黄毒蛾	*pseudoconspersa* Strand
22348035120	小黄毒蛾	*pterofera* Strand
22348035125	河星黄毒蛾	*staudingeri* (Leech)
22348035130	肘带黄毒蛾	*straminea* Leech
22348035135	幻带黄毒蛾	*varians* (Walker)
22348035140	云南松黄毒蛾	*yunnanpina* Chao
22348040000	棕毒蛾属	*Glema* Moore
22348040005	苔肾毒蛾	*eurydice* (Butler)
22348040010	白线肾毒蛾	*jankowskii* (Oberthhür)

表 1（续）

代　码	中文名称	拉丁学名
22348045000	黄足毒蛾属	*Ivela* Swinhoe
22348045005	黄足毒蛾	*auripes* (Butler)
22348045010	峨山黄足毒蛾	*eshanensis* Chao
22348045015	榆黄足毒蛾	*ochropoda* (Eversmann)
22348050000	素毒蛾属	*Laelia* Stephens
22348050005	素毒蛾	*coenosa* (Hübner)
22348050010	脂素毒蛾	*gigantea* Bulter
22348050015	瑕素毒蛾	*monoscola* Collenette
22348055000	毒蛾属	*Lymantria* Hübner
22348055005	肘纹毒蛾	*bantaizana* Matsumura
22348055010	舞毒蛾	*dispar* (Linnaeus)
22348055015	条毒蛾	*dissoluta* Swinhoe
22348055020	烟毒蛾	*fumida* Butler
22348055025	赤腹舞毒蛾	*fumida sinica* (Moore)
22348055030	榄仁树毒蛾	*incerta* Walker
22348055035	芒果毒蛾	*marginata* Walker
22348055040	栎毒蛾	*mathura* Moore
22348055045	扇纹毒蛾	*minomonis* Matsumura
22348055050	模毒蛾	*monacha* (Linnaeus)
22348055055	枫毒蛾	*nebulosa* Wileman
22348055060	白尾毒蛾	*orestera* Collenette
22348055065	虹毒蛾	*serva* Fabricius
22348055070	油杉毒蛾	*servula* Collenette
22348055075	珊毒蛾	*viola* Swinhoe
22348055080	木麻黄毒蛾	*xylina* Swinhoe
22348060000	斜带毒蛾属	*Numenes* Walker
22348060005	白斜带毒蛾	*albofascia* (Leech)
22348060010	黄斜带毒蛾	*disparilis* Staudinger
22348065000	古毒蛾属	*Orgyia* Ochsenheimer
22348065005	古毒蛾	*antiqua* (Linnaeus)
22348065010	黄古毒蛾	*dubia* (Tauscher)
22348065015	棉古毒蛾	*postica* (Walker)
22348065020	旋古毒蛾	*thyellina* Butler
22348070000	竹毒蛾属	*Pantana* Walker
22348070005	宝兴竹毒蛾	*nigrolimbata* Leech
22348070010	刚竹毒蛾	*phyllostachysae* Chao
22348070015	暗竹毒蛾	*pluto* (Leech)
22348070020	淡竹毒蛾	*simplex* Leech
22348070025	华竹毒蛾	*sinica* Moore
22348070030	竹毒蛾	*visum* (Hübner)
22348075000	柏毒蛾属	*Parocneria* Dyar
22348075005	侧柏毒蛾	*furva* (Leech)

表 1（续）

代　码	中文名称	拉丁学名
22348075010	蜀柏毒蛾	*orienta* Chao
22348075015	燕柏毒蛾	*terebinthi* (Freyer)
22348080000	透翅毒蛾属	*Perina* Walker
22348080005	榕透翅毒蛾	*nuda* (Fabricius)
22348085000	羽毒蛾属	*Pida* Walker
22348085005	黄羽毒蛾	*strigienenis* (Moore)
22348090000	盗毒蛾属	*Porthesia* Stephens
22348090005	黑褐盗毒蛾	*atereta* Collenette
22348090010	戟盗毒蛾	*kurosawai* Inoue
22348090015	双线盗毒蛾	*scintillans* (Walker)
22348090020	盗毒蛾	*similis* (Fueszly)
22348090025	桑盗毒蛾	*similis xanthocampa* Dyar
22348090030	黑柿盗毒蛾	*virguncula* (Walker)
22348090035	暗缘盗毒蛾	*xnthorrhoea* (Kollar)
22348095000	点足毒蛾属	*Redoa* Walker
22348095005	鹅点足毒蛾	*anser* Collenette
22348095010	直角点足毒蛾	*anserella* Collenette
22348095015	簪黄点足毒蛾	*crocophala* Collenette
22348095020	白点足毒蛾	*cygnopsis* Collenette
22348095025	茶点足毒蛾	*phaeocraspeda* Collenette
22348100000	雪毒蛾属	*Stilpnotia* Westwood et Humphreys
22348100005	杨雪毒蛾	*candida* Staudinger
22348100010	带跗雪毒蛾	*chrysoscela* Collenette
22348100015	黑跗雪毒蛾	*melanoscela* Collenette
22348100020	雪毒蛾	*salicis* (Linnaeus)
22348100025	染雪毒蛾	*sartus* (Erschŏ)
22348105000	台毒蛾属	*Teia* Walker
22348105005	灰斑古毒蛾	*ericae* (Germar)
22348105010	角斑古毒蛾	*gonostigma* (Linnaeus)
22348105015	平纹古毒蛾	*parallela* (Gaede)
22348110000	明毒蛾属	*Topomesoides* Strand
22348110005	明毒蛾	*jonasi* (Butler)
22349000000	锚纹蛾科	Callidulidae
22349005000	隐锚纹蛾属	*Cleis* Butler
22349005005	隐锚纹蛾	*fasciata* Butler
22349010000	锚纹蛾属	*Pterodecta* Butler
22349010005	锚纹蛾	*felderi* Bremer
22350000000	缨翅蛾科	Pterothysanidae
22350005000	缨翅蛾属	*Pterothysanus* Walker
22350005005	缨翅蛾	*lacticilia lanaris* Butler
22351000000	绢蝶科	Parnassiidae
22351005000	绢蝶属	*Parnassius* Latreille

表 1（续）

代 码	中 文 名 称	拉 丁 学 名
22351005005	红珠绢蝶	*bremeri graeseri* Bremer
22351005010	白绢蝶	*glacialis* Butler
22352000000	喙蝶科	Libytheidae
22352005000	喙蝶属	*Libythea* Fabricius
22352005005	朴喙蝶	*celtis chinensis* Godart
22353000000	灰蝶科	Lycaenidae
22353005000	绿灰蝶属	*Artipe* Boisduval
22353005005	绿灰蝶	*eryx* (Linnaeus)
22353010000	琉璃灰蝶属	*Celastrina* Tutt
22353010005	琉璃灰蝶	*argiolus* Linnaeus
22353015000	金灰蝶属	*Chrysozephyrus* Shirôzu et Yamamoto
22353015005	金灰蝶	*smaragdinus* (Bremer)
22353020000	珂灰蝶属	*Cordelia* Shirôzu et Yamamoto
22353020005	密妮珂灰蝶	*minerva* (Leech)
22353025000	银灰蝶属	*Curetis* Hübner
22353025005	裹金小灰蝶	*acuta* Moore
22353030000	玳灰蝶属	*Deudorix* Hewitson
22353030005	玳灰蝶	*epijarbas* (Mooer)
22353035000	蓝灰蝶属	*Everes* Hübner
22353035005	蓝灰蝶	*argiades* (Pallas)
22353035010	长尾蓝灰蝶	*lacturnus* (Godart)
22353040000	艳灰蝶属	*Favonius* Sibatani et Ito
22353040005	亲艳灰蝶	*cognatus* (Staudinger)
22353040010	艳灰蝶	*orientalis* (Murray)
22353045000	甜灰蝶属	*Glaucopsyche* Scudder
22353045005	黎甜灰蝶	*lycormas* (Bulter)
22353050000	黄灰蝶属	*Japonica* Tutt
22353050005	黄灰蝶	*lutea* (Hewitson)
22353055000	灰蝶属	*Lycaena* Fabricius
22353055005	橙灰蝶	*dispar* (Haworth)
22353055010	红灰蝶	*phlaeas* (Linnaeus)
22353060000	黑灰蝶属	*Niphanda* Moore
22353060005	黑灰蝶	*fusca* (Bremer et Grey)
22353065000	豆灰蝶属	*Plebejus* Kluk
22353065005	豆灰蝶	*argus* (Linnaeus)
22353070000	燕灰蝶属	*Rapala* Moore
22353070005	霓纱燕灰蝶	*nissa* (Kollar)
22353070010	燕灰蝶	*varuna* (Horsfield)
22353075000	洒灰蝶属	*Satyrium* Scudder
22353075005	白 V 纹洒灰蝶	*v-album* Obethür
22353080000	珞灰蝶属	*Scolitantides* Hübner
22353080005	珞灰蝶	*orion* (Pallas)

表 1（续）

代　码	中文名称	拉丁学名
22353085000	银线灰蝶属	*Spindasis* Wallengren
22353085005	银线灰蝶	*lohita* (Horsfield)
22353085010	塔银线灰蝶	*takanonis* Matsumura
22353090000	线灰蝶属	*Thecla* Fabricus
22353090005	线灰蝶	*betulae* (Linnaeus)
22354000000	眼蝶科	Satyridae
22354005000	艳眼蝶属	*Callerebia* Butler
22354005005	白边艳眼蝶	*baileyi* South
22354010000	带眼蝶蝶属	*Chonala* Moore
22354010005	带眼蝶	*episcopalis* Oberthür
22354015000	珍眼蝶属	*Coenonympha* Hübner
22354015005	珍眼蝶	*amaryllis* (Stoll)
22354020000	锯眼蝶属	*Elymnias* Hübner
22354020005	翠袖锯眼蝶	*hypermnestra* (Linnaeus)
22354025000	云眼蝶属	*Hyponephele* Muschamp
22354025005	四星云眼蝶	*adelma* Felder
22354030000	多眼蝶属	*Kirinia* Moore
22354030005	多眼蝶	*epaminondas* (Staudinger)
22354035000	黛眼蝶属	*Lethe* Hübner
22354035005	曲纹黛眼蝶	*chandica* Moore
22354035010	苔娜黛眼蝶	*diana* (Butler)
22354035015	长纹黛眼蝶	*europa* Fabricius
22354035020	黑带黛眼蝶	*nigrifascia* Leech
22354035025	连纹黛眼蝶	*syrcis* (Hewsitson)
22354040000	白眼蝶属	*Melanargia* Meigen
22354040005	白眼蝶	*halimede* (Ménétriès)
22354045000	暮眼蝶属	*Melanitis* Fabricius
22354045005	稻(暮)眼蝶	*leda* (Linnaeus)
22354050000	蛇眼蝶属	*Minois* Hübner
22354050005	蛇眼蝶	*dryas* (Scopoli)
22354055000	眉眼蝶属	*Mycalesis* Hübner
22354055005	拟稻眉眼蝶	*francisca* (Stoll)
22354055010	稻眉眼蝶	*gotoma* Moore
22354060000	荫眼蝶属	*Neope* Moore
22354060005	田园荫眼蝶	*agrestis* (Oberthür)
22354060010	布莱荫眼蝶	*bremeri* (Felder)
22354060015	蒙链荫眼蝶	*muirheadi* (Felder)
22354065000	眼蝶属	*Satyrus* Latreille
22354065005	白边眼蝶	*parisatis* (Kollar)
22354070000	矍眼蝶属	*Ypthima* Hübner
22354070005	矍眼蝶	*balda* (Fabricus)
22354070010	中华矍眼蝶	*chinesis* Leech

表 1（续）

代　码	中文名称	拉丁学名
22354070015	东亚矍眼蝶	*motschulskyi* (Bremer et Grey)
22355000000	斑蝶科	Danaidae
22355005000	斑蝶属	*Danaus* Kluk
22355005005	金斑蝶	*chrysippus* (Linnaeus)
22355005010	虎斑蝶	*genutia* (Cramer)
22355010000	方环蝶属	*Discophora* Boisduval
22355010005	凤眼方环蝶	*sondaica* Boisduval
22355015000	紫斑蝶属	*Euploea* Fabricius
22355015005	幻紫斑蝶	*core* (Cramer)
22355015010	蓝点紫斑蝶	*midamus* (Linnaeus)
22355020000	旖斑蝶属	*Ideopsis* Moore
22355020005	拟旖斑蝶	*similis* (Linneaus)
22355025000	绢斑蝶属	*Parantica* Moore
22355025005	绢斑蝶	*aglea* (Stoll)
22355030000	青斑蝶属	*Tirumala* Moore
22355030005	青斑蝶	*limniace* (Cramer)
22356000000	蚬蝶科	Riodinidae
22356005000	褐蚬蝶属	*Abisara* Felder et Felder
22356005005	蛇目褐蚬蝶	*echerius* (Stoll)
22357000000	环蝶科	Amathusiidae
22357005000	串珠环蝶属	*Faunis* Hübner
22357005005	灰翅串珠环蝶	*aerope* (Leech)
22357010000	箭环蝶属	*Stichophthalma* Felder et Felder
22357010005	箭环蝶	*howqua* (Westwood)
22358000000	粉蝶科	Pieridae
22358005000	绢粉蝶属	*Aporia* Hübner
22358005005	暗色绢粉蝶	*bietii* Oberthür
22358005010	绢粉蝶	*crataegi* (Linnaeus)
22358005015	小檗绢粉蝶	*hippia* (Bremer)
22358010000	迁粉蝶属	*Catopsilia* Hübner
22358010005	迁粉蝶	*pomona* (Fabricius)
22358010010	梨花迁粉蝶	*pyranthe* (Linnaeus)
22358015000	圆粉蝶属	*Cepora* Billberg
22358015005	黑脉园粉蝶	*nerissa* (Fabricius)
22358020000	豆粉碟属	*Colias* Fabricius
22358020005	斑缘豆粉蝶	*erate* (Esper)
22358020010	豆粉蝶	*hyale* (Linnaeus)
22358025000	斑粉蝶属	*Delias* Hübner
22358025005	檀香粉蝶	*aglaia* Linnaeus
22358025010	优越斑粉蝶华南亚种	*hyparete hierte* (Hübner)
22358030000	黄粉蝶属	*Eurema* Hübner
22358030005	檗黄粉蝶	*blanda* (Boisduval)

表 1（续）

代　码	中文名称	拉丁学名
22358030010	宽边黄粉蝶	*hecabe* (Linnaeus)
22358030015	尖角黄粉蝶	*laeta* (Boisduval)
22358035000	钩粉蝶属	*Gonepteryx* Leach
22358035005	尖钩粉蝶	*mahaguru* Gistal
22358035010	钩粉蝶	*rhamni* (Linnaeus)
22358040000	鹤顶粉蝶属	*Hebomoia* Hübner
22358040005	鹤顶粉蝶	*glaucippe* (Linnaeus)
22358045000	橙粉蝶属	*Ixias* Hübner
22358045005	橙粉蝶	*pyrene* (Linnaeus)
22358050000	小粉蝶属	*Leptidea* Billberg
22358050005	莫氏小粉蝶	*morsei* Fenton
22358055000	青粉蝶属	*Pareronia* Bingham
22358055005	青粉蝶	*anais* (Lasson)
22358060000	粉蝶属	*Pieris* Schrank
22358060005	东方菜粉蝶	*canidia* (Sparrman)
22358060010	菜粉蝶	*rapae* (Linnaeus)
22359000000	凤蝶科	Papilionidae
22359005000	宽尾凤蝶属	*Agehana* Matsumura
22359005005	宽尾凤蝶	*elwesi* (Leech)
22359010000	麝凤蝶属	*Byasa* Moore
22359010005	麝凤蝶	*alcinous*(Klug)
22359015000	斑凤蝶属	*Chilasa* Moore
22359015005	褐斑凤蝶	*agestor* Gray
22359015010	斑凤蝶	*clytia* (Linnaeus)
22359015015	小黑斑凤蝶	*epycides* (Hewitson)
22359020000	青凤蝶属	*Graphium* Scopoli
22359020005	碎斑青凤蝶	*chironides* (Honrath)
22359020010	木兰青凤蝶中原亚种	*doson axion* (Felder et Felder)
22359020015	青凤蝶	*sarpedon* (Linnaeus)
22359025000	燕凤蝶属	*Lamproptera* Gray
22359025005	绿带燕凤蝶	*meges*(Zinki)
22359030000	虎凤蝶属	*Luehdorfia* Crüger
22359030005	虎凤蝶	*puziloi* (Erschoff)
22359035000	珠凤蝶属	*Pachliopta* Reakirt
22359035005	红珠凤蝶	*aristolochiae* (Fabricius)
22359040000	凤蝶属	*Papilio* Linnaeus
22359040005	碧凤蝶	*bianor* Cramer
22359040010	达摩凤蝶	*demoleus* Linnaeus
22359040015	玉斑纹凤蝶	*helenus* Linnaeus
22359040020	绿带翠凤蝶	*maacki* Ménétriès
22359040025	金凤蝶	*machaon* Linnaeus
22359040030	金凤蝶短尾亚种	*machaon annae* Gistel

表 1（续）

代码	中文名称	拉丁学名
22359040035	美凤蝶	*memnon* Linnaeus
22359040040	巴黎翠凤蝶	*paris* Linnaeus
22359040045	玉带凤蝶	*polytes* Linnaeus
22359040050	玉带凤蝶台湾亚种	*polytes pasikrates* Fruhstorfer
22359040055	蓝凤蝶	*protenor* Cramer
22359040060	柑橘凤蝶	*xuthus* Linnaeus
22359045000	剑凤蝶属	*Pazala* Moore
22359045005	铁木剑凤蝶	*timur* (Ney)
22359050000	丝带凤蝶属	*Sericinus* Westwood
22359050005	丝带凤蝶	*montelus* Gray
22359055000	裳凤蝶属	*Troides* Hübner
22359055005	金裳凤蝶	*aeacus* (Felder et Falder)
22360000000	蛱蝶科	Nymphalidae
22360005000	珍蝶属	*Acraea* Fabricius
22360005005	苎麻珍蝶	*issoria* (Hübner)
22360010000	闪蛱蝶属	*Apatura* Fabricius
22360010005	柳紫闪蛱蝶	*ilia* (Denis et Schiffermüller)
22360010010	柳紫闪蛱蝶华北亚种	*ilia substitute* Butler
22360010015	紫闪蛱蝶	*iris* (Linnaeus)
22360015000	豹蛱蝶属	*Argynnis* Fabricius
22360015005	绿豹蛱蝶	*paphia* (Linnaeus)
22360020000	斐豹蛱蝶属	*Argyreus* Scopoli
22360020005	斐豹蛱蝶	*hyperbius* (Linnaeus)
22360025000	老豹蛱蝶属	*Argyronome* Hübnerr
22360025005	老豹蛱蝶	*laodice* (Pallas)
22360025010	红老豹蛱蝶	*ruslana* (Motschulsky)
22360030000	波蛱蝶属	*Ariadne* Horsfield
22360030005	波蛱蝶	*ariadne* (Linnaeus)
22360035000	带蛱蝶属	*Athyma* Westwood
22360035005	幸福带蛱蝶	*fortuna* Leech
22360035010	玄珠带蛱蝶	*perius* (Linnaeus)
22360040000	宝蛱蝶属	*Boloria* Moore
22360040005	龙女宝蛱蝶华西亚种	*pales polina* (Fruhstorfer)
22360045000	小豹蛱蝶属	*Brenthis* Hübner
22360045005	小豹蛱蝶中国亚种	*daphne ochroleuca* (Fruhstorfer)
22360050000	绢蛱蝶属	*Calinaga* Moore
22360050005	绢蛱蝶	*buddha* Moore
22360055000	螯蛱蝶属	*Charaxes* Ochsenheimer
22360055005	白带螯蛱蝶	*bernardus* (Fabricius)
22360060000	银豹蛱蝶属	*Childrena* Hemming
22360060005	银豹蛱蝶	*childreni* (Gray)
22360065000	铠蛱蝶属	*Chitoria* Moore

表 1（续）

代　码	中文名称	拉丁学名
22360065005	武凯蛱蝶	*ulupi* (Doherty)
22360070000	丝蛱蝶属	*Cyrestis* Boisduval
22360070005	网丝蛱蝶	*thyodamas* Boisduval
22360075000	青豹蛱蝶属	*Damora* Normann
22360075005	青豹蛱蝶	*sagana* (Doubleday)
22360080000	绿蛱蝶属	*Dophla* Moore
22360080005	绿蛱蝶	*evelina* (Stoll)
22360085000	翠蛱蝶属	*Euthalia* Hübner
22360085005	尖翅翠蛱蝶	*phemius* (Doubleday)
22360085010	西藏翠蛱蝶	*thibetana* (Poujade)
22360090000	福蛱蝶属	*Fabriciana* Reuss
22360090005	灿福蛱蝶	*adippe* Denis et Schiffermüller
22360090010	捷豹蛱蝶	*adippe vorax* Butler
22360090015	蟾福蛱蝶	*nerippe* (Felder et Felder)
22360095000	脉蛱蝶属	*Hestina* Westwood
22360095005	黑脉蛱蝶华西亚种	*assimilis mena* Moore
22360100000	斑蛱蝶属	*Hypolimnas* Hübner
22360100005	幻紫斑蛱蝶	*bolina* (Linnaeus)
22360100010	金斑蛱蝶	*missipus* (Linnaeus)
22360105000	孔雀蛱蝶属	*Inachis* Hübner
22360105005	孔雀蛱蝶	*io* (Linnaeus)
22360110000	珠蛱蝶属	*Issoria* Hübner
22360110005	曲斑珠蛱蝶	*eugenia* (Eversmann)
22360115000	眼蛱蝶属	*Junonia* Hübner
22360115005	美眼蛱蝶	*almana* (Linnaeus)
22360115010	翠蓝眼蛱蝶	*orithya* (Linnaeus)
22360120000	枯叶蛱蝶属	*Kallima* Doubleday
22360120005	枯叶蛱蝶中华亚种	*inachus chinensis* Swinhoe
22360125000	琉璃蛱蝶属	*Kaniska* Moore
22360125005	玻璃蛱蝶	*canacae* (Linnaeus)
22360130000	线蛱蝶属	*Limenitis* Fabricius
22360130005	扬眉线蛱蝶	*helmanni* Kinderman
22360130010	红线蛱蝶	*populi* (Linnaeus)
22360130015	折线蛱蝶	*sydyi* Lederer
22360135000	缕蛱蝶属	*Litinga* Moore
22360135005	拟缕蛱蝶	*mimica* (Poujade)
22360140000	网蛱蝶属	*Melitaea* Fabricius
22360140005	帝网蛱蝶西北亚种	*diamina protomedia* Ménétriès
22360140010	罗网蛱蝶	*romanovi* Grum-Grshimailo
22360140015	大网蛱蝶	*scotosia* Butler
22360145000	迷蛱蝶属	*Mimathyma* Moore
22360145005	白斑迷蛱蝶	*schrenckii* Ménétriés

表 1（续）

代码	中文名称	拉丁学名
22360150000	穆蛱蝶属	*Moduza* Moore
22360150005	穆蛱蝶	*procris* (Cramer)
22360155000	云豹蛱蝶属	*Nephargynnis* Shirôzu et Saigusa
22360155005	云豹蛱蝶	*anadyomene* (Felder et Felder)
22360160000	蛱蝶属	*Nymphalis* Kluk
22360160005	黄缘蛱蝶	*antiopa* (Linnaeus)
22360165000	环蛱蝶属	*Neptis* Fabricius
22360165005	重环蛱蝶	*alwina* (Bremer et Grey)
22360165010	德环蛱蝶	*dejeani* (Oberthür)
22360165015	中环蛱蝶	*hylas* (Linnaeus)
22360165020	链环蛱蝶	*pryeri* Butler
22360165025	单环蛱蝶	*rivularis* (Scopoli)
22360165030	小环蛱蝶过渡亚种	*sappho intermedia* Pryer
22360165035	黄环蛱蝶	*themis* Leech
22360170000	蛱蝶属	*Nymphalis* Kluk
22360170005	黄缘蛱蝶	*antiopa* (Linnaeus)
22360170010	朱蛱蝶	*xanthomelas* Denis et Schiffermüller
22360175000	葩蛱蝶属	*Patsuia* Moore
22360175005	中华黄葩蛱蝶	*sinensis* (Oberthüer)
22360180000	珐蛱蝶属	*Phalanta* Horsfield
22360180005	珐蛱蝶	*phalantha* (Drury)
22360185000	钩蛱蝶属	*Polygonia* Hübner
22360185005	白钩蛱蝶	*c-album* (Linnaeus)
22360185010	黄钩蛱蝶	*c-aureum* (Linnaeus)
22360190000	尾蛱蝶属	*Polyura* Billberg
22360190005	二尾蛱蝶	*narcaea* (Hewitson)
22360195000	紫蛱蝶属	*Sasakia* Moore
22360195005	大紫蛱蝶	*charonda* (Hewitson)
22360195010	黑紫蛱蝶	*funebris* (Leech)
22360200000	帅蛱蝶属	*Sephisa* Moore
22360200005	黄纹蛱蝶	*princeps* (Fixsen)
22360205000	猫蛱蝶属	*Timelaea* Lucas
22360205005	猫蛱蝶	*maculata* (Bremer et Grey)
22360210000	红蛱蝶属	*Vanessa* Fabricius
22360210005	小红蛱蝶	*cardui* (Linnaeus)
22360210010	大红蛱蝶	*indica* (Herbst)
22361000000	弄蝶科	Hesperiidae
22361005000	籼弄蝶属	*Barbo* Evans
22361005005	灿弄蝶	*cinnara* (Wallace)
22361010000	蕉弄蝶属	*Erionota* Mabille
22361010005	黄斑蕉弄蝶	*torus* Evans
22361015000	玛弄蝶属	*Matapa* Moore

表 1（续）

代 码	中文名称	拉丁学名
22361015005	玛弄蝶	*aria* (Moore)
22361020000	赭弄蝶属	*Ochlodes* Scudder
22361020005	菩提赭弄蝶	*bouddha* (Mabille)
22361020010	小赭弄蝶	*venata* (Bremer et Grey)
22361025000	稻弄蝶属	*Parnara* Moore
22361025005	直纹稻弄蝶	*guttata* (Bermer et Grey)
22361030000	谷弄蝶属	*Pelopidas* Walker
22361030005	南亚谷弄蝶	*agna* (Moore)
22361030010	山地谷弄蝶	*jasonis* (Butler)
22361030015	隐纹谷弄蝶	*mathias* (Fabricius)
22361030020	中华谷弄蝶	*sinensis* (Mabille)
22361035000	孔弄蝶属	*Polytremis* Mabille
22361035005	透纹孔弄蝶	*pellucida* (Murray)
22361035010	刺纹孔弄蝶	*zina* (Evans)
22361040000	黄室弄蝶属	*Potanthus* Scudder
22361040005	孔子黄室弄蝶	*confucius* (Felder et Felder)
22361040010	曲纹黄室弄蝶	*flavus* (Murray)
22361045000	花弄蝶属	*Pyrgus* Hübner
22361045005	花弄蝶	*maculatus* (Bremer et Grey)
22361050000	长标弄蝶属	*Telicota* Moore
22361050005	长标弄蝶	*colon* (Fabricius)
22361055000	豹弄蝶属	*Thymelicus* Hübner
22361055005	黑豹弄蝶	*sylvaticus* (Bremer)
23000000000	双翅目	Diptera
23101000000	实蝇科	Trypetidae
23101005000	实蝇属	*Bactrocera* Macquart
23101005005	桔小实蝇	*dorsalis* (Hendel)
23101005010	木姜子实蝇	*hyalina* Shiraki
23101010000	寡鬃实蝇属	*Dacus* Fabricius
23101010005	常寡鬃实蝇	*caudatus* Fabricius
23101010010	小黑寡鬃实蝇	*cilifer* Hendel
23101010015	宽带寡鬃实蝇	*scutellatus* Hendel
23101015000	新小条实蝇属	*Neoceratitis* Hendel
23101015005	枸杞实蝇	*asiatica* (Becker)
23101020000	绕实蝇属	*Rhagoletis* Lŏw
23101020005	沙棘果实蝇	*batava obscuriosa* Kolomietz
23101025000	大实蝇属	*Tetradacus* Miyake
23101025005	柑桔大实蝇	*citri* (Chen)
23101025010	蜜柑大实蝇	*tsuneosus* (Miyake)
23201000000	花蝇科	Anthomyiidae
23201005000	地种蝇属	*Delia* Robineau-Desvoidy
23201005005	灰地种蝇	*platura* (Meigen)

表 1（续）

代　码	中文名称	拉丁学名
23201010000	泉蝇属	*Pegomya* Robineau-Desvoidy
23201010005	金叶泉蝇	*aurapicalis* Fan
23201010010	江苏泉蝇	*kiangsuensis* Fan
23201010015	毛笋泉蝇	*phyllostachys* Fan
23201015000	球果花蝇属	*Strobilomyia* Michelsen
23201015005	炭色球果花蝇	*anthracina* Czerny
23201015010	贝加尔球果花蝇	*baicalensis* Elberg
23201015015	稀球果花蝇	*infrequens* Ackland
23201015020	落叶松球果花蝇	*laricicola* (Karl)
23201015025	黑胸球果花蝇	*melaniola* (Fan)
23201015030	斯氏球果花蝇	*svenssoni* Michelsen
23301000000	潜蝇科	Agromyzidae
23301005000	瘿潜蝇属	*Hexomyza* Enderlein
23301005005	柳枝瘿潜蝇	*simplicoides* (Hendel)
23301010000	叶潜蝇属	*Phytagromyza* Hendel
23301010005	杨潜蝇	*populicora* Kaltenbach
23401000000	瘿蚊科	Cecidomyiidae
23401005000	波瘿蚊属	*Asphondylia* Loew
23401005005	桑波瘿蚊	*morivorella* (Naito)
23401005010	花椒波瘿蚊	*zanthoxyli* Bu et Zheng
23401010000	瘿蚊属	*Cecidomyia* Meigen
23401010005	油松球果瘿蚊	*weni* Jiang
23401010010	云南松脂瘿蚊	*yunnanensis* Wu et Zhou
23401015000	朴瘿蚊属	*Celticecis* Gagne
23401015005	日本朴瘿蚊	*japonica* Yukawa
23401020000	康瘿蚊属	*Contarinia* (Gagne)
23401020005	柑蕾康瘿蚊	*citri* Barnes
23401020010	桑椹浆康瘿蚊	*morulae* Jiang
23401020015	梨瘿蚊	*pyrivola* (Riley)
23401025000	叶瘿蚊属	*Dasyneura* Saunders
23401025005	芒果花叶瘿蚊	*amaramanjarae* Grover
23401025010	梨叶瘿蚊	*pyri* (Bouche)
23401025015	云杉顶芽瘿蚊	*rhodophaga* (Coquillett)
23401030000	双瘿蚊属	*Diplosis* Loew
23401030005	梓树双瘿蚊	*catalpae* Comstock
23401030010	桑黄瘿蚊	*fasciata* Niwa
23401030015	桑红双瘿蚊	*mori* Yokoyama
23401030020	桑双瘿蚊	*moricola* Matsumura
23401035000	戟瘿蚊属	*Hastatomyia* Yang et Luo
23401035005	芒果阳茎戟瘿蚊	*hastiphalla* Yang et Luo
23401040000	枝瘿蚊属	*Lygocecis* Gagne
23401040005	日本柳枝瘿蚊	*yanagi* (Shinji)

表 1（续）

代　码	中文名称	拉丁学名
23401045000	铗瘿蚊属	*Macrodiplosis* Kieffer
23401045005	栎粗铗瘿蚊	*dryobia* (Löw)
23401050000	槐叶瘿蚊属	*Obolodiplosis* Felt
23401050005	刺槐叶瘿蚊	*robiniae* (Haldemann)
23401055000	伪安瘿蚊属	*Pseudasphondylia* Monzen
23401055005	柿伪安瘿蚊	*diospyri* Mo et Xu
23401060000	雷瘿蚊属	*Resseliella* Seitner
23401060005	桔实雷瘿蚊	*citrifrugis* Jiang
23401060010	桑根雷瘿蚊	*quadrifasciata* (Niwa)
23401065000	梢瘿蚊属	*Rhabdophaga* Westwood
23401065005	柳梢瘿蚊	*rosaria* (Löw)
23401065010	柳木瘿蚊	*saliciperda* Dufour
23401065015	柳瘿蚊	*salicis* Schrank
23401065020	柳果瘿蚊	*strobiloides* (Sacken)
23401065025	顶芽梢瘿蚊	*terminalis* (Löw)
23401070000	盒瘿蚊属	*Thecodiplosis* Kieffer
23401070005	日本鞘瘿蚊	*japonensis* Uchilda et Inouye
23401075000	万叶瘿蚊属	*Wachtiella* Ruebsaamen
23401075005	蔷薇万叶瘿蚊	*rosarum* (Hardy)
24000000000	膜翅目	Hymenoptera
24101000000	瘿蜂科	Cynipidae
24101005000	瘿蜂属	*Cynips* Linnaeus
24101005005	槲柞瘿蜂	*mukaigawae* Mukaigawa
24101010000	球瘿蜂属	*Diplolepis* Geoffrey
24101010005	栎叶瘿蜂	*agama* Hartig
24101010010	栗球瘿蜂	*japonica* (Walker)
24101015000	栗瘿蜂属	*Dryocosmus* Giraud
24101015005	栗瘿蜂	*kuriphilus* Yasumatsu
24101020000	轮瘿蜂属	*Trichagalma* Mayr
24101020005	栎球汇瘿蜂	*serrtae* Ashmead
24201000000	广肩小蜂科	Eurytomidae
24201005000	竹瘿广肩小蜂属	*Aiolomorphus* Walker
24201005005	竹广肩小蜂	*rhopaloides* Walker
24201010000	种子广肩小蜂属	*Bruchophagus* Ashmead
24201010005	柠条种子小蜂	*neocaraganae* (Liao)
24201010010	国槐种子小蜂	*ononis* (Mayr)
24201010015	刺槐种子小蜂	*philorbinae* Liao
24201015000	广肩小蜂属	*Eurytoma* Illiger
24201015005	落叶松种子小蜂	*laricis* Yano
24201015010	桃仁蜂	*maslovskii* Nikolskaya
24201015015	黄连木种子小蜂	*plothikovi* Nikolskaya
24201015020	杏仁蜂	*samsonovi* Wass

表 1（续）

代　码	中文名称	拉丁学名
24201020000	茎广肩小蜂属	*Harmolita* Motschulsky
24201020005	苦竹广肩小蜂	*phyllostrahitis* Gahan
24201025000	植瘿广肩小蜂属	*Tetramesa* Walker
24201025005	竹泰广肩小蜂	*bambusae* Philips
24201025010	刚竹泰广肩小蜂	*phyllostrachitis* Gahan
24202000000	姬小蜂科	Eulophidae
24202005000	跨姬小蜂属	*Quadrastichus* Girault
24202005005	刺桐姬小蜂	*erythrinae* Kim
24202010000	枝瘿姬小蜂属	*Leptocybe* Fisher et LaSalle
24202010005	桉树枝瘿姬小蜂	*invasa* Fisher et LaSalle
24203000000	长尾小蜂科	Torymidae
24203005000	歹长尾小蜂属	*Diomorus* Walker
24203005005	竹长尾小蜂	*aiolomorphi* Kamijo
24203010000	大痣小蜂属	*Megastigmus* Dalman
24203010005	蔷薇大痣小蜂	*aculeatus* (Swederus)
24203010010	柳杉大痣小蜂	*cryptomeriae* Yano
24203010015	云杉大痣小蜂	*ezomatsuanus* Hussey et Kamijo
24203010020	华东黄杉大痣小蜂	*huangshan* Xu
24203010025	冷杉大痣小蜂	*larsiocarpae* Crosby
24203010030	丽江云杉大痣小蜂	*likiangensis* Roques et Sun
24203010035	欧洲落叶松大痣小蜂	*pictus* Förster
24203010040	杜松大痣小蜂	*rigidae* Xu et He
24203010045	圆柏大痣小蜂	*sabinae* Xu et He
24203010050	中华大痣小蜂	*sinensis* Sheng
24301000000	蚁科	Formicidae
24301005000	火蚁属	*Solenopsis* Westwood
24301005005	入侵红火蚁	*invicta* Buren
24401000000	扁叶蜂科	Pamphiliidae
24401005000	阿扁叶蜂属	*Acantholyda* Costa
24401005005	异耦阿扁叶蜂	*dimorpha* Maa
24401005010	红头阿扁叶蜂	*erythrocephala* (Linnaeus)
24401005015	黄缘阿扁叶蜂	*flavomarginata* Maa
24401005020	赤腰阿扁叶蜂	*intermedia* Maa
24401005025	云杉阿扁叶蜂	*piceacola* Xiao et Zhou
24401005030	松阿扁叶蜂	*posticalis* Matsumura
24401010000	腮扁叶蜂属	*Cephalcia* Panzer
24401010005	云杉腮扁叶蜂	*abietis* (Linnaeus)
24401010010	贺兰腮扁叶蜂	*alashanica* Gussakovskij
24401010015	高山腮扁叶蜂	*alpina* Klug
24401010020	丹巴腮扁叶蜂	*danbaica* (Linnaeus)
24401010025	红腹腮扁叶蜂	*erythrogaster* Hartig
24401010030	昆嵛山腮扁叶蜂	*kunyushanica* Xiao

表 1（续）

代　码	中文名称	拉丁学名
24401010035	落叶松腮扁叶蜂	*lariciphila* (Wachtl)
24401010040	马尾松腮扁叶蜂	*pinivora* Xiao et Zeng
24401010045	天目腮扁叶蜂	*tienmua* Maa
24401010050	延庆腮扁叶蜂	*yanqingensis* Xiao
24401015000	华扁叶蜂属	*Chinolyda* Benes
24401015005	鞭角华扁叶蜂	*flagellicornis* (Smith)
24501000000	叶蜂科	Tenthredinidae
24501005000	菜叶蜂属	*Athalia* Leach
24501005005	芫菁叶蜂	*rosae* (Linnaeus)
24501010000	蛞蝓叶蜂属	*Caliroa* Costa
24501010005	油茶叶蜂	*camellia* Zhou et Huang
24501010010	梨粘叶蜂	*cerasi* Linnaeus
24501010015	桃叶蜂	*matsumotonis* Harukawa
24501015000	栉角叶蜂属	*Cladius* Rossi
24501015005	玫瑰栉角叶蜂	*pectinicornis* Geoffroy
24501020000	同盾叶蜂属	*Conaspidia* Konow
24501020005	刺楸同盾叶蜂	*kalopanacis* Xiao et Huang
24501025000	真片胸叶蜂属	*Eutomostethus* Enslin
24501025005	长齿真片胸叶蜂	*longidentus* Wei
24501025010	毛竹真片胸叶蜂	*nigritus* Xiao
24501030000	实叶蜂属	*Hoplocampa* Hartig
24501030005	樱桃实叶蜂	*danfengensis* Xiao
24501030010	李实叶蜂	*fulvicornis* Panzer
24501030015	梨实叶蜂	*pyricola* Rohwer
24501035000	贾买叶蜂属	*Jermakia* Jakovlev
24501035005	二带叶蜂	*sibirica* Kriechbaumer
24501040000	缘叶蜂属	*Lygaeonematus* Konow
24501040005	青杨缘叶蜂	*compressicornis* (Fabricius)
24501045000	大叶蜂属	*Macrophya* Dahlbom
24501045005	白蜡大叶蜂	*fraxina* Zhou et Huang
24501045010	缨鞘宽腹大叶蜂	*pilotheca* Wei et Ma
24501050000	巨刺叶蜂属	*Megabeleses* Takeuchi
24501050005	玉兰大刺叶蜂	*crassitarsis* Takeuchi
24501050010	鹅掌楸叶蜂	*liriodendrovorax* Xiao
24501055000	中索叶蜂属	*Mesoleuca* Hübner
24501055005	樟中索叶蜂	*rufonota* Rohwer
24501060000	潜叶叶蜂属	*Messa* Leach
24501060005	元宝槭潜叶叶蜂	*acericola* Xiao
24501060010	杨潜叶叶蜂	*taianensis* Xiao et Zhou
24501065000	丝叶蜂属	*Nematus* Panzer
24501065005	绿柳丝叶蜂	*frenalis* Thomson
24501065010	河曲丝叶蜂	*hequensis* Xiao

表1（续）

代码	中文名称	拉丁学名
24501065015	杏丝角叶蜂	*prunivorous* Xiao
24501065020	转柳丝叶蜂	*trochanteratus* Malaise
24501070000	厚丝叶蜂属	*Pachynematus* Konow
24501070005	伊藤厚丝叶蜂	*itoi* Okutani
24501075000	瘿叶蜂属	*Pontania* Costa
24501075005	柳厚壁瘿叶蜂	*bridgmannii* Cameron
24501075010	柳瘿叶蜂	*dolichura* Thomson
24501075015	膀胱瘿叶蜂	*vesicator* Bremi-Wolf
24501080000	锉叶蜂属	*Pristiphora* Latreille
24501080005	北京杨锉叶蜂	*beijingensis* Zhu et Zhang
24501080010	杨黄褐锉叶蜂	*conjugata* (Dahlbom)
24501080015	落叶松红腹锉叶蜂	*erichsonii* (Hartig)
24501080020	落叶松锉叶蜂	*laricis* (Hartig)
24501080025	中华锉叶蜂	*sinensis* Wong
24501080030	魏氏锉叶蜂	*wesmaeli* Tischbein
24501085000	翼丝叶蜂属	*Pteronidea* Rohwer
24501085005	黑角翼丝叶蜂	*melanaspis* (Hartig)
24501090000	长叶蜂属	*Rhopographus* Kônow
24501090005	桫椤叶蜂	*cyatheae* Wei et Wang
24501095000	叶爪叶蜂属	*Stauronematus* Benson
24501095005	杨扁角叶爪叶蜂	*compressicornis* (Fabricius)
24501100000	绿叶蜂属	*Tenthredella* Doi
24501100005	黑背绿叶蜂	*mesomelas* Linnaeus
24501105000	叶蜂属	*Tenthredo* Linnaeus
24501105005	橄榄绿叶蜂	*olivacea* Klug
24501105010	黑顶小叶蜂	*poecilopetra* (Enslin)
24501110000	毛怪叶蜂属	*Trichiocampus* Hartig
24501110005	青杨毛怪叶蜂	*populi* Okamoto
24502000000	锤角叶蜂科	Cimbicidae
24502005000	童锤角叶蜂属	*Agenocimbex* Rohwer
24502005005	榆童锤角叶蜂	*elmina* Li et Wu
24502010000	锤角叶蜂属	*Cimbex* Olivier
24502010005	梨锤角叶蜂	*carinulata* Konow
24502010010	风桦锤角叶蜂	*femorata* (Linnaeus)
24502010015	日本锤角叶蜂	*japonica* Kirby
24502010020	杨黄锤角叶蜂	*lutea* Linnaeus
24502010025	杨锤角叶蜂	*taukushi* Marlatt
24502015000	细锤角叶蜂属	*Leptocimbex* Semenov
24502015005	槭细锤角叶蜂	*gracilenta* (Mocsary)
24502020000	棒锤叶蜂属	*Pseudoclavellaria* Schulz
24502020005	亚美棒锤角叶蜂	*amerinae* (Linnaeus)
24503000000	松叶蜂科	Diprionidae

表 1（续）

代　码	中文名称	拉丁学名
24503005000	丽松叶蜂属	*Augomonoctenus* Rohwer
24503005005	柏木丽松叶蜂	*smithi* Xiao et Wu
24503010000	松叶蜂属	*Diprion* Schrank
24503010005	靖远松叶蜂	*jingyuanensis* Xiao et Zhang
24503010010	六万松叶蜂	*liuwanensis* Huang et Xiao
24503010015	南华松叶蜂	*nanhuaensis* Xiao
24503015000	吉松叶蜂属	*Gilpinia* Benson
24503015005	油杉吉松叶蜂	*disa* Smith
24503015010	抚宁吉松叶蜂	*funingensis* Zhou et Huang
24503015015	荔蒲吉松叶蜂	*lipuensis* Xiao et Huang
24503015020	马尾松吉松叶蜂	*massoniana* (Forsius)
24503015025	青扦吉松叶蜂	*wilsonae* Li et Guo
24503015030	永仁吉松叶蜂	*yongrenica* Xiao et Huang
24503020000	小松叶蜂属	*Microdiprion* Enslin
24503020005	油杉小松叶蜂	*keteleeriafolius* Xiao et Huang
24503025000	新松叶蜂属	*Neodiprion* Rohwer
24503025005	带岭新松叶蜂	*dailingensis* Xiao et Zhou
24503025010	丰宁新松叶蜂	*fengningensis* Xiao et Zhou
24503025015	广西新松叶蜂	*guangxiicus* Xiao et Zhou
24503025020	松黄叶蜂	*sertifer* (Geoffroy)
24503025025	祥云新松叶蜂	*xiangyunicus* Xiao et Zhou
24503025030	浙江新松叶蜂	*zhejiangensis* Zhou et Xiao
24504000000	三节叶蜂科	Argidae
24504005000	三节叶蜂属	*Arge* Schrank
24504005005	榆三节叶蜂	*captiva* Smith
24504005010	暗蓝三节叶蜂	*coerulescens* Geoffroy
24504005015	榆叉角三节叶蜂	*flavicollis* (Cameron)
24504005020	蔷薇三节叶蜂	*geei* Wang
24504005025	苹三节叶蜂	*mali* Takahashi
24504005030	日本三节叶蜂	*nipponensis* Rohwer
24504005035	月季三节叶蜂	*pagana* Panzer
24504005040	普蔷薇三节叶蜂	*przhevalskii* Gussakovskij
24504005045	桦三节叶蜂	*pullata* (Zaddach)
24504005050	金银花三节叶蜂	*similis* Vollenhoven
24504005055	樟三节叶蜂	*vulnerata* Mocsary
24601000000	树蜂科	Siricidae
24601005000	树蜂属	*Sirex* Linnaeus
24601005005	兰树蜂	*cyaneus* Fabricius
24601005010	云杉树蜂	*gigas* Linnaeus
24601005015	日本扁足树蜂	*japonicus* Smith
24601005020	蓝黑树蜂	*juvencus* (Linnaeus)
24601005025	黑足树蜂	*juvencus imperialis* Kirby

表 1（续）

代　码	中文名称	拉丁学名
24601005030	蓝黑树蜂指名亚种	*juvencus juvencus* (Linnaeus)
24601005035	新渡户氏树蜂	*nitobei* Matsumura
24601005040	红腹树蜂	*rufiabdominis* Xiao et Wu
24601005045	中华树蜂	*sinicus* Maa
24601005050	天山树蜂	*tianshanicus* (Semenov-Tian-Shanskij)
24601010000	扁角树蜂属	*Tremex* Jurine
24601010005	黑顶扁角树蜂	*apicalis* Matsumura
24601010010	烟扁角树蜂	*fuscicornis* (Fabricius)
24601010015	朴树扁角树蜂	*longicollis* Konow
24601010020	扁脚树蜂	*magnus* Fabricius
24601015000	大树蜂属	*Urocerus* Geoffroy
24601015005	异角大树蜂	*antennatus* (Marlatt)
24601015010	复生大树蜂	*fushengi* Xiao et Wu
24601015015	泰加大树蜂	*gigas taiganus* Benson
24601015020	西藏大树蜂	*gtgas tibetanus* Benson
24601015025	黑色大树蜂	*niger* Beson
24601015030	藏黄大树蜂	*xanthus* (Cameron)
24601020000	长尾树蜂属	*Xeris* Costa
24601020005	喜马拉雅长尾树蜂	*spectrum himalayensis* (Bradley)
24601020010	黑肩长尾树蜂	*spectrum spectrum* (Linnaeus)
24602000000	长颈树蜂科	Xiphydriidae
24602005000	长颈树蜂属	*Xiphydria* Latreille
24602005005	欧洲长颈树蜂	*camelus* (Linnaeus)
24701000000	茎蜂科	Cephidae
24701005000	哈氏茎蜂属	*Hartigia* Schiodte
24701005005	玫瑰哈氏茎蜂	*draconis* Maa
24701010000	梨茎蜂属	*Janus* Stephens
24701010005	葛氏梨茎蜂	*gussakovskii* Maa
24701010010	梨茎蜂	*piri* Okamoto et Muramatsa
24701010015	香梨茎蜂	*piriodorus* Yang
24701015000	茎叶蜂属	*Neosyrista* Benson
24701015005	蔷薇茎叶蜂	*similes* Moscary
31000000000	蜱螨目	Acarina
31101000000	细须螨科	Tenuipalpidae
31101005000	埃须螨属	*Aegyptobia* Sayed
31101005005	柏埃须螨	*aletes* (Pritchard et Baker)
31101005010	新疆埃细螨	*xinjiangensis* Li et Ma
31101005015	云南埃须螨	*yunnanensis* Yin et Cui
31101010000	短须螨属	*Brevipalpus* Donnadieu
31101010005	澳洲短须螨	*australis* (Tucker)
31101010010	加州短须螨	*californicus* (Banks)
31101010015	刘氏短须螨	*lewisi* (McGregor)

表 1（续）

代码	中文名称	拉丁学名
31101010020	卵形短须螨	*obovatus* Donnadieu
31101015000	新须螨属	*Cenopalpus* Pritchard et Baker
31101015005	细纹新须螨	*lineola* (Canestrini et Fanzago)
31101015010	丽新须螨	*pulcher* (Camestrini et Fanzago)
31101015015	忻氏新须螨	*xini* Ma et Li
31101020000	扁须螨属	*Pentamerismus* McGregor
31101020005	俄勒冈扁须螨	*oregonensis* McGregor
31101020010	昆明扁须螨	*kunmingensis* Ma et Yuan
31101025000	细须螨属	*Tenuipalpus* Donnadieu
31101025005	柿细须螨	*zhizhilashviliae* Reck
31102000000	叶螨科	Tetranychidae
31102005000	缺爪螨属	*Aponychus* Rimando
31102005005	竹缺爪螨	*corpuzae* Rimando
31102005010	泰山缺爪螨	*taishanicus* Wang
31102010000	苔螨属	*Bryobia* Koch
31102010005	冠状苔螨	*cristata* (Duges)
31102010010	杨苔螨	*populi* Wang et Zhang
31102010015	苜蓿叶螨	*praetiosa* Koch
31102010020	伪苜蓿苔螨	*pseudopraetiosa* Wainstein
31102010025	果苔螨	*rubrioculus* (Scheuten)
31102010030	榆苔螨	*ulmophila* Reck
31102015000	始叶螨属	*Eotetranychus* Oudemans
31102015005	北始叶螨	*boreus* Ehara
31102015010	构始叶螨	*broussonetiae* Wang
31102015015	鹅耳枥始叶螨	*carpini* Oudemans
31102015020	膝状始叶螨	*geniculatus* Ehara
31102015025	核桃始叶螨	*hicoriae* (McGregor)
31102015030	柑桔始叶螨	*kankitus* Ehara
31102015035	奇异始叶螨	*mirabilis* Wang
31102015040	杨始叶螨	*populi* (Koch)
31102015045	李始叶螨	*pruni* (Oudemans)
31102015050	六点始叶螨	*sexmaculatus* (Riley)
31102015055	史氏始叶螨	*smithi* Pritchard et Baker
31102015060	桑始叶螨	*suginamensis* (Yokoyama)
31102015065	苏氏始叶螨	*suvipakiti* Ehara et Wongsiri
31102015070	椴始叶螨	*tiliarium* (Hermann)
31102015075	榆始叶螨	*ulmi* (Koch)
31102015080	弯钩始叶螨	*uncatus* Garman
31102020000	上瘿螨属	*Epitrimerus* Nalepa
31102020005	梨叶锈螨	*pyri* Nalepa
31102020010	枣上瘿螨	*zizyphagus* Keifer
31102025000	广叶螨属	*Eurytetranychus* Oudemans

表 1（续）

代　码	中文名称	拉丁学名
31102025005	叉广叶螨	*furcisetus* Wainstein
31102025010	榆广叶螨	*ulmi* Wang
31102030000	真叶螨属	*Eutetranychus* Banks
31102030005	东方真叶螨	*orientalis* (Klein)
31102035000	小爪螨属	*Oligonychus* Berlese
31102035005	比哈小爪螨	*biharensis* (Hirst)
31102035010	棒毛小爪螨	*clavatus* (Ehara)
31102035015	咖啡小爪螨	*coffeae* (Nietner)
31102035020	海南小爪螨	*hainaneisis* Ma,Yuan et Lin
31102035025	落叶松小爪螨	*karamatus* (Ehara)
31102035030	芒果小爪螨	*mangiferus* (Rahman et Punjab)
31102035035	柏小爪螨	*perditus* Pitchard et Baker
31102035040	云杉小爪螨	*piceae* (Beck)
31102035045	法桐小爪螨	*platanus* Haishi
31102035050	瘤小爪螨	*pustulosus* Ehara
31102035055	针叶小爪螨	*ununguis* (Jacobi)
31102035060	竹小爪螨	*uruma* Ehara
31102035065	樟小爪螨	*yothersi* (McGregor)
31102040000	全爪螨属	*Panonychus* Yokoyama
31102040005	悬钩子全爪螨	*caglei* Mellott
31102040010	柑桔全爪螨	*citri* (McGregor)
31102040015	长全爪螨	*elongatus* Manson
31102040020	榆全爪螨	*ulmi* (Koch)
31102045000	裂爪螨属	*Schizotetranychus* Tragardh
31102045005	竹裂爪螨	*bambusae* Reck
31102045010	食竹裂爪螨	*celarius* (Banks)
31102045015	庐山裂爪螨	*lushanensis* Wang
31102045020	微小裂爪螨	*miutus* Wang
31102045025	南京裂爪螨	*nanjingensis* Ma et Yuan
31102045030	原裂爪螨	*schizopus* (Zacher)
31102045035	尤氏裂爪螨	*ugarovi* Wainstein
31102045040	张氏裂爪螨	*zhangi* Wang et Cui
31102045045	中甸裂爪螨	*zhongdianensis* Wang et Cui
31102050000	如叶螨属	*Tetranychina* Banks
31102050005	酢浆草如叶螨	*harti* (Ewing)
31102055000	叶螨属	*Tetranychus* Dufour
31102055005	冰草叶螨	*agropyronus* Wang
31102055010	竹叶螨	*bambusae* Wang et Ma
31102055015	朱砂叶螨	*cinnabarinus* (Boisduval)
31102055020	野生叶螨	*desertorum* Banks
31102055025	敦煌叶螨	*dunhuangensis* Wang
31102055030	斐济叶螨	*fijiensis* Hirst

表 1（续）

代码	中文名称	拉丁学名
31102055035	绣球叶螨	*hydrangeae* Pritchard et Baker
31102055040	神泽氏叶螨	*kanzawai* Kishida
31102055045	卢氏叶螨	*ludeni* Zacher
31102055050	截形叶螨	*truncatus* Ehara
31102055055	土耳其叶螨	*turkestani* (Ugarov et Nikolski)
31102055060	二斑叶螨	*urticae* Koch
31102055065	山楂叶螨	*viennensis* Zacher
31201000000	瘿螨科	Eriophyidae
31201005000	尖叶瘿螨属	*Acaphylla* Keifer
31201005005	茶橙瘿螨	*theae* (Watt)
31201010000	尖嘴瘿螨属	*Acarhynchus* Keifer
31201010005	巨竹尖嘴瘿螨	*dendrocalami* Kuang
31201015000	瘤瘿螨属	*Aceria* Keifer
31201015005	昌吉瘤瘿螨	*changjiensis* Kuang et Pang
31201015010	荔枝瘤瘿螨	*litchii* (Keifer)
31201015015	木樨瘤瘿螨	*osmanthis* Kuans
31201015020	枸杞瘤瘿螨	*pallida* Keifer
31201015025	青海瘤瘿螨	*qinghaiensis* Kuang
31201020000	刺皮瘿螨属	*Aculops* Keifer
31201020005	枸杞刺皮瘿螨	*lycii* Kuang
31201020010	呢柳刺皮瘿螨	*niphocladae* Keifer
31201020015	苏州刺皮瘿螨	*suzhouensis* Xin et Ding
31201025000	针刺瘿螨属	*Aculus* Keifer
31201025005	悬铃木针刺瘿螨	*acericola* Nalepa
31201025010	竹针刺瘿螨	*bambusae* Kuang
31201025015	佛氏针刺瘿螨	*fockeui* Nalepa et Trouessart
31201025020	黄连木针刺瘿螨	*pistaciae* Kuang
31201025025	斯氏针刺瘿螨	*schlechtendali* (Nalepa)
31201030000	蜡皮瘿螨属	*Apodiptacus* Keifer
31201030005	复盆子蜡皮瘿螨	*rubi* Kuang
31201035000	博瘿螨属	*Boczekella* Farkas
31201035005	金钱松博瘿螨	*pseudolaris* Kuang et Shen
31201040000	丽瘿螨属	*Calacarus* Keifer
31201040005	龙首丽瘿螨	*carinatus* Green
31201045000	拟生瘿螨属	*Cecidophyopsis* Keifer
31201045005	茶藨子拟生瘿螨	*ribis* (Westwood)
31201050000	短节瘿螨属	*Colomerus* Berlese
31201050005	葡萄短节瘿螨	*vitis* (Pagenstecher)
31201055000	瘿螨属	*Eriophyes von* Siebold
31201055005	龙眼顶芽瘿螨	*dimocarpi* Kuang
31201055010	伪枸杞瘿螨	*macrodonis* Keifer
31201055015	拟华氏瘿螨	*parawagnoni* Kuang

表 1（续）

代码	中文名称	拉丁学名
31201055020	桔瘿螨	*sheldoni* Ewing
31201060000	离子瘿螨属	*Leipothrix* Keifer
31201060005	木棉新离子瘿螨	*bombycis* Huang
31201065000	新离子瘿螨属	*Neoleipothrix* Wei et Kuang
31201065005	龙眼瘿螨	*alocasiae* Wei et Kuang
31201070000	副同足瘿螨属	*Paracolopodacus* Kuang et Huang
31201070005	油茶副同足瘿螨	*camelliae* Kuang et Huang
31201075000	五真瘿螨属	*Pentamerus* Hedqvist
31201075005	楝五真瘿螨	*meliae* Kuang-Haiyuan
31201080000	叶刺瘿螨属	*Phyllocoptes* Nalepa
31201080005	梨游移叶刺瘿螨	*pyrivagrans* Kadono
31201085000	皱叶刺瘿螨属	*Phyllocoptruta* Keifer
31201085005	柑桔皱叶刺瘿螨	*oleivora* (Ashmead)
31201090000	植羽瘿螨属	*Phytoptus* Dujardin
31201090005	梨植羽瘿螨	*pyri* Pagenstecher
31201095000	针羽瘿螨属	*Setoptus* Keifer
31201095005	五针松针羽瘿螨	*parviflorae* Kuang
31201100000	顶冠瘿螨属	*Tegolophus* Keifer
31201100005	雪柳顶冠瘿螨	*fontanes* Kuang et Hong
31201100010	枣顶冠瘿螨	*zizyphagus* (Keifer)
31201105000	三毛瘿螨属	*Trisetacus* Keifer
31201105005	柏木瘿螨	*juniperinus* (Nalepa)
31202000000	大嘴瘿螨科	Rhyncaphytotidae
31202005000	无毛瘿螨属	*Asetacus* Keifer
31202005005	杉无毛瘿螨	*cunninghamiae* Kuang
31202010000	大嘴瘿螨属	*Rhyncaphytoptus* Keifer
31202010005	青榨槭大嘴瘿螨	*acer* Chen，Wei et Qin
31202010010	冯氏大嘴瘿螨	*fengi* Wang
31202010015	广西大嘴瘿螨	*guangxiensis* Wang
31202010020	江苏大嘴瘿螨	*jiangsuensis* Xin et Dong
31202010025	庐山大嘴商量螨	*lushanensis* Kuang et Zhao
31202010030	榆大嘴瘿螨	*ulmi* Xin et Dong
31202010035	榆游移大嘴瘿螨	*ulmivagrans* Keifer

注 1：害虫中文名称及拉丁学名主要依照以下文献；

——萧刚柔(1997)《拉汉英昆虫　蜱螨　蜘蛛　线虫名称》；

——陈仲梅(1999)《拉汉英农业害虫名称》；

——《中国动物志　昆虫纲》；

——《中国经济昆虫志》。

注 2：名称存在争议时，采用萧刚柔(1997)《拉汉英昆虫　蜱螨　蜘蛛　线虫名称》和《中国动物志　昆虫纲》中的名称。

ICS 65.020.01
B 16

中华人民共和国国家标准

GB/T 15791—2011
代替 GB/T 15791—1995

稻纹枯病测报技术规范

Rules of monitoring and forecasting for the rice sheath blight(*Rhizoctonia solani* Kukn)

2011-09-29 发布　　2011-12-01 实施

中华人民共和国国家质量监督检验检疫总局
中国国家标准化管理委员会
发布

前言

本标准是农作物病虫测报调查规范系列国家标准之一。

本标准代替 GB/T 15791—1995《稻纹枯病测报调查规范》。

本标准与 GB/T 15791—1995 相比主要变化如下：

——在原《稻纹枯病测报调查规范》的基础上，添加了标准封面、前言；正文中相关调查表格全部移至附录中；

——总结各地基层调查人员多年经验，在不影响调查准确性的基础上，对原规范调查取样量作了适度削减；

——增加菌核调查和预测方法，为稻纹枯病预测提供可靠依据和理论支撑；

——规范性附录用以规范数据格式，确保数据收集连贯性；资料性附录为指导各地稻纹枯病调查与防控提供参考依据。

本标准的附录 A 和附录 C 为规范性附录，附录 B 为资料性附录。

本标准由中华人民共和国农业部提出并归口。

本标准由全国农业技术推广服务中心负责起草，由江苏省植物保护站、广西自治区植保总站、江西省植保植检局、辽宁省植物保护站参加起草。

本标准主要起草人：张跃进、刘宇、杨荣明、谢茂昌、张天才、马辉、姜玉英、冯晓东、夏冰、曾娟。

本标准所代替标准的历次版本发布情况为：

——GB/T 15791—1995。

稻纹枯病测报技术规范

1 范围

本标准规定了稻纹枯病菌核、病情系统调查、大面积普查的调查方法和测报资料整理与归档要求等技术与方法。

本标准适用于稻纹枯病测报调查。

2 菌核调查

2.1 调查时间

春季稻田翻耕前。

2.2 取样方法

选择上年发病轻、中、重三个类型田各一块，五点取样，每点 0.1 m^2。

2.3 调查方法

将厚度为 1 cm 的表土连同作物或残渣一并铲起(如在越冬后春花田调查，取 5 cm～10 cm 厚表土)置于缸内，加水充分搅动，捞出水面浮渣，计算菌核量，折算出每 667 m^2 菌核残留量。调查数据记入表 A.1。

3 病情系统调查

3.1 始见期调查

3.1.1 调查时间

从水稻分蘖开始至发现发病结束。

3.1.2 调查方法

选择当地施肥水平高、往年发病重的早播、早栽田块，于田边下风处或西北角进行调查，每 5 d 调查一次。

3.2 病情增长情况调查

3.2.1 调查时间

从始病期开始至水稻乳熟期。

3.2.2 调查方法

选择早、中、迟插类型田各 2 块，直线取样，每块田调查 100 丛的发病丛数和株数，计算丛发病率和株发病率，并从中选取 10 丛进行严重度分级(参见表 B.1)，通过式(1)计算严重度，每 5 d 调查一次，调查结果记入表 A.2。

$$A=\frac{\sum(B_i \times B_d)}{M \times M_d} \times 100 \qquad \cdots\cdots(1)$$

式中：

A——严重度；

B_i——各级严重度病株数；

B_d——各级严重度代表值；

M——调查总株数；

M_d——严重度最高级代表值。

4 病情普查

4.1 调查时间

在分蘖盛期、孕穗期、抽穗期、乳熟期各调查一次。

4.2 调查方法

选择早、中、迟类型田8块～10块，直线取样，每块田调查100丛，计算丛、株发病率，并从中选取10丛进行严重度分级，计算病情指数，调查结果记入表A.2、表C.1(参见表B.2)。

5 预测方法

5.1 根据菌源、病情预测

根据稻田残留菌核量、前期病情调查情况及其与历年同期的比较，参考近期气象预报，预测病害发生发展趋势，发布病害短期发生程度预报。

5.2 相关回归预测

根据病害与前期温度、湿度、雨日、蒸发、日照等气象因子关系，应用多年数据资料，进行相关统计分析，推导出预测模式，发布长、中期定性或定量预报。

6 数据汇总和传输

6.1 主要传输工具

采用互联网和传真机等。

6.2 模式报表

按统一汇报格式、时间和内容汇总上报。其中，发生程度分别用1、2、3、4、5表示。同历年比较的早、增、多、高用“＋”表示，晚(迟)、减、少、低用“－”表示；与历年相同和相近，用“0”表示；缺测项目用“××”表示。

7 调查资料表册

全国制定统一的“调查资料表册”的样表一份(见附录A)，供各地应用时复制。用来规范各区域测报站测报调查行为，为保证全国数据库积累统一、完整的测报调查资料，其中内容不能随意更改，各项调查内容须在调查结束时，认真统计和填写。

附 录 A
（规范性附录）
农作物病虫调查资料表册
稻纹枯病

（ 年）

测报站名 ________________________ 盖章

站 址 ________________________

（北纬：__________ 东经：__________ 海拔：__________）

测 报 员 ________________________

负 责 人 ________________________

表 A.1 水稻纹枯病菌核量调查记载表

调查地点	调查日期（ 年 月 日）	稻作类型	取样面积/m^2	菌核数/粒	折 667 m^2 菌核量/万粒	备注

表 A.2 水稻纹枯病病情调查记载表

调查地点	调查日期	类型田	水稻种类	品种	生育期	调查丛数/丛	病丛数/丛	病丛率/%	调查总株数/株	病株数/株	病株率/%	各级严重度病株数/株						病情指数	肥水管理	备注
												0	1	2	3	4	5			

注 1：水稻种类指粳稻、籼稻、糯稻、杂交籼稻和杂交粳稻等。

注 2：稻作类型指早稻、中稻、单季晚稻和双季晚稻等。

注 3：肥水管理分好(施肥管水合理，水稻生长正常)、差(施肥管水不当，稻苗徒长)。

表 A.3 稻纹枯病发生防治基本情况

水稻类型	水稻播种面积/hm^2	发生面积/hm^2	防治面积/hm^2	受害绝产面积/hm^2	挽回损失/t	实际损失/t
双季早稻						
双季晚稻						
单季中晚稻						
其　他						
合　计						

简述发生概况和特点：

附 录 B
（资料性附录）
稻纹枯病发生危害划分指标

表 B.1 水稻纹枯病严重度分级标准

级 别	严重度划分标准
0级	全株无病
1级	基部叶片叶鞘发病
2级	第三叶片以下各叶鞘或叶片发病(自顶叶算起,下同)
3级	第二叶片以下各叶鞘或叶片发病
4级	顶叶叶鞘或顶叶发病
5级	全株发病枯死

表 B.2 稻纹枯病发生程度划分标准

级 别	发生面积占水稻种植比例	病情指数
轻发生	＜15%	＜2.5
偏轻发生	15%～30%	2.5～5
中等发生	30%～50%	5～10
偏重发生	50%～80%	10～15
大发生	＞80%	＞15

附 录 C
（规范性附录）
稻纹枯病模式报表

表 C.1 稻纹枯病模式报表

填报单位	填报日期	稻作类型	水稻生育期	发生面积比例/%	发生程度/级	病田平均病丛率/%	病田平均病株率/%	主发类型田	备注
1	2	3	4	5	6	7	8	9	10

ICS 65.020.01
B 16

中华人民共和国国家标准

GB/T 15793—2011
代替 GB/T 15793—1995

稻纵卷叶螟测报技术规范

Rules of monitoring and forecasting for the rice leaf-roller (*Cnaphalocrocis medinalis* Guenee)

2011-09-29 发布　　2011-12-01 实施

中华人民共和国国家质量监督检验检疫总局
中国国家标准化管理委员会　发布

前　言

本标准是农作物病虫测报调查规范系列国家标准之一。

本标准代替GB/T 15793—1995《稻纵卷叶螟测报调查规范》。

本标准与GB/T 15793—1995相比主要变化如下：

——在原《稻纵卷叶螟测报调查规范》的基础上，添加了标准封面、前言；正文中相关调查表格全部移至附录中；

——总结各地基层调查人员多年经验，在不影响调查准确性的基础上，对原规范调查取样量作了适度削减；

——针对近年稻纵卷叶螟发生的新特点，重点对卵、幼虫调查方法、取样数量进行调整，提高数据代表性；

——规范性附录用以规范稻纵卷叶螟发生数据格式，确保数据收集连贯性；资料性附录为指导各地稻纵卷叶螟调查与防控提供参考依据。

本标准的附录A和附录B为规范性附录，附录C为资料性附录。

本标准由中华人民共和国农业部提出并归口。

本标准由全国农业技术推广服务中心负责起草，由重庆市农业技术推广总站、湖南省植保植检站、湖北省植物保护总站、安徽省植物保护总站参加起草。

本标准主要起草人：张跃进、刘宇、刘祥贵、郭海明、徐荣钦、郑兆阳、姜玉英、冯晓东、夏冰、曾娟。

本标准所代替标准的历次版本发布情况为：

——GB/T 15793—1995。

稻纵卷叶螟测报技术规范

1 范围

本标准规定了稻纵卷叶螟越冬、成虫及雌蛾卵巢发育进度、卵和幼虫种群消长及发育进度调查、卵量和幼虫发生程度普查、残留虫量和稻叶受害率(程度)普查的调查方法和测报资料整理与归档要求等技术与方法。

本标准适用于稻纵卷叶螟测报调查。

2 越冬调查

2.1 调查地区

在以本地越冬虫源为翌春主要虫源的地区进行。

2.2 调查时间

冬后成虫羽化前。

2.3 调查方法

选取稻田、绿肥田及田边、沟边等主要越冬场所,共取样 20 m^2 以上,调查稻桩、再生稻、落谷稻、冬稻及杂草上的幼虫和蛹的越冬情况 1 次～2 次,统计死、活幼虫和蛹数及被寄生数,调查结果记入表 A.1。

3 成虫及雌蛾卵巢发育进度调查

3.1 田间赶蛾

3.1.1 调查时间

从灯下或田间始见蛾开始,至水稻齐穗期。

3.1.2 调查方法

选取不同生育期和好、中、差 3 种长势的主栽品种类型田各 1 块,每块田调查面积为 50 m^2～100 m^2,手持长 2 m 的竹竿沿田埂逆风缓慢拨动稻丛中上部(水稻分蘖中期前同时调查周边杂草),用计数器计数飞起蛾数,隔天上午 9 时以前进行一次,调查结果记入表 A.2、表 B.1。

3.2 雌蛾卵巢解剖

3.2.1 调查时间

在主害代峰期每 3 d 一次,突增后每 2 d 一次。

3.2.2 调查方法

在赶蛾的各类型田块中用捕虫网采集雌蛾 20 头～30 头,带回室内当即解剖,镜检卵巢级别(参见表 C.6)和交配率,结果记入表 A.3。

4 卵、幼虫种群消长及发育进度调查

4.1 调查时间

各代产卵高峰期开始(迁入代在蛾高峰当天,本地虫源在蛾高峰后 2 d),隔 2 d 查一次,至 3 龄幼虫期为止。

4.2 调查方法

选取不同生育期和好、中、差 3 种长势的主栽品种类型田各 1 块～2 块,定田观测。采用双行平行跳跃式取样,每块田查 10 点,每点 2 丛,调查有效卵、寄生卵、干瘪卵、卵壳和各龄幼虫数,结果记入

表 A.4、表 A.5。

5 卵量和幼虫发生程度普查

5.1 调查时间

卵量调查在田间蛾量突增后 2 d～3 d 开始调查;幼虫发生程度调查在各代 2 龄～3 龄幼虫盛期开始。

5.2 调查方法

卵量普查选取不同生育期和好、中、差 3 种长势的主栽品种类型田各 1 块,采用双行平行跳跃式取样,每块田查 5 丛,每丛拔取一株,每 2 d 调查一次有效卵、寄生卵、干瘪卵数,结果记入表 A.5、表 B.1;幼虫发生程度普查选取不同品种、生育期和长势类型田各不少于 20 块,面积不少于 1 hm^2,每 5 d 调查一次。大田巡视目测稻株顶部 3 张叶片的卷叶率,对照参见表 C.1 确定幼虫发生级别,结果记入表 A.6、表 B.1。

6 残留虫量和稻叶受害率(程度)普查

6.1 调查时间

各代危害基本定局后进行。

6.2 调查方法

残留虫量调查选主要类型田各 3 块,双行平行跳跃式,每块田查 50 丛～100 丛,调查残留虫量;取其中 20 丛查卷叶数,计算卷叶率;每类型田取 50 条幼虫,分虫态和龄期,结果记入表 A.4。稻叶受害程度调查取样同幼虫发生普查,调查稻株顶部 3 张叶片的卷叶率,确定稻叶受害程度(参见表 C.2),记录各级别田块数及所占比例,结果记入表 A.7。

7 预测方法

7.1 发生期预测

7.1.1 世代划分法

世代以成虫为起点,命名方法如下:

用中文数字标出全国统一划分的世代,在括号内用阿拉伯数字注出相应的地方称呼世代,如:全国统一世代为第四代,地方相应世代为第二代,写成“四(2)代”,适用于除海南南部以外的所有非周年繁殖发生区,全国稻纵卷叶螟世代划分参考表 C.5。

7.1.2 历期法预测

卵孵高峰期:由田间赶蛾查得蛾高峰日,加上本地当代的产卵前期(外来虫源为主的世代或峰次不加产卵前期)。

二龄幼虫期:为卵孵高峰期加上卵历期和一龄幼虫历期。

7.2 发生量预测

7.2.1 发生趋势预测

根据虫源地的残留量及发育进度,结合本地雨季和高空大气流场的天气预报,分析迁入虫源多少。如虫源地防治后残虫量多,羽化盛期当地气候对迁入有利,迁入量可能偏多。

本地虫源为主时,根据残留量多少,分析下一代发生趋势。

7.2.2 根据蛾量预测

根据田间蛾量,结合雨季的长短、雨日、雾露、温度、湿度情况,结合水稻生育期和长势等,进行综合分析预测。

7.2.3 根据卵量作短期预测

根据卵量,考虑气候、天敌等影响因子,运用稻纵卷叶螟生命表研究成果,进行分析预报。

8 数据汇总和传输

8.1 主要传输工具

采用互联网和传真机等。

8.2 模式报表

按统一汇报格式、时间和内容汇总上报。其中，发生程度分别用1、2、3、4、5表示。同历年比较的早、增、多、高用“+”表示，晚(迟)、减、少、低用“－”表示；与历年相同和相近，用“0”表示；缺测项目用“××”表示。

9 调查资料表册

全国制定统一的“调查资料表册”的样表一份(见附录A)，供各地应用时复制。用来规范各区域测报站测报调查行为，确保为全国数据库积累统一、完整的测报调查资料。其中内容不能随意更改，各项调查内容须在调查结束时，认真统计和填写。

附　录　A
（规范性附录）
农作物病虫调查资料表册
稻纵卷叶螟

（　　　年）

测报站名 ______________________________ 盖章

站　　址 ______________________________

（北纬：__________ 东经：__________ 海拔：__________）

测 报 员 ______________________________

负 责 人 ______________________________

表 A.1 稻纵卷叶螟越冬调查表

调查地点	调查日期(年月日)	地点	越冬场所	植被种类	取样面积/m²	幼虫数/头			蛹数/头				活虫数/头	总死虫数/头	总死亡率/%	幼虫寄生率/%	蛹寄生率/%	活虫量/(头/667 m²)	备注
						活虫	死虫	寄生	活蛹	死蛹	寄生	蛹壳							

表 A.2 稻纵卷叶螟田间赶蛾调查记载表

调查地点	调查日期（ 年 月 日）	世代	稻作类型	品种	生育期	赶蛾面积/m²	蛾量/头	折合每 667 m² 蛾量/头	备注

表 A.3 稻纵卷叶螟剖蛾记载表

调查地点	调查日期（ 年 月 日）	世代	剖蛾数	各级卵巢雌蛾头数和所占比例										交配率/%	备注
				一级		二级		三级		四级		五级			
				头数/头	比例/%	头数/头	比例/%	头数/头	比例/%	头数/头	比例/%	头数/头	比例/%		

表 A.4 稻纵卷叶螟幼虫发育进度及残留虫量调查表

调查地点	调查日期（ 年 月 日）	世代	类型田	品种	生育期	调查丛数/丛	总虫数/头	活虫数														寄生幼虫数/头	寄生率/%	卷叶率/%	虫量	
								幼虫										蛹		蛹壳					头/100丛	头/667 m²
								一龄		二龄		三龄		四龄		五龄										
								头	%	头	%	头	%	头	%	头	%	头	%	头	%					

表 A.5 稻纵卷叶螟田间卵量调查表

调查地点	调查日期（年 月 日）	世代	类型田	品种	生育期	调查丛数/丛	总卵粒数/粒	其中				百丛卵量（未孵+孵化）/粒	寄生率/%	干瘪率/%	孵化率/%	备注
								未孵卵粒数/粒	寄生卵粒数/粒	干瘪卵粒数/粒	孵化卵粒数/粒					

表 A.6 稻纵卷叶螟幼虫发生程度普查记载表

调查地点	调查日期（年 月 日）	世代	类型田	生育期	调查田块数/块	代表面积/667 m^2	各级别幼虫发生田块数及所占百分比										备注
							一		二		三		四		五		
							田块数	%	田块数	%	田块数	%	田块数	%	田块数	%	

表 A.7 稻纵卷叶螟叶片受害程度普查记载表

调查地点	调查日期（年 月 日）	世代	类型田	生育期	调查田块数/块	代表面积/667 m^2	各级别叶片受害程度田块数及所占百分比										备注
							一		二		三		四		五		
							田块数	%	田块数	%	田块数	%	田块数	%	田块数	%	

表 A.8 稻纵卷叶螟发生防治基本情况

水稻类型	水稻播种面积/hm^2	发生面积/hm^2	防治面积/hm^2	受害绝收面积/hm^2	挽回损失/t	实际损失/t
双季早稻						
双季晚稻						
单季中晚稻						
其　他						
合　计						
简述发生概况和特点：						

附　录　B
（规范性附录）
稻纵卷叶螟模式报表

表 B.1　稻纵卷叶螟模式报表

填报单位	填报日期	本候水稻生育期	本候平均田间蛾量/(头/667 m²)	本候最高田间蛾量/(头/667 m²)	本候大田普查百丛虫量/头	本候大田普查百丛卵量/粒	本候大田普查平均卷叶率/%	发生面积占种植面积的比例/%	主害类型田	备注
1	2	3	4	5	6	7	8	9	10	11

注：汇报时间从灯下或田间开始查见稻纵卷叶螟至水稻收割，华南、江南稻区 4 月初，长江、江淮稻区 5 月初开始，每月逢 1、6、11、16、21、26 日收集。每逢 1、6 日汇报。

附 录 C
（资料性附录）
稻纵卷叶螟发生危害划分指标

表 C.1 稻纵卷叶螟幼虫发生级别分类表

级 别	分 蘖 期		孕穗至抽穗期	
	卷叶率/%	虫量/(万头/667 m^2)	卷叶率/%	虫量/(万头/667 m^2)
一	<5.0	<1.0	<1.0	<0.6
二	5.0～10.0	1.0～4.0	1.0～5.0	0.6～2.0
三	10.1～15.0	4.1～6.0	5.1～10.0	2.1～4.0
四	15.1～20.0	6.1～8.0	10.1～15.0	4.1～6.0
五	>20.0	>8.0	>15.0	>6.0

表 C.2 稻叶受害程度级别分类表

级 别	分 蘖 期		孕穗至抽穗期	
	卷叶率/%	产量损失率/%	卷叶率/%	产量损失率/%
一	<20.0	<1.5	<5.0	<1.5
二	20.0～35.0	1.5～5.0	5.0～20.0	1.5～5.0
三	35.1～50.0	5.1～10.0	20.1～35.0	5.1～10.0
四	50.1～70.0	10.1～15.0	35.1～50.0	10.1～15.0
五	>70.0	>15.0	>50.0	>15.0

表 C.3 发生(危害)程度等级及其指标

发生(危害)程度	幼虫发生或稻叶受害级别	该级面积占适生水稻面积比例/%
轻	一级	>90
偏轻	二级	>10
中等	三级	>20
偏重(比较严重)	四级	>20
大发生(特别严重)	五级	>20

表 C.4 幼虫发生程度分级标准

发 生 程 度	轻发生 (1级)	偏轻发生 (2级)	中等发生 (3级)	偏重发生 (4级)	大发生 (5级)
二、三龄幼虫盛期虫口密度/ (万头/667 m^2)	<1	1～2	2～4	4～6	>6
该虫量面积占适生田面积比例/%	>90	>10	>30	>30	>30

表 C.5 全国稻纵卷叶螟世代划分统一时间表

世 代	起止日期(月/日)	世 代	起止日期(月/日)
一	4/15 以前	五	7/21～8/20 左右
二	4/16～5/20 左右	六	8/21～9/20 左右
三	5/21～6/20 左右	七	9/21～10/31 左右
四	6/21～7/20 左右	八	11/1～12/10 左右

表 C.6 稻纵卷叶螟雌蛾卵巢级别分类表

级别	卵巢属性分类				
	发育时期	卵巢管长度/mm	发育特征	脂肪细胞特点	交尾产卵情况
1 级	羽化后 0.5 d (12 h～18 h)	5.5～8	初羽化时卵巢小管短而柔软,全透明,12 h 后中部隐约可见透明卵细胞	乳白色,饱满,呈圆形或长圆形	未交配,交配囊瘪,呈粗管状,未产卵
2 级	羽化后 0.5 d～2.5 d (36 h～48 h)	8～10	卵巢小管中下部卵细胞成型,每个有一半乳白色卵黄沉积,一半透明	乳白色,饱满,呈圆形或长圆形	大部未交配,交配囊瘪,呈粗管状,少数交配一次,交配囊膨大呈囊状,可透见精包,未产卵
3 级	羽化后 2 d～4 d (72 h 左右)	11～13	卵巢小管长,基部有 5 粒～10 粒淡黄色成熟卵,末端有蜡黄色卵巢管塞	黄色,不饱满,呈长圆形,部分丝状	交尾 1 次～2 次,交配囊膨大呈囊状,可透见 1 个～2 个饱满精包,未产卵
4 级	羽化后 3 d～6 d	>13	卵巢小管长,基部有 15 粒左右淡黄色成熟卵,约占管长 1/2,无卵巢管塞	很少,大部丝状,少数长圆形	交尾 1 次～4 次,交配囊膨大可透见 1 个～2 个饱满精包或精包残体,大量产卵
5 级	羽化后 6 d～9 d	9 左右	卵巢小管萎缩变短,管内仍有 6 粒～10 粒成熟卵,部分畸形,卵粒变形或粘合后也可能形成卵巢管塞	极少,呈丝形	交尾 1 次～4 次,个别 6 次,交配囊中可见 1 个～4 个精包残体或一个饱满包,产卵很少

ICS 65.020.01
B 16

中华人民共和国国家标准

GB/T 15795—2011
代替 GB/T 15795—1995

小麦条锈病测报技术规范

Rules for monitoring and forecast of the wheat stripe rust (*Puccinia striiformis* West)

2011-09-29 发布 2011-12-01 实施

中华人民共和国国家质量监督检验检疫总局
中国国家标准化管理委员会 发布

前言

本标准代替 GB/T 15795—1995《小麦条锈病测报调查规范》。

本标准与 GB/T 15795—1995 相比主要变化如下：

——本次修订增加了小麦条锈病预测方法等方面的内容，将原标题中的“测报调查规范”改为“测报技术规范”；

——增加了小麦条锈病发生程度分级指标；

——修改了“发病程度记载标准”，将其中的内容归入“术语和定义”，增加了“病情指数”的定义和计算公式，将“普遍率”规范定义为“病叶率”，删除了“反应型”的定义和相关调查项目；

——增加了“外来菌源空中孢子捕捉监测”内容，主要采用空中孢子捕捉仪监测外来菌源，并对捕捉时间和管理、孢子捕捉仪和载玻片的设置、镜检和记载等方面进行了详细规定；

——删除了“冬季麦苗室内病情观察”内容，因不能代表田间实际情况；

——修改了“病点发展系统调查”、“传病中心越冬后潜育病叶调查”和“病田定点系统调查”三项条目，将其内容合并为“病情系统调查”；

——修改了“春麦区调查”条目，将其内容分别归入“病情系统调查”和“病情普查”；

——删除了正文中分别出现的各调查项目表格，将其内容编成一系列完整的样表，作为规范性附录 A，并在该份样表中增加了“小麦条锈病年度发生情况统计表”；

——增加了小麦条锈病秋季和春季模式报表，作为规范性附录要求定时汇报；

——增加了小麦条锈病跨区流行中关键区域定位的研究成果(“越夏区”、“非越冬区”、“越冬区”、“潜育越冬区”和“冬繁区”的定义和范围)，作为资料性附录供各地对照，且按特定区域执行相关的调查项目；

——增加了小麦条锈病预测模型和危害损失估计方面的研究成果，作为资料性附录供各地借鉴。

本标准的附录 A、附录 C 为规范性附录，附录 B、附录 D 为资料性附录。

本标准由中华人民共和国农业部提出并归口。

本标准主要起草单位：全国农业技术推广服务中心、西北农林科技大学。

本标准主要起草人：姜玉英、曾娟、商鸿生、姜瑞中。

本标准所代替标准的历次版本发布情况为：

——GB/T 15795—1995。

小麦条锈病测报技术规范

1 范围

本标准规定了小麦条锈病发生相关的术语和定义、发生程度分级指标、病情系统调查、病情普查、越夏区病情调查、预测方法及测报资料收集、汇报和汇总等方面的技术方法。

本标准适用于小麦条锈病病情调查和预测。

2 术语和定义

下列术语和定义适用于本标准。

2.1

病叶率 incidence

发病叶片数占调查叶片总数的百分率，用以表示发病的普遍程度。

2.2

严重度 severity level of disease

病叶上病斑面积占叶片总面积的百分率，用分级法表示，设8级，分别用1%、5%、10%、20%、40%、60%、80%、100%表示，对处于等级之间的病情则取其接近值，虽已发病但严重度低于1%，按1%记。对群体叶片，需按式(1)计算病叶平均严重度。平均严重度的使用，在病害初发期可严格计数计算；当病害处于盛发期且需调查点数繁多时，某点的平均严重度则根据目测估计给出。

$$D=\frac{\sum(i\times l_i)}{L} \qquad \cdots\cdots(1)$$

式中：

D——病叶平均严重度；

i——各严重度值；

l_i——各严重度值对应的病叶数，单位为片；

L——调查总叶数，单位为片。

2.3

病情指数 disease index

病害发生的普遍性和严重程度的综合指标，用以表示病害发生的平均水平。按式(2)进行计算：

$$I=F\times D\times 100 \qquad \cdots\cdots(2)$$

式中：

I——病情指数；

F——病叶率；

D——病叶平均严重度。

2.4

病田率 diseased field rate

调查发现条锈病的田块数占全部调查田块数的百分率。

2.5

传病中心 disease transmission center

由病菌潜育的病叶及其产生的孢子再侵染形成的相邻病叶构成。实际操作中，小麦苗期调查，条播麦田单行33 cm内或撒播麦田0.11 m^2(33 cm×33 cm)内有3片以上条锈病病叶时即为1个传病中心。传病中心用密度(个/667 m^2)、面积(m^2)和中心内病叶数目等指标量化。

2.6

单片病叶　individual infected leaves

调查面积内分散孤立出现的病叶,单片病叶数量用密度(片/667 m^2)表示。

3　发生程度分级指标

小麦条锈病发生程度以普查田块的加权平均病情指数为主要指标,以地区内的病田率为参考指标确定。发生程度划分为5级,即轻发生(1级)、偏轻发生(2级)、中等发生(3级)、偏重发生(4级)、大发生(5级),各级指标见表1。

表1　小麦条锈病发生程度分级指标

发生程度指标	1级	2级	3级	4级	5级
病情指数	$0.001<I\leqslant5$	$5<I\leqslant10$	$10<I\leqslant20$	$20<I\leqslant30$	$I>30$
病田率/%	$1<X\leqslant5$	$5<X\leqslant10$	$10<X\leqslant20$	$20<X\leqslant30$	$X>30$
注:I——病情指数;X——病田率。其中病田率为参考指标。					

4　病情系统调查

4.1　系统调查田或观测圃调查

4.1.1　调查时间

秋苗期至春季条锈病能持续发展为害的冬繁区,由秋苗发病后开始定点调查。

在小麦条锈病非越冬区和潜育越冬区,由春季发病后开始定点调查。

春麦区,在田间发现病叶后开始定点调查。

4.1.2　调查田

选发病条件较好、发病较早的代表性感病品种的麦田作为系统调查田。若当地普遍种植抗病品种,则应预先在发病条件较好、观察方便的地块播种感病品种,建立观测圃,用于系统调查。

4.1.3　调查方法

在系统调查田或观测圃内标定3个已有病叶的调查点,每点2 m行长(条播地区)或1 m^2(撒播地区),每5 d调查一次,至小麦成熟期或条锈病病情停止增长为止。发病初期,需检查点内全部叶片发病情况;病叶率达5%以上时,调查200个叶片。将调查结果记入小麦条锈病系统调查表(见表A.1)。

4.2　外来菌源空中孢子捕捉监测

4.2.1　调查范围

本项内容在小麦条锈病非越冬区和潜育越冬区春季监测外来菌源时实施。

4.2.2　捕捉时间和管理

春季小麦返青始至5月上旬止。

捕捉时间为每天9:00～11:00,及时收片并镜检。

4.2.3　孢子捕捉仪的设置

主要用孢子捕捉仪来捕捉条锈病菌空中夏孢子,以空中孢子的相对浮游量来表示菌源量的多少。采用电动回转式孢子捕捉仪。孢子捕捉仪在麦田设置高度为1.2 m。捕捉仪臂长15 cm～17 cm,转臂距地面1.5 m,微型电动机转速为1 500 r/min。

4.2.4　粘孢载玻片

采用厚度为1 mm～1.5 mm的载玻片2片,分别安装在转臂两端,上转臂呈45°角,在回旋迎风面上均匀涂上白凡士林薄膜。

4.2.5 镜检和记载

镜检时在玻片中央滴一小滴无菌水，仔细盖上 18 mm×18 mm 盖玻片，用 10×10 倍带十字推进器的生物显微镜计，镜检 18 mm×18 mm 盖玻片覆盖范围内的条锈病菌夏孢子数量，镜检结果记入条锈病菌空中孢子捕捉记载表(见表 A.2)。

5 病情普查

5.1 苗期病情普查

5.1.1 调查时间

冬麦，小麦条锈病潜育越冬区和冬繁区在秋苗发病盛期调查；非越冬区在春季小麦拔节前调查。

春麦，在苗期发病盛期调查。

同一地区各年调查时间应大致相同。

5.1.2 调查地点

依据小麦栽培区划和常年秋苗发病情况选定若干代表性区域，各代表性区域内选感病品种早播和适期播种麦田调查。依据距越夏和越冬菌源远近和常年苗期发病普遍程度确定调查田块数量，距越夏和越冬菌源较近、苗期发病较普遍，调查总数不少于 10 块；距越夏和越冬菌源较远、苗期发病不普遍，调查总数不少于 20 块。每田块面积应大于 334 m^2。

5.1.3 调查方法

条锈病处于点片发生期，且田块面积 667 m^2 以上的田块，随机 5 点取样，每点实查 67 m^2；田块面积不足 667 m^2，则全田实查。实查采用低头慢步踏查(观察幅 1 m)和发现病叶蹲下细查相结合的方法，检查传病中心和单片病叶发生情况。每块田还需选取 1 m 行长(条播田)或 0.5 m^2(撒播田)的代表性样点，计算叶片数目，用以估计叶片密度(片/667 m^2)。

已全田普遍发病的田块，5 点取样，每点 2 m^2，各点随机检查 100 个叶片的发病情况。

5.1.4 记载项目

按调查田点片发病或普遍发病两种情况分别记载。点片发生阶段，如观察到传病中心，则记载传病中心密度、传病中心平均面积和传病中心平均病叶片数；如仅出现单片病叶，则记载单片病叶密度。普遍发病阶段，则记载病叶率和严重度。以上各项均按田块取实查诸点的平均值，将调查结果记入小麦条锈病秋苗期和返青拔节期普查表(见表 A.3)。

另外，还需由发病田块数和调查田块总数计算病田率，记入表格的左下角栏内。

5.2 返青拔节期病情普查

冬麦，在小麦返青后 15 d～20 d 调查一次，具体时间依据系统调查见病后开始。小麦无明显越冬现象的地区在早春病情开始上升后进行。以外地菌源为主、春季发病较迟的地区在拔节期进行。

春麦，在拔节期依据系统调查病情上升时调查一次。调查田块、调查方法、记载项目和表格与苗期相同。

5.3 生长后期病情普查

5.3.1 调查时间

在冬、春小麦乳熟期或当年病情处于高峰期时(病情停止发展前)进行普查。

5.3.2 调查田

主栽品种调查早、中、晚播各类麦田或具代表性栽培条件的麦田，田块数按品种的栽培面积酌定，一般不少于 10 块。栽培面积较小的品种只调查代表性麦田。

5.3.3 调查方法

每块调查田 5 点取样，每点 2 m 行长或 1 m^2，各点随机检查 100 个叶片(旗叶或旗下一叶)。

5.3.4 记载项目

分品种记载、计算病叶率和平均严重度，品种总平均的病叶率和严重度是该品种所有调查田块加权平均值,结果记入小麦条锈病后期调查表(见表 A.4)。

6 越夏区病情调查

6.1 调查范围

本项调查仅在小麦条锈病越夏区(小麦条锈病流行区划参见附录 B)实施。

6.2 调查时间

依越夏地区不同,在每年 8 月下旬或者晚熟春麦、冬麦及其自生麦苗等越夏寄主发病盛期进行。

6.3 调查田

每年按一定的巡回路线,选晚熟春、冬麦感病品种代表田块和滋生自生麦苗的麦茬复种田、休闲田作为调查田。调查田块数按各类型田块的实际面积酌定,但每个调查地点实查的田块数应不少于 10 块,总面积不少于 $5\times667\ m^2$。

6.4 调查方法

晚熟春、冬麦调查田采用目测法估计条锈病发病情况,自生麦苗调查田采取踏查估计和取样细查相结合的方法估计自生麦苗密度和病情,具体方法见 5.1.3。调查结果记入小麦条锈病越夏调查表(见表 A.5)。

7 预测方法

7.1 冬前预测

根据全国秋苗发病普遍程度、感病品种种植面积,主要越冬区气温和降雪条件及第二年 3 月～5 月降雨情况的气象预报,经过专家会商,进行综合分析,在年底之前完成第二年条锈病流行程度的预测。

7.2 早春预测

根据主要越冬区条锈病冬季发展情况(即春季菌源量),主产麦区感病品种种植面积,春季气温稳定回升的快慢和降水条件,进行当年条锈病春季流行程度的预报。各地可依据历年资料建立预测式进行统计预报。

8 测报资料收集、汇报和汇总

8.1 测报资料收集

收集如下测报资料:

a) 小麦栽培管理资料,包括:主要品种及不同品种种植面积、播种期及不同播种期小麦面积、小麦生育期、水浇地面积、灌溉次数及时间;

b) 主要品种抗锈性或对当前条锈病流行小种抵抗能力;

c) 越夏区晚熟春、冬麦栽培面积,自生麦苗发生面积;

d) 当地主要气象要素(包括日平均气温、相对湿度、降雨量及结露情况)的预测值和实测值。

8.2 测报资料汇报

及时汇总调查数据和有关资料,填写小麦条锈病模式报表(见附录 C),定期报上级业务部门。

8.3 资料汇总

对小麦条锈病发生期和发生量进行统计汇总,记载小麦种植和条锈病发生、防治情况,估计产量损失情况(方法参见附录 D),总结发生特点,进行原因分析。结果记入小麦条锈病年度发生情况统计表(见表 A.6)和小麦条锈病发生防治基本情况记载表(见表 A.7)。

附 录 A
（规范性附录）
农作物病虫调查资料表册
小麦条锈病

（ 年）

站 名 ________________（盖章）

站 址 ________________

（北纬：________东经：________海拔：________）

测报员 ________________

负责人 ________________

表 A.1 小麦条锈病系统调查表

调查日期	生育期	发病叶位	调查点1				调查点2				调查点3				备注（调查田地点、地势、品种、播期和长势等）
			调查叶数/片	病叶数/片	病叶率/%	平均严重度/%	调查叶数/片	病叶数/片	病叶率/%	平均严重度/%	调查叶数/片	病叶数/片	病叶率/%	平均严重度/%	
……															……

表 A.2 小麦条锈病菌空中孢子捕捉记载表

调查日期	设置地点	周围类型田	夏孢子数量/个				取玻片前24 h天气情况
			玻片1	玻片2	累计数	平均	
……							……

表 A.3 小麦条锈病秋苗期和返青拔节期普查表

调查日期	田块编号	地点	品种名称	播种期	田块面积/667 m²	点片发病						普遍发病				备注（地势、海拔高度、灌溉等）
						实查面积/667 m²	每667 m²叶片数目/片	每667 m²传病中心数目/个	传病中心平均面积/m²	传病中心平均病叶数/片	每667 m²单片病叶数目/片	调查叶片数/片	发病叶片数/片	病叶率/%	平均严重度/%	
……																……
病田率/%																

表 A.4 小麦条锈病后期普查表

调查日期	品种	田块数	生育期	类型田 1		类型田 2		类型田 3		类型田 4		类型田 5		品种总平均		备注(地势、海拔高度、灌溉等)
				病叶率/%	平均严重度/%	病叶率/%	平均严重度/%	病叶率/%	平均严重度/%	病叶率/%	平均严重度/%	病叶率/%	平均严重度/%	病叶率/%	平均严重度/%	
……																……

表 A.5 小麦条锈病越夏调查表

调查日期	地点	田块编号	晚熟小麦					自生麦苗						备注(海拔高度、地势)
			面积/667 m^2	品种	播期	病叶率/%	平均严重度/%	面积/667 m^2	前茬小麦品种	当茬作物	自生麦苗密度/(株/m^2)	病叶率/%	平均严重度/%	
……														……

表 A.6 小麦条锈病年度发生情况统计表

调查地点	秋苗病情					返青拔节期病情					生长后期病情				
	病害始见日	病田率/%	平均每667 m^2单片病叶数/片	平均每667 m^2传病中心数/片	病叶率/%	病害始见日	病田率/%	平均每667 m^2单片病叶数/片	平均每667 m^2传病中心数/片	病叶率/%	流行盛期	病叶率/%	平均严重度/%	发病面积/667 m^2	平均发病程度
……															……
注:麦收后各站上报省站,省站汇总后及时上报。															

表 A.7 小麦条锈病发生防治基本情况记载表

小麦种植情况：		
小麦面积/hm^2	耕地面积/hm^2	小麦面积占耕地面积比率/%
主栽品种		
抗病品种面积/hm^2		占小麦面积比率/%
早播面积/hm^2		占小麦面积比率/%
灌溉面积/hm^2		占小麦面积比率/%
小麦条锈病发生情况：		
发病面积/hm^2		占小麦面积比率/%
受灾(达防治指标)面积/hm^2		占发病田面积比率/%
成灾(减产30%以上)面积/hm^2		占发病田面积比率/%
防治情况：		
防治面积/hm^2	其中拌种面积/hm^2	喷药面积/hm^2
最终发生程度	实际损失/t	挽回损失/t
越夏区情况：		
晚熟冬麦面积/hm^2		占小麦面积比率/%
晚熟春麦面积/hm^2		占小麦面积比率/%
麦茬复种田自生麦苗面积/hm^2		自生麦苗密度/(株/667 m^2)
麦茬休闲田自生麦苗面积/hm^2		自生麦苗密度/(株/667 m^2)
发生和防治概况与原因简述		
注：麦收后各站上报省站，省站汇总后及时上报。		

附　录　B
（资料性附录）
小麦条锈病流行区划

B.1　越夏区

夏季最热旬平均气温不超过 23 ℃，存在自生麦苗、晚冬麦、春麦和其他越夏寄主（如黑麦和禾本科杂草等）的高海拔冷凉山区，小麦条锈病菌可在其寄主上生存而度过夏季，这样的区域称为小麦条锈病越夏区，主要分为 5 大区：

a）西北越夏区，包括甘肃的陇南、天水、平凉、庆阳、临夏和定西，宁夏南部山区的固原、彭阳、海原、泾源和隆德，青海东部麦区的循化、西宁和湟源；
b）川西北越夏区，包括四川的阿坝、甘孜、凉山 3 个州；
c）云南越夏区和贵州西部越夏区，云南越夏区夏季最热旬旬均温 13.0 ℃～18.9 ℃和月均温 13.6 ℃～18.4 ℃的地区都能越夏，包括昆明、玉溪、曲靖、楚雄、大理和丽江等地，越夏海拔高度为 2 200 m～3 100 m，主要在自生麦、秋麦、晚熟冬麦、春麦上越夏；贵州在毕节海拔 1 600 m～2 020 m、六盘水市 1 700 m～2 200 m 和黔西南州 1 600 m～1 900 m 不同苗龄的自生麦苗上可辗转侵染渡过夏季；
d）新疆越夏区，主要包括在伊犁河上游的昭苏、新源、特克斯、尼勒克，喀什附近山区的乌恰、阿克陶，以及马耆、轮台、新和、拜城、阿克苏及和田等地；
e）华北越夏区，包括晋北、内蒙古和河北坝上等地。

B.2　越冬区

冬季最冷月均温不低于－7 ℃～－6 ℃，或气温低于－10 ℃但有积雪覆盖，麦苗能保持绿色或正常生长的地区，小麦条锈病菌可以在寄主体内存活，这样的区域为小麦条锈病越冬区。通常年份，华北以石德线到山西介休、陕西黄陵一线为界，以南每年均能越冬且越冬率较高，以北虽能越冬而越冬率很低。

B.3　冬繁区

在越冬区中，入冬后小麦仍能正常生长，条锈病菌可持续逐代侵染的地区，为小麦条锈病冬繁区，主要分布在南方地区，如四川盆地、西南和西北川坝区、江汉、鄂北、豫南和陕南等地。

B.4　潜育越冬区

在越冬区中，入冬后小麦虽有部分麦叶枯死、但麦田仍呈绿色，条锈病菌以侵入后未显症的潜伏菌丝状态在麦叶组织内休眠越冬，这样的区域为小麦条锈病潜育越冬区，主要分布在西北和华北低纬度、低海拔地区，条锈菌能否安全越冬取决于冬季气候条件。

B.5　非越冬区

小麦返青明显地区，即入冬后小麦的地上部分全部枯死、翌年重新萌发新叶的地区，小麦条锈病菌因缺乏寄主而不能存活，这样的区域为小麦条锈病菌非越冬区，主要分布在西北和华北高纬度、高海拔地区。

附　录　C
（规范性附录）
小麦条锈病模式报表

表 C.1　小麦条锈病秋季模式报表（MQTXA）

序号	查报内容	查报结果
1	病虫模式报表名称	MQTXA
2	小麦播种面积/hm^2	
3	早播麦田面积占总麦田面积比率/%	
4	水浇麦田面积占总麦田面积比率/%	
5	抗病品种麦田面积占总麦田面积比率/%	
6	小麦秋苗发病始期(月/日)	
7	平均病田率/%	
8	平均每 667 m^2 传病中心数/个	
9	平均每 667 m^2 单片病叶数/片	
10	平均病叶率/%	
11	天气预报冬季(12 月至翌年 2 月)气温比常年高低/(+℃或－℃)	
12	天气预报冬季(12 月至翌年 2 月)降水量比常年增减比率/(+%或－%)	
13	预计翌年发生程度/级	
14	调查汇报单位	
注：要求汇报时间:11 月 20 日。		

表 C.2　小麦条锈病春季模式报表（MCTXA）

序号	查报内容	查报结果
1	病虫模式报表名称	MCTXA
2	调查日期(月/日)	
3	平均病田率/%	
4	平均每 667 m^2 传病中心数/个	
5	平均每 667 m^2 单片病叶数/片	
6	平均病叶率/%	
7	天气预报 4 月份气温比常年高低/(+℃或－℃)	
8	天气预报 4 月份降水量比常年增减比率/(+%或－%)	
9	预计发生程度/级	
10	调查汇报单位	
注：要求汇报时间:3 月 25 日。		

附 录 D
（资料性附录）
小麦条锈病危害损失估计模型

D.1 关键期病情产量损失模型

关键期病情模型(critical point model，简称 CPM)仅根据某一时期的病情预测损失，认为此时的病情在决定产量损失上作用最大，称为关键时期。各地做出的预测模型见式(D.1)、式(D.2)：

小麦灌浆期病情产量损失模型：

$$L_1 = 5.309\,2 + 0.510\,8X_{Fi} \qquad \text{(D.1)}$$

小麦扬花期病情产量损失模型：

$$L_2 = 0.245\,99 + 0.631\,48X_{Fl} \qquad \text{(D.2)}$$

式中：

L_1——由灌浆期病情决定的产量损失率，%；

X_{Fi}——灌浆期病情指数；

L_2——由扬花期病情决定的产量损失率，%；

X_{Fl}——扬花期病情指数。

D.2 多期病情模型

多期病情模型(multiple point model，简称 MPM)适用于病情在整个流行期间变化多端，不同时期危害减产机制有所不同，即小麦生长季节中利用两期或多期病情来预测病害损失，不同时期对应的预测模型见式(D.3)、式(D.4)、式(D.5)。

a) 小麦扬花期和乳熟期病情产量损失模型：

$$L_3 = 2.287 + 0.278X_{Fl} + 0.274X_M \qquad \text{(D.3)}$$

式中：

L_3——由扬花期和乳熟期病情决定的产量损失率，%；

X_{Fl}——扬花期病情指数；

X_M——乳熟期病情指数。

b) 小麦拔节中期、孕穗初期、孕穗末期、抽穗始期、扬花期和多半仁期病情产量损失模型：

$$L_4 = 0.972 + 0.851X_J - 1.051X_{eB} + 0.964X_{lB} - 0.358X_H + 0.403X_{Fl} + 0.268X_S \qquad \text{(D.4)}$$

式中：

L_4——由拔节中期、孕穗初期、孕穗末期、抽穗始期、扬花期和多半仁期病情决定的产量损失率，%；

X_J——拔节中期病情指数；

X_{eB}——孕穗初期病情指数；

X_{lB}——孕穗末期病情指数；

X_H——抽穗始期病情指数；

X_{Fl}——扬花期病情指数；

X_S——多半仁期病情指数。

c) 小麦不同时期旗叶和旗下一叶病情产量损失模型：

$$L_5 = 748.8 + 5.14X_1 - 10.15X_2 - 1.06X_3 \pm 36.15 \quad \text{(D.5)}$$

式中：

L_5——由旗叶病情决定的产量损失率，%；

X_1——5 月 2 日旗叶病情指数；

X_2——5 月 2 日旗下一叶病情指数；

X_3——5 月 21 日旗叶病情指数。

ICS 65.020.01
B 16

中华人民共和国国家标准

GB/T 15796—2011
代替 GB/T 15796—1995

小麦赤霉病测报技术规范

Rules for monitoring and forecast of the wheat head blight
(*Fusarium graminearum* Schw./*Gibberella zeae*(Schw.)Petch)

2011-09-29 发布 2011-12-01 实施

中华人民共和国国家质量监督检验检疫总局
中国国家标准化管理委员会 发布

前　言

本标准代替 GB/T 15796—1995《麦类赤霉病测报调查规范》。

本标准与 GB/T 15796—1995 相比主要变化如下：

——本次修订将原来的测报对象"麦类赤霉病"重新定名为"小麦赤霉病"，增加了预测方法的内容，将原来的"测报调查规范"改为"测报技术规范"；

——增加了"术语和定义"，其中定义了病情严重度、病情指数、子囊壳成熟程度分级指标、子囊壳成熟程度等小麦赤霉病测报调查中的重要术语和病情判别标准；

——修改了原标准中"病害流行程度划分标准"，改为"小麦赤霉病发生程度分级指标"，并规定了各级发生程度的病穗率和发病面积比率的具体指标；

——增加了华北、西北和东北等旱作地区的菌源基数调查内容；

——删除了"麦类生育期观察"的调查项目，将其具体内容并入病情调查；

——修改了病情系统调查，去掉"春麦区调查"的调查项目，将其具体内容分别并入"病情系统调查"和"病情普查"项目中；

——删除了正文中分别出现的各调查项目表格，将其内容编成一系列完整的样表，并在该份样表中加入了"小麦赤霉病年度发生情况统计表"和"小麦赤霉病发生防治基本情况记载表"，作为规范性附录；

——增加了稻麦轮作区和玉米、小麦轮作区小麦赤霉病模式报表，作为规范性附录；

——增加了影响赤霉病侵染小麦的关键生育期，旨在规范判断赤霉病发病的关键因子，作为资料性附录供各地参考借鉴；

——增加了关于赤霉病产量损失计算方法内容，作为资料性附录，供各地参考借鉴。

本标准的附录 A、附录 C 为规范性附录，附录 B、附录 D 为资料性附录。

本标准由中华人民共和国农业部提出并归口。

本标准主要起草单位：全国农业技术推广服务中心、江苏省植物保护站。

本标准主要起草人：姜玉英、曾娟、张芳。

本标准所代替标准的历次版本发布情况为：

——GB/T 15796—1995。

小麦赤霉病测报技术规范

1 范围

本标准规定了小麦赤霉病病情指标、子囊壳成熟度和发生程度分级指标、菌源基数调查、病情系统调查、病情普查、预测方法及测报资料收集、汇报和汇总等方面的技术和方法。

本标准适用于小麦赤霉病病情调查与预测。

2 术语和定义

下列术语和定义适用于本标准。

2.1

病情严重度　severity level of disease

出现穗腐症状(或由秆腐引起的白穗症状)的病小穗数占全部小穗的比例。

划分为5级:

0级:无病;

1级:病小穗数占全部小穗的1/4以下;

2级:病小穗数占全部小穗的1/4～1/2;

3级:病小穗数占全部小穗的1/2～3/4;

4级:病小穗数占全部小穗的3/4以上。

2.2

病情指数　disease index

病害发生的普遍性和严重程度的综合指标,用以表示病害发生的平均水平。

按式(1)计算:

$$I=\frac{\sum(h_i\times i)}{H\times 4}\times 100 \qquad (1)$$

式中:

I——病情指数;

h_i——各级严重度对应病穗数;

i——病情严重度各级值;

H——调查总穗数。

2.3

病残体带菌率　perithecium-carrying rate of the diseased remnant

产生子囊壳的病残体丛(株)数占调查总丛(株)数的百分率。按式(2)计算加权平均病残体子囊壳带菌率:

$$L=\sum(l_r\times r) \qquad (2)$$

式中:

L——加权平均病残体带菌率,%;

l_r——某一类型田子囊壳平均丛(株)带菌率,%;

r——该类型田所占面积比率,%。

2.4

子囊壳成熟度　ripening level of perithecium

室内镜检病残体子囊壳时,显微镜视野内大多数子囊壳所处的发育阶段,包括子囊壳是否成形和形状大小、子囊和子囊孢子的有无和形状等。共分 4 级：

0 级：子囊壳形成，但无子囊和子囊孢子；

1 级：子囊期，压破只见棍棒状和菊花状簇生子囊，未见子囊孢子；

2 级：子囊孢子期，子囊孢子分隔清楚，或子囊内有明显可辨的子囊孢子；

3 级：子囊孢子释放期，子囊壳体积大，易碎，内有大量子囊孢子，子囊壳表面常有灰色或粉红色粉末。

2.5

子囊壳成熟指数　perithecium ripening index

产生成熟子囊壳的病残体数占镜检病残体总数的加权平均百分率。

按式(3)计算：

$$D=\frac{\sum(N_m\times m)}{N\times 3}\times 100 \qquad \cdots\cdots(3)$$

式中：

D——子囊壳成熟指数；

N_m——各级子囊壳成熟度对应的病残体数，单位为根；

m——子囊壳成熟度级别；

N——镜检病残体总数，单位为根。

2.6

空中孢子捕捉量　the number of spore caught in air

孢子捕捉仪单日连续捕捉两小时后镜检，单片 18mm×18mm 盖玻片覆盖范围内，赤霉病菌子囊孢子的数量。

2.7

病穗率　the rate of diseased panicle

发病的小麦穗数占调查总穗数的比率。

3　发生程度分级指标

小麦赤霉病发生程度以当地最终的病穗率为主要指标、参考发病面积比率确定。发生程度划分为 5 级，即轻发生(1 级)、偏轻发生(2 级)、中等发生(3 级)、偏重发生(4 级)、大发生(5 级)，各级指标见表 1。

表 1　小麦赤霉病发生程度分级指标

指　　标	1 级	2 级	3 级	4 级	5 级
病穗率/%	$0.1<X\leqslant 10$	$10<X\leqslant 20$	$20<X\leqslant 30$	$30<X\leqslant 40$	$X>40$
发病面积比率/%	$Y>30$	$Y>30$	$Y>30$	$Y>30$	$Y>30$
注：X——病穗率；Y——发病面积比率。其中发病面积比率为参考指标。					

4　菌源基数调查

4.1　病残体带菌率调查

4.1.1　调查时间

在小麦拔节期、孕穗期和始穗期各调查一次。

4.1.2　调查田块

稻麦轮作区，选择残留有稻桩的田块 3 块；华北、西北和东北等旱作地区，选择残留有玉米、小麦秸秆或病残穗的田块 3 块。所选田块要能代表越冬状态的不同类型，并估测该类型田在当地麦田中的面积比率。

4.1.3 调查方法

每块田随机调查 50 丛(株)～100 丛(株),针对赤霉病菌在不同地区的主要越冬场所,分别检查稻桩、玉米或小麦秸秆等的带菌情况,计算病残体带菌率。

调查结果填入小麦赤霉病田间病残体带菌率调查表(见表 A.1)。

4.2 病菌子囊壳成熟度调查

4.2.1 调查时间

与 4.1.1 同期进行。

4.2.2 调查方法

从带菌病残体中取下产生子囊壳较多的一根,每类型田的总取样数应在 10 根以上,带回室内镜检。每根挑取不同部位的子囊壳(包含里层和外层的子囊壳),放置在有水滴的载玻片上,盖上盖玻片,压碎子囊壳镜检,判断子囊壳成熟度级别,计算子囊壳成熟指数。检查结果记入小麦赤霉病菌子囊壳成熟度调查表(见表 A.2)。

4.3 空中子囊孢子捕捉

4.3.1 捕捉时间和管理

在小麦孕穗期连续捕捉 20 d～30 d,每天捕捉时间 0:00～2:00, 8:00 时收片,傍晚装片。

4.3.2 孢子捕捉仪的设置

用孢子捕捉仪来捕捉空中浮游的赤霉病菌子囊孢子,以空中孢子捕捉量来表示菌源量的多少。孢子捕捉仪在麦田设置高度为 1.2 m。捕捉仪臂长 15 cm～17 cm,转臂距地面 1.5 m,微型电动机转速为 1 500 r/min。

4.3.3 粘孢载玻片

采用厚度为 1 mm～1.5 mm 的载玻片,分别安装在转臂两端,上转臂呈 45°角,在回旋迎风面上均匀涂上白凡士林薄膜。

4.3.4 镜检和记载

镜检时在玻片中央滴一小滴无菌水,仔细盖上 18 mm×18 mm 盖玻片,用 10×10 倍带十字推进器的生物显微镜,镜检 18 mm×18 mm 盖玻片覆盖范围内的赤霉病菌子囊孢子数量,镜检结果记入小麦赤霉病菌空中孢子捕捉记载表(见表 A.3)。

5 病情系统调查

5.1 调查时间

从抽穗始期开始,每日观察,始见病穗后,每 3 d 调查一次,至病情稳定时止。

5.2 调查地点

选择当地早播感病品种田 1 块作为系统调查田,面积不小于 667 m^2。有条件的可在大面积连片麦田内设立病情观测圃,栽种当地代表性品种 2 个～3 个,其中必须有一个感病品种,分早、中、迟 3 个播种期,播期间隔 10 d～15 d,每个品种种植面积不小于 67 m^2,生长期均不喷杀菌剂防治。

5.3 调查方法

观察小麦生育期和病情,在已发现病穗的田块随机固定 500 穗,调查病穗数和病情严重度,计算病穗率和病情指数,如发现秆腐应注明。调查结果记入小麦赤霉病病情系统调查记载表(见表 A.4)。

6 病情普查

6.1 调查时间

在当地小麦主栽品种齐穗期至灌浆期(病情发展高峰期)和腊熟期(收割前 10 d～15 d)各进行一次。

6.2 调查田块

根据前茬类型(水稻或旱作)、小麦品种和生育期的不同,选择各种类型田不少于10块,其中应包含一定数量的未防治田块。

6.3 调查方法

每块田随机取样500穗,调查病穗数和病情严重度,计算病穗率和病情指数,记入小麦赤霉病病情普查记载表(见表A.5)。另外还需由发病田块数和调查田块总数计算病田率,记入表格的左下角栏内。

7 预测方法

7.1 长期预测

在小麦抽穗前一个月,根据当年病残体带菌率,小麦品种、生育期、长势及3月~5月预报降雨量,经专家会商进行综合分析法,做出当年赤霉病发生程度和面积的预测。

7.2 中期预测

在小麦抽穗前,根据小麦穗期雨日数、雨量和相对湿度预报值,病残体带菌率和子囊壳成熟程度及空中孢子捕捉量,可利用历史资料,通过指标和统计模型法,做出赤霉病发生程度和面积的预测。

7.3 短期预测和校正预测

在小麦穗期,赤霉病防治行动前3 d~10 d(或小麦大面积齐穗前5 d~7 d),根据子囊壳成熟指数及空中孢子捕捉数量、小麦抽穗扬花进度、抽穗扬花期气温和连阴雨持续天数,采用当地适用的数理统计预测模型,做出赤霉病发生程度和面积的预测。

8 测报资料收集、汇报和汇总

8.1 资料收集

收集小麦主要品种及其栽培面积,小麦播种期和各期播种的小麦面积和气象资料。

气象资料根据长、中、短期病情预报的需要,应着重收集小麦孕穗至乳熟期的气象资料(影响赤霉病侵染小麦的关键生育期参见附录B)。特别是抽穗(开花)始期至抽穗扬花期的气温、湿度、雨量、雨日以及气温和降雨量的组合情况,如平均气温15℃以上连续阴雨天气出现的时期、持续天数和"倒春寒"等异常天气情况。

8.2 资料汇报

全国区域性测报站每年定时填写小麦赤霉病模式报表(见附录C)报上级测报部门。

8.3 资料汇总

每年对小麦赤霉病发生期和发生量进行统计汇总,记载小麦种植和赤霉病发生及防治情况,估测产量损失(方法参见附录D),分析发生特点和原因,结果记入小麦赤霉病年度发生情况统计表(见表A.6)和小麦赤霉病发生防治基本情况记载表(见表A.7)。

附　录　A
（规范性附录）
农作物病虫调查资料表册

小麦赤霉病

（　　　　年）

站　　名 ______________________（盖章）

站　　址 ______________________

（北纬：________东经：__________海拔：________）

测 报 员 ______________________

负 责 人 ______________________

表 A.1　小麦赤霉病田间病残体带菌率调查表

调查日期	调查地点	类型田	调查株(丛)数/株(丛)	带菌总株(丛)数/株(丛)	病残体带菌率/%	该类型田面积比率/%	加权平均病残体带菌率/%	备注
……								……
注:类型田是指稻麦轮作或玉米小麦轮作、秸秆种类、淹水或翻耕情况。								

表 A.2　小麦赤霉病菌子囊壳成熟度调查表

调查时间	调查地点	类型田	镜检根数/根	镜检子囊壳数/个	各级成熟度子囊壳根数/根				子囊壳成熟指数	备注
					0 级	1 级	2 级	3 级		
……										……

表 A.3　小麦赤霉病菌空中孢子捕捉记载表

调查日期	设置地点	周围类型田	子囊孢子数量/个				取玻片前 24 h 天气情况
			玻片 1	玻片 2	累计数	平均	
……							……

表 A.4 小麦赤霉病病情系统调查记载表

<table>
<tr><th rowspan="2">调查日期</th><th rowspan="2">调查地点</th><th rowspan="2">类型田</th><th rowspan="2">品种</th><th rowspan="2">生育期</th><th rowspan="2">调查穗数/个</th><th rowspan="2">病穗数/个</th><th rowspan="2">病穗率/%</th><th colspan="5">各严重度级别穗数/个</th><th rowspan="2">病情指数</th><th rowspan="2">备注</th></tr>
<tr><th>0</th><th>1</th><th>2</th><th>3</th><th>4</th></tr>
<tr><td></td><td></td><td></td><td></td><td></td><td></td><td></td><td></td><td></td><td></td><td></td><td></td><td></td><td></td><td></td></tr>
<tr><td></td><td></td><td></td><td></td><td></td><td></td><td></td><td></td><td></td><td></td><td></td><td></td><td></td><td></td><td></td></tr>
<tr><td>……</td><td></td><td></td><td></td><td></td><td></td><td></td><td></td><td></td><td></td><td></td><td></td><td></td><td></td><td>……</td></tr>
</table>

表 A.5 小麦赤霉病病情普查记载表

<table>
<tr><th rowspan="2">调查日期</th><th rowspan="2">调查地点</th><th rowspan="2">类型田</th><th rowspan="2">品种</th><th rowspan="2">生育期</th><th rowspan="2">调查穗数/个</th><th rowspan="2">病穗数/个</th><th rowspan="2">病穗率/%</th><th colspan="5">各严重度级别穗数/个</th><th rowspan="2">病情指数</th><th rowspan="2">备注</th></tr>
<tr><th>0</th><th>1</th><th>2</th><th>3</th><th>4</th></tr>
<tr><td></td><td></td><td></td><td></td><td></td><td></td><td></td><td></td><td></td><td></td><td></td><td></td><td></td><td></td><td></td></tr>
<tr><td></td><td></td><td></td><td></td><td></td><td></td><td></td><td></td><td></td><td></td><td></td><td></td><td></td><td></td><td></td></tr>
<tr><td>……</td><td></td><td></td><td></td><td></td><td></td><td></td><td></td><td></td><td></td><td></td><td></td><td></td><td></td><td>……</td></tr>
<tr><td>病田率/%</td><td></td><td></td><td></td><td></td><td></td><td></td><td></td><td></td><td></td><td></td><td></td><td></td><td></td><td></td></tr>
</table>

表 A.6 小麦赤霉病年度发生情况统计表

<table>
<tr><th rowspan="2">调查地点</th><th colspan="4">抽穗期</th><th colspan="4">扬花期</th><th colspan="4">腊熟期</th><th rowspan="2">备注</th></tr>
<tr><th>调查时间</th><th>病田率/%</th><th>病穗率/%</th><th>病情指数</th><th>调查时间</th><th>病田率/%</th><th>病穗率/%</th><th>病情指数</th><th>调查时间</th><th>病田率/%</th><th>病穗率/%</th><th>病情指数</th></tr>
<tr><td></td><td></td><td></td><td></td><td></td><td></td><td></td><td></td><td></td><td></td><td></td><td></td><td></td><td></td></tr>
<tr><td></td><td></td><td></td><td></td><td></td><td></td><td></td><td></td><td></td><td></td><td></td><td></td><td></td><td></td></tr>
<tr><td>……</td><td></td><td></td><td></td><td></td><td></td><td></td><td></td><td></td><td></td><td></td><td></td><td></td><td>……</td></tr>
<tr><td colspan="14">注:汇报时间:麦收后各站及时上报省站,省站汇总后及时上报。</td></tr>
</table>

表 A.7 小麦赤霉病发生防治基本情况记载表

<table>
<tr><td>小麦种植情况：
小麦面积/hm^2　　　　耕地面积/hm^2　　　　小麦面积占耕地面积比率/%
主栽品种
抗病品种面积/hm^2　　　　占小麦面积比率/%
早播面积/hm^2　　　　占小麦面积比率/%
灌溉面积/hm^2　　　　占小麦面积比率/%</td></tr>
<tr><td>小麦赤霉病发生情况：
发病面积/hm^2　　　　占小麦面积比率/%
受灾(达防治指标)面积/hm^2　　　　占发病田面积比率/%
成灾(减产 30%以上)面积/hm^2　　　　占发病田面积比率/%</td></tr>
<tr><td>防治情况：
防治面积/hm^2
最终发生程度　　　　实际损失/t　　　　挽回损失/t</td></tr>
<tr><td>发生和防治概况与原因简述：</td></tr>
<tr><td>注：汇报时间：麦收后各站及时上报省站，省站汇总后及时上报。</td></tr>
</table>

附 录 B
（资料性附录）
影响赤霉病侵染小麦的关键生育期

孕穗期：以10%麦株的剑叶环露出为孕穗始期；50%麦株的剑叶环露出为孕穗盛期；80%麦株剑叶环露出为孕穗末期。

抽穗期：以幼穗顶部1个～2个小穗露出剑叶鞘为抽穗；10%的麦株抽穗为抽穗始期；50%的麦株抽穗为抽穗盛期；80%的麦株抽穗为齐穗期。

开花期：以麦穗中部第一朵小花开放为开花；10%麦穗开花为始花期；50%麦穗开花为盛花期；80%麦穗开花为盛花末期。

灌浆期：子粒开始沉积淀粉，胚乳呈炼乳状，子粒含水量在5%左右时为乳熟期，约在开花后10 d左右。

腊熟期：子粒开始变硬，胚乳呈腊状，也称为成熟期。

附 录 C
(规范性附录)
小麦赤霉病模式报表

表 C.1 稻麦轮作区小麦赤霉病模式报表(MSCMA)

序号	查 报 内 容	查报结果
1	模式报表名称	MSCMA
2	截止调查日期(月/日)	
3	稻桩丛带菌率/%	
4	子囊壳成熟指数	
5	空中子囊孢子捕捉累计数/个	
6	菌源量相当于何种发生等级	
7	中高感病品种面积占播种面积比率/%	
8	气温稳定通过15℃的日期(月/日)	
9	预计4月中旬阴雨天数/d	
10	预计4月下旬阴雨天数/d	
11	预计5月上旬阴雨天数/d	
12	预计小麦抽穗盛期(月/日)	
13	预计发生程度/级	
14	预计发生面积/hm^2	
15	调查汇报单位	
注:汇报时间:4月5日、4月15日、4月25日。		

表 C.2 玉米小麦间(轮)作区小麦类赤霉病模式报表(MYCMA)

序号	查 报 内 容	查报结果
1	病虫模式报表名称	MYCMA
2	截止调查日期(月/日)	
3	玉米或小麦残茬带菌率/%	
4	子囊壳成熟指数	
5	空中子囊孢子捕捉累计数/个	
6	菌源量相当于何种发生等级	
7	中高感病品种面积占播种面积比率/%	
8	气温稳定通过15℃的日期(月/日)	
9	预计4月中旬阴雨天数/d	
10	预计4月下旬阴雨天数/d	
11	预计5月上旬阴雨天数/d	
12	预计5月中旬阴雨天数/d	
13	预计小麦抽穗盛期(月/日)	
14	预计发生程度/级	
15	预计发生面积/hm^2	
16	调查汇报单位	
注:汇报时间:4月15日、4月25日、5月10日。		

附 录 D
（资料性附录）
小麦赤霉病危害损失估计模型

D.1 黑龙江省西北部小麦赤霉病危害损失估计模型

中感型品种（如龙麦 19）产量损失率与病情指数和病穗率的关系，分别按式（D.1）和（D.2）计算：

$$y_1 = 0.024 + 0.781x_1 \pm 6.124\ (r_1 = 0.991\,1^{**}) \qquad \cdots\cdots(D.1)$$

$$y_2 = -8.636 + 0.699x_2 \pm 12.919\ (r_2 = 0.959\,9^{**}) \qquad \cdots\cdots(D.2)$$

中抗型品种（如龙 87-7953）产量损失率与病情指数和病穗率的关系，分别按式（D.3）和（D.4）计算：

$$y_3 = -0.033 + 0.679x_1 \pm 7.502\ (r_3 = 0.984\,7^{**}) \qquad \cdots\cdots(D.3)$$

$$y_4 = -3.751 + 0.541x_2 \pm 17.322\ (r_4 = 0.915\,8^{**}) \qquad \cdots\cdots(D.4)$$

式中：

y_1——黑龙江西北部中感型品种由病情指数决定的产量损失率，%；

x_1——病情指数；

y_2——黑龙江西北部中感型品种由病穗率决定的产量损失率，%；

x_2——病穗率，%；

y_3——黑龙江西北部中抗型品种由病情指数决定的产量损失率，%；

y_4——黑龙江西北部中抗型品种由病穗率决定的产量损失率，%；

r_1, r_2, r_3, r_4——式（D.1）、式（D.2）、式（D.3）、式（D.4）分别对应的相关系数。

D.2 陕西关中灌区小麦赤霉病危害损失估计模型

按式（D.5）计算：

$$y_5 = 0.387\,9x_1 - 0.771 \pm 0.957\,35\ (r_5 = 0.993\,48^{**}) \qquad \cdots\cdots(D.5)$$

式中：

y_5——陕西关中灌区小麦赤霉病产量损失率，%；

x_1——病情指数；

r_5——式（D.5）的相关系数。

ICS 65.020.01
B 16

中华人民共和国国家标准

GB/T 15797—2011
代替 GB/T 15797—1995

小麦丛矮病测报技术规范

Rules for monitoring and forecast of the wheat rosette dwarf (wheat rosette stunt virus)

2011-09-29 发布　　2011-12-01 实施

中华人民共和国国家质量监督检验检疫总局
中国国家标准化管理委员会　发布

前言

本标准代替 GB/T 15797—1995《小麦丛矮病测报调查规范》。

本标准与 GB/T 15797—1995 相比主要变化如下：

——本次修订增加了小麦丛矮病预测方法等方面的内容，将原来标题中的“测报调查规范”改为“测报技术规范”；

——增加了“术语和定义”，对“介体传播”、“传毒介体”、“病情严重度”、“病情指数”等重要术语和病情判别标准进行了规范；

——增加了全国统一的小麦丛矮病发生程度分级指标；

——修改了“传毒介体灰飞虱的虫量调查”和“带毒率测定”两项条目，将其内容合并为“灰飞虱虫量和带毒率调查”一大项；

——删除了“毒源调查”中“诱测圃发病率调查”和“夏谷发病率调查”的内容，将“田间自生麦苗发病率调查”的内容归入“秋季灰飞虱虫量调查”；

——删除了正文中分别出现的各调查项目表格，将其内容编成一系列完整的样表，作为规范性附录A，并在该份样表中增加了“小麦丛矮病发生防治基本情况记载表”；

——增加了小麦丛矮病冬前和春季发生模式报表，作为规范性附录，要求定时汇报；

——增加了小麦丛矮病发生程度与主要预测因子的经验关系，作为资料性附录，供各地参考借鉴。

本标准的附录 A、附录 C 为规范性附录，附录 B 为资料性附录。

本标准由中华人民共和国农业部提出并归口。

本标准主要起草单位：全国农业技术推广服务中心、北京市植保站。

本标准主要起草人：姜玉英、曾娟、杨建国。

本标准所代替标准的历次版本发布情况为：

——GB/T 15797—1995。

小麦丛矮病测报技术规范

1 范围

本标准规定了小麦丛矮病病情严重度和发生程度分级、灰飞虱虫量和带毒率调查、病情系统调查和普查、预测方法及测报资料收集、汇报和汇总等方面的技术和方法。

本标准适用于小麦丛矮病调查和预测。

2 术语和定义

下列术语和定义适用于本标准。

2.1

介体传播　vector transmission

病毒依附在其他生物体上，借助其活动而进行的传播及侵染。

2.2

传毒介体　the vector of WRSV

传播病毒的生物体，种类很多，主要有昆虫、螨类、线虫、真菌、菟丝子等，以昆虫最为重要。

注：灰飞虱[*Laodelphax striatella*(Fallén)]是小麦丛矮病毒(wheat rosette stunt virus，WRSV)的主要传毒介体。灰飞虱一旦获毒可终生带毒，但不经卵传毒。带毒若虫越冬时，病毒可在若虫体内越冬。灰飞虱吸食病株后，病毒在虫体内需一段循回期才能传毒。

2.3

病情严重度　severity level of disease

植株或器官发病的程度。

注：小麦丛矮病严重度，以植株整体矮化程度、叶片黄化和缩小程度、分蘖增加程度、能否抽穗和穗粒变小和减少程度等要素划分，共分4级：0级——正常无病；1级——植株矮化，高度比健株矮30%以内，叶片有退绿条点或条纹，能抽穗，但小穗比正常穗少5个以上；2级——植株矮化，高度比健株矮50%左右，叶片变细，呈黄色，分蘖增加，少数能抽穗，穗形变小，秕粒较多；3级——植株严重矮化，叶细小，色很黄，分蘖丛生不拔节或少数能拔节但不能抽穗，或有穗无粒或秕粒更多。

2.4

病株率　the rate of diseased individual plant

调查发病的小麦株数占调查总株数的比率。

2.5

病情指数　disease index

病害发生的普遍性和严重程度的综合指标，用以表示病害发生的平均水平，按式(1)计算：

$$I=\frac{\sum(i\times l_i)}{L\times 3}\times 100 \qquad (1)$$

式中：

I——病情指数；

i——各严重度级值；

l_i——各严重度级值对应病株数；

L——调查总株数(本标准中株是指单茎)。

3 发生程度分级指标

小麦丛矮病发生程度以当地发病最重时期的平均病株率、参考发病面积比率确定。划分为5级，即轻发生(1 级)、偏轻发生(2 级)、中等发生(3 级)、偏重发生(4 级)、大发生(5 级),各级指标见表 1。

表 1　小麦丛矮病发生程度分级指标

发生程度指标	1 级	2 级	3 级	4 级	5 级
平均病株率	$0.1<X\leqslant10$	$10<X\leqslant20$	$20<X\leqslant30$	$30<X\leqslant40$	$X>40$
发病面积比/%	$1<Y\leqslant5$	$5<Y\leqslant10$	$10<Y\leqslant20$	$20<Y\leqslant30$	$Y>30$
注：X——平均病株率;Y——发病面积比。其中发病面积比为参考指标。					

4　灰飞虱虫量和带毒率调查

4.1　虫量调查

4.1.1　调查时间

秋季,自小麦播种前一个月开始,至小麦播种后 10 d 止;春季自旬平均气温达 10 ℃以上、灰飞虱开始活动时起,至越冬代成虫羽化盛末期止。每 5 d 调查一次。

4.1.2　调查地点

秋季,选择杂草和自生麦苗较多的麦田或附近沟渠 3 处,随机取 5 点;春季,选择当地主要种植形式(如平作田或间套田),按播种期早、中、晚选 3 块田。

4.1.3　调查方法

每块田单对角线 5 点取样。

笼取样法:用木架、粗铁丝等支持物制成 33 cm×33 cm×33 cm 的笼框,四周用白纱布围住,在样点扣笼后,用手或棍棒在笼内搅动,待灰飞虱跳到纱布上,进行观察计数。

塑料布取样法:用白色塑料布一块,在中间剪成 33 cm×33 cm 的方孔(三边剪成缝、留下一边不剪),对准样点铺上塑料布,揭开方孔,再将孔中的灰飞虱赶到塑料布上,进行观察计数。

每点拍查面积为 0.11 m^2(33 cm×33 cm),计算点内虫口密度,折算为每平方米虫量,结果记入灰飞虱虫口密度调查表(见表 A.1)。

4.2　灰飞虱自然带毒率测定

4.2.1　调查时间

在秋季小麦播种前一个月和春季小麦开始返青时,各调查一次。

4.2.2　调查地点和方法

选择本地区的感病小麦品种为指示植物,结合虫量调查,在各调查对象田按虫量比例捕虫(秋季可按雌雄各占 50%的比例采虫;春季采集越冬后的若虫),选用下述方法中之一种进行测定,测定总虫量不少于 200 头。

先在防虫条件下育苗,于麦苗长出芽鞘时取单苗,根部设法保湿,以不使苗枯死。然后把单苗放在指形管或试管等容器内,接上单虫,管上标明虫号,2 d 后换下麦苗,按号移栽到防虫条件下培养,观测发病情况。同一批虫重复接三批麦苗。

在防虫条件下,单粒播种小麦,出苗前即用小型玻璃灯罩、粗玻璃管或小尼龙罩扣苗,单苗接单虫,接虫期间每天检查一次接虫死活,接虫 6 d 后灭虫。自接虫日起 15 d 后调查发病苗数。

按式(2)计算灰飞虱的自然带毒率,结果记入灰飞虱自然带毒率测定记载表(见表 A.2)。

$$H=\frac{S}{Z}\times100 \qquad \cdots\cdots(2)$$

式中：

H——自然带毒率,%;

S——发病麦苗数,单位为株;

Z——接种总麦苗数,单位为株。

5 病情调查

5.1 系统调查

5.1.1 调查时间

小麦秋苗期至越冬前及返青期至灌浆期，每 10 d 调查 1 次。

5.1.2 调查田块

在一个地区按小麦播种期早、中、晚选择三块田作为调查对象田。

5.1.3 调查方法

每块田单对角线 5 点取样，两头的点应落在地边的第三行或第四行，其余 3 点等距取样，每点查 200 株，计算病株率和病情指数。将调查结果记入小麦丛矮病病情系统调查表（表 A.3）。冬前发病高峰期的病株率，作为秋季毒源数量。

5.2 病情普查

5.2.1 调查时间

秋季小麦越冬前、春季起身期和灌浆期至乳熟期各普查一次。

5.2.2 调查方法

选择能代表当地小麦主栽品种、不同生态环境（杂草多少等）和种植方式（平播或套播等）的 5 块田，单对角线 5 点取样，调查与目测估计相结合进行，统计不同病株率的发病面积。将结果记入小麦丛矮病病情普查表（见表 A.4）。

6 预测方法

根据灰飞虱带毒情况、早播和套种小麦面积比例，以及品种抗病性和天气情况，采用综合分析法预报发生趋势，如灰飞虱迁入时期、数量和小麦丛矮病发生面积和程度等（发生程度与主要预测因子的关系参见附录 B）。

7 测报资料收集、汇报和汇总

7.1 资料收集

小麦播种期和各期播种的小麦面积，套作麦田面积及其他必需的栽培管理资料，主要品种的栽培面积、生育期和抗病性，以及当地气象台（站）主要气象要素的预测值和实测值。

7.2 资料汇报

全国区域性测报站每年定时填写小麦丛矮病模式报表（见附录 C）报上级测报部门。

7.3 资料汇总

对小麦丛矮病发生期和发生量进行统计汇总，记载小麦种植和丛矮病发生、防治情况，总结发生特点，进行原因分析，结果记入小麦丛矮病发生防治基本情况记载表（见表 A.5）。

附 录 A
（规范性附录）
农作物病虫调查资料表册
小麦丛矮病

（　　　年）

站　　名 ________________（盖章）

站　　址 ________________

（北纬：________东经：________海拔：________）

测报员 ________________

负责人 ________________

表 A.1 灰飞虱虫口密度调查表

调查日期	类型田	杂草种类或小麦品种	小麦生育期	调查面积/m^2	成(若)虫/头	虫口密度/(头/m^2)	备注
……							……

表 A.2 灰飞虱自然带毒率测定记载表

调查日期	类型田	取样地小麦品种	取样地小麦生育期	接虫苗数/株	发病苗数/株	自然带毒率/%	备注
……							……

表 A.3 小麦丛矮病病情系统调查表

调查日期	调查地块				总株数/株	各点病株数/株						病株率/%	各级病株数/株				病情指数	备注
	名称	品种	播期	面积		1	2	3	4	5	合计		0	1	2	3		
……																		……

表 A.4 小麦丛矮病病情普查表

调查日期	地点	种植方式	调查面积/667 m^2	不同病株率的发病面积/667 m^2							毁种面积/667 m^2	备注
				总计	0.1%以下	0.1%～10%	10%～20%	20%～30%	30%～40%	40%以上		
……												……

表 A.5　小麦丛矮病发生防治基本情况记载表

<table>
<tr><td>小麦种植情况：
小麦面积/hm² 　　耕地面积/hm² 　　小麦面积占耕地面积比率/%
主栽品种
抗病品种面积/hm² 　　占小麦面积比率/%
早播面积/hm² 　　占小麦面积比率/%
灌溉面积/hm² 　　占小麦面积比率/%</td></tr>
<tr><td>小麦丛矮病发生情况：
发病面积/hm² 　　占小麦面积比率/%
受灾(达防治指标)面积/hm² 　　占发病田面积比率/%
成灾(减产 30%以上)面积/hm² 　　占发病田面积比率/%</td></tr>
<tr><td>防治情况：
防治面积/hm² 　　其中拌种面积/hm² 　　喷药面积/hm²
最终发生程度 　　实际损失/t 　　挽回损失/t</td></tr>
<tr><td>发生和防治概况与原因简述：

注：麦收后汇总全省情况，省站及时上报。</td></tr>
</table>

附 录 B
（资料性附录）
小麦丛矮病发生程度与主要预测因子的关系

表 B.1 小麦丛矮病发生程度与主要预测因子的关系

小麦丛矮病发生程度	灰飞虱自然带毒率	田间毒源数量	小麦早播或秋作物田中套播面积
大发生	35%以上	多	大
偏重发生	20%～30%	多	较大
中度发生	10%～20%	较少	较小
轻度发生	10%以下	少	小

附　录　C
（规范性附录）
小麦丛矮病模式报表

表 C.1　小麦丛矮病冬前发生模式报表（MQCAA）

序号	查　报　内　容	查报结果
1	病虫模式报表名称	MQCAA
2	调查日期（月/日）	
3	秋季灰飞虱发生高峰期虫口密度/（头/m^2）	
4	灰飞虱自然带毒率/%	
5	小麦早播或秋作物田中套播面积比率/%	
6	小麦早播或秋作物田中套播面积比率比历年平均值增减/（+%或-%）	
7	秋季普查麦苗病株率/%	
8	麦苗病株率比历年平均值增减/（+%或-%）	
9	预计翌年发病程度/级	
10	预计翌年发病面积/hm^2	
注：汇报时间：11月25日。		

表 C.2　小麦丛矮病春季发生模式报表（MCCAA）

序号	查　报　内　容	查报结果
1	病虫模式报表名称	MCCAA
2	春季发病始期（月/日）	
3	比常年发病早晚/d	
4	最近调查日期（月/日）	
5	灰飞虱虫口密度/（头/m^2）	
6	灰飞虱自然带毒率/%	
7	小麦返青期病田率/%	
8	病田率比历年平均值增减/（+%或-%）	
9	发病田平均严重度	
10	平均严重度比历年平均值增减/（+%或-%）	
11	预计当年发病程度/级	
12	预计当年发病高峰期（月/日）	
13	预计当年发病面积/hm^2	
注：汇报时间：3月5日。		

ICS 65.020.01
B 16

中华人民共和国国家标准

GB/T 15799—2011
代替 GB/T 15799—1995

棉蚜测报技术规范

Rules for monitoring and forecast of the cotton aphid(*Aphis gossypii* Glover)

2011-09-29 发布　　2011-12-01 实施

中华人民共和国国家质量监督检验检疫总局
中国国家标准化管理委员会　发布

前　言

本标准代替 GB/T 15799—1995《棉蚜测报调查规范》。

本标准与 GB/ T 15799—1995 相比主要变化如下：

a） 增加了棉蚜预测预报方法，标准名称《棉蚜测报调查规范》改为《棉蚜测报技术规范》；

b） 增加了"术语和定义"部分，其中定义了卷叶株和油斑株；

c） 以有翅蚜的调查代替原有翅成蚜和有翅若蚜的分别调查；

d） 早春基数调查中，减少草本寄主的调查数量，将"50 株～100 株"改为"50 株"；

e） "苗期蚜虫系统调查和伏期蚜虫系统调查"合并为"系统调查"；

f） "苗期蚜虫大田普查和伏期蚜虫大田普查"合并为"大田普查"；

g） 删除了苗期棉蚜种群结构调查；

h） 增加了系统调查田块数量；

i） 减少了普查苗期棉蚜的取样数量，将 200 株改为 100 株；

j） 删除了蚜害指数概念；

k） 增加了附录 B、附录 D、附录 E 和附录 G。

本标准的附录 A、附录 F 、附录 G 为规范性附录，附录 B、附录 C 、附录 D 和附录 E 为资料性附录。

本标准由中华人民共和国农业部提出并归口。

本标准主要起草单位：全国农业技术推广服务中心。

本标准主要起草人：夏冰、姜京宇、姜玉英、赵文新、张祝华、朱先敏。

本标准所代替标准的历次版本发布情况为：

——GB/T 15799—1995。

棉蚜测报技术规范

1 范围

本标准规定了早春虫源基数调查、系统调查、大田普查、天敌调查、预测方法、发生程度和为害损失的统计和历年测报资料统计汇总汇报方法等方面的技术和方法。

本标准适用于棉蚜测报调查和预报。

2 术语和定义

下列术语和定义适用于本标准。

2.1

卷叶株 leaf roll plant

因蚜虫为害,造成叶片内卷 1/2 的棉株为卷叶株。

2.2

油斑株 oil spot plant

因蚜虫为害,造成植株中上部叶片有油斑的棉株为油斑株。

3 早春虫源基数调查

3.1 调查时间

棉花播种和有翅蚜大量出现以前分别调查一次,共调查两次。

3.2 调查寄主

在以木本寄主为主的地区,选择花椒、石榴、木槿等越冬寄主进行调查;在以草本寄主为主的地区,主要对夏至草进行调查。

3.3 调查方法

调查木本寄主,每种寄主固定两株,每株在东、西、南、北、中五个部位,各选 15 cm 枝条一个,记载有蚜枝数、有翅蚜和无翅蚜,计算有蚜枝率、平均单枝蚜量,结果记入表 A.1。调查草本寄主,共调查 50 株,计算有蚜株率和平均每株蚜量,结果记入表 A.2。

4 系统调查

4.1 苗期棉蚜系统调查

4.1.1 调查时间

棉苗出土后至苗期棉蚜(参见附录 B)为害末期。

4.1.2 调查田块

结合棉花前茬作物,选择具代表性的一类、二类、三类棉田各三块,发生期不施药或很少施药。

4.1.3 调查方法

每块田采取 5 点取样法,定苗前每点查 40 株,定苗后每点查 20 株,每 5 d 调查一次全株蚜量,计算蚜株率和百株蚜量。当出现棉花卷叶时,同时调查卷叶株数,计算卷叶株率。调查结果记入表 A.3。

4.2 伏期棉蚜系统调查

4.2.1 调查时间

自伏期棉蚜(参见附录 B)为害期开始至伏期棉蚜为害末期。

4.2.2 调查田块

一类、二类棉田各三块，发生期不施药或很少施药。

4.2.3 调查方法

每块田采取5点取样，每点10株，每5 d调查一次。调查每株查主茎的上、中、下3片叶蚜量、蚜霉菌寄生情况、油斑株数、卷叶株，并计算蚜株率、百株三叶蚜量、百株三叶感染蚜霉菌蚜虫数，油斑株率和卷叶株率。结果记入表A.4。

5 大田普查

5.1 普查时间

在苗期和伏期系统调查田蚜量达到防治指标时开展普查，未防治棉田在棉蚜高峰期进行普查。

5.2 普查田块

根据当地栽培情况，按一类、二类、三类棉田比例选择有代表性的棉田10块以上。

5.3 普查方法

随机取样，苗期每块田调查100株，伏期每块田调查50株；调查计算有蚜株数、卷叶株数、油斑数、蚜株率、卷叶株率、油斑率和蚜田率。结果记入表A.5和表A.6。

6 天敌调查

6.1 调查时间

在系统调查棉蚜的同时，进行其天敌种类和数量调查。

6.2 调查方法

调查株数、点数与系统调查棉蚜发生情况相同。其中，计算天敌单位（天敌单位的换算参见附录C）与蚜虫比，结果记入表A.7。

7 预测方法

7.1 苗期棉蚜预测

7.1.1 三叶前预测

预报以早春虫源基数调查资料和4月～5月份气象预报，结合历年统计汇总棉蚜发生资料进行分析，应用多种预报方法做出预报。其中影响棉蚜发生主要因子包括气候、天敌数量、防治程度和棉花种植品种等，气候影响指标参见附录D。

7.1.2 四叶后预测

根据三叶期棉蚜发生为害情况、棉田的益害比和天敌单位总量、代表性天敌（例如七星瓢虫）有效虫态高峰期出现的时间及与蚜虫发生为害高峰期的吻合度、5月～6月份气象预报，对比历年资料进行综合分析，应用多种预报方法做出预报。

7.2 伏期棉蚜预测

根据7月～8月份气象预报，对比历年资料，应用多种预报方法做出预报。

8 发生程度和为害损失的统计

8.1 发生量的表示

早春数量以木本寄主平均15 cm枝长蚜量和平均每株杂草蚜量表示。其他各期以平均最高百株蚜量和平均最高卷叶株率表示。

8.2 发生程度的划分原则

发生程度分为5级，分别为轻发生（1级）、偏轻发生（2级）、中发生（3级）、偏重发生（4级）、大发生（5级）。应以平均最高卷叶株率为主，结合百株蚜量进行统一划分。分级原则为：

——1 级：指受害密度以下的平均最高卷叶株率和百株蚜量；

——2 级：指介于 1 级和 3 级之间的卷叶株率和百株蚜量，上限一般是防治指标；

——3 级：指多年发生的卷叶株率和百株蚜量的平均值；

——4 级：指介于 3 级和 5 级之间的卷叶株率和百株蚜量；

——5 级：指该地区历史上一些最高年份卷叶株率和百株蚜量。

以平均最高卷叶株率和百株蚜量为基础，划分发生程度的其他方面还包括：平均最高百株蚜量、发生危害期持续时间的长短、应用农药防治面积占棉田总面积的比率、应防棉田平均用药次数。

8.3 危害损失

8.3.1 皮棉危害产量损失率

即若不防治时，各期棉蚜所造成的皮棉产量损失率。本地建立产量损失计算模型的，可利用本地模型；本地没有建立产量损失计算模型的，可参照棉蚜发生情况相似地区的损失率模型。山东省、河南省、河北省、安徽省、辽宁省测定公式参见附录 E。

8.3.2 实际皮棉产量损失率

即统计防治后皮棉产量损失值，将防治后调查的棉田平均最高卷叶率（或平均单株蚜量）代入产量损失模型，求得实际皮棉产量损失率。

8.3.3 挽回皮棉产量损失率

用不防治皮棉产量损失率减去防治田皮棉产量损失率求得。

8.3.4 全年皮棉产值损失率

全年皮棉产值损失率为各期皮棉产值损失率之和。以上结果记入表 A.8。

9 测报资料汇总和汇报

全国制定统一的“调查资料表册”（见附录 A）和测报资料统计（汇总）表册（见附录 F），供各地应用时复制。同时，向农业部全国农业技术推广服务中心及时准确地传递，特编制统一汇报格式、时间和内容的报表程序（见附录 G）。其中早春棉蚜预报、苗期棉蚜预报和伏期棉蚜预报所需汇报的模式报表分别为 MMZYA、MMMYA 和 MMFYA。报表中发生程度按轻发生、偏轻发生、中发生、偏重发生、大发生分别用 1、2、3、4、5 表示；同历年比较的早、增、多、高用“＋”表示，晚（或迟）、减、少、低用“－”表示；与历年相同和相近，用“0”表示；缺测项目用“××”表示。

附　录　A
（规范性附录）
农作物病虫调查资料表册

表 A.1　早春木本寄主蚜虫调查表

日期	寄主名称	调查枝数	有蚜枝数	有蚜枝率/%	东部枝		西部枝		南部枝		北部枝		中部枝		合计			平均单枝蚜量
					有翅蚜	无翅蚜	有翅蚜	无翅蚜	有翅蚜	无翅蚜	有翅蚜	无翅蚜	有翅蚜	无翅蚜	有翅蚜	无翅蚜	总蚜量	
		枝			头													

表 A.2　早春草本寄主蚜虫调查表

日期	寄主名称	调查株数	有蚜株数	有蚜枝率/%	有翅蚜数	无翅蚜数	总蚜数	平均每株蚜数
		株			头			

表 A.3　苗期棉蚜系统调查表

日期	真叶数/片	调查株数	有蚜株数	蚜株率/%	卷叶株数/株	卷叶株率/%	有翅蚜	无翅蚜	折百株总蚜量
		株					头		

表 A.4　伏期棉蚜系统调查表

日期	调查株数/株	有蚜株数/株	蚜株率/%	调查三叶蚜量	调查三叶蚜霉菌数	折百株三叶蚜量	折百株三叶蚜霉菌数	油斑株数	卷叶株数	油斑株率	卷叶株率
				头				株		%	

表 A.5　苗期棉蚜普查表

日期	地点	类型田	叶片数/片	调查株数	有蚜株数	蚜株率/%	卷叶株数/株	卷叶株率/%	蚜田率/%	防治日期	防治方法
				株							

表 A.6　伏期棉蚜普查表

日期	地点	调查株数	油斑株数	卷叶株数	油斑株率	卷叶株率	蚜田率	防治日期	防治方法
		株			%				

表 A.7　棉蚜天敌调查表

日期	调查株数/株	百株蚜量/头	天敌种类和数量/头															折天敌单位/个	益害比
			七星瓢虫	异色瓢虫	多异瓢虫	龟纹瓢虫	黑襟毛瓢虫	食蚜蝇幼虫	草蛉幼虫	小花蝽	大眼蝉长蝽	草间小黑蛛	三突花蟹蛛	僵蚜	食蚜绒螨	姬猎蝽	其他种类		

表 A.8 棉蚜发生防治基本情况表

1.棉花种植情况

耕地面积________________ hm^2；棉花面积________________ hm^2；棉花面积占耕地面积比率____%；
麦棉间作面积________________ hm^2；占棉田面积________________%；
皮棉总产量________________ t；平均皮棉产量________________ kg/667 m^2；
棉花平均密度________________株/667 m^2。

2.棉蚜发生防治情况

发生期		发生程度/级	应用农药防治面积/hm^2	占棉田面积比率/%	防治面积/hm^2	施药棉田平均防治次数
苗期棉蚜	三叶前					
	四叶后					
伏期棉蚜						
合计						

3.各期危害皮棉损失和防治获得经济效益统计

统计项目			发生为害期			合计
			苗期棉蚜		伏期棉蚜	
			三叶前	四叶后		
若不防治	产量损失率	%				
	产值损失率					
	产量损失	t				
	产值损失	万元				
防治挽回	产量损失率	%				
	产值损失率					
	产量损失	t				
	产值损失	万元				
防治后仍造成	产量损失率	%				
	产值损失率					
	产量损失	t				
	产值损失	万元				

4.简述发生防治特点

附　录　B
（资料性附录）
棉蚜发生为害期的划分

棉蚜全年的发生危害期统一划分为两个阶段，即苗期棉蚜和伏期棉蚜，简称苗蚜和伏蚜；苗期棉蚜又分为三叶前期和四叶后期（三叶期过后至现蕾前）。

附　录　C
（资料性附录）
棉蚜天敌单位的换算

异色瓢虫[*Leis axyridis*(pallas)]、七星瓢虫(*Coccinella septempunctata* L.)、十三星瓢虫[*Hippodamia tridecimpunctata*(L.)]等，食蚜量大的瓢虫成、幼虫都以1个虫体作为1个天敌单位。

龟纹瓢虫(*Propylaea japonica* Thunberg)、多异瓢虫(*Adonia rariegata* Goeze)的成、幼虫，大草蛉(*Chrysopa septempunctata* Wesmael)、中华草蛉(*Chrysopa sinica* Tjeder)的幼虫，食蚜蝇(*Epistrophe balteata* De Geer)的幼虫，拟环纹狼蛛(*Lycosa pseudoannulata* Boer. et str.)以2个虫体为1个天敌单位。

黑襟毛瓢虫[*Scymnus*(*Neopullus*)*hoffmanni* Weise]成、幼虫，草间小黑蛛[*Erigonidium graminicolum*(Sundevall)]等一般食蚜量的蜘蛛以4个虫体为1个天敌单位。

小花蝽(*Orius minutus* Linnaeus)、大眼长蝽(*Geocoris pallidipennis* Costa)以10个虫体为1个天敌单位。

被寄生蜂寄生的蚜虫以120头僵蚜为1个天敌单位。

附 录 D
（资料性附录）
气候影响指标

7月上、中旬降雨次数少。旬降雨量为20 mm以下，晴雨次数频繁，相对湿度为55%～85%时，伏蚜将高速增殖，猖獗发生。

7月上、中旬无雨，温度持续高达30 ℃以上；或旬内降雨日数多于晴天数，旬雨量约为60 mm，相对湿度达90%左右时；伏蚜增殖下降，不会形成猖獗发生。

7月上、中旬连续降雨达5 d，旬雨量60 mm以上，相对湿度80%～90%时，蚜霉菌开始侵染流行，伏蚜群体基数下降。

附 录 E
（资料性附录）
部分省份棉花产量损失率计算公式

E.1 山东省

苗蚜：三叶前：$Y_1=20.021e^{-8.9287/\chi_1}$ ……………………………… (E.1)

四叶后：$Y_1=19.925e^{-13.3779/\chi_1}$ ……………………………… (E.2)

伏蚜：$Y_1=23.2719e^{-12.2155/\chi_1}$ ……………………………… (E.3)

E.2 河南省

苗蚜：三叶前：$Y_2=-38.574+11.645\ln\chi_2\pm4.21$ ……………………………… (E.4)

四叶后：$Y_2=-49.633+11.232\ln\chi_2\pm5.485$ ……………………………… (E.5)

伏蚜：$Y_2=-28.802+5.465\ln\chi_2\pm3.676$ ……………………………… (E.6)

E.3 河北省

苗蚜：三叶前：$Y_2=0.3886\chi_1+0.389$ ……………………………… (E.7)

四叶后：$Y_2=0.23068\chi_1+9.5623$ ……………………………… (E.8)

E.4 安徽省

$Y_2=0.3326\chi_1-0.6780$ ……………………………… (E.9)

E.5 辽宁省

伏蚜：$Y_2=0.143\chi_1+0.53$ ……………………………… (E.10)

式(C.1)～式(C.10)中：

Y_1——皮棉产量损失率，%；

Y_2——籽棉产量损失率，%；

χ_1——卷叶株率，%；

χ_2——单株蚜量，头。

附 录 F
（规范性附录）
农作物病虫测报资料统计（汇总）表册

表 F.1 历年棉花三叶期棉蚜发生危害情况

年份	百株蚜量≥____头			卷叶株率≥____%		
	起止日期（月、日）	危害天数/d	占棉田面积/%	起止日期（月、日）	危害天数/d	占棉田面积/%

表 F.2 历年苗期棉蚜发生危害情况

年份	百株蚜量≥____头			卷叶株率≥____%		
	起止日期（月、日）	危害天数/d	占棉田面积/%	起止日期（月、日）	危害天数/d	占棉田面积/%

表 F.3 历年伏期棉蚜发生危害情况

年份	百株蚜量≥____头			卷叶株率≥____%		
	起止日期（月、日）	危害天数/d	占棉田面积/%	起止日期（月、日）	危害天数/d	占棉田面积/%

表 F.4 历年棉蚜发生量

年份	早春数量		苗期棉蚜				伏期棉蚜	
			三叶前		四叶后			
	木本寄主平均 15 cm 枝蚜量/头	平均每株杂草蚜量/头	平均最高百株蚜量/头	平均最高卷叶株率/%	平均最高百株蚜量/头	平均最高卷叶株率/%	平均最高百株蚜量/头	平均最高卷叶株率/%

表 F.5 历年各期棉蚜危害损失

年份	苗 期 棉 蚜												伏 期 棉 蚜					
	三叶前						四叶后						不防治田			防治田		
	发生程度	不防治田		防治田			发生程度	不防治田		防治田								
		平均最高卷叶株率/%	产量损失率/%	平均最高卷叶株率/%	产量损失率/%	挽回产量损失率/%		平均最高卷叶株率/%	产量损失率/%	平均最高卷叶株率/%	产量损失率/%	挽回产量损失率/%	发生程度	平均最高卷叶株率/%	产量损失率/%	平均最高卷叶株率/%	产量损失率/%	挽回产量损失率/%
注：缺少平均最高卷叶株率的用平均最高百株蚜量计算。																		

表 F.6 历年棉蚜造成的危害损失

<table>
<tr><td rowspan="4">年份</td><td colspan="7">全 年</td></tr>
<tr><td rowspan="3">发生程度/级</td><td rowspan="2">产量损失率</td><td rowspan="2">产值损失率</td><td colspan="2">防治后损失率</td><td colspan="2">挽回损失率</td></tr>
<tr><td>产量</td><td>产值</td><td>产量</td><td>产值</td></tr>
<tr><td colspan="6">%</td></tr>
<tr><td></td><td></td><td></td><td></td><td></td><td></td><td></td><td></td></tr>
<tr><td></td><td></td><td></td><td></td><td></td><td></td><td></td><td></td></tr>
<tr><td></td><td></td><td></td><td></td><td></td><td></td><td></td><td></td></tr>
</table>

表 F.7 历年春季作物七星瓢虫发生期和发生量

<table>
<tr><td rowspan="4">年份</td><td colspan="2">发 生 量</td><td colspan="6">发 生 期</td></tr>
<tr><td rowspan="3">调查日期</td><td rowspan="3">四月平均每 667 m²数量/头</td><td rowspan="3">检查日期</td><td rowspan="3">总虫数/头</td><td colspan="4">其中</td></tr>
<tr><td>卵</td><td>幼虫</td><td>成虫</td><td>蛹</td></tr>
<tr><td colspan="4">%</td></tr>
<tr><td></td><td></td><td></td><td></td><td></td><td></td><td></td><td></td><td></td></tr>
<tr><td></td><td></td><td></td><td></td><td></td><td></td><td></td><td></td><td></td></tr>
<tr><td></td><td></td><td></td><td></td><td></td><td></td><td></td><td></td><td></td></tr>
</table>

表 F.8 历年棉田天敌发生期和发生量

<table>
<tr><td rowspan="3">年份</td><td colspan="2">三叶前</td><td colspan="4">苗期棉蚜</td><td colspan="6">伏期棉蚜</td></tr>
<tr><td rowspan="2">发生时间</td><td rowspan="2">最高天敌单位</td><td colspan="2">天敌</td><td colspan="2">七星瓢虫</td><td colspan="2">天敌种群</td><td colspan="4">蚜 霉 菌</td></tr>
<tr><td>发生时间</td><td>最高天敌单位</td><td>高峰日期</td><td>每 667 m²有效虫态/头</td><td>发生时间</td><td>最高天敌单位</td><td>发生起止时间</td><td>高峰期</td><td>发生面积百分率/%</td><td>平均最高寄生率/%</td></tr>
<tr><td></td><td></td><td></td><td></td><td></td><td></td><td></td><td></td><td></td><td></td><td></td><td></td><td></td></tr>
<tr><td></td><td></td><td></td><td></td><td></td><td></td><td></td><td></td><td></td><td></td><td></td><td></td><td></td></tr>
<tr><td></td><td></td><td></td><td></td><td></td><td></td><td></td><td></td><td></td><td></td><td></td><td></td><td></td></tr>
</table>

附　录　G
（规范性附录）
棉蚜发生情况模式报表

表 G.1　早春棉蚜模式报表

汇报时间：5 月 15 日以前

序号	查报内容	查报结果
1	报表代码	MMZYA
2	早春寄生树平均每枝蚜量/头	
3	每枝蚜数比历年平均值增减百分率/%	
4	平均每株杂草蚜量/头	
5	每株杂草蚜量比历年增减/(±%)	
6	早播棉田平均最高百株蚜量/头	
7	平均最高百株蚜量比历年平均值增减比率/%	
8	早播棉田平均最高有蚜株率/%	
9	平均最高有蚜株率比历年平均值增减比率/(±%)	
10	早播棉田平均最高卷叶株率/%	
11	平均最高卷叶株率比历年平均值增减比率/(±%)	
12	早播棉田平均最高天敌单位/个	
13	早播棉田平均最高天敌单位比历年平均值增减比率/(±%)	
14	早播棉田益害比值	
15	当地麦棉间作套种面积占棉田总面积的比率/%	
16	麦棉间作套种面积比率比历年平均值高低/(±%)	
17	当地用药剂拌种棉田面积占棉田总面积的比率/%	
18	药剂拌种棉田面积比历年平均值增减比率/(±%)	
19	预计苗期棉蚜危害高峰期(月/日)	
20	危害高峰期比历年平均值早晚/(±d)	
21	预计棉蚜发生程度/级	
22	预计苗期棉蚜应用药防治面积占棉田总面积的比率/%	
23	预计苗期棉蚜用药防治棉田平均用药次数/次	
24	汇报单位	

表 G.2 苗期棉蚜模式报表

汇报时间:6 月 30 日以前

序号	查 报 内 容	查报结果
1	报表代码	MMMYA
2	苗期棉蚜发生始期(月/日)	
3	苗期棉蚜发生危害高峰期(月/日)	
4	苗期棉蚜发生危害高峰期比历年平均早晚/(±d)	
5	苗期棉蚜发生危害末期(月/日)	
6	苗期棉蚜发生危害末期比历年平均早晚/(±d)	
7	苗期棉蚜发生危害期天数比历年平均值增减/(±d)	
8	苗期棉蚜平均最高百株蚜量/头	
9	平均最高百株蚜量比历年平均值增减比率/(±%)	
10	苗期棉蚜平均最高卷叶株率/%	
11	平均最高卷叶株率比历年平均值增减比率/(±%)	
12	苗期棉蚜发生危害期平均最高天敌单位/个	
13	平均最高天敌单位比历年平均值增减比率/(±%)	
14	苗期棉蚜实际发生程度/级	
15	苗期棉蚜需要用药剂防治面积占棉田总面积的比率/%	
16	苗期棉蚜实际用药剂防治面积占棉田总面积的比率/%	
17	苗期棉蚜用药防治棉田平均用药防治次数/次	
18	苗期棉蚜经最后一次防治后系统调查田平均最高百株蚜量/头	
19	最后一次防治后棉田平均最高百株蚜量比历年平均值增减比率/(±%)	
20	预计伏期棉蚜发生危害高峰期(月/日)	
21	伏期棉蚜发生危害高峰期比历年平均值早晚/(±d)	
22	预计伏期棉蚜发生程度/级	
23	预计伏期棉蚜需要用药剂防治面积占棉田总面积的比率/%	
24	预计伏期棉蚜用药防治棉田平均用药防治次数/次	
25	汇报单位	

表 G.3 伏期棉蚜模式报表

汇报时间:9 月 30 日以前

序号	查报内容	查报结果
1	报表代码	MMFYA
2	伏期棉蚜发生危害高峰期(月/日)	
3	伏期棉蚜发生危害末期(月/日)	
4	伏期棉蚜发生危害高峰期比历年平均早晚/(±d)	
5	伏期棉蚜发生危害期天数比历年平均值增减/(±%)	
6	伏期棉蚜平均最高百株蚜量/头	
7	平均最高百株蚜量比历年平均值高低比率/(±%)	
8	伏期棉蚜平均最高卷叶株率/%	
9	平均最高卷叶株率比历年平均值高低比率/(±%)	
10	伏期棉蚜发生危害期平均最高天敌单位/个	
11	平均最高天敌单位比历年平均值增减比率/(±%)	
12	蚜霉菌发生始期(月/日)	
13	蚜霉菌发生始期比历年平均早晚/(±d)	
14	蚜霉菌发生高峰期(月/日)	
15	蚜霉菌发生高峰期比历年平均早晚/(±d)	
16	蚜霉菌发生末期(月/日)	
17	蚜霉菌发生末期比历年平均早晚/(±d)	
18	伏期棉蚜实际发生程度/级	
19	伏期棉蚜需要用药防治面积占棉田总面积的比率/%	
20	伏期棉蚜实际用药剂防治面积占棉田总面积的比率/%	
21	伏期棉蚜用药剂防治棉田平均用药防治次数/次	
22	汇报单位	

ICS 65.020.01
B 16

中华人民共和国国家标准

GB/T 15801—2011
代替 GB/T 15801—1995

棉红铃虫测报技术规范

Rules for monitoring and forecast of the cotton pink bollworm（*Pectinophora gossypiella*（Saunders））

2011-09-29 发布　　2011-12-01 实施

中华人民共和国国家质量监督检验检疫总局
中国国家标准化管理委员会　发布

前　言

本标准代替 GB/T 15801—1995《棉红铃虫测报调查规范》。

本标准与 GB/T 15801—1995 相比主要变化如下：

a）增加了预测预报方法内容，名称由《棉红铃虫测报调查规范》改为《棉红铃虫测报技术规范》；

b）增加了“术语和定义”部分，其中定义了虫害花、羽化孔等内容；

c）增加了成虫灯光诱集方法内容；

d）增加了发生程度量化指标；

e）增加了附录 D 棉红铃虫模式报表、附录 B 棉红铃虫性诱剂有效组分；

f）删除了棉花生育状况调查；

g）对原版本中观测圃的设置方法做了调整；

h）虫害花和羽化孔及单铃活虫数调查单位由原版本的面积改为具体株数；

i）“每 667 m^2 越冬虫量”规定为“每 667 m^2 籽棉含虫量”和“每 667 m^2 枯铃含虫量”之和。

本标准的附录 A、附录 C、附录 D 为规范性附录，附录 B 为资料性附录。

本标准由中华人民共和国农业部提出并归口。

本标准主要起草单位：全国农业技术推广服务中心。

本标准主要起草人：夏冰、周国珍、齐立、张跃进、施伟涛。

本标准所代替标准的历次版本发布情况为：

——GB/T 15801—1995。

棉红铃虫测报技术规范

1 范围

本标准规定了越冬幼虫化蛹和羽化情况、成虫诱测、卵量调查、虫害花和羽化孔及单铃活虫数调查、越冬虫量调查、预测方法、发生为害期和发生程度划分及为害损失统计和测报资料汇总和汇报方法等内容。

本标准适用于棉红铃虫测报调查和预报。

2 术语和定义

下列术语和定义适用于本标准。

2.1

虫害花 pest damaged flower

由红铃虫幼虫为害，导致花朵发育不良，花冠短小，花瓣或花蕊被虫丝粘连，花蕾被害而成黑褐色，幼虫潜伏其中的花蕾。

2.2

羽化孔 eclosion hole

由非越冬期间的老熟幼虫化蛹前在棉铃壳内咬一圆形孔口，孔口留一薄膜，羽化出的成虫即顶破此膜而出，此孔口即为羽化孔。

3 越冬幼虫化蛹和羽化情况调查

3.1 越冬幼虫采集

在上年棉花采收盛期，按 3∶4∶3 的比例分三次从新收籽棉中采集老熟幼虫共 500 头～1 000 头，采集时防止谷蛾螨的感染，边采集边放入经消毒的试管中，每试管装 1 头幼虫，并用洁净的棉絮塞紧，放在与棉仓条件相近的室内备查。

3.2 检查化蛹和羽化进度

当春季气温稳定通过 12 ℃时开始检查，每 2 d 检查一次，直至羽化结束。按照式(1)、式(2)和式(3)分别计算化蛹率、羽化率和越冬死亡率，结果记入表 A.1。

$$I=\frac{S_i}{L}\times 100 \qquad \cdots\cdots(1)$$

式中：

I——化蛹率，%；

S_i——累计活蛹数，单位为头；

L——检查当日的总活虫数，单位为头。

$$J=\frac{S_j}{L}\times 100 \qquad \cdots\cdots(2)$$

式中：

J——羽化率，%；

S_j——羽化虫数，单位为头；

L——检查当日的总活虫数，单位为头。

$$P=\frac{(M-N)}{M}\times 100 \qquad \cdots\cdots(3)$$

式中：

P——越冬死亡率，%；

M——总虫数，单位为头；

N——总化蛹羽化虫数，单位为头。

4 成虫诱测

4.1 诱测时间

长江上游棉区从5月上旬开始至9月下旬止，长江中下游棉区5月下旬开始至10月上旬止。

4.2 诱测方法

4.2.1 性诱剂诱测

采用全国统一规定的标准诱芯进行诱集，诱芯有效组分可参照附录B。选连片棉田，设性诱盆3只，盆距30 m，呈三角形排列。盆径为20 cm，盆中保持2/3的水层，水中加入0.2%的洗衣粉，盆略高出棉株，盆面要用瓦片遮盖，防止阳光直射。30 d更换一次诱芯，每天早晨捞蛾和计数，无蛾或缺测均应记载，结果记入表A.9。

4.2.2 灯光诱蛾

在常年适于成虫发生的场所，设置3 W黑光灯，要求其四周没有高大建筑物和树木遮挡。黑光灯的灯管下端与地表面垂直距离为1.5 m。每日统计一次成虫诱集数量，将雌蛾、雄蛾分开记载。结果记入表A.9。

5 卵量调查

5.1 系统调查

5.1.1 调查日期

从棉花现蕾初期开始调查，到9月底结束。

5.1.2 调查田块

根据对红铃虫产卵的适合程度，选择有代表性的一类、二类、三类棉田各一块作为系统调查田。有条件的地方另设面积为约300 m^2 的不施药的一类棉田作为观测圃。

5.1.3 调查方法

每块田采用定点定株调查，5点取样，每5 d调查一次。一代每块田查50株，查清全株各部位；二代、三代每块田查25株，二代查中、下部，三代查中、上部及中、下部外围青铃上的卵粒(包括苞叶、萼片内侧等)，查时注意保持萼片的完整，每隔3次～4次更换一次调查地点；查后将卵抹掉，新的调查点在开始调查前要先把以前的卵都抹掉。同时调查青铃总数(不包括吐絮和烂铃)。计算有卵株率和百株卵量，调查结果记入表A.2。

5.2 大田普查

在各世代卵始盛期和高峰期各调查一次，每次普查田块在10块以上。每块田随机取10株调查卵量，统计百株卵量，并和系统调查田比较，验证发生程度。调查结果记入表A.3。

6 虫害花和羽化孔及单铃活虫数调查

6.1 调查地点

在卵量系统调查田和观测圃内进行。

6.2 虫害花调查

每种类型田各定100株，从棉花始花期开始，至不出现新的虫害花为止。每天上午10:00前调查当日总开花数和虫害花数。以一代、二代累计虫害花数、开花总数，计算一代、二代虫害花率。结果记入表A.4。

6.3 羽化孔调查

从棉花出现青铃时开始调查，至棉田出现裂口铃结束。每种类型田固定 25 株，5 d 调查一次，每次调查时将新查到的羽化孔做好标记。结果记入表 A.5。

6.4 单铃活虫数和籽棉内虫量调查

从棉田出现裂口铃开始至棉花吐絮结束为止。二代、三代每种类型田各固定 25 株，5 d 采收一次裂口铃，记载铃数、幼虫数，统计单铃活虫数(包括单铃累计羽化孔数)，按调查总铃数、总幼虫量、籽棉重量，通过式(4)计算平均单铃活虫数，通过式(5)计算 0.5 kg 籽棉含虫量。结果记入表 A.6、表 A.7。

$$D=\frac{E+F}{Q} \qquad \cdots\cdots(4)$$

$$R=\frac{E+F}{U}\times 0.5 \qquad \cdots\cdots(5)$$

式中：

D——平均单铃活虫数，单位为头；

E——总幼虫数，单位为头；

F——总羽化孔数，单位为个；

Q——全代累计铃数，单位为个；

R——0.5 kg 籽棉含虫量，单位为头；

U——籽棉重量，单位为千克(kg)。

7 越冬虫量调查

7.1 百株枯铃含虫量

在棉花吐絮基本结束时，选择有代表性的一类、二类、三类棉田各一块，每块田 5 点取样，共取 25 株。调查枯铃数，并随机摘取 100 个枯铃，带回室内剥查枯铃内活虫数，计算百株枯铃数、百株枯铃虫量，折每 667 m^2 枯铃含虫量。结果记入表 A.8。

7.2 每 667 m^2 籽棉虫量

根据 0.5 kg 籽棉含虫量和每 667 m^2 籽棉产量(kg)折每 667 m^2 籽棉虫量。结果记入表 A.8。

7.3 每 667 m^2 越冬总虫量

每 667 m^2 越冬总虫量为“每 667 m^2 籽棉含虫量”和“每 667 m^2 枯铃含虫量”之和。结果记入表 A.8。

8 预测方法

8.1 第二代发生期和发生程度预报

8.1.1 第二代卵高峰期

应用一代卵高峰与虫害花高峰期与二代卵高峰期的期距方法，结合天气条件因素，预测出二代卵高峰期。

8.1.2 第二代发生程度

根据所调查的每百株虫害花数量、虫害花率，结合第二代红铃虫发生期间气象预报情况，应用多种预报方法做出预报。

8.2 第三代发生期和发生程度预报

8.2.1 第三代卵高峰期

由于第三代棉红铃虫的虫源在一些棉区比较复杂，一部分来自青铃，一部分来自虫害花，年度之间分布比例有变化，因此各地区依据各自特点选取不同预测因子进行预报。

对全部虫源来自青铃的地区，可以分别根据二代卵高峰、青铃羽化孔高峰和三代卵高峰的期距，做出预测。也可以应用其他预测方法，进行预测。对来自青铃和虫害花的地区，可以根据两者各自和三代卵高峰的期距，做出预测。也可以应用其他预测方法，进行预测。

8.2.2 第三代发生程度

根据所调查的每百株虫害花数量、虫害花率、青铃羽化孔数量，晚发迟熟棉田的面积比率，结合第三代红铃虫发生期间气象预报情况，应用多种预报方法做出预报。

9 发生为害期和发生程度划分及为害损失统计

9.1 发生期

9.1.1 卵的世代划分

用一类棉田卵的消长曲线表示全年卵的消长趋势。

各世代卵始末期的划分：

a) 有明显始末期出现时以实际始末期划分；

b) 两代间有低谷出现以低谷划分(有较长低谷时，以中心点划分)；

c) 两代发生重叠时，参考历年发生情况，人为划分一个分界线；

d) 将以 a)、b)、c)划分的每年每个世代的始末期统计出来，计算其平均值和标准差。

把平均值分别和历年发生情况相对照，将历史符合率最高的平均值固定下来，对其他各代的始末期适当加以调整，做到历史符合率高，且又能兼顾上、下两代，就是所得出的各代卵始末期划分标准。

注：实际应用各代始末期划分标准时，如果某代发生实况落入所划分的范围内，以发生实况来统计各代卵的始末期，个别年份卵末期超过划分界线，以所划界线作为卵的末期。

9.1.2 虫害花世代的划分

以一代卵末期加上卵期和虫害花内的幼虫平均历期，即为一代虫害花的终止期。一代虫害花的终止期过后，为二代虫害花的始期。

9.1.3 铃内幼虫世代的划分

以二代卵末期加上卵期和铃内幼虫的平均历期，即为二代幼虫的终止期。二代幼虫的终止期过后为三代幼虫的始期。也可在二代卵末期记载全株铃数，作为划分二代、三代铃内幼虫的依据。

9.1.4 成虫发生世代的划分

以一代、二代卵终止期减去成虫产卵前期(一般为 4 d)，即分别为越冬代、一代成虫的终止期。越冬代、一代成虫的终止期过后，分别为一代、二代成虫始期。

9.1.5 始盛期和高峰期及盛末期的划分

均以各代卵、成虫、虫害花、羽化孔的始期至末期累计总量的16%、50%、84%出现的日期来统计。可任意选以下其中一种方法进行实际应用时的误差校正：

a) 机值代换法；

b) 逻辑斯蒂曲线方程[式(6)]。

$$a_n = a_1 + (n-1)d \qquad \cdots\cdots(6)$$

式中：

a_n——下一次调查的累计量；

a_1——上一次调查的累计量；

n——从上一次到下一次调查的天数；

d——平均每天的差值。

9.2 发生程度

9.2.1 发生量的表示

以百株累计卵量、百株虫害花数和百株羽化孔数来表示。

9.2.2 发生程度的分级

发生程度分为 5 级，分别为轻发生(1 级)、偏轻发生(2 级)、中发生(3 级)、偏重发生(4 级)、大发生

(5级)。分级原则为：

1级：为受害允许密度以下的卵量和虫量；

2级：为介于1级和3级之间的卵量和虫量；

3级：为多年发生的卵量和虫量的平均值；

4级：为介于3级和5级之间的卵量和虫量；

5级：为该地区历史上一些最高年份的卵量和虫量。

依据以上原则确定二代、三代分级的量化指标见表1。

表1 棉红铃虫发生程度分级指标

级别	平均百株累计卵量/粒		平均单铃活虫数/头	
	二代	三代	二代	三代
1	<100	<400	<0.1	<0.3
2	101～200	401～1 000	0.1～0.2	0.3～0.8
3	201～400	1 001～2 500	0.21～0.60	0.81～1.4
4	401～800	2 501～4 300	0.61～1.0	1.41～3.0
5	>801	>4 300	>1.0	>3.0

实际划分发生程度应参考的因素有以下方面：

a) 平均百株累计卵量；

b) 平均单铃活虫数；

c) 应该用农药防治的棉田占总棉田面积的百分比；

d) 应治棉田平均需用药防治次数。

注1：a)、b)两项主要用以进行年度之间的比较，c)、d)两项主要用以预报每年的防治趋势。

注2：平均单铃活虫数按式(7)计算：

$$G = \frac{S \times K}{T} \quad \cdots\cdots(7)$$

式中：

G——平均单铃活虫数，单位为头；

S——平均百株累计卵量，单位为粒；

K——卵至幼虫成活率，%；

T——该代百株铃数，单位为个。

注3：d)用主要农药品种持效期做估测。

9.3 危害损失

9.3.1 计算皮棉产值损失率

若不防治时，所造成的皮棉产值损失率，按式(8)、式(9)计算：

二代：

$$Y_1 = 17.687\,4\chi_1^{0.823\,5} \pm 1.699 \quad \cdots\cdots(8)$$

式中：

Y_1——二代皮棉产值损失率，%；

χ_1——二代单铃活虫数，%。

三代：

$$Y_2 = 13.955\chi_2^{0.354\,468} \pm 2.186 \quad \cdots\cdots(9)$$

式中：

Y_2——三代皮棉产值损失率，%；

χ_2——三代单铃活虫数,%。

其中,二代、三代单铃活虫数通过式(7)计算。

9.3.2 皮棉产量损失率

若不防治时,所造成的皮棉产量损失率。用本地实验建立的产量损失模型计算,本地没有建立产量损失计算模型,可参照发生情况相似地区的产量损失计算模型进行计算。

9.3.3 计算实际造成的皮棉产量和产值损失率

防治后皮棉产量和产值损失率,可将大田调查获得的平均单铃活虫数代入皮棉产量、产值损失模型求得。

9.3.4 计算防治挽回皮棉产值和产量损失率

防治挽回皮棉产值(产量)损失率为不防治皮棉产值(产量)损失率与防治后皮棉产值(产量)损失率之差。

9.3.5 全年皮棉产值损失率

全年皮棉产值损失率按式(10)计算:

$$L_Z = L_2 Q_2 + L_3 Q_3 \qquad \cdots\cdots\cdots\cdots (10)$$

式中:

L_Z——全年皮棉产值损失率,%;

L_2——二代皮棉产值损失率,%;

Q_2——二代为害期间的产值占全年总产值比值;

L_3——三代皮棉产值损失率,%;

Q_3——三代为害期间的产值占全年总产值比值。

10 测报资料的汇总和汇报

10.1 测报资料的汇总

全国制定统一的调查资料表册(见附录A),各项调查内容在调查结束时,认真统计和填写。全年调查结束后,统计填写测报资料统计(汇总)表册(见附录C),可在调查资料的基础上,把有关项目按测报资料统计(汇总)方法,整理成预测预报需要的数据,从而为建立测报资料数据库奠定基础。

10.2 测报资料的汇报

向农业部全国农业技术推广服务中心及时准确地传递统一汇报格式、时间和内容的模式报表(见附录D),其中一代红铃虫预报、二代红铃虫预报和三代红铃虫预报所需汇报的模式报表分别为M1HLA、M2HLA和M3HLA。报表中发生程度按轻发生、偏轻发生、中发生、偏重发生、大发生划分,分别用1、2、3、4、5表示;同历年比较的早、增、多、高用"+"表示,晚(或迟)、减、少、低用"-"表示;与历年相同和相近,用"0"表示;缺测项目用"××"表示。

附 录 A
（规范性附录）
农作物病虫调查资料表册

表 A.1 红铃虫越冬幼虫化蛹和羽化进度调查表

日期	检查总虫数/头	当日活虫数/头	化蛹			羽化			越冬死亡率/%	当日死虫数/头	寄生死虫		自然死虫		死蛹	
			当日/头	累计/头	化蛹率/%	当日/头	累计/头	羽化率/%			当日/头	累计/头	当日/头	累计/头	当日/头	累计/头

表 A.2 红铃虫卵量系统调查表

日期	一类棉田			二类棉田			三类棉田			各类棉田平均		观测圃		
	调查株数/株	有卵株数/株	百株卵量/粒	调查株数/株	有卵株数/株	百株卵量/粒	调查株数/株	有卵株数/株	百株卵量/粒	有卵株率/%	百株卵量/粒	调查株数/株	有卵株数/株	百株卵量/粒

表 A.3 红铃虫卵量普查表

日期	一类棉田			二类棉田			三类棉田			各类棉田平均
	调查株数/株	调查卵量/粒	折百株卵量/粒	调查株数/株	调查卵量/粒	折百株卵量/粒	调查株数/株	调查卵量/粒	折百株卵量/粒	百株卵量/粒

表 A.4 红铃虫虫害花调查表

日期	一类棉田			二类棉田			三类棉田			各类棉田平均				观测圃		
	开花数/朵	虫害花数/朵	累计虫害花数/朵	开花数/朵	虫害花数/朵	累计虫害花数/朵	开花数/朵	虫害花数/朵	累计虫害花数/朵	开花数/朵	虫害花数/朵	累计虫害花数/朵	累计虫害花率/%	开花数/朵	虫害花数/朵	累计虫害花数/朵

表 A.5 红铃虫羽化孔调查表

单位为个

日期	一类棉田		二类棉田		三类棉田		各类棉田平均		观测圃	
	新增孔数	累计孔数	新增孔数	累计孔数	新增孔数	累计孔数	新增孔数	累计孔数	新增孔数	累计孔数

表 A.6 红铃虫单铃活虫数统计表

棉田类型	二代				三代		
	累计铃数/个	总幼虫量/头	总羽化孔数/个	平均单铃活虫数/头	累计铃数/个	总幼虫量/头	平均单铃活虫数/头
一类棉田							
二类棉田							
三类棉田							
合计							
平均							
观测圃							

表 A.7 籽棉内红铃虫幼虫数量调查表

日期	一类棉田				二类棉田				三类棉田				观测圃			
	取铃数/个	累计铃数/个	幼虫数/头	累计幼虫数/头	取铃数/个	累计铃数/个	幼虫数/头	累计幼虫数/头	取铃数/个	累计铃数/个	幼虫数/头	累计幼虫数/头	取铃数/个	累计铃数/个	幼虫数/头	累计幼虫数/头
籽棉重/g																

表 A.8 红铃虫越冬幼虫数量调查表

棉田类型	调查枯铃数/个	百株枯铃数/个	百枯铃活虫数/头	百株枯铃虫量/头	每 667 m^2 枯铃含虫量/头	0.5 kg 籽棉含虫量/头	每 667 m^2 籽棉产量/kg	每 667 m^2 籽棉含虫量/头	每 667 m^2 越冬总虫量/头
一类棉田									
二类棉田									
三类棉田									
合计									
平均									
观测圃									

表 A.9 棉红铃虫成虫诱测记载表

日期	性诱剂诱测			灯光诱测			备注
	盆数/个	诱蛾数/头	平均每盆/头	雌蛾/头	雄蛾/头	合计/头	

表 A.10 棉红铃虫发生防治基本情况表

1. 棉花种植情况
耕地面积____________________hm²；棉花面积________________hm²； 皮棉总产量______________t； 平均皮棉产量________________kg/667 m²； 棉花平均密度____________株/667 m²；纯作棉田占棉田面积比率________%。

2. 棉红铃虫发生防治情况					
代别	发生程度 级	应该用农药 防治面积/hm²	占棉田总 面积比率/%	防治面积/ hm²	施药棉田平均 防治次数
一代					
二代					
三代					
合计					
年发生程度(级)					

3. 各项危害皮棉损失和防治获得经济效益统计					
统计项目			世代		合计
			二代	三代	
若不防治	产量损失率	%			
	产值损失率				
	产量损失	t			
	产值损失	万元			
防治挽回	产量损失率	%			
	产值损失率				
	产量损失	t			
	产值损失	万元			
防治后仍造成	产量损失率	%			
	产值损失率				
	产量损失	t			
	产值损失	万元			

4. 简述发生防治特点

附 录 B
（资料性附录）
棉红铃虫性诱剂有效组分

棉红铃虫性诱剂主要有效组分为顺、顺或顺、反-7、11-十六碳二烯-1-1 醇醋酸酯；配比 1∶1；每个诱芯有效成分为 1 mg。

附 录 C
（规范性附录）
农作物病虫测报资料统计（汇总）表册

表 C.1 历年棉红铃虫各代各虫态发生期

年份	越冬代															
	化蛹				羽化				成虫（性诱剂）				成虫（灯光）			
	起止日期	始盛	高峰	盛末	起止日期	始盛	高峰	盛末	起止日期	始盛	高峰	盛末	起止日期	始盛	高峰	盛末
……																

年份	第一代												第二代			
	产卵				虫害花				成虫				产卵			
	起止日期	始盛	高峰	盛末	起止日期	始盛	高峰	盛末	起止日期	始盛	高峰	盛末	起止日期	始盛	高峰	盛末
……																

年份	第二代												第三代			
	虫害花				羽化孔				成虫				产卵			
	起止日期	始盛	高峰	盛末	起止日期	始盛	高峰	盛末	起止日期	始盛	高峰	盛末	起止日期	始盛	高峰	盛末
……																

表 C.2 历年棉红铃虫各代发生期距

年份	越冬幼虫化蛹到羽化的期距			各代卵期距						虫害花至蛾、卵期距								
				一代至二代			二至三代			一代卵至一代虫花			一代虫花至一代蛾			一代虫花至二代卵		
	始盛	高峰	盛末	始盛	高峰	盛末	始盛	高峰	盛末	始盛	高峰	盛末	始盛	高峰	盛末	始盛	高峰	盛末
……																		

年份	虫害花至蛾、卵期距									羽化孔至蛾、卵期距					
	二代卵至二代虫花			二代虫花至二代蛾			二代虫花至三代卵			羽化孔至二代蛾			羽化孔至三代卵		
	始盛	高峰	盛末	始盛	高峰	盛末	始盛	高峰	盛末	始盛	高峰	盛末	始盛	高峰	盛末
……															

表 C.3 历年棉红铃虫各代发生量

年份	越冬代	一代			二代					三代	
	平均单盆蛾量/头	百株累计卵量/粒	67 m² 虫害花数/朵	平均单盆或单灯蛾量/头	百株累计卵量/粒	67 m² 虫害花数/朵	67 m² 累计羽化孔数/个	合计 67 m² 幼虫量/头	平均单盆或单灯蛾量/头	百株累计卵量/粒	67 m² 越冬虫量/头
……											

表 C.4　历年棉红铃虫各代各虫期发生量

年份	成虫									卵		
	越冬代			一代			二代			一代		
	始盛	高峰	盛末	始盛	高峰	盛末	始盛	高峰	盛末	始盛	高峰	盛末
	头	头	头	头	头	头	头	头	头	粒	粒	粒

年份	卵						虫害花								
	二代			三代			一代			二代			三代		
	始盛	高峰	盛末	始盛	高峰	盛末	始盛	高峰	盛末	始盛	高峰	盛末	始盛	高峰	盛末
	头	头	头	头	头	头	朵	朵	朵	朵	朵	朵	朵	朵	朵

表 C.5　历年棉红铃虫各代防治后危害程度

年份	一代	二代		三代
	虫害花率	虫害花率	平均单铃活虫	平均单铃活虫
	%	%	头	头

表 C.6　历年各代棉红铃虫造成的皮棉产量、产值损失

年份	二代										三代									
	发生程度/级	单铃活虫数/头	皮棉损失率		治后单铃活虫/头	实际皮棉损失率		挽回损失率			发生程度/级	单铃活虫数/头	皮棉损失率		治后单铃活虫/头	实际皮棉损失率		挽回损失率		
			产量	产值		产量	产值	产量	产值				产量	产值		产量	产值	产量	产值	

表 C.7 历年棉红铃虫造成的皮棉产值损失和发生程度

年份	二代		三代		全年	
	皮棉产值损失率/%	占总产值比率/%	皮棉产值损失率/%	占总产值比率/%	皮棉产值损失率/%	发生程度

表 C.8 历年棉花种植情况

年份	棉田面积/hm^2	占耕地面积/%	育苗移栽及地膜棉田面积占棉田总面积的比例/%	直播棉田面积占棉田总面积的比例/%	平均密度/(株/667 m^2)	皮棉产量/(kg/667 m^2)

附 录 D
（规范性附录）
棉红铃虫模式报表

表 D.1 一代红铃虫模式报表

汇报时间:7 月 26 日以前

序号	查 报 内 容	查报结果
1	报表代码	M1HLA
2	越冬代成虫始盛期(月/日)	
3	越冬代成虫高峰期(月/日)	
4	越冬代成虫盛末期(月/日)	
5	越冬代成虫高峰期比历年平均早晚/(±d)	
6	一代产卵始盛期(月/日)	
7	一代产卵高峰期(月/日)	
8	一代产卵末期(月/日)	
9	各类型田平均百株累计卵量/粒	
10	平均百株累计卵量比历年平均值增减比率/(±%)	
11	早发棉田面积比率/%	
12	早发棉田面积比率比历年平均值增减比率/(±%)	
13	中发棉田面积比率/%	
14	中发棉田面积比率比历年平均值增减比率/(±%)	
15	迟发棉田面积比率/%	
16	迟发棉田面积比率比历年平均值增减比率/(±%)	
17	一代百株累计虫害花数/朵	
18	一代百株累计虫害花数比历年平均值增减比率/(±%)	
19	一代累计虫害花率/%	
20	一代累计虫害花率比历年平均值增减比率/(±%)	
21	一代虫害花高峰日(月/日)	
22	一代虫害花高峰比历年平均早晚/(±d)	
23	一代发生程度/级	
24	一代需要用药剂防治面积占棉田总面积比率/%	
25	一代实际用药剂防治面积占棉田总面积比率/%	
26	预计二代发生程度/级	
27	预计二代用药防治面积占棉田总面积比率/%	
28	预计二代需用药田平均用药次数/次	
29	汇报单位	

表 D.2 二代红铃虫模式报表

汇报时间:8 月 26 日以前

序号	查报内容	查报结果
1	报表代码	M2HLA
2	一代成虫始盛期(月/日)	
3	一代成虫高峰期(月/日)	
4	一代成虫盛末期(月/日)	
5	一代成虫高峰期比历年平均早晚/(±d)	
6	二代产卵始盛期(月/日)	
7	二代产卵高峰期(月/日)	
8	二代产卵末期(月/日)	
9	二代平均百株累计卵量/粒	
10	平均百株累计卵量比历年平均值增减比率/(±%)	
11	迟熟棉田面积百分率/%	
12	迟熟棉田面积比率比历年平均值增减比率/(±%)	
13	二代虫害花高峰期(月/日)	
14	二代虫害花高峰期比历年平均早晚/(±d)	
15	二代青铃羽化孔高峰期	
16	二代青铃羽化孔高峰期比历年平均早晚/(±d)	
17	二代平均百株累计虫花数/朵	
18	二代平均百株累计虫花数比历年平均值增减比率/(±%)	
19	二代累计虫害花率/%	
20	二代累计虫害花率比历年平均值增减比率/(±%)	
21	二代平均百株累计青铃羽化孔数/个	
22	二代平均百株累计青铃羽化孔比历年同期平均值增减比率/(±%)	
23	二代平均单铃活虫数/头	
24	二代平均单铃活虫数比历年平均值增减比率/(±%)	
25	二代发生程度/级	
26	二代需要用药剂防治面积占棉田总面积比率/%	
27	二代实际用药剂防治面积占棉田总面积比率/%	
28	二代用药防治棉田平均用药次数/次	
29	预计三代发生程度/级	
30	预计三代用药防治面积占棉田总面积比率/%	
31	预计三代需用药田平均用药次数/次	
32	汇报单位	

表 D.3　三代红铃虫模式报表

汇报时间:12月5日以前

序号	查报内容	查报结果
1	报表代码	M3HLA
2	二代成虫高峰期(月/日)	
3	二代成虫盛末期(月/日)	
4	二代成虫高峰期比历年平均值早晚/d	
5	三代卵始盛期(月/日)	
6	三代卵高峰期(月/日)	
7	三代卵末期(月/日)	
8	三代平均百株累计卵量/粒	
9	三代平均百株累计卵量比历年平均值增减比率/%	
10	三代平均单铃活虫数/头	
11	三代平均单铃活虫数比历年平均值增减比率/%	
12	三代发生程度/级	
13	三代需用药剂防治面积占棉田总面积比率/%	
14	三代实际用药防治面积占棉田总面积比率/%	
15	三代用药防治棉田平均用药次数/次	
16	平均每0.5 kg籽棉含虫量/头	
17	每0.5 kg籽棉含虫量比历年平均值增减比率/%	
18	平均每667 m^2 枯铃含虫量/头	
19	平均每667 m^2 枯铃含虫量比历年平均值增减比率/%	
20	平均每667 m^2 越冬幼虫量/头	
21	平均每667 m^2 越冬幼虫量比历年平均值增减比率/%	
22	汇报单位	

ICS 65.020.01
B 16

中华人民共和国国家标准

GB/T 15802—2011
代替 GB/T 15802—1995

棉花叶螨测报技术规范

Rules for monitoring and forecast of
the cotton spider mites（*Tetranychus* spp.）

2011-09-29 发布　　2011-12-01 实施

中华人民共和国国家质量监督检验检疫总局
中国国家标准化管理委员会　发布

前　言

本标准代替 GB/T 15802—1995《棉花叶螨测报调查规范》。

本标准与 GB/T 15802—1995 相比主要变化如下：

a） 增加了棉花叶螨预测预报方法，名称《棉花叶螨测报调查规范》改为《棉花叶螨测报技术规范》；

b） 增加了棉花叶螨模式报表、发生主要影响因子等内容；

c） 原版本“棉田虫情、天敌和棉花被害情况调查”，现版本改为“棉田系统调查”、“大田普查”和“天敌调查”等几部分内容，对原版本中观测圃的设置调查放于系统调查中，原版本“大田普查”中“每种类型田应该普查 3 块以上”改为“大面积防治前，普查 10 块以上有代表性棉田”；

d） 原版本春季虫源基数调查南方棉区调查对象为蚕豆，现版本改为杂草。

本标准的附录 A、附录 F 、附录 G 为规范性附录，附录 B、附录 C、附录 D、附录 E 为资料性附录。

本标准由中华人民共和国农业部提出并归口。

本标准主要起草单位：全国农业技术推广服务中心。

本标准主要起草人：夏冰、夏风、姜玉英、秦引雪、董保信、冯小军。

本标准所代替标准的历次版本发布情况为：

——GB/T 15802—1995。

棉花叶螨测报技术规范

1 范围

本标准规定了棉花叶螨春季虫源基数调查、棉田系统调查、大田普查、天敌调查、预测方法、发生为害期和发生程度划分及为害损失统计、测报资料汇总和汇报等技术内容。

本标准适用于我国各产棉区棉花叶螨田间调查和预报。

2 春季虫源基数调查

2.1 调查时间

3月份，平均气温稳定通过6℃以上时进行调查，共调查2次，间隔10 d左右。

2.2 调查对象

北方棉区主要在小麦上调查；南方棉区主要在杂草上调查，在棉田及棉田附近，选择的3种～5种主要寄主杂草（常见的有婆婆纳、佛座、马鞭草、蛇莓、益母草、乌蔹莓、风光轮菜、野苜蓿、蒲公英等）。

2.3 调查方法

小麦共调查3块田，每块田采用5点取样法，共调查50株～100株；杂草采用随机取样方法，每种杂草共调查50株～100株。记载有螨株率、百株螨数。以两次调查的平均值作为当年春季棉花叶螨的虫源基数，结果记入表A.1。

3 棉田系统调查

3.1 调查田块

按当地棉花叶螨发生特点，选择当地具代表性类型棉田3块～5块，每块田面积在667 m^2 以上。分别于苗期、蕾花期、花铃期（参见附录B）各定一次调查田。有条件的地区可设置观测圃，即在肥水条件好、周围杂草较多、利于棉花叶螨发生的条件下设置观测圃，面积为350 m^2。

3.2 调查时间

从棉花齐苗开始，每5 d调查一次，至吐絮盛期止。

3.3 调查方法

采用“Z”字型取样，按田块大小合理安排样点，每块田取50株棉花。苗期查全株；现蕾后，每株调查主茎上（最上主茎展开叶）、中、下（最下果枝位叶）部各一片叶，记载有螨株率、螨数、螨害级别等，通过式(1)计算平均螨害级数，记入表A.2。

3.4 螨害分级指标和平均螨害级数计算公式

3.4.1 螨害分级指标

0级：无为害；

1级：叶面有零星黄色斑块；

2级：红色斑块占叶面1/3以下；

3级：红色斑块占叶面1/3以上。

3.4.2 平均螨害级数计算公式

平均螨害级数按照式(1)计算。

$$M=\frac{\sum(m_i \times l_i)}{P} \quad \cdots\cdots(1)$$

式中：

M——平均螨害级数；

m_i——某级螨害级数，指 0 级、1 级、2 级、3 级；

l_i——该级叶片数；

P——调查总叶片数。

4 大田普查

4.1 普查时间

分别于苗期、蕾花期、花铃期棉花叶螨为害高峰前，各进行一次普查。

4.2 普查方法

大面积防治前，普查 10 块以上有代表性棉田，应特别注意对历年棉花叶螨发生重的棉田进行调查。按“Z”字型目测踏查。每块田每次查 50 株，对有为害状的棉株，取主茎上（最上主茎展开叶）、中、下（最下果枝位叶）部各一片叶，记载有螨株率和螨害级别，结果记入表 A.3。

5 天敌调查

结合系统调查，在观测圃和棉花叶螨发生中等程度的系统调查田内，采用定田不定株调查，每块田 5 点取样。苗期查 50 株，蕾花期和花铃期各查 10 株。每 5 d 调查一次，查全株，记载各类天敌有效虫态的数量。结果记入表 A.4。

6 预测方法

6.1 苗期预测

以早春虫源基数调查资料为基础，结合春季天气预报（降雨量、温湿度）、棉田环境（参见附录 C）和代表性天敌高峰期出现时间，对比历年棉花叶螨发生资料进行综合分析，应用多种预报方法做出预测。

6.2 蕾花期预测

根据苗期棉花叶螨发生情况、系统调查和大田普查结果，结合 6 月～7 月天气预报（特别是雨量分布）和代表性天敌高峰期出现时间，对比历年棉花叶螨发生资料进行综合分析，应用多种预报方法做出预测。

6.3 花铃期预测

根据蕾花期棉花叶螨发生情况、系统调查和大田普查结果，结合 7 月～8 月天气预报（特别是降雨量分布）和代表性天敌高峰期出现时间，对比历年棉花叶螨发生资料进行综合分析，应用多种预报方法做出预测。

7 发生为害期和发生程度划分及为害损失统计

7.1 发生为害期及其划分指标

7.1.1 发生为害期

棉花叶螨全年为害期统一划分为苗期、蕾花期、花铃期 3 个时期。

7.1.2 发生为害期划分指标

以平均有螨株率或螨害级数达到当地防治指标的日期为标准，每个发生为害期分为始期、高峰期和末期。

始期为各类型田平均有螨株率或螨害级数达到当地防治指标的日期，高峰期为各类型田平均有螨株率或螨害级数最高的日期，末期为各类型田平均有螨株率或螨害级数最后达到防治指标的日期。上一发生为害期和下一发生为害期之间无明显分界时，以该发生为害阶段的终止期，作为上一发生为害期的末期。

7.2 发生量

以各发生为害期中棉花叶螨高峰期的平均有螨株率或百株螨量(或百株三叶螨量)表示发生量。有螨株率和百株螨量、百株三叶螨量的换算,平均单株螨量和平均螨害级数的换算等调查数据间的换算公式,各地区可利用当地资料建立当地的转换公式,在湖北以及条件相似的棉区,可以参见附录D中的转换公式。

7.3 发生程度及其划分指标

发生程度以棉花各生长季平均最高有螨株率或百株螨量统一划分为5级,即轻发生(1级)、偏轻发生(2级)、中等发生(3级)、偏重发生(4级)和大发生(5级)。各级发生程度划分指标为:

1级:指受害允许密度以下的有螨株率和百株螨量;

2级:指介于轻发生(1级)和中等发生(3级)之间的有螨株率和百株螨量;

3级:指多年有螨株率和百株螨量的平均值;

4级:指介于中等发生(3级)和大发生(5级)之间的有螨株率和百株螨量;

5级:指该地区一些发生最高年份的有螨株率和百株螨量。

以平均最高有螨株率或百株螨量为基础划分棉花叶螨发生程度的其他方面还包括:平均最高螨害级数、发生为害期持续的天数(从始期到末期的累计天数)、应用农药防治面积占棉田总面积的比率和需用农药次数等其他因素,确定棉花叶螨发生程度。

7.4 为害损失的统计

7.4.1 各期皮棉产量损失率计算公式

当地已建立计算公式的,应用当地的公式。没有建立公式的地区,或参考与当地为害条件相似地区的公式计算。部分省份为害损失计算公式参见附录E。

7.4.2 不防治情况下的皮棉产量损失率

系统调查的平均螨害级数代入公式计算,求得不防治情况下的皮棉产量损失率。

7.4.3 计算防治后的实际皮棉损失率

把大田普查的平均螨害级数代入公式计算,求得防治后的实际皮棉损失率。

7.4.4 计算防治挽回皮棉产量损失率

用各期不防治皮棉产量损失率减去防治后的实际皮棉损失率。

7.4.5 全年皮棉产值损失率

全年皮棉产值损失率等于各期皮棉产值损失率之和。

汇总全年棉花叶螨的发生防治情况,记入表A.5。

8 测报资料的汇总和汇报

8.1 测报资料的汇总

全国制定统一的“调查资料表册”(见附录A)和测报资料统计(汇总)表册(见附录F),供各地应用时复制。表册用来规范各区域测报站测报调查行为,保证为全国数据库积累统一、完整的测报调查资料;其中的内容不能随意更改,各项调查内容须在调查结束时认真统计和填写。

8.2 测报资料的汇报

向农业部全国农业技术推广服务中心及时准确地传递测报资料,特编制统一汇报格式、时间和内容的报表程序(见附录G)。其中苗期棉叶螨预报、蕾期棉叶螨预报和花铃期棉叶螨预报所需汇报的模式报表分别为MM1MA、MM2MA和MM3MA。报表中发生程度按轻发生、偏轻发生、中发生、偏重发生、大发生分别用1、2、3、4、5表示;同历年比较的早、增、多、高用“+”表示,晚(或迟)、减、少、低用“-”表示;与历年相同和相近,用“0”表示;缺测项目用“××”表示。

附 录 A
（规范性附录）
农作物病虫调查资料表册

表 A.1 棉花叶螨春季虫源基数调查表

日期	地点	寄主名称	调查株数	有螨株数	有螨株率/%	螨量	百株螨量	备注
			株			头		
平均								

表 A.2 棉花叶螨系统调查表

日期	地点	棉田类型	调查株数	有螨株数	有螨株率/%	螨量	百株螨量/百株三叶螨量	各级螨害叶数				平均螨害级数	备注
			株			头		0	1	2	3		

表 A.3 棉花叶螨大田普查表

日期	田块序号	田块类型	调查株数	有螨株数	有螨株率/%	各级害螨叶数				平均螨害级数	防治情况
			株			0	1	2	3		

表 A.4 棉花叶螨天敌调查表

日期	地点	天敌数量/头						折百株天敌数量/头					
		六点蓟马	花蝽	草蛉	小瓢虫	捕食螨	其他	六点蓟马	花蝽	草蛉	小瓢虫	捕食螨	其他

表 A.5 棉花叶螨发生防治基本情况表

1. 棉花种植情况

耕地面积＿＿＿＿＿＿ hm^2；棉花面积＿＿＿＿＿＿ hm^2；棉花平均密度＿＿＿＿＿＿株/667 m^2；皮棉平均单产＿＿＿＿＿＿kg/667 m^2；皮棉总产量＿＿＿＿＿＿t；

纯作棉田占棉田面积比率＿＿＿＿＿＿%；

间作套种棉田占棉田面积比率＿＿＿＿＿＿%，其中：玉米＿＿＿＿＿＿%，豆类＿＿＿＿＿＿%，其他＿＿＿＿＿＿%。

棉田各种茬口面积占棉田面积比率：水旱轮作＿＿＿%，蚕豆＿＿＿%，麦类＿＿＿%，冬季翻耕＿＿＿%，其他＿＿＿%。

2. 棉花叶螨发生防治情况

发生为害期	发生程度/级	应该用农药防治面积/hm^2	占棉田总面积比率/%	防治面积/hm^2	施药棉田平均防治次数
苗期					
蕾花期					
花铃期					
合计					

棉花叶螨年发生程度/级：

3. 各项危害皮棉损失和防治获得经济效益统计

统计项目			发生为害期			合计
			苗期	蕾花期	花铃期	
不防治	产量损失率	%				
	产值损失率					
	产量损失	t				
	产值损失	万元				
防治后	产量损失率	%				
	产值损失率					
	产量损失	t				
	产值损失	万元				
防治后仍造成	产量损失率	%				
	产值损失率					
	产量损失	t				
	产值损失	万元				

4. 简述发生防治特点

附 录 B
（资料性附录）
棉花叶螨发生为害期的划分

苗期:棉花出苗至7片真叶期;蕾花期:8片真叶至开花盛期;花铃期: 开花盛期至吐絮盛期。

附 录 C
（资料性附录）
棉花叶螨发生主要影响因子

温湿度：发育起点温度 7 ℃，最适温度 25 ℃～31 ℃，最高 42 ℃。发育最适相对湿度 35%～55%。高温干旱是猖獗为害的重要标志。

降雨量：大雨对棉花叶螨有机械冲刷作用。在发生为害的主要时期，降水偏多，强度大，对其发生有明显的抑制作用。反之，为害重。

棉田环境：靠近沟渠、道路、村庄、菜园、玉米、高粱、豆类、桑树、刺槐等的棉田，与多种作物间作套种的棉田，杂草多的棉田，为害较重。反之，为害较轻。

附 录 D
（资料性附录）
部分省份棉花叶螨调查数据的换算

湖北荆州春季寄主杂草有螨株率和百株螨量的换算按式(D.1)换算：

$$A=3.193B^{1.14096} \quad \cdots\cdots(D.1)$$

式中：

A——百株杂草螨量，单位为头；

B——有螨株率，%。

湖北荆州有螨株率和百株三叶螨量的转换按式(D.2)换算：

$$C=1.4269D^{1.4131} \quad \cdots\cdots(D.2)$$

式中：

C——棉花百株三叶螨量，单位为头；

D——有螨株率，%。

湖北平均单株螨量和平均单株三叶螨量的转换按式(D.3)、式(D.4)换算：

$$F=h\times 3.3 \quad \cdots\cdots(D.3)$$

$$G=h\times 15.0 \quad \cdots\cdots(D.4)$$

式中：

F——蕾花期平均单株螨量，单位为头；

h——平均单株三叶螨量，单位为头；

G——花铃期平均单株螨量，单位为头。

湖北省平均螨害级数和平均单株螨量的转换按式(D.5)、式(D.6)、式(D.7)换算：

苗期： $$I=0.3866\lg E+0.1451 \quad \cdots\cdots(D.5)$$

蕾花期： $$I=1.1833\lg F-0.9199 \quad \cdots\cdots(D.6)$$

花铃期： $$I=1.5666\lg G-1.9999 \quad \cdots\cdots(D.7)$$

式中：

I——平均螨害级数；

E——苗期平均单株螨量，单位为头；

F——蕾花期平均单株螨量，单位为头；

G——花铃期平均单株螨量，单位为头。

附　录　E
（资料性附录）
部分省份棉花叶螨为害损失计算公式

湖北省苗期和花铃期为害损失率分别按式(E.1)和式(E.2)计算：

苗期：　$$Y_1 = 24.4236\chi_1 - 3.5388 \quad \cdots\cdots(E.1)$$

式中：

Y_1——籽棉产量损失率，%；

χ_1——平均螨害级数。

花铃期：　$$Y_2 = 14.2084\chi_2 + 0.0617 \quad \cdots\cdots(E.2)$$

式中：

Y_2——籽棉产量损失率，%；

χ_2——平均螨害级数。

安徽省苗期、蕾花期和花铃期为害损失率分别按式(E.3)、式(E.4)和式(E.5)计算：

苗期：　$$Y_3 = 58.0042\chi_3 - 0.8484 \quad \cdots\cdots(E.3)$$

式中：

Y_3——籽棉产量损失率，%；

χ_3——苗期为害指数。

蕾花期：　$$Y_4 = 53.3146\chi_4 - 2.0102 \quad \cdots\cdots(E.4)$$

式中：

Y_4——籽棉产量损失率，%；

χ_4——蕾花期为害指数。

花铃期：　$$Y_5 = 26.8837\chi_5 - 0.7789 \quad \cdots\cdots(E.5)$$

式中：

Y_5——籽棉产量损失率，%；

χ_5——花铃期为害指数。

河南省苗期、蕾花期和花铃期为害损失率分别按式(E.6)、式(E.7)和式(E.8)计算：

苗期：　$$Y_6 = -1.161 + 39.453\chi_6 \pm 2.148 \quad \cdots\cdots(E.6)$$

式中：

Y_6——籽棉产量损失率，%；

χ_6——苗期为害指数。

蕾花期：　$$Y_7 = -1.819 + 18.873\chi_7 \pm 3.167 \quad \cdots\cdots(E.7)$$

式中：

Y_7——籽棉产量损失率，%；

χ_7——蕾花期为害指数。

花铃期：　$$Y_8 = -3.073 + 33.045\chi_8 \pm 5.91 \quad \cdots\cdots(E.8)$$

式中：

Y_8——籽棉产量损失率，%；

χ_8——花铃期为害指数。

其中，为害指数按式(E.9)计算：

$$D=\frac{\sum(m_i \times l_i)}{P} \times 1/4 \qquad \text{(E.9)}$$

式中：

D——为害指数；

m_i——各级螨害级数；

l_i——该级叶片数；

P——总叶片数。

附　录　F
（规范性附录）
农作物病虫测报资料统计（汇总）表册

表 F.1　棉花叶螨发生为害情况统计表

年份	苗期						蕾花期						花铃期					
	百株螨量≥_头			有螨株率≥_%			百株螨量≥_头			有螨株率≥_%			百株螨量≥_头			有螨株率≥_%		
	起止日期	为害天数	占棉田面积/%	起止日期	为害天数	占棉田面积/%	起止日期	为害天数	占棉田面积/%	起止日期	为害天数	占棉田面积/%	起止日期	为害天数	占棉田面积/%	起止日期	为害天数	占棉田面积/%

表 F.2　各期棉花叶螨发生量统计表

年份	春季寄主平均百株螨量/头	苗期		蕾花期		花铃期	
		最高平均百株螨量/头	最高平均螨害级数/级	最高平均百株螨量/头	最高平均螨害级数/级	最高平均百株螨量/头	最高平均螨害级数/级

表 F.3　棉花叶螨造成的为害损害统计表

年份	各期产量损失率/%			全年						
	苗期	蕾花期	花铃期	发生程度/级	不防治损失率		防治后损失率		挽回损失率	
					产量/%	产值/%	产量/%	产值/%	产量/%	产值/%

表 F.4　棉花叶螨造成危害损失

年份	苗期						蕾花期						花铃期					
	发生程度/级	观测圃		防治田			发生程度/级	观测圃		防治田			发生程度/级	观测圃		防治田		
		百株螨量/头	产量损失/%	百株螨量/头	产量损失/%	挽回损失/%		百株螨量/头	产量损失/%	百株螨量/头	产量损失/%	挽回损失/%		百株螨量/头	产量损失/%	百株螨量/头	产量损失/%	挽回损失/%

表 F.5 棉田作物布局种植方式

年份	纯作棉田占棉田面积比率/%		间套种棉田占棉田面积比率/%			各种茬口占棉田面积比率/%			
			玉米	豆类	麦类	水旱轮作	蚕豆	麦类	冬季耕翻

附　录　G
（规范性附录）
棉花叶螨发生情况模式报表

表 G.1　苗期棉花叶螨模式报表

要求汇报时间:6 月 20 日以前

序号	查报内容	查报结果
1	报表代码	MM1MA
2	苗期叶螨发生危害始期(月/日)	
3	苗期叶螨发生危害高峰期(月/日)	
4	苗期叶螨发生危害末期(月/日)	
5	苗期叶螨发生危害的天数比历年平均值增减/(±d)	
6	棉田最高平均百株螨量/头	
7	最高平均百株螨量比历年平均值增减百分率/(±%)	
8	棉田最高平均螨害级数/级	
9	最高平均螨害级数比历年平均值增减/(±级)	
10	苗期叶螨应用药防治面积占棉田总面积的比率/%	
11	苗期叶螨实际用药防治面积占棉田总面积的比率/%	
12	苗期叶螨平均用药防治次数/次	
13	苗期叶螨经最后一次防治后系统调查田最高平均百株螨量/头	
14	最后一次防治后棉田最高平均百株螨量比历年平均值增减比率/(±%)	
15	当地套种棉田面积占棉田总面积比率/%	
16	套种棉田面积比率比历年平均值增减比率/(±%)	
17	预计蕾花期叶螨发生危害高峰期(月/日)	
18	预计蕾花期叶螨发生程度/级	
19	预计蕾花期叶螨用药防治面积占棉田总面积的比率/%	
20	预计蕾花期叶螨需用药田平均防治次数/次	
21	编报单位	

表 G.2 蕾花期棉花叶螨模式报表

要求汇报时间:7 月 15 日之前

序号	查报内容	查报结果
1	报表代码	MM2MA
2	蕾花期叶螨发生危害始期(月/日)	
3	蕾花期叶螨发生危害高峰期(月/日)	
4	蕾花期叶螨发生危害末期(月/日)	
5	蕾花期叶螨发生危害期的天数比历年平均值增减/(±d)	
6	棉田最高平均百株螨量/头	
7	最高平均百株螨量比历年平均值增减比率/(±%)	
8	棉田最高平均螨害级数/级	
9	最高平均螨害级数比历年平均值增减/(±级)	
10	蕾花期叶螨应用药防治面积占棉田总面积的比率/%	
11	蕾花期叶螨实际用药防治面积占棉田总面积的比率/%	
12	蕾花期叶螨平均实际用药防治次数/次	
13	蕾花期叶螨经最后一次防治后系统调查田最高平均百株螨量/头	
14	最后一次防治后棉田最高平均百株螨量比历年平均值增减比率/(±%)	
15	预计花铃期叶螨发生程度	
16	预计花铃期叶螨用药防治面积占棉田总面积的比率/%	
17	预计花铃期叶螨需用药田平均防治次数/次	
18	编报单位	

表 G.3 花铃期棉花叶螨模式报表

要求汇报时间:9 月 30 日之前

序号	查报内容	查报结果
1	报表代码	MM3MA
2	花铃期叶螨发生危害始期(月/日)	
3	花铃期叶螨发生危害高峰期(月/日)	
4	花铃期叶螨发生危害末期(月/日)	
5	花铃期叶螨发生危害期的天数比历年平均值增减/(±d)	
6	棉田最高平均百株螨量/头	
7	最高平均百株螨量比历年平均值增减百分率/(±%)	
8	棉田最高平均螨害级数/级	
9	最高平均螨害级数比历年平均值增减/(±级)	
10	花铃期叶螨需应用药防治面积占棉田总面积的比率/%	
11	花铃期叶螨实际用药防治面积占棉田总面积的比率/%	
12	花铃期叶螨需用药田平均防治次数/次	
13	编报单位	

ICS 65.020.01
B 16

中华人民共和国国家标准

GB/T 15804—2011
代替 GB/T 15804—1995

高粱蚜测报技术规范

Rules for monitoring and forecast of the sorghum aphid (*Melanaphis sacchai* Zehnter)

2011-09-29 发布 2011-12-01 实施

中华人民共和国国家质量监督检验检疫总局
中国国家标准化管理委员会 发布

前　言

本标准代替 GB/T 15804—1995《高粱蚜测报调查规范》。

本标准与 GB/T 15804—1995 相比主要变化如下：

——本次增加了高粱蚜预测方法等方面的内容，将原来的"测报调查规范"改为"测报技术规范"；

——增加了"术语和定义"部分，其中规定了起油株、发生盛期的定义；

——增加了高粱蚜发生程度分级指标；

——删除了正文中的"天敌单位换算表"和"系统调查及普查结果记载表"，将其移入附录中，使标准内容更清晰和连贯；

——增加了蚜虫发生高峰期的普查，以期更全面掌握蚜虫发生动态和为害情况；

——增加了高粱蚜模式报表，并作为规范性附录，要求定时汇报；

——增加了发生趋势预报和发生程度预报，使得本测报技术规范更为完整和系统，满足生产需要。

本标准的附录 A、附录 C 为规范性附录，附录 B 为资料性附录。

本标准由中华人民共和国农业部提出并归口。

本标准主要起草单位：全国农业技术推广服务中心、辽宁省植保站。

本标准主要起草人：姜玉英、曾娟、马辉、张万民。

本标准所代替标准的历次版本发布情况为：

——GB/T 15804—1995。

高粱蚜测报技术规范

1 范围

本标准规定了高粱蚜系统调查、大田普查和预测方法等方面的技术内容。

本标准适用于高粱蚜测报调查和预测。

2 术语和定义

下列术语和定义适用于本标准。

2.1

起油株 secrete oil plant

高粱蚜集聚在高粱叶背或茎秆上为害，在吸取寄主植物汁液的同时，还分泌出大量蜜露，蜜露滴落在叶面及茎秆部位，严重时可积聚成层，植株油光发亮，即所谓起油株。单株有一片叶起油，即计为起油株。

2.2

发生盛期 flourish stage

蚜虫发生数量达高粱全生育期蚜虫发生总量16%的日期，为发生始盛期；蚜虫发生数量达高粱全生育期蚜虫发生总量50%的日期，为发生高峰期；蚜虫发生数量达高粱全生育期蚜虫发生总量84%的日期，为发生盛末期；从始盛期至盛末期一段时间为发生盛期。实际操作中，以系统调查蚜量与前次蚜量的数量关系对比作为判断发生盛期的参考。

3 发生程度分级指标

高粱蚜发生程度以当地发生盛期百株蚜量为指标，发生面积比率作为参考指标，分为5级，即轻发生(1级)、偏轻发生(2级)、中等发生(3级)、偏重发生(4级)、大发生(5级)，各级指标数值见表1。

表1 高粱蚜发生程度分级指标

发生程度指标	1级	2级	3级	4级	5级
百株蚜量/万头	$0.5<X\leqslant1.5$	$1.5<X\leqslant3.0$	$3.0<X\leqslant5.0$	$5.0<X\leqslant10.0$	$X>10.0$
发生面积比率/%	$Y<15.0$	$15.0<Y\leqslant25.0$	$25.0<Y\leqslant35.0$	$35.0<Y\leqslant50.0$	$Y>50.0$
注：X——百株蚜量；Y——发生面积比率。其中发生面积比率为参考指标。					

4 系统调查

4.1 调查时间

自高粱出苗后2至3叶期开始，每5 d调查一次，至乳熟期蚜量明显下降时为止。

4.2 调查方法

选择地势和栽培环境有利于高粱蚜发生、种植感虫品种、面积在1 000 m^2 以上的高粱田2块，作为系统调查田。每块田按单对角线取样，固定5点，每点调查1行，每行标记20株，共查100株。当田间有蚜株率超过70%，且株间蚜量差异不大时，每块田调查株数可减少至50株，即每点10株；当蚜虫进入发生高峰期时，每点调查5株，共查25株。

4.3 调查内容

在最初调查时，查总蚜虫数、有翅蚜数、无翅蚜数、天敌及其寄生部位和起油株等，调查结果记入高梁蚜调查记载表(见表 A.1)。进入发生盛期时,即每块田调查 50 株或 25 株时,可不区分有翅蚜和无翅蚜。调查天敌时,天敌数量按大型、中型、小型、微型统计,并按标准换算成天敌单位(参见附录 B)。

5 大田普查

5.1 普查时间

根据蚜虫系统调查情况,并参照当地高粱蚜历年发生情况和当年高粱生育期,在蚜虫进入发生始盛期和高峰期,各进行一次大田普查。

5.2 普查方法和内容

选择能够代表当地主栽品种、生育期以及不同地势和间作方式的田块,要求 5 块以上。每块田 5 点取样,每点查 1 行,每行 20 株,共调查 100 株。

调查内容同 4.3,将普查结果记入高粱蚜调查记载表(见表 A.1)。

6 预测方法

6.1 发生趋势中期预测

采用综合分析预测法。高粱蚜的种群数量变动受气候、天敌和耕作制度等多种因子的影响,其中气象条件最为重要。通常在高温干旱气候条件下,蚜茧蜂和食蚜瘿蚊等天敌发生数量少;高粱与大豆或高粱与小麦间作面积小,适宜高粱蚜种群数量的增长,蚜害重。如蚜虫由越冬寄主转入田间后,高温干旱时间长,或气温稍低但干旱时间长,或干旱时间短但气温很高的条件,都有利于高粱蚜的发生繁殖。因此,可采用旬平均气温、平均湿度和旬降水量为依据,在防治前 20 d～30 d 做出发生趋势预报。

6.2 发生程度短期预测

主要根据蚜量上升趋势,结合当地天敌数量和天气预报等因素综合分析,在防治前 10 d 左右做出预报。根据各地经验,具备以下 6 项条件,则可能构成严重发生;如果 6 项条件仅部分具备,则预报中等发生;如 6 项条件完全相反,则预报轻发生。

a) 天气持续高温或干旱;

b) 高粱蚜始见期比常年早;

c) 田间百株蚜量达 5 000 头以上,蚜量增长速度快,每次调查成倍乃至十几倍增长;

d) 蚜群排列密集、紧凑成堆;

e) 每一天敌单位所占有蚜虫数量超过 100 头;

f) 高粱植株幼嫩。

7 测报资料收集、汇报和汇总

7.1 资料收集

高粱种植面积和主要品种,当地气象台(站)主要气象要素的预测值和实测值。

7.2 资料汇报

全国区域性测报站每年定时填写高粱蚜模式报表(见附录 C)报上级测报部门。

7.3 资料汇总

对高粱蚜发生期和发生量进行统计汇总,记载发生、防治情况,总结发生特点,进行原因分析,结果记入高粱蚜发生防治基本情况记载表(见表 A.2)。

附　录　A
（规范性附录）
农作物病虫调查资料表册
高粱蚜

（　　　年）

站　　名 ______________________（盖章）

站　　址 ______________________

（北纬：________东经：__________海拔：________）

测 报 员 ______________________

负 责 人 ______________________

表 A.1 高粱蚜调查记载表

调查日期	地势	品种	高粱生育期	调查株数/株	有蚜株数/株	有蚜株率/%	蚜虫寄生部位	起油株数/株	起油株率/%	蚜虫数量/头				各类天敌数量/头				总计天敌单位	备注
										有翅蚜	无翅蚜	合计	平均百株蚜量	大型	中型	小型	微型		

注：备注系统调查或普查。

表 A.2 高粱蚜发生防治基本情况记载表

高粱种植情况：		
高粱种植面积/hm^2		主栽品种
耕地面积/hm^2		高粱面积占耕地面积比率/%
高粱蚜发生情况：		
发生面积/hm^2		占高粱面积比率/%
受灾(达防治指标)面积/hm^2		成灾(减产30%以上)面积/hm^2
防治和损失情况：		
防治面积/hm^2	化防面积/hm^2	
最终发生程度	实际损失/t	挽回损失/t
发生和防治概况与原因简述：		
注：高粱收获后汇总全省情况，省站及时上报。		

附 录 B
（资料性附录）
天敌单位换算表

表 B.1 天敌单位换算表

天敌类型	天敌种类	折算天敌单位
大型	十三星瓢虫成虫、幼虫	1
	异色瓢虫成虫、幼虫	1
	七星瓢虫成虫、幼虫	1
	大灰食蚜蝇幼虫	1
	黑带食蚜蝇幼虫	1
	大草蛉成虫、若虫	1
	丽草蛉成虫、若虫	1
	中华草蛉若虫	1
中型	龟纹瓢虫成虫、幼虫	0.5
	多异瓢虫成虫、幼虫	0.5
	草间小黑蛛	0.5
	草丛逍遥蛛	0.5
	松辽异角甲	0.5
小型	小型瓢虫成虫、幼虫	0.2
	食蚜瘿蚊成虫、幼虫	0.2
	东亚小花蝽幼虫	0.2
微型	蚜茧蜂	0.1
	蚜霉菌	0.1

附 录 C
（规范性附录）
高粱蚜模式报表

表 C.1 高粱蚜模式报表(MGLYA)

序号	查 报 内 容	查报结果
1	病虫模式报表名称	MGLYA
2	调查日期(月/日)	
3	有蚜株率/%	
4	有蚜株率比历年同期平均值增减比率/(+%或-%)	
5	有蚜株率比上年同期平均值增减比率/(+%或-%)	
6	起油株率/%	
7	起油株率比历年同期平均值增减比率/(+%或-%)	
8	起油株率比上年同期平均值增减比率/(+%或-%)	
9	天敌单位/个	
10	天敌单位比历年同期平均值增减比率/(+%或-%)	
11	天敌单位比上年同期平均值增减比率/(+%或-%)	
12	每一天敌单位所占有蚜虫数量/头	
13	每一天敌单位所占有蚜虫数量比历年同期平均值增减比率/(+%或-%)	
14	每一天敌单位所占有蚜虫数量比上年同期平均值增减比率/(+%或-%)	
15	7月当地天气条件对蚜虫发生适宜情况(好、中、差)	
16	预计发生程度/级	
17	预计发生面积/hm^2	
注1：表中数值为加权平均值。 注2：要求汇报时间:7月10日、8月10日各报一次。		

ICS 01.140.10
A 19

中华人民共和国国家标准

GB/T 15834—2011
代替 GB/T 15834—1995

标点符号用法

General rules for punctuation

2011-12-30 发布　　2012-06-01 实施

中华人民共和国国家质量监督检验检疫总局
中国国家标准化管理委员会　发布

前　言

本标准按照 GB/T 1.1—2009 给出的规则起草。

本标准代替 GB/T 15834—1995，与 GB/T 15834—1995 相比，主要变化如下：

——根据我国国家标准编写规则（GB/T 1.1—2009），对本标准的编排和表述做了全面修改；

——更换了大部分示例，使之更简短、通俗、规范；

——增加了对术语“标点符号”和“语段”的定义（2.1/2.5）；

——对术语“复句”和“分句”的定义做了修改（2.3/2.4）；

——对句末点号（句号、问号、叹号）的定义做了修改，更强调句末点号与句子语气之间的关系（4.1.1/4.2.1/4.3.1）；

——对逗号的基本用法做了补充（4.4.3）；

——增加了不同形式括号用法的示例（4.9.3）；

——省略号的形式统一为六连点“……”，但在特定情况下允许连用（4.11）；

——取消了连接号中原有的二字线，将连接号形式规范为短横线“-”、一字线“—”和浪纹线“～”，并对三者的功能做了归并与划分（4.13）；

——明确了书名号的使用范围（4.15/A.13）；

——增加了分隔号的用法说明（4.17）；

——“标点符号的位置”一章的标题改为“标点符号的位置和书写形式”，并增加了使用中文输入软件处理标点符号时的相关规范（第 5 章）；

——增加了“附录”：附录 A 为规范性附录，主要说明标点符号不能怎样使用和对标点符号用法加以补充说明，以解决目前使用混乱或争议较大的问题。附录 B 为资料性附录，对功能有交叉的标点符号的用法做了区分，并对标点符号误用高发环境下的规范用法做了说明。

本标准由教育部语言文字信息管理司提出并归口。

本标准主要起草单位：北京大学。

本标准主要起草人：沈阳、刘妍、于泳波、翁姗姗。

本标准所代替标准的历次版本发布情况为：

——GB/T 15834—1995。

标点符号用法

1 范围

本标准规定了现代汉语标点符号的用法。

本标准适用于汉语的书面语(包括汉语和外语混合排版时的汉语部分)。

2 术语和定义

下列术语和定义适用于本文件。

2.1

标点符号 punctuation

辅助文字记录语言的符号,是书面语的有机组成部分,用来表示语句的停顿、语气以及标示某些成分(主要是词语)的特定性质和作用。

注:数学符号、货币符号、校勘符号、辞书符号、注音符号等特殊领域的专门符号不属于标点符号。

2.2

句子 sentence

前后都有较大停顿、带有一定的语气和语调、表达相对完整意义的语言单位。

2.3

复句 complex sentence

由两个或多个在意义上有密切关系的分句组成的语言单位,包括简单复句(内部只有一层语义关系)和多重复句(内部包含多层语义关系)。

2.4

分句 clause

复句内两个或多个前后有停顿、表达相对完整意义、不带有句末语气和语调、有的前面可添加关联词语的语言单位。

2.5

语段 expression

指语言片段,是对各种语言单位(如词、短语、句子、复句等)不做特别区分时的统称。

3 标点符号的种类

3.1 点号

点号的作用是点断,主要表示停顿和语气。分为句末点号和句内点号。

3.1.1 句末点号

用于句末的点号,表示句末停顿和句子的语气。包括句号、问号、叹号。

3.1.2 句内点号

用于句内的点号,表示句内各种不同性质的停顿。包括逗号、顿号、分号、冒号。

3.2 标号

标号的作用是标明，主要标示某些成分（主要是词语）的特定性质和作用。包括引号、括号、破折号、省略号、着重号、连接号、间隔号、书名号、专名号、分隔号。

4 标点符号的定义、形式和用法

4.1 句号

4.1.1 定义

句末点号的一种，主要表示句子的陈述语气。

4.1.2 形式

句号的形式是“。”。

4.1.3 基本用法

4.1.3.1 用于句子末尾，表示陈述语气。使用句号主要根据语段前后有较大停顿、带有陈述语气和语调，并不取决于句子的长短。

示例1：北京是中华人民共和国的首都。

示例2：（甲：咱们走着去吧？）乙：好。

4.1.3.2 有时也可表示较缓和的祈使语气和感叹语气。

示例1：请您稍等一下。

示例2：我不由地感到，这些普通劳动者也同样是很值得尊敬的。

4.2 问号

4.2.1 定义

句末点号的一种，主要表示句子的疑问语气。

4.2.2 形式

问号的形式是“？”。

4.2.3 基本用法

4.2.3.1 用于句子末尾，表示疑问语气（包括反问、设问等疑问类型）。使用问号主要根据语段前后有较大停顿、带有疑问语气和语调，并不取决于句子的长短。

示例1：你怎么还不回家去呢？

示例2：难道这些普通的战士不值得歌颂吗？

示例3：（一个外国人，不远万里来到中国，帮助中国的抗日战争。）这是什么精神？这是国际主义的精神。

4.2.3.2 选择问句中，通常只在最后一个选项的末尾用问号，各个选项之间一般用逗号隔开。当选项较短且选项之间几乎没有停顿时，选项之间可不用逗号。当选项较多或较长，或有意突出每个选项的独立性时，也可每个选项之后都用问号。

示例1：诗中记述的这场战争究竟是真实的历史描述，还是诗人的虚构？

示例2：这是巧合还是有意安排？

示例3：要一个什么样的结尾：现实主义的？传统的？大团圆的？荒诞的？民族形式的？有象征意义的？

示例4：（他看着我的作品称赞了我。）但到底是称赞我什么：是有几处画得好？还是什么都敢画？抑或只是一种对于失败者的无可奈何的安慰？我不得而知。

示例 5:这一切都是由客观的条件造成的？还是由行为的惯性造成的？

4.2.3.3 在多个问句连用或表达疑问语气加重时，可叠用问号。通常应先单用，再叠用，最多叠用三个问号。在没有异常强烈的情感表达需要时不宜叠用问号。

示例:这就是你的做法吗？你这个总经理是怎么当的？？你怎么竟敢这样欺骗消费者？？？

4.2.3.4 问号也有标号的用法，即用于句内，表示存疑或不详。

示例 1:马致远(1250？—1321)，大都人，元代戏曲家、散曲家。

示例 2:钟嵘(？—518)，颍川长社人，南朝梁代文学批评家。

示例 3:出现这样的文字错误，说明作者(编者？校者？)很不认真。

4.3 叹号

4.3.1 定义

句末点号的一种，主要表示句子的感叹语气。

4.3.2 形式

叹号的形式是“！”。

4.3.3 基本用法

4.3.3.1 用于句子末尾，主要表示感叹语气，有时也可表示强烈的祈使语气、反问语气等。使用叹号主要根据语段前后有较大停顿、带有感叹语气和语调或带有强烈的祈使、反问语气和语调，并不取决于句子的长短。

示例 1:才一年不见，这孩子都长这么高啦！

示例 2:你给我住嘴！

示例 3:谁知道他今天是怎么搞的！

4.3.3.2 用于拟声词后，表示声音短促或突然。

示例 1:咔嚓！一道闪电划破了夜空。

示例 2:咚！咚咚！突然传来一阵急促的敲门声。

4.3.3.3 表示声音巨大或声音不断加大时，可叠用叹号；表达强烈语气时，也可叠用叹号，最多叠用三个叹号。在没有异常强烈的情感表达需要时不宜叠用叹号。

示例 1:轰！！在这天崩地塌的声音中，女娲猛然醒来。

示例 2:我要揭露！我要控诉！！我要以死抗争！！！

4.3.3.4 当句子包含疑问、感叹两种语气且都比较强烈时(如带有强烈感情的反问句和带有惊愕语气的疑问句)，可在问号后再加叹号(问号、叹号各一)。

示例 1:这么点困难就能把我们吓倒吗？！

示例 2:他连这些最起码的常识都不懂，还敢说自己是高科技人材？！

4.4 逗号

4.4.1 定义

句内点号的一种，表示句子或语段内部的一般性停顿。

4.4.2 形式

逗号的形式是“，”。

4.4.3 基本用法

4.4.3.1 复句内各分句之间的停顿，除了有时用分号（见4.6.3.1），一般都用逗号。

示例1：不是人们的意识决定人们的存在，而是人们的社会存在决定人们的意识。

示例2：学历史使人更明智，学文学使人更聪慧，学数学使人更精细，学考古使人更深沉。

示例3：要是不相信我们的理论能反映现实，要是不相信我们的世界有内在和谐，那就不可能有科学。

4.4.3.2 用于下列各种语法位置：

a） 较长的主语之后。

示例1：苏州园林建筑各种门窗的精美设计和雕镂功夫，都令人叹为观止。

b） 句首的状语之后。

示例2：在苍茫的大海上，狂风卷集着乌云。

c） 较长的宾语之前。

示例3：有的考古工作者认为，南方古猿生存于上新世至更新世的初期和中期。

d） 带句内语气词的主语（或其他成分）之后，或带句内语气词的并列成分之间。

示例4：他呢，倒是很乐意地、全神贯注地干起来了。

示例5：（那是个没有月亮的夜晚。）可是整个村子——白房顶啦，白树木啦，雪堆啦，全看得见。

e） 较长的主语中间、谓语中间或宾语中间。

示例6：母亲沉痛的诉说，以及亲眼见到的事实，都启发了我幼年时期追求真理的思想。

示例7：那姑娘头戴一顶草帽，身穿一条绿色的裙子，腰间还系着一根橙色的腰带。

示例8：必须懂得，对于文化传统，既不能不分青红皂白统统抛弃，也不能不管精华糟粕全盘继承。

f） 前置的谓语之后或后置的状语、定语之前。

示例9：真美啊，这条蜿蜒的林间小路。

示例10：她吃力地站了起来，慢慢地。

示例11：我只是一个人，孤孤单单的。

4.4.3.3 用于下列各种停顿处：

a） 复指成分或插说成分前后。

示例1：老张，就是原来的办公室主任，上星期已经调走了。

示例2：车，不用说，当然是头等。

b） 语气缓和的感叹语、称谓语或呼唤语之后。

示例3：哎哟，这儿，快给我揉揉。

示例4：大娘，您到哪儿去啊？

示例5：喂，你是哪个单位的？

c） 某些序次语（"第"字头、"其"字头及"首先"类序次语）之后。

示例6：为什么许多人都有长不大的感觉呢？原因有三：第一，父母总认为自己比孩子成熟；第二，父母总要以自己的标准来衡量孩子；第三，父母出于爱心而总不想让孩子在成长的过程中走弯路。

示例7：《玄秘塔碑》所以成为书法的范本，不外乎以下几方面的因素：其一，具有楷书点画、构体的典范性；其二，承上启下，成为唐楷的极致；其三，字如其人，爱人及字，柳公权高尚的书品、人品为后人所崇仰。

示例8：下面从三个方面讲讲语言的污染问题：首先，是特殊语言环境中的语言污染问题；其次，是滥用缩略语引起的语言污染问题；再次，是空话和废话引起的语言污染问题。

4.5 顿号

4.5.1 定义

句内点号的一种，表示语段中并列词语之间或某些序次语之后的停顿。

4.5.2 形式

顿号的形式是“、”。

4.5.3 基本用法

4.5.3.1 用于并列词语之间。

示例1:这里有自由、民主、平等、开放的风气和氛围。

示例2:造型科学、技艺精湛、气韵生动,是盛唐石雕的特色。

4.5.3.2 用于需要停顿的重复词语之间。

示例:他几次三番、几次三番地辩解着。

4.5.3.3 用于某些序次语(不带括号的汉字数字或“天干地支”类序次语)之后。

示例1:我准备讲两个问题:一、逻辑学是什么?二、怎样学好逻辑学?

示例2:风格的具体内容主要有以下四点:甲、题材;乙、用字;丙、表达;丁、色彩。

4.5.3.4 相邻或相近两数字连用表示概数通常不用顿号。若相邻两数字连用为缩略形式,宜用顿号。

示例1:飞机在6 000米高空水平飞行时,只能看到两侧八九公里和前方一二十公里范围内的地面。

示例2:这种凶猛的动物常常三五成群地外出觅食和活动。

示例3:农业是国民经济的基础,也是二、三产业的基础。

4.5.3.5 标有引号的并列成分之间、标有书名号的并列成分之间通常不用顿号。若有其他成分插在并列的引号之间或并列的书名号之间(如引语或书名号之后还有括注),宜用顿号。

示例1:“日”“月”构成“明”字。

示例2:店里挂着“顾客就是上帝”“质量就是生命”等横幅。

示例3:《红楼梦》《三国演义》《西游记》《水浒传》,是我国长篇小说的四大名著。

示例4:李白的“白发三千丈”(《秋浦歌》)、“朝如青丝暮成雪”(《将进酒》)都是脍炙人口的诗句。

示例5:办公室里订有《人民日报》(海外版)、《光明日报》和《时代周刊》等报刊。

4.6 分号

4.6.1 定义

句内点号的一种,表示复句内部并列关系分句之间的停顿,以及非并列关系的多重复句中第一层分句之间的停顿。

4.6.2 形式

分号的形式是“;”。

4.6.3 基本用法

4.6.3.1 表示复句内部并列关系的分句(尤其当分句内部还有逗号时)之间的停顿。

示例1:语言文字的学习,就理解方面说,是得到一种知识;就运用方面说,是养成一种习惯。

示例2:内容有分量,尽管文章短小,也是有分量的;内容没有分量,即使写得再长也没有用。

4.6.3.2 表示非并列关系的多重复句中第一层分句(主要是选择、转折等关系)之间的停顿。

示例1:人还没看见,已经先听见歌声了;或者人已经转过山头望不见了,歌声还余音袅袅。

示例2:尽管人民革命的力量在开始时总是弱小的,所以总是受压的;但是由于革命的力量代表历史发展的方向,因此本质上又是不可战胜的。

示例3:不管一个人如何伟大,也总是生活在一定的环境和条件下;因此,个人的见解总难免带有某种局限性。

示例 4：昨天夜里下了一场雨，以为可以凉快些；谁知没有凉快下来，反而更热了。

4.6.3.3 用于分项列举的各项之间。

示例：特聘教授的岗位职责为：一、讲授本学科的主干基础课程；二、主持本学科的重大科研项目；三、领导本学科的学术队伍建设；四、带领本学科赶超或保持世界先进水平。

4.7 冒号

4.7.1 定义

句内点号的一种，表示语段中提示下文或总结上文的停顿。

4.7.2 形式

冒号的形式是"："。

4.7.3 基本用法

4.7.3.1 用于总说性或提示性词语（如"说""例如""证明"等）之后，表示提示下文。

示例 1：北京紫禁城有四座城门：午门、神武门、东华门和西华门。

示例 2：她高兴地说："咱们去好好庆祝一下吧！"

示例 3：小王笑着点了点头："我就是这么想的。"

示例 4：这一事实证明：人能创造环境，环境同样也能创造人。

4.7.3.2 表示总结上文。

示例：张华上了大学，李萍进了技校，我当了工人：我们都有美好的前途。

4.7.3.3 用在需要说明的词语之后，表示注释和说明。

示例 1：（本市将举办首届大型书市。）主办单位：市文化局；承办单位：市图书进出口公司；时间：8 月 15 日—20 日；地点：市体育馆观众休息厅。

示例 2：（做阅读理解题有两个办法。）办法之一：先读题干，再读原文，带着问题有针对性地读课文。办法之二：直接读原文，读完再做题，减少先入为主的干扰。

4.7.3.4 用于书信、讲话稿中称谓语或称呼语之后。

示例 1：广平先生：……

示例 2：同志们、朋友们：……

4.7.3.5 一个句子内部一般不应套用冒号。在列举式或条文式表述中，如不得不套用冒号时，宜另起段落来显示各个层次。

示例：第十条　遗产按照下列顺序继承：
　　第一顺序：配偶、子女、父母。
　　第二顺序：兄弟姐妹、祖父母、外祖父母。

4.8 引号

4.8.1 定义

标号的一种，标示语段中直接引用的内容或需要特别指出的成分。

4.8.2 形式

引号的形式有双引号"“ ”"和单引号"‘ ’"两种。左侧的为前引号，右侧的为后引号。

4.8.3 基本用法

4.8.3.1 标示语段中直接引用的内容。

示例:李白诗中就有"白发三千丈"这样极尽夸张的语句。

4.8.3.2 标示需要着重论述或强调的内容。

示例:这里所谓的"文",并不是指文字,而是指文采。

4.8.3.3 标示语段中具有特殊含义而需要特别指出的成分,如别称、简称、反语等。

示例1:电视被称作"第九艺术"。

示例2:人类学上常把古人化石统称为尼安德特人,简称"尼人"。

示例3:有几个"慈祥"的老板把捡来的菜叶用盐浸浸就算作工友的菜肴。

4.8.3.4 当引号中还需要使用引号时,外面一层用双引号,里面一层用单引号。

示例:他问:"老师,'七月流火'是什么意思?"

4.8.3.5 独立成段的引文如果只有一段,段首和段尾都用引号;不止一段时,每段开头仅用前引号,只在最后一段末尾用后引号。

示例:我曾在报纸上看到有人这样谈幸福:

"幸福是知道自己喜欢什么和不喜欢什么。……

"幸福是知道自己擅长什么和不擅长什么。……

"幸福是在正确的时间做了正确的选择。……"

4.8.3.6 在书写带月、日的事件、节日或其他特定意义的短语(含简称)时,通常只标引其中的月和日;需要突出和强调该事件或节日本身时,也可连同事件或节日一起标引。

示例1:"5·12"汶川大地震

示例2:"五四"以来的话剧,是我国戏剧中的新形式。

示例3:纪念"五四运动"90周年

4.9 括号

4.9.1 定义

标号的一种,标示语段中的注释内容、补充说明或其他特定意义的语句。

4.9.2 形式

括号的主要形式是圆括号"(　)",其他形式还有方括号"[　]"、六角括号"〔　〕"和方头括号"【　】"等。

4.9.3 基本用法

4.9.3.1 标示下列各种情况,均用圆括号:

a) 标示注释内容或补充说明。

示例1:我校拥有特级教师(含已退休的)17人。

示例2:我们不但善于破坏一个旧世界,我们还将善于建设一个新世界!(热烈鼓掌)

b) 标示订正或补加的文字。

示例3:信纸上用稚嫩的字体写着:"阿夷(姨),你好!"。

示例4:该建筑公司负责的建设工程全部达到优良工程(的标准)。

c) 标示序次语。

示例5:语言有三个要素:(1)声音;(2)结构;(3)意义。

示例6:思想有三个条件:(一)事理;(二)心理;(三)伦理。

d) 标示引语的出处。

示例7:他说得好:"未画之前,不立一格;既画之后,不留一格。"(《板桥集·题画》)

e) 标示汉语拼音注音。

示例 8:"的(de)"这个字在现代汉语中最常用。

4.9.3.2 标示作者国籍或所属朝代时,可用方括号或六角括号。

示例 1:[英]赫胥黎《进化论与伦理学》

示例 2:〔唐〕杜甫著

4.9.3.3 报刊标示电讯、报道的开头,可用方头括号。

示例:【新华社南京消息】

4.9.3.4 标示公文发文字号中的发文年份时,可用六角括号。

示例:国发〔2011〕3 号文件

4.9.3.5 标示被注释的词语时,可用六角括号或方头括号。

示例 1:〔奇观〕奇伟的景象。

示例 2:【爱因斯坦】物理学家。生于德国,1933 年因受纳粹政权迫害,移居美国。

4.9.3.6 除科技书刊中的数学、逻辑公式外,所有括号(特别是同一形式的括号)应尽量避免套用。必须套用括号时,宜采用不同的括号形式配合使用。

示例:〔茸(róng)毛〕很细很细的毛。

4.10 破折号

4.10.1 定义

标号的一种,标示语段中某些成分的注释、补充说明或语音、意义的变化。

4.10.2 形式

破折号的形式是"——"。

4.10.3 基本用法

4.10.3.1 标示注释内容或补充说明(也可用括号,见 4.9.3.1;二者的区别另见 B.1.7)。

示例 1:一个矮小而结实的日本中年人——内山老板走了过来。

示例 2:我一直坚持读书,想借此唤起弟妹对生活的希望——无论环境多么困难。

4.10.3.2 标示插入语(也可用逗号,见 4.4.3.3)。

示例:这简直就是——说得不客气点——无耻的勾当!

4.10.3.3 标示总结上文或提示下文(也可用冒号,见 4.7.3.1、4.7.3.2)。

示例 1:坚强,纯洁,严于律己,客观公正——这一切都难得地集中在一个人身上。

示例 2:画家开始娓娓道来——
数年前的一个寒冬,……

4.10.3.4 标示话题的转换。

示例:"好香的干菜,——听到风声了吗?"赵七爷低声说道。

4.10.3.5 标示声音的延长。

示例:"嘎——"传过来一声水禽被惊动的鸣叫。

4.10.3.6 标示话语的中断或间隔。

示例 1:"班长他牺——"小马话没说完就大哭起来。

示例 2:"亲爱的妈妈,你不知道我多爱您。——还有你,我的孩子!"

4.10.3.7 标示引出对话。

示例:——你长大后想成为科学家吗?
——当然想了!

4.10.3.8 标示事项列举分承。

示例:根据研究对象的不同,环境物理学分为以下五个分支学科:

——环境声学;

——环境光学;

——环境热学;

——环境电磁学;

——环境空气动力学。

4.10.3.9 用于副标题之前。

示例:飞向太平洋

——我国新型号运载火箭发射目击记

4.10.3.10 用于引文、注文后,标示作者、出处或注释者。

示例1:先天下之忧而忧,后天下之乐而乐。

——范仲淹

示例2:乐浪海中有倭人,分为百余国。

——《汉书》

示例3:很多人写好信后把信笺折成方胜形,我看大可不必。(方胜,指古代妇女戴的方形首饰,用彩绸等制作,由两个斜方部分叠合而成。——编者注)

4.11 省略号

4.11.1 定义

标号的一种,标示语段中某些内容的省略及意义的断续等。

4.11.2 形式

省略号的形式是"……"。

4.11.3 基本用法

4.11.3.1 标示引文的省略。

示例:我们齐声朗诵起来:"……俱往矣,数风流人物,还看今朝。"

4.11.3.2 标示列举或重复词语的省略。

示例1:对政治的敏感,对生活的敏感,对性格的敏感,……这都是作家必须要有的素质。

示例2:他气得连声说:"好,好……算我没说。"

4.11.3.3 标示语意未尽。

示例1:在人迹罕至的深山密林里,假如突然看见一缕炊烟,……

示例2:你这样干,未免太……!

4.11.3.4 标示说话时断断续续。

示例:她磕磕巴巴地说:"可是……太太……我不知道……你一定是认错了。"

4.11.3.5 标示对话中的沉默不语。

示例:"还没结婚吧?"

"……"他飞红了脸,更加忸怩起来。

4.11.3.6 标示特定的成分虚缺。

示例:只要……就……

4.11.3.7 在标示诗行、段落的省略时,可连用两个省略号(即相当于十二连点)。

示例1:从隔壁房间传来缓缓而抑扬顿挫的吟咏声——

床前明月光,疑是地上霜。

…………

示例2：该刊根据工作质量、上稿数量、参与程度等方面的表现，评选出了高校十佳记者站。还根据发稿数量、提供新闻线索情况以及对刊物的关注度等，评选出了十佳通讯员。

…………

4.12 着重号

4.12.1 定义

标号的一种，标示语段中某些重要的或需要指明的文字。

4.12.2 形式

着重号的形式是"."标注在相应文字的下方。

4.12.3 基本用法

4.12.3.1 标示语段中重要的文字。

示例1：诗人需要表现，而不是证明。

示例2：下面对本文的理解，不正确的一项是：……

4.12.3.2 标示语段中需要指明的文字。

示例：下边加点的字，除了在词中的读法外，还有哪些读法？

着急　子弹　强调

4.13 连接号

4.13.1 定义

标号的一种，标示某些相关联成分之间的连接。

4.13.2 形式

连接号的形式有短横线"-"、一字线"—"和浪纹线"～"三种。

4.13.3 基本用法

4.13.3.1 标示下列各种情况，均用短横线：

a) 化合物的名称或表格、插图的编号。

示例1：3-戊酮为无色液体，对眼及皮肤有强烈刺激性。

示例2：参见下页表2-8、表2-9。

b) 连接号码，包括门牌号码、电话号码，以及用阿拉伯数字表示年月日等。

示例3：安宁里东路26号院3-2-11室

示例4：联系电话：010-88842603

示例5：2011-02-15

c) 在复合名词中起连接作用。

示例6：吐鲁番-哈密盆地

d) 某些产品的名称和型号。

示例7：WZ-10直升机具有复杂天气和夜间作战的能力。

e) 汉语拼音、外来语内部的分合。

示例8：shuōshuō-xiàoxiào（说说笑笑）

示例 9:盎格鲁-撒克逊人

示例 10:让-雅克·卢梭("让-雅克"为双名)

示例 11:皮埃尔·孟戴斯-弗朗斯("孟戴斯-弗朗斯"为复姓)

4.13.3.2 标示下列各种情况,一般用一字线,有时也可用浪纹线:

a) 标示相关项目(如时间、地域等)的起止。

示例 1:沈括(1031—1095),宋朝人。

示例 2:2011 年 2 月 3 日—10 日

示例 3:北京—上海特别旅客快车

b) 标示数值范围(由阿拉伯数字或汉字数字构成)的起止。

示例 4:25～30 g

示例 5:第五～八课

4.14 间隔号

4.14.1 定义

标号的一种,标示某些相关联成分之间的分界。

4.14.2 形式

间隔号的形式是"·"。

4.14.3 基本用法

4.14.3.1 标示外国人名或少数民族人名内部的分界。

示例 1:克里丝蒂娜·罗塞蒂

示例 2:阿依古丽·买买提

4.14.3.2 标示书名与篇(章、卷)名之间的分界。

示例:《淮南子·本经训》

4.14.3.3 标示词牌、曲牌、诗体名等和题名之间的分界。

示例 1:《沁园春·雪》

示例 2:《天净沙·秋思》

示例 3:《七律·冬云》

4.14.3.4 用在构成标题或栏目名称的并列词语之间。

示例:《天·地·人》

4.14.3.5 以月、日为标志的事件或节日,用汉字数字表示时,只在一、十一和十二月后用间隔号;当直接用阿拉伯数字表示时,月、日之间均用间隔号(半角字符)。

示例 1:"九一八"事变 "五四"运动

示例 2:"一·二八"事变 "一二·九"运动

示例 3:"3·15"消费者权益日 "9·11"恐怖袭击事件

4.15 书名号

4.15.1 定义

标号的一种,标示语段中出现的各种作品的名称。

4.15.2 形式

书名号的形式有双书名号“《 》”和单书名号“〈 〉”两种。

4.15.3 基本用法

4.15.3.1 标示书名、卷名、篇名、刊物名、报纸名、文件名等。

示例1:《红楼梦》(书名)

示例2:《史记·项羽本记》(卷名)

示例3:《论雷峰塔的倒掉》(篇名)

示例4:《每周关注》(刊物名)

示例5:《人民日报》(报纸名)

示例6:《全国农村工作会议纪要》(文件名)

4.15.3.2 标示电影、电视、音乐、诗歌、雕塑等各类用文字、声音、图像等表现的作品的名称。

示例1:《渔光曲》(电影名)

示例2:《追梦录》(电视剧名)

示例3:《勿忘我》(歌曲名)

示例4:《沁园春·雪》(诗词名)

示例5:《东方欲晓》(雕塑名)

示例6:《光与影》(电视节目名)

示例7:《社会广角镜》(栏目名)

示例8:《庄子研究文献数据库》(光盘名)

示例9:《植物生理学系列挂图》(图片名)

4.15.3.3 标示全中文或中文在名称中占主导地位的软件名。

示例:科研人员正在研制《电脑卫士》杀毒软件。

4.15.3.4 标示作品名的简称。

示例:我读了《念青唐古拉山脉纪行》一文(以下简称《念》),收获很大。

4.15.3.5 当书名号中还需要书名号时,里面一层用单书名号,外面一层用双书名号。

示例:《教育部关于提请审议〈高等教育自学考试试行办法〉的报告》

4.16 专名号

4.16.1 定义

标号的一种,标示古籍和某些文史类著作中出现的特定类专有名词。

4.16.2 形式

专名号的形式是一条直线,标注在相应文字的下方。

4.16.3 基本用法

4.16.3.1 标示古籍、古籍引文或某些文史类著作中出现的专有名词,主要包括人名、地名、国名、民族名、朝代名、年号、宗教名、官署名、组织名等。

示例1:孙坚人马被刘表率军围得水泄不通。(人名)

示例2:于是聚集冀、青、幽、并四州兵马七十多万准备决一死战。(地名)

示例3:当时乌孙及西域各国都向汉派遣了使节。(国名、朝代名)

示例 4:从咸宁二年到太康十年,匈奴、鲜卑、乌桓等族人徙居塞内。(年号、民族名)

4.16.3.2 现代汉语文本中的上述专有名词,以及古籍和现代文本中的单位名、官职名、事件名、会议名、书名等不应使用专名号。必须使用标号标示时,宜使用其他相应标号(如引号、书名号等)。

4.17 分隔号

4.17.1 定义

标号的一种,标示诗行、节拍及某些相关文字的分隔。

4.17.2 形式

分隔号的形式是"/"。

4.17.3 基本用法

4.17.3.1 诗歌接排时分隔诗行(也可使用逗号和分号,见 4.4.3.1/4.6.3.1)。

示例:春眠不觉晓/处处闻啼鸟/夜来风雨声/花落知多少。

4.17.3.2 标示诗文中的音节节拍。

示例:横眉/冷对/千夫指,俯首/甘为/孺子牛。

4.17.3.3 分隔供选择或可转换的两项,表示"或"。

示例:动词短语中除了作为主体成分的述语动词之外,还包括述语动词所带的宾语和/或补语。

4.17.3.4 分隔组成一对的两项,表示"和"。

示例 1:13/14 次特别快车

示例 2:羽毛球女双决赛中国组合杜婧/于洋两局完胜韩国名将李孝贞/李敬元。

4.17.3.5 分隔层级或类别。

示例:我国的行政区划分为:省(直辖市、自治区)/省辖市(地级市)/县(县级市、区、自治州)/乡(镇)/村(居委会)。

5 标点符号的位置和书写形式

5.1 横排文稿标点符号的位置和书写形式

5.1.1 句号、逗号、顿号、分号、冒号均置于相应文字之后,占一个字位置,居左下,不出现在一行之首。

5.1.2 问号、叹号均置于相应文字之后,占一个字位置,居左,不出现在一行之首。两个问号(或叹号)叠用时,占一个字位置;三个问号(或叹号)叠用时,占两个字位置;问号和叹号连用时,占一个字位置。

5.1.3 引号、括号、书名号中的两部分标在相应项目的两端,各占一个字位置。其中前一半不出现在一行之末,后一半不出现在一行之首。

5.1.4 破折号标在相应项目之间,占两个字位置,上下居中,不能中间断开分处上行之末和下行之首。

5.1.5 省略号占两个字位置,两个省略号连用时占四个字位置并须单独占一行。省略号不能中间断开分处上行之末和下行之首。

5.1.6 连接号中的短横线比汉字"一"略短,占半个字位置;一字线比汉字"一"略长,占一个字位置;浪纹线占一个字位置。连接号上下居中,不出现在一行之首。

5.1.7 间隔号标在需要隔开的项目之间,占半个字位置,上下居中,不出现在一行之首。

5.1.8 着重号和专名号标在相应文字的下边。

5.1.9 分隔号占半个字位置,不出现在一行之首或一行之末。

5.1.10 标点符号排在一行末尾时,若为全角字符则应占半角字符的宽度(即半个字位置),以使视觉效果更美观。

5.1.11 在实际编辑出版工作中，为排版美观、方便阅读等需要，或为避免某一小节最后一个汉字转行或出现在另外一页开头等情况（浪费版面及视觉效果差），可适当压缩标点符号所占用的空间。

5.2 竖排文稿标点符号的位置和书写形式

5.2.1 句号、问号、叹号、逗号、顿号、分号和冒号均置于相应文字之下偏右。

5.2.2 破折号、省略号、连接号、间隔号和分隔号置于相应文字之下居中，上下方向排列。

5.2.3 引号改用双引号“﹃”“﹄”和单引号“﹁”“﹂”，括号改用“︵”“︶”，标在相应项目的上下。

5.2.4 竖排文稿中使用浪线式书名号“﹏”，标在相应文字的左侧。

5.2.5 着重号标在相应文字的右侧，专名号标在相应文字的左侧。

5.2.6 横排文稿中关于某些标点不能居行首或行末的要求，同样适用于竖排文稿。

附　录　A
（规范性附录）
标点符号用法的补充规则

A.1　句号用法补充规则

图或表的短语式说明文字，中间可用逗号，但末尾不用句号。即使有时说明文字较长，前面的语段已出现句号，最后结尾处仍不用句号。

示例 1：行进中的学生方队

示例 2：经过治理，本市市容市貌焕然一新。这是某区街道一景

A.2　问号用法补充规则

使用问号应以句子表示疑问语气为依据，而并不根据句子中包含有疑问词。当含有疑问词的语段充当某种句子成分，而句子并不表示疑问语气时，句末不用问号。

示例 1：他们的行为举止、审美趣味，甚至读什么书，坐什么车，都在媒体掌握之中。

示例 2：谁也不见，什么也不吃，哪儿也不去。

示例 3：我也不知道他究竟躲到什么地方去了。

A.3　逗号用法补充规则

用顿号表示较长、较多或较复杂的并列成分之间的停顿时，最后一个成分前可用"以及（及）"进行连接，"以及（及）"之前应用逗号。

示例：压力过大、工作时间过长、作息不规律，以及忽视营养均衡等，均会导致健康状况的下降。

A.4　顿号用法补充规则

A.4.1　表示含有顺序关系的并列各项间的停顿，用顿号，不用逗号。下例解释"对于"一词用法，"人""事物""行为"之间有顺序关系（即人和人、人和事物、人和行为、事物和事物、事物和行为、行为和行为等六种对待关系），各项之间应用顿号。

示例：〔对于〕表示人，事物，行为之间的相互对待关系。（误）

〔对于〕表示人、事物、行为之间的相互对待关系。（正）

A.4.2　用阿拉伯数字表示年月日的简写形式时，用短横线连接号，不用顿号。

示例：2010、03、02（误）

2010-03-02（正）

A.5　分号用法补充规则

分项列举的各项有一项或多项已包含句号时，各项的末尾不能再用分号。

示例：本市先后建立起三大农业生产体系：一是建立甘蔗生产服务体系。成立糖业服务公司，主要给农民提供机耕等服务；二是建立蚕桑生产服务体系。……；三是建立热作服务体系。……。（误）

本市先后建立起三大农业生产体系：一是建立甘蔗生产服务体系。成立糖业服务公司，主要给农民提供机耕等服务。二是建立蚕桑生产服务体系。……。三是建立热作服务体系。……。（正）

A.6 冒号用法补充规则

A.6.1 冒号用在提示性话语之后引起下文。表面上类似但实际不是提示性话语的，其后用逗号。

示例1：郦道元《水经注》记载："沼西际山枕水，有唐叔虞祠。"（提示性话语）

示例2：据《苏州府志》载，苏州城内大小园林约有150多座，可算名副其实的园林之城。（非提示性话语）

A.6.2 冒号提示范围无论大小（一句话、几句话甚至几段话），都应与提示性话语保持一致（即在该范围的末尾要用句号点断）。应避免冒号涵盖范围过窄或过宽。

示例：艾滋病有三个传播途径：血液传播，性传播和母婴传播，日常接触是不会传播艾滋病的。（误）

艾滋病有三个传播途径：血液传播，性传播和母婴传播。日常接触是不会传播艾滋病的。（正）

A.6.3 冒号应用在有停顿处，无停顿处不应用冒号。

示例1：他头也不抬，冷冷地问："你叫什么名字？"（有停顿）

示例2：这事你得拿主意，光说"不知道"怎么行？（无停顿）

A.7 引号用法补充规则

"丛刊""文库""系列""书系"等作为系列著作的选题名，宜用引号标引。当"丛刊"等为选题名的一部分时，放在引号之内，反之则放在引号之外。

示例1："汉译世界学术名著丛书"

示例2："中国哲学典籍文库"

示例3："20世纪心理学通览"丛书

A.8 括号用法补充规则

括号可分为句内括号和句外括号。句内括号用于注释句子里的某些词语，即本身就是句子的一部分，应紧跟在被注释的词语之后。句外括号则用于注释句子、句群或段落，即本身结构独立，不属于前面的句子、句群或段落，应位于所注释语段的句末点号之后。

示例：标点符号是辅助文字记录语言的符号，是书面语的有机组成部分，用来表示语句的停顿、语气以及标示某些成分（主要是词语）的特定性质和作用。（数学符号、货币符号、校勘符号等特殊领域的专门符号不属于标点符号。）

A.9 省略号用法补充规则

A.9.1 不能用多于两个省略号（多于12点）连在一起表示省略。省略号须与多点连续的连珠号相区别（后者主要是用于表示目录中标题和页码对应和连接的专门符号）。

A.9.2 省略号和"等""等等""什么的"等词语不能同时使用。在需要读出来的地方用"等""等等""什么的"等词语，不用省略号。

示例：含有铁质的食物有猪肝、大豆、油菜、菠菜……等。（误）

含有铁质的食物有猪肝、大豆、油菜、菠菜等。（正）

A.10 着重号用法补充规则

不应使用文字下加直线或波浪线等形式表示着重。文字下加直线为专名号形式（4.16）；文字下加浪纹线是特殊书名号(A.13.6)。着重号的形式统一为相应项目下加小圆点。

示例:下面对本文的理解,不正确的一项是(误)

下面对本文的理解,不正确的一项是(正)

A.11 连接号用法补充规则

浪纹线连接号用于标示数值范围时,在不引起歧义的情况下,前一数值附加符号或计量单位可省略。

示例:5公斤~100公斤(正)

5~100公斤(正)

A.12 间隔号用法补充规则

当并列短语构成的标题中已用间隔号隔开时,不应再用“和”类连词。

示例:《水星·火星和金星》(误)

《水星·火星·金星》(正)

A.13 书名号用法补充规则

A.13.1 不能视为作品的课程、课题、奖品奖状、商标、证照、组织机构、会议、活动等名称,不应用书名号。下面均为书名号误用的示例:

示例1:下学期本中心将开设《现代企业财务管理》《市场营销》两门课程。

示例2:明天将召开《关于“两保两挂”的多视觉理论思考》课题立项会。

示例3:本市将向70岁以上(含70岁)老年人颁发《敬老证》。

示例4:本校共获得《最佳印象》《自我审美》《卡拉OK》等六个奖杯。

示例5:《闪光》牌电池经久耐用。

示例6:《文史杂志社》编辑力量比较雄厚。

示例7:本市将召开《全国食用天然色素应用研讨会》。

示例8:本报将于今年暑假举行《墨宝杯》书法大赛。

A.13.2 有的名称应根据指称意义的不同确定是否用书名号。如文艺晚会指一项活动时,不用书名号;而特指一种节目名称时,可用书名号。再如展览作为一种文化传播的组织形式时,不用书名号;特定情况下将某项展览作为一种创作的作品时,可用书名号。

示例1:2008年重阳联欢晚会受到观众的称赞和好评。

示例2:本台将重播《2008年重阳联欢晚会》。

示例3:“雪域明珠——中国西藏文化展”今天隆重开幕。

示例4:《大地飞歌艺术展》是一部大型现代艺术作品。

A.13.3 书名后面表示该作品所属类别的普通名词不标在书名号内。

示例:《我们》杂志

A.13.4 书名有时带有括注。如果括注是书名、篇名等的一部分,应放在书名号之内,反之则应放在书名号之外。

示例1:《琵琶行(并序)》

示例2:《中华人民共和国民事诉讼法(试行)》

示例3:《新政治协商会议筹备会组织条例(草案)》

示例4:《百科知识》(彩图本)

示例5:《人民日报》(海外版)

A.13.5 书名、篇名末尾如有叹号或问号,应放在书名号之内。

示例1:《日记何罪!》

示例2:《如何做到同工又同酬?》

A.13.6 在古籍或某些文史类著作中,为与专名号配合,书名号也可改用浪线式“﹏”,标注在书名下方。这可以看作是特殊的专名号或特殊的书名号。

A.14 分隔号用法补充规则

分隔号又称正斜线号,须与反斜线号“\”相区别(后者主要是用于编写计算机程序的专门符号)。使用分隔号时,紧贴着分隔号的前后通常不用点号。

附　录　B
（资料性附录）
标点符号若干用法的说明

B.1　易混标点符号用法比较

B.1.1　逗号、顿号表示并列词语之间停顿的区别

逗号和顿号都表示停顿，但逗号表示的停顿长，顿号表示的停顿短。并列词语之间的停顿一般用顿号，但当并列词语较长或其后有语气词时，为了表示稍长一点的停顿，也可用逗号。

示例 1：我喜欢吃的水果有苹果、桃子、香蕉和菠萝。

示例 2：我们需要了解全局和局部的统一，必然和偶然的统一，本质和现象的统一。

示例 3：看游记最难弄清位置和方向，前啊，后啊，左啊，右啊，看了半天，还是不明白。

B.1.2　逗号、顿号在表列举省略的“等”“等等”之类词语前的使用

并列成分之间用顿号，末尾的并列成分之后用“等”“等等”之类词语时，“等”类词前不用顿号或其他点号；并列成分之间用逗号，末尾的并列成分之后用“等”类词时，“等”类词前应用逗号。

示例 1：现代生物学、物理学、化学、数学等基础科学的发展，带动了医学科学的进步。

示例 2：写文章前要想好：文章主题是什么，用哪些材料，哪些详写，哪些略写，等等。

B.1.3　逗号、分号表示分句间停顿的区别

当复句的表述不复杂、层次不多，相连的分句语气比较紧凑、分句内部也没有使用逗号表示停顿时，分句间的停顿多用逗号。当用逗号不易分清多重复句内部的层次（如分句内部已有逗号），而用句号又可能割裂前后关系的地方，应用分号表示停顿。

示例 1：她拿起钥匙，开了箱上的锁，又开了首饰盒上的锁，往老地方放钱。

示例 2：纵比，即以一事物的各个发展阶段作比；横比，则以此事物与彼事物相比。

B.1.4　顿号、逗号、分号在标示层次关系时的区别

句内点号中，顿号表示的停顿最短、层次最低，通常只能表示并列词语之间的停顿；分号表示的停顿最长、层次最高，可以用来表示复句的第一层分句之间的停顿；逗号介于两者之间，既可表示并列词语之间的停顿，也可表示复句中分句之间的停顿。若分句内部已用逗号，分句之间就应用分号（见 B.1.3 示例 2）。用分号隔开的几个并列分句不能由逗号统领或总结。

示例 1：有的学会烤烟，自己做挺讲究的纸烟和雪茄；有的学会蔬菜加工，做的番茄酱能吃到冬天；有的学会蔬菜腌渍、窖藏，使秋菜接上春菜。

示例 2：动物吃植物的方式多种多样，有的是把整个植物吃掉，如原生动物；有的是把植物的大部分吃掉，如鼠类；有的是吃掉植物的要害部位，如鸟类吃掉植物的嫩芽。（误）

　　　　动物吃植物的方式多种多样：有的是把整个植物吃掉，如原生动物；有的是把植物的大部分吃掉，如鼠类；有的是吃掉植物的要害部位，如鸟类吃掉植物的嫩芽。（正）

B.1.5　冒号、逗号用于“说”“道”之类词语后的区别

位于引文之前的“说”“道”后用冒号。位于引文之后的“说”“道”分两种情况：处于句末时，其后用句

号;“说”“道”后还有其他成分时,其后用逗号。插在话语中间的“说”“道”类词语后只能用逗号表示停顿。

示例1:他说:“晚上就来家里吃饭吧。”

示例2:“我真的很期待。”他说。

示例3:“我有件事忘了说……”他说,表情有点为难。

示例4:“现在请皇上脱下衣服,”两个骗子说,“好让我们为您换上新衣。”

B.1.6 不同点号表示停顿长短的排序

各种点号都表示说话时的停顿。句号、问号、叹号都表示句子完结,停顿最长。分号用于复句的分句之间,停顿长度介于句末点号和逗号之间,而短于冒号。逗号表示一句话中间的停顿,又短于分号。顿号用于并列词语之间,停顿最短。通常情况下,各种点号表示的停顿由长到短为:句号＝问号＝叹号＞冒号(指涵盖范围为一句话的冒号)＞分号＞逗号＞顿号。

B.1.7 破折号与括号表示注释或补充说明时的区别

破折号用于表示比较重要的解释说明,这种补充是正文的一部分,可与前后文连读;而括号表示比较一般的解释说明,只是注释而非正文,可不与前后文连读。

示例1:在今年——农历虎年,必须取得比去年更大的成绩。

示例2:哈雷在牛顿思想的启发下,终于认出了他所关注的彗星(该星后人称为哈雷彗星)。

B.1.8 书名号、引号在“题为……”“以……为题”格式中的使用

“题为……”“以……为题”中的“题”,如果是诗文、图书、报告或其他作品可作为篇名、书名看待时,可用书名号;如果是写作、科研、辩论、谈话的主题,非特定作品的标题,应用引号。即“题为……”“以……为题”中的“题”应根据其类别分别按书名号和引号的用法处理。

示例1:有篇题为《柳宗元的诗》的文章,全文才2 000字,引文不实却达11处之多。

示例2:今天一个以“地球·人口·资源·环境”为题的大型宣传活动在此间举行。

示例3:《我的老师》写于1956年9月,是作者应《教师报》之约而写的。

示例4:“我的老师”这类题目,同学们也许都写过。

B.2 两个标点符号连用的说明

B.2.1 行文中表示引用的引号内外的标点用法

当引文完整且独立使用,或虽不独立使用但带有问号或叹号时,引号内句末点号应保留。除此之外,引号内不用句末点号。当引文处于句子停顿处(包括句子末尾)且引号内未使用点号时,引号外应使用点号;当引文位于非停顿处或者引号内已使用句末点号时,引号外不用点号。

示例1:“沉舟侧畔千帆过,病树前头万木春。”他最喜欢这两句诗。

示例2:书价上涨令许多读者难以接受,有些人甚至发出“还买得起书吗?”的疑问。

示例3:他以“条件还不成熟,准备还不充分”为由,否决了我们的提议。

示例4:你这样“明日复明日”地要拖到什么时候?

示例5:司马迁为了完成《史记》的写作,使之“藏之名山”,忍受了人间最大的侮辱。

示例6:在施工中要始终坚持“把质量当生命”。

示例7:“言之无文,行而不远”这句话,说明了文采的重要。

示例8:俗话说:“墙头一根草,风吹两边倒。”用这句话来形容此辈再恰当不过。

B.2.2 行文中括号内外的标点用法

括号内行文末尾需要时可用问号、叹号和省略号。除此之外，句内括号行文末尾通常不用标点符号。句外括号行文末尾是否用句号由括号内的语段结构决定：若语段较长、内容复杂，应用句号。句内括号外是否用点号取决于括号所处位置：若句内括号处于句子停顿处，应用点号。句外括号外通常不用点号。

示例1：如果不采取（但应如何采取呢？）十分具体的控制措施，事态将进一步扩大。

示例2：3分钟过去了（仅仅才3分钟！），从眼前穿梭而过的出租车竟达32辆！

示例3：她介绍时用了一连串比喻（有的状如树枝，有的貌似星海……），非常形象。

示例4：科技协作合同（包括科研、试制、成果推广等）根据上级主管部门或有关部门的计划签订。

示例5：应把夏朝看作原始公社向奴隶制国家过渡时期。（龙山文化遗址里，也有俯身葬。俯身者很可能就是奴隶。）

示例6：问：你对你不喜欢的上司是什么态度？
答：感情上疏远，组织上服从。（掌声，笑声）

示例7：古汉语（特别是上古汉语），对于我来说，有着常人无法想象的吸引力。

示例8：由于这种推断尚未经过实践的考验，我们只能把它作为假设（或假说）提出来。

示例9：人际交往过程就是使用语词传达意义的过程。（严格说，这里的"语词"应为语词指号。）

B.2.3 破折号前后的标点用法

破折号之前通常不用点号；但根据句子结构和行文需要，有时也可分别使用句内点号或句末点号。破折号之后通常不会紧跟着使用其他点号；但当破折号表示语音的停顿或延长时，根据语气表达的需要，其后可紧接问号或叹号。

示例1：小妹说："我现在工作得挺好，老板对我不错，工资也挺高。——我能抽支烟吗？"（表示话题的转折）

示例2：我不是自然主义者，我主张文学高于现实，能够稍稍居高临下地去看现实，因为文学的任务不仅在于反映现实。光描写现存的事物还不够，还必须记住我们所希望的和可能产生的事物。必须使现象典型化。应该把微小而有代表性的事物写成重大的和典型的事物。——这就是文学的任务。（表示对前几句话的总结）

示例3："是他——？"石一川简直不敢相信自己的耳朵。

示例4："我终于考上大学啦！我终于考上啦——！"金石开兴奋得快要晕过去了。

B.2.4 省略号前后的标点用法

省略号之前通常不用点号。以下两种情况例外：省略号前的句子表示强烈语气、句末使用问号或叹号时；省略号前不用点号就无法标示停顿或表明结构关系时。省略号之后通常也不用点号，但当句末表达强烈的语气或感情时，可在省略号后用问号或叹号；当省略号后还有别的话、省略的文字和后面的话不连续且有停顿时，应在省略号后用点号；当表示特定格式的成分虚缺时，省略号后可用点号。

示例1：想起这些，我就觉得一辈子都对不起你。你对梁家的好，我感激不尽！……

示例2：他进来了，……一身军装，一张朴实的脸，站在我们面前显得很高大，很年轻。

示例3：这，这是……？

示例4：动物界的规矩比人类还多，野骆驼、野猪、黄羊……，直至塔里木兔、跳鼠，都是各行其路，决不混淆。

示例5：大火被渐渐扑灭，但一片片油污又旋即出现在遇难船旁……。清污船迅速赶来，并施放围栏以控制油污。

示例6：如果……，那么……。

B.3 序次语之后的标点用法

B.3.1 "第""其"字头序次语，或"首先""其次""最后"等做序次语时，后用逗号（见4.4.3.3）。

B.3.2 不带括号的汉字数字或"天干地支"做序次语时，后用顿号(见 4.5.3.2)。

B.3.3 不带括号的阿拉伯数字、拉丁字母或罗马数字做序次语时，后面用下脚点(该符号属于外文的标点符号)。

示例 1：总之，语言的社会功能有三点：1. 传递信息，交流思想；2. 确定关系，调节关系；3. 组织生活，组织生产。

示例 2：本课一共讲解三个要点：A. 生理停顿；B. 逻辑停顿；C. 语法停顿。

B.3.4 加括号的序次语后面不用任何点号。

示例 1：受教育者应履行以下义务：(一)遵守法律、法规；(二)努力学习，完成规定的学习任务；(三)遵守所在学校或其他教育机构的制度。

示例 2：科学家很重视下面几种才能：(1)想象力；(2)直觉的理解力；(3)数学能力。

B.3.5 阿拉伯数字与下脚点结合表示章节关系的序次语末尾不用任何点号。

示例：3　停顿
　　3.1　生理停顿
　　3.2　逻辑停顿

B.3.6 用于章节、条款的序次语后宜用空格表示停顿。

示例：第一课　春天来了

B.3.7 序次简单、叙述性较强的序次语后不用标点符号。

示例：语言的社会功能共有三点：一是传递信息；二是确定关系；三是组织生活。

B.3.8 同类数字形式的序次语，带括号的通常位于不带括号的下一层。通常第一层是带有顿号的汉字数字；第二层是带括号的汉字数字；第三层是带下脚点的阿拉伯数字；第四层是带括号的阿拉伯数字；再往下可以是带圈的阿拉伯数字或小写拉丁字母。一般可根据文章特点选择从某一层序次语开始行文，选定之后应顺着序次语的层次向下行文，但使用层次较低的序次语之后不宜反过来再使用层次更高的序次语。

示例：一、……
　　(一)……
　　1. ……
　　(1) ……
　　①/a. ……

B.4 文章标题的标点用法

文章标题的末尾通常不用标点符号，但有时根据需要可用问号、叹号或省略号。

示例 1：看看电脑会有多聪明，让它下盘围棋吧

示例 2：猛龙过江：本店特色名菜

示例 3：严防"电脑黄毒"危害少年

示例 4：回家的感觉真好
　　　　——访大赛归来的本市运动员

示例 5：里海是湖，还是海？

示例 6：人体也是污染源！

示例 7：和平协议签署之后……

ICS 01.140.10
A 19

中华人民共和国国家标准

GB/T 15835—2011
代替 GB/T 15835—1995

出版物上数字用法

General rules for writing numerals in public texts

2011-07-29 发布 2011-11-01 实施

中华人民共和国国家质量监督检验检疫总局
中国国家标准化管理委员会 发布

前　言

本标准按照 GB/T 1.1—2009 给出的规则起草。

本标准代替 GB/T 15835—1995《出版物上数字用法的规定》，与 GB/T 15835—1995《出版物上数字用法的规定》相比，主要变化如下：

——原标准在汉字数字与阿拉伯数字中，明显倾向于使用阿拉伯数字。本标准不再强调这种倾向性。

——在继承原标准中关于数字用法应遵循"得体原则"和"局部体例一致原则"的基础上，通过措辞上的适当调整，以及更为具体的规定和示例，进一步明确了具体操作规范。

——将原标准的平级罗列式行文结构改为层级分类式行文结构。

——删除了原标准的基本术语"物理量"与"非物理量"，增补了"计量""编号""概数"作为基本术语。

本标准由教育部语言文字信息管理司提出并归口。

本标准主要起草单位：北京大学。

本标准主要起草人：詹卫东、覃士娟、曾石铭。

本标准所代替标准的历次版本发布情况为：

——GB/T 15835—1995。

出版物上数字用法

1 范围

本标准规定了出版物上汉字数字和阿拉伯数字的用法。

本标准适用于各类出版物(文艺类出版物和重排古籍除外)。政府和企事业单位公文,以及教育、媒体和公共服务领域的数字用法,也可参照本标准执行。

2 规范性引用文件

下列文件对于本文件的应用是必不可少的。凡是注日期的引用文件,仅注日期的版本适用于本文件。凡是不注日期的引用文件,其最新版本(包括所有的修改单)适用于本文件。

GB/T 7408—2005 数据元和交换格式 信息交换 日期和时间表示法

3 术语和定义

下列术语和定义适用于本文件。

3.1

计量 measuring

将数字用于加、减、乘、除等数学运算。

3.2

编号 numbering

将数字用于为事物命名或排序,但不用于数学运算。

3.3

概数 approximate number

用于模糊计量的数字。

4 数字形式的选用

4.1 选用阿拉伯数字

4.1.1 用于计量的数字

在使用数字进行计量的场合,为达到醒目、易于辨识的效果,应采用阿拉伯数字。

示例 1:−125.03　　34.05%　　63%~68%　　1∶500　　97/108

当数值伴随有计量单位时,如:长度、容积、面积、体积、质量、温度、经纬度、音量、频率等等,特别是当计量单位以字母表达时,应采用阿拉伯数字。

示例 2:523.56 km(523.56 千米)　　346.87 L(346.87 升)　　5.34 m^2(5.34 平方米)
567 mm^3(567 立方毫米)　　605 g(605 克)　　100~150 kg(100~150 千克)
34~39 ℃(34~39 摄氏度)　　北纬 40°(40 度)　　120 dB(120 分贝)

4.1.2 用于编号的数字

在使用数字进行编号的场合,为达到醒目、易于辨识的效果,应采用阿拉伯数字。

示例:电话号码:98888

邮政编码:100871

通信地址:北京市海淀区复兴路 11 号

电子邮件地址:x186@186.net

网页地址:http://127.0.0.1

汽车号牌:京 A00001

公交车号:302 路公交车

道路编号:101 国道

公文编号:国办发〔1987〕9 号

图书编号:ISBN 978-7-80184-224-4

刊物编号:CN11-1399

章节编号:4.1.2

产品型号:PH－3000 型计算机

产品序列号:C84XB－JYVFD－P7HC4－6XKRJ－7M6XH

单位注册号:02050214

行政许可登记编号:0684D10004－828

4.1.3 已定型的含阿拉伯数字的词语

现代社会生活中出现的事物、现象、事件,其名称的书写形式中包含阿拉伯数字,已经广泛使用而稳定下来,应采用阿拉伯数字。

示例:3G 手机　MP3 播放器　G8 峰会　维生素 B_{12}　97 号汽油　“5・27”事件　“12・5”枪击案

4.2 选用汉字数字

4.2.1 非公历纪年

干支纪年、农历月日、历史朝代纪年及其他传统上采用汉字形式的非公历纪年等等,应采用汉字数字。

示例:丙寅年十月十五日　庚辰年八月五日　腊月二十三　正月初五　八月十五中秋

秦文公四十四年　太平天国庚申十年九月二十四日　清咸丰十年九月二十日

藏历阳木龙年八月二十六日　日本庆应三年

4.2.2 概数

数字连用表示的概数、含“几”的概数,应采用汉字数字。

示例:三四个月　一二十个　四十五六岁　五六万套　五六十年前

几千　二十几　一百几十　几万分之一

4.2.3 已定型的含汉字数字的词语

汉语中长期使用已经稳定下来的包含汉字数字形式的词语,应采用汉字数字。

示例:万一　一律　一旦　三叶虫　四书五经　星期五　四氧化三铁　八国联军

七上八下　一心一意　不管三七二十一　一方面　二百五　半斤八两

五省一市　五讲四美　相差十万八千里　八九不离十　白发三千丈

不二法门　二八年华　五四运动　“一・二八”事变　“一二・九”运动

4.3 选用阿拉伯数字与汉字数字均可

如果表达计量或编号所需要用到的数字个数不多,选择汉字数字还是阿拉伯数字在书写的简洁性和辨识的清晰性两方面没有明显差异时,两种形式均可使用。

示例1:17号楼(十七号楼)　　3倍(三倍)　　第5个工作日(第五个工作日)
100多件(一百多件)　　20余次(二十余次)　　约300人(约三百人)
40左右(四十左右)　　50上下(五十上下)　　50多人(五十多人)
第25页(第二十五页)　　第8天(第八天)　　第4季度(第四季度)
第45份(第四十五份)　　共235位同学(共二百三十五位同学)　　0.5(零点五)
76岁(七十六岁)　　120周年(一百二十周年)　　1/3(三分之一)
公元前8世纪(公元前八世纪)　　20世纪80年代(二十世纪八十年代)
公元253年(公元二五三年)　　1997年7月1日(一九九七年七月一日)
下午4点40分(下午四点四十分)　　4个月(四个月)　　12天(十二天)

如果要突出简洁醒目的表达效果,应使用阿拉伯数字;如果要突出庄重典雅的表达效果,应使用汉字数字。

示例2:北京时间2008年5月12日14时28分
十一届全国人大一次会议(不写为"11届全国人大1次会议")
六方会谈(不写为"6方会谈")

在同一场合出现的数字,应遵循"同类别同形式"原则来选择数字的书写形式。如果两数字的表达功能类别相同(比如都是表达年月日时间的数字),或者两数字在上下文中所处的层级相同(比如文章目录中同级标题的编号),应选用相同的形式。反之,如果两数字的表达功能不同,或所处层级不同,可以选用不同的形式。

示例3:2008年8月8日　　二〇〇八年八月八日(不写为"二〇〇八年8月8日")
第一章　第二章……第十二章(不写为"第一章　第二章……第12章")
第二章的下一级标题可以用阿拉伯数字编号:2.1,2.2,……

应避免相邻的两个阿拉伯数字造成歧义的情况。

示例4:高三3个班　　高三三个班　(不写为"高33个班")
高三2班　　高三(2)班　(不写为"高32班")

有法律效力的文件、公告文件或财务文件中可同时采用汉字数字和阿拉伯数字。

示例5:2008年4月保险账户结算日利率为万分之一点五七五零(0.015750%)
35.5元(35元5角　三十五元五角　叁拾伍圆伍角)

5　数字形式的使用

5.1　阿拉伯数字的使用

5.1.1　多位数

为便于阅读,四位以上的整数或小数,可采用以下两种方式分节:

——第一种方式:千分撇

整数部分每三位一组,以","分节。小数部分不分节。四位以内的整数可以不分节。

示例1:624,000　　92,300,000　　19,351,235.235767　　1256

——第二种方式:千分空

从小数点起,向左和向右每三位数字一组,组间空四分之一个汉字,即二分之一个阿拉伯数字的位置。四位以内的整数可以不加千分空。

示例2:55 235 367.346 23　　98 235 358.238 368

注:各科学技术领域的多位数分节方式参照GB 3101—1993的规定执行。

5.1.2　纯小数

纯小数必须写出小数点前定位的"0",小数点是齐阿拉伯数字底线的实心点"."。

示例:0.46不写为.46或0。46

5.1.3 数值范围

在表示数值的范围时，可采用浪纹式连接号“～”或一字线连接号“—”。前后两个数值的附加符号或计量单位相同时，在不造成歧义的情况下，前一个数值的附加符号或计量单位可省略。如果省略数值的附加符号或计量单位会造成歧义，则不应省略。

示例：－36～－8 ℃　　400—429 页　　100—150 kg　　12 500～20 000 元

9 亿～16 亿（不写为 9～16 亿）　　13 万元～17 万元（不写为 13～17 万元）

15%～30%（不写为 15～30%）　　4.3×10^6～5.7×10^6（不写为 4.3～5.7×10^6）

5.1.4 年月日

年月日的表达顺序应按照口语中年月日的自然顺序书写。

示例 1：2008 年 8 月 8 日　　1997 年 7 月 1 日

“年”“月”可按照 GB/T 7408—2005 的 5.2.1.1 中的扩展格式，用“-”替代，但年月日不完整时不能替代。

示例 2：2008-8-8　　1997-7-1　　8 月 8 日（不写为 8-8）　　2008 年 8 月（不写为 2008-8）

四位数字表示的年份不应简写为两位数字。

示例 3：“1990 年”不写为“90 年”

月和日是一位数时，可在数字前补“0”。

示例 4：2008-08-08　　1997-07-01

5.1.5 时分秒

计时方式既可采用 12 小时制，也可采用 24 小时制。

示例 1：11 时 40 分（上午 11 时 40 分）　21 时 12 分 36 秒（晚上 9 时 12 分 36 秒）

时分秒的表达顺序应按照口语中时、分、秒的自然顺序书写。

示例 2：15 时 40 分　　14 时 12 分 36 秒

“时”“分”也可按照 GB/T 7408—2005 的 5.3.1.1 和 5.3.1.2 中的扩展格式，用“:”替代。

示例 3：15:40　　14:12:36

5.1.6 含有月日的专名

含有月日的专名采用阿拉伯数字表示时，应采用间隔号“·”将月、日分开，并在数字前后加引号。

示例：“3·15”消费者权益日

5.1.7 书写格式

5.1.7.1 字体

出版物中的阿拉伯数字，一般应使用正体二分字身，即占半个汉字位置。

示例：234　　57.236

5.1.7.2 换行

一个用阿拉伯数字书写的数值应在同一行中，避免被断开。

5.1.7.3 竖排文本中的数字方向

竖排文字中的阿拉伯数字按顺时针方向转 90 度。旋转后要保证同一个词语单位的文字方向相同。

示例：

示例一

雪花牌BCD188型家用电冰箱容量是一百八十八升，功率为一百二十五瓦，市场售价两千零五十元，返修率仅为百分之零点一五。

示例二

海军J12号打捞救生船在太平洋上航行了十三天，于一九九〇年八月六日零时三十分返回基地。

5.2 汉字数字的使用

5.2.1 概数

两个数字连用表示概数时，两数之间不用顿号“、”隔开。

示例：二三米　一两个小时　三五天　一二十个　四十五六岁

5.2.2 年份

年份简写后的数字可以理解为概数时，一般不简写。

示例：“一九七八年”不写为“七八年”

5.2.3 含有月日的专名

含有月日的专名采用汉字数字表示时，如果涉及一月、十一月、十二月，应用间隔号“·”将表示月和日的数字隔开，涉及其他月份时，不用间隔号。

示例：“一·二八”事变　“一二·九”运动　五一国际劳动节

5.2.4 大写汉字数字

——大写汉字数字的书写形式

零、壹、贰、叁、肆、伍、陆、柒、捌、玖、拾、佰、仟、万、亿

——大写汉字数字的适用场合

法律文书和财务票据上，应采用大写汉字数字形式记数。

示例：3,504元(叁仟伍佰零肆圆)　39,148元(叁万玖仟壹佰肆拾捌圆)

5.2.5 “零”和“〇”

阿拉伯数字“0”有“零”和“〇”两种汉字书写形式。一个数字用作计量时，其中“0”的汉字书写形式为“零”，用作编号时，“0”的汉字书写形式为“〇”。

示例：“3052(个)”的汉字数字形式为“三千零五十二”(不写为“三千〇五十二”)

“95.06”的汉字数字形式为“九十五点零六”(不写为“九十五点〇六”)

“公元2012(年)”的汉字数字形式为“二〇一二”(不写为“二零一二”)

5.3 阿拉伯数字与汉字数字同时使用

如果一个数值很大，数值中的“万”“亿”单位可以采用汉字数字，其余部分采用阿拉伯数字。

示例 1:我国 1982 年人口普查人数为 10 亿零 817 万 5 288 人

除上面情况之外的一般数值,不能同时采用阿拉伯数字与汉字数字。

示例 2:108 可以写作"一百零八",但不应写作"1 百零 8""一百 08"

4 000 可以写作"四千",但不应写作"4 千"

ICS 33.160.30
M 71

GB

中华人民共和国国家标准

GB/T 15860—2011
代替 GB/T 15860—1995

激光唱机通用规范

General specification for compact disc players

(IEC 61096:1996,Methods of measuring the characteristics of reproducing equipment for digital audio compact discs,NEQ)

2011-12-30 发布 2012-05-01 实施

中华人民共和国国家质量监督检验检疫总局
中国国家标准化管理委员会 发布

前　言

本标准按照 GB/T 1.1—2009 给出的规则起草。

本标准与 IEC 61096:1996《数字音频压缩盘片的播放设备性能测量方法》的一致性程度为非等效。

本标准代替 GB/T 15860—1995《激光唱机通用技术条件》。

本标准与 GB/T 15860—1995 相比较,主要变化如下:

——第 1 章发生变化,增加了便携式 CD 唱机;

——第 2 章中列了冲击试验、振动试验、声学方面的引用相关标准;

——第 3 章增加新的术语:3.12 启动读取时间、3.16 循迹能力、3.17 声噪声、3.18 耐冲击强度、3.19 耐振动强度、3.20 冲击试验的严酷等级、3.21 速度变化量和 3.22 标准重力加速度;

——原标准的 4.4 有所变化,取消 A、B、C 等级分类,将家用 CD 唱机和便携式 CD 唱机的技术要求分开,家用 CD 唱机保留了原标准 C 等级的要求,对频率响应、去加重频率响应提高了要求,对通道间相位差增加了要求;

——增加新的测试项目的方法,新项目并未提出技术要求:7.12.2 启动读取时间的测量方法、7.13 循迹能力的测量方法、8 声噪声的测量方法、12.1 耐冲击强度试验的测量方法、12.2 耐振动强度试验的测量方法。

本标准由中华人民共和国工业和信息化部提出。

本标准由全国音频、视频及多媒体系统与设备标准化技术委员会(SAC/TC 242)归口。

本标准主要起草单位:中国电子科技集团公司第三研究所、国家广播电视产品质量监督检验中心、工业和信息化部电子第五研究所、广东省电子电器产品监督检验所、索尼(中国)有限公司、新科电子集团有限公司、佛山市三水好帮手电子科技有限公司。

本标准主要起草人:吴蔚华、阮卫泓、谢于迪、刘宪坤、徐永生、韩捷、范元庚、郑晨、王湘、周世俊、王宝红、吴丽莎、顾焰、黄利文。

本标准所代替标准的历次版本发布情况为:GB/T 15860—1995。

激光唱机通用规范

1 范围

本标准规定了激光(CD)唱机的技术要求、试验方法、检验规则和标志、包装、运输、贮存。

本标准适用于各种CD唱机以及各种音频系统中的CD部分,其他类似产品参照执行。

2 规范性引用文件

下列文件对于本文件的应用是必不可少的。凡是注日期的引用文件,仅注日期的版本适用于本文件。凡是不注日期的引用文件,其最新版本(包括所有的修改单)适用于本文件。

GB/T 191 包装储运图示标志

GB/T 2018 磁带录音机测量方法

GB/T 2423.5 电工电子产品环境试验 第2部分:试验方法 试验Ea和导则:冲击

GB/T 2423.10 电工电子产品环境试验 第2部分:试验方法 试验Fc:振动(正弦)

GB/T 2828.1 计数抽样检验程序 第1部分:按接收质量限(AQL)检索的逐批检验抽样计划

GB/T 2829—2002 周期检验计数抽样程序及抽样表(适用于生产过程稳定性检验)

GB/T 2900.75—2008 电工术语 数字录音和录像

GB/T 2900.76—2008 音频和视频的记录与重放

GB/T 3222.1 声学 环境噪声的描述、测量与评价 第1部分:基本参量与评价方法

GB/T 3240 声测量中的常用频率

GB/T 3767 声学 声压法测定噪声源声功率级 反射面上方近似自由场的工程法

GB/T 5080.6 设备可靠性试验 恒定失效率假设的有效性检验

GB/T 5080.7 设备可靠性试验 恒定失效率假设下的失效率与平均无故障时间的验证试验方案

GB/T 5465.2—2008 电气设备用图形符号 第2部分:图形符号

GB/T 6881.1 声学 声压法测定噪声源声功率级 混响室精密法

GB/T 6881.2 声学 声压法测定噪声源声功率级 混响场中小型可移动声源工程法 第1部分:硬壁测试室比较法

GB/T 6881.3 声学 声压法测定噪声源声功率级 混响场中小型可移动声源工程法 第2部分:专用混响测试室法

GB/T 6882 声学 声压法测定噪声源声功率级 消声室和半消声室精密法

GB 8898—2000 音频、视频及类似电子设备 安全要求

GB/T 9375 收音机、录音机听音试验

GB 9383 声音和电视广播接收机及有关设备抗扰度限值和测量方法

GB/T 9384 广播收音机、广播电视接收机、磁带录音机、声频功率放大器(扩音机)的环境试验要求和试验方法

GB/T 12060.3 声系统设备 第3部分:声频放大器测量方法

GB/T 12060.13 声系统设备 第13部分:扬声器听音试验

GB 13837 声音和电视广播接收机及有关设备无线电骚扰特性限值和测量方法

GB/T 14197 音频、视频和视听系统互连的优选配接值

GB/T 14277 音频组合设备通用技术条件

GB/T 14367 声学 噪声源声功率级的测定 基础标准使用指南

IEC 60958 数字音频接口(Digital audio interface)

IEC 61096 数字音频压缩盘片的播放设备性能测量方法(Methods of measuring the characteristics of reproducing equipment fordigital audiocompact discs)

3 术语和定义

GB/T 2900.75 和 GB/T 2900.76 界定的以及下列术语和定义适用于本文件。

3.1

最大功耗 maximum power comsumption

CD 唱机在工作期间可从电源获取的最大功率。

3.2

频率响应 frequency response

由规定信号经过一通道重放输出电平(相对于参考频率的电平)随频率的变化。

3.3

去加重频率响应 frequency response with de-emphasis

用预加重记录的规定信号经任一通道去加重放音的输出电平(相对于参考频率的电平)随频率的变化。

3.4

信噪比 signal-to-noise ratio

基准信号的放音输出电平对数字无声信号部分放音输出的噪声电平之比。

3.5

动态范围 dynamic range

噪声加失真相对于基准录音电平的值。

3.6

失真加噪声 distortion and noise

除去基波分量以外的谐波和噪声电压与基准输出电压之比。

3.7

互调失真 intermodulation distortion

由互调产生的所有频率成分的有效值与调制频率成分有效值之比。

3.8

频率误差 frequency error

重放信号频率和原纪录信号频率之差,与原纪录信号频率之比,以百分数表示。

3.9

通道间相位差 phase difference between channels

在规定频率时左右通道输出之间的相位差。

3.10

电平非线性 level non-linearity

输出信号电平相对于唱片上规定电平的实际偏差。

3.11

读取时间 access time

从发出相关指令直到在目标轨迹上实际的播放开始所经过的时间。

3.12

启动读取时间 start-up access time

在 CD 唱机“准备播放”的状态下,从发出“播放”指令开始,直到播放出第一轨迹所经过的时间。

3.13

短读取时间　short access time

在放音或准备状态下(剩余演奏时间 3 min 以上),从发出相邻轨迹"放音"开始指令,到开始播放该轨迹所经过的时间。

3.14

长读取时间　long access time

在放音或准备放音状态下,从第一轨迹开始,当发出最后一条轨迹"放音"开始指令,到开始播放该轨迹所经过的时间。

3.15

下一盘片读取时间　next disc access time

在放音状态下(剩余演奏时间占盘片的一半左右),从发出"更换下一张盘片"指令,到相邻盘片开始播放第一轨迹时所经过的时间。

3.16

循迹能力　trackability

CD 唱机对轻微损伤的盘片的适应能力。

3.17

声噪声　acoustic noise

CD 唱机在不同应用情况下,机械装置产生的噪声,如:

a)　盘片加载,退盘,更换盘片等;

b)　在同一轨迹中搜索,在不同轨迹间搜索,暂停和重放等。

3.18

耐冲击强度　shock resistance

在工作状态下,CD 唱机在垂直方向(z 方向)或水平方向(x 和 y 方向)上能够承受的机械冲击。

3.19

耐振动强度　vibration resistance

在工作状态下,CD 唱机在垂直方向(z 方向)或水平方向(x 和 y 方向)上能够承受的机械振动。

3.20

冲击试验的严酷等级　shock severity

峰值加速度和标称脉冲持续时间的组合。

3.21

速度变化量　velocity change

为要施加规定的加速度而产生的速度突然变化的绝对值。

3.22

标准重力加速度(g_n)　standard acceleration due to the earth's gravity (g_n)

由地心引力引起的标准加速度,它随高度和地理位置的不同而变化。就本标准而言,g_n 值取 10 m/s^2 的整数。

4　技术要求

4.1　使用条件

由产品规范规定。

4.2 外观、机械结构及功能要求

产品外观应整洁，表面不应有凹痕、划伤、裂缝、变形、毛刺、霉斑等缺陷，表面涂层不应起泡、龟裂、脱落。金属零件不应有锈蚀及其他机械损伤。灌注物不应外溢。开关、按键、旋钮的操作应灵活可靠，零部件应紧固无松动，指示正确。各种功能应正常工作。说明功能的文字和图形符号标志应正确、清晰、端正、牢固，图形符号符合 GB 5465.2。使用说明书应能指导用户正确使用和维护。

4.3 互连配接要求

4.3.1 数字声频接口

按 IEC 60958 的规定。

4.3.2 声系统设备互连用优选配接值

按 GB/T 14197 的规定。

4.3.3 数字输出

按 IEC 60958 的规定。

4.4 电性能要求

CD 唱机、各种音频系统中 CD 部分及便携式 CD 唱机参数及要求见表 1 和表 2。

表 1　CD 唱机和音频系统中 CD 部分技术参数要求

序　号	项　目		CD 唱机
1	基准输出电压		2 V±3 dB
2	1 kHz 通道不平衡度		≤1.5 dB
3	串音(L←→R，基波)		≤−70 dB(1 kHz)
			≤−60 dB(125 Hz～10 kHz)
4	频率响应		±3.0 dB(20 Hz～20 kHz)
5	去加重频率响应		±3.0 dB(20 Hz～20 kHz)
6	信噪比		≥80 dB
7	动态范围		≥75 dB(1 kHz)
8	失真加噪声		≤−60 dB(1 kHz)
9	互调失真		≤−50 dB
10	频率误差		±0.02%
11	通道间相位差		2°(125 Hz～10 kHz)
12	读取时间	短	5 s
		长	10 s
13	最大功耗		由产品规范规定

表 2　便携式 CD 唱机技术参数要求

<table>
<tr><th rowspan="2">序　　号</th><th rowspan="2" colspan="2">项　　目</th><th colspan="2">便携式 CD 唱机</th></tr>
<tr><th>线路输出</th><th>耳机输出</th></tr>
<tr><td>1</td><td colspan="2">额定输出电压</td><td>由产品规范规定</td><td>由产品规范规定</td></tr>
<tr><td>2</td><td colspan="2">额定输出功率限制下的
失真加噪声</td><td colspan="2">≤2%</td></tr>
<tr><td>3</td><td colspan="2">1 kHz 通道不平衡度</td><td colspan="2">≤1.5 dB</td></tr>
<tr><td>4</td><td colspan="2">串音(L←→R,基波)</td><td colspan="2">≤−40 dB(1 kHz)</td></tr>
<tr><td>5</td><td colspan="2">频率响应</td><td colspan="2">±3.0 dB(20 Hz～20 kHz)</td></tr>
<tr><td>6</td><td colspan="2">去加重频率响应</td><td colspan="2">±3.0 dB(20 Hz～20 kHz)</td></tr>
<tr><td>7</td><td colspan="2">信噪比</td><td colspan="2">≥80 dB</td></tr>
<tr><td>8</td><td colspan="2">动态范围</td><td colspan="2">≥75 dB(1 kHz)</td></tr>
<tr><td>9</td><td colspan="2">互调失真</td><td colspan="2">≤−40 dB</td></tr>
<tr><td>10</td><td colspan="2">频率误差</td><td colspan="2">±0.02%</td></tr>
<tr><td>11</td><td colspan="2">通道间相位差</td><td colspan="2">1°(1 kHz)</td></tr>
<tr><td rowspan="2">12</td><td rowspan="2">读取时间</td><td>短</td><td colspan="2">5 s</td></tr>
<tr><td>长</td><td colspan="2">10 s</td></tr>
<tr><td>13</td><td colspan="2">最大功耗</td><td colspan="2">由产品规范规定</td></tr>
</table>

4.5　声噪声要求

暂不要求。

4.6　安全要求

安全要求应符合 GB 8898—2000 的规定。

4.7　电磁兼容性要求

4.7.1　骚扰特性要求

4.7.1.1　电源端骚扰电压

应符合 GB 13837 的规定。

4.7.1.2　骚扰功率

应符合 GB 13837 的规定。

4.7.2　外部抗扰度

4.7.2.1　0.15 MHz～150 MHz 频率范围内对环境电磁场的抗扰度限值

应符合 GB 9383 的规定。

4.7.2.2 150 MHz～1 GHz 频率范围内对环境场的抗扰度限值

应符合 GB 9383 的规定。

4.7.2.3 0.15 MHz～150 MHz 频率范围内对射频感应电流的抗扰度限值

应符合 GB 9383 的规定。

4.7.2.4 0.15 MHz～150 MHz 频率范围内对射频感应电压的抗扰度限值

4.7.2.4.1 CD 唱机电源和耳机端对射频感应电压的抗扰度限值

应符合 GB 9383 的规定。

4.7.2.4.2 CD 唱机音频输入和输出端(除耳机端外)对感应电压的抗扰度限值

应符合 GB 9383 的规定。

4.8 环境适应性要求

4.8.1 高温负荷

CD 唱机在温度为 40 ℃条件下,应能持续工作 16 h。

4.8.2 高温贮存

CD 唱机在温度为 55 ℃条件下搁置 2 h,恢复后其外观、机械结构和功能,及其主要性能应分别符合 4.2 和 4.4 的规定。

4.8.3 恒定湿热

CD 唱机在温度为 40 ℃、相对湿度为 93%的条件下搁置 48 h,恢复后其外观、机械结构和功能及其主要性能应分别符合 4.2 和 4.4 的规定。

4.8.4 低温负荷

CD 唱机在温度为－10 ℃条件下应能持续工作 1 h。

4.8.5 低温贮存

CD 唱机在温度为－25 ℃条件下搁置 2 h,恢复后,其外观、机械结构和功能及其主要性能应分别符合 4.2 和 4.4 的规定。

4.8.6 扫频振动

CD 唱机在按表 3 的规定进行扫频振动试验后,其外观、机械结构和功能应符合 4.2 的规定。

表 3 扫频振动试验要求

频率范围 Hz	位移振幅 Mm	每一轴向上的 扫频循环次数	要　求
10～30～10	0.75	5	样品应按工作位置在三个互相垂直的轴线(x、y、z 轴)上依次振动
30～55～30	0.15	5	

以 1 oct/min 的扫频速率，在某一频率范围内进行一次循环扫频的时间 T 如式(1)：

$$T=6.644\lg\left(\frac{f_2}{f_1}\right) \tag{1}$$

式中：

T——时间；

f_1——扫频下限频率；

f_2——扫频上限频率；

4.8.7 碰撞

CD 唱机在经受了脉冲峰值加速度为 100 m/s^2、持续时间为 16 ms、碰撞次数为 1 000 次的碰撞试验后，其外观、机械结构和功能应符合 4.2 的规定。

4.8.8 自由跌落

带包装的 CD 唱机按表 4 的规定进行跌落试验后，其外观、机械结构和功能及其主要性能应分别符合 4.2 和 4.4 的规定。

表 4 自由跌落试验要求

样机重量 kg	面跌落		棱、角跌落			跌落次数
	跌落高度 mm	跌落面	跌落高度 mm	跌落棱	跌落角	
≤10	800	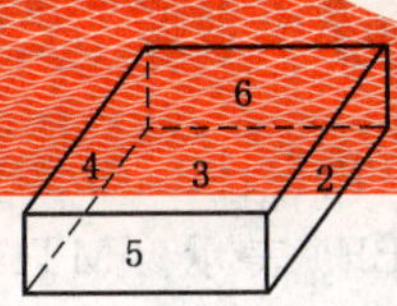	600	跌落角的三条棱	样品正面下方的任一角	各一次
>10～≤25	600		450			
>25～≤50	450		350			
>50～≤75	350		300			
>75～≤100	300		250			

注：跌落面按 3-2-5-4-6 面次序向下跌落(2 面为正面，3 面为底面，4、5、6 面为侧面，顶面不跌)。

4.9 耐冲击和振动强度

4.9.1 耐冲击强度

CD 唱机按表 5 的规定进行冲击试验期间，逐渐增加冲击强度后，记录 CD 唱机可以承受的冲击强度。

表 5　耐冲击试验的加速度和脉冲持续时间

<table>
<tr><th colspan="2">峰值加速度 A</th><th>相应的标称脉冲持续时间 D</th><th>相应的速度变化量半正弦 $\left(\Delta V=\frac{2}{\pi}\times AD\times 10^{-3}\right)$</th><th rowspan="2">重复次数</th><th rowspan="2">冲击方向</th></tr>
<tr><th>g_n</th><th>m/s²</th><th>ms</th><th>m/s</th></tr>
<tr><td>1</td><td>(10)</td><td>3</td><td>0.02</td><td rowspan="6">对样品的三个互相垂直方向的每一方向连续施加三次冲击，即共 18 次</td><td rowspan="6">冲击方向为三个垂直方向的每一方向，即 +/− X，+/−Y，+/−Z</td></tr>
<tr><td>2</td><td>(20)</td><td>3</td><td>0.04</td></tr>
<tr><td>3</td><td>(30)</td><td>3</td><td>0.06</td></tr>
<tr><td>4</td><td>(40)</td><td>3</td><td>0.08</td></tr>
<tr><td>5</td><td>(50)</td><td>3</td><td>0.1</td></tr>
<tr><td>6</td><td>(60)</td><td>30</td><td>1.0</td></tr>
</table>

4.9.2　耐振动强度

CD 唱机按表 6 的规定进行振动试验期间，逐渐增加振动强度，记录 CD 唱机可以承受的振动强度。

表 6　耐振动试验的加速度和持续时间

序　　号	振动形式	振动波形	频率范围/Hz	持续时间
1	固定振动	正弦曲线	9～200	1 min
2	固定振动	随机曲线	10～200	1 min

4.10　可靠性要求

CD 唱机的可靠性要求用平均无故障时间(MTBF)表示。MTBF 的下限值 θ_L 应大于或等于1 500 h。

4.11　音质要求

CD 唱机的音质应清晰、明亮、无明显缺陷，应具有一定的力度和丰满度，能较好地重现声源本身具有的特点。按 14.6 规定的方法评分时，音质评分应不低于 4 分。

5　测试条件

5.1　一般规定

测量或检验时，CD 唱机应按规定放置，家用 CD 唱机和便携式 CD 唱机线路输出并接 10(1±5%)kΩ 的负载电阻；便携式 CD 唱机的耳机输出并接与耳机阻抗一致的负载电阻，并应满足以下测试条件。

5.1.1　环境条件

环境温度：15 ℃～35 ℃；

相对湿度：25%～75%；

大气压:86 kPa ～106 kPa。

在环境温度下,CD 唱机接通电源(ON)后的稳定时间不小于 5 min。

5.1.2 电源

交流:220(1±3%)V,50(1±2%)Hz;

直流:3,6,9,12 V;偏差:±2%;纹波系数 0.1%以下。

5.2 被测唱机的状态

5.2.1 音量控制器设置

若无特别规定,应调整音量控制器。

5.2.1.1 CD 唱机

重放测试唱片上记录的基准信号时,在规定通道的额定负载阻抗上得到额定输出电平(2 V),对于无音量控制器的唱机,以实际测量值为额定输出电平。

如果达不到 2 V,将音量控制器放置在最大位置。

5.2.1.2 便携式 CD 唱机

从线路输出时,将音量控制器放置在最大位置。

从耳机输出时,重放测试唱片上记录的基准信号时,在额定负载阻抗上得到额定输出功率。

5.2.2 便携式 CD 唱机的状态

5.2.2.1 额定状态

便携式 CD 唱机的额定状态是重放 0 dBFs 信号时产品的输出电平,由产品规范规定。

5.2.2.2 正常工作状态

便携式 CD 唱机的正常工作状态是重放－20 dBFs 信号时产品的输出电平。

5.2.3 其他控制器的设置

当有与测量值有关的降噪装置时,应予断开(OFF)。

若具有平衡控制器,应放置在中间位置。

若具有均衡器,应调整在“标准”或“普通”模式。

5.3 测试唱片

测试用唱片应符合附录 A 的规定。

5.4 测量仪器

5.4.1 低通滤波器

规定通带为 4 Hz ～20 000 Hz,带内波动±0.2 dB。在 24.1 kHz 处,衰减量要在 60 dB 以上。若无疑义,也可用在截止频率 30 kHz 处衰减量 18 dB/oct 的低通滤波器。但在 44.1 kHz 及以上,衰减量均应大于 100 dB。

5.4.2 1/3 oct 滤波器

5.4.3 计权滤波器

A 计权滤波器特性应符合 GB/T 2018 的要求。

5.4.4 冲击试验台

应符合 GB/T 2423.5 的要求。

5.4.5 振动试验台

应符合 GB/T 2423.10 的要求。

5.5 消声室要求

a) 混响时间小于 1 s(频率大于 100 Hz 时);

b) 每个频带的环境噪声要比某个测量点的声压级低 10 dB;

c) 其他参数要求符合 GB/T 14367,GB/T 6881.1,GB/T 6881.2,GB/T 6881.3,GB/T 3767 以及 GB/T 6882。

6 外观、机械结构及功能检查

用感官检查法按 4.2 要求对产品进行检查。缺陷分类和判据按表 9 有关规定。如有异议,则采用相应项目的试验方法,用仪器或量具测量判定。

7 电性能测量方法

7.1 基准输出电压

7.1.1 测量条件

音频测试信号:1 kHz,0 dB。

7.1.2 测量步骤

a) 按图 1 连接测试系统;

图 1 基准输出电压、1 kHz 通道不平衡度测试系统连接图

b) 按 5.2 的规定调整被测设备,若有音量控制器,将输出调至最大;

c) 重放测试唱片上的音频测试信号,测量左通道和右通道输出电压。

7.1.3 结果表示

测试结果用伏(V)表示。

7.2 1 kHz 通道不平衡度

7.2.1 测量条件

音频测试信号：1 kHz，0 dB。

7.2.2 测量步骤

a) 按图 1 连接测试系统；

b) 按 5.2 的规定调整被测设备；

c) 重放测试唱片上的音频测试信号，测量左通道(L)和右通道(R)的输出电压 U_L、U_R；

d) 按式(2)计算 1 kHz 通道不平衡度：

$$1\ \text{kHz 通道不平衡度} = \left| 20\lg \frac{U_L}{U_R} \right| \quad \cdots\cdots\cdots\cdots (2)$$

式中：

U_L——左通道的输出电压；

U_R——右通道输出电压。

7.2.3 结果表示

测试结果用分贝(dB)表示。

7.3 串音

7.3.1 测量条件

音频测试信号：立体声信号：左通道：1 kHz，0 dB，右通道：数字静音；

左通道：数字静音，右通道：1 kHz，0 dB。

音频测试频率 1 kHz 为应测频点，125 Hz、4 kHz、10 kHz 为推荐测试频点。

7.3.2 测量步骤

a) 按图 2 连接测试系统；

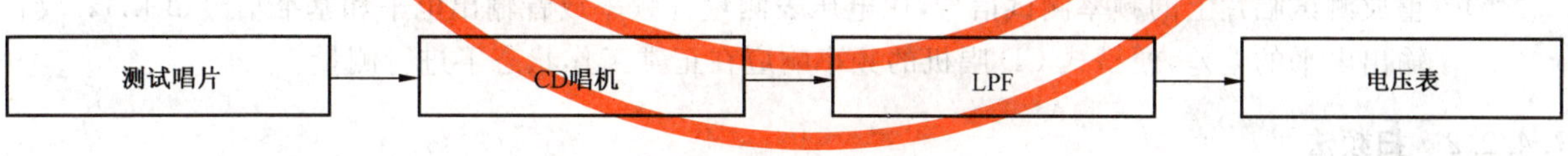

图 2 串音测试系统连接图

b) 按 5.2 的规定调整被测设备；

c) 重放测试唱片上左通道为 1 kHz，0 dB 正弦波信号，右通道为数字静音的音频测试信号；

d) 分别读出左通道输出电平 U_L 和左通道串到右通道的输出电平 U'_R，测量时加 1 kHz 1/3 oct 带通滤波器；

e) 左通道对右通道的串音如式(3)：

$$L \rightarrow R = 20\lg \frac{U'_R}{U_L} \quad \cdots\cdots\cdots\cdots (3)$$

式中：

U'_R——左通道串到右通道的输出电平。

f) 重放测试唱片上左通道为数字静音,右通道为 1 kHz,0 dB 正弦波信号的音频测试信号;

g) 分别读出右通道输出电平 U_R 和右通道串到左通道的输出电平 U'_L,测量时加 1 kHz 1/3 oct 带通滤波器;

h) 右通道对左通道的串音如式(4):

$$R \rightarrow L = 20\lg \frac{U'_L}{U_R} \qquad (4)$$

式中:

U'_L——右通道串到左通道的输出电平。

7.3.3 结果表示

测量结果用分贝(dB)表示。

7.4 频率响应

7.4.1 测量条件

a) 扫频范围:5 Hz~20 kHz;

b) 点频(标称值):4 Hz、8 Hz、16 Hz、31.5 Hz、63 Hz、125 Hz、250 Hz、500 Hz、1 kHz、2 kHz、4 kHz、8 kHz、10 kHz、12.5 kHz、16 kHz、18 kHz、20 kHz。

7.4.2 测量步骤

7.4.2.1 点频法

a) 按图 3 连接测试系统;

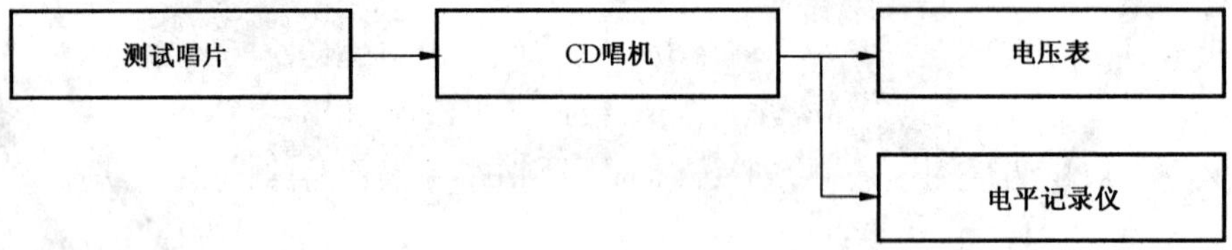

图 3 频率响应、去加重频率响应测试系统连接图

b) 重放测试唱片上的频率测试信号,用电压表测量各频率放音输出电平和基准信号(1 kHz)放音输出电平的偏差,便携式 CD 唱机的频率响应在正常工作状态下进行测量。

7.4.2.2 扫频法

a) 按图 3 连接测试系统;

b) 重放测试唱片上的扫频测试信号,用电平记录仪记录各频率放音输出和 1 kHz 输出电平的偏差,便携式 CD 唱机的频率响应在正常工作状态下进行测量。

7.4.3 结果表示

测试结果用分贝(dB)表示。

7.5 去加重频率响应

7.5.1 测量条件

音频测试频率:20 Hz,125 Hz,1 kHz,4 kHz,10 kHz,16 kHz,20 kHz。

7.5.2 **测量步骤**

a) 按图3连接测试系统；

b) 重放测试唱片上用预加重记录的点频测试信号，用电压表测量输出电平随频率的变化，便携式CD唱机的频率响应在正常工作状态下进行测量。

7.5.3 **结果表示**

测量结果用分贝(dB)表示。

7.6 **信噪比**

7.6.1 **测量条件**

音频测试信号：1 kHz，0 dB；数字静音信号。

7.6.2 **测量步骤**

a) 按图4连接测试系统；

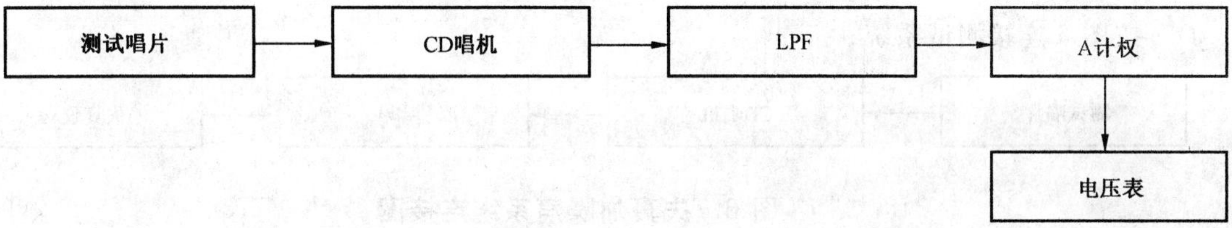

图4 信噪比测试系统连接图

b) 重放测试唱片上的音频测试信号；

c) 用电压表测量重放基准信号时的输出电平 A 和重放数字静音信号时的计权噪声输出电平 B；

d) 信噪比如式(5)：

$$S/N=(A-B) \quad \cdots\cdots(5)$$

7.6.3 **结果表示**

测量结果用分贝(dB)表示。

7.7 **动态范围**

7.7.1 **测量条件**

音频测试信号：1 kHz，－60 dB。

7.7.2 **测量步骤**

a) 按图5连接测试系统；

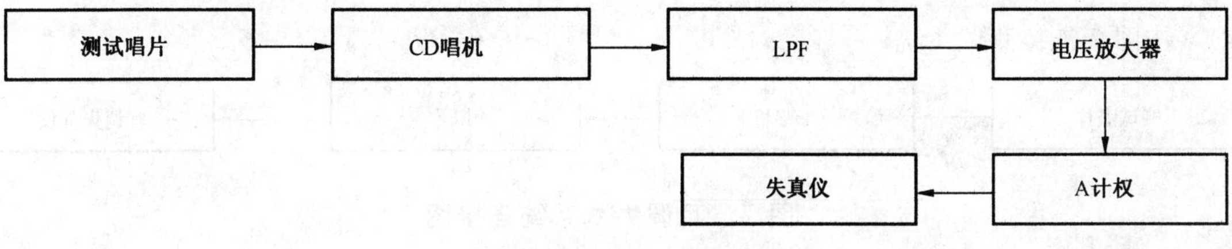

图5 动态范围系统连接图

b) 重放测试唱片上的音频测试信号；

c) 用失真仪测量输出信号的噪声和失真的分贝值 A；

d) 用式(6)计算动态范围：

$$动态范围 = |A| + 60 \quad \cdots\cdots (6)$$

7.7.3 结果表示

测量结果用分贝(dB)表示。

7.8 失真加噪声

7.8.1 测量条件

音频测试频率：31.5 Hz、63 Hz、125 Hz、250 Hz、500 Hz、1 kHz、2 kHz、4 kHz、8 kHz、10 kHz、12.5 kHz、16 kHz、18 kHz、20 kHz。

7.8.2 测量步骤

a) 按图6连接测试系统；

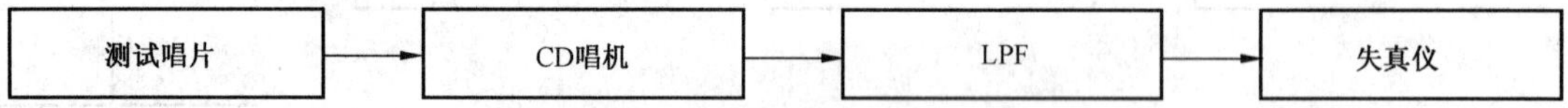

图6 失真加噪声系统连接图

b) 重放测试唱片上的音频测试信号；

c) 用失真仪测量总谐波失真加噪声。

7.8.3 结果表示

测量结果用分贝(dB)或百分数(%)表示。

7.9 互调失真

7.9.1 测量条件

音频测试频率：60 Hz+7 kHz，振幅比为4∶1。

为了确认高频时的互调失真，可采用互调失真测试信号 11 kHz+12 kHz(振幅比为1∶1)或 19 kHz+20 kHz(振幅比为1∶1)。

7.9.2 测量步骤

a) 按图7连接测试系统；

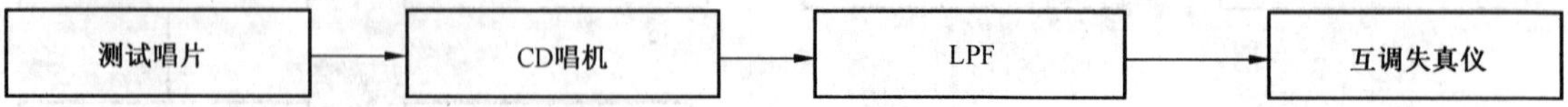

图7 互调失真系统连接图

b) 重放互调失真测试信号；

c) 用互调失真仪测量互调失真。

7.9.3 结果表示

测量结果用分贝(dB)或百分数(%)表示。

7.10 频率误差

7.10.1 测量条件

音频测试频率:20 kHz。

注:其他音频频率可任选。

7.10.2 测量步骤

a) 按图 8 连接测试系统;

图 8 频率误差系统连接图

b) 重放音频测试信号;

c) 用频率计数器测量输出信号频率 F_1;

d) 用式(7)计算频率误差:

$$频率误差 = \frac{F_1 - F_0}{F_0} \times 100\% \quad \cdots\cdots (7)$$

7.10.3 结果表示

测量结果用百分数(%)表示。

7.11 通道间相位差

7.11.1 测量条件

音频测试频率:20 kHz,0 dB,左右同相。

注:其他音频频率可任选(可按 ISO/R266 优选)。

7.11.2 测量步骤

a) 按图 9 连接测试系统;

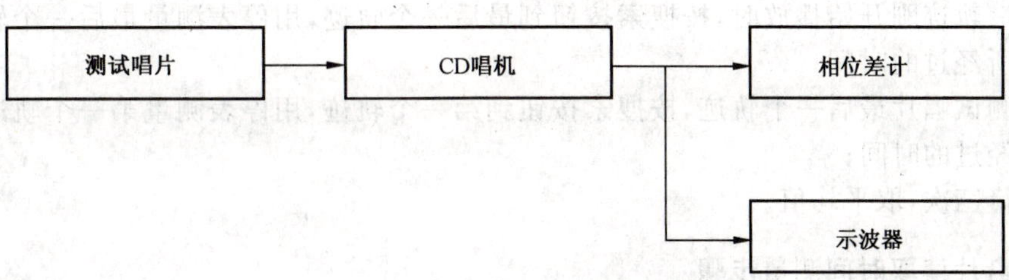

图 9 通道间相位差系统连接图

b) 重放音频测试信号;

c) 用相位差计或示波器测量左右通道输出之间的相位差。

7.11.3 结果表示

测量结果用度(°)表示。

7.12 读取时间

7.12.1 测量条件

系统连接图如图 10 所示。

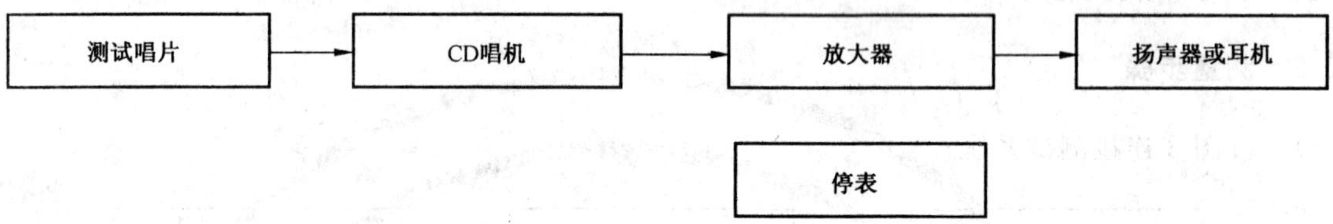

图 10 读取时间系统连接图

7.12.2 启动读取时间测量步骤

a) 在放音准备状态下，按播放按钮；
b) 用停表测量第一轨迹的信号播放出来所经过的时间；
c) 测量三次，取平均值。

7.12.3 短读取时间测量步骤

a) 重放测试唱片的第一轨迹；
b) 当第一轨迹刚开始播放时，按搜索下一曲按钮，用停表测量第二轨迹的信号播放出来所经过的时间 S_1；
c) 重放测试唱片的第二轨迹，当第二轨迹刚开始播放时，按搜索上一曲按钮，用停表测量第一轨迹的信号播放出来所经过的时间 S_2；
d) 重放测试唱片的倒数第二个轨迹，当倒数第二轨迹刚开始播放时，按搜索下一曲按钮，用停表测量最后一个轨迹的信号播放出来所经过的时间 S_3；
e) 重放测试唱片的最后一个轨迹，当最后一个轨迹刚开始播放时，按搜索上一曲按钮，用停表测量倒数第二个轨迹的信号播放出来所经过的时间 S_4；
f) 各测量三次，取平均值。

7.12.4 长读取时间测量步骤

a) 重放测试唱片第一轨迹；
b) 当第一轨迹刚开始播放时，按搜索按钮到最后一个轨迹，用停表测量最后一个轨迹的信号播放出来所经过的时间；
c) 重放测试唱片最后一个轨迹，按搜索按钮到第一个轨迹，用停表测量第一个轨迹的信号播放出来所经过的时间；
d) 各测量三次，取平均值。

7.12.5 下一盘片读取时间测量步骤

a) 在 CD 唱机的相邻位置放入至少两张测试唱片；
b) 播放某个测试唱片到中段时，按播放下一张唱片的按钮，用停表测量所选的下一张唱片的第一个轨迹播放出来所经过的时间；

c) 各测量三次，取平均值。

注：下一盘片读取时间只适用于带有多碟播放功能的CD唱机。

7.12.6 结果的表示

测量结果用秒(s)表示。

7.13 循迹能力

7.13.1 测量条件

音频测试信号：400 Hz，－10 dB。

缺陷包括：

a) 读出面的黑点；

b) 信息面的凹陷或轨迹中断。

7.13.2 测量步骤

a) 按图11连接测试系统；

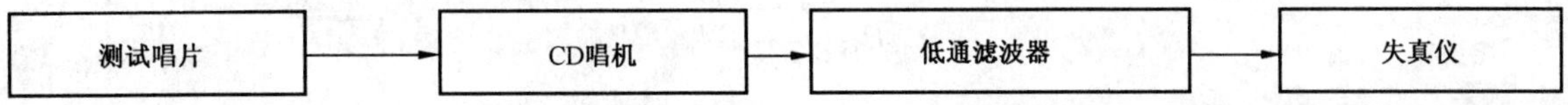

图11 循迹能力系统连接图

b) 重放带有指定缺陷的音频测试信号盘片，从失真仪读出失真度；

c) 逐渐增加缺陷的长度，直到失真发生变化时，记录此时的缺陷长度。

7.13.3 结果的表示

测量结果用缺陷长度(mm)表示。

7.14 电平非线性

7.14.1 测量条件

音频测试信号：

a) 音频测试频率：1 kHz；

b) 音频测试电平：0 dB～－90 dB，按10 dB递减。

注：音频测试电平可按其他步长递减。

7.14.2 测量步骤

a) 按图12连接测试系统；

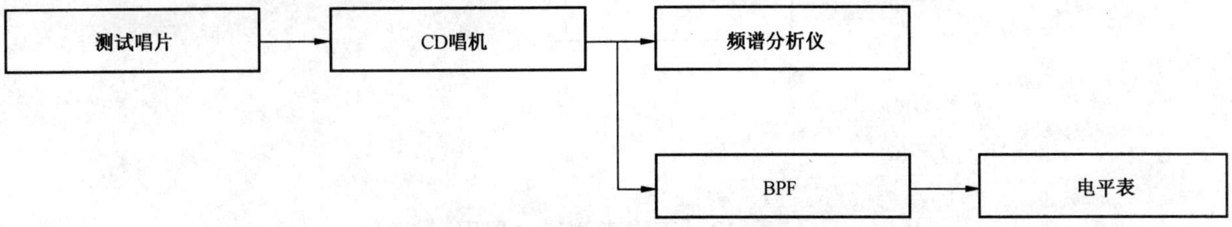

图12 电平非线性系统连接图

b) 重放测试唱片上的音频测试信号；

c) 用电平表或频谱分析仪测量仪基准输出电压为 0 dB 的输出电平，分别求出两个通道测得输出电平与给定录音电平之差。

7.14.3 结果的表示

测量结果用分贝(dB)表示。

7.15 最大功率消耗

7.15.1 测试信号

音频测试信号：1 kHz，0 dB。

7.15.2 测量步骤

a) 按照图 1 连接测试系统；

b) 重放音频测试信号；

c) 将音量控制器放置在最大位置，当 CD 唱机在最大电压和负载条件下工作时，用安培表测量从电源取得的电流有效值(I)，则：

$$P_{max}=I\times U_{max}$$

7.15.3 结果的表示

测量结果用瓦(W)表示。

8 声噪声试验方法

8.1 测量条件

声噪声试验应在消声室内进行，消声室应满足 5.5 的规定。被测 CD 唱机应放置在一个 800 mm×1 200 mm×20 mm 的木质台面上，台面上有一薄防滑垫。

8.2 测量步骤

a) 测试位置图如图 13 所示，在 CD 唱机的各边垂直方向上距离 1 m 的位置处放置传声器；

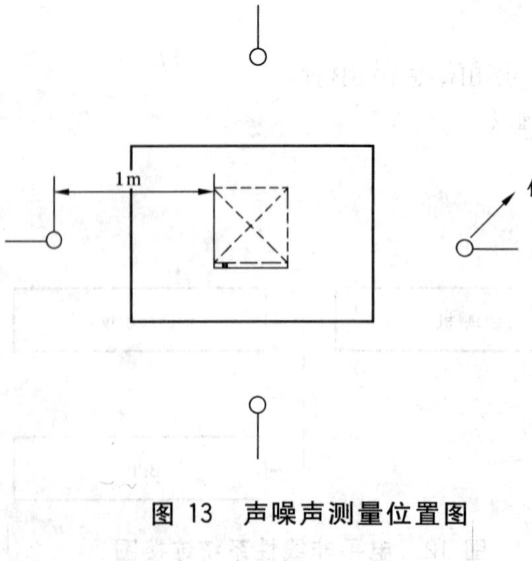

图 13 声噪声测量位置图

b) 将测试盘片放入托盘或换片盒；

c) 当CD唱机在以下运行模式时，从传声器测量CD唱机机械运作时的A计权声压级：

1) 加载盘片、退盘、更换盘片(多碟CD唱机)；

2) CD唱机在同一轨迹中进行快进、快退，在不同轨迹间进行搜索，暂停以及重放状态；

d) 在A计权声压级最大处，进行1/3 oct频谱分析。

8.3 结果表示

测量结果用dB(A)表示。

9 安全试验方法

按GB 8898所规定的方法进行。

10 电磁兼容试验方法

10.1 骚扰特性试验方法

按GB 13837所规定的方法进行。

10.2 外部抗扰度试验方法

按GB 9383所规定的方法进行。

11 环境试验方法

样机应经过开箱检查，其外观、结构和功能无轻、重缺陷。

11.1 试验顺序

环境试验包括气候试验和机械试验。全部试验应在同一样机上进行。试验项目和顺序如下：

a) 高温负荷试验；

b) 高温贮存试验；

c) 恒定湿热试验；

d) 低温负荷试验；

e) 低温贮存试验；

f) 扫频振动试验；

g) 碰撞试验；

h) 自由跌落试验。

11.2 试验程序

a) 样品预处理：按GB/T 9384所规定的进行；

b) 初始检查和主要性能测量：按11.3要求进行；

c) 条件试验；

d) 恢复：按GB/T 9384有关规定进行；

e) 中间测量：样机恢复后，测量主要性能；

f) 最后测量：样机恢复后，测量主要性能。

环境试验过程中的主要性能测量，在产品定型试验时，应按GB/T 9384的规定，在例行检验时，可以在气候试验结束后和机械试验结束后各测量一次。

低温试验时可采取措施防止凝露。

11.3 检测项目的要求及方法

11.3.1 外观、机械结构和功能检查

样品外表面应无修饰、霉斑、涂镀层剥落、划痕、毛刺、塑料件起泡、开裂、变形、灌注物溢出等现象；文字符号标记应清晰；结构件与控制件应完整；无机械损伤；功能应正常。

用目测和手感检查。缺陷分类和判据按表9有关规定。

11.3.2 主要性能测量项目

a) 基准性能测量项目；
b) 频率响应；
c) 信噪比；
d) 失真加噪声(1 kHz)；
e) 读取时间。

11.4 高温负荷试验

非包装样机按GB/T 9384的要求，在40 ℃±2 ℃条件下，接通电源持续工作16 h。

11.5 高温贮存试验

非包装样机，不通电，在温度55 ℃±2 ℃的条件下放置2 h，降温至试验用标准大气条件范围的某一数值，恢复2 h后，进行外观、机械结构和功能检查及主要性能测试。

11.6 恒定湿热试验

非包装样机，不通电，在温度为40 ℃±2 ℃时，先预处理4 h，然后加湿，使之在$93\%^{+2}_{-3}\%$的相对湿度条件下放置48 h，然后在0.5h内降湿到(75%±3%)RH，再在0.5 h内降温至试验用标准大气条件范围的某一数值，恢复4 h后，进行外观、机械结构和功能检查及主要性能测试。

11.7 低温负荷试验

非包装样机，不通电，在温度为−10 ℃±3 ℃条件下放置2 h，然后接通电源，持续工作1 h，应正常工作。

11.8 低温贮存试验

非包装样机，不通电，在温度为−25 ℃±3 ℃条件下放置2 h后，再升温至试验用标准大气条件范围的某一数值，恢复2 h后，进行外观、机械结构和功能检查及主要性能测试。

11.9 扫频振动试验

将非包装样机按表8规定进行振动试验。试验后进行外观、机械结构和功能检查。

11.10 碰撞试验

将非包装样机按工作状态的方向固定在冲击台面上，然后以100 m/s^{2}的峰值加速度、脉冲持续时间16 ms、(60～80)次/min的频率碰撞1 000次。试验后进行外观、机械结构和功能检查。

11.11 自由跌落试验

将带运输包装的样品按表9规定进行跌落试验。试验后进行外观、机械结构和功能检查。

12 耐冲击和振动强度试验方法

12.1 耐冲击试验方法

12.1.1 测量条件

音频测试信号:1 kHz,0 dB,立体声信号。

12.1.2 测量步骤

a) 按图14连接测试系统;

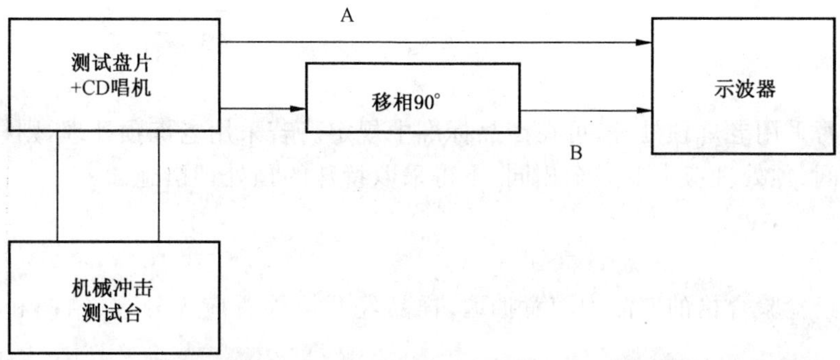

图14 耐冲击强度试验系统连接图

b) 将被测CD唱机水平放置在冲击台上,重放音频测试信号;
c) 示波器的通道A由CD唱机的音频输出直接输入,通道B由CD唱机的音频输出相位偏转90°后输入;
d) 观察调整示波器,使A、B通道信号形成一个圆;
e) 启动冲击试验台,观察示波器的波形,按表5的规定逐渐增加冲击强度,观察示波器上的圆,当圆发生失真,并且有可听的声音变化时,记录此时被测样机可承受的冲击强度。

12.2 耐振动试验方法

12.2.1 测量条件

音频测试信号:400 Hz,0 dB,单声道。

注:也可以采用1 kHz,0 dB,单声道的音频测试信号。

12.2.2 测量步骤

a) 按图15连接测试系统;

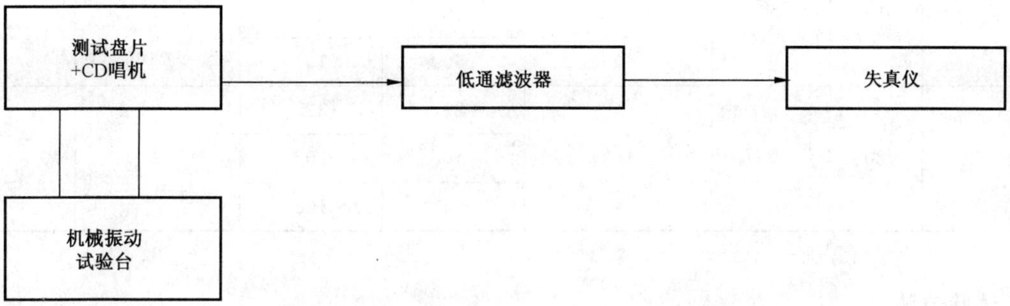

图15 耐振动强度试验系统连接图

b) 将被测 CD 唱机水平放置在振动台上，重放音频测试信号；

c) 启动振动试验台，逐渐增加振动强度，直到失真发生跳变，音频声音质量不能接受时。

13 可靠性试验方法

13.1 统计试验方案

统计试验方案是用于确定产品是否满足规定的可靠性要求的统计方法。其依据是假设产品的失效分布符合指数分布规律。试验采用定时截尾试验方法。统计试验方案符合 GB/T 5080.7 和本标准规定，见表 7。定型鉴定采用方案 1。

13.2 试验要求

13.2.1 老炼预处理

产品出厂前是否采用老炼预处理，可在产品标准中规定。若采用老炼预处理，则样品与其代表的该批产品的预处理时间、预处理应力要完全相同，不得采取特殊的预处理措施。

13.2.2 试验样品

试验样品应从经检验合格的产品中随意抽取，样品经开箱检查应无外观、结构和功能等 A、B 类不合格。

13.2.3 试验设备

试验设备应能提供试验所要求的各种条件。试验室应具备排风、安全、报警和消防等措施。

13.2.4 试验条件

环境温度：40 ℃±3 ℃；

相对湿度：25%～75%；

大 气 压：86 kPa ～106 kPa。

工作电压：交流 220 V±22 V，50 Hz±2 Hz；直流 3，6，9，12 V，允差±20%，纹波系数 0.5%。

表 7 统计试验方案

方案	判决风险率%		鉴别比 D_m	总试验时间 T (θ_L的倍数)	样品数量 n 台	试验时间 T_0 h	判定标准(失效数)	
	α	β					拒收(大于或等于)	接收(小于或等于)
1	20	10	3	6.68	20	501	4	3
					40	251		
					60	167		
2	20	20	3	4.3	20	323	3	2
					40	162		
					60	108		

13.2.5 试验方法

a) 将试验样品置于高温试验箱(或房间)内，当环境温度达到规定的气候条件时，给样品通电，开始计时。

b) 样品通电工作 5.5 h，关机 0.5 h 为一个工作周期。在工作周期之间试验可以中断，但中断时间不得超过 24 h。

c) 在每个工作周期内应检查下列内容：

1) 放音质量；

2) 各种功能是否正常工作；

3) 各种开关、按键、旋钮、插孔的作用是否正常。

d) 试验时间计算：

每台样品的试验时间至少应为所有样品平均试验时间的一半。当不能满足此要求时，则在出席失效机时不用更换样品的方法，而用延长试验时间的办法，以保证满足总试验时间 T。

e) 在不能精确判定失效时间时，应取近两次检查记录时间的中间值作为失效发生的时间。在整个可靠性试验过程中，应按时详细如实地记录各项试验条件，随时记录试验过程中的异常状况和检查中发现的问题及发生的时间。

f) 在发现故障时，应在高温室内复查，确定属于失效后，再从高温室内取出，对失效机进行及时检查，分析失效原因。可对已正确分析原因的失效机进行修复，但对未失效部位不得修整或更换元件。

g) 在试验过程中允许对样品进行使用说明书规定的维护，但不能打开后盖、底盖进行调整。

13.2.6 失效判据及计算

13.2.6.1 失效判据

凡出现表 9 所列功能控制件和功能重缺陷均判为失效，当发现有致命缺陷时，应立即停止试验，并判定不合格。轻缺陷不算失效，但应记录和分析原因。

13.2.6.2 失效区分

a) 独立失效：由于某一元器件或零部件的失效而引起整机失效；

b) 从属失效：由于某一失效或同一原因引起的其他失效；

c) 重复失效：在试验中出现两次或两次以上原因相同的失效。

13.2.6.3 失效数计算

a) 独立失效和重复失效的每个失效都应计入失效数；

b) 从属失效不计入失效数；

c) 试验中出现的失效在常温下能恢复，无论故障是否重复出现，一律判为失效。

13.2.7 指数分布假设的有效性检验

在试验结束、失效数 r 超过接收标准时，应在作出可靠性试验结论前，先按 GB/T 5080.6 规定的方法对指数分布假设作检验。若检验结果满足指数分布的假设，则可以作出试验结论。若检验结果不满足指数分布的假设，则要进一步分析，确定被拒绝的原因，采取有效措施改进后，再进行可靠性试验。

13.2.8 平均无故障时间的单侧区间估计

平均无故障时间(MTBF)的单侧区间估计值(θ_L)表示 MTBF 的下限值，其计算按式(8)：

$$\theta_L = \frac{2T}{\chi^2(C, 2r+2)} \qquad \cdots\cdots(8)$$

式中：

C ——置信度，取 $C=1-\beta(\beta=0.1, C=0.9; \beta=0.2, C=0.8)$；

r ——失效总数；

T——总试验时间；

χ^2——χ^2分布的分布点。

14 音质听音主观评价方法

激光唱机为高保真的数字音响设备，对其音质评价应有严格的要求。

试验样机应是经开箱检查合格，且无明显功能缺陷的样机。

听音评价用的重放设备必须采用专业级的功率放大器和扬声器系统。

听音评价使用标准节目源CD唱片。

14.1 试听室

应符合GB/T 9375的要求。

14.2 标准节目源

用于听音评价的节目段包括：语声、声乐、器乐和效果声四大类节目素材。

14.3 听音员

应符合GB/T 12060.13的相应要求；听音员的位置应符合GB/T 12060.13的有关要求。

14.4 听音声级和音调调整

应符合GB/T 9375的要求。

14.5 评分尺度

按GB/T 9375执行。

14.6 评分方法

按GB/T 9375执行。

14.7 评分术语

按GB/T 9375执行。

14.8 评价结果的表示方法

按GB/T 9375执行。

15 检验规则

质量检验包括定型检验，交收检验和例行检验。

15.1 定型检验

CD唱机定型检验主要适用于产品设计定型和生产定型的试验，其目的是验证生产厂是否有能力生产符合本标准要求的产品。

15.1.1 检验项目、要求和方法

检验项目、要求、方法和样品数量见表8。

对已通过生产定型的产品所派生的不同造型和附加功能的产品，在保证质量的前提下，对应力不变的试验项目允许从简。

表8 定型检验项目、要求和方法

序号	项　目	要求章条号	方法章条号	数量(台)
1	开箱检查	4.2、16.1 和 16.2	第6章	样本全数
2	电性能测量	4.4	第7章	3
3	安全试验	4.6	第9章	2
4	电磁兼容试验	4.7	第10章	3
5	环境试验	4.8	第11章	3
6	可靠性试验	4.10	第13章	20,40,60 任选
7	听音评价	4.11	第14章	1

15.1.2 样品抽取

定型检验的样本，应从定型批量产品中随机抽取。样本数应满足各项试验的要求。

15.1.3 检验程序

定型检验应对样本全数进行开箱检查后，按表13的规定对各组样品分别进行各项试验。

15.1.4 开箱检查

15.1.4.1 检查内容

开箱检查内容包括：包装质量、齐套性、外观质量和功能，见表9。不合格判据按表10的规定。

表9 开箱检查内容和缺陷不合格判据

<table>
<tr><th rowspan="2">序号</th><th rowspan="2">检查项目</th><th rowspan="2">不合格内容</th><th colspan="3">不合格分类</th></tr>
<tr><th>A</th><th>B</th><th>C</th></tr>
<tr><td rowspan="8">1</td><td rowspan="8">运输包装</td><td>(1) 包装箱与产品型号不符</td><td>○</td><td>—</td><td>—</td></tr>
<tr><td>(2) 箱内产品数量短缺</td><td>○</td><td>—</td><td>—</td></tr>
<tr><td>(3) 包装箱上无产品名称、牌号(或型号)、生产企业等标记</td><td>○</td><td>—</td><td>—</td></tr>
<tr><td>(4) 包装箱严重破损</td><td>—</td><td>○</td><td>—</td></tr>
<tr><td>(5) 箱内泡沫衬垫缺少或严重损坏</td><td>—</td><td>○</td><td>—</td></tr>
<tr><td>(6) 附件、合格证、说明书其中有任一项缺少或与产品不符</td><td>○</td><td>—</td><td>—</td></tr>
<tr><td>(7) 缺少说明书规定的备件</td><td>—</td><td>○</td><td>—</td></tr>
<tr><td>(8) 电源线、耳机、遥控器等附件不在出厂规定位置</td><td>—</td><td>—</td><td>○</td></tr>
</table>

表 9（续）

序号	检查项目	不合格内容	不合格分类		
			A	B	C
1	运输包装	(9) 包装箱内有异物	—	—	○
		(10) 倒装(产品实物与箱上标志方向不符)	—	○	—
		(11) 包装箱、说明书或机壳上均无生产厂址、厂名	○	—	—
		(12) 出场日期、质量标记缺或错	—	—	○
2	外观	(1) 机壳严重开裂、变形、损伤、脱漆或锈蚀	○	—	—
		(2) 表面一般划伤、变形、脱漆、锈蚀、毛刺	—	○	—
		(3) 表面轻微划伤、变形、脱漆、锈蚀、毛刺	—	—	○
		(4) 接缝有明显不合或高低不平或配合间隙大	—	○	—
		(5) 面板等装配松动或缺少紧固螺钉	—	○	—
		(6) 铭牌、商标、装饰件漏装、错装、反装、脱落或翘起	—	○	—
		(7) 功能键或插口无标记或标记有误或模糊不清，影响使用	—	○	—
		(8) 表面脏污，但未擦去	—	—	○
		(9) 机壳和标牌上均无生产厂名	○	—	—
3	功能控制件	(1) 任一功能键、控制钮、开关等活动部件失灵或损坏	○	—	—
		(2) 上述活动件过松、过紧、明显变形但未失效	—	○	—
		(3) 上述活动件偶尔一次不起作用	—	—	○
		(4) 上述活动件手感明显不适或有机械摩擦声	—	○	—
		(5) 控制钮脱落，但不用工具可以复位	—	—	○
		(6) 任一插孔、插头失效	○	—	—
		(7) 任一插孔、插头接触不良	—	○	—
		(8) 任一功能电位器有明显死点、跳变	○	—	—
		(9) 任一功能指示器不亮(但功能正常)	—	○	—
		(10) 任一功能指示器有时不亮	—	—	○
		(11) 立体声左右声道接反或反相	—	○	—
		(12) 熔断丝熔断两次	○	—	—
		(13) 瞬时故障(指故障发生后不加外力或改变原有应力而能自行恢复的故障)重复出现2次(含2次)以上	○	—	—
4	功能	(1) 转速失常或不转	○	—	—
		(2) 放音无输出或时有时无	○	—	—
		(3) 放音失真严重、噪声大、不能正常工作	○	—	—
		(4) 上列情况轻度不良，尚可使用	—	○	—
		(5) 开门/关门机构失灵	○	—	—

表 9（续）

序号	检查项目	不合格内容	不合格分类		
			A	B	C
4	功能	(6) 下列任一功能失效：放音、暂停、停职、重复放音、搜索（自动、手动）、显示、清除、编程等	○	—	—
		(7) 适配器不能正常使用	○	—	—
		(8) 耳机不能正常使用	○	—	—
5	其他	(1) 用电网供电的产品机箱内有金属异物大于或等于 3 mm	○	—	—
		(2) 用电网供电的产品机箱内有金属异物小于 3 mm	—	○	—
		(3) 机箱内有非金属异物	—	—	○

15.1.4.2 检查方法

用直观检查法。

15.1.4.3 合格判定

开箱检查不允许出现 A 类不合格品，B 类不合格品不能多于 1 台，C 类不合格品不能多于 2 台。A、B、C 类不合格品的定义，按 15.2.3。

15.1.5 检验合格判定

全部检验项目合格则判为定型检验合格。

15.1.6 检验结果的处理

对检验中不合格的项目应及时查明原因，提出改进措施，并重新进行该项目及相关项目的试验，直至合格。

15.2 交收检验

适用于生产厂质检部门对经过车间全数检验的连续批生产的产品交收检验及订货方对生产厂的产品交收检验。

15.2.1 检验项目

a) 开箱检查、安全检查和常温主要性能测量；
b) 开箱检查：检查内容和检查方法同 15.1.3；
c) 安全检查：检查内容按表 10；检查方法：表 10 中 1、2 项按本标准 5.3 规定的方法，3、4 项用目测法；

表 10 安全检查的缺陷判据

序号	缺 陷 内 容	缺陷分类
1	交流电 3 000 V(r. m. s.)、50 Hz、1 min 击穿或飞弧（开关置于“通”位，判定电流 10 mA）	致命
2	直流 500 V 绝缘电阻小于 4 MΩ	致命

表 10（续）

序号	缺 陷 内 容	缺陷分类
3	电源线破损露金属或电源插头绝缘层破损或带电部分可触及	致命
4	开关起火	致命
当察觉到飞弧时，应分析原因后再作判定。		

d） 常温性能测量：测量内容按 11.3.2。测量方法按第 7 章。

15.2.2 抽样方案

抽样方案按 GB/T 2828.1 有关方法进行，各检验项目的合格质量水平（AQL）、检查水平、抽样方案见表 11。

表 11 交收检验抽样方案

序号	检查项目	合格质量水平（AQL）			检查水平	抽样方案
		A 类不合格品	B 类不合格品	C 类不合格品		
1	开箱检查	1.5	2.5	6.5	一般检查水平 Ⅱ	正常检查一次抽样或二次抽样
2	常温性能测量	2.5	6.5	—	特殊检查水平 S-Ⅱ	

安全检查不规定合格质量水平。在开箱检查的同时检查全部样品的安全性。当发现一个致命缺陷时，则判该批为不合格品。

抽样方案的严格度按 GB/T 2828.1 的有关规定执行。

样本从提交检查批中随机抽取。

15.2.3 缺陷分类与判据

15.2.3.1 缺陷分类

a） 致命缺陷：根据判断，对产品的使用及维护人员可能导致人身或财产危害的缺陷；

b） A 类不合格：导致产品失效或严重降低产品使用功能，为用户不可接受的缺陷；

c） B 类不合格：使产品性能降低，但为一般用户可以接受的缺陷；

d） C 类不合格：对产品使用功能无影响，为制造不精细的缺陷。

15.2.3.2 合格品与不合格品的判定

开箱检查缺陷判据按表 9，以每个样品为单位统计其 A、B、C 类不合格数。

安全检查缺陷判据按表 10。

常温主要性能（按 11.3）不合格，劣于本标准规定值，超过 10％判为 A 类不合格；不超过 10％判为 B 类不合格。

在无致命缺陷时，合格品与不合格品按以下规定划分：

a） 没有任何规定缺陷的产品定为合格品；

b） 凡有 A 类不合格（有一个或一个以上）也可能还有 B 类不合格和 C 类不合格的产品定为 A 类

不合格品；

c) 凡有B类不合格(有一个或一个以上)也可能还有C类不合格,但无A类不合格的产品定为B类不合格品；

d) 凡有C类不合格(有一个或一个以上)而无A类不合格和B类不合格的产品定为C类不合格品。

15.2.4 检验批合格与不合格的判定

15.2.4.1 检验项目合格判定

a) 一次抽样:根据样品检验结果,若在样本中发现的不合格品数小于或等于抽样方案对应的合格判定书,则判断该检验项目为合格;若在样本中发现的不合格品数大于或等于抽样方案对应的不合格判定数,则判断该检验项目为不合格。

b) 二次抽样:若在第一样本中发现不合格品数小于或等于第一判定数 A_c,则判该检验项目合格;若在第一样本中发现不合格品数大于或等于第一不合格判定数 R_e,则判该检验项目不合格。若再第一样本中发现的不合格品数大于第一合格判定数 A_c,但又小于第一不合格判定数 R_e,则对第二样本进行检验。若在第一样本和第二样本中发现的不合格品数总和小于或等于第二合格判定数 A_c,则判定该检验项目合格。相反,若大于或等于第二不合格判定数 R_e,则判定该检验项目不合格。

15.2.4.2 检验批合格判定

全部检验项目合格则判定检验批合格。

15.2.5 检验结果处理

批合格产品,收方应予接收。批不合格产品的处理如下：

a) 对由于致命缺陷而判为不合格批的产品,应拒收。交方应对该产品全数返工,并进行全数检验。收方对重新提交批进行抽验,如再出现致命缺陷,应停止生产进行整顿；

b) 对因其他类缺陷而判为不合格批的产品,应拒收。交方应对该批产品返工,经全数检验后,再重新提交抽验。如仍不合格,则再返工,直至合格接收。在重新提交批的复验中发现致命缺陷,则按a)项办法处理。

15.2.6 样本的处理

经过交收检验的样本,凡合格的样本,重新包装后可作合格品交付收方。凡有缺陷的样本,必须修复,排除缺陷,并交检验人员复验合格后,才能重新包装交付收方。

15.3 例行检验

a) 连续批生产的产品由生产厂或上级指令检验部门周期地从产品中抽取样本进行检验,以确定生产过程能否保证产品质量持续稳定。其周期划分:电性能和环境试验0.5 a为一周期,安全、电磁兼容和可靠性试验1 a为一周期；

b) 连续批生产的产品若间隔时间大于三个月,恢复生产时应进行周期检验,其检验项目为电性能和环境试验；

c) 当产品主要的设计、工艺及原材料改变时,应进行15.3.1a)中的相关项目检验。如产品主要设计改变会影响音质时,应进行听音评价。

15.3.1 检验程序、项目及方法

a) 检验程序和项目按图 16；

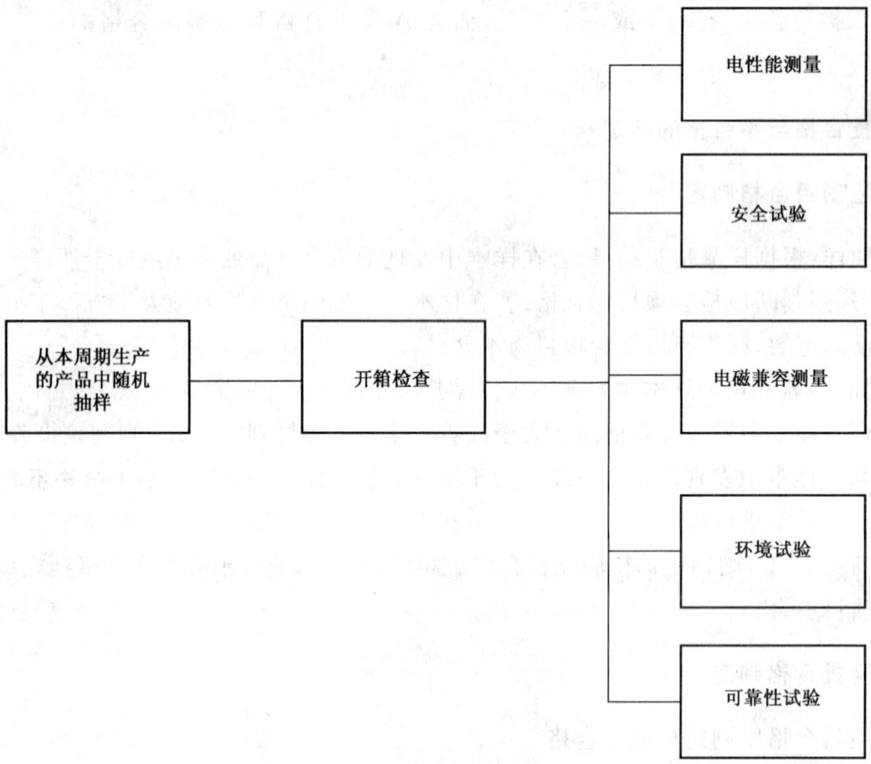

图 16 检验程序和项目

b) 开箱检查内容和方法同 15.1.3；

c) 电性能测量内容按 4.4，测量方法按第 7 章；

d) 声噪声测量内容按 4.5，测量方法按第 8 章；

e) 安全试验内容和方法按表 12。当产品的主要设计、工艺、元器件和原材料改变并可能影响产品的安全性能时，还应增加有关的安全试验内容；

表 12 例行检验安全试验内容和方法

序号	安全试验内容	试验方法 GB 8898—2000
1	标记	5.1～5.7
2	正常工作条件下的触电危险	7.1～7.2
3	绝缘要求	10.1～10.3
4	端子	15.1～15.4
5	外接软线	16.1～16.6

f) 电磁兼容测量内容同 4.7，测量方法按第 10 章；

g) 环境试验内容和方法同第 11 章；

h) 抗冲击和振动试验内容同 4.9，测量方法按第 12 章；

i) 可靠性试验内容和方法按第 13 章。

15.3.2 抽样方案

电性能、声噪声试验、电磁兼容和环境试验的抽样方案按 GB 2829 的判别水平Ⅰ，二次抽样方案进行，其抽样数、不合格质量水平(RQL)和对应的判定数组见表 13。

表 13 例行检验抽样方案

序号	试验项目	样本大小	不合格质量水平(RQL)		判定数值			
			A 类不合格品	B 类不合格品	A 类不合格品		B 类不合格品	
					A_c	R_e	A_c	R_e
1	电性能、声噪声试验	$n_1=3$	40	80	0	2	1	3
		$n_2=3$			1	2	4	5
2	电磁兼容	$n_1=3$	40	—	0	2	—	
		$n_2=3$			1	2		
3	环境试验	$n_1=3$	40	80	0	2	1	3
		$n_2=3$			1	2	4	5

电性能、电磁兼容和环境试验也可以按表 14 规定的不合格质量水平和判定水平Ⅰ，用与二次抽样方案所对应的一次抽样方案进行检验。

安全试验样本为 2 台。

可靠性试验样本按表 8。

例行检验中的样品应从本周期生产的产品中随机抽取，二次抽样方案的样本要一次抽齐。

开箱检查的数量为周期检验全部检验项目样本数(包括第二次抽样第二组样本数)之和。若此数与 GB 2829—2002 表 3 的样本大小不一致时，则开箱检查数量取表 3 最接近的样本数。

15.3.3 缺陷分类和判据

缺陷分类和定义同 15.2.3.1。

开箱检查的缺陷判据按表 9 规定。

常温主要电性能缺陷与判据同 15.2.3.2。

电磁兼容测量的参数不合格均判为 A 类不合格。

环境试验不合格判据：

a) 环境试验每项条件试验后检查外观、结构和功能的缺陷判据按表 9 开箱检查内容及缺陷判据和表 14 环境试验机内检查内容及缺陷判据的有关规定。电性能参数不合格但功能正常，均判为 B 类不合格；

b) 在环境试验的每项条件试验后的检测中，如发现样品的 A、B 类不合格品数已经能够判断环境试验项目不合格，则试验可以停止；

c) 在环境试验过程中检测发现的 B 类不合格，如会影响到对下一项条件试验结果的判定时，允许在记录和分析后予以修复，用该样品继续下一项条件试验。修复时只限于判定缺陷部分，不允许对其他部分进行调整或更换。

表 14 环境试验机内检查内容缺陷判据

序号	检查项目	不合格内容	不合格分类	
			A	B
1	表面处理	(1) 机内结构件严重锈蚀	○	—
		(2) 机内结构件轻度锈蚀	—	○
2	机内连接	(1) 结构件脱开或电源变压器松动	○	—
		(2) 结构件或印刷电路板松动	—	○
		(3) 印刷电路板断裂	○	—
		(4) 元器件断脚或脱落	○	—
		(5) 连接导线脱焊或断头	○	—
		(6) 紧固件脱落	○	—
3	异物	缺陷内容和判据同表 9 第 5 条		

15.3.4 合格品与不合格品的判定

同 15.2.3.2。

15.3.5 检验批合格与不合格的判定

15.3.5.1 检验项目合格判定

开箱检查中发现不合格品，则以随机抽取的合格单位产品代替。

安全试验中有一项检查内容不合格，则判为不合格。

可靠性试验按第 13 章。

电性能、声噪声、电磁兼容、抗冲击和振动以及环境试验的合格判定：

a) 一次抽样按 15.2.4.1a)规定；

b) 二次抽样按 15.2.4.1b)规定；

c) 环境试验进行第二样本试验时，应按 11.1 规定从头做起。

15.3.5.2 检验批合格判定

全部检验项目合格，则判定检验批合格。

15.3.6 检验结果处理

例行检验不合格的产品应暂停交收检验，已交付的产品，由交收双方协商解决。

交方应立即采取改进措施，在改进后，从新生产的产品中重新抽样，对不合格的检验项目进行检验，在得到合格结论后才能恢复正常生产和检验。

15.3.7 样本处理

经安全试验、环境试验、抗冲击和振动试验以及可靠性试验的样品一律不能作为合格品交付使用。

16 标志、包装、运输、贮存

16.1 标志

16.1.1 样机标志

CD唱机上应有生产厂名、商标和型号。

16.1.2 安全标志

与电网直接连接的CD唱机上应标有电源的性质、额定电源电压(或工作电压范围)、电源频率及功耗等。

16.1.3 包装箱标志

产品的运输包装箱上面应有下列标志：

a) 产品名称、型号、生产厂的名称和厂址；

b) 商标名称及注册商标图案；

c) 出厂日期：年、月、日；

d) 包装质量，kg；

e) 包装件最大外部尺寸，mm：$L \times D \times H$；

f) 印有怕雨、向上、易碎物品、堆码层数储运标志，标志应符合GB/T 191；

g) 其他特殊标志。

16.2 包装

产品应有牢固的包装。并由防震、防潮措施。

经交收检验合格的产品应连同合格证、使用说明书、附件等一起包装。

16.3 运输

包装完好的CD唱机可用正常的海、陆、空交通工具运输。运输过程中应避免雨雪直接淋袭。

16.4 贮存

包装完好的CD唱机应贮存在环境温度为−15 ℃～45 ℃，相对湿度不大于80%，周围没有酸性或其他有害气体的仓库中。

贮存期为1 a。超过1 a的产品，应经开箱检查复验合格后才能进入流通领域。

附 录 A
（规范性附录）
CD 测试唱片的技术要求

A.1 录音信号格式

CD 测试唱片录音信号的格式应按照 IEC 60908 的规定。

A.2 录音信号内容

CD 测试唱片录音信号的构成列于表 A.1。
在各部分信号的前面均应录有轨迹号码（TNo.）和索引码（INDEX）。

A.3 录音信号的形成

各信号均由正弦波信号的数字值构成，规定 0 dB 的正峰值为“7FFFH”，负峰值为“8001H”。

A.4 录音信号的频率误差

各信号的频率相对于规定值得允差为±1 Hz。

A.5 录音信号的量化误差

各信号的量化误差为±1/2 LSB。

A.6 LR 通道信号相位差

LR 通道间的相位差在数字上为“0”。

A.7 录音时间误差

录音时间误差，从第 1 部分到最后部分，规定为±2 s。

A.8 TOC 误差

TOC 和 A. TIME 的误差规定在 1/25 s 以内。

A.9 线速度

CD 测试唱片的线速度规定为 1.30 m/s。

表 A.1　CD 测试唱片上的录音信号

部分 TNo.	部分 INDEX	通道	频率 Hz	录音电平 dB	加重	P. TIME(开始) min. s	持续时间 min. s	A. TIME(开始) min. s	用　　途
1	0　0		1 000	0	OFF	−0.02	0.02	0.00	基准电平；读取时间测量通道间电平差；测量输出电压
	0　1	L、R				0.00	3.08	0.02	
2	0　0					−0.02	0.02	3.10	测量分离度(L 基准)(R 通道录音电平,假定为−∞)
	0　1	L	1 000	0	OFF	0.00	1.00	3.12	
	0　2	L	125	0	OFF	1.00	1.00	4.12	
	0　3	L	4 000	0	OFF	2.00	1.00	5.12	
	0　4	L	10 000	0	OFF	3.00	1.00	6.12	
	0　5	L	16 000	0	OFF	4.00	1.00	7.12	
3	0　0					−0.02	0.02	8.12	测量分离度(R 基准)(L 通道录音电平,假定为−∞)
	0　1	R	1 000	0	OFF	0.00	1.00	8.14	
	0　2	R	125	0	OFF	1.00	1.00	9.14	
	0　3	R	4 000	0	OFF	2.00	1.00	10.14	
	0　4	R	10 000	0	OFF	3.00	1.00	11.14	
	0　5	R	16 000	0	OFF	4.00	1.00	12.14	
4	0　0	—	—	(−∞)		−0.02	0.02	13.14	测量 S/N
	0　1				OFF	0.00	3.00	13.16	
5	0　0					−0.02	0.02	16.16	测量动态范围
	0　1	L、R	1 000	−60.00	OFF	0.00	3.00	16.18	
6	0　0					−0.02	0.02	19.18	测量频率特性；测量谐波失真；测量通道间相位差
	0　1	L、R	4	0	OFF	0.00	1.00	19.20	
	0　2	L、R	8	0	OFF	1.00	1.00	20.20	
	0　3	L、R	17	0	OFF	2.00	1.00	21.20	
	0　4	L、R	31	0	OFF	3.00	1.00	22.20	
7	0　0					−0.02	0.02	23.20	
	0　1	L、R	61	0	OFF	0.00	1.00	23.22	
	0　2	L、R	127	0	OFF	1.00	1.00	24.22	
	0　3	L、R	251	0	OFF	2.00	1.00	25.22	
	0　4	L、R	499	0	OFF	3.00	1.00	26.22	
8	0　0					−0.02	0.02	27.22	
	0　1	L、R	997	0	OFF	0.00	1.00	27.24	
	0　2	L、R	1 999	0	OFF	1.00	1.00	28.24	

表 A.1（续）

部分 TNo.	部分 INDEX	通道	频率 Hz	录音电平 dB	加重	P. TIME(开始) min. s	持续时间 min. s	A. TIME(开始) min. s	用途
8	0 3	L、R	4 001	0	OFF	2.00	1.00	29.24	测量频率特性；测量谐波失真；测量通道间相位差
	0 4	L、R	7 993	0	OFF	3.00	1.00	30.24	
9	0 0					−0.02	0.02	31.24	
	0 1	L、R	10 007	0	OFF	0.00	1.00	31.26	
	0 2	L、R	12 503	0	OFF	1.00	1.00	32.26	
	0 3	L、R	16 001	0	OFF	2.00	1.00	33.26	
	0 4	L、R	17 989	0	OFF	3.00	1.00	34.26	
10	0 0					−0.02	0.02	35.26	同上及频率误差测量
	0 1	L、R	19 997	0	OFF	0.00	2.00	35.28	
11	0 0		5～22 050			−0.02	0.02	37.28	频率特性测量（扫频）
	0 1	L、R		0	OFF	0.00	2.00	37.30	
12	0 0					−0.02	0.02	38.38	测量去加重频率响应
	0 1	L、R	1 000	−20.00	ON	0.00	1.00	38.40	
	0 2	L、R	125	−20.00	ON	1.00	1.00	39.40	
	0 3	L、R	4 000	−20.00	ON	2.00	1.00	40.40	
	0 4	L、R	10 000	−20.00	ON	3.00	1.00	41.40	
	0 5	L、R	16 000	−20.00	ON	4.00	1.00	42.40	
13	0 0					−0.02	0.02	43.40	测量互调失真（SMPTE）
	0 1	L、R	60＋7 000	0(合成)	OFF	0.00	3.00	43.42	
	0 2	L、R	11 000＋12 000	0(合成)	OFF	3.00	3.00	46.42	测量互调失真（2 频率）
14	0 0					−0.02	0.02	49.42	检查电平非线性
	0 1	L、R	997	0	OFF	0.00	1.00	49.44	
	0 2	L、R	997	−1.00	OFF	1.00	1.00	50.44	
	0 3	L、R	997	−3.00	OFF	2.00	1.00	51.44	
	0 4	L、R	997	−6.00	OFF	3.00	1.00	52.44	
	0 5	L、R	997	−10.00	OFF	4.00	1.00	53.44	
	0 6	L、R	997	−20.00	OFF	5.00	1.00	54.44	
	0 7	L、R	997	−59.94	OFF	6.00	1.00	55.44	
	0 8	L、R	997	−70.31	OFF	7.00	1.00	56.44	
	0 9	L、R	997	−80.77	OFF	8.00	1.00	57.44	
	1 0	L、R	997	−90.31	OFF	9.00	1.00	58.44	

表 A.1（续）

部分		通道	频率 Hz	录音电平 dB	加重	P. TIME(开始) min. s	持续时间 min. s	A. TIME(开始) min. s	用　途
TNo.	INDEX								
15	0　0					−0.02	0.02	59.44	抖晃测量
	0　1	L、R	3 150	0	OFF	0.00	3.08	59.46	
16	0　0					−0.02	0.02	62.54	读取时间测量
	0　1	L、R	317	0	OFF	0.00	1.00	62.56	
—	—	—	—	—	—	—	—	63.56	—

ICS 35.240.60
L 70

中华人民共和国国家标准

GB/T 15947—2011
代替 GB/T 15947—2001

行政、商业和运输业电子数据交换(EDIFACT)报文设计规则

EDIFACT message design rules for EDI
(UN/CEFACT RECOMMENDATION /R.840/Rev,MOD)

2011-07-29 发布　　2011-12-01 实施

中华人民共和国国家质量监督检验检疫总局
中国国家标准化管理委员会　发布

前　言

本标准按照 GB/T 1.1—2009 给出的规则起草。

本标准代替 GB/T 15947—2001《用于行政、商业和运输业电子数据交换的报文设计规则》。

本标准与 GB/T 15947—2001 相比主要变化为：

——本标准修改采用联合国欧经会贸易简化与电子业务委员会(UN/CEFACT)/R.840/Rev.5 正式发布的《行政、商业和运输业电子数据交换(EDIFACT)报文设计规则》，而 GB/T 15947—2001 等效采用 UN/CEFACT 正式发布的第 1 版《行政、商业和运输业电子数据交换报文设计规则》；

——将原标准的名称《用于行政、商业和运输业电子数据交换的报文设计规则》改为《行政、商业和运输业电子数据交换(EDIFACT)报文设计规则》；

——增加了第 3 章术语和定义；

——增加了资料性附录 E“注释用法实例”。

本标准使用重新起草法修改采用 UN/CEFACT 发布的《行政、商业和运输业电子数据交换(EDIFACT)报文设计规则》第 2 次修订版。

本标准与 UN/EDIFACT 报文设计规则的主要变化为：

——对范围进行了改写；

——将附录 A 术语和定义改为第 3 章；

——调整了附录的顺序。

本标准由全国电子业务标准化技术委员会(SAC/TC 83)提出并归口。

本标准起草单位：中国标准化研究院、天津港(集团)有限公司。

本标准主要起草人：胡涵景、王凌云、张荫芬、江洲、王志刚、陈兵。

本标准于 2001 年 4 月第一次发布。

行政、商业和运输业
电子数据交换(EDIFACT)
报文设计规则

1 范围

本标准规定了在设计和评审 EDIFACT 报文和报文成分时应遵守的规则。

本标准适用于设计符合 EDIFACT 应用级语法规则第 1、2、3、4 版的报文。从属性注释和重复数据元仅适用于设计符合语法规则第 4 版的报文。

2 规范性引用文件

下列文件对于本文件的应用是必不可少的。凡是注日期的引用文件,仅注日期的版本适用于本文件。凡是不注日期的引用文件,其最新版本(包括所有的修改单)适用于本文件。

GB/T 1988 信息技术 信息交换用七位编码字符集(GB/T 1988—1998,eqv ISO 646:1991)

GB/T 14805.1 行政、商业和运输业电子数据交换(EDIFACT)应用级语法规则(语法版本号:4,语法发布号:1) 第 1 部分:公用的语法规则(GB/T 14805.1—2007,ISO 9735-1:2002,IDT)

GB/T 14805.2 行政、商业和运输业电子数据交换(EDIFACT)应用级语法规则(语法版本号:4,语法发布号:1) 第 2 部分:批式电子数据交换专用的语法规则(GB/T 14805.2—2007,ISO 9735-2:2002,IDT)

GB/T 14805.3 行政、商业和运输业电子数据交换(EDIFACT)应用级语法规则(语法版本号:4,语法发布号:1) 第 3 部分:交互式电子数据交换专用的语法规则(GB/T 14805.3—2007,ISO 9735-3:2002,IDT)

GB/T 18391.5 信息技术 元数据注册系统(MDR) 第 5 部分:命名与标识原则(GB/T 18391.5—2009, ISO/IEC 11179-5:2005,IDT)

3 术语和定义

GB/T 14805.1 界定的术语和定义适用于本文件。

4 报文设计规则

4.1 总则

本标准遵循 GB/T 14805.2 和 GB/T 14805.3 的有关规定。

批式 EDI 和交互式 EDI 公用的规则:

规则 1:所设计的报文、段和数据元不应包括目标 EDIFACT 目录中标有删除标记的项。

规则 2:所设计的段和数据元不应包括语法服务目录中的项。

规则 3:所设计的报文不应包括语法服务目录中的项,但报文头(UNH/UIH)、节控制(UNS)、防冲突段组头(UGH)、防冲突段组尾(UGT)和报文尾(UNT/UIT)服务段除外。

规则4:从属性注释应使用附录A中规定的有效的从属性标识符。

4.2 报文

4.2.1 批式EDI和交互式EDI公用的规则

规则5:在报文定义中规定的报文业务功能不应与目标EDIFACT目录中的另一个报文的业务功能重复,且不应由目标EDIFACT目录中另一个报文的业务功能来表达(参见附录B)。

规则6:报文应使用报文类型代码标识,该代码由6位GB/T 1988中规定的大写字母字符组成,且在EDIFACT批式和交互式目录中是唯一的。

规则7:报文名称应在目标EDIFACT目录中是唯一的。

规则8:报文名称应与报文定义一致。

规则9:报文应以报文头(UNH/UIH)服务段开始,以报文尾(UNT/UIT)服务段结束。

规则10:报文应由结构化的数据组成,且没有段冲突。

规则11:当构成报文时无法用其他方法来防止段冲突,应在报文规范中使用UGH/UGT段组。在这种情况下,应使用UGH/UGT段组封装那些不能被无歧义标识的段组。

规则12:在任何情况下,UGH/UGT段组的最大出现次数为1,其状态应规定为条件型或必备型,且与所封装的段组的状态相同。

规则13:在UGH/UGT段组中,UGH段应是触发段。UGT段应是该段组中的最后一个段,其状态为必备型,且最大出现次数为1。

规则14:报文中的每个段和段组的用途应在数据段说明中规定。

规则15:数据段说明中的每个段的使用说明应与其在目标EDIFACT段目录中的段定义一致。

规则16:数据段说明中的每个段和段组的使用说明应与其在段表中定义的状态和最大出现次数一致。

规则17:段表的结构应与报文定义一致。

规则18:段表中规定的段或段组应具有必备型或条件型的状态。

规则19:段表中规定的段或段组应指定最大重复次数。

规则20:不应针对必备型的段或段组规定从属性注释。

规则21:为同一段或段组规定的从属性注释不应出现冲突。

规则22:从属性注释应至少列出两个不同的段组,或一个段组与一个段,或两个不同的段的位置标识符。

规则23:从属性注释应仅规定在同一层且同一父结构(报文或段组)中的段或段组的位置标识符。

规则24:当需要时,用法注释应用在报文规范中以便提供在特殊报文规范语境中与段组、段和数据元用法有关的信息。这些注释应被用于:

——指出任何条件型段组、段或数据元的用法从条件型变为必备型;

——指出在报文规范语境中的段组、段和数据元出现的最大次数限制;

——指出在报文规范语境中简单数据元有效长度的减少;

——指出在报文规范语境中代码型简单数据元有效代码值长度的限制。

规则25:用法注释应仅针对在同一层次且同一父结构(报文或段组)中的段组或段。

规则26:在报文规范中针对段组用法注释不应与段定义冲突。

4.2.2 批式EDI专用的规则

规则27:在报文头(UNH)服务段和报文尾(UNT)服务段之间应至少包含一个段,且该段不能是报文开始(BGM)段或节控制(UNS)服务段。

规则 28:报文开始(BGM)段应是第一个非服务段。它应是一个独立段,状态为必备型,且最大重复次数为 1。

4.2.3 交互式 EDI 专用的规则

规则 29:在报文头(UIH)服务段和报文尾(UIT)服务段之间应至少包含一个段,且该段不能是报文开始(BGM)段或节控制(UNS)服务段。

4.3 分节报文

批式 EDI 和交互式 EDI 公用的规则

规则 30:节控制(UNS)服务段仅用于防止报文中某一节中的段与下一节中的段之间的段冲突。它分隔分节报文中的各个节,状态为必备型,最大重复次数为 1,且以独立段的形式出现在细目节和/或汇总节的开始。

规则 31:分节报文的各个节应在数据段说明和段表中标识。分节报文由下列之一构成:

——头节和细目节;

——头节、细目节和汇总节;

——细目节和汇总节。

4.4 段组

批式 EDI 和交互式 EDI 公用的规则

规则 32:段组应以触发段开始。

规则 33:触发段应具有必备型状态。

规则 34:触发段的最大重复次数为 1。

规则 35:除触发段之外,段组还应至少包括一个其他的段或段组。

4.5 段

4.5.1 批式 EDI 和交互式 EDI 公用的规则

规则 36:段应使用段标记标识。段标记由 3 位 GB/T 1988 中规定的大写字母字符组成。用户段的段标记不应以字母"U"开头。

规则 37:段标记应在目标 EDIFACT 批式和交互式段目录中是唯一的。

规则 38:段定义应:

——描述该段的用途;

——与其中的数据元定义一致;

——不包含其中的数据元定义;

——在 EDIFACT 段目录中是唯一的;

——在首字母缩写词第一次出现时给出全称;

——不包含缩略语;

——不包含性别偏向;

——不包括短语"无须解释""待定义""待提供"或其同义词,除非该短语是段定义固有的部分。

规则 39:段名称应在目标 EDIFACT 段目录中是唯一的(见附录 C 和参见附录 D)。

规则 40:段名称应与段定义一致(见附录 C 和参见附录 D)。

规则 41:段的用途不应与 EDIFACT 段目录中的同一抽象层上的另一个段的用途重复,且不应由 EDIFACT 段目录中的同一抽象层上的另一个段的用途来表达。

规则 42:段中的数据元应直接与段的用途相关。

规则 43:段中的数据元应具有必备型或条件型状态。

规则 44:对于段中跟在限定符数据元之后的所有数据元,应首先列出必备型数据元,然后再列出条件型数据元。

规则 45:在现行段中增加数据元时,应使该数据元具有条件型状态,且置于段的末尾。

规则 46:当同时满足下列条件时,段结构中的一个独立数据元才能用一个复合数据元替代:

——该复合数据元的第一个成分数据元为该独立数据元,且具有与该独立数据元相同的状态或条件型状态;

——该复合数据元的状态与其第一个成分数据元的状态相同;

——其他成分数据元均具有条件型状态。

规则 47:在现行段中删除数据元时,应在目标 EDIFACT 段目录中给该段标上删除标记。

规则 48:当现行段中数据元的状态从条件型改为必备型时,应在目标 EDIFACT 段目录中给该段标上删除标记。

规则 49:段中的数据元应具有最大重复次数。

规则 50:必备型的数据元应涉及从属性注释。

规则 51:为同一数据元规定的从属性注释不应发生冲突。

规则 52:从属性注释应至少列出两个不同数据元的位置标识符。

规则 53:从属性注释应仅列出该从属性注释针对的段所包含的位置标识符。

规则 54:从属性注释应仅用来表达一个段中的以下数据元之间的关系:

——独立数据元与独立数据元;

——复合数据元与复合数据元;

——独立数据元与复合数据元。

规则 55:在现有段中具有把数据元状态从条件型变为必备型功能的从属性注释的增加应导致在 UN/EDIFACT 段目录中的该段标出删除标记。

规则 56:用法注释应仅适用于相同段中的数据元。

规则 57:适用于数据元的用法注释不应与数据元定义冲突。

规则 58:当重复数据元在段中是显性的或关联性的数据元时,应有一个适用的用法注释。

4.5.2 批式 EDI 专用的规则

规则 59:一个段不应包括另一个段的全部内容。

规则 60:一个段应规定限定符数据元作为该段中紧跟在段标记之后的第一个数据元。

规则 61:除了限定该段的限定符数据元之外,一个段至少还应再包含一个数据元。

规则 62:同一数据元不应在一个段的多个位置上出现。

规则 63:只有限定型复合数据元或包含数据元 1131(代码表限定符)/(代码表负责机构,代码型)的复合数据元才能是重复数据元。

规则 64:一个限定型复合数据元的最大重复次数应小于或等于该复合数据元中的限定符数据元所规定的代码值的个数。

4.5.3 交互式 EDI 专用的规则

规则 65: 一个段不应仅包括交互式段目录中的另一个段的全部内容。

规则 66: 一个段应至少包含一个非限定符数据元的数据元。

规则 67:当一个段不是限定型段时,应首先列出必备型数据元,然后再列出条件型数据元。

规则 68:在需要限定的段中,应将限定符数据元作为该段的第一个数据元。

规则69:段限定符不应是一个重复数据元。

4.6 复合数据元

4.6.1 批式EDI和交互式EDI公用的规则

规则70:复合数据元定义应:

——描述该复合数据元的含义;

——要说明该复合数据元是什么,不能只说明它不是什么;

——与其中的数据元定义一致;

——不包含其中的数据元定义;

——在目标EDIFACT复合数据元目录中是唯一的;

——以单数形式说明;

——在首字母缩写词第一次出现时给出全称;

——不包含简写词;

——不包含性别偏向;

——不包括短语“无须解释”“待定义”“待提供”或其同义词,除非该短语是复合数据元定义固有的部分。

规则71:复合数据元名称应在目标EDIFACT复合数据元目录中是唯一的(见附录C和参见附录D)。

规则72:复合数据元名称应与复合数据元定义一致(见附录C和参见附录D)。

规则73:简单数据元对中的数据元名称应具有相同的客体类别词和性质词。代码型简单数据元应具有表示词“代码”或表示词“标识符”。非代码型简单数据元应具有表示词“描述”或表示词“名称”(见附录C和参见附录D)。

规则74:简单数据元对中的数据元定义除主词外均应相同。代码型简单数据元的定义应为“……的代码”。对于非代码型简单数据元,如果其表示词为“描述”的话,其定义应为“……的自由格式描述”,如果表示词为“名称”的话,其定义应为“……的名称”。

规则75:成分数据元应具有必备型或条件型状态。

规则76:成分数据元不应是重复数据元。

规则77:在现行复合数据元中,成分数据元的状态从条件型变成必备型时,应在目标EDIFACT复合数据元目录中给该复合数据元标上删除标记。

规则78:如果复合数据元的结构仅由一个代码型简单数据元及紧跟其后的简单数据元1131和3055构成,则该代码型简单数据元的状态应是必备型的。

规则79:在仅有一个限定符数据元和非代码型简单数据元组成的复合数据元结构中非代码型简单数据元的状态应是必备型的。

规则80:在现行复合数据元中增加简单数据元时,应使其具有条件型状态,且置于复合数据元的末尾。

规则81:在现行复合数据元中删除一个成分数据元时,应在目标EDIFACT复合数据元目录中给该复合数据元标上删除标记。

规则82:从属性注释应仅涉及具有条件型状态的成分数据元。

规则83:为同一成分数据元规定的从属性注释不应发生冲突。

规则84:从属性注释应至少列出两个不同的成分数据元的位置标识符。

规则85:从属性注释应仅列出该从属性注释针对的复合数据元中所包含的位置标识符。

规则86:在现有段中具有把数据元状态从条件型变为必备型功能的从属性注释的增加应导致在UN/EDIFACT复合数据元目录中的该复合数据元标出删除标记。

规则 87:从属性注释应仅适用于相同复合数据元中的成分数据元。

规则 88:仅适用于成分数据元的从属性注释应不与数据元定义冲突(参见附录 E)。

4.6.2 批式 EDI 专用的规则

规则 89:当有以下需求之一时,应规定一个复合数据元:

——引用外部代码表(使用简单数据元 1131 和 3055);

——把简单数据元组成简单数据元对;

——进一步限定简单数据元(限定段的限定符数据元无法满足这种限定需求);

——限定简单数据元对。

规则 90:复合数据元名称应具有与该复合数据元结构中所规定的代码型和/或非代码型简单数据元(简单数据元 1131 和 3055 除外)名称相同的对象类词和性质词(见附录 C 和参见附录 D)。

规则 91:复合数据元中的限定符数据元应具有必备型状态。

规则 92:复合数据元应具有下列结构之一:

结构 1:

代码型数据元	见注
非代码型数据元	见注

结构 2:

代码型数据元	
代码表限定符	(1131)
代码表负责机构,代码型	(3055)

结构 3:

代码型数据元	见注
代码表限定符	(1131)
代码表负责机构,代码型	(3055)
非代码型数据元	见注

结构 4:

限定符数据元

代码型数据元

结构 5:

限定符数据元

非代码型数据元

结构 6:

限定符数据元	
代码型数据元	见注
非代码型数据元	见注

结构 7:

限定符数据元	
代码型数据元	
代码表限定符	(1131)
代码表负责机构,代码型	(3055)

结构 8:

限定符数据元	
代码型数据元	见注

代码表限定符 (1131)
代码表负责机构,代码型 (3055)
非代码型数据元 见注

注:该数据元构成简单数据元对。

规则 93:对于附录 A 中的从属性标识符应限制在复合数据元结构的从属性标识符使用:

结构 1——A1

结构 2——A2,和/或 A3,和/或 A4,和/或 A5,和/或 A6,和/或 A7

结构 3——A1,和/或 A2,和/或 A3,和/或 A4,和/或 A5,和/或 A6,和/或 A7

结构 6——A1,和/或 A4,和/或 A7

结构 7——A2,和/或 A3,和/或 A4,和/或 A5,和/或 A6,和/或 A7

结构 8——A1,和/或 A2,和/或 A3,和/或 A4,和/或 A5,和/或 A6,和/或 A7

4.6.3 交互式 EDI 专用的规则

规则 94:当有以下需求之一时,应规定一个复合数据元:

——引用外部代码表(使用简单数据元 1131 和 3055);

——把简单数据元组成简单数据元对;

——进一步限定简单数据元(限定段的限定符数据元无法满足限定需求);

——限定简单数据元对;

——成组表示单一业务目的数据。

规则 95:复合数据元名称应与复合数据元定义一致(见附录 C 和参见附录 D)。

规则 96:一个复合数据元不应仅包括交互式复合数据元目录中的另一个复合数据元的全部内容。

规则 97:在需要限定的复合数据元中,应将限定符数据元作为复合数据元中的第一个成分数据元。

规则 98:在限定型复合数据元中,必备型简单数据元应紧跟在该复合数据元的限定符数据元之后。在非限定型复合数据元中,必备型简单数据元应置于前。

规则 99:成分数据元的限定符应紧跟在其所限定的成分数据元之后。

规则 100:对于附录 A 中的从属性标识符应限制在复合数据元结构的从属性标识符使用:

结构 1——A1

结构 2——A2,和/或 A3,和/或 A4,和/或 A5,和/或 A6,和/或 A7

结构 3——A1,和/或 A2,和/或 A3,和/或 A4,和/或 A5,和/或 A6,和/或 A7

结构 6——A1,和/或 A4,和/或 A7

结构 7——A2,和/或 A3,和/或 A4,和/或 A5,和/或 A6,和/或 A7

结构 8——A1,和/或 A2,和/或 A3,和/或 A4,和/或 A5,和/或 A6,和/或 A7

4.7 简单数据元

批式 EDI 和交互式 EDI 公用的规则

规则 101:简单数据元定义应:

——描述该简单数据元的含义;

——要说明该简单数据元是什么,不能只说明它不是什么;

——在 EDIFACT 数据元目录中是唯一的;

——以单数形式说明;

——在首字母缩写词第一次出现时给出全称;

——不包含缩略语;

——不包含性别偏向;

——不包括短语“无须解释”“待定义”“待提供”或其同义词，除非该短语是数据元定义固有的部分。

规则 102：简单数据元名称在 EDIFACT 数据元目录中应是唯一的(见附录 C 和参见附录 D)。

规则 103：简单数据元名称应与简单数据元定义一致(见附录 C 和参见附录 D)。

规则 104：未定义为限定符数据元的代码型简单数据元的名称应以表示词“代码”或表示词“标识符”结尾。

规则 105：简单数据元应规定其数据值表示。

规则 106：在 EDIFACT 代码表中列有代码的代码型简单数据元的数据值表示应至少为 an..3。

4.8 外部代码表

4.8.1 批式 EDI 专用的规则

规则 107：外部代码表的标识应通过在复合数据元中使用简单数据元 1131 和 3055 来获得。

规则 108：一个代码型独立数据元或其后不直接跟随成分数据元 1131 和 3055 的代码型成分数据元应在 EDIFACT 代码表中至少给该数据元规定一个代码值，但是 UN/ECE 已批准的建议书或已标识的 ISO 代码表除外。

4.8.2 交互式 EDI 专用的规则

规则 109：外部代码表的标识应通过在复合数据元中使用简单数据元 1131 和 3055 来获得。

规则 110：一个代码型独立数据元或其后不直接跟随成分数据元 1131 和 3055 的代码型成分数据元应在 EDIFACT 代码表中至少给该数据元规定一个代码值，但是 UN/ECE 已批准的建议书或已标识的 ISO 代码表除外。

4.9 代码值

批式 EDI 和交互式 EDI 公用的规则

规则 111：代码值名称和代码值定义不应超出其所属的简单数据元名称和简单数据元定义的范围。

规则 112：代码值定义应：

——在其所属的简单数据元的代码表中是唯一的；

——以单数形式说明；

——说明代码值代表什么；

——在首字母缩写词第一次出现时给出全称；

——不包含缩略语；

——不包括短语“无须解释”“待定义”“待提供”或其同义词，除非该短语是代码值定义固有的部分。

规则 113：代码值名称应与代码值定义一致。

规则 114：限定符数据元的代码值应仅在 EDIFACT 代码表中规定。

附 录 A
（规范性附录）
从属性注释表记法

从属性注释的表记法由一个从属性标识符和置于括号中并用逗号分开的位置标识符清单组成，例如 A3(030,060,090)。位置标识符指出诸如段、段组和数据元的相关数据结构。

从属性标识符说明如下：

A1 有一项且仅有一项。

清单中的各项有一项且仅有一项出现。

A2 全有或全无。

如果清单中的某一项出现，则其他各项都应出现。

A3 有一项或多项。

清单中的各项至少有一项出现。

A4 有一项或无。

清单中的各项最多只有一项出现。

A5 如第一项有，则所有项全有。

如果清单中第一项出现，则其他项都出现。但其他一项或多项的出现并不要求第一项应出现。

A6 如第一项有，则至少有一项有。

如果清单中的第一项出现，则至少再有一项出现。但其他一项或多项的出现并不要求第一项应出现。

A7 如第一项有，则其他项全无。

如果清单中的第一项出现，则其他项都不出现。

附　录　B
（资料性附录）
报文设计过程模型

当参与方认为他们的业务需求需要借助于用电子形式交换的信息流时，就会产生设计 EDIFACT 报文的要求。

对核心业务需要的分析和标识是设计活动的基本输入。公司、法律和/或业务流程是设计过程中的其他输入。EDIFACT 程序保证可获得所需的标准，并以标准化的形式支持广泛的业务应用。详见图 B.1。

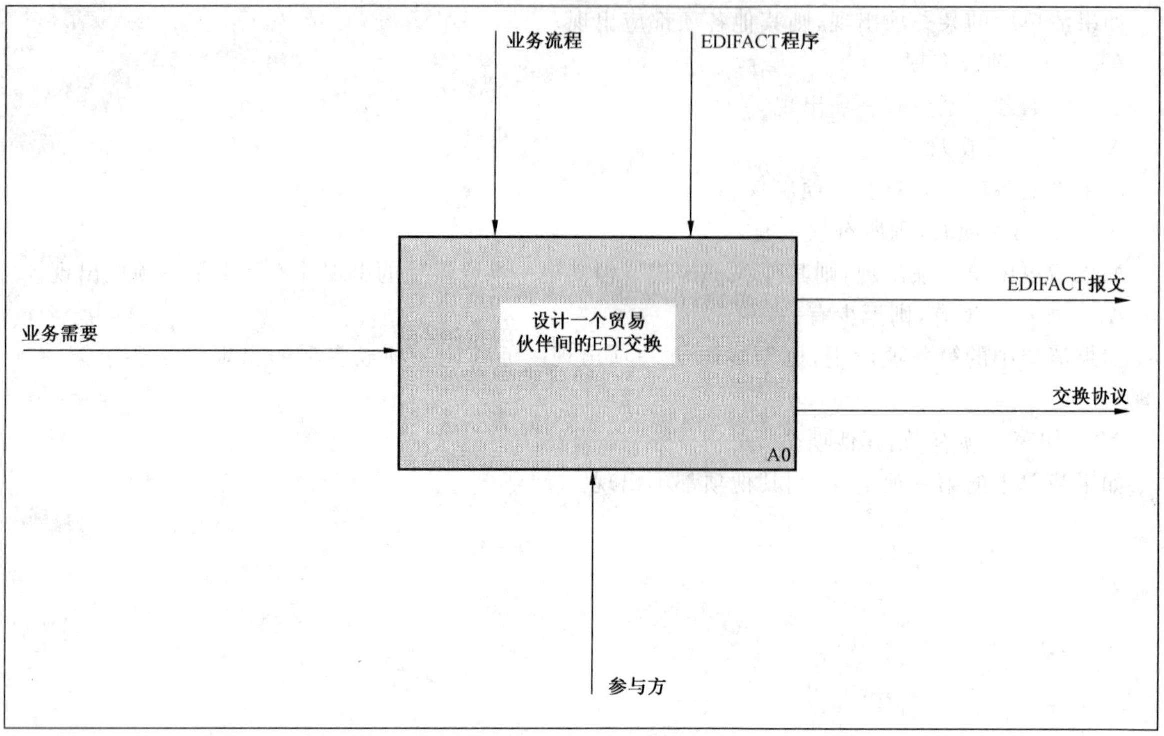

图 B.1　设计贸易伙伴间的 EDI 交换

一旦决定采用电子方式进行业务处理，就可以建立单个业务功能的需求，并有可能需要经过研究来建立一个反映业务环境的重要方面的模型。

所有有关的参与方商定了整个业务需求后，就可以制定具体的系统需求。这些系统需求应规定在各个参与方间流动的信息流以及它们所实现的功能。

在正在制定的业务剧本中应描述所有的信息流，包括人工的和电子格式的。同时还应标识这些信息流之间的业务约束，包括标识触发一个特定信息流的事件。

一旦设计完系统需求，就要检查每一个信息流，以便确定它们是否适合于通过电子方式来传输。对于那些被候选为以电子方式传输的信息流，还应进行详细的分析以决定它们的准确的数据需求。

每一个信息流的数据需求都可结构化为一个已标识和命名的项的集合，集合中的每一项都通过各自的属性描述一个具体的主题。最初的报文规范就是根据这些项的定义和/或数据模型来开发的。

为了确定现行的报文是否可以满足所需的报文功能，应查阅现行的 EDIFACT 报文目录。

如果 EDIFACT 目录中有适合的报文，则需将欲设计的报文规范与 EDIFACT 报文目录中的报文规范进行比较。如果现行的报文不能全面满足这些功能，则可按 EDIFACT 程序提交关于现行报文所不能满足的其他需求的数据维护请求。

如果 EDIFACT 目录中没有适合的报文，则应按 EDIFACT 程序提出关于新报文的数据维护请求。当明确所需的每一个报文后，通常应在 EDI 参与方之间起草正式的交换协议。详见图 B.2。

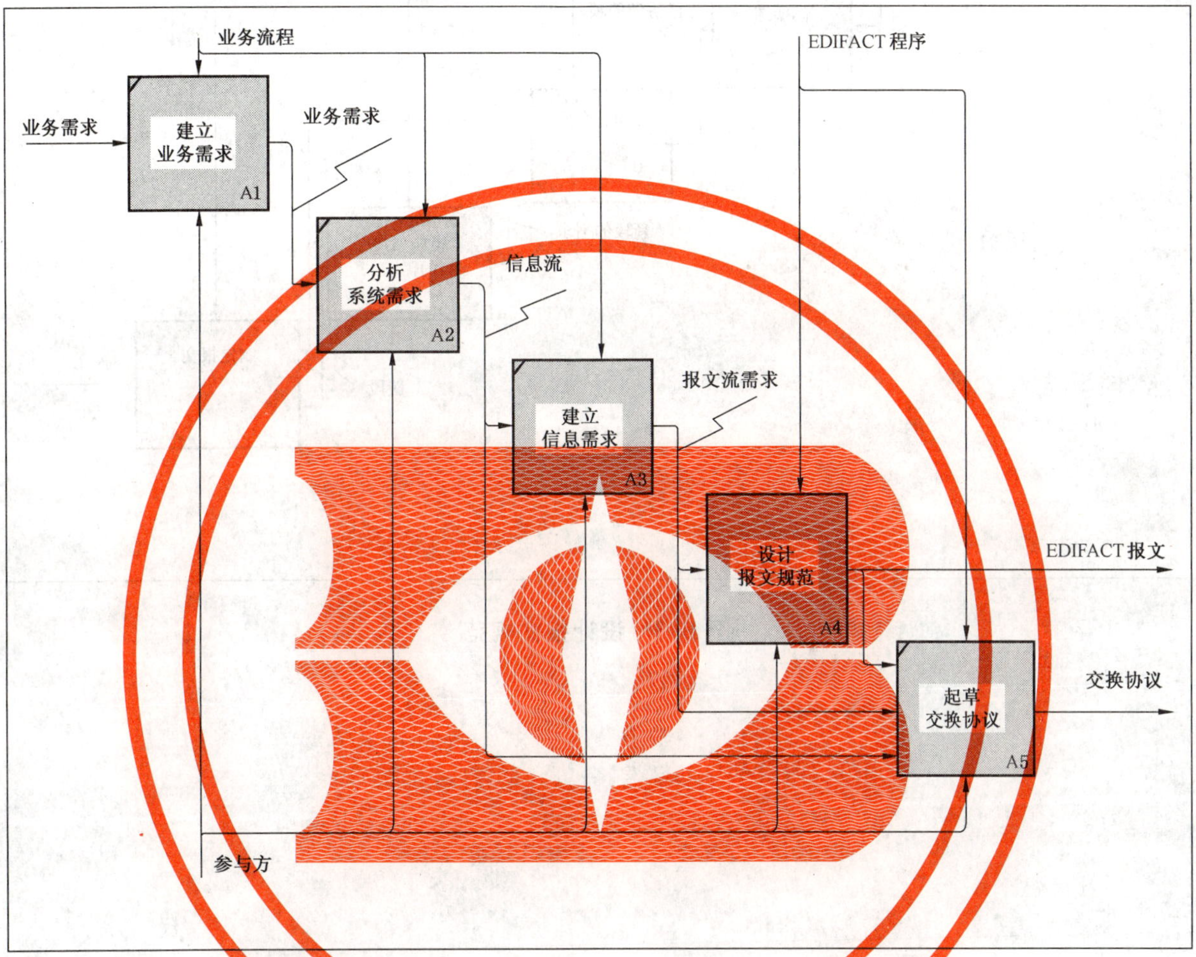

图 B.2 设计贸易伙伴间的 EDI 交换

为了将信息流的数据需求分解为一系列表示具体主题的项，应对信息流的数据需求进行分析。每个项的所有属性都应涉及该项所定义的主题。

为了确保每一个属性都能涉及主题的一条信息，应使用具体的建模/规范化技术。如果一个属性不完全依赖于项所描述的主题，则应创建一个新项来表达属性的整个主题。一旦完成对这些项的协调，则应检查 EDIFACT 段目录以选出现行的段来满足所标识的每个项的需求。单个项的需求可以用单个段来满足，也可以用段组来满足。一个或多个属性的需求则可通过给现行的段和复合数据元申请一个附加的限定符数据元代码值来满足。

对于那些剩余的不能由现行的 EDIFACT 段满足的属性，则应按报文设计规则提出设计一个或多个新段的请求。新段、新数据元和新代码值的数据维护请求应按 EDIFACT 程序提出并提交。

一旦现行的段或新设计的段能够满足具体的信息流的数据需求，就可以按报文设计规则设计报文规范。报文的结构、包括报文中的每一个段或段组的必备型或条件型状态以及重复次数都应根据信息流需求决定。详见图 B.3。

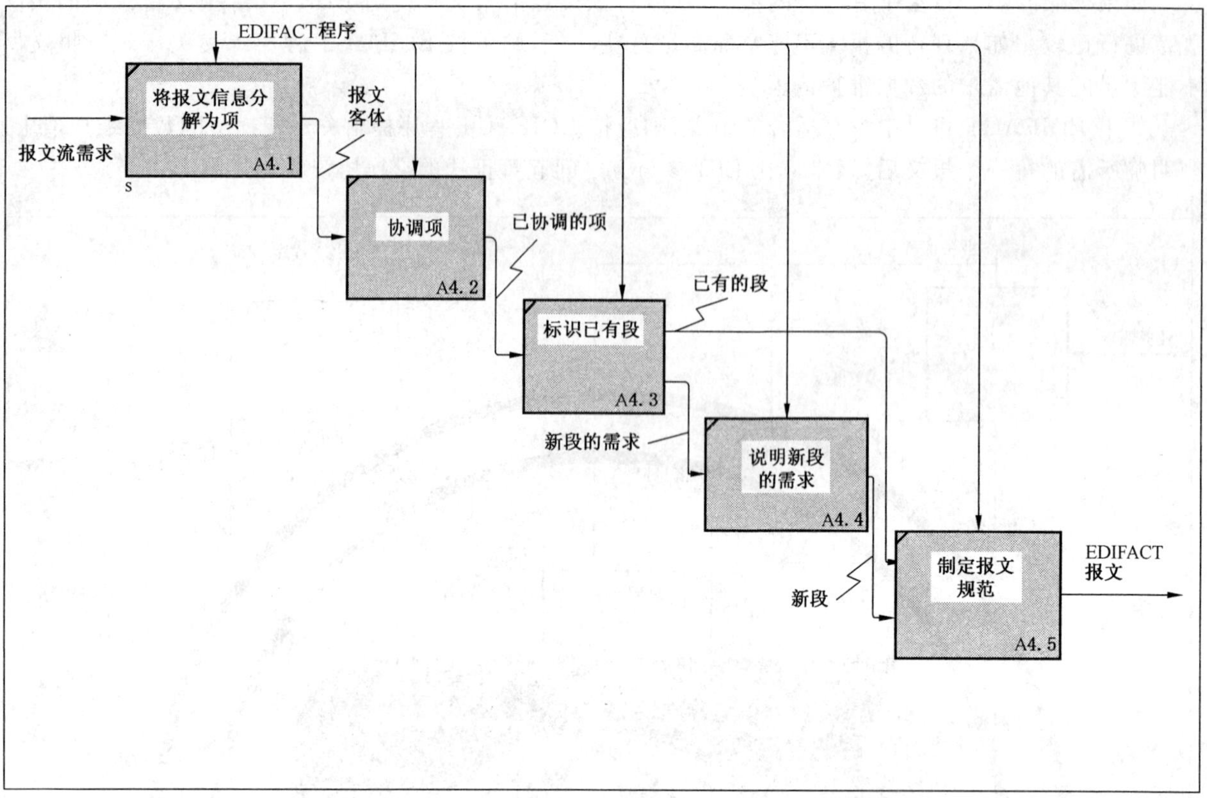
EDIFACT程序
将报文信息分解为项
报文流需求
A4.1
报文客体
协调项
A4.2
已协调的项
标识已有段
A4.3
已有的段
新段的需求
说明新段的需求
A4.4
新段
制定报文规范
A4.5
EDIFACT报文

图 B.3　设计报文规范

附 录 C
（规范性附录）
数据元和段的命名规则

C.1 引言

本附录规定了用于定义 EDIFACT 简单数据元、复合数据元和段的结构化名称的规则。这些规则从 GB/T 18391.5 规定的指南和原则演化而来。在某些方面，GB/T 18391.5 规定的这些指南已用于 EDIFACT 环境，尤其是已被扩展到不仅命名简单数据元，而且还可以命名复合数据元和段的范围。为了与 EDIFACT 中的限定符数据元的用法相适应，限定符术语的用法已作了修改。

这些规则被分为：

——语义规则　　定义如何赋予名称内容以含义的规则。

——语法规则　　定义名称结构和名称成分的顺序和出现的规则。

——词法规则　　定义适用于名称及其成分的词的格式和用词原则的规则。

在 GB/T 18391.5 中规定并由 EDIFACT 支持的基本原则之一是先开发定义，然后再从定义中概括出名称。

C.2 语义规则

名称成分是：客体类别词、性质词和表示词。

规则 C1：客体类别词应表示该名称中占支配地位的方面。

例如在下列简单数据元名称中，有下划线的词是客体类别词。

<u>参考</u>版本号

<u>金额</u>功能代码

<u>移动</u>类型描述

规则 C2：性质词应表示该名称中占支配地位的方面的显著特征或特性。性质词应自然地出现在定义中。

例如在下列简单数据元名称中，有下划线的词是性质词。

参考<u>版本</u>号

金额<u>功能</u>代码

移动<u>类型</u>描述

规则 C3：表示词应描述简单数据元的有效值集合的格式。

例如在下列简单数据元名称中，有下划线的词是表示词。

参考版本<u>号</u>

金额功能<u>代码</u>

移动类型<u>描述</u>

规则 C4：表示词应是已批准的表示词列表中的词语之一（见 C5）。

规则 C5：限定符术语只应规定为用于限定简单数据元的限定符数据元的代码表中的代码值名称。

规则 C6：当简单数据元与限定符数据元连用时，限定符术语应能给简单数据元名称赋予具体含义。

例如：当名称为“费用总金额”的简单数据元与名称为“费用总金额限定符”的限定符数据元连用时，该限定符数据元在代码表中的代码值名称——“预算期限”“会计期限”“纳税期限”——是该简单数据元的限定符术语。

C.3 语法规则

规则C7：

a) 不是限定符数据元的简单数据元的名称格式应为：

客体类别词	性质词	表示词

b) 是限定符数据元的简单数据元的名称格式应为：

客体类别词	性质词	表示词	“限定符”

c) 复合数据元的名称格式应为：

客体类别词	性质词

d) 段名称的格式应为：

客体类别词	性质词

除带有下划线的术语是可选型的外，其他所有术语都是必备型的。

规则C8：在数据元名称或段名称中应有一个且仅有一个客体类别词。

规则C9：在简单数据元名称中应有一个且仅有一个性质词。

规则C10：在复合数据元名称或段名称中应有一个且仅有一个性质词。

规则C11：在简单数据元名称中应有一个且仅有一个表示词。

规则C12：限定符数据元名称应在表示词之后加“限定符”结束。

C.4 词法规则

规则C13：名称应为单数形式。

规则C14：客体类别词或性质词可以由一个或多个词组成。

规则C15：表示词应仅由一个词组成。

规则C16：用英文字母表示的名称成分及由多个词组成的术语中的词应用空格字符分开。

规则C17：名称中不应使用特殊字符。

规则C18：名称中不应使用简写词、首字母缩写词和首字母。

规则C19：名称不应包含冗余的词。

例如：在简单数据元名称“雇员名称”中，性质词是“名称”，表示词也是“名称”。当性质词和表示词组合时，有一个“名称”是冗余的，应删除。

C.5 表示词列表

下面给出已批准的表示词。当需要增加表示词时，应根据EDIFACT数据维护请求程序进行申请和处理。

金额　　货币单位的数量，通常与货币类型有关。

代码　　表示一组值中的一个值的字符串。

描述　　表示一个人、客体、地点、事件或概念的一系列句子，既可用于定义（通常用一两个句子），也可用于较长文本。

标识符　用于唯一标识和区别一个标识方案中的一个具体值的字符串。

名称　为一个人、客体、地点、事件或概念指定的不同的词或短语。该词或短语是该人、客体、地点、事件或概念的称谓。

号码　表示一个特定的值的算术表示。它通常暗示了顺序或一系列中的一个。

百分比　具有相同计量单位的两个值之间的百分数形式的比率。

量　非货币单位数量，通常与计量单位有关。

比率　一个计量的量或金额与另一个计量的量或金额的比。

附 录 D
(资料性附录)
数据元目录命名实例

D.1 概述

本附录列出了从 EDIFACT D.97A 数据元目录中抽取出的一系列简单数据元,并指出了如何使用附录 A 中给出的命名约定。本附录为资料性附录,并不作为针对数据元目录的数据维护请求。

D.2 D.97A 中的数据元目录实例

D.97A 中的数据元目录实例见表 D.1。

表 D.1 数据元目录实例

标记	数据元名称	示例名称	标记	数据元名称	示例名称
1000	单证/报文名称	单证名称	6174	样本量	样本量数目
1050	顺序号	顺序号	6341	外汇交易市场,代码型	外汇交易市场代码
1056	版本	版本标识符	6343	货币,限定符	货币代码限定符
1058	发布	发布标识符	6345	货币,代码型	货币代码
1153	参考限定符	参考标识符限定符	6347	货币细目限定符	货币细目限定符
1154	参考号	参考标识符	6348	货币汇率基准	货币汇率基准值
1222	配置等级	配置等级号	6350	单元数	单元数
1245	状态指示符,代码型	状态代码	6353	单元数限定符	单元类型代码限定符
1366	单证/报文出处	单证出处描述	6426	阶段数	阶段数
1475	报文类型标识符	报文类型代码	6428	实际阶段数	实际阶段数
1476	管理机构	管理机构标识符	6432	有效位数	有效位数
1490	拼装货物项号	项标识符	6434	统计概念标识符	统计概念代码
3035	参与方限定符	参与方功能代码限定符	7124	联合国危险品(UNDG)号	联合国危险品标识符
3036	参与方名称	参与方名称	7436	第一级标识	第一级标识符
3039	参与方标识	参与方代码	7500	残损类型	残损类型描述
3397	姓名状态,代码型	姓名状态代码	7501	残损类型,代码型	残损类型代码
3398	姓名成分	姓名成分描述	7502	残损部位	残损部位描述
4043	贸易分类,代码型	贸易分类代码	7503	残损部位标识	残损部位代码
5004	货币金额	货币金额	8211	运输许可,代码型	运输许可代码
5393	价格乘数限定符	价格乘数限定符	8341	搬运安排,代码型	搬运安排代码
5394	价格乘数	价格乘数金额	8351	危险品代码标识	危险品代码
5402	汇率	汇率	9430	注释集标识符	注释集代码
5419	汇率类型限定符	汇率类型限定符	9432	注释标识符	注释代码
6173	样本数量限定符	样本数量限定符	9434	代码名称	代码值名称

附 录 E
（资料性附录）
用法注释实例

E.1 报文结构实例

```
0010    UNH     报文头                M  1
0020    BGM     报文开始              M  1
0030    DTM     日期/时间/期限        M  5          注释 1

0040    -----段组 1 ----------------- C  5--------+注释 2
0050    NAD     名称和地址            M  1                |
0060    LOC     地点/位置             C  25               |
0070    FII     金融机构              C  5                |
                                                          |
0080    -----段组 2 ----------------- C  5--+             |
0090    CTA     联系信息              M  1                ||
0100    COM     通信联系              C  5--+--+
```

用法注释：

注释 1：在发票日期上 DTM 应是必备型的。

注释 2：应使用段组来标识买方、卖方和/或收货人。

E.2 报文结构实例

```
0010    UNH     报文头                M  1
0020    BGM     报文开始              M  1
0030    DTM     日期/时间/期限        M  5

0040    -----段组 1 ------------------C  5------+   注释 3
0050    NAD     名称和地址            M  1         |
0060    LOC     地点/位置             C  25        |
0070    FII     金融机构              C  5         |
```

用法注释：

注释 3：当 BGM 030(1225)包含 53(测试)时，应允许 SG1 最多出现两次。

E.3 报文结构实例

```
0200    -----段组 15 -------------------------C  5------+   注释 4
0210    FII      金融机构                     M  1        |
0220    CTA      联系信息                     C  1        |
0230    COM      通信联系                     C  5        +
```

用法注释：

注释 4：SG15 仅限于组织内部报文交换用。

E.4 报文结构实例

```
0210    CNT      总控制              C  1    注释 5
```

用法注释：

注释 5：当使用该报文时，CNT 段应被用于标识出现在报文中的交易总数。

E.5 报文结构实例

```
0210    HYN      层次信息            C  1    注释 6
```

用法注释：

注释 6：HYN 段组应被用于在装运/订单/项目/包装序列中传递信息。

E.6 报文结构实例

FTX	自由文本				
0010	4451	文本主题限定符	M	an..3	
0020	4453	文本功能，代码型	C	an..3	
0030	C107	文本参考	C		
	4441	自由文本，代码型	M	an..3	
	1131	代码表限定符	C	an..3	
	3055	代码表负责机构，代码型	C	an..3	
0040	C108	文本文字	C		
	4440	自由文本	M	an..70	
	4440	自由文本	C	an..70	
	4440	自由文本	C	an..70	
	4440	自由文本	C	an..70	
	4440	自由文本	C	an..70	
0050	3453	语言，代码型	C	an..3	注释 7

用法注释：
注释 7:英语的默认值是 ENG。

E.7 复合目录实例

C058	名称和地址				
0010	3124	名称和地址行	M	an..70	注释 8
0020	3124	名称和地址行	C	an..70	
0030	3124	名称和地址行	C	an..70	
0040	3124	名称和地址行	C	an..70	
0050	3124	名称和地址行	C	an..70	

用法注释：
注释 8:应仅用于名称。

参 考 文 献

[1] EDIFACT D.97A 行政、商业和运输业电子数据交换

ICS 65.10.30
G 25

中华人民共和国国家标准

GB 15955—2011
代替 GB 15955—1995

赤霉酸原药

Gibberellic acid technical material

2011-12-30 发布　　2012-04-15 实施

中华人民共和国国家质量监督检验检疫总局
中国国家标准化管理委员会　发布

前言

本标准的第 3 章、第 5 章是强制性的，其余是推荐性的。

本标准按照 GB/T 1.1—2009 给出的规则起草。

本标准自实施之日起，代替 GB 15955—1995《赤霉素原药》。

本标准与 GB 15955—1995《赤霉素原药》的主要差异为：

——“赤霉素”改为“赤霉酸”；

——取消了分等分级；

——赤霉酸质量分数改为≥90.0％；

——干燥减量由“≤1.0％”改为“≤0.5％”；

——比旋光度改为比旋光本领 α_m(20 ℃，D)≥+80(°)·m^2/kg。

请注意本文件的某些内容可能涉及专利。本文件的发布机构不承担识别这些专利的责任。

本标准由中国石油和化学工业协会提出。

本标准由全国农药标准化技术委员会(SAC/TC 133)归口。

本标准起草单位：农业部农药检定所、浙江钱江生物化学股份有限公司、上海同瑞生物科技有限公司、江西新瑞丰生化有限公司。

本标准主要起草人：王小丽、李友顺、陈铁春、赵永辉、于荣、朱建新、陈明磊、卢爱苏。

赤霉酸原药

1 范围

本标准规定了赤霉酸原药的要求、试验方法以及标志、标签、包装、贮运和验收期。

本标准适用于由赤霉酸及其生产中产生的杂质组成的赤霉酸原药。

注：赤霉酸的其他名称、结构式和基本物化参数参见附录A。

2 规范性引用文件

下列文件对于本文件的应用是必不可少的。凡是注日期的引用文件，仅注日期的版本适用于本文件。凡是不注日期的引用文件，其最新版本(包括所有的修改单)适用于本文件。

GB/T 613—2007 化学试剂 比旋光本领(比旋光度)测定通用方法

GB/T 1604 商品农药验收规则

GB/T 1605—2001 商品农药采样方法

GB 3796 农药包装通则

3 要求

3.1 组成和外观

本品应由赤霉酸及其生产中产生的杂质组成，应为白色至微浅黄色结晶粉，无可见的外来物和填加的改性剂。

3.2 项目和指标

赤霉酸原药应符合表1要求。

表1 赤霉酸原药控制项目指标

项目		指标
赤霉酸质量分数/%	≥	90.0
干燥减量/%	≤	0.5
比旋光本领 α_m(20 ℃,D)/[(°)·m^2/kg]	≥	+80

4 试验方法

4.1 抽样

按GB/T 1605—2001中"商品原药采样"方法进行。用随机法确定采样的包装件，最终抽样量不少于100 g。

4.2 鉴别试验

本鉴别试验可与赤霉酸质量分数的测定同时进行。在相同的色谱操作条件下，试样溶液中主色谱峰的保留时间与标样溶液中赤霉酸色谱峰的保留时间，其相对差值应在1.5%以内。

4.3 赤霉酸质量分数的测定

4.3.1 方法提要

试样用流动相溶解，以甲醇-磷酸水溶液为流动相，使用以 C_{18} 为填料的不锈钢柱和紫外检测器，对试样中的赤霉酸进行反相高效液相色谱分离和测定，外标法定量。

4.3.2 试剂和溶液

磷酸：分析纯；

甲醇：色谱纯；

水：新蒸二次蒸馏水；

磷酸水溶液：Ψ(水：磷酸)=2 000：1；

赤霉酸标样：已知质量分数 $w \geqslant 98.0\%$。

4.3.3 仪器

高效液相色谱仪：具有可变波长紫外检测器和定量进样阀；

色谱数据处理机或色谱工作站；

色谱柱：250 mm×4.6 mm(i.d.)不锈钢柱，内装 ZORBAX 80Å EXTEND C_{18} 填充物(或具有同等效果的其他色谱柱)；

微量进样器：100 μL；

过滤器：滤膜孔径约0.45 μm；

超声波清洗器。

4.3.4 高效液相色谱操作条件

流动相：Ψ(甲醇：磷酸水溶液)=35：65；

流量：1.0 mL/min；

柱温：室温(温度变化应不大于2 ℃)；

检测波长：210 nm；

进样体积：10 μL。

保留时间：赤霉酸约8.2 min。

上述液相色谱操作条件，系典型操作参数，可根据不同仪器特点，对给定的操作参数作适当调整，以期获得最佳效果。典型的赤霉酸原药高效液相色谱图见图1。

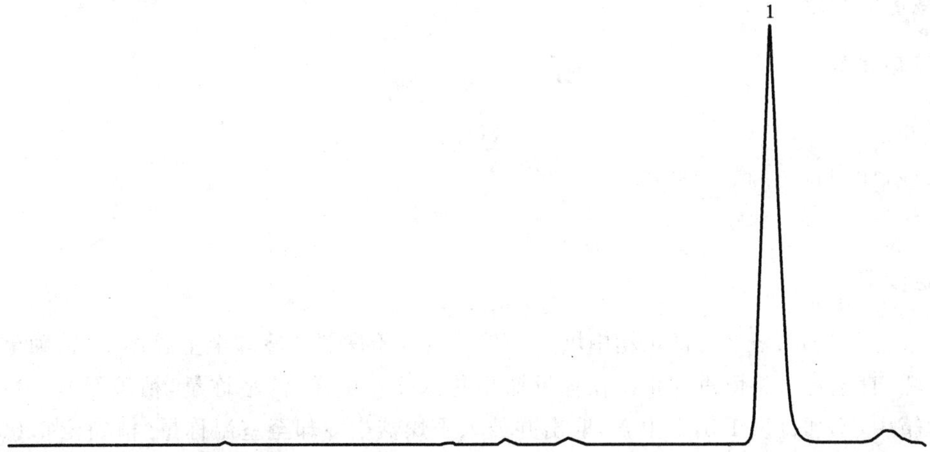

1——赤霉酸。

图 1　赤霉酸原药的高效液相色谱图

4.3.5　测定步骤

4.3.5.1　标样溶液的配制

称取赤霉酸标样约 0.05 g(精确至 0.000 2 g)，置于 100 mL 容量瓶中，先加 35 mL 甲醇溶解，再用磷酸水溶液稀释至刻度，摇匀。

4.3.5.2　试样溶液的配制

称取含赤霉酸约 0.05 g 的试样(精确至 0.000 2 g)，置于 100 mL 容量瓶中，先加 35 mL 甲醇溶解，再用磷酸水溶液稀释至刻度，摇匀。用 0.45 μm 孔径滤膜过滤。

4.3.5.3　测定

在上述操作条件下，待仪器稳定后，连续注入数针标样溶液，直至相邻两针赤霉酸峰面积相对变化小于 1.5%后，按标样溶液、试样溶液、试样溶液、标样溶液的顺序进行测定。

4.3.6　计算

将测得的两针试样溶液以及试样前后两针标样溶液中赤霉酸峰面积分别进行平均。试样中赤霉酸的质量分数按式(1)计算：

$$w_1 = \frac{A_2 \cdot m_1 \cdot w}{A_1 \cdot m_2} \quad \cdots\cdots\cdots\cdots(1)$$

式中：

w_1 ——试样中赤霉酸的质量分数，以%表示；

A_2 ——试样溶液中，赤霉酸峰面积的平均值；

m_1 ——赤霉酸标样质量的数值，单位为克(g)；

w ——标样中赤霉酸的质量分数，以%表示；

A_1 ——标样溶液中，赤霉酸峰面积的平均值；

m_2 ——试样质量的数值，单位为克(g)。

4.3.7　允许差

两次平行测定结果之差，应不大于 1.5%，取其算术平均值作为测定结果。

4.4 干燥减量的测定

4.4.1 仪器和器具

烘箱：105 ℃±2 ℃；

称量瓶：内径 50 mm，高 20 mm；

干燥器。

4.4.2 测定步骤

将称量瓶放入 105 ℃±2 ℃的烘箱中烘 1 h，然后放入干燥器中冷却至室温称量(精确至 0.000 2 g)。重复上述步骤，直至称量瓶恒重为止。在称量瓶中称入 1 g 试样(铺平称量，精确至 0.000 2 g)。将称量瓶放入烘箱中，不加盖烘 1 h，盖上盖，取出并放入干燥器中冷却至室温称量(精确至 0.000 2 g)。

4.4.3 计算

试样的干燥减量按式(2)计算：

$$w_2 = \frac{m_1 - m_2}{m} \qquad \cdots\cdots (2)$$

式中：

w_2——干燥减量，以%表示；

m_1——试样和称量瓶烘干前的质量，单位为克(g)；

m_2——试样和称量瓶烘干后的质量，单位为克(g)；

m ——试样的质量，单位为克(g)。

4.5 比旋光本领的测定

按 GB/T 613—2007 规定进行。其中待测溶液为赤霉酸原药的乙醇溶液，浓度为 0.1 g/mL。如溶解后发现样品混浊，应用快速定量滤纸过滤后测定。试样的比旋光本领 α_m(20 ℃,D) [(°) · m^2/kg]，按式(3)计算：

$$\alpha_m(20\ ℃, D) = \frac{100 \cdot \alpha \cdot V}{m(1 - 0.01 w_2) l} \qquad \cdots\cdots (3)$$

式中：

α ——测得的旋光角，单位为度(°)；

V ——试样的稀释体积，单位为毫升(mL)；

m ——试样的质量，单位为克(g)；

w_2——试样的干燥减量，以%表示；

l ——旋光管长度，单位为分米(dm)。

4.6 产品的检验与验收

应符合 GB/T 1604 的规定。极限数值的处理，采用修约值比较法。

5 标志、标签、包装、贮运、安全、验收期

5.1 标志、标签

赤霉酸原药的标志、标签和包装，应符合 GB 3796 的规定。

5.2 包装

赤霉酸原药宜用清洁、干燥的内衬塑料袋的铁桶、纸板桶、塑料桶或铝箔袋包装，每件净含量一般为25 kg。可根据用户要求或订货协议，采用其他形式的包装，但应符合 GB 3796 的规定。

5.3 贮运

赤霉酸原药包装件应贮存在通风、阴凉、干燥的库房中，防火、防潮，不得在露天及与有毒物质，易燃易爆物及碱性物质一起堆放。不应与食物、种子、饲料混放。

贮运时，严防潮湿和日晒，避免撞击和雨淋，远离火种。

5.4 安全

本品属低毒植物生长调节剂。使用本品应戴好防护手套、口罩，穿干净防护服。使用时不得与碱性物品相混，不可与氨水、石硫合剂、纯碱等混合。随用随配，一经配成水溶液不可久存。使用后应立即用清水洗净。如发生中毒现象，应及时去医院治疗。

5.5 验收期

赤霉酸原药的验收期为1个月。从交货之日起，在1个月内完成产品的质量验收，其各项指标应符合标准要求。

附　录　A
（资料性附录）
赤霉酸的其他名称、结构式和基本物化参数

本产品有效成分赤霉酸的其他名称、结构式和基本物化参数如下：

ISO 通用名称：Gibberellic acid

CIPAC 数字代码：307

CAS 登录号：77-06-5

化学名称：(1α,2β,4aα,4bβ,10β)-2,4a,7-三羟基-1-甲基-8-亚甲基赤霉-3-烯-1,10-二羧酸-1,4a-内酯

结构式：

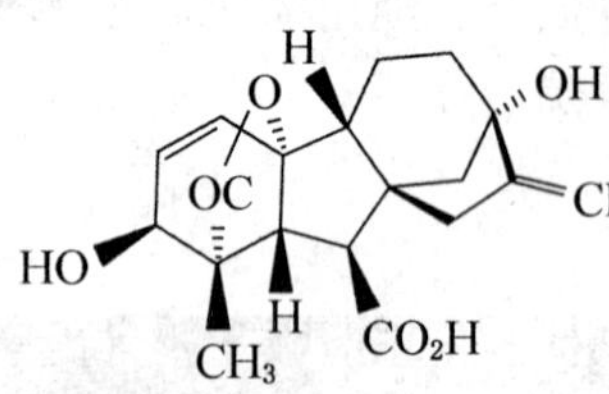

实验式：$C_{19}H_{22}O_6$

相对分子质量：346.4

生物活性：植物生长调节

熔点：223 ℃～225 ℃(分解)

溶解度：水 5 g/L(室温)。可溶于甲醇、乙醇、丙酮、碱性水溶液，微溶于二乙醚和乙酸乙酯，难溶于氯仿。其钾、钠、铵盐易溶于水(钾盐 50 g/L)

稳定性：室温时，在干燥状态下稳定，在水溶液或含酒精的水性溶液中缓慢降解，DT_{50}(20 ℃)约 14 d(pH3～4)，14 d(pH7)，在碱金属中会转化为生物活性较低的化合物，遇热分解。

ICS 11.020
C 61

中华人民共和国国家标准

GB 16007—2011
代替 GB 16007—1995

大骨节病病区控制

Control of Kaschin-Beck disease areas

2011-12-30 发布　　　　2012-02-01 实施

中华人民共和国卫生部
中国国家标准化管理委员会　发布

前言

本标准的所有技术内容为强制性。

本标准按照GB/T 1.1—2009给出的规则起草。

本标准代替GB 16007—1995《大骨节病病区控制及考核验收办法》。

本标准与GB 16007—1995《大骨节病病区控制及考核验收办法》相比主要变化如下：

——将原标准名称修订为大骨节病病区控制标准；

——删除了原标准3.1中“近5年内两次以上(含两次)病情检查结果无显著差别”的限定；

——X线阳性率控制水平由X线阳性率≤10.0%修改为≤5.0%；

——临床检查对象由“7岁～16岁”修改为“7周岁～12周岁”；

——删除了原标准中“4考核验收办法”；

——删除了原标准中“附录A大骨节病病区控制考核表”和“附录B抽样调查选取样本的规定”。

本标准由中华人民共和国卫生部提出并归口。

本标准由中华人民共和国卫生部负责解释。

本标准起草单位：中国疾病预防控制中心地方病控制中心、内蒙古自治区呼伦贝尔盟地方病防治研究所、四川省疾病预防控制中心、吉林省地方病第二防治研究所。

本标准主要起草人：刘运起、刘辉、刘学慧、李富忠、张雪英、周令望、高本。

本标准所代替标准的历次版本发布情况为：

——GB 16007—1995。

大骨节病病区控制

1 范围

本标准规定了大骨节病病区控制指标。

本标准适用于对大骨节病病区控制状况的评价以及病区控制的考核验收。

2 规范性引用文件

下列文件对于本文件的应用是必不可少的。凡是注日期的引用文件，仅注日期的版本适用于本文件。凡是不注日期的引用文件，其最新版本(包括所有的修改单)适用于本文件。

WS/T 207 大骨节病诊断

3 控制指标

3.1 病区村(自然村或行政村)控制指标

病区村的病情具备下列两项指标之一，可判定病区村得到控制：

a) 临床检查7周岁～12周岁儿童，检查率>95%，按照WS/T 207诊断，无Ⅰ度及以上病例；

b) X线检查7周岁～12周岁儿童，检查率>95%，按照WS/T 207诊断，X线阳性率≤5.0%，其中，骨端阳性率≤3.0%，且无指骨干骺端“++”病变及“三联征”病例。

3.2 病区乡(镇)控制指标

乡(镇)所辖95%以上的病区村(自然村或行政村)达到病区村控制指标，可判定病区乡得到控制。

3.3 病区县(市、旗)控制指标

县(市、旗)所辖全部病区乡(镇)达到病区乡控制指标，可判定病区县得到控制。

3.4 病区省(区、市)控制指标

省(区、市)所辖全部病区县(市、旗)达到病区县控制指标，可判定病区省得到控制。

3.5 全国控制指标

全国各病区省(区、市)均达到病区省控制指标，可判定全国病区得到控制。

ICS 11.020
C 56

中华人民共和国国家标准

GB 16134—2011
代替 GB/T 16134—1995

中小学生健康检查表规范

Standard for physical examination records for elementary and middle school students

2011-12-30 发布　　　　2012-05-01 实施

中华人民共和国卫生部
中国国家标准化管理委员会　发布

前言

本标准的2.2.2、3.2、3.3与3.6为强制性的，其余为推荐性的。

本标准代替GB/T 16134—1995《中小学生健康检查表规范》。

本标准与GB/T 16134—1995相比主要技术内容变化如下：

——修改标准性质由推荐性改为强制性。

——对中小学生健康检查表的式样进行了修改(本标准的2.1;GB/T 16134—1995的2.1)。

——增加了对健康检查必测项目和选测项目的规定(本标准的2.2)。

——增加了预防接种史的查验与询问以及首次遗精/月经初潮年龄询问(本标准的2.2.2)。

——增加了腰围、臀围测量，串镜检查，结膜炎检查，牙周检查，脊柱检查，男性外生殖器检查，蠕虫卵检查、结核菌素试验(本标准的2.2.2和2.2.3)。

——删除了胸围测量，蛔虫卵、尿蛋白检查(GB/T 16134—1995的附录A6.1.1、A6.1.5)。

——增加了对中小学生健康检查机构和人员资质的规定(本标准的3.3)。

——增加了对中小学生健康检查结果评价与反馈的规定(本标准的3.6)。

本标准附录A为资料性附录。

本标准由中华人民共和国卫生部提出并归口。

本标准由中华人民共和国卫生部负责解释。

本标准起草单位：安徽医科大学公共卫生学院儿少卫生与妇幼保健学系、湖南省疾病预防控制中心、合肥市卫生局卫生监督所。

本标准主要起草人：陶芳标、朱鹏、李光春、高茗。

本标准所代替的标准历次版本发布情况为：

——GB/T 16134—1995。

中小学生健康检查表规范

1 范围

本标准规定了中小学生健康检查表要求及健康检查管理。

本标准适用于普通中小学生健康检查,职业高中、技校亦可参照使用。

本标准不适用于学龄前儿童健康检查。

2 中小学生健康检查表要求

2.1 《中小学生健康检查表》纸张规格和式样

使用B5、80 g洁白纸张印刷。健康检查表应装订成册,以便于保存和管理。检查表式样参见附录A。

2.2 健康检查项目

2.2.1 检查项目分类及要求

中小学生健康检查项目分为必测项目和选测项目。各地在组织学生进行健康检查时,所有必测项目均应列入检查表,并按要求进行检查。有条件的地区应积极开展选测项目的检查。

2.2.2 必测项目

查验或询问项目:小学入学预防接种证查验、入学后预防接种史、既往病史、月经初潮/首次遗精年龄

身体形态:身高、体重

生理功能:血压

五官:裸眼视力、沙眼、结膜炎、色觉、龋齿、牙周、耳、鼻、扁桃体

外科:头部、颈部、胸廓、脊柱、四肢、皮肤、淋巴结

内科:心、肺、肝、脾

实验室检查:结核菌素试验

小学入学预防接种证查验可在现场健康检查结束后1周内完成。月经初潮从小学四年级开始询问,首次遗精从五年级开始询问,应安排与学生同性别的检查人员进行询问。色觉在初中一年级和高中一年级时进行检查。结核菌素试验在小学、初中入学时应检查。

2.2.3 选测项目

身体形态:腰围、臀围

生理功能:肺活量

五官:串镜检查、听力

外科:男性外生殖器

实验室检查:血红蛋白、蠕虫卵、肝功能

2.3 《中小学生健康检查表》填写要求

2.3.1 封面

封面各项目应如实填写。小学入学建表时可由家长或老师代填。

2.3.2 查验和询问项目

"小学入学前预防接种史"可在相应的选项前"□"内画"√",若已全程进行预防接种,在"建议"项中可填"/";若未接种或有漏种,则应给出具体建议。"其他疫苗"应填写疫苗名称。"入学后预防接种史"应填写2次健康检查间隔期间所接受预防接种的疫苗名称。"既往病史"第1次填写应仔细询问出生至

本次健康检查期间的病史，随后的检查可询问2次健康检查间隔期间的病史，记录病名和诊断时间。

2.3.3 检查项目

"身体形态和生理功能检查"应记录具体数据。"五官检查"中裸眼视力、龋齿、听力应记录具体数据；进行串镜检查的在相应的选项前"□"内画"√"。"外科检查"与"内科检查"中检查结果无阳性发现者可填"/"，发现阳性结果者应填写病名或阳性体征。"实验室检查"中血红蛋白、肝功能和结核菌素试验应记录具体检查结果；蠕虫卵在相应的选项前"□"内画"√"。

2.3.4 签字

检查医师检查完毕应签字，并注明检查日期。

3 中小学生健康检查管理

3.1 《中小学生健康检查表》的建表、存表和转表

3.1.1 建表

新生入学时应进行健康检查并建表。

3.1.2 存表

建表后，本表应存放在学校卫生室，由学校保健人员负责。无卫生室的学校由负责健康检查的单位指导校方保存，并由专人负责保存。

3.1.3 转表

学生转学及升学时，应将表转入新校。

3.2 中小学生健康检查频率

学校负责学生健康检查的组织与管理。中小学生在校期间每学年应进行1次常规健康检查。

3.3 开展中小学生健康检查的机构与人员资质

3.3.1 开展中小学生健康检查的卫生保健、医疗机构应具有法人资格、持有有效的《医疗机构执业许可证》、由政府举办的公立性医疗机构（包括教育行政部门所属的区域性中小学卫生保健机构）；应报经学校主管教育行政部门备案；能独立开展学生健康检查工作；能对学生健康检查状况进行个体和群体评价、分析、反馈，并提出健康指导建议。

3.3.2 参与中小学生健康检查的人员应是医疗卫生保健专业人员，具有与学生健康检查工作和学生常见病防治有关的知识和经验，并有相应的专业技术证书；主检人员应由主治（管）医（技）师以上或相应职称的专业人员担任。

3.3.3 学生健康体检所需的医疗检查设备与检验仪器的种类、数量、性能、量程、精度能满足工作需要，并能良好运行，定期校验；仪器设备有完整的操作规程。

3.4 中小学生健康检查的场所

中小学生健康检查的场所应设置在校内或特定的健康人群体检场所，应能满足健康检查对环境的要求。健康检查机构负责组织专业技术人员和必要的检查设备进入体检场所开展健康检查。

3.5 生物标本的收集

粪便采集瓶应提前发放给学生，学生在检查的前一天收集自己的粪便，在检查当天将采集瓶交给健康检查人员。血液标本应由专业技术人员收集。

3.6 中小学生健康检查结果评价与反馈

3.6.1 健康检查结果的反馈形式

健康体检机构以个体报告单形式向学生反馈健康体检结果；以学校汇总报告单形式向学校反馈学生体检结果；将所负责的体检学校的学生体检结果统计汇总，以区域学校汇总报告单形式上报当地教育行政部门，当地教育行政部门再逐级上报。

3.6.2 健康检查报告单内容

3.6.2.1 健康检查机构在结束检查后，应进行个体健康评价和群体健康评价。

3.6.2.2 个体报告单内容应包括学生个体体检项目的客观结果，身高等级评价、体重等级评价及建议，基于人体测量的营养状况评价及建议；肺活量指数、五官科检查结果及建议、外科检查结果及建议、内科检查结果及建议、实验室检查结果及建议。

3.6.2.3 学校汇总报告单内容应包括学校不同年级男女生的生长发育水平，营养不良、超重、肥胖检出率，视力不良、近视、沙眼、结膜炎、龋齿、牙周疾病、贫血检出率，蠕虫感染率，肝功能异常检出率，结核菌素试验阳性率，对学校学生健康的综合性评价和建议。

3.6.2.4 区域学校汇总报告单内容应包括所检查学校学生的总体健康状况分析，包括不同年级男女生的生长发育水平，营养不良、超重、肥胖检出率，视力不良、近视、沙眼、结膜炎、龋齿、牙周疾病、贫血检出率，蠕虫感染率，肝功能异常检出率，结核菌素试验阳性率，对学生健康的综合性评价和建议。

3.6.3 健康检查表和报告单的反馈时限

个体报告单应于健康检查后2周内反馈给学生或家长；学校汇总报告单应于检查后1个月内反馈给学校；区域学校汇总报告单应于检查后2个月内反馈当地教育行政部门。

附 录 A
（资料性附录）
中小学生健康检查表

编号（学号）：________________

中小学生健康检查表

学校名称：________________ 入学年份：__________ 班级：______

学生姓名：____________ 性别：__________ 民族：______

出生日期：________年______月______日

身份证号：□□□□□□□□□□□□□□□□□□

家庭住址：________________________________

联系电话：__________________

建表日期：________年______月______日

查验和询问项目	填　写　内　容					
小学入学前预防接种史 （查验预防接种证）						
卡介苗	□已全程接种　□未接种　　建议：					
乙型肝炎疫苗	□已全程接种　□未接种　□有漏种　建议：					
脊髓灰质炎疫苗	□已全程接种　□未接种　□有漏种　建议：					
百白破疫苗	□已全程接种　□未接种　□有漏种　建议：					
麻腮风疫苗 （麻风、麻腮、麻疹疫苗）	□已全程接种　□未接种　□有漏种　建议：					
流脑疫苗	□已全程接种　□未接种　□有漏种　建议：					
乙脑疫苗	□已全程接种　□未接种　□有漏种　建议：					
甲肝疫苗	□已全程接种　□未接种　□有漏种　建议：					
其他疫苗						
入学后预防接种史						
既往病史						
青春期发育[a]	男生：若出现遗精，首次遗精年龄______岁。　女生：若出现月经，初潮年龄______岁					
医生签名						
询问日期	年　月　日	年　月　日	年　月　日	年　月　日	年　月　日	年　月　日

[a] 月经初潮从小学四年级开始询问、首次遗精从小学五年级开始询问。

身体形态和生理功能检查						
身高/cm						
体重/kg						
血压/mmHg（收缩压/舒张压）	/	/	/	/	/	/
腰围[a]/(cm)						
臀围[a]/(cm)						
肺活量[a]/(mL)						
建 议						
医生签名						
检查日期	年 月 日	年 月 日	年 月 日	年 月 日	年 月 日	年 月 日
[a] 为选测项目。						

<table>
<tr><th colspan="9">五 官 检 查</th></tr>
<tr><td rowspan="5">眼</td><td colspan="2">裸眼视力</td><td>左____/右____</td><td>左____/右____</td><td>左____/右____</td><td>左____/右____</td><td>左____/右____</td><td>左____/右____</td></tr>
<tr><td rowspan="2">串镜[a]检查</td><td>左</td><td>□近视□远视
□其他</td><td>□近视□远视
□其他</td><td>□近视□远视
□其他</td><td>□近视□远视
□其他</td><td>□近视□远视
□其他</td><td>□近视□远视
□其他</td></tr>
<tr><td>右</td><td>□近视□远视
□其他</td><td>□近视□远视
□其他</td><td>□近视□远视
□其他</td><td>□近视□远视
□其他</td><td>□近视□远视
□其他</td><td>□近视□远视
□其他</td></tr>
<tr><td colspan="2">沙眼</td><td></td><td></td><td></td><td></td><td></td><td></td></tr>
<tr><td colspan="2">结膜炎</td><td></td><td></td><td></td><td></td><td></td><td></td></tr>
<tr><td></td><td colspan="2">色觉[b]</td><td></td><td></td><td></td><td></td><td></td><td></td></tr>
<tr><td rowspan="2">口腔</td><td colspan="2">龋齿</td><td colspan="6">检查记录在龋齿检查结果记录图中填写</td></tr>
<tr><td colspan="2">牙周</td><td></td><td></td><td></td><td></td><td></td><td></td></tr>
<tr><td colspan="3">听力[a]</td><td>左____/右____</td><td>左____/右____</td><td>左____/右____</td><td>左____/右____</td><td>左____/右____</td><td>左____/右____</td></tr>
<tr><td colspan="3">耳</td><td></td><td></td><td></td><td></td><td></td><td></td></tr>
<tr><td colspan="3">鼻</td><td></td><td></td><td></td><td></td><td></td><td></td></tr>
<tr><td colspan="3">扁桃体</td><td></td><td></td><td></td><td></td><td></td><td></td></tr>
<tr><td colspan="3">建 议</td><td></td><td></td><td></td><td></td><td></td><td></td></tr>
<tr><td colspan="3">医生签名</td><td></td><td></td><td></td><td></td><td></td><td></td></tr>
<tr><td colspan="3">检查日期</td><td>年 月 日</td><td>年 月 日</td><td>年 月 日</td><td>年 月 日</td><td>年 月 日</td><td>年 月 日</td></tr>
<tr><td colspan="9">[a] 为选测项目。
[b] 色觉在初中一年级和高中一年级时必须检查。</td></tr>
</table>

龋齿检查结果记录图

检查日期：　年　月　日

55 54 53 52 51 | 61 62 63 64 65

18	17	16	15	14	13	12	11	21	22	23	24	25	26	27	28
48	47	46	45	44	43	42	41	31	32	33	34	35	36	37	38

85 84 83 82 81 | 71 72 73 74 75

检查日期：　年　月　日

55 54 53 52 51 | 61 62 63 64 65

18	17	16	15	14	13	12	11	21	22	23	24	25	26	27	28
48	47	46	45	44	43	42	41	31	32	33	34	35	36	37	38

85 84 83 82 81 | 71 72 73 74 75

检查日期：　年　月　日

55 54 53 52 51 | 61 62 63 64 65

18	17	16	15	14	13	12	11	21	22	23	24	25	26	27	28
48	47	46	45	44	43	42	41	31	32	33	34	35	36	37	38

85 84 83 82 81 | 71 72 73 74 75

检查日期：　年　月　日

55 54 53 52 51 | 61 62 63 64 65

18	17	16	15	14	13	12	11	21	22	23	24	25	26	27	28
48	47	46	45	44	43	42	41	31	32	33	34	35	36	37	38

85 84 83 82 81 | 71 72 73 74 75

检查日期：　年　月　日

55 54 53 52 51 | 61 62 63 64 65

18	17	16	15	14	13	12	11	21	22	23	24	25	26	27	28
48	47	46	45	44	43	42	41	31	32	33	34	35	36	37	38

85 84 83 82 81 | 71 72 73 74 75

检查日期：　年　月　日

55 54 53 52 51 | 61 62 63 64 65

18	17	16	15	14	13	12	11	21	22	23	24	25	26	27	28
48	47	46	45	44	43	42	41	31	32	33	34	35	36	37	38

85 84 83 82 81 | 71 72 73 74 75

<table>
<tr><td colspan="7">外　科　检　查</td></tr>
<tr><td>头部</td><td></td><td></td><td></td><td></td><td></td><td></td></tr>
<tr><td>颈部</td><td></td><td></td><td></td><td></td><td></td><td></td></tr>
<tr><td>胸廓</td><td></td><td></td><td></td><td></td><td></td><td></td></tr>
<tr><td>脊柱</td><td></td><td></td><td></td><td></td><td></td><td></td></tr>
<tr><td>四肢</td><td></td><td></td><td></td><td></td><td></td><td></td></tr>
<tr><td>皮肤</td><td></td><td></td><td></td><td></td><td></td><td></td></tr>
<tr><td>淋巴结</td><td></td><td></td><td></td><td></td><td></td><td></td></tr>
<tr><td>男性外生殖器[a]</td><td></td><td></td><td></td><td></td><td></td><td></td></tr>
<tr><td>建 议</td><td></td><td></td><td></td><td></td><td></td><td></td></tr>
<tr><td>医生签名</td><td></td><td></td><td></td><td></td><td></td><td></td></tr>
<tr><td>检查日期</td><td>年　月　日</td><td>年　月　日</td><td>年　月　日</td><td>年　月　日</td><td>年　月　日</td><td>年　月　日</td></tr>
<tr><td colspan="7">[a] 为选测项目。</td></tr>
</table>

内 科 检 查						
心						
肺						
肝						
脾						
建议						
医生签名						
检查日期	年 月 日	年 月 日	年 月 日	年 月 日	年 月 日	年 月 日

实验室检查						
血红蛋白[a]	g/L	g/L	g/L	g/L	g/L	g/L
蠕虫卵[a]	□阴性 □阳性	□阴性 □阳性	□阴性 □阳性	□阴性 □阳性	□阴性 □阳性	□阴性 □阳性
肝功能[a]						
结核菌素试验[b]						
建议						
医生签名						
检查日期	年 月 日	年 月 日	年 月 日	年 月 日	年 月 日	年 月 日

[a] 为选测项目。

[b] 结核菌素试验在小学、初中入学时必须检查。

ICS 43.020
C 68

中华人民共和国国家标准

GB/T 16178—2011
代替 GB/T 16178—1996

场(厂)内机动车辆安全检验技术要求

Safety examinations and technical requirements for powered vehicles on the place used for a particular purpose

2011-11-21 发布　　2012-05-01 实施

中华人民共和国国家质量监督检验检疫总局
中国国家标准化管理委员会　发布

前　言

本标准按照 GB/T 1.1—2009 给出的规则起草。

本标准代替 GB/T 16178—1996《厂内机动车辆安全检验技术要求》。

本标准与 GB/T 16178—1996 相比，主要变化如下：

——增加了第 3 章“术语和定义”；

——删除了前版“3.1～3.14”的“车辆分类”；

——增加了“5.3.7”，“对油门踏板释放后，应保证其能自动复位。”；

——增加了“5.6.3”，“行车制动器在第一次采取制动措施时应能达到最大的制动效能。”；

——增加了“5.6.9”，“松开制动踏板后，制动系统应能完全释放。”；

——增加了“5.6.10”，“履带式专用车在平坦而坚实的土质路面，坡度为 20% 的坡道上，应可正常起步且行驶；实施停车制动时，其制动距离应不大于履带接地长度。”；

——增加了“5.6.13”，“停车制动装置在进行坡道停车试验时，其功能要求应符合相关标准的规定”；

——增加了“5.7.1.2”，“前照灯光束照射位置应保持稳定；设有远、近光变换装置的前照灯光束应符合 GB 7258 的有关要求”；

——增加了“5.7.1.3”，“设置有工作灯的车辆，应使驾驶员能看清工作位置的情况。”

——增加了“6.1.2”，“叉车工作装置”；

——增加了“6.2”，“液压系统”。

本标准由国家质量监督检验检疫总局提出。

本标准由国家质量监督检验检疫总局特种设备安全监察局归口。

本标准起草单位：浙江省温州市特种设备检测中心。

本标准主要起草人：姜兰华、郑晓瓯、胡素峰、潘晖、苏立鹏、杨勇、廉凤武、黄长江、金樟民、温兴柔、毛方持。

本标准所代替标准的历次版本发布情况为：

——GB/T 16178—1996。

场(厂)内机动车辆安全检验技术要求

1 范围

本标准规定了场(厂)内机动车辆(以下简称车辆)在使用中安全技术状况的检验要求。

本标准适用于在场(厂)内行驶或从事生产作业的机动车辆。

本标准不适用于部队、公安、农机部门管理的机动车辆。

注:本标准主要技术内容不涉及车辆的设计、制造环节的技术要求。

2 规范性引用文件

下列文件对于本文件的应用是必不可少的。凡是注日期的引用文件,仅注日期的版本适用于本文件。凡是不注日期的引用文件,其最新版本(包括所有的修改单)适用于本文件。

GB 4599 汽车前照灯配光性能

GB 9656 汽车安全玻璃

GB 15084 机动车辆后视镜的性能和安装要求

GB/T 18849 机动工业车辆 制动器性能和零件强度

3 术语和定义

下列术语和定义适用于本文件。

3.1

场(厂)内机动车辆 powered vehicles on the place used for a particular purpose

除部队、道路交通、农用车辆以外,由动力装置驱动或牵引仅在企业作业场所、工厂厂区、旅游景区、游乐场所、机场、港口或码头等特定区域使用的车辆。

3.2

轮式专用车 roller mobile for special purpose

由动力驱动,在设计上有特殊结构和专门功能,装有车轮,仅在场(厂)内行驶及从事生产作业的轮式专用车辆。包括叉车、推顶车、牵引车、搬运车、翻斗车、清洁车、洒水车、轮式装载机、轮式挖掘机、轮式挖掘装载机、轮式推土机、轮式平地机、轮式铲运机、轮式吊管机、轮式稳定土拌和机、轮式压路机、轮式摊铺机、轮式路面铣刨机、轮式路缘铺筑机等。

3.3

履带式专用车 crawler mobile for special purpose

由动力驱动,在设计上有特殊结构和专门功能,装有履带,仅在场(厂)内行驶及从事生产作业的履带式专用车辆。包括履带式挖掘机、履带式装载机、履带式铲运机、履带式推土机、履带式隧道掘进机、履带式吊管机、履带式稳定土拌和机等。

3.4

汽车 motor vehicle

由动力驱动,具有三个或三个以上车轮的承载车辆,仅在场(厂)内用于载运人员、货物及其他特殊用途。包括客车、货车、自卸车等。

3.5

游览观光车　tourist coach

由动力驱动或牵引，装有车轮，可供游客仅在游览场所范围内游览观光时乘用的专用车辆。包括蓄电池游览观光车(含挂列车)、内燃游览观光车(含挂列车)等。

4　车辆的基本检验

4.1　车辆的认定

4.1.1　车辆应具有出厂合格证书及有关技术资料。

4.1.2　车辆易见部位上应有产品的商标或厂标。

4.1.3　车辆应在产品标牌上标明产品名称、型号、制造日期或产品编号、制造商名称及制造国。

4.1.4　车辆的发动机、底盘易见部位应具有永久清晰字样的编号。

4.2　车辆的环保

4.2.1　车辆排气污染物的排放应符合相关标准的规定。

4.2.2　车辆的噪声应符合相关标准的规定。

5　车辆各总成的检验

5.1　车身部分

5.1.1　总则

5.1.1.1　车辆应车容整洁，各零部件完好，连接紧固，无缺损。

5.1.2　配置有后视镜的车辆，其后视镜的性能和安装要求应符合 GB 15084 的规定，应保证驾驶员能看清车身左右外侧、车后 50 m 以内的交通情况。

5.1.2.1　自卸车(载质量 4.5 t 以上)的驾驶室上部设置的安全防护装置应完好有效。

5.1.2.2　蓄电池箱、燃油箱托架的安装应牢固，无严重腐蚀、变形现象。

5.1.3　驾驶室

5.1.3.1　装有封闭式驾驶室的车辆，驾驶室应装有门锁，且完好有效。

5.1.3.2　封闭式驾驶室内应通风良好，装设的取暖、风挡除霜和遮阳装置应完好有效。

5.1.3.3　驾驶员座椅应保证其舒适、牢靠，前后可调整。

5.1.3.4　驾驶室应保持视线良好，视野开阔。

5.1.3.5　前风挡玻璃应采用符合 GB 9656 规定的安全玻璃。

5.1.3.6　前风挡玻璃装置的刮水器应完好有效，应确保驾驶员有良好的前方视野。

5.1.3.7　配有灭火器的车辆，应保证其灭火器在有效期内，且功能有效。

5.2　发动机

5.2.1　发动机应能正常启动、熄火，运转平稳，怠速稳定，机油压力正常。

5.2.2　发动机的安装应牢固可靠，连接部分无松动、脱落、损坏。

5.2.3　点火系、燃料系、润滑系、冷却系的机件应齐全，性能良好，安装牢固，线路无漏电现象，管路无漏水、漏油、漏气现象。

5.3 传动系

5.3.1 离合器分离彻底，结合平稳，不打滑、无异响。

5.3.2 离合器踏板的自由行程应符合该车整车技术条件的规定。

5.3.3 离合器踏板分离时，踏板力不应大于300 N，手握力不应大于200 N。

5.3.4 变速器变速杆的位置适当，自锁、互锁可靠，不应有乱挡和自动跳挡现象；变速器、分动器应不漏油、无异响。

5.3.5 万向节、传动轴、中间轴承、传动链条应运转平稳，螺栓齐全，紧固牢靠，运行中不应发生振抖和异响。

5.3.6 驱动桥壳、桥管不允许有变形和裂纹，驱动桥工作应正常且不应有异响；半轴螺栓齐全紧固。

5.3.7 油门踏板释放后，应保证其能自动复位。

5.4 行驶系

5.4.1 车辆的车架不应有变形、裂纹和锈蚀，螺栓和铆钉不应缺少和松动。

5.4.2 钢板弹簧片整齐，卡子齐全，螺栓坚固，与转向桥、驱动桥及车架的连接应紧固。

5.4.3 减震器应齐全有效，减震器不应有明显的渗漏油现象。

5.4.4 前后桥不应有变形和裂纹。

5.4.5 同一车桥上应装用同一型号的轮胎。

5.4.6 充气轮胎气压和承受的负荷应不大于该轮胎的规定值。

5.4.7 充气轮胎的磨损，其胎冠花纹深度不应小于3.2 mm，胎面和胎壁不应有长度超过25 mm深度足以暴露出轮胎帘布层的破裂和割伤。

5.4.8 轮辋应完整无损，螺栓、螺母应齐全紧固。

5.4.9 履带各部位零件应完整，运转正常，无裂纹和变形现象。

5.4.10 履带每10节内的直线度误差不应大于4 mm，全长不应大于8 mm。

5.5 转向系

5.5.1 方向盘的最大自由转动量不应大于30°。

5.5.2 转向应轻便灵活，行驶中不应有轻飘、摆振、抖动、阻滞及跑偏现象。

5.5.3 转向机构不应缺油、漏油，固定托架应牢固，转向垂臂、横直拉杆等转向零件不应有变形、裂纹；球形节、转向主销与衬套配合松紧适度，润滑良好。

5.5.4 车辆转向时作用在方向盘外缘的最大切向力不应大于245 N。

5.5.5 车辆的侧滑量要求应符合表1的规定。

5.6 制动系

5.6.1 车辆应设置足以使其减速、停车和驻车的制动系统或装置。

5.6.2 行车制动装置采用脚踏板式的，其自由行程应符合该车技术条件要求。

5.6.3 行车制动器在第一次采取制动措施时就应达到最大的制动效能。

5.6.4 行车制动器在产生最大制动作用时(满载)，踏板力不应超过700 N。手握力不应大于250 N。

5.6.5 液压式制动器，其制动系统不应漏油或进入空气，在踩下制动踏板并停留1 min，踏板不应有下行现象。

5.6.6 气压式制动器，其制动系统不应漏气，设置的放气、限压装置应功能有效。在发动机启动四分钟后，气压应升至 600 kPa 以上，停机 3 min 气压下降量不应超过 10 kPa。

5.6.7 以蓄电池为动力的游览观光车，如采用制动联锁装置，其装置应安全、可靠；制动时联锁开关应能切断行车电动机的电源。

5.6.8 车辆应在平坦、干燥、清洁、坚实的，且轮胎与地面间的附着系数不小于 0.7 的沥青或混凝土路面上进行制动性能试验。不同类型车辆在规定初速度下的制动距离和制动稳定性应符合表 1 中的规定。其中制动距离是指车辆在规定的初速度下急踩制动时，从脚接触制动踏板（或手触动制动手柄）时起至车辆停住时止车辆所驶过的距离；制动稳定性是指制动过程中车辆的任何部位不应超出实验通道宽度的边缘线。

5.6.9 松开制动踏板后，制动系统应能完全释放。

5.6.10 履带式专用车在平坦而坚实的土质路面，坡度为 20% 的坡道上，应可正常起步且行驶；实施停车制动时，其制动路离应不大于履带接地长度。

5.6.11 停车制动装置应能使车辆即使在没有驾驶员的情况下，也能停在上、下坡道上。驾驶员应在座位上就能实现停车制动。

5.6.12 停车制动应通过纯机械装置锁止工作部件，且驾驶员施加于操纵装置上的力：手操纵时不应大于 600 N，脚操纵时不应大于 700 N。

表 1 车辆的制动距离数据表

<table>
<tr><th colspan="2">场(厂)内机动车辆类型</th><th>载重量</th><th>初速度/(km/h)</th><th>制动距离/m</th><th>实验通道宽度/m</th></tr>
<tr><td rowspan="3">轮式专用车</td><td>叉车、牵引车、推顶车、搬运车</td><td colspan="4">应符合 GB/T 18849 的规定</td></tr>
<tr><td>其他轮式专用车总质量大于 5 t</td><td>空载</td><td>20</td><td>≤7.0</td><td>车宽+0.4</td></tr>
<tr><td>其他轮式专用车总质量不大于 5 t</td><td>空载</td><td>20</td><td>≤6.0</td><td>车宽+0.4</td></tr>
<tr><td colspan="2" rowspan="2">履带式专用车</td><td>空载</td><td rowspan="2">最高行驶速度</td><td rowspan="2">小于履带接地长度</td><td rowspan="2">车宽+0.4</td></tr>
<tr><td>满载</td></tr>
<tr><td rowspan="5">汽车</td><td>自卸车</td><td>空载</td><td>30</td><td>≤15</td><td>车宽+0.4</td></tr>
<tr><td rowspan="2">其他汽车总质量大于 3.5 t</td><td>空载</td><td>30</td><td>≤9.0</td><td>3.0</td></tr>
<tr><td>满载</td><td>30</td><td>≤10.0</td><td>3.0</td></tr>
<tr><td rowspan="2">其他汽车总质量不大于 3.5 t</td><td>空载</td><td>30</td><td>≤8.0</td><td>2.5</td></tr>
<tr><td>满载</td><td>30</td><td>≤9.0</td><td>2.5</td></tr>
<tr><td colspan="2" rowspan="2">游览观光车</td><td>空载</td><td rowspan="2">20</td><td rowspan="2">≤4.5</td><td rowspan="2">2.5</td></tr>
<tr><td>满载</td></tr>
<tr><td colspan="6">注：车辆初速度达不到表 1 中的规定值时应以其最高行驶速度计算。</td></tr>
</table>

5.7 灯光、仪表、电气

5.7.1 灯光

5.7.1.1 车辆灯光的配置应参照 GB 4785 的规定，装有灯具时其灯泡应有保护装置，安装应牢靠，不应因车辆震动而松脱、损坏、失去作用或改变光照方向，所有灯光开关应安装牢固，开启、关闭自如，不应因车辆震动而自行开启或关闭。

5.7.1.2 前照灯光束照射位置应保持稳定，并符合 GB 4599 的规定。

5.7.1.3 设置有工作灯的车辆，应使驾驶员能看清工作位置的情况。

5.7.2 仪表

车辆根据相关标准规定设置的气压、机油压力、水温、燃油量、电压等仪表应醒目、灵敏、有效。

5.7.3 电气

5.7.3.1 车辆设置的喇叭，其声级应在 90 dB(A)～115 dB(A)范围内。

5.7.3.2 所有电器导线均应布置合理、固定卡紧、接头牢固，导线绝缘套管应保持完好。

5.7.3.3 蓄电池各极柱及连接线的接头应牢固可靠，无锈蚀现象，并涂油脂防锈。

5.7.3.4 蓄电池的电解液面应高出极板上端 10 mm～15 mm，加液孔盖应齐全，且气孔畅通，壳体密封完整。

5.7.3.5 蓄电池金属盖板与蓄电池带电部分之间应有大于 30 mm 的空间；如盖板和带电部分之间具有绝缘层时，其间隙不得小于 10mm，绝缘层应牢固，以免在正常使用时发生绝缘层脱落或移动。

5.7.3.6 电动机运转应平稳无异响，工作温度正常，防护罩应齐全。

5.7.3.7 电动机悬挂装置与车架、减速箱、支座的连接应牢固可靠。

5.7.3.8 蓄电池车的紧急断电装置应为机械式的，且设置在司机易于操作的位置。

5.7.3.9 蓄电池车的换向开关、制动联锁保护、零位保护和过电流保护装置应完好有效。

6 专用机械装置的检验

6.1 工作装置

6.1.1 总则

6.1.1.1 属具应配合良好，运动自如，工作灵敏，无异响，无阻滞现象。

6.1.1.2 结构件完整，应具有足够的强度和刚度；无裂纹，不应发生永久性变形现象。

6.1.1.3 锁止机构应安全有效。

6.1.1.4 作业时，工作装置升降应平稳，不应有颤动现象。

6.1.2 叉车工作装置

6.1.2.1 货叉架升到最高位置时防脱出的限位装置应保证完整有效。

6.1.2.2 门架前倾自锁装置应完好、有效。

6.1.2.3 货叉定位销应齐全完整。

6.1.2.4 属具在叉架上的固定应可靠，不应横向滑移和脱落。

6.1.2.5 货叉自然下滑量和门架倾角的自然变化量：对额定起重量为 0.5 t～10 t 的二级门架叉车，货叉自然下滑量前 10 min 不应大于 100 mm，门架或货叉倾角的自然变化量前 10 min 不应大于 5°。对大于 10 t～45 t 的二级门架叉车，货叉自然下滑量前 10 min 不应大于 200 mm，门架或货叉倾角的自然变化量前 10 min 不应大于 5°。

6.1.2.6 货叉不应有裂纹，如货叉表面有裂纹，应停止使用。

6.1.2.7 货叉两叉尖高度差不应超过水平段长度的 3%。

6.1.2.8 货叉水平段和垂直段的厚度磨损量不应超过原值的 10%。

6.1.2.9 起重链条的安全系数不应低于 5，磨损量不应超过原值的 5%。

6.1.2.10 叉车货叉的下降速度(包括在液压管路系统出现破裂时)不应超过 1 m/s。

6.2 液压系统

6.2.1 管路布置与其他运动机件不应相互干涉。

6.2.2 系统应有良好的密封性能。作业时,固定接口不允许有渗油,运动接口不允许有漏油,各部位不应有泄漏现象。

6.2.3 在空载和满载等各种情况下,液压系统的元件均应能正常工作。

6.2.4 液压系统应设置滤油器和防尘装置,液压油箱的加油口应有滤网。

参 考 文 献

[1] 中华人民共和国国务院令第549号《特种设备安全监察条例》

[2] 国家质量监督检验检疫总局《厂内机动车辆监督检验规程》

[3] GB 4785 汽车及挂车外部照明和光信号装置的安装规定

[4] GB 7258 机动车运行安全技术条件

[5] GB 10827 机动工业车辆 安全规范

ICS 11.020
C 61

中华人民共和国国家标准

GB 16395—2011
代替 GB 16395—1996

大骨节病病区判定和划分标准

Criteria for delimitation and classification of Kashin-Beck disease endemic area

2011-12-30 发布　　2012-02-01 实施

中华人民共和国卫生部
中国国家标准化管理委员会　发布

前　言

本标准的全部技术内容为强制性。

本标准代替 GB 16395—1996《大骨节病病区判定和划分标准》。

本标准与 GB 16395—1996《大骨节病病区判定和划分标准》相比主要变化如下：

——调整了 X 线受检儿童的年龄范围和不同类型病区划分的 X 线检出率水平。

——在划分病区类型时，若临床普查与儿童 X 线检查结果不一致，规定以儿童 X 线的检查结果为准。

——强调了以病区人群中典型病例的年龄分布划分新病区和历史病区。

本标准的附录 A 为规范性附录。

本标准由中华人民共和国卫生部提出并归口。

本标准起草单位：山西省地方病防治研究所。

本标准主要起草人：王三祥、王正辉、李军、贾清珍、张向东、韩凌凌。

本标准所代替标准的历次版本发布情况为：

——GB 16395—1996。

大骨节病病区判定和划分标准

1 范围

本标准规定了大骨节病病区判定和病区类型划分的基本要求。

本标准适用于对大骨节病病区进行判定和病区类型划分。

2 规范性引用文件

下列标准中的条款通过本标准的引用而成为本标准的条款。凡是注日期的引用文件，其随后所有的修改单(不包括勘误的内容)或修订版均不适用于本标准，然而，鼓励根据本标准达成协议的各方研究是否可使用这些文件的最新版本。凡是不注日期的引用文件，其最新版本适用于本标准。

WS/T 207 大骨节病诊断

3 病区判定

病区判定要以有当地发病的典型病例(WS/T 207)为依据，以自然村(屯)为单位。具备下列两条者，判定为病区：

a) 构成流行，当地居民临床Ⅰ度及其以上患病率>5%。

b) 7～12 岁儿童手部 X 线片有多发性、对称性骨端改变的病例。

4 病区类型划分

4.1 按病区病情严重程度划分

4.1.1 轻病区

当地居民临床Ⅰ度及其以上患病率或 7～12 岁儿童 X 线检出率≤10%。

4.1.2 中病区

当地居民临床Ⅰ度及其以上患病率或 7～12 岁儿童 X 线检出率>10%且≤20%。

4.1.3 重病区

当地居民临床Ⅰ度及其以上患病率或 7～12 岁儿童 X 线检出率>20%。

临床与儿童 X 线检查人数见附录 A；当临床普查与儿童 X 线检查结果一致性差时，以儿童 X 线检查结果为准。

4.2 按典型病例的年龄分布划分

4.2.1 新病区

当地人群历史上无典型病例发生。现患Ⅰ度及其以上病例全部在 20 岁以下人群中，经流行病学调查、临床普查和 7～12 岁儿童 X 线检查，符合本病流行特征，具备本标准中判定病区条件者，可以判定为新病区。

4.2.2 历史病区

当地曾发生过典型病例并被确定为病区。经临床普查，20 岁以下人群中无Ⅰ度及其以上病例；7～12 岁儿童 X 线检出率<5%，骨端检出率<3%，且无干骺端(＋＋)改变的病例，也无干骺早闭及三联征的病例。

附 录 A
（规范性附录）
正确使用标准的说明

A.1 本标准中所述的“典型病例”系指在当地居住6个月以上的常住人群中发生的临床Ⅰ度及其以上的病例，或儿童手部X线片有多发性、对称性骨端改变的病例。

A.2 本病的病区判定和病区类型划分，均以自然村（屯）为单位。

A.3 临床检查不低于100人，自然村（屯）居住人口低于100人者，应与邻近自然村（屯）合并；7～12岁儿童X线拍片人数，不少于50人（若一个自然村、屯，7～12岁儿童不足50人，应从邻近村、屯同龄儿童补足），50人以上者分层随机抽样，每一年龄拍片人数不少于9人。

A.4 中、重病区经过若干年演变，可以变为历史病区、轻病区。在历史病区或有些轻病区中本病可停止流行，故7～12岁儿童临床检查无Ⅰ度及其以上的病例，X线检出率亦＜5％（或者检不出）。

ICS 11.020
C 61

中华人民共和国国家标准

GB 16397—2011
代替 GB 16397—1996

大骨节病预防控制措施效果判定

Effect judging for preventive measures of Kaschin-Beck disease

2011-12-30 发布 2012-02-01 实施

中华人民共和国卫生部
中国国家标准化管理委员会 发布

前　言

本标准的所有技术内容为强制性。

本标准按照 GB/T 1.1—2009 给出的规则起草。

本标准代替 GB 16397—1996《大骨节病防制效果判定》。

本标准与 GB 16397—1996 比较，主要变化如下：

——增加术语和定义；

——将防制效果改为预防控制措施效果；

——删除了原标准“无效”判定标准中的“早期”；

——在有效判定标准中增加无Ⅱ°及以上病例发生和无骨骺早期闭合及三联征病例；

——将观察期限改为 3 年；

——增加附录 A。

本标准由中华人民共和国卫生部提出并归口。

本标准由中华人民共和国卫生部负责解释。

本标准起草单位：四川省疾病预防控制中心地方病预防控制所、中国疾病预防控制中心地方病控制中心、西安交通大学医学院、吉林省地方病第二防治研究所。

本标准主要起草人：邓佳云、李富忠、刘运起、郭雄、张雪英、黄慧。

本标准所代替标准的历次版本发布情况为：

——GB 16397—1996。

大骨节病预防控制措施效果判定

1 范围

本标准规定了大骨节病预防控制措施效果判定指标。

本标准适用于大骨节病病区各种预防控制措施的效果判定。

2 规范性引用文件

下列文件对于本文件的应用是必不可少的。凡是注日期的引用文件，仅注日期的版本适用于本文件。凡是不注日期的引用文件，其最新版本(包括所有的修改单)适用于本文件。

GB 16395 大骨节病病区判定和划分标准

WS/T 207 大骨节病诊断

3 术语和定义

下列术语和定义适用于本文件。

3.1

大骨节病预防措施 prevention measures of Kaschin-Beck disease

根据大骨节病病因研究最新成果，针对病因链某个环节或多个环节的阻断措施。

3.2

三联征 triad

X线右手正位拍片检查，干骺端、骨端、骨骺、腕骨四个部位中，三个部位有大骨节病的X线征象。

4 效果判定标准

4.1 显效

按照附录A的要求，在病区实施预防措施3年后，应同时具备以下两条，可判断为有显著效果(简称显效)：

a) 原观察人群无临床Ⅰ度及以上新发病例；

b) 原观察人群无大骨节病X线阳性病例。

4.2 有效

按照附录A的要求，在病区实施预防措施3年后，应同时具备以下两条，可判断为有效：

a) 原观察人群临床Ⅰ度发病率≤2%，且无Ⅱ度及以上病例发生；

b) 原观察人群X线阳性率≤10%和骨端阳性率≤3%，且无骨骺早期闭合和三联征病例。

4.3 无效

按照附录A的要求，在病区实施预防措施3年后，具备以下一条者，可判断为无效：

a) 原观察人群临床Ⅰ度及以上发病率>2%；

b) 原观察人群X线阳性率>10%或骨端阳性率>3%。

附 录 A
(规范性附录)
大骨节病预防措施效果判定条件要求

A.1 观察病区选择

按照 GB 16395 判定的病区,选择病情活跃程度指数＞50 的病区村 1 个或数个。如病情活跃程度指数无＞50 的病区村,可选择病情活跃程度指数在 12～50 之间的病区村 1 个或数个,病情活跃程度指数计算公式见式(A.1)。

$$病情活跃程度指数=\left(\frac{干骺端病变检出人数}{受检人数}+\frac{干骺端病变“++”、“+++”总检出人数}{干骺端病变总检出人数}\right)\times 100 \quad \cdots\cdots\cdots\cdots(A.1)$$

A.2 观察人群条件及数量

在病区连续居住 6 个月以上,且饮用本地水和食用本地粮食的 7 周岁～9 周岁儿童,人数不低于 100 人,观察期末失访率不超过 10%。

A.3 观察人群健康状况

观察初始阶段,X 线右手正位片检查均无大骨节病改变。

A.4 观察期限

每年 3 月～4 月进行一次临床及 X 线拍片观察,连续观察 3 年。

A.5 X 线拍片部位

右手正位片(包括腕关节)。

A.6 X 线病例诊断

具体诊断方法见 WS/T 207。

A.7 设立合理的对照

在同一病区,选择性别、年龄、数量一致的人群作为对照组观察。